计算机基础与实训教材系列

Mastercam X5 实用教程

薛山 主编

清華大學出版社

北京

内 容 简 介

本书全面系统地介绍了 Mastercam X5 的使用方法，重点介绍了 Mastercam X5 的 CAD 与 CAM 两大基本模块的各种功能。全书共分 9 章，主要包括 Mastercam X5 基础知识、二维造型设计、三维曲面设计、三维实体设计、数控加工基础、二维加工、三维加工、多轴加工以及综合实例等内容。为帮助读者学习，本书安排了大量的应用实例，并提供详细的视频教程。此外，每章后面还配有上机练习和习题，以帮助读者巩固所学知识和提高应用能力。

本书内容丰富、结构清晰、语言简练、图文并茂，具有很强的实用性和可操作性，是一本适合于大中专院校、职业院校及各类社会培训学校的优秀教材，也是适合于广大初、中级电脑用户的自学参考书。

本书配套的光盘中有视频文件和实例源文件，本书对应的电子教案和习题答案可以到 http://www.tupwk.com.cn/edu 网站下载。

图书在版编目(CIP)数据

Mastercam X5 实用教程 / 薛山　主编. 一北京：清华大学出版社，2012.4（2024.1 重印）
(计算机基础与实训教材系列)

ISBN 978-7-302-28335-5

Ⅰ. ①M…　Ⅱ. ①薛…　Ⅲ. ①计算机辅助制造—应用软件，Mastercam X5—教材　Ⅳ. ①TP391.73

中国版本图书馆 CIP 数据核字(2012)第 044810 号

责任编辑： 胡辰浩(huchenhao@263.net)　袁建华
装帧设计： 牛艳敏
责任校对： 邱晓玉
责任印制： 宋　林

出版发行： 清华大学出版社
网　　址： https://www.tup.com.cn, https://www.wqxuetang.com
地　　址： 北京清华大学学研大厦 A 座　　**邮　　编：** 100084
社 总 机： 010-83470000　　**邮　　购：** 010-62786544
投稿与读者服务： 010-62776969，c-service@tup.tsinghua.edu.cn
质量反馈： 010-62772015，zhiliang@tup.tsinghua.edu.cn
课件下载： https://www.tup.com.cn,010-62794504
印 装 者： 三河市龙大印装有限公司
经　　销： 全国新华书店
开　　本： 190mm×260mm　　**印　　张：** 18.75　　**字　　数：** 492 千字
附光盘 1 张
版　　次： 2012 年 4 月第 1 版　　**印　　次：** 2024年 1 月第 10 次印刷
定　　价： 69.00 元

产品编号：044859-04

编审委员会

计算机基础与实训教材系列

丛书序

计算机已经广泛应用于现代社会的各个领域，熟练使用计算机已经成为人们必备的技能之一。因此，如何快速地掌握计算机知识和使用技术，并应用于现实生活和实际工作中，已成为新世纪人才迫切需要解决的问题。

为适应这种需求，各类高等院校、高职高专、中职中专、培训学校都开设了计算机专业的课程，同时也将非计算机专业学生的计算机知识和技能教育纳入教学计划，并陆续出台了相应的教学大纲。基于以上因素，清华大学出版社组织一线教学精英编写了这套“计算机基础与实训教材系列”丛书，以满足大中专院校、职业院校及各类社会培训学校的教学需要。

一、丛书书目

本套教材涵盖了计算机各个应用领域，包括计算机硬件知识、操作系统、数据库、编程语言、文字录入和排版、办公软件、计算机网络、图形图像、三维动画、网页制作以及多媒体制作等。众多的图书品种可以满足各类院校相关课程设置的需要。

⊙　已出版的图书书目

《计算机基础实用教程》	《中文版 Excel 2003 电子表格实用教程》
《计算机组装与维护实用教程》	《中文版 Access 2003 数据库应用实用教程》
《五笔打字与文档处理实用教程》	《中文版 Project 2003 实用教程》
《电脑办公自动化实用教程》	《中文版 Office 2003 实用教程》
《中文版 Photoshop CS3 图像处理实用教程》	《JSP 动态网站开发实用教程》
《Authorware 7 多媒体制作实用教程》	《Mastercam X3 实用教程》
《中文版 AutoCAD 2009 实用教程》	《Director 11 多媒体开发实用教程》
《AutoCAD 机械制图实用教程(2009 版)》	《中文版 Indesign CS3 实用教程》
《中文版 Flash CS3 动画制作实用教程》	《中文版 CorelDRAW X3 平面设计实用教程》
《中文版 Dreamweaver CS3 网页制作实用教程》	《中文版 Windows Vista 实用教程》
《中文版 3ds Max 9 三维动画创作实用教程》	《电脑入门实用教程》
《中文版 SQL Server 2005 数据库应用实用教程》	《中文版 3ds Max 2009 三维动画创作实用教程》
《中文版 Word 2003 文档处理实用教程》	《Excel 财务会计实战应用》
《中文版 PowerPoint 2003 幻灯片制作实用教程》	《中文版 AutoCAD 2010 实用教程》
《中文版 Premiere Pro CS3 多媒体制作实用教程》	《AutoCAD 机械制图实用教程(2010 版)》
《Visual C#程序设计实用教程》	《Java 程序设计实用教程》

(续表)

《Mastercam X4 实用教程》	《SQL Server 2008 数据库应用实用教程》
《网络组建与管理实用教程》	《中文版 3ds Max 2010 三维动画创作实用教程》
《中文版 Flash CS3 动画制作实训教程》	《Mastercam X5 实用教程》
《ASP.NET 3.5 动态网站开发实用教程》	《中文版 Office 2007 实用教程》
《AutoCAD 建筑制图实用教程（2009 版）》	《中文版 Word 2007 文档处理实用教程》
《中文版 Photoshop CS4 图像处理实用教程》	《中文版 Excel 2007 电子表格实用教程》
《中文版 Illustrator CS4 平面设计实用教程》	《中文版 PowerPoint 2007 幻灯片制作实用教程》
《中文版 Flash CS4 动画制作实用教程》	《中文版 Access 2007 数据库应用实例教程》
《中文版 Dreamweaver CS4 网页制作实用教程》	《中文版 Project 2007 实用教程》
《中文版 InDesign CS4 实用教程》	《中文版 CorelDRAW X4 平面设计实用教程》
《中文版 Premiere Pro CS4 多媒体制作实用教程》	《中文版 After Effects CS4 视频特效实用教程》

二、丛书特色

1、选题新颖，策划周全——为计算机教学量身打造

本套丛书注重理论知识与实践操作的紧密结合，同时突出上机操作环节。丛书作者均为各大院校的教学专家和业界精英，他们熟悉教学内容的编排，深谙学生的需求和接受能力，并将这种教学理念充分融入本套教材的编写中。

本套丛书全面贯彻“理论→实例→上机→习题”4 阶段教学模式，在内容选择、结构安排上更加符合读者的认知习惯，从而达到老师易教、学生易学的目的。

2、教学结构科学合理，循序渐进——完全掌握“教学”与“自学”两种模式

本套丛书完全以大中专院校、职业院校及各类社会培训学校的教学需要为出发点，紧密结合学科的教学特点，由浅入深地安排章节内容，循序渐进地完成各种复杂知识的讲解，使学生能够一学就会、即学即用。

对教师而言，本套丛书根据实际教学情况安排好课时，提前组织好课前备课内容，使课堂教学过程更加条理化，同时方便学生学习，让学生在学习完后有例可学、有题可练；对自学者而言，可以按照本书的章节安排逐步学习。

3、内容丰富、学习目标明确——全面提升“知识”与“能力”

本套丛书内容丰富，信息量大，章节结构完全按照教学大纲的要求来安排，并细化了每一章内容，符合教学需要和计算机用户的学习习惯。在每章的开始，列出了学习目标和本章重点，

便于教师和学生提纲挈领地掌握本章知识点，每章的最后还附带有上机练习和习题两部分内容，教师可以参照上机练习，实时指导学生进行上机操作，使学生及时巩固所学的知识。自学者也可以按照上机练习内容进行自我训练，快速掌握相关知识。

4、实例精彩实用，讲解细致透彻——全方位解决实际遇到的问题

本套丛书精心安排了大量实例讲解，每个实例解决一个问题或是介绍一项技巧，以便读者在最短的时间内掌握计算机应用的操作方法，从而能够顺利解决实践工作中的问题。

范例讲解语言通俗易懂，通过添加大量的“提示”和“知识点”的方式突出重要知识点，以便加深读者对关键技术和理论知识的印象，使读者轻松领悟每一个范例的精髓所在，提高读者的思考能力和分析能力，同时也加强了读者的综合应用能力。

5、版式简洁大方，排版紧凑，标注清晰明确——打造一个轻松阅读的环境

本套丛书的版式简洁、大方，合理安排图与文字的占用空间，对于标题、正文、提示和知识点等都设计了醒目的字体符号，读者阅读起来会感到轻松愉快。

三、读者定位

本丛书为所有从事计算机教学的老师和自学人员而编写，是一套适合于大中专院校、职业院校及各类社会培训学校的优秀教材，也可作为计算机初、中级用户和计算机爱好者学习计算机知识的自学参考书。

四、周到体贴的售后服务

为了方便教学，本套丛书提供精心制作的 PowerPoint 教学课件(即电子教案)、素材、源文件、习题答案等相关内容，可在网站上免费下载，也可发送电子邮件至 wkservice@vip.163.com 索取。

此外，如果读者在使用本系列图书的过程中遇到疑惑或困难，可以在丛书支持网站(http://www.tupwk.com.cn/edu)的互动论坛上留言，本丛书的作者或技术编辑会及时提供相应的技术支持。咨询电话：010-62796045。

Mastercam 是由美国 CNC Software NC 公司开发的基于 PC 平台上的 CAD/CAM 一体化软件。为了使广大学生和工程技术人员能够尽快地掌握该软件的操作方法，作者集结多方力量，在多年实践经验的基础上编写了此书，能帮助读者快速、全面地掌握 Mastercam X5 的功能及使用方法，并达到融会贯通、灵活应用的目的。

本书从教学实际需求出发，合理安排知识结构，从零开始、由浅入深、循序渐进地讲解 Mastercam X5 的功能及使用方法。本书共分为 9 章，主要内容如下。

第 1 章为 Mastercam X5 基础知识。本章主要介绍了 Mastercam X5 的发展历史、特点以及 Mastercam X5 的人机交互界面、工作环境、文件管理等软件的基本概念和基础操作。

第 2~4 章为 CAD 部分，介绍了 Mastercam 提供的零件设计功能。

第 2 章为二维造型设计。本章主要介绍 Mastercam 二维设计中的各种基本图素的绘制方法、二维图形的编辑操作，以及二维图形的标注方法。

第 3 章为三维曲面设计。本章主要介绍曲面创建、编辑功能等三维曲面设计的相关内容。

第 4 章为三维实体设计。本章主要介绍了实体的创建和编辑功能，并介绍了两个三维零件的绘制过程。

第 5~8 章为 CAM 部分，介绍了 Mastercam 提供的数控编程功能。

第 5 章为数控加工基础。本章主要介绍了数控编程的基本过程和数控加工工艺基础，以及刀具路径的通用设置与刀具路径的编辑功能。

第 6 章为二维加工。本章主要介绍了二维刀具路径的操作。

第 7 章为三维加工。本章主要介绍了三维加工的参数设置和刀具路径的生成。

第 8 章为多轴加工。本章主要介绍了多轴加工的常用方法，对于每个多轴加工方法都通过一个详细的应用实例讲解，帮助读者学习和掌握功能操作及具体应用。

第 9 章结合本书的基本内容介绍了两个综合应用实例，通过详细的操作步骤和视频教学帮助读者综合运用 Mastercam X5 中 CAD/CAM 的各项功能。

本书图文并茂，条理清晰，通俗易懂，内容丰富，在讲解每个知识点时都配有相应的实例，方便读者上机实践。同时在难于理解和掌握的部分内容上给出相关提示，让读者能够快速地提高操作技能。此外，本书配有大量的综合实例和练习，让读者在不断的实际操作中更加牢固地掌握书中讲解的内容。

本书是集体智慧的结晶，参加本书编写的人员还有郑艳君、裴淑娟、李辉、张宇怀、徐晓明、薛继军、岳殿召和陈添荣等人，在此向他们表示感谢。在本书的编写过程中，参考了一些相关的著作和文献，在此向这些著作和文献的作者表示感谢。由于作者水平有限，且创作时间较紧，本书不足之处在所难免，欢迎广大读者与专家批评指正。我们的信箱是 huchenhao@263.net，电话是 010-62796045。

作　者

2012 年 1 月

推荐课时安排

章　　名	重点掌握内容	教学课时
第 1 章　Mastercam X5 基础知识	1. 了解软件的基本情况以及软件模块的主要功能和特点 2. 了解软件的安装和运行过程 3. 掌握工作界面的各个部分的功能 4. 掌握文件操作的各种功能 5. 掌握系统的常用设置 6. 熟练掌握软件的一些基本操作	1 学时
第 2 章　二维造型设计	1. 掌握点、直线、圆弧、曲线、倒角、矩形和椭圆的基本绘制方法 2. 了解其他图素的基本绘制方法 3. 掌握对象删除功能 4. 掌握对象编辑的各种功能 5. 掌握对象变化的各种功能 6. 掌握如何设置尺寸标注的各种样式 7. 掌握尺寸标注的各种方法 8. 掌握尺寸编辑的方法 9. 掌握各种类型的图形标注方法	3 学时
第 3 章　三维曲面设计	1. 掌握各种曲面的绘制方法 2. 掌握曲面的各种编辑方法 3. 掌握由曲面创建曲线的方法	2 学时
第 4 章　三维实体设计	1. 熟练掌握实体的各种创建方法 2. 熟练掌握实体的各种编辑方法	2 学时
第 5 章　数控加工基础	1. 了解数控编程的基本过程 2. 了解数控编程中坐标系的含义以及相关的术语 3. 掌握刀具设置的方法 4. 掌握材料设置的功能 5. 掌握工作设置中的基本内容和方法 6. 掌握操作管理的基本内容和方法 7. 掌握刀具路径修剪与转换的方法	2 学时

(续表)

章　　名	重点掌握内容	教 学 课 时
第 6 章　二维加工	1. 掌握刀具路径生成的基本步骤 2. 掌握外形铣削的基本方法 3. 掌握挖槽加工的基本方法 4. 掌握平面铣削的基本方法 5. 掌握钻孔加工的基本方法 6. 掌握雕刻加工的基本方法 7. 能独立完成简单的二维零件加工	3 学时
第 7 章　三维加工	1. 掌握三维刀具路径生成的基本步骤 2. 理解三维加工各主要参数的含义 3. 掌握三维粗加工中的平行加工、挖槽加工和放射状加工方法 4. 了解三维粗加工的其他方法和三维精加工的各种方法 5. 能独立完成简单的三维曲面加工	3 学时
第 8 章　多轴加工	1. 理解多轴加工中各主要参数的含义 2. 掌握旋转四轴加工方法 3. 掌握曲线五轴加工方法 4. 掌握沿边五轴加工方法 5. 掌握流线五轴加工方法 6. 掌握钻孔五轴加工方法 7. 了解多轴加工的其他方法 8. 能独立完成简单的多轴加工	3 学时
第 9 章　Mastercam X5 综合实例	1. 综合利用 Mastercam X5 的功能进行完整的 CAD 和 CAM 设计 2. 完成两个综合应用实例的设计操作	3 学时

目　录

CONTENTS

计算机基础与实训教材系列

第1章 Mastercam X5 基础知识

学习目标

Mastercam 作为一款专业的 CAD/CAM 一体化软件，以其独有的特点在专业领域享有很高的声誉。目前它已培育了一群专业人员，拥有了一批忠实的用户。本章将介绍 Mastercam X5 的安装和运行过程，以及工作界面各部分的功能和系统的常用设置。

本章重点

- 了解软件的基本情况以及软件模块的主要功能和特点
- 了解软件的安装和运行过程
- 掌握工作界面的各个部分的功能
- 掌握文件操作的各种功能
- 掌握系统的常用设置
- 熟练掌握软件的一些基本操作

1.1 Mastercam X5 简介

1.1.1 Mastercam X5 的基本情况

Mastercam 是由美国 CNC Software NC 公司开发的基于 PC 平台的 CAD/CAM 一体化软件，是目前最经济、最有效的全方位的软件系统。自 Mastercam 5.0 版本问世以后，Mastercam 的操作平台就转变成了 Windows 操作系统风格。作为标准的 Windows 应用程序，Mastercam 的操作符合广大用户的使用习惯。

在不断的发展和改进过程中，Mastercam 的功能也得到不断地加强和完善，在业界赢得了

越来越多的用户，并被广泛也应用于机械、汽车和航空等领域，特别是在模具制造业中应用范围最广。随着应用范围的不断深入，很多高校和培训机构都开设了各种形式的 Mastercam 课程。

目前，Mastercam 的最新版本为 Mastercam X5。本书将以 Mastercam X5 为基础，向读者介绍该软件的主要功能和使用方法。Mastercam X5 在 Mastercam X4 的基础上，继承了 Mastercam 的一贯风格和绝大多数的传统设置，并辅以新的功能。

利用 Mastercam 系统进行设计工作的主要程序一般分为 3 个基本步骤：CAD——产品模型设计；CAM——计算机辅助制造生产；后处理阶段——最终生成加工文件。

1.2 Mastercam X5 的主要功能模块

Mastercam 作为 CAD 和 CAM 的集成开发系统，它主要包括以下功能模块：

1. Design——CAD 设计模块

CAD 设计模块 Design 主要包括二维和三维几何设计功能。它提供了方便直观的设计零件外形所需的理想环境，其造型功能十分强大，可以方便地设计出复杂的曲线和曲面零件，也可以设计出复杂的二维、三维空间曲线，还可以生成方程曲线。采用 NURBS 数学模型，可以生成各种复杂曲面。同时，使用它对曲线、曲面进行编辑修改也很方便。

Mastercam 还能方便地接收其他各种 CAD 软件生成的图形文件。

2. Mill、Lathe、Wire 和 Router——CAM 模块

CAM 模块主要包括 Mill、Lathe、Wire 和 Router 四大部分，分别对应的是铣削、车削、线切割和刨削加工。本书将主要对日常使用最多的 Mill 模块进行介绍。

CAM 模块主要是对造型对象编制刀具路线，通过后处理转换成 NC 程序。Mastercam 系统中的刀具路线与被加工零件的模型是一体的，即当修改零件的几何参数后，Mastercam 能迅速而准确地自动更新刀具路径。因此，用户只要在实际加工之前选取相应的加工方法进行简单修改即可。这样就大大提高了数控程序设计的效率。

Mastercam 中，可以自行设置所需的后置处理参数，最终能够生成完整的符合 ISO(国际标准化组织)标准的 G 代码程序。为了方便直观地观察加工过程，判断刀具路线和加工结果的正误，Mastercam 还提供了强大的模拟刀具路径和真实加工的功能。

Mastercam 具有很强的曲面粗加工以及灵活的曲面精加工功能。在曲面的粗、精加工中，Mastercam 提供了 8 种先进的粗加工方式和 11 种先进的精加工方式，使用它们可以极大地提高加工效率。

Mastercam 的多轴加工功能为零件的加工提供了更大的灵活性。应用多轴加工功能可以方便快捷地编制出高质量的多轴加工程序。

CAM 模块还提供了刀具库和材料库管理功能。同时，它还具有很多辅助功能，如模拟加

工、计算加工时间等，为提高加工效率和精度提供了帮助。

配合相应的通信接口，Mastecam 还具有和机床进行直接通信的功能。它可以将编制好的程序直接输送到数控系统中。

总之，Mastercam 的性能优越、功能强大且稳定、易学易用，是一个适用于实际应用和教学的 CAD/CAM 集成软件，值得从事机械制造行业的相关人员和相关专业在校生学习。

知识点

Mastercam X5 中的不同模块生成不同类型的文件，主要有：".MCX"——设计模块文件、".NCI"——CAM 模块的刀具路径文件、".NC"——后处理产生的 NC 代码文件。

1.2　Mastercam X5 的安装与启动

1.2.1　软件安装

用户可以从 Mastercam 的主页(www.mastercam.com)获得 Mastercam X5 的安装文件 mastercamX5-web.exe。其主要安装步骤如下：

(1) 双击 mastercamX5-web.exe 文件，待软件自动解压完成后，进入 Mastercam X5 的安装界面，如图 1-1 所示。

(2) 按提示依次输入用户名、操作权限和安装路径后，需要对软件运行的解密方式以及系统尺寸单位进行设置。为了保护自身的知识产权不受侵犯，Mastercam X5 使用了加密措施，这些信息可以从软件提供商处获得。用户可以根据需要，选择 HASP 或 NetHASP 的解密方式，也可以根据需要或习惯选择 Inch(英制)和 Metric(美制)单位。

(3) 单击"下一步"按钮，系统将自动完成软件的安装。

知识点

www.mastercam.com 还提供了更多的关于 Mastercam X5 的辅助功能安装文件，以丰富软件的功能，满足不同用户的需要。

1.2.2　软件运行

完成软件安装后，用户需要配合专门的加密狗进行解密，即可正常使用 Mastercam X5。可以通过以下 3 种方式运行 Mastercam X5：

(1) 双击桌面上的 Mastercam X5 的快捷方式图标。

(2) 双击安装目录下的程序运行文件 mastercam.exe。

(3) 打开"开始" | "所有程序" |Mastercam X5 菜单，执行其中的 Mastercam X5 命令。

软件运行后，进入系统默认的主界面，此时便可以开始使用 Mastercam X5 软件。

图 1-1　Mastercam X5 的安装界面

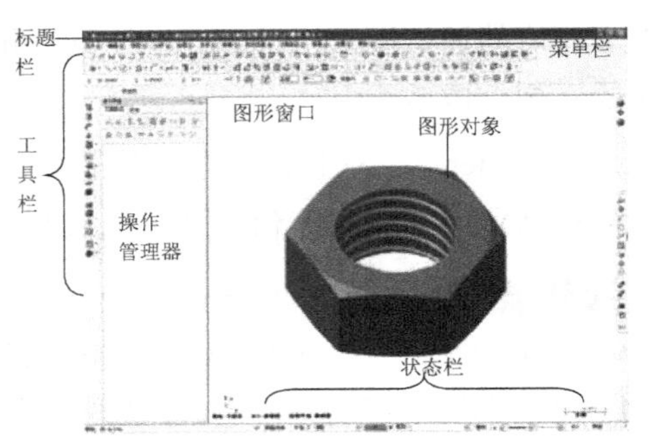

图 1-2　Mastercam X5 的工作界面

1.3　Mastercam X5 工作界面

Mastercam X5 有着良好的人机交互界面，符合 Windows 规范的软件工作环境，而且允许用户根据需要来定制符合自身习惯的工作环境。Mastercam X5 的工作界面如图 1-2 所示，主要由标题栏、菜单栏、工具栏、操作管理器、状态栏、图形窗口和图形对象等组成。

1.3.1　标题栏

标题栏的主要作用是显示当前使用的模块、打开文件的路径及文件名称，如图 1-3 所示。单击图标X，将会弹出 Mastercam 的控制菜单，该菜单可用于控制 Mastercam X5 的关闭、移动、最大化、最小化和还原。

X Mastercam 设计--- X5　G:\MASTERCAM\MASTERCAMX5实例\源文件\8\螺母.MCX-5

图 1-3　标题栏

1.3.2　菜单栏

Mastercam X5 的菜单栏与 Mastercam X4 的菜单栏基本一致，它将各个模块整合为一体。Mastercam X5 的菜单栏如图 1-4 所示。

F 文件(F)　编辑(E)　V 视图(V)　A 分析(A)　C 绘图(C)　S 实体(S)　X 转换(X)　M 机床类型(M)　T 刀具路径(T)　R 屏幕(R)　I 设置(I)　帮助(H)

图 1-4　菜单栏

菜单栏中的项目可以逐级展开，其中包含了 Mastercam X5 的全部命令。下面简单介绍各主菜单的主要功能。

- "文件"菜单：包含了文件的打开、新建、保存、打印、导入导出、路径设置和退出等命令。

- "编辑"菜单：包含了取消、重做、复制、剪切、粘贴和删除命令，以及一些常用的图形编辑命令，如修剪、打断、NURBS曲线的修改转化等。
- "视图"菜单：包含了用户界面以及与图形显示相关的命令，如视点的选择、图像的放大与缩小、视图的选择以及坐标系的设置等。
- "分析"菜单：包含了用于分析屏幕上图形对象各种相关信息的命令，如位置和尺寸等。
- "绘图"菜单：包含了用于绘制各种图素的命令，如点、直线、圆弧和多边形等。
- "实体"菜单：包含了实体造型以及实体的延伸、旋转、举升和布尔运算等命令。
- "转换"菜单：包含了图形的编辑命令，如镜像、旋转、比例和平移等命令。
- "机床类型"菜单：用于选择机床，并进入相应的CAM模块。其中的"设计"命令可以用来进行机床设置。
- "刀具路径"菜单：包含了产生刀具路径，进行加工操作管理，编辑、组合NCI文件或后置处理文件，以及管理刀具和材料等命令。
- "屏幕"菜单：包含了设置与屏幕显示有关的各种命令。
- "设置"菜单：包含了设置快捷方式，工具栏和工作环境等命令。
- "帮助"菜单：向用户提供各种帮助命令。

1.3.3　工具栏

工具栏其实就是常用菜单项的快捷方式，位于菜单栏下方。在默认的工作界面中，工具栏会还会出现在界面的左右两侧。Mastercam中用户根据需要来定制符合自己使用习惯的工具栏。如果将鼠标指向某一按钮并停留几秒，系统将会显示该按钮的简单说明。

位于工作界面右侧的是操作命令记录工具栏。用户在操作的过程中最近使用过10个命令被逐一记录在此操作栏中，以方便用户进行重复操作。

Ribbon工具栏位于工具栏的最下方，可根据当前正在进行的操作显示相应的命令。例如，当用户单击按钮进行直线绘制时，将显示如图1-5所示的直线工具栏。当用户取消或完成直线绘制后，该工具栏将恢复到默认状态。

图1-5　直线工具栏

工具栏中还包含了坐标显示栏和图素选择栏，分别如图1-6和图1-7所示。坐标显示栏显示了当前鼠标点的坐标值，并且在某些操作下允许用户按照要求直接输入需要的坐标值。图素选择栏包含了用户选择特征或实体等图素的方式。

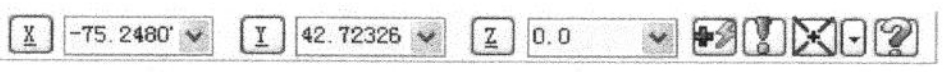

图1-6　坐标显示栏

图1-7　图素选择栏

提示

工具栏中的按钮按照功能被分为若干组，用户可以根据需要拖动任一组按钮并将其放到工具栏的任意位置上以便使用。也可使用工具栏的定制功能，设定符合用户使用习惯的工具栏。

在 Mastercam 中，单击问号❓按钮将会显示相应的帮助文档。

1.3.4 图形窗口和图形对象

图形窗口是用户进行绘制的区域，相当于传统意义上的绘图纸。图形窗口中的图形，就是当前正在进行操作的图形对象。

图形窗口的左下角显示并说明了当前的坐标系，如图 1-8 所示，在实际运用中，坐标系的显示会根据用户的选择或操作发生变化。图形窗口右下角则是当前图形的显示尺寸比例。

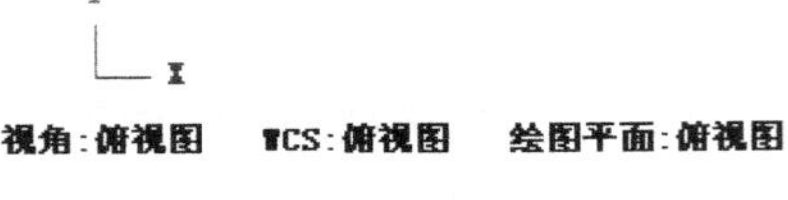

图 1-8 坐标系显示及说明

1.3.5 状态栏

状态栏从左至右依次包括 2D/3D 选择、视图、构图面、Z 向深度、颜色、层别、属性、点型、线型、线宽、坐标系以及群组设置，如图 1-9 所示。单击每一项都会弹出相应的菜单，以便用户进行相应的操作。

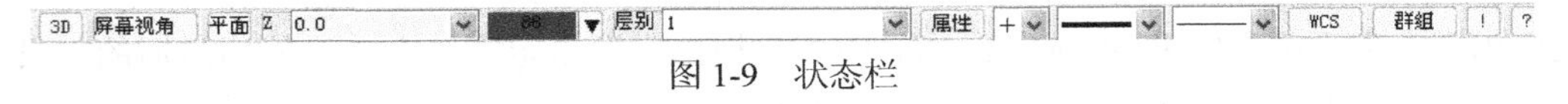

图 1-9 状态栏

1.3.6 操作管理器

用户可以通过执行“视图”|“切换操作管理”命令来显示或取消对象管理区。该区域包括“刀具路径”和“实体”两个选项卡，分别对应刀具路径和实体的各种信息和操作。

1.4 文件管理

Mastercam 的文件管理是通过执行如图 1-10 所示的“文件”菜单中的命令和单击如图 1-11 所示的文件管理工具栏中相应的按钮来实现的。

文件管理功能除了提供文件的建立、打开、保存和打印等常规功能外，还提供了文件合并、格式转化，以及项目管理、文件对比和文件追踪功能，以便用户管理和掌握设计工作。下面将对这些功能进行介绍。

图 1-10 “文件”菜单

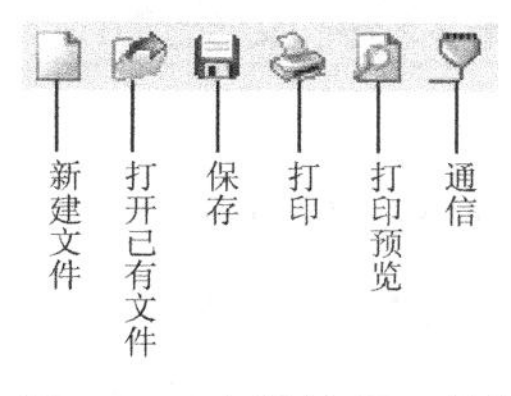

图 1-11 文件管理工具栏

1.4.1 文件合并

合并文件指的是在已打开一个文件的基础上，打开另一个文件，将其中的图形插入到当前图形中，将两个文件中的图形对象进行合并，并一起显示在图形窗口中。

【例 1-1】 合并文件。

(1) 执行菜单栏中的“文件”|“打开文件”命令，从配套光盘打开实例文件“文件合并 1.MCX”。

(2) 执行“文件”|“合并文件”命令，在打开的文件选择对话框中选择文件“文件合并 2.MCX”，系统将在 Ribbon 工具栏中显示文件合并工具栏，如图 1-12 所示。直接单击☑按钮进行确认即可。系统将自动完成两个图形的叠加。

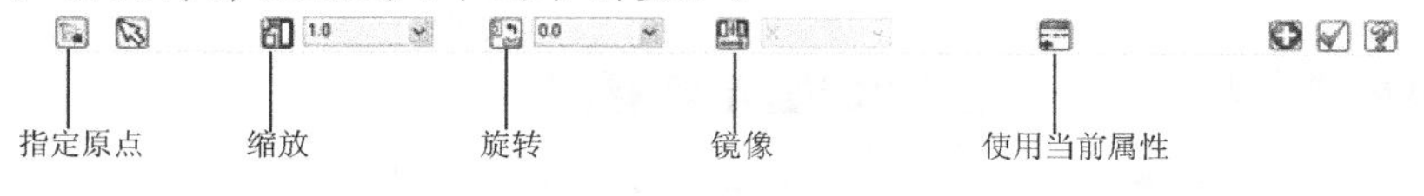

图 1-12 文件合并工具栏

(3) 执行“文件”|“合并文件”命令，再次选择文件“文件合并 2.MCX”。在文件合并工具栏中的按钮后输入 120，系统将“文件合并 2.MCX”中的图形对象旋转 120°进行合并。

(4) 按照步骤(3)的方法，将“文件合并 2.MCX”中的图形对象旋转 240°，然后进行合并，最终得到合并后的图形。整个过程如图 1-13 所示。

提示

两个文件进行合并时，默认按照坐标系进行叠加，即保证两个文件的坐标系相互重合。因此，有时为了达到所需的合并效果，需要提前对图形对象进行如平移等操作，或者通过按钮，指定插入图形的坐标原点在当前图形中的位置。

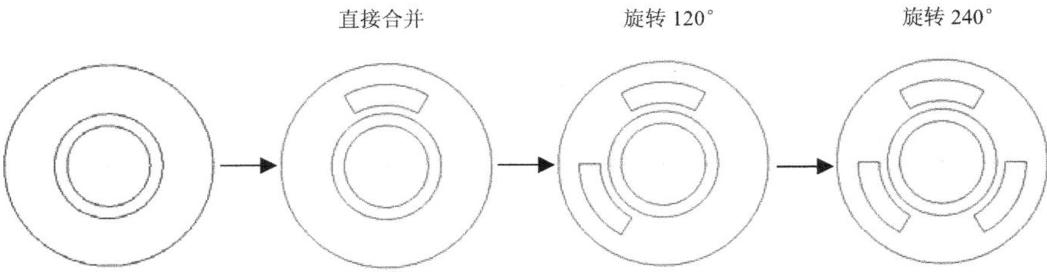

图 1-13　文件合并过程

1.4.2　文件转换及更新

目前的 CAD/CAM 软件种类繁多，每种软件的文件格式又各不相同，Mastercam 可以识别一些应用较为广泛的 CAD/CAM 文件格式以及老版本的 Mastercam 文件格式，并且能够方便地将.MCX 文件与它们进行相互转换。

执行“文件”|“汇入目录”或执行“文件”|“汇出目录”命令，打开如图 1-14 所示的“汇入文件夹”或 Export folder(汇出文件夹)对话框。“汇入文件夹”对话框用于将指定文件夹下指定格式的文件转换成.MCX 文件。Export folder 对话框用于将指定文件夹下的.MCX 文件转换成被选格式的文件。Mastercam 可以相互转换多种不同格式的文件。设置完成后，单击 ✔ 按钮完成转换操作。

执行“文件”|“更新文件”命令，打开如图 1-15 所示的“更新文件”对话框，利用该对话框可以将 Mastercam X5 版本之前的 Mastercam 文件转换成 Mastercam X5 版本。

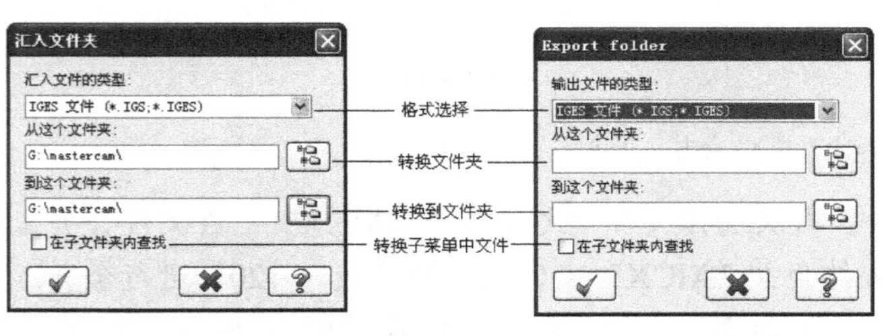

图 1-14　“汇入文件夹”/“Export folder”对话框

图 1-15　“更新文件”对话框

1.4.3　文件对比和文件追踪

文件对比功能可以用于比较当前设计与原有类似设计之间的区别。比较后，系统会自动列出两者之间的不同以及受到影响的操作。用户可以很方便地利用这一功能，在原有设计的基础上生成当前设计的刀具路径，以缩短设计时间，提高工作效率。

文件追踪功能用于根据用户设置的条件，寻找相同设计的不同版本。系统提供了“检查目前文件”和“检查所有已追踪文件”两种命令。同时可选择“追踪选项”命令对追踪文件进行管理。

打开设计文件，执行“文件”|“追踪”|“检查目前文件”命令，打开如图 1-16 所示的“文件追踪选项”对话框。设置完成后，单击 ✔ 按钮，系统会自动显示出查找结果。

1.4.4　项目管理

执行“文件”|“项目管理”命令，打开如图 1-17 所示的“工程文件管理”对话框。通过选择保存项目的文件夹，项目中的.MCX 文件将保存在该文件夹下，同时还可以设置该文件夹允许保存的其他文件类型。

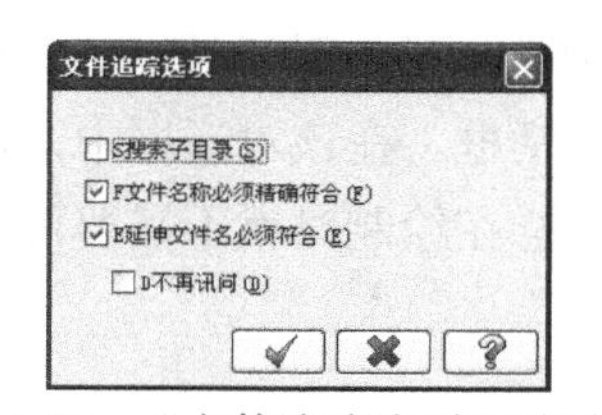

图 1-16　“文件追踪选项”对话框

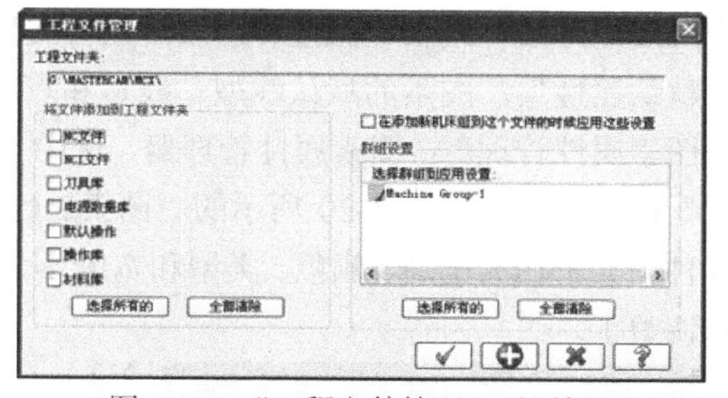

图 1-17　“工程文件管理”对话框

提示

在“工程文件管理”对话框中，如果不选择任何允许保存的文件类型，并且不选中“在添加新机床组到这个文件的时候应用这些设置”复选框(如图 1-17 所示)，系统将自动关闭项目管理功能。

1.5　系统配置

系统配置功能的内容很多，通常情况下采用系统的默认设置，也可以通过执行“设置”|“系统配置”命令，在打开的如图 1-18 所示的“系统配置”对话框中，通过选择左侧列表中的 23 个选项来对系统环境的各种参数进行设置。本节主要介绍其中的 7 个选项的设置，其他选项的设置将在后面相应的章节中进行介绍。

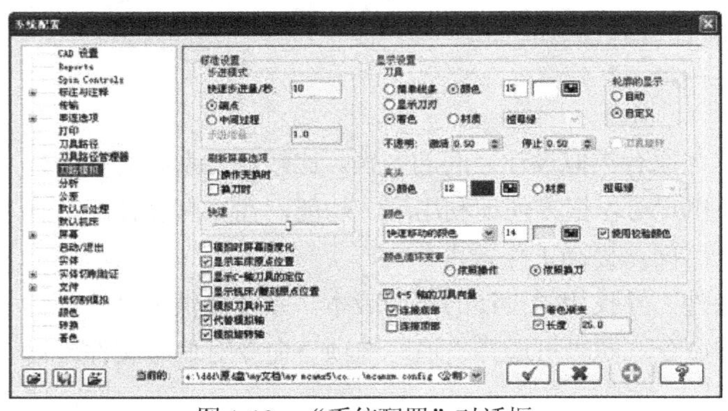

图 1-18　“系统配置”对话框

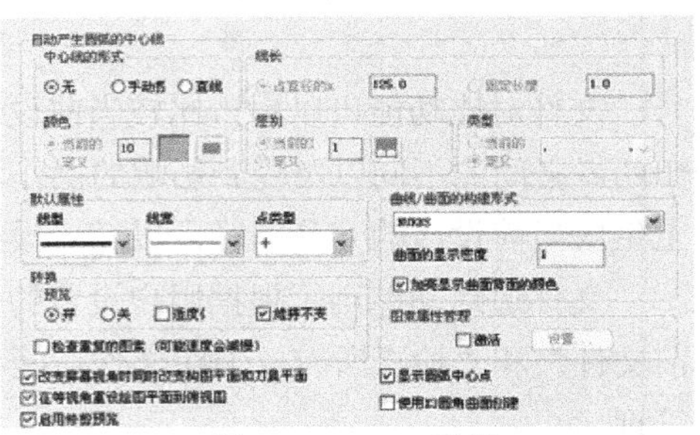

图 1-19　CAD 设置

1.5.1　CAD 设置

选择“系统配置”对话框左侧列表框中的“CAD 设置”选项，可以进行与绘图有关的设置，如图 1-19 所示。

其中各主要选项的含义如下。

- “自动产生圆弧的中心线”：自动绘制圆弧的中心线，可以设置中心线的各种属性，如中心线的形式、线长、颜色和所属图层等属性。
- “默认属性”：图素的默认线型、线宽和点类型。
- “图素属性管理”：图素属性管理器，选中“激活”复选框后，激活该功能，单击“设置”按钮，打开如图 1-20 所示的“图素属性管理”对话框。在该对话框中，可以指定各种图素所在的层别、颜色、类型和宽度 4 个属性，这样在绘制时就不需要再另行设置和调整了。

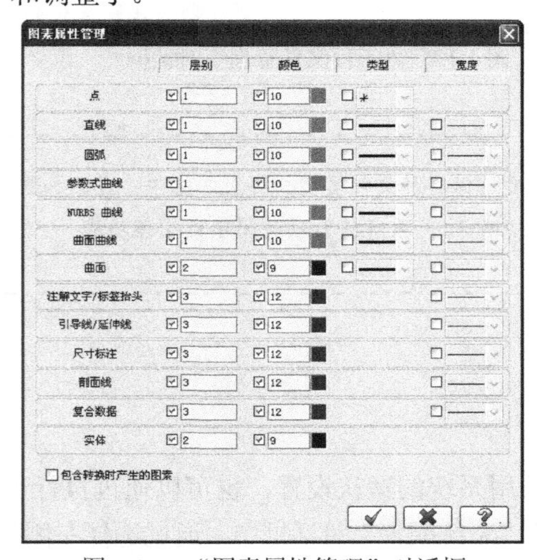

图 1-20　“图素属性管理”对话框

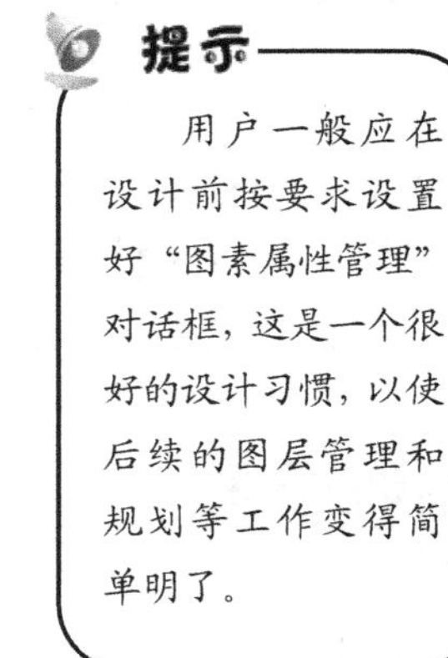

1.5.2　颜色设置

选择“系统配置”对话框左侧列表框中的“颜色”选项，可以进行与颜色相关的设置，如图 1-21 所示。

大部分的参数可以采用默认设置，也可以根据需求进行修改，如在列表框中选择“工作区背景颜色”选项，对图形窗口的背景颜色进行更改。

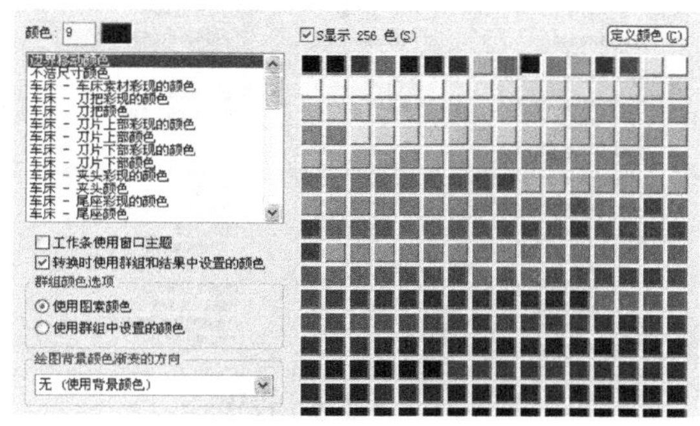

图 1-21　颜色设置

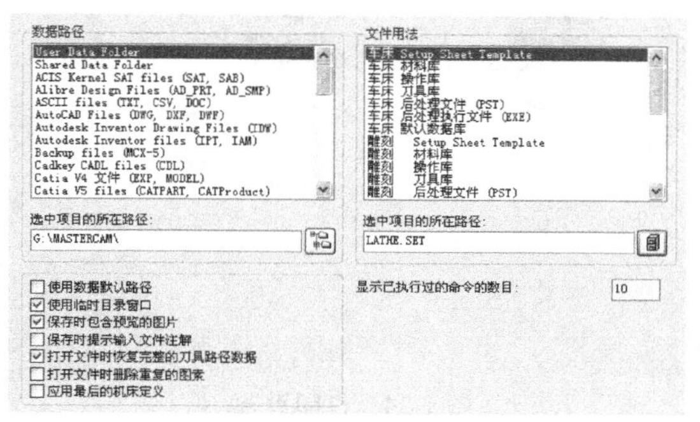

图 1-22　文件管理设置

1.5.3　文件管理设置

选择“系统配置”对话框左侧列表框中的“文件”选项，即可设置 Mastercam 中各种与文件相关的默认管理参数，如图 1-22 所示。其中，在“文件用法”列表框中可以选择系统启动后相关的默认文件。“数据路径”列表框中存放了各种相关文件的默认路径。

在“系统配置”对话框左侧列表框中，单击“文件”选项左侧的小加号，系统将展开文件管理设置功能的“自动保存/备份”子选项，该选项可用于设置自动存盘和备份功能，如图 1-23 所示。

启用文件备份功能后，如文件名为 Test，设定备份版本初始号为 100，分界符为@，增量为 1，则备份的文件名称依次为 Test@100、Test@101、Test@102，依此类推。

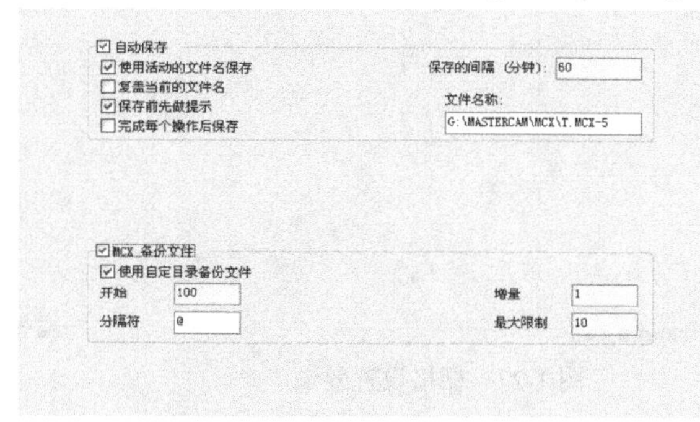

图 1-23　设置自动存盘和备份功能

提示

建议用户开启自动存盘功能，定期自动保存设计工作，以防止因为突发事故而造成不必要的损失。

1.5.4 打印设置

选择“系统配置”对话框左侧列表框中的“打印”选项，可以进行打印设置，如图 1-24 所示。其中主要包括以下两个主要选项。

- ◉ “线宽”：线宽设置，可以选择使用图素线宽、统一线宽或按颜色区分线宽。
- ◉ “打印选项”：打印效果设置，可以选择彩色打印和打印文件名/日期等。

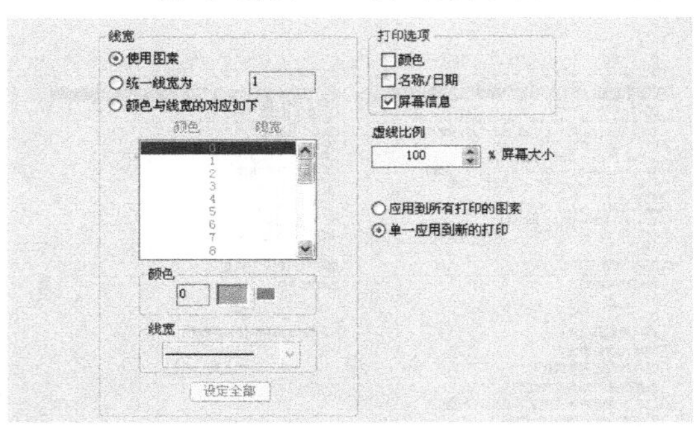

图 1-24 打印设置

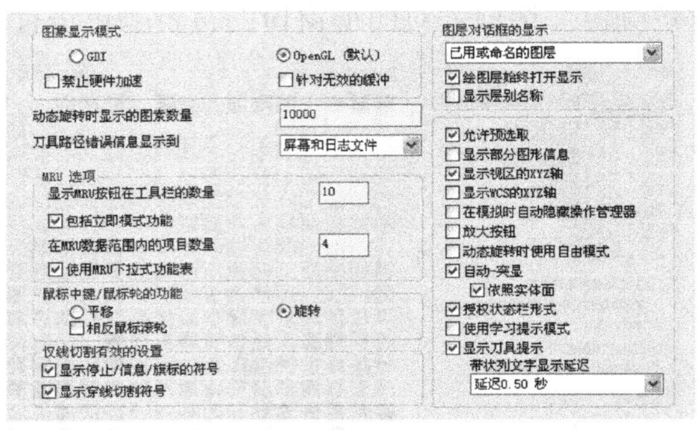

图 1-25 屏幕显示设置

1.5.5 屏幕显示设置

选择“系统配置”对话框左侧列表框中的“屏幕”选项，可以对软件界面中不同区域的屏幕显示进行设置，如图 1-25 所示。一般采用默认设置即可。

在“系统配置”对话框左侧列表框中，单击“屏幕”项左侧的小加号，系统还会在“屏幕”项下展开两个子选项——“网格”和“视角面板”。“网格”选项可用于设置栅格，如图 1-26 所示。参照图 1-26 设置各项参数后，可以在图形窗口中看到如图 1-27 所示的栅格设置效果。

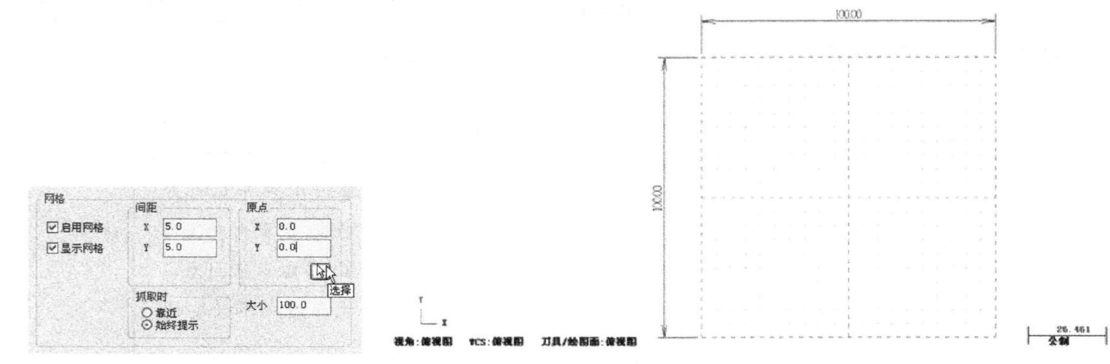

图 1-26 设置栅格　　图 1-27 栅格设置效果

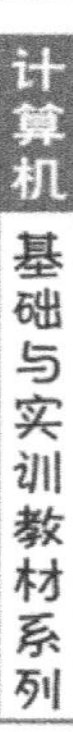

提示

栅格捕捉方式分为两种，一种是 “靠近”，只有当鼠标指针移动到靠近栅格点一定距离之内才进行捕捉；另一种“始终提示”，鼠标指针只能在栅格点上移动。

1.5.6　渲染设置

选择“系统配置”对话框左侧列表框中的“着色”选项，可对曲面和实体着色效果进行设置，如图 1-28 所示。

其中各主要选项的功能如下。

- “启用着色”：激活渲染功能。
- “所有图素”：对所有的曲面和实体进行渲染，否则需要单独选择曲面和实体进行渲染。
- “颜色”：对图素的显示颜色进行设置。“原始图素的颜色”，使用图素本身的颜色；“选择单一颜色”，指定显示颜色；“材质”，为图素选择材料，按材料颜色显示。
- “光源设定”：设置环境光强。
- “光源”：灯光设置，一共有 9 盏灯供用户选择。用户还可以对“光源形式”、“光源强度”和“光源颜色”进行设置。

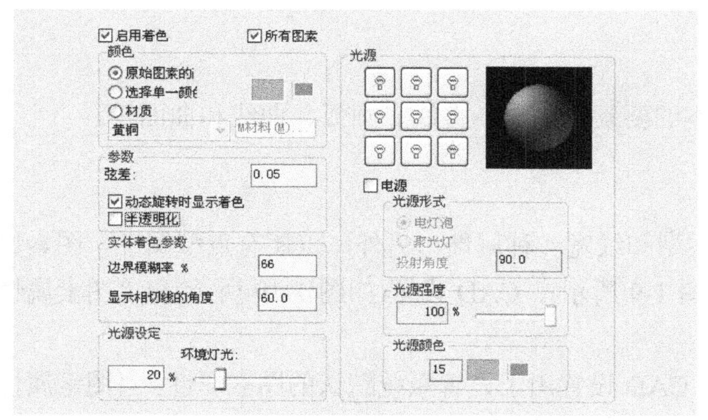

图 1-28　着色设置

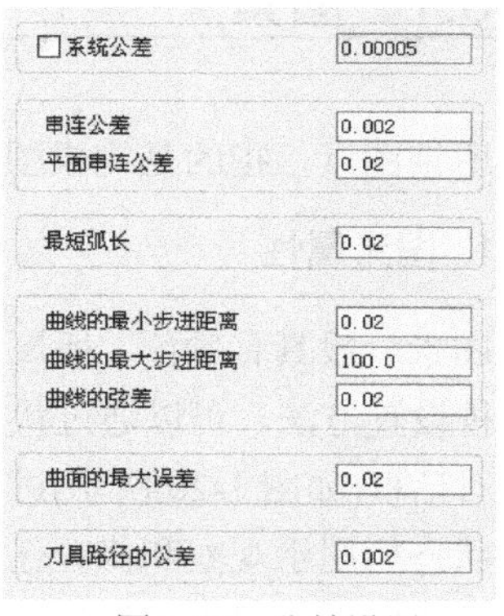

图 1-29　公差设置

1.5.7　公差设置

选择“系统配置”对话框左侧列表框中的“公差”选项，可以进行公差设置，如图 1-29 所示。

其中各主要选项的功能如下。

- “系统公差”：决定两个图素之间的最小距离。当图素之间的距离小于这一数值时，系统会认为它们是重合的。公差值越小，系统运行的速度越慢。

- “串连公差”：当两个图素之间的距离小于这一数值时，才能进行串连操作。
- “平面串连公差”：平面串连公差值。
- “最短弧长”：能够创建的最小弧长。
- “曲线的最小步进距离”：步长越小，曲线越光滑。该距离是曲线加工路径中系统在曲线上移动的最小步长。
- “曲线的最大步进距离”：该距离是曲线加工路径中系统在曲线上移动的最大步长。
- “曲线的弦差”：弦差越小，曲线越光滑。
- “曲面的最大误差”：曲线创建曲面时的最大误差。
- “刀具路径的公差”：刀具路径公差值。

1.6 基本概念和操作

在使用 Mastercam 软件之前应明确一些基本的概念和操作，它们是实现设计的基础。这些内容贯穿于全书，且频繁使用。本节将介绍图素、图层设计、坐标系选择、图形对象观察和对象分析 5 种常用的基本操作。

1.6.1 图素

所谓图素，指的是构成图形最基本的要素，如点、直线、圆弧、曲线和曲面等。

1. 图素属性

图素一般具有颜色、所属图层、线型和线宽 4 种属性，另外，点还有点型属性。图素属性有多种设置方法，可以通过状态栏(如图 1-9 所示)、CAD 设置(如图 1-19 所示)和“图素属性管理”对话框(如图 1-20 所示)进行设置。

状态栏用于观察和修改任一图素；CAD 设置用于设置系统默认的图素属性；“图素属性管理”对话框主要用于规划设计中，事先为各种不同的图素设置好相应的属性，方便设计。

本书的所有实例均按照如图 1-20 所示的方式设置好实体属性，即将二维图形和曲线设置在 1 号图层，颜色为绿色；曲面和实体在 2 号图层，颜色为蓝色；尺寸标注等在 3 号图层，颜色为红色。

下面举例说明如何利用状态栏修改图素属性。

【例 1-2】图素属性修改。

(1) 执行“文件”|“打开文件”命令，从随书配套光盘中打开如图 1-30 所示的“图素属性.MCX”文件。其中各种图素均为默认的黑色细实线。

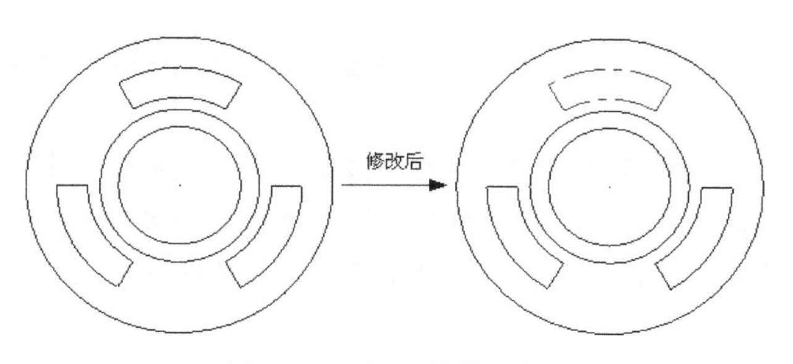

图 1-30　图素属性修改实例

提示

如果在状态栏“属性”按钮处单击，将打开与图 1-31 类似的对话框，但选项之前没有复选框□，此时修改的属性是系统默认的图素属性，对已经绘制的图素的属性没有影响。

(2) 在状态栏“属性”按钮处，单击鼠标右键，出现“选择要改变属性的图素”，提示用户选择需要修改属性的图素。也可先选择图素，再单击鼠标右键。

(3) 选中构成正上方的扇形图案的 4 个图素，按 Enter 键。

(4) 打开如图 1-31 所示的“属性”对话框。只需选中需要修改的属性，并设置其值即可。修改方式如图 1-31 所示，将其改为点划线，并加粗，颜色为红色。

(5) 确认后，图形对象如图 1-30 所示。

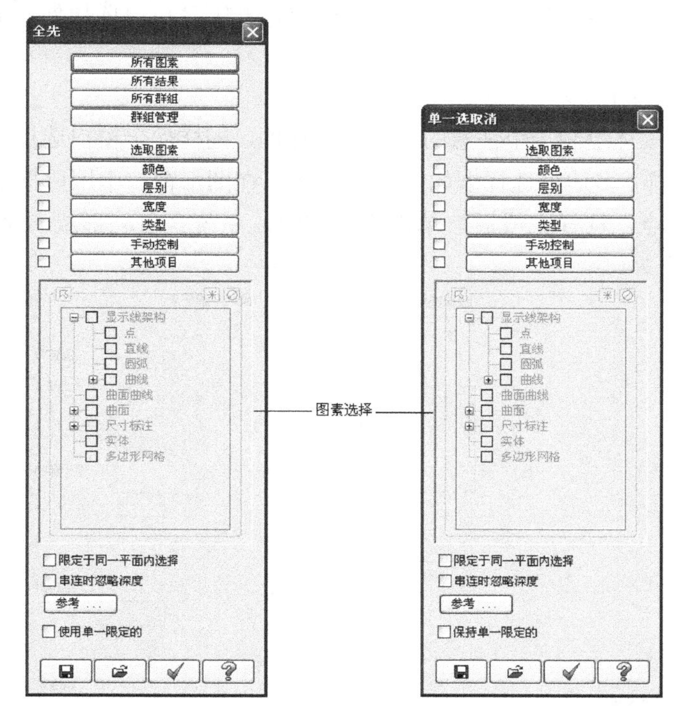

图 1-31　“属性”对话框　　　　图 1-32　“条件选择”对话框

2. 图素选择

在对图素进行操作前，首先要选择对象。Mastercam X5 提供了多种图素的选择方法，主要通过如图 1-7 所示的图素选择栏进行操作。被选中的图素颜色将会发生变化。

用户可以通过单击图素选择栏的“全部”或“单一”按钮，在打开的如图 1-32 所示的“条件选择”对话框中，设置图素的一些属性来选择符合条件的图素。单击“全部”按钮，系统将会自动选出所有符合条件的图素；单击“单一”按钮，则由用户自行选择，但仅能选择符合设定条件的图素。

用户还可以利用鼠标进行选择，即利用鼠标在图形窗口中选择需要的图素，这也是最常用的选择方式。单击图素选择栏“视窗内”后的下拉按钮，弹出如图 1-33 所示的下拉列表。单击□·中的下拉按钮，弹出如图 1-34 所示的下拉列表，用户可以在其中选择鼠标选择的方式。

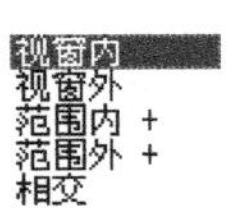

图 1-33　窗口下拉列表

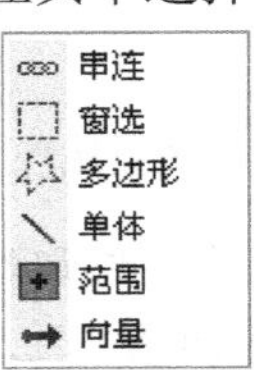

图 1-34　鼠标选择方式下拉列表

Mastercam 提供了 6 种鼠标选择方式，下面将分别进行介绍。

(1) “窗选”——窗口选择

利用鼠标拖曳绘制出一个矩形选择框，并配合窗口选择列表中的 5 种方式进行图素选择。选择效果如图 1-35 所示。

(2) “多边形”——多边形选择

利用鼠标绘制一个任意的多边形选择框，同样配合窗口选择列表中的 5 种方式，效果和窗口选择一样。多边形选择框如图 1-36 所示，在图形窗口中用鼠标单击选择需要的点作为所需多边形的顶点，选择完成后，单击确定按钮，系统会自动形成一个封闭的多边形对图素按要求进行选择。

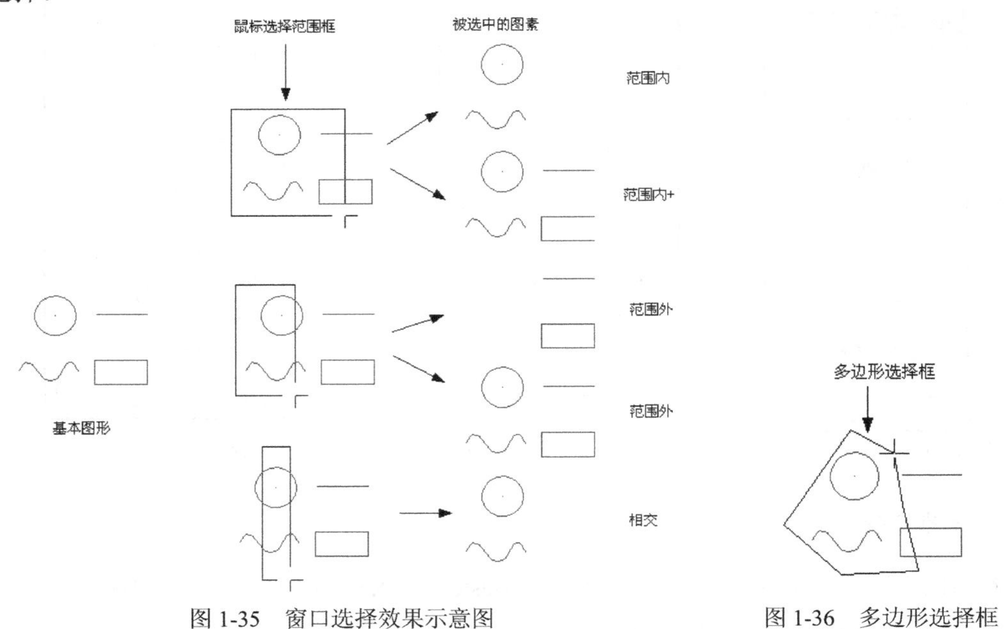

图 1-35　窗口选择效果示意图

图 1-36　多边形选择框

(3) “单体”——单一选择

利用鼠标通过直接单击需要选择的图素。此时窗口选择方式的设置将无效。

(4) “串连”——串连选择

利用鼠标一次性选择一组连接在一起的图素，可以对其进行统一的操作。此时窗口选择方式的设置也将无效。

(5) “范围”——区域选择

利用鼠标通过单击选择封闭区域内的点来选择图素，如图 1-37 所示为区域选择效果示意图。图中的十字代表鼠标选择点的位置。

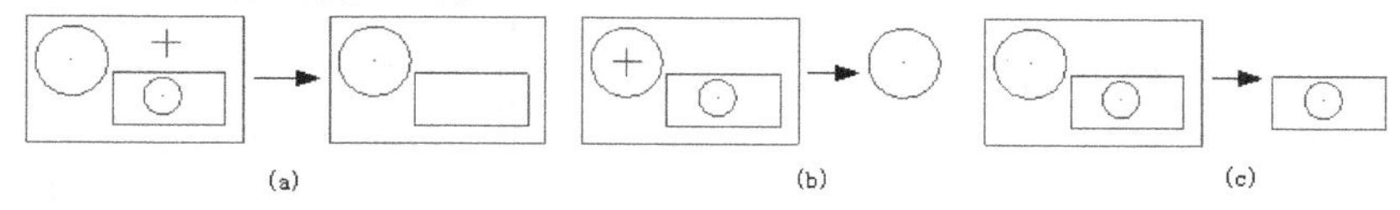

图 1-37　区域选择效果示意图

(6) “向量”——相交选择

利用鼠标绘制出直线，所有被直线穿过的图素均被选中，如图 1-38 所示为相交选择效果示意图。

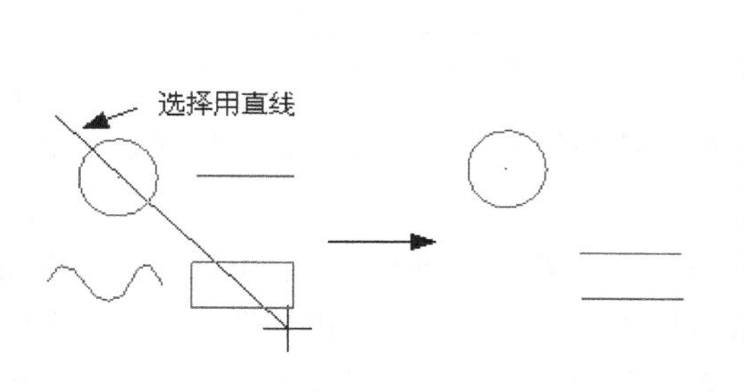

图 1-38　相交选择效果示意图

提示

在对鼠标选择方式列表进行选择时，系统会出现一个光标，提示用户通过单击鼠标右键进行选择。利用鼠标右键选择后，将在以后的选择中一直保持用户选择的方式，直到再次修改选择方式；利用鼠标左键也可进行选择，但只对下一次选择起作用，完成后将自动恢复系统默认的选择方式。

在图素选择栏中，Mastercam 还提供了三维实体选择功能，如图 1-39 所示。

当用户选择的图素出现重合时，可以单击按钮来进行验证。此时，在选择图素时，系统将自动打开打开如图 1-40 所示的验证操作框，用户可以通过和按钮来循环查找选择需要的图素。

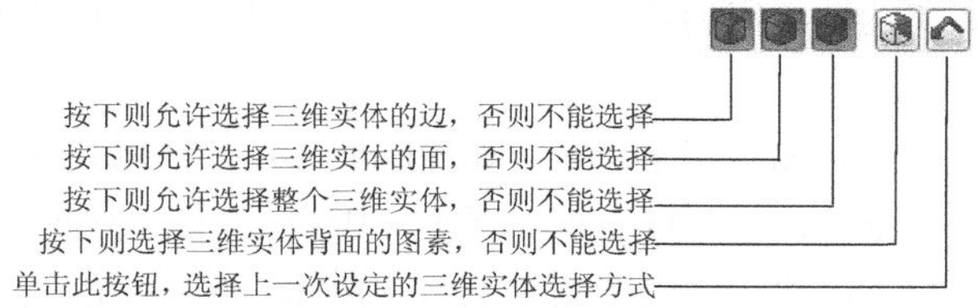

图 1-39　三维实体选择功能

图 1-40　验证操作框

1.6.2　图素串连

串连是一种图素连续选择的方法，在曲面和实体造型以及刀具路径的操作过程中都会使用到。串连分为开放式和封闭式两种类型，起点和终点重合的就被称为封闭式串连。

串连中首先需要考虑的是串连的起点位置和串连的方向。串连的起点位于靠近鼠标选择点最近的端点，而串连方向则为从该端点指向另一个端点的方向。

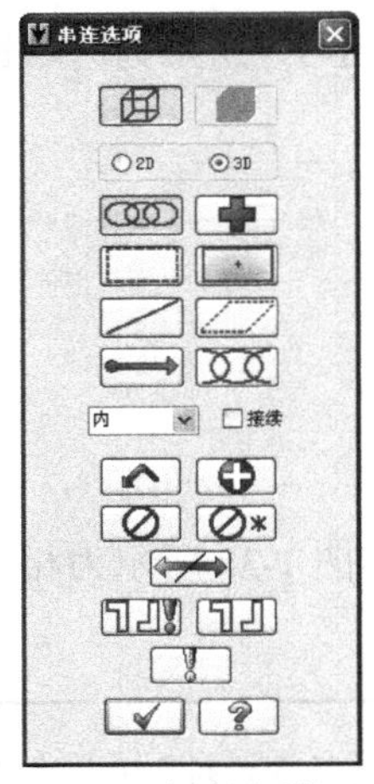

图 1-41 “串连选项”对话框

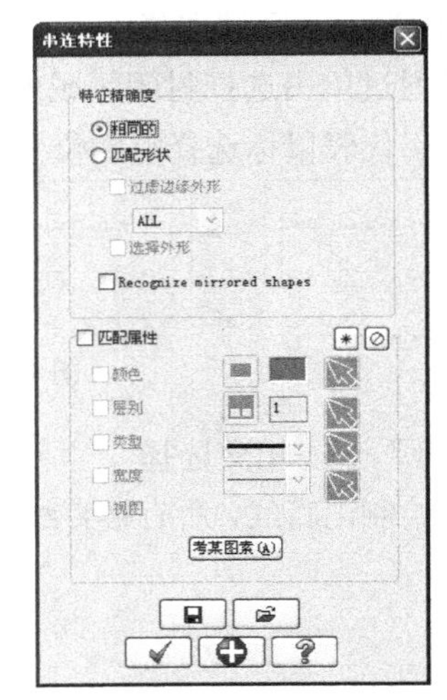

图 1-42 “串连特性”对话框

在进行串连操作时，一般情况下需要打开“串连选项”对话框，如图 1-41 所示。其中的选项在后续的实际应用中再分别详细叙述。

Mastercam X5 提供了一种新的串连选择方式——特征串连。利用该功能可以自动地将图素与用户选择的图素进行特征匹配，满足匹配条件的图素将被串连。在“串连选项”对话框中单击按钮，系统将打开如图 1-42 所示的“串连特性”对话框。用户可以利用这一对话框指定匹配条件。

1.6.3 图层管理

图层管理功能能够帮助用户高效、快速地组织和管理设计过程中的各种工作，该功能在各种 CAD/CAM 软件中都得到了广泛的应用。

随着设计工作的不断深入，图纸中的各种图素越来越多，如轮廓线、尺寸线以及各种辅助线和文字相互交错，特别是大型的设计图纸中，这一现象更加严重，用户设计和管理起来都十分麻烦。因此，便产生了图层技术。用户可以将相同类型的图素绘制在同一张透明的图纸上，最后将包含不同图素的图纸叠加在一起便形成了完整的设计图纸。当在其中一张图纸上绘制图素时，可以将其他无关的图纸隐藏，以方便操作。图层的原理示意图如图 1-43 所示。

Mastercam 的图层管理操作非常简单易学，下面以【例 1-3】来进行说明。

【例 1-3】图层管理

(1) 执行“文件”|“打开文件”命令，从配套光盘中打开如图 1-44 所示的“图层管理.MCX”文件。

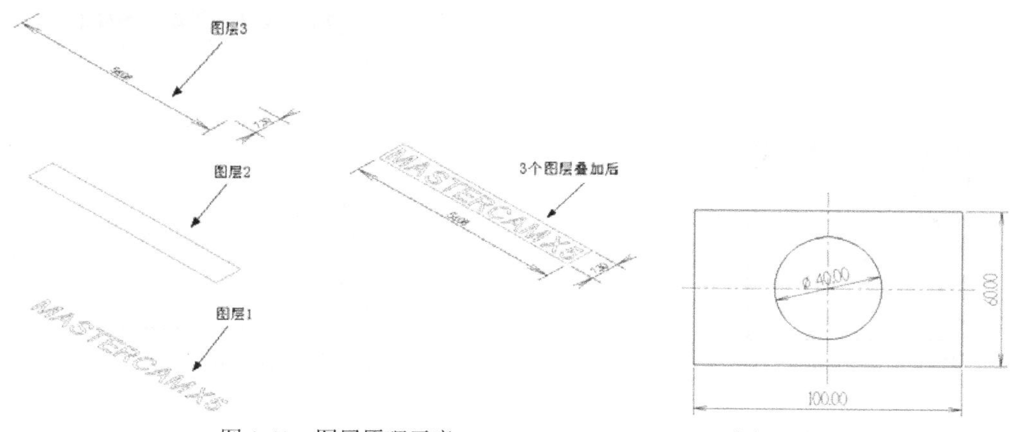

图 1-43　图层原理示意　　　　图 1-44　图层管理实例

(2) 单击状态栏的“层别”按钮，打开如图 1-45 所示的“层别管理”对话框。

(3) 单击第 2 层和第 3 层“突显”处，取消 X ，系统将显示如图 1-46 所示的图形，可以看到第 2 层和第 3 层的图素均被隐藏起来了。

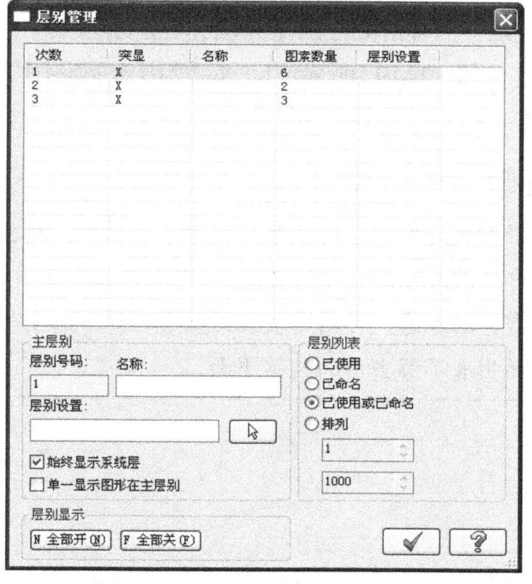

图 1-45　“层别管理”对话框

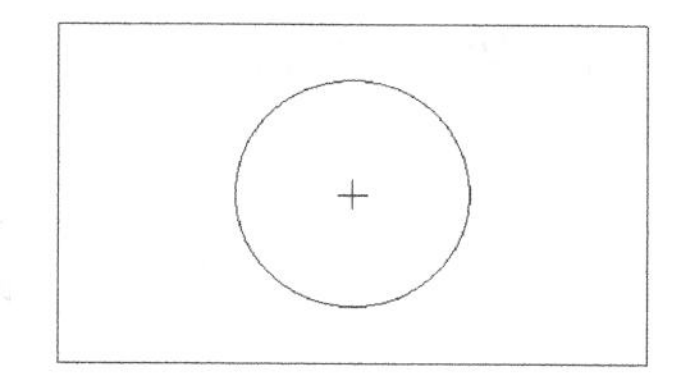

图 1-46　隐藏图层图素

(4) 恢复显示第 2 层和第 3 层的图素。在“层别”处单击鼠标右键，系统提示用户选择需要改变图层的图素。选中所有的中心线，然后确定，系统打开如图 1-47 所示的“改变层别”对话框。

(5) 按照如图 1-48 所示进行设置，将所有的中心线改为第 1 层后，图形并未变化。再次按照步骤(2)的方法打开“层别管理”对话框，从中可以看出原有的第 2 层因为没有图素已经不存在了，并且第 1 层中图素的数量增加了两个。

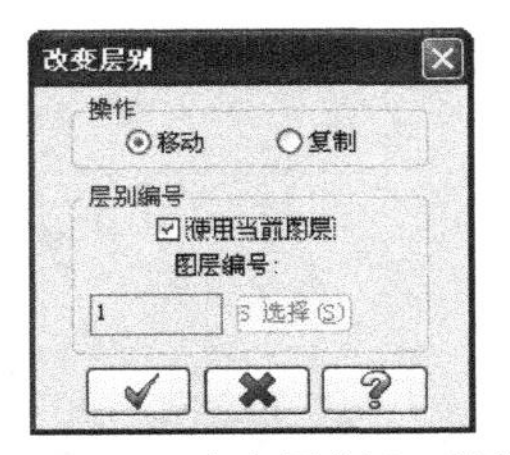

图 1-47 “改变层别”对话框

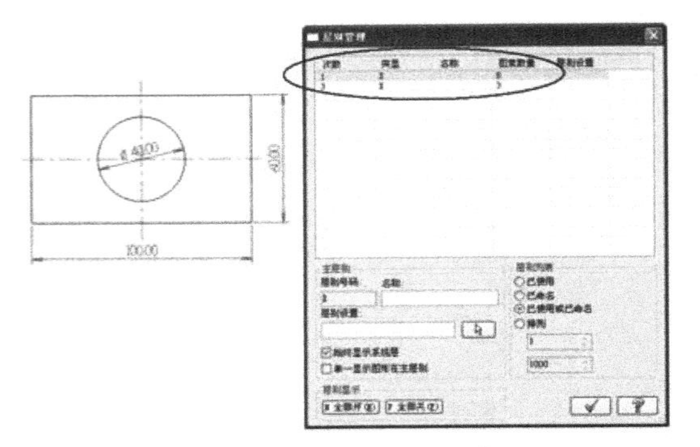

图 1-48 修改后只显示第 1 层

1.6.4 坐标系选择

描述一个物体在空间中的位置，首先必须建立一套完整的参考坐标系。在 Mastercam 中，这样的参考坐标系被称为工作坐标系(WCS)。它是一个标准的笛卡尔空间坐标系。

建立好工作坐标系后，用户即可方便地通过如图 1-49 所示的工具栏指定视图平面。单击按钮旁的箭头，将弹出如图 1-50 所示的下拉列表。

> **提示**
>
> 视图平面是用户当前观察图形对象的平面，构图平面是用户当前绘制图素所处的平面，有时二者并不重合，设计时需加以注意，时刻通过观察图形窗口中的坐标系显示和说明来了解当前的构图平面。

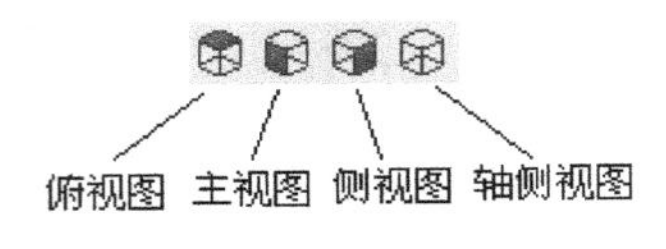

图 1-49 视图平面工具栏

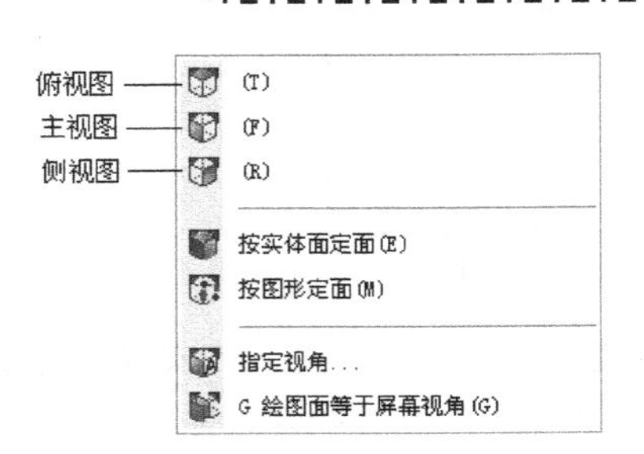

图 1-50 构图平面下拉列表

1.6.5 图形对象观察

在设计过程中，时常需要对当前图形对象中的某一部分进行放大或缩小等操作，这一工作可以通过执行“视图”菜单下的相应命令实现，如图 1-51 所示为“视图”菜单，也可以通过单

击图形对象观察工具栏中的相应按钮来实现，如图 1-52 所示为图形对象观察工具栏。

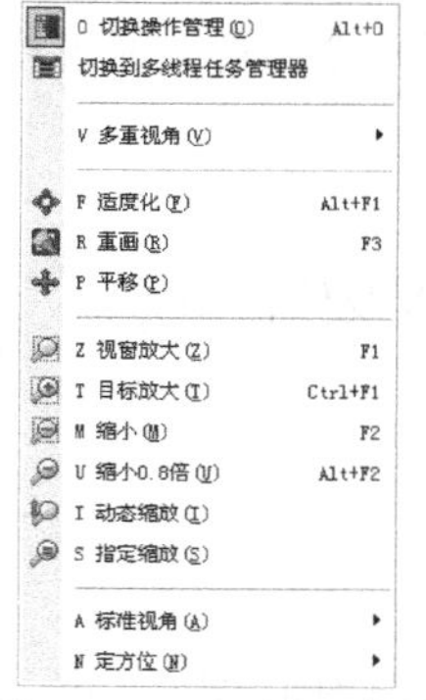

图 1-51　“视图”菜单

图 1-52　图形对象观察工具栏

“视图”菜单中的主要命令及其功能分别如下。

- “多重视角”：该命令包含 4 个子命令，如图 1-53 所示，用户可以通过选择不同的视角组合，让它们同时出现在视图窗口中，即将视图窗口进行分割。用户可以选择其中的任意一个窗口进行操作。注意这 4 个视图窗口的构图平面是一致的。

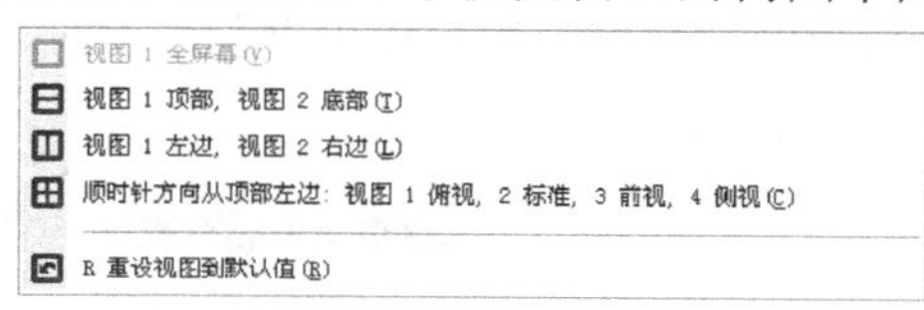

图 1-53　“多重视角”命令的子命令

- “适度化”：将所有图形对象满屏显示。
- “平移”：选择该命令后，按住鼠标左键，并拖曳鼠标，可以平移整个视窗。
- “视窗放大”：利用鼠标通过绘制矩形观察窗口的两个端点，选择观察窗口，系统会自动将窗口内的图形对象满屏显示。

提示

还可以利用鼠标和键盘来调整对图形对象的观察。如两键加滚轮的鼠标，可以通过滚动滚轮来实现图形对象的放大和缩小，按住滚轮拖曳鼠标可以实现图形对象的转动。利用键盘的方向键，可以上下左右移动图形窗口。

- “目标放大”：利用鼠标选择一个矩形观察窗口的中心，并拖曳鼠标选择观察窗口的大小，系统会自动将窗口内的图形对象满屏显示。
- “缩小”：将当前视图加入视图队列并保存；如果在视图队列中没有视图，则将图形对象显示缩小至当前的 1/2。系统会把用户所使用的视图按先后进行存储，形成视图队列。
- “缩小 0.8 倍”：将图形对象显示缩小至当前的 0.8 倍。
- “动态缩放”：可利用鼠标在图形窗口中选择一个中心，通过上下拖曳鼠标来放大或缩小图形对象的显示。
- “指定缩放”：按用户选择的图素调整视图。

图形对象观察工具栏中的主要选项及其功能分别如下。

- ⊙ ：动态显示，可以利用鼠标在图形窗口中选择一个中心，通过拖曳鼠标来使图形对象绕该点进行旋转，调整视图。
- ⊙ ：选择前一个视图平面进行观察。
- ⊙ ：选择标准的视图平面，如主视图、侧视图以及俯视图等。

1.6.6 对象分析

分析功能主要用于对图素的各种相关信息进行分析，得出分析报告，以便帮助用户进行设计。选择“分析”主菜单项，弹出如图 1-54 所示的“分析”下拉菜单。

1. 图素属性分析

执行“分析”|“图素属性”命令，系统将提示用户选择需要进行分析的图素。选择并确定后，根据选择图素的不同，系统会自动对图素进行区别与分析，然后显示出属性报告。如图 1-55 所示的是直线和圆弧的属性分析报告对话框。用户还可以利用该对话框中的一些按钮来修改图素，这些按钮的具体含义将在后面相关章节中介绍。

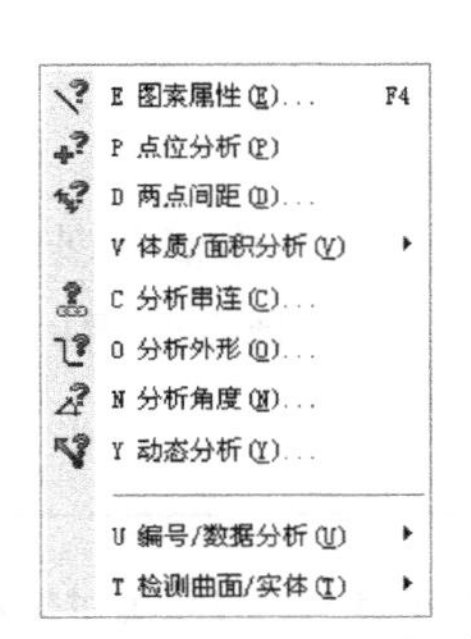

图 1-54 “分析”下拉菜单

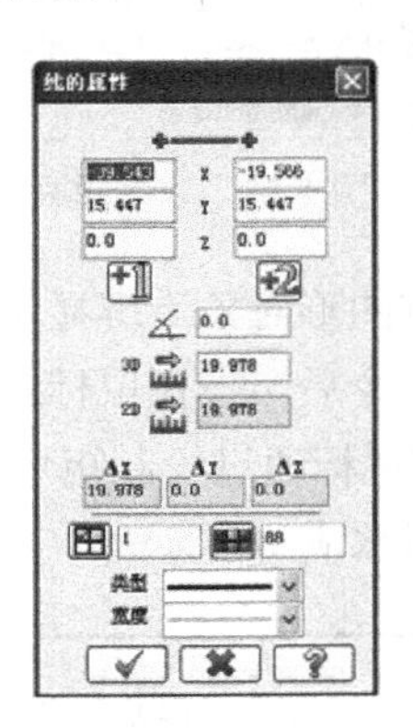
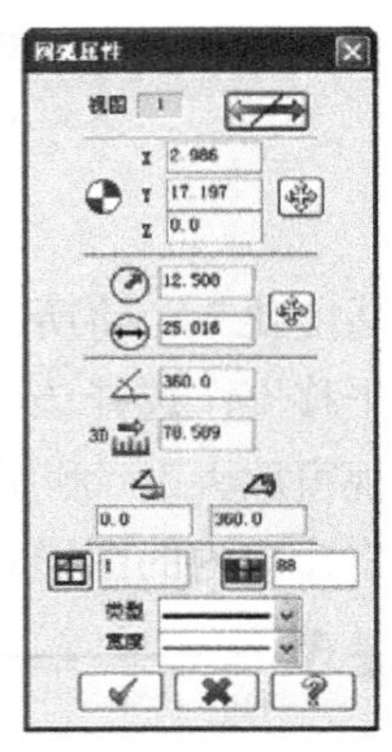

图 1-55 直线和圆弧的属性分析报告对话框

2. 位置分析

执行“分析”|“点位分析”命令，系统将提示用户利用鼠标在图形窗口中选择需要分析的点，选择并确定后，系统将打开如图 1-56 所示的“位置分析”对话框，指出选择点的坐标值。该命令对未知点的坐标测量非常有效。

3. 距离分析

执行“分析”|“两点间距”命令，系统将提示用户在图形窗口中选择两个点，选择并确定后，系统将会自动分析两点的坐标，以及两点之间的 2D 和 3D 距离，打开如图 1-57 所示的“距离分析”对话框。

图 1-56 “位置分析”对话框

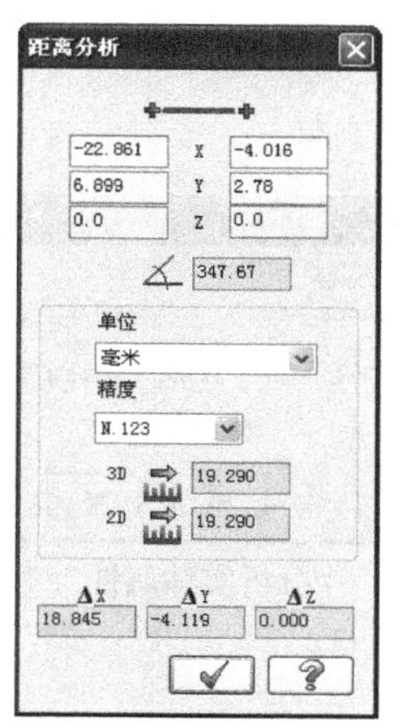

图 1-57 “距离分析”对话框

4. 面积/体积分析

面积/体积分析包括 3 个分析命令，分别针对二维图形面积、曲面面积和三维实体体积进行分析。

执行“分析”|“体质/面积分析”|“平面面积”命令，系统将提示用户选择需要分析的区域。选择并确定后，系统打开如图 1-58 所示的“分析 2D 平面面积”对话框，指出图形的面积、周长、重心位置等信息。单击按钮，可以将报告信息进行保存。

执行“分析”|“体质/面积分析”|“曲面表面积”命令，系统将提示用户选择需要分析的曲面。选择并确定后，系统将打开如图 1-59 所示的“分析曲面面积”对话框，其中只有全部的曲面面积和弦差两个选项。

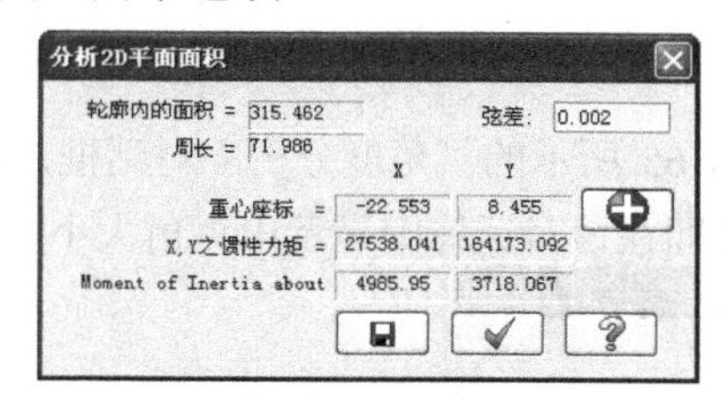

图 1-58 “分析 2D 平面面积”对话框

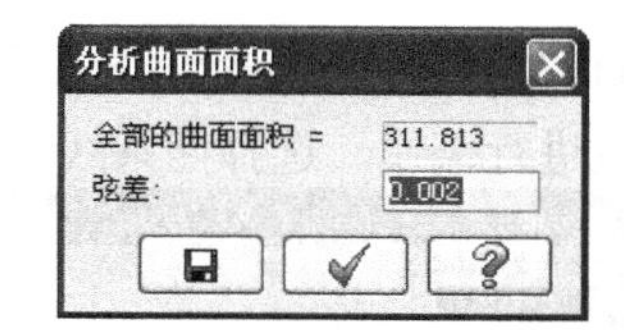

图 1-59 “分析曲面面积”对话框

执行“分析”|“体质/面积分析”|“分析实体属性”命令，系统将提示用户选择需要分析的三维实体。选择并确定后，系统打开如图 1-60 所示的“分析实体属性”对话框。其中，在“密度”文本框中，可以输入实体的密度，系统将自动计算出实体质量，并在“质量”文本框中显示出来。

5. 串连分析

执行“分析”|“分析串连”命令，系统将提示用户选择需要分析的串连图素。选择并确定后，系统将打开如图 1-61 所示的“串连图素的分析”对话框。设置完成后，系统将打开如图 1-62 所示的“串连图素分析报告”对话框。

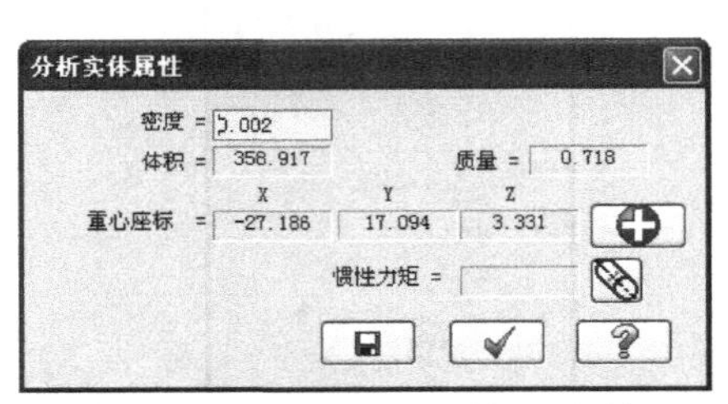

图 1-60 “分析实体属性”对话框

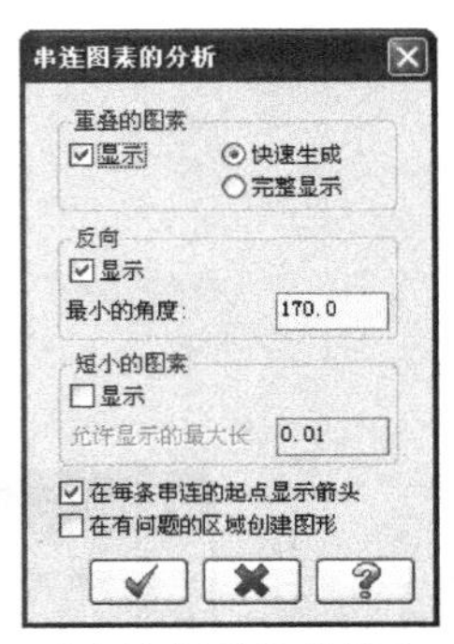

图 1-61 “串连图素的分析”对话框

图 1-62 “串连图素分析报告”对话框

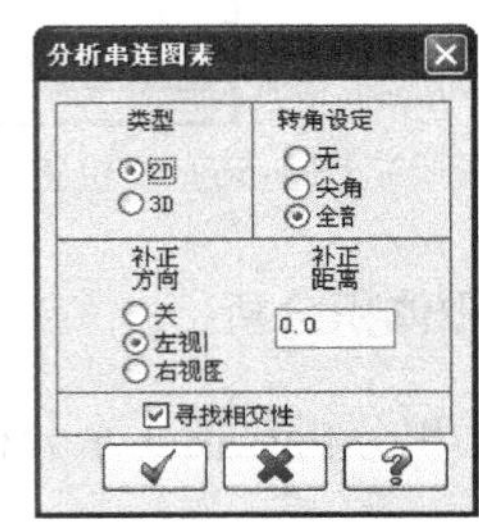

图 1-63 “分析串连图素”对话框

6. 外形分析

执行“分析”|“分析外形”命令，系统将提示用户选择需要分析的串连图素。选择并确定后，系统将打开如图 1-63 所示的“分析串连图素”对话框。设置完成后，系统将自动弹出如图 1-64 所示的外形分析报告。

7. 角度分析

执行“分析”|“分析角度”命令，打开如图 1-65 所示的“角度分析”对话框，利用鼠标在图形区域进行操作，选择两条线段或三点后，系统即在该对话框中显示出夹角大小及其补角值。

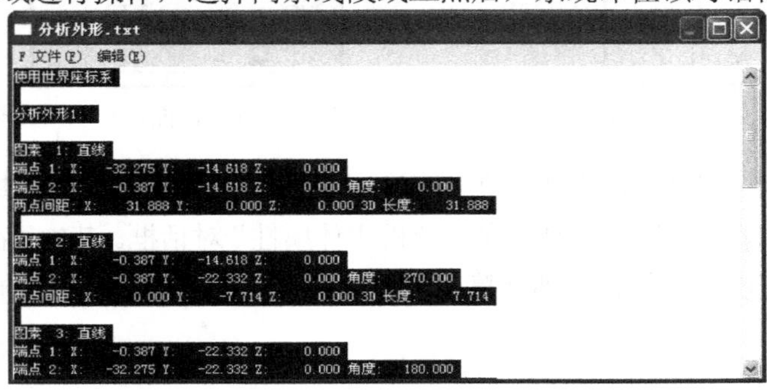
分析外形.txt
文件(F) 编辑(E)
使用世界座标系
分析外形1:
图素 1: 直线
端点 1: X: -32.275 Y: -14.618 Z: 0.000
端点 2: X: -0.387 Y: -14.618 Z: 0.000 角度: 0.000
两点间距: X: 31.888 Y: 0.000 Z: 0.000 3D 长度: 31.888
图素 2: 直线
端点 1: X: -0.387 Y: -14.618 Z: 0.000
端点 2: X: -0.387 Y: -22.332 Z: 0.000 角度: 270.000
两点间距: X: 0.000 Y: -7.714 Z: 0.000 3D 长度: 7.714
图素 3: 直线
端点 1: X: -0.387 Y: -22.332 Z: 0.000
端点 2: X: -32.275 Y: -22.332 Z: 0.000 角度: 180.000

图 1-64 外形分析报告

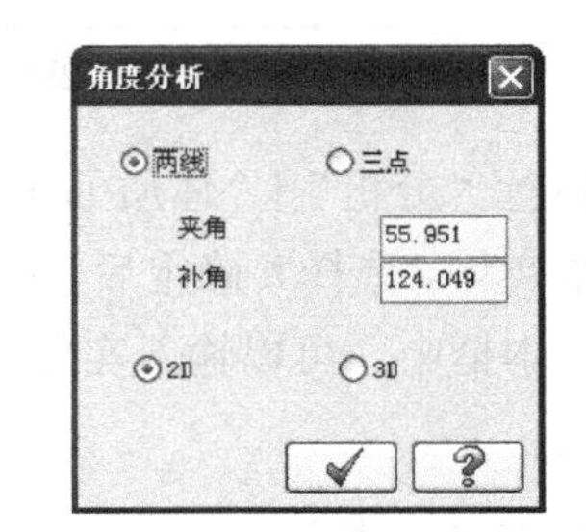

图 1-65 “角度分析”对话框

8. 动态分析

执行“分析”|“动态分析”命令，系统将提示用户选择需要分析的图素，选择并确定后，

系统将打开如图 1-66 所示的“动态分析”对话框，用户可以在图素上移动鼠标光标，“分析”对话框中的显示信息也将会随着光标所在点的位置不同而发生变化。

9. 顺序/编号分析

执行“分析”|“编号/数据分析”|“图素编号”命令，打开如图 1-67 所示的“分析图素编号”对话框，系统将自动分析某一步骤所绘制的几何图形的参数，并显示出分析结果。

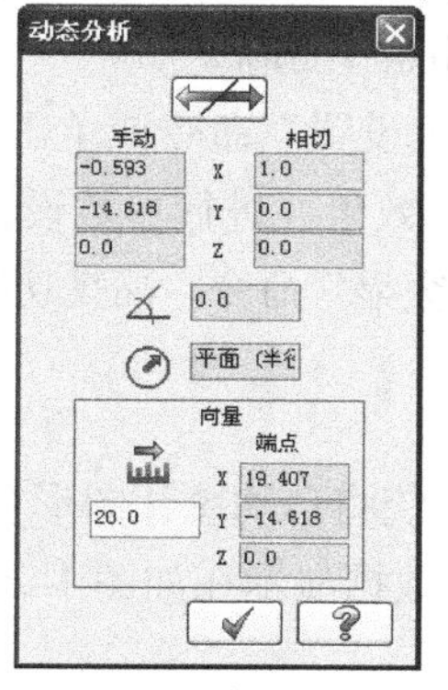

图 1-66　“动态分析”对话框

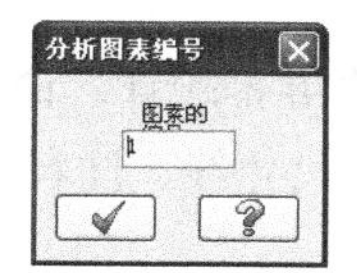

图 1-67　“分析图素编号”对话框

执行“分析”|“编号/数据分析”|“图素数据”命令，系统将自动分析用户选择的几何图形的创建顺序及创建时间，分析结果在“数据属性”对话框中显示，如图 1-68 所示。

10. 曲面/实体分析

执行“分析”|“检测曲面/实体”|“检测曲面”或“检测实体”命令，将打开曲面和实体分析功能。该功能能够快速地分析曲面和实体，并提出曲面和实体是否存在错误的提示。

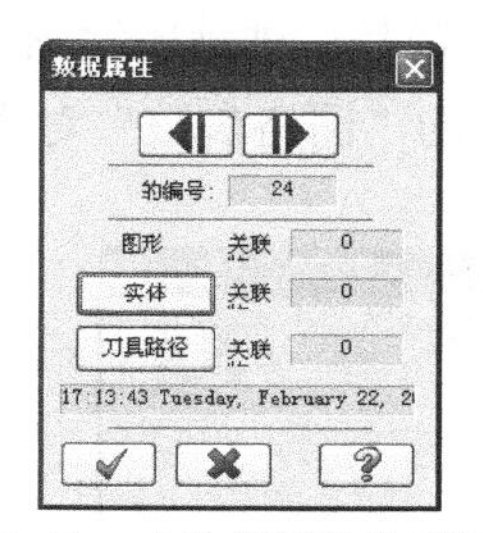

图 1-68　“数据属性”对话框

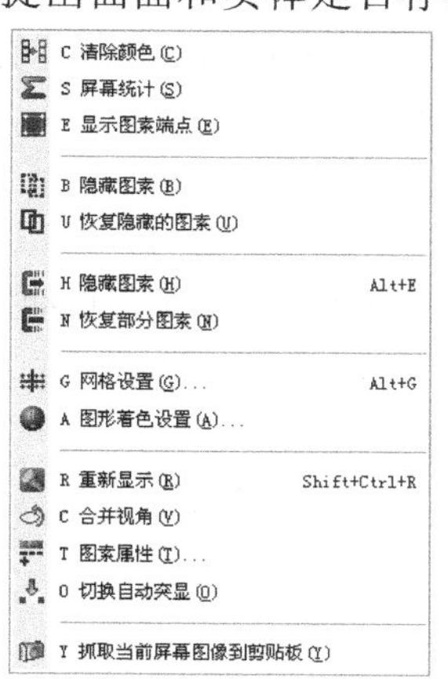

图 1-69　“屏幕”菜单

1.6.7　屏幕环境设置

屏幕环境设置主要通过执行“屏幕”菜单下的各种命令来实现，如图 1-69 所示为“屏幕”

菜单。

1. 显示效果功能

在“屏幕”菜单中，有以下 3 项命令与显示相关。

- “清除颜色”：在对图素进行某些操作后，系统会自动创建“组”和“结果”两个组群，并根据组群设置显示颜色。执行“屏幕”|“清除颜色”命令或单击按钮可以清除图素上的颜色，恢复其本身的颜色，并将其从组群中删除。
- “图形着色设置”：执行“屏幕”|“图形着色设置”命令或单击按钮，将打开“着色设置”对话框，在该对话框中可以激活着色效果并进行参数设置。
- “切换自动突显”：执行“屏幕”|“切换自动突显”命令，高亮功能将被取消或者开启。

2. 屏幕统计

执行“屏幕”|“屏幕统计”命令或单击按钮，系统将自动统计图形窗口中每种类型的图素，如直线、圆弧、尺寸线、注释等的数量，并将统计数据显示在如图 1-70 所示的“当前”对话框中。

3. 图素隐藏和恢复

图素隐藏指的是将部分图素从屏幕中暂时移除，即不显示它，这样可以使得图形窗口简洁，便于用户操作。

通过执行“屏幕”|“隐藏图素(B)”命令或“屏幕”|“隐藏图素(H)”命令，都可以实现图素隐藏。这两个操作的不同之处在于，前者是将被选中的图素隐藏，后者是将没有被选中的图素隐藏。

执行“屏幕”|“恢复隐藏的图素”命令或“屏幕”|“恢复部分图素”命令，可以将暂时被隐藏的图素恢复显示。

4. 网格设置

网格点又称为栅格点，系统会自动捕捉这些网格点。网格是一种辅助绘图手段。

执行“屏幕”|“网格设置”命令，打开如图 1-71 所示的“网格参数”对话框，在其中可以进行相关参数设置。

图 1-70 “当前”对话框

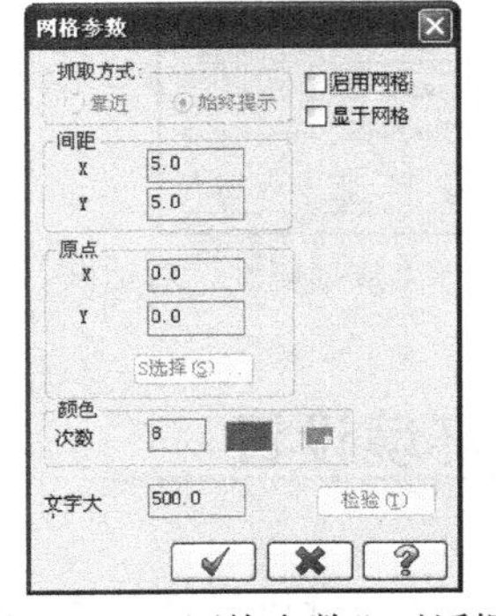

图 1-71 “网格参数”对话框

5. 刷新显示列表

执行“屏幕”|“重新显示”命令，系统将自动更新当前图形窗口中的显示列表，这有助于提高显示的速度和性能。

6. 视图合并

执行“屏幕”|“合并视角”命令，系统将把一组平行的视图合并成一个视图。该功能在进行文件转换时特别有用，它可以减少视图的数量，使用户的操作变得更加简单。

7. 几何属性设定

执行“屏幕”|“图素属性”命令，打开如图 1-72 所示的“属性”对话框。在该对话框中可以对颜色、线型和线宽等几何属性进行设置。

8. 屏幕截图

执行“屏幕”|“抓取当前屏幕图像到剪贴板”命令，系统将把当前图形窗口中用户选中的部分内容以位图的形式复制到系统剪贴板中。

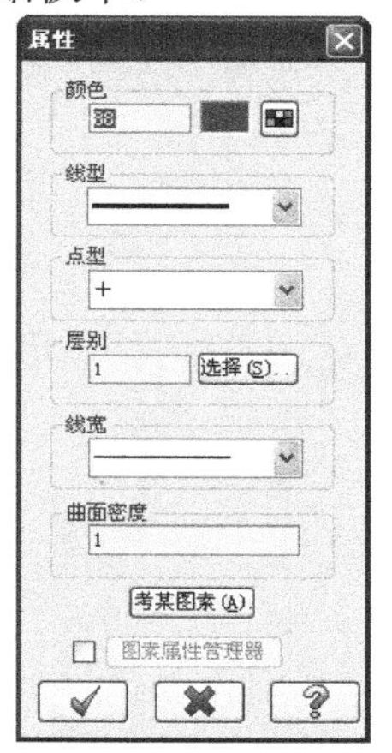

图 1-72　“属性”对话框

1.7　习题

1. Mastercam X5 的工作界面由哪些主要部分组成？
2. 视图平面和构图平面有何不同？
3. 修改图素属性时，在状态栏“属性”按钮处，单击鼠标左键和右键有何不同？
4. 解释系统公差和串连公差的含义，以及如何进行设置。

第2章 二维造型设计

学习目标

二维图形绘制是任何 CAD 软件的基本功能，本章将介绍 Mastercam 二维设计中的各种基本图素的绘制方法、二维图形的编辑操作，以及二维图形的标注方法。

本章重点

- 掌握点、直线、圆弧、曲线、倒角、矩形和椭圆的基本绘制方法
- 了解其他图素的基本绘制方法
- 掌握对象删除功能
- 掌握对象编辑的各种功能
- 掌握对象变化的各种功能
- 掌握如何设置尺寸标注的各种样式
- 掌握尺寸标注的各种方法
- 掌握尺寸编辑的方法
- 掌握各种类型的图形标注方法

2.1 二维图形的绘制

二维图形绘制功能主要通过执行如图 2-1 所示的“绘图”菜单中的命令或者单击工具栏中的按钮来实现。

2.1.1 点

点是最基本的图形元素。各种图形的定位基准往往是各种类型的点，如直线的端点、圆或弧的圆心点等。Mastercam X5 为用户提供了 6 种基本点以及两种线切割刀具路径点的绘制方法。

执行“绘图”|“绘点”命令，弹出如图 2-2 所示的“绘点”子菜单，其中每一个命令均代表一种点的绘制方法。也可以单击工具栏中图标的下拉按钮，选择基本点的绘制方法。

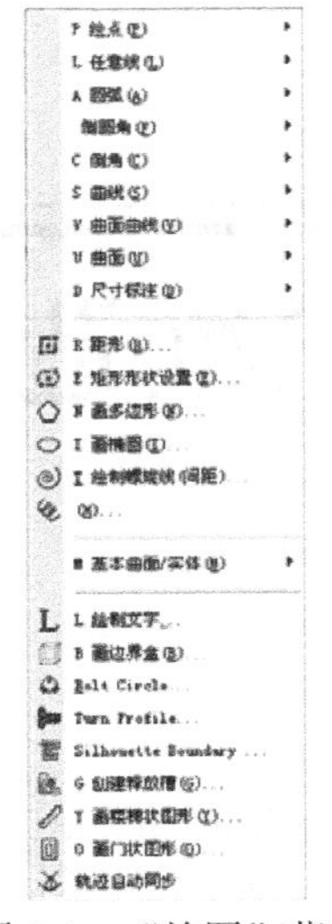

图 2-1 “绘图”菜单

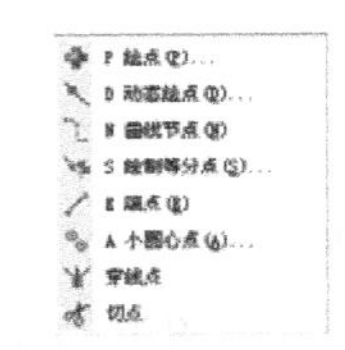

图 2-2 “绘点”子菜单

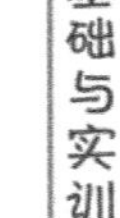

1. 任意位置点

执行“绘图”|“绘点”|“绘点”命令或单击按钮，此时的 Ribbon 工具栏如图 2-3 所示。

用户除了可以直接利用鼠标在图形窗口中选取点之外，还可以通过坐标输入法和特殊点输入法来绘制任意位置点。

(1) 坐标输入法

在工具栏中的位置显示栏 X -23.868 Y 17.00359 Z 0.0 中直接输入点的坐标值进行绘制。单击按钮，位置显示栏将变成一个空白文本框，此时用户可以通过按照如“10,10,10”或“X10Y10Z10”的格式直接输入坐标值，以绘制坐标为(10,10,10)的点。单击位置显示栏中的X、Y或Z按钮，系统将锁定相应的坐标值，即后续绘出的点在该坐标轴上将具有相同的坐标值。再次单击该按钮即可解除锁定。

(2) 特殊点输入法

单击图标中的下拉三角按钮，系统将弹出如图 2-4 所示的“特殊点”下拉列表，用于实现一些特殊点的捕捉，如圆心、端点、原点、中点和等分点等。

在绘制完一个点后，单击工具栏上的按钮，系统将对刚刚绘制的点进行重绘。该功能在绘制各种图素中会经常使用。以三点法画圆为例，为重新获得一个新的圆，可分别单击、或按钮。它们分别表示二、三点不动，修改第一点；一、三点不动，修改第二点；一、二点不动，修改第三点。依此类推，该功能通过对选择点进行重新绘制而保持其他点不变来生成新的图素。

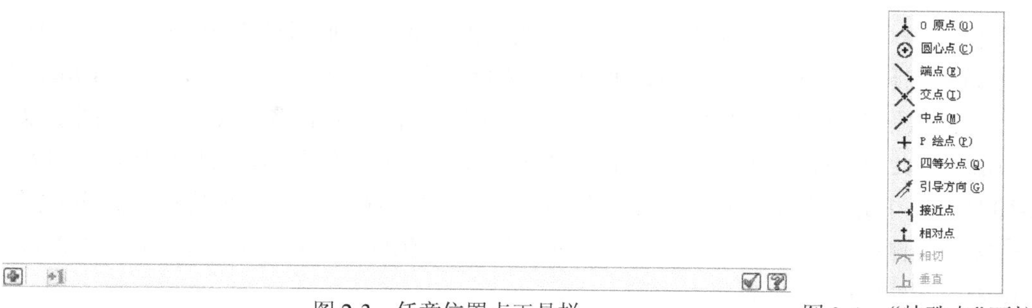

图 2-3　任意位置点工具栏

图 2-4　“特殊点”下拉列表

2. 动态点

动态绘制点指的是沿已有的图素，如直线、圆、弧或曲线，通过移动鼠标光标来动态生成点。

执行“绘图”|“绘点”|“动态绘点”命令或单击按钮，此时的 Ribbon 工具栏如图 2-5 所示。选择已有的图素，系统将会沿着该图素出现一条带箭头的线，箭头方向表示正向，另一边端点为相对零点。该箭头线的末端代表绘制点所在的位置，如图 2-6 所示。Ribbon 工具栏中，在按钮右侧的文本框中，可以直接输入点沿图素相对于相对零点的距离。在按钮右侧的文本框中，可以输入点相对于曲线的偏置值。参照图 2-7 所示进行动态点参数设置，指定两个参数值均为 20。在进行偏置时，系统会在图素的法线方向出现图标，以提示用户利用鼠标选择偏置的方向。在 0.9068, 0.4216, 0.0000 中将显示与该点法线的方向坐标。单击确定按钮，完成动态点绘制。

图 2-5　“动态点”工具栏

图 2-6　动态点示意图

3. 曲线节点

执行“绘图”|“绘点”|“曲线节点”命令或单击按钮，选择所需的曲线，系统会自动在曲线节点处生成点。实例如图 2-8 所示。借助节点，可以对曲线进行修改。

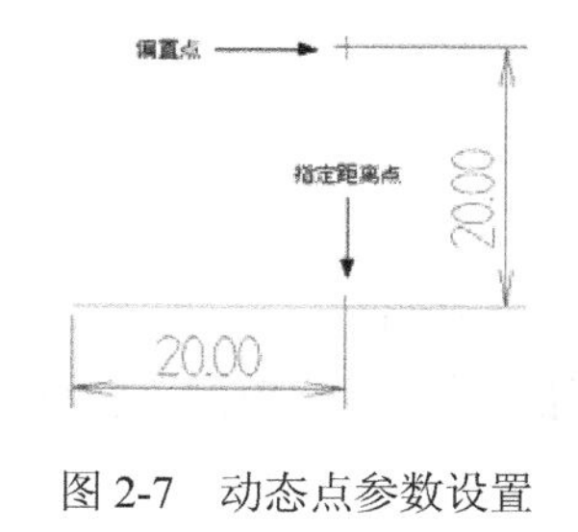

图 2-7　动态点参数设置

图 2-8　曲线节点绘制实例

4. 等分点

等分点指的是在已有的图素上，如直线、圆弧和曲线等，按指定距离或按指定数量均分图素，在分段处绘制点。

执行“绘图”|“绘点”|“绘制等分点”命令或单击按钮，此时的 Ribbon 工具栏如图 2-9 所示，系统将出现提示文字“沿一图素画点，请选择图素”，以提示用户选择图素。Ribbon 工具栏中，在按钮右侧的文本框中输入点沿图素之间的距离，最后将生成一系列沿图素以此长度均布的点，此时在按钮右侧的文本框中将显示生成点的数量。输入距离为 10，则效果如图 2-10 所示。在按钮右侧的文本框中输入需要生成的点的数量，系统将按点数均分图素，此时按钮右侧的文本框中将显示点之间的距离。输入生成点数量为 6，则效果如图 2-11 所示。单击确定按钮，完成等分点绘制。

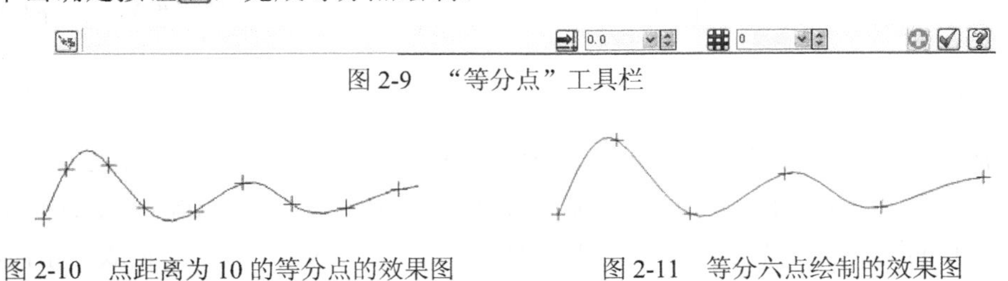

图 2-9 “等分点”工具栏

图 2-10 点距离为 10 的等分点的效果图

图 2-11 等分六点绘制的效果图

5. 端点

执行“绘图”|“绘点”|“绘制端点”命令或单击按钮，系统将在用户选择的图素两端绘制点。

圆和椭圆都有端点，但起点和终点重合；样条曲线的起点和终点重合时，将形成封闭的样条曲线。

6. 小弧圆心点

小弧圆心点是指小于或等于指定半径的圆或弧的圆心点。

执行“绘图”|“绘点”|“小圆心点”命令或单击按钮，此时的 Ribbon 工具栏如图 2-12 所示。系统将提示用户选择需要绘制圆心的圆或弧。单击确定按钮，完成小弧圆心点绘制。

图 2-12 “小圆心点”工具栏

Ribbon 工具栏中的 3 个按钮含义如下。

- 按钮右侧的文本框用于设置半径。
- 单击按钮，可以绘制弧的圆心。
- 单击按钮，绘制完圆心后，系统会将对应的圆或弧删除掉。

将如图 2-13 所示中的圆和弧都选中后，单击不同的按钮会产生不同的绘制效果。

7. 线切割刀具路径功能点

在线切割刀具路径操作时执行“绘图”|“绘点”|“穿线点”命令和“绘图”|“绘点”|“切点”命令，利用鼠标选择即可选择刀具路径起始点和刀具路径中断点。其点型分别为 和 。

2.1.2　直线

Mastercam X5 提供了 6 种直线的绘制方法。执行“绘图”|“任意线”命令，弹出如图 2-14 所示的“直线绘制”子菜单，其中的每一个命令均代表一种直线的绘制方法。用户也可以通过单击工具栏中 的下拉按钮来选择直线的绘制方法。

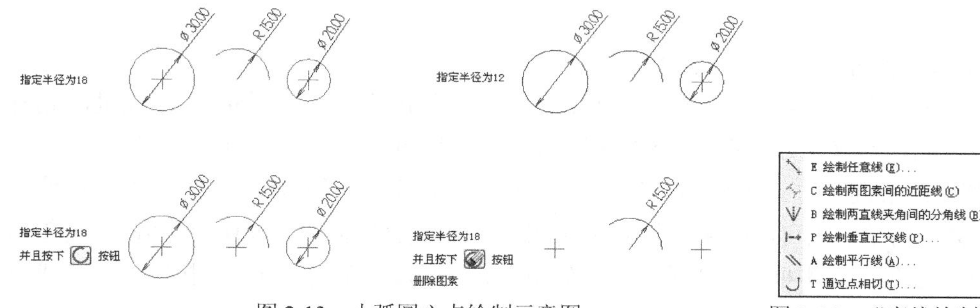

图 2-13　小弧圆心点绘制示意图　　　　图 2-14　“直线绘制”子菜单

1. 端点连线

该命令通过确定线的两个端点来绘制直线，同时能够绘制连续线、垂直线、极坐标线、水平线和切线。

执行“绘图”|“任意线”|“绘制任意线”命令或单击 按钮，此时的 Ribbon 工具栏如图 2-15 所示。系统将提示用户选择直线的两个端点来绘制直线。单击确定按钮，完成端点连线绘制。

用户可以通过 Ribbon 工具栏中的各个按钮来绘制不同的直线。该工具栏中的各个按钮及其含义如下。

- 单击按钮，可创建一组首尾相连的直线。
- 在按钮右侧的文本框可以输入直线的长度，并可以单击该按钮将长度锁定。
- 在按钮右侧的文本框中可以输入直线与水平位置的夹角，并可以单击按钮将角度锁定。
- 单击或按钮以可以绘制垂线和水平线。这两个按钮之间的文本框将显示当前直线沿水平或垂直方向相对于坐标系原点的位置。
- 单击按钮可以绘制与某一圆或圆弧相切的直线。

2. 近距离线

近距离线是指两个图素间的最近连线。

执行“绘图”|“任意线”|“绘制两图素间的近距线”命令或单击 按钮，即选择了使用近距离线的方式来绘制直线。系统将提示用户选取直线，圆弧，或曲线，利用鼠标选择图素即可。实例如图 2-16 所示。单击“确定”按钮，完成近距离线绘制。

图 2-15　“端点连线”工具栏　　　　图 2-16　近距离线实例

3. 角平分线

该命令用来绘制两条交线的角平分线。

执行“绘图”|“任意线”|“绘制两直线夹角间的分角线”命令或单击按钮，此时 Ribbon 工具栏如图 2-17 所示。系统将显示提示文字“选择两条不平行的直线”。选择直线后，系统将在选择的两条直线的交点处绘制角平分线。单击按钮，系统将绘制出一条角平分线；单击按钮，系统将绘制出可能的 4 条角平分线，用户可以选择所需的予以保留。实例如图 2-18 所示。在按钮右侧的文本框中可以输入需要的角平分线长度。单击“确定”按钮，完成角平分线绘制。

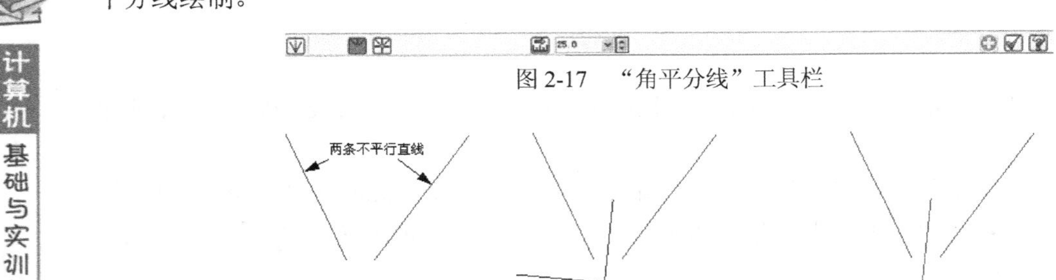

图 2-17　“角平分线”工具栏

图 2-18　角平分线实例

4. 垂线

垂线指的是过某图素上的一点，与图素在该点的切线相垂直的一条线。

执行“绘图”|“任意线”|“绘制垂直正交线”命令或单击按钮，此时的 Ribbon 工具栏如图 2-19 所示。系统将提示用户选择一条直线、圆弧或者曲线。选择后，系统提示用户选择垂线通过的点，可以通过坐标指定或鼠标捕捉的方式进行选择，最后确定即可，如图 2-20 所示为垂线实例。

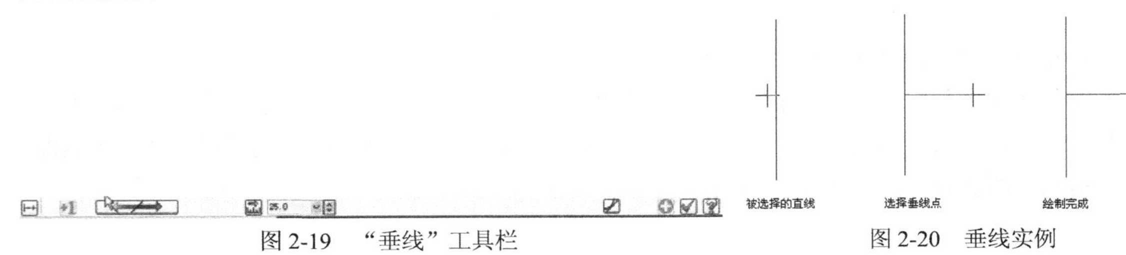

图 2-19　“垂线”工具栏　　　　图 2-20　垂线实例

Ribbon 工具栏中，在按钮右侧的文本框中可输入所需的直线长度。单击按钮，系统将提示用户依次选择一个圆或弧和一条直线，系统将绘制出圆的两条可能切线。这两条切线同时和直线垂直，选择其中的一条保留下来。实例如图 2-21 所示。单击按钮，将改变垂线相对于图素的位置。单击“确定”按钮，完成垂线绘制。

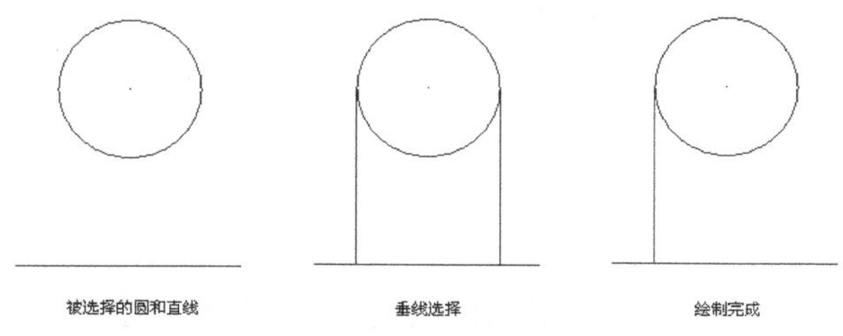

图 2-21　垂线实例

5. 平行线

平行线画法指的是在已有直线的基础上，绘制一条与之平行的直线。

执行“绘图”|“任意线”|“绘制平行线”命令或单击按钮，此时的 Ribbon 工具栏如图 2-22 所示。系统将提示用户首先选择一条直线，然后再使用鼠标选择一个点，系统将过此点绘制一条与被选中直线平行的直线，这两条直线的长度相同。Ribbon 工具栏中，在按钮右侧的文本框中输入两条直线之间的距离，通过单击按钮来选择平行线在被选中直线的那一侧。单击按钮，系统将提示用户先选择一条直线，然后再选择一个圆或一条弧，系统将会绘制一条和圆或弧相切的平行线。实例如图 2-23 所示。单击“确定”按钮，完成平行线绘制。

图 2-22　“平行线”工具栏

图 2-23　平行线实例

6. 切线

切线是指在已有圆弧或曲线上，过指定点与其相切的直线。

执行“绘图”|“任意线”|“通过点相切”命令或单击按钮，此时的 Ribbon 工具栏如图 2-24 所示。根据系统提示，利用鼠标选择图形中的曲线，然后选择曲线上一点，系统会自动过此点绘制一条与被选中曲线相切的直线。在按钮右侧的文本框中可输入直线的长度，也可通过拖动鼠标确定。单击“确定”按钮，完成切线绘制，如图 2-25 所示。

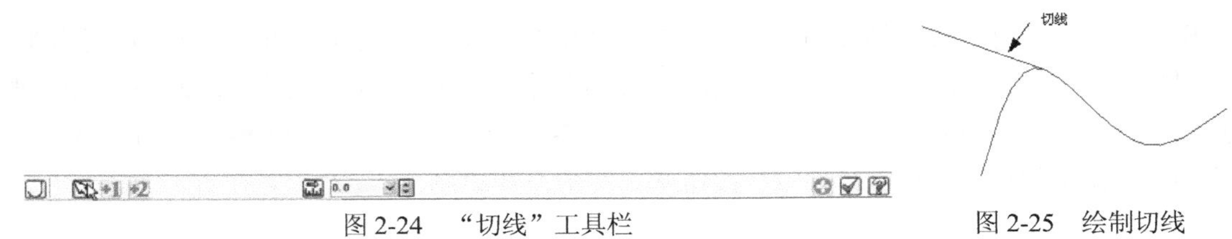

图 2-24　“切线”工具栏　　图 2-25　绘制切线

2.1.3　圆和弧

Mastercam X5 向用户提供了 7 种圆和弧的绘制方法。执行“绘图”|“圆弧”命令，弹出如图 2-26 所示的圆和弧绘制子菜单，其中每一个命令均代表一种绘制方法。用户也可以通过单击工具栏中的下拉按钮来选择圆或弧的绘制方法。

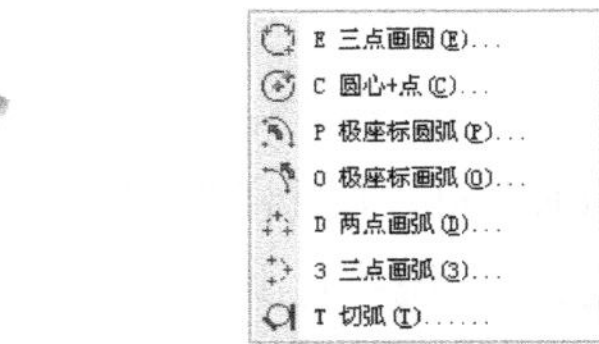

图 2-26　圆和弧绘制子菜单

图 2-27　“三点画圆”工具栏

1. 三点画圆

三点画圆即通过指定不在同一条直线上的 3 个点来绘制一个圆。

执行“绘图”|“圆弧”|“三点画圆”命令或单击按钮，此时的 Ribbon 工具栏如图 2-27 所示。用户依次选择 3 个点，系统自动绘制出一个圆。在 Ribbon 工具栏中，单击按钮，将通过鼠标指定一条直径的两个端点来绘制圆。单击按钮，将通过指定圆上 3 点来绘制圆。单击按钮，系统将会提示用户选择两个以上的图素，然后需要在或按钮右侧的文本框中输入期望的半径或直径值，系统将绘制出一个与选择图素相切的圆，如图 2-28 所示。单击“确定”按钮，完成相切圆的绘制。

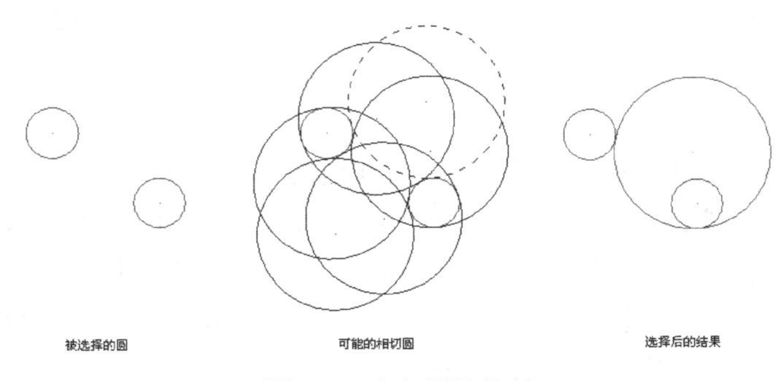

图 2-28　相切圆的绘制

2. 圆心画圆

通过圆心画圆即通过指定圆心和圆上一点，或者圆心和半径来绘制一个圆。

执行“绘图”|“圆弧”|“圆心+点”命令或单击按钮，此时的 Ribbon 工具栏如图 2-29 所示。系统将提示用户在图形窗口中选择一个点作为圆心，然后选择圆上的一点绘制圆，或者在或按钮右侧的文本框中输入期望的半径或直径来绘制圆。单击按钮，系统将提示用户首先选择一点作为圆心，然后选择一条已存在的直线或圆弧。系统将自动绘制出一个与选取图素相切的圆。单击“确定”按钮，完成圆心画圆。

图 2-29　圆心画圆工具栏

3. 极坐标圆心画弧

通过极坐标圆心画弧即通过指定圆心点、半径、起始和终止角度来绘制一段弧。

执行“绘图”|“圆弧”|“极坐标圆弧”命令或单击按钮，此时的 Ribbon 工具栏如图 2-30 所示。系统提示用户选中一点作为圆弧的圆心，然后可以直接利用鼠标依次选取弧的起始和终止点。也可以在 Ribbon 工具栏中，在或按钮右侧的文本框中输入期望的半径或直径，在和按钮右侧的文本框中输入弧的起始角度和终止角度。单击按钮，系统将改变弧的绘制方向。实例如图 2-31 所示，选择(0,0,0)原点为圆弧的圆心，半径为 20，起始和终止角度分别为 45° 和 150° 。单击“确定”按钮，完成极坐标圆心画弧。

图 2-30　“极坐标圆心画弧”工具栏

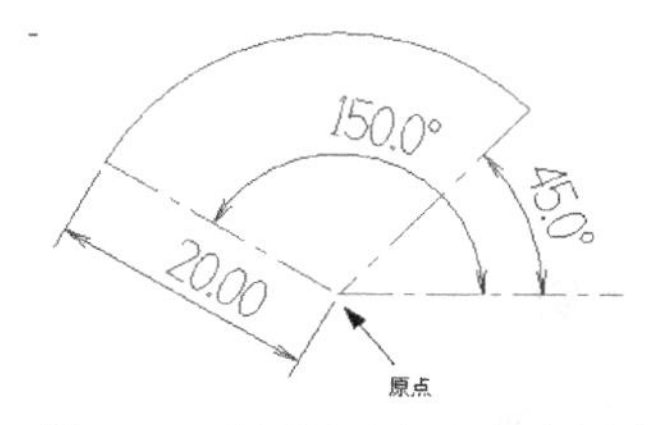

图 2-31　极坐标圆心画弧实例

4. 极坐标端点画弧

通过极坐标端点画弧即通过指定弧的端点、半径、起始和终止角度来绘制一段弧。

执行“绘图”|“圆弧”|“极坐标画弧”命令或单击按钮，此时的 Ribbon 工具栏如图 2-32 所示。系统提示用户选中一点作为弧的起点或终点。系统提示用户输入半径，起始点和终点角度，在工具栏中进行参数设计。单击按钮选择起点，然后单击按钮选择终点；在或按钮右侧的文本框中根据需要输入半径或直径值；在和按钮右侧的文本框中输入弧的起始角度和终止角度。系统便按照指定的参数自动绘制出圆弧。单击“确定”按钮，完成极坐标端点画弧。

图 2-32　“极坐标端点画弧”工具栏

5. 端点画弧

端点画弧即通过指定弧的两个端点和弧的任意另一点来绘制一段弧。

执行“绘图”|“圆弧”|“两点画弧”命令，或单击按钮，此时的 Ribbon 工具栏如图 2-33 所示。系统提示用户首先选择圆弧上的两个端点，然后选择弧上的另一点来绘制圆弧。如图 2-34 所示为端点画弧实例。单击“确定”按钮，完成端点画弧。

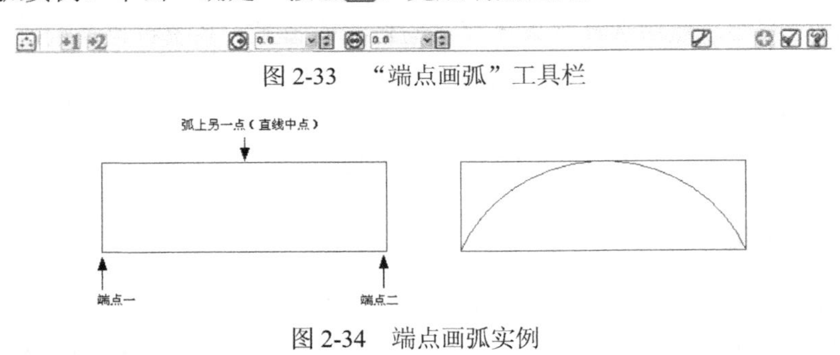

图 2-33 “端点画弧”工具栏

图 2-34 端点画弧实例

6. 任意三点画弧

任三点画弧即通过指定弧上的任意三点来绘制一段弧。

执行“绘图”|“圆弧”|“三点画弧”命令或单击按钮，此时的 Ribbon 工具栏如图 2-35 所示。系统提示用户利用鼠标指定弧上任意是三点，将自动绘制出一段过这 3 点的弧。单击“确定”按钮，完成任意三点画弧。

图 2-35 “任意三点画弧”工具栏

7. 相切画圆或弧

相切画圆或弧将绘制出与某一图素相切的一段圆或弧。

执行“绘图”|“圆弧”|“切弧”命令或单击按钮，此时的 Ribbon 工具栏如图 2-36 所示。用户根据需要在或按钮右侧的文本框中根据需要输入半径或直径值。以下步骤将根据按钮的选择而不同。

图 2-36 “相切画圆或弧”工具栏

⊙ (切点法)

所谓切点法，是指通过指定切点绘制与所选图素相切的圆弧。系统将依次提醒用户选择图素以及图素上的切点，用户选择需要保存的圆弧后，即可完成圆弧的绘制。实例如图 2-37 所示。

切点法绘制圆弧时，如果选择的切点不在图素上，系统将自动按其法线方向投影到图素上作为切点。

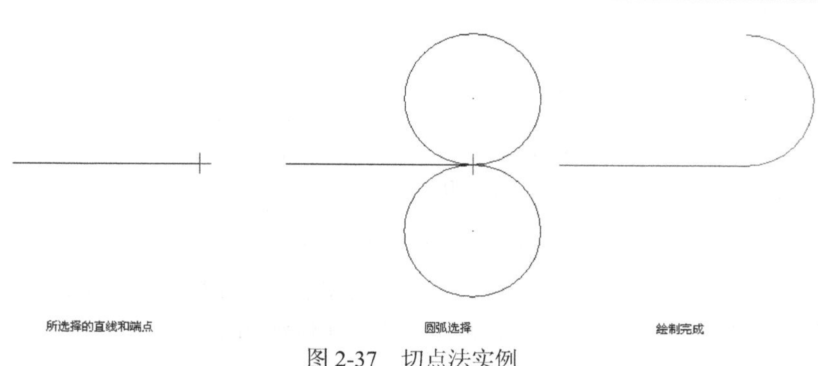

图 2-37　切点法实例

◉　(端点法)

所谓端点法，是指通过指定弧的一个端点绘制与所选图素相切的圆弧。系统将依次提醒用户选择图素以及圆弧的端点。用户选择需要保存的圆弧后，即可完成圆弧的绘制。实例如图 2-38 所示。

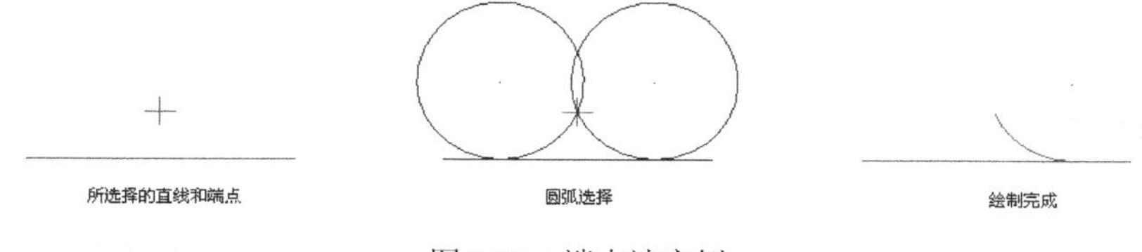

图 2-38　端点法实例

使用端点法绘制圆弧时，给定的半径值必须大于或等于点到图素法线距离的一半，否则系统将显示出错误提示。

◉　(圆心法)

所谓圆心法，是通过指定圆心在一条选定的直线上作出与直线相切的圆。系统首先提示用户选择相切的直线，然后提示选择圆心所在直线，系统将根据指定的半径或直径大小，自动找到圆心绘制相切圆。实例如图 2-39 所示。

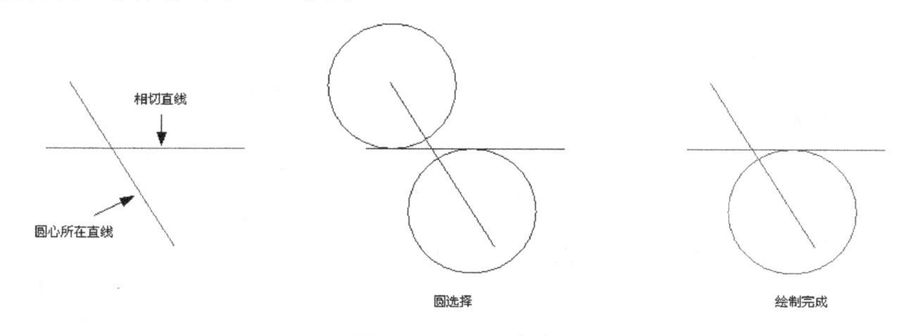

图 2-39　圆心法实例

◉　(动态法)

动态法是利用鼠标直接拖曳进行圆弧绘制。系统首先提示用户选择相切的图素，此时图素上会出现一个随鼠标移动的箭头，用户可以在需要的切点位置进行确定，以确定切点。然后，通过移动鼠标动态地绘制圆弧，但圆弧与图素的切点始终保持不变。实例如图 2-40 所示。

图 2-40　动态法实例

◉　(三切画弧)、(三切画圆)和(两切画弧)

三切画弧和三切画圆是指绘制一条和 3 个选择的图素同时相切的弧或圆；两切画弧是指绘制一条指定半径并和两个选择的图素同时相切的弧。实例如图 2-41 所示。

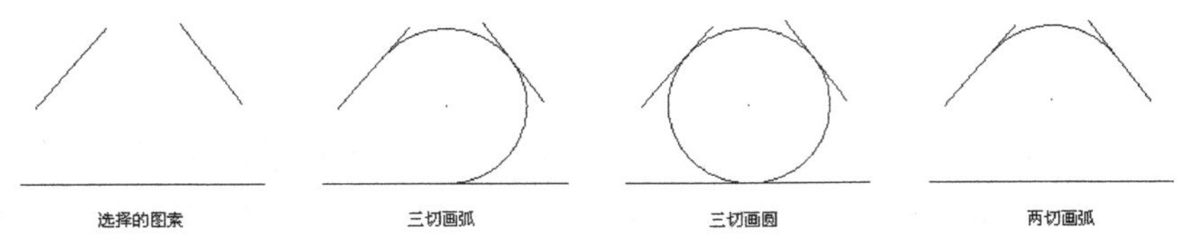

图 2-41　三切画弧、三切画圆和两切画弧实例

2.1.4　曲线

在 Mastercam 软件中，曲线是采用离散点的方式生成的。选择不同的绘制方法，对离散点的处理也不相同。Mastercam 采用了两种类型的曲线——参数式曲线和 NURBS 曲线。两种曲线的不同之处在于参数式曲线将所有的离散点作为曲线的节点并通过这些点，而 NURBS 则不一定。执行“设置”|“系统配置”命令，打开如图 2-42 所示的“系统配置”对话框，在左侧列表框中选择“CAD 设置”选项，在该对话框的右侧即可设置曲线的类型。

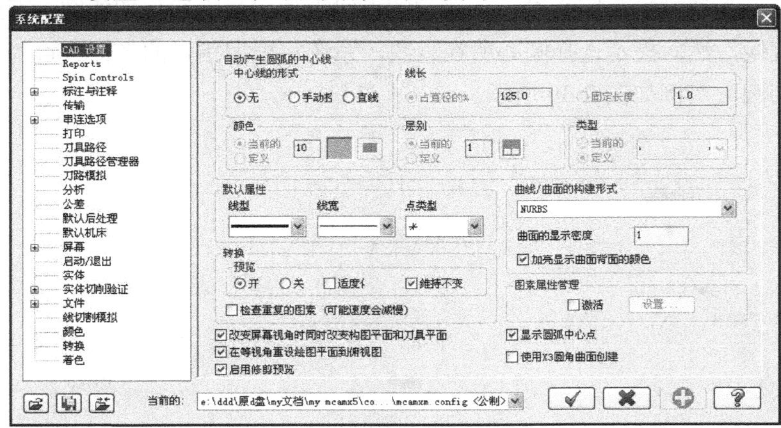

图 2-42　“系统配置”对话框

如图 2-43 所示展示了这两种曲线类型的不同之处。通过同样的 7 个离散点(用十字线表示)绘制曲线，参数式曲线将这些点都作为曲线的节点(用圆圈表示)；而 NURBS 曲线则是通过插值的方式逼近离散点。

Mastercam 提供了 4 种曲线的绘制方式。执行“绘图”|“曲线”命令，弹出如图 2-44 所示

的“曲线”子菜单，其中每一个命令均代表一种曲线绘制方法。用户也可以通过单击工具栏中的下拉按钮来选择曲线的绘制方法。

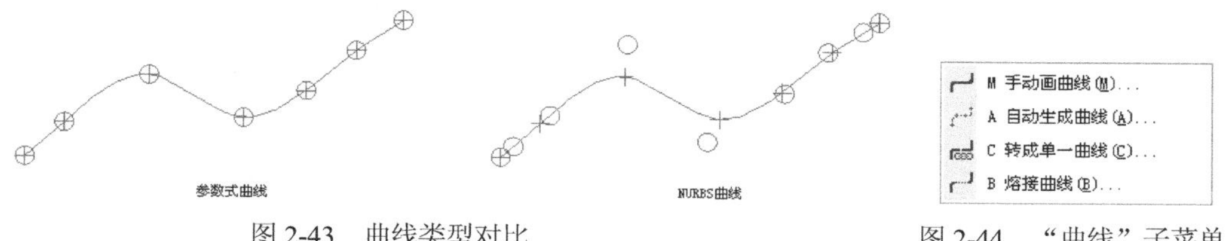

图 2-43　曲线类型对比　　　　图 2-44　“曲线”子菜单

1. 手工绘制

手工绘制指的是按照系统提示逐个输入曲线上点的位置来绘制曲线。

执行“绘图”|“曲线”|“手动画曲线”命令或单击按钮，此时的 Ribbon 工具栏如图 2-45 所示。系统提示选择曲线上面的点，利用鼠标在绘图区依次进行选择即可，如图 2-46 所示。单击确定按钮，完成曲线绘制，效果如图 2-47 所示。如果在绘制曲线之前单击按钮，在绘制完成后，Ribbon 工具栏将变成如图 2-48 所示方式显示，此时可以进行曲线端点处理，即对曲线的两个端点处的曲线切线方向进行设置。在图标右侧的下拉列表和文本框中可对起点的切线方向进行设置，在图标右侧的下拉列表和文本框中可对终点的切线进行处理。

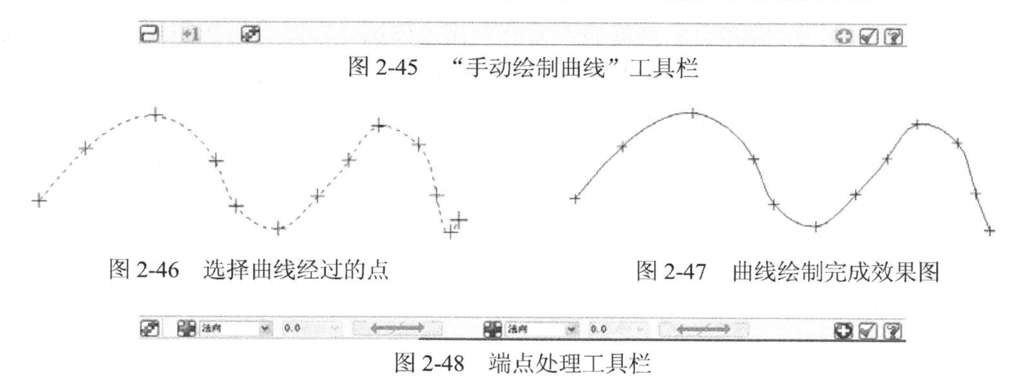

图 2-45　“手动绘制曲线”工具栏

图 2-46　选择曲线经过的点　　　　图 2-47　曲线绘制完成效果图

图 2-48　端点处理工具栏

Mastercam 提供了 5 种处理方式，分别为“法向”，是一种默认方式，由系统自动按优化计算得到；“三点圆弧”，与最近三点组成的弧的切线方向相同；“至图素”，与选定图素指定点的切线方向相同；“至端点”，与选定图素的端点的切线方向相同；“角度”，直接指定切线与 X 轴线的角度值。

2. 自动绘制

自动绘制与手动绘制的不同在于：自动绘制只需指定中间一点和两个端点，系统将按照事先生成的点来绘制曲线，并且这些点是已经存在的。

执行“绘图”|“曲线”|“自动生成曲线”命令或单击按钮，打开如图 2-49 所示的 Ribbon 工具栏。根据系统提示，在图形窗口中依次选择曲线的起点、经过点和终点，如图 2-50 所示。单击确定按钮，完成曲线绘制，效果如图 2-51 所示。

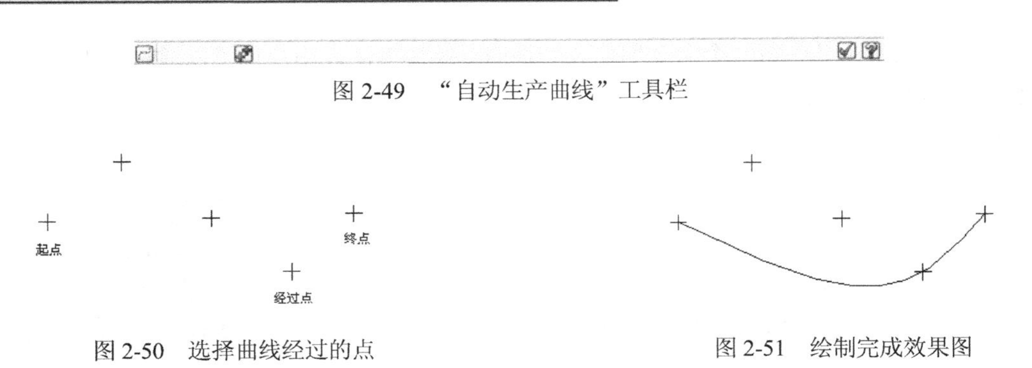

图 2-49 “自动生产曲线”工具栏

图 2-50 选择曲线经过的点　　图 2-51 绘制完成效果图

3. 转变绘制

转变绘制指的是将现有的图形，如一系列首尾相连的图素或单个直线、圆弧和曲线，转变为所设置的曲线类型。

执行“绘图”|“曲线”|“转成单一曲线”命令或单击按钮，打开“串连选项”对话框，此时的 Ribbon 工具栏如图 2-52 所示。设定好串连图素的选择方式，根据系统提示，选择如图 2-53 所示的一组首尾相连的图素并确定。在 Ribbon 工具栏中的图标右侧的文本框中输入选定图素允许的偏离原来位置的最大值。在图标右侧的下拉列表中有 4 种用于处理选中图素的方式，分别为：“保留曲线”，保留原有图素；“隐藏曲线”，隐藏原有图素；“删除曲线”，删除原有图素；“移到另一层别”，将原有图素移到指定图层。单击确定按钮，完成曲线绘制。此时执行“绘图”|“绘点”|“曲线节点”命令或单击按钮，利用生成曲线节点的命令，可以对曲线进行观察，如图 2-54 所示。

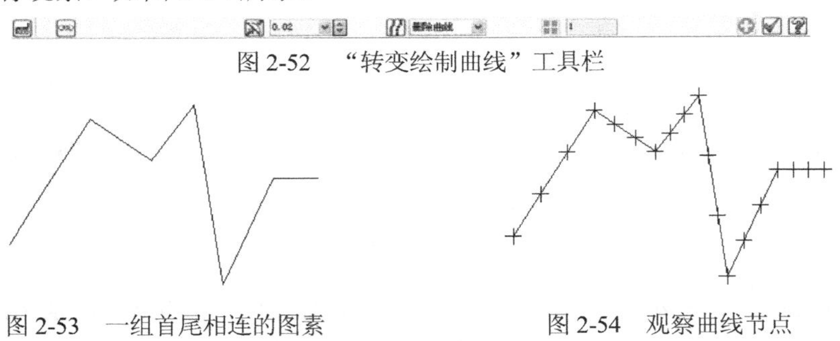

图 2-52 “转变绘制曲线”工具栏

图 2-53 一组首尾相连的图素　　图 2-54 观察曲线节点

4. 曲线连接

曲线连接指的是将两种图素(直线、圆弧或曲线)通过用户指定的点光滑相切。

执行“绘图”|“曲线”|“熔接曲线”命令或单击按钮，此时的 Ribbon 工具栏如图 2-55 所示。根据系统提示依次选择两条需要进行连接的曲线，并动态指定连接点的位置在两条曲线的最靠近的两个端点，如图 2-56 所示。在 Ribbon 工具栏中，单击按钮，选择第一个图素，并在图标右侧的文本框中输入该图素拟合的曲率；单击按钮，选择第二个图素，并在图标右侧的文本框中输入该图素拟合的曲率。该值越小，连接越平滑。在图标右侧的下拉列表中可以选择对选定图素的处理方式，分别为：“两者”，两个都删除；“无”，两个都保留；“第

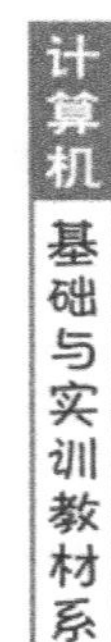

一条曲线”，只删除第一个；“第二条曲线”，只删除第二个。单击确定按钮☑，完成曲线绘制，效果如图 2-57 所示。

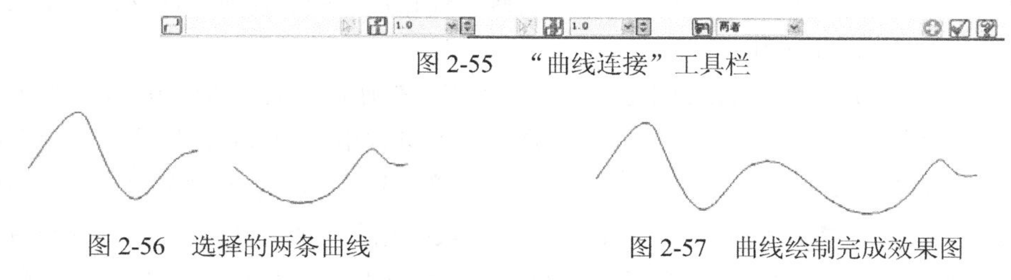

图 2-55　“曲线连接”工具栏

图 2-56　选择的两条曲线

图 2-57　曲线绘制完成效果图

2.1.5　倒角

在工程设计中，设计人员往往需要为图素之间的锐角处设计出一段倒角，以提高产品的使用强度和美观。这一倒角可以是倒圆角或倒斜角。

Mastercam 提供了如下 4 种倒角的绘制方式。执行“绘图”|“倒圆角”和“绘图”|“倒角”命令，分别弹出如图 2-58 所示的倒圆角和倒斜角子菜单。用户也可以通过单击工具栏中的下拉按钮来选择倒角的绘制方法。

1. 单个倒圆角

倒圆角命令将在两个相邻的图素之间插入圆角，并根据用户的设置对原有图素进行相应的修剪。

执行“绘图”|“倒圆角”|“倒圆角”命令或单击按钮，此时的 Ribbon 工具栏如图 2-59 所示。系统提示用户选择需要进行倒圆角的图素。在 Ribbon 工具栏中的 5.0 文本框中根据需要输入圆角的半径。在 普通 下拉列表中选择倒圆角的方式，有“普通”、“反向”、“圆柱”和“安全高度”4 种方式，每种方式的功能都有图标说明。单击按钮，在绘制圆角时将保留交线；单击按钮，在绘制圆角时将按照圆弧对图素进行修剪。单击以上各种按钮的效果如图 2-60 所示。单击“确定”按钮☑，完成倒圆角绘制。

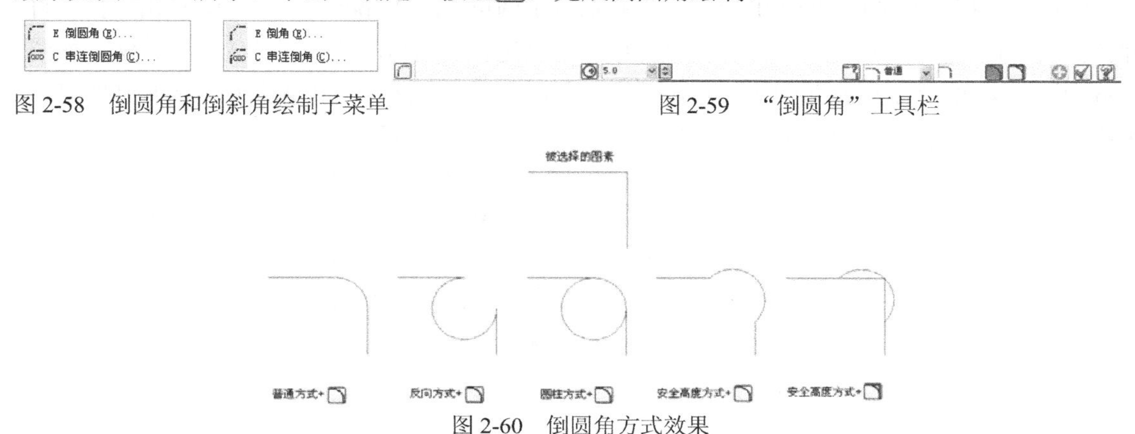

图 2-58　倒圆角和倒斜角绘制子菜单

图 2-59　“倒圆角”工具栏

图 2-60　倒圆角方式效果

2. 串连倒圆角

Mastercam 还提供了一种串连的方式可以进行倒圆角操作，这种操作对于需要在一系列连接图素的拐角处倒圆角时非常有用。

执行“绘图”|“倒圆角”|“串连导圆角”命令或单击按钮，此时的 Ribbon 工具栏如图 2-61 所示，同时系统将打开“串连选项”对话框。选择需要进行串连倒圆角的图素，并指定串连方向为逆时针方向，如图 2-62 所示。单击按钮可改变串连方向。串连倒圆角工具栏与倒圆角工具栏相似，仅仅多了选项，其下拉列表中包含“所有转角”、“正向扫描”和“反向扫描”3 个选项，分别表示在倒串连圆角时的条件，即所有拐角、逆时针拐角和顺时针拐角。所谓逆、顺时针是相对串连方向而言的。选择“所有转角”选项，指定圆弧半径为 5。单击确定按钮，完成倒圆角绘制，效果如图 2-63 所示。当指定串连倒圆角条件为“正向扫描”和“反向扫描”选项时，图素的串连方向选择将对倒圆角产生很大的影响，实例如图 2-64 所示。

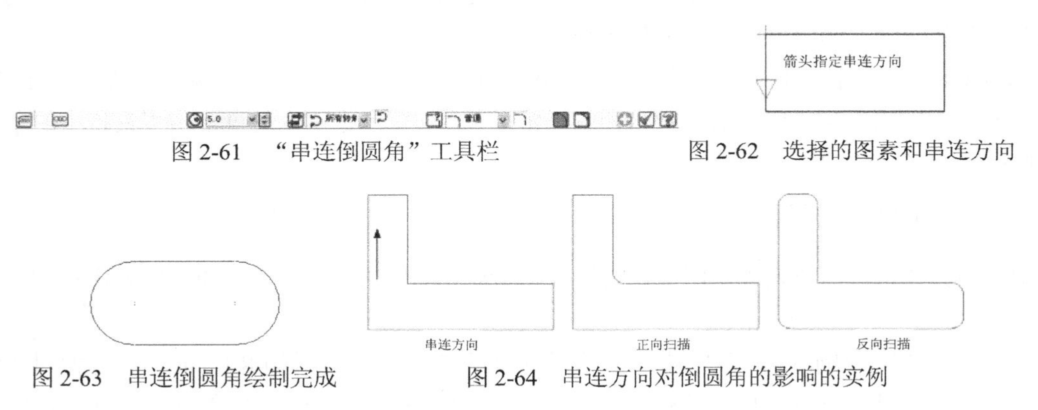

图 2-61 “串连倒圆角”工具栏

图 2-62 选择的图素和串连方向

图 2-63 串连倒圆角绘制完成

图 2-64 串连方向对倒圆角的影响的实例

3. 单个倒斜角

除了倒圆角之外，Mastercam 还提供了倒斜角的功能，在两个相交的边倒出一条直线。

执行“绘图”|“倒角”|“倒角”命令或单击按钮，此时的 Ribbon 工具栏如图 2-65 所示。按系统提示选择需要进行倒斜角的图素，选择后确定即可。在 Ribbon 工具栏中，单击按钮将保留交线。在 单一距离 中的下拉列表中，可以选择倒斜角的几何尺寸的设置方法，如图 2-66 所示。根据设置方式的不同，在 5.0 5.0 45.0 中输入相应的尺寸即可。单击“确定”按钮，完成倒斜角绘制。

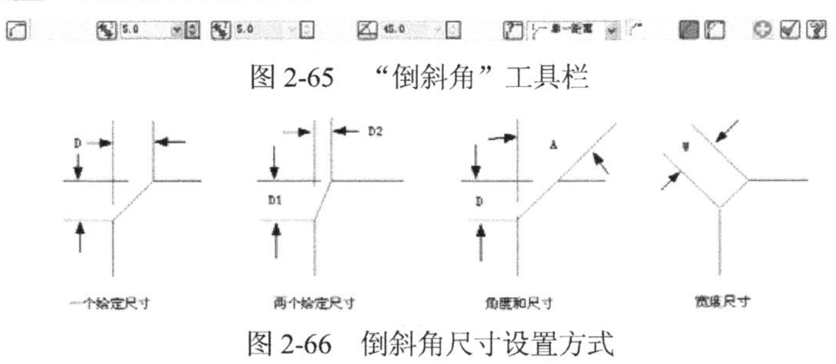

图 2-65 “倒斜角”工具栏

图 2-66 倒斜角尺寸设置方式

4. 串连倒斜角

执行“绘图”|“倒角”|“串连倒角”命令或单击按钮，此时的 Ribbon 工具栏如图 2-67 所示。此方法与倒斜角相同，只是串连倒斜角的尺寸设置只有两种方式：“单一距离”和“宽度”。

图 2-67　“串连倒斜角”工具栏

2.1.6　椭圆和椭圆弧

绘制椭圆主要是通过指定长轴、短轴和中心点来进行的。

执行“绘图”|“画椭圆”命令，或单击按钮，打开如图 2-68 左图所示的“椭圆曲面”对话框。单击该对话框左上角的图标，将椭圆对话框展开，便可通过指定起始和终止角度绘制椭圆弧，如图 2-68 右图所示。选中“曲面”复选框，系统将会绘制一个椭圆面。选中“中心点”复选框，系统会将椭圆的圆心点绘制出来。根据系统提示，依次指定中心点位置、长轴长度和短轴长度，即可在对话框中根据需要输入长度，也可以直接利用鼠标在图形窗口中指定。单击确定按钮，完成椭圆或椭圆弧的绘制。实例如图 2-69 所示。

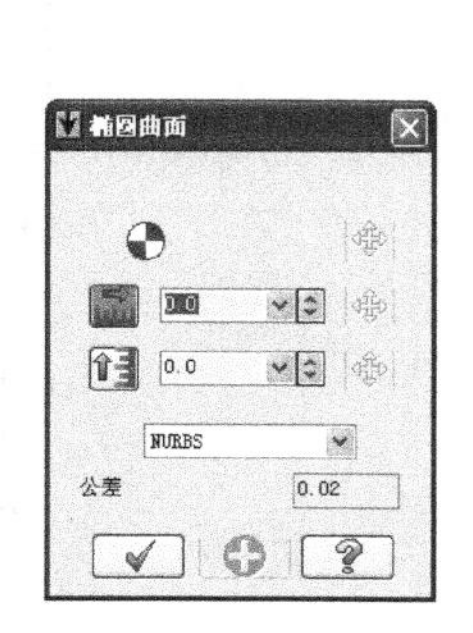

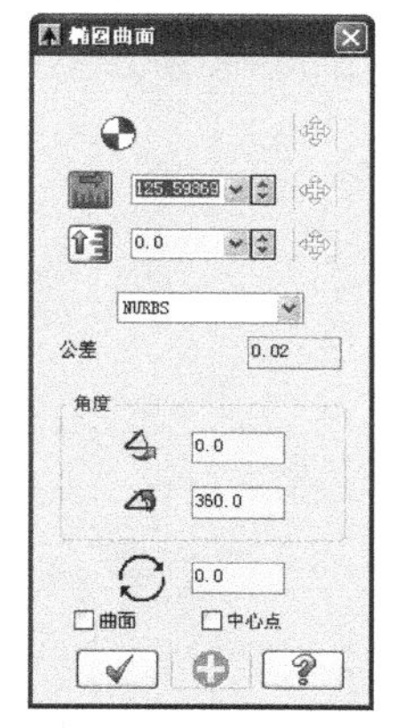

图 2-68　“椭圆曲面”对话框

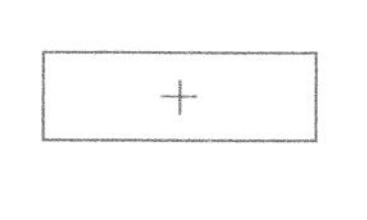

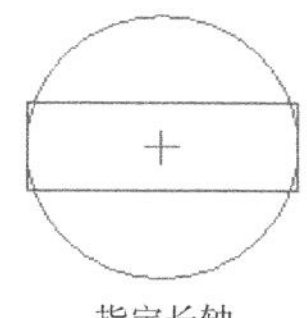

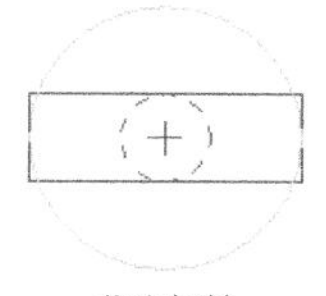

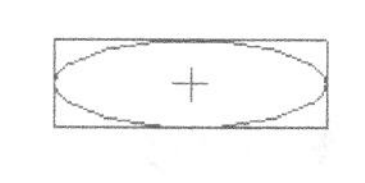

图 2-69　椭圆绘制实例

2.1.7 矩形

矩形是一种常用的图素，利用绘制矩形的命令可以快速地绘制出矩形及矩形曲面。

执行“绘图”|“矩形”命令或单击按钮，此时的 Ribbon 工具栏如图 2-70 所示。系统提示用户选择矩形的一个顶角点，利用鼠标选择后确定。在 Ribbon 工具栏中的和右侧文本框中输入矩形的长和宽，也可以通过鼠标拖曳指定矩形的另一个对角点。单击“确定”按钮，完成矩形的绘制。

图 2-70 “矩形”工具栏

系统默认的绘制方法是对角线法，即指定矩形对角线上的两点进行绘制。单击按钮，系统将采用中心法绘制矩形，即通过指定矩形中心来绘制。二者的区别如图 2-71 所示。

单击按钮，系统将绘制出矩形平面。

Mastercam 还提供了一种绘制变形矩形的方法。执行“绘图”|“矩形形状设置”命令，打开如图 2-72 所示的“矩形选项”对话框。通过选择“形状”选项组的图案来绘制不同形状的矩形。

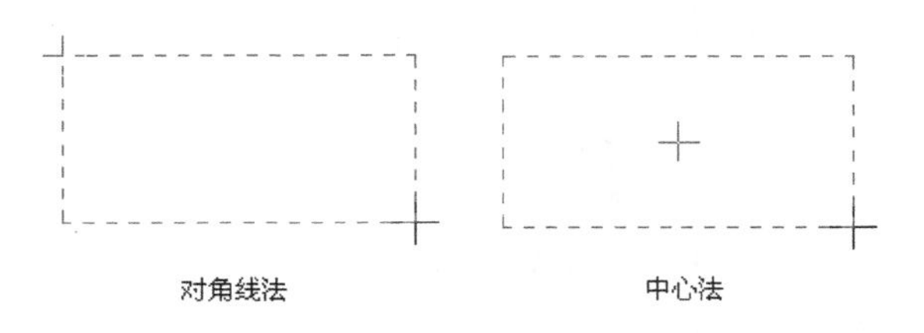

图 2-71 对角线法和中心法绘制矩形的对比

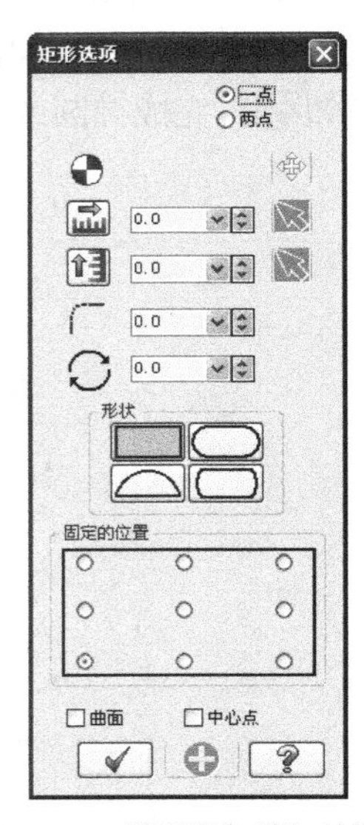

图 2-72 “矩形选项”对话框

2.1.8 多边形

多边形也是一种常用的图素，利用绘制多边形的命令可以快速绘制出各种样式的多边形。

执行“绘图”|“画多边形”命令，或者单击按钮，打开如图 2-73 所示的“多边形选项”对话框。系统提示用户选择多边形的中心，利用鼠标在图形窗口中选择即可。在该对话框中根据需要输入参数。单击“确定”按钮，完成多边形的绘制。实例如图 2-74 所示。

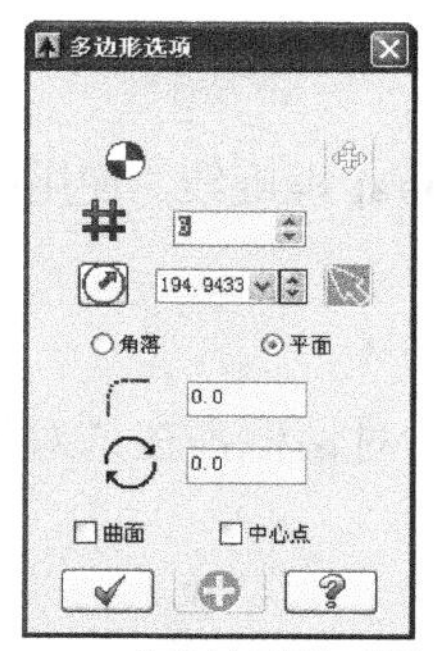

图 2-73　“多边形选项”对话框

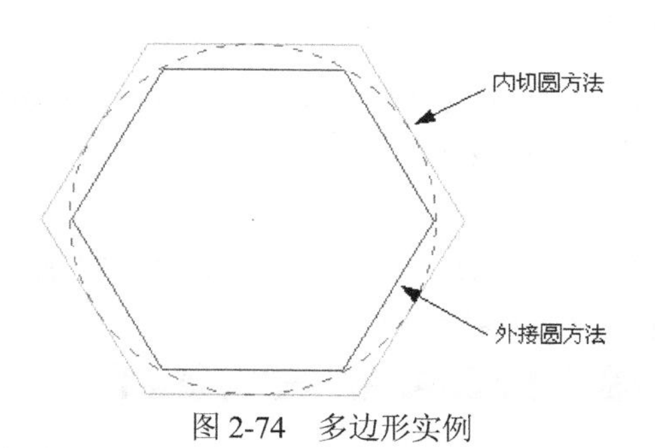

图 2-74　多边形实例

2.1.9　其他图形

1. 边界盒

边界盒是一个正好将被选中图素包含在其中的“盒子”，它可以是矩形也可以是圆柱形。这对于确定工件的加工边界，确定工件中心、工件尺寸和重量都是十分有用的。

边界盒实例如图 2-75 所示。执行“绘图”|“画边界盒”命令，打开如图 2-76 所示的“边界盒选项”对话框，在其中可以进行边界盒的参数设置。

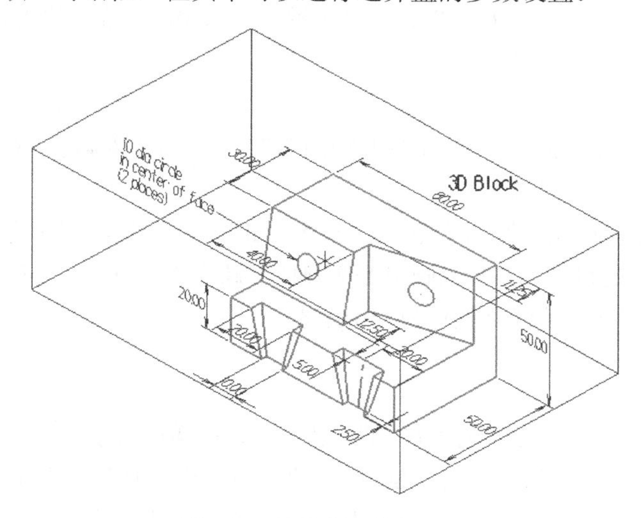

图 2-75　边界盒实例

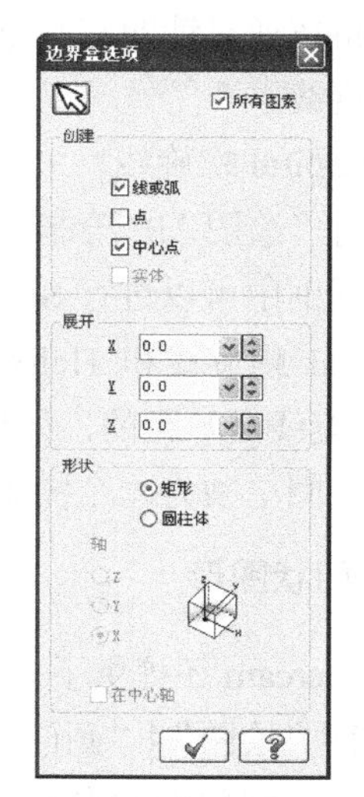

图 2-76　“边界盒选项”对话框

2. 文字

Mastercam 将文字作为图形来处理，这与尺寸标注中的文字不同。执行“绘图”|“绘制文字”命令，打开如图 2-77 所示的“绘制文字”对话框，该对话框用于指定文字的内容和格式。

3. 螺旋线

Mastercam 提供了两种螺旋线的绘制方法，分别为 Helix 和 Spiral 螺旋线。使用螺旋线可以很方便地设计出各种形状的弹簧。

(1) Helix 螺旋线

执行"绘图"|"(H)"命令，打开如图 2-78 所示的"螺旋形"对话框，在该对话框中可以进行 Helix 螺旋线的参数设置。

图 2-77 "绘制文字"对话框

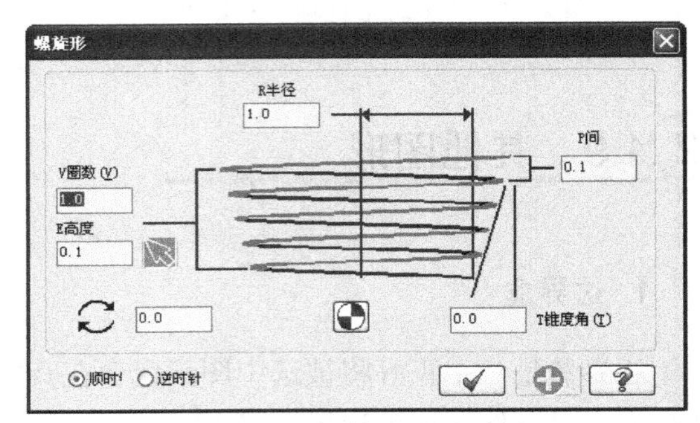

图 2-78 "螺旋形"对话框 1

选中"顺时针"单选按钮，螺旋线将按顺时针即左旋方向走线；选中"逆时针"单选按钮，螺旋线将按逆时针即右旋方向走线。如果在"T 锥度角"文本框中输入 0，螺旋线将为普通圆柱形螺旋线。

(2) Spiral 螺旋线

执行"绘图"|"绘制螺旋线(间距)"命令，系统将打开如图 2-79 所示的"螺旋形"对话框，在该对话框中可以进行 Spiral 螺旋线的参数设置。

Spiral 螺旋线和 Helix 螺旋线最大的区别有两点：第一，Spiral 的各圈线是不等距的，而 Helix 螺旋线是等距的，如果参数指定得当，都可以画出普通圆柱形螺旋线；第二，Spiral 螺旋线的每一圈单独为一个图素，而 Helix 螺旋线是整体为一个图素。

4. 门状图形

Mastercam 还提供了一些特殊的图形，包括下面介绍的门状图形、楼梯状图形和释放槽。

执行"绘图"|"画门状图形"命令，打开如图 2-80 所示的"画门状图形"对话框，该对话框用于指定门形的参数。只需通过指定一些参数，就可以很方便地绘制出一个门形图形了。

5. 楼梯状图形

执行"绘图"|"画楼梯状图形"命令，打开如图 2-81 所示的"画楼梯状图形"对话框，在其中可以设置楼梯状图形的各种参数。对于图形中的各种尺寸参数的设置方法，可以参考 Mastercam 提供的帮助文档中的说明，如图 2-82 所示。

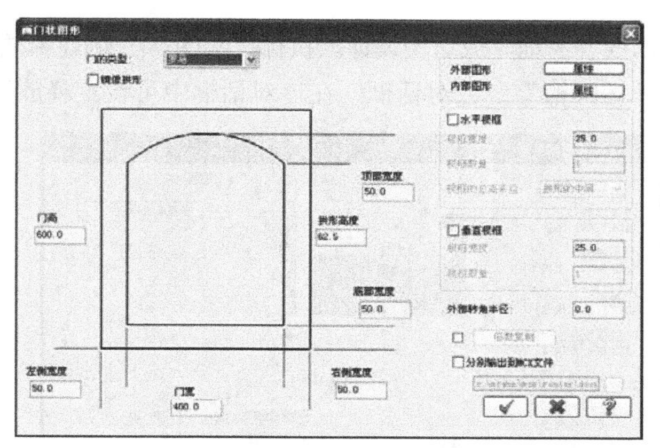

图 2-79　“螺旋形”对话框 2　　　　图 2-80　“画门状图形”对话框

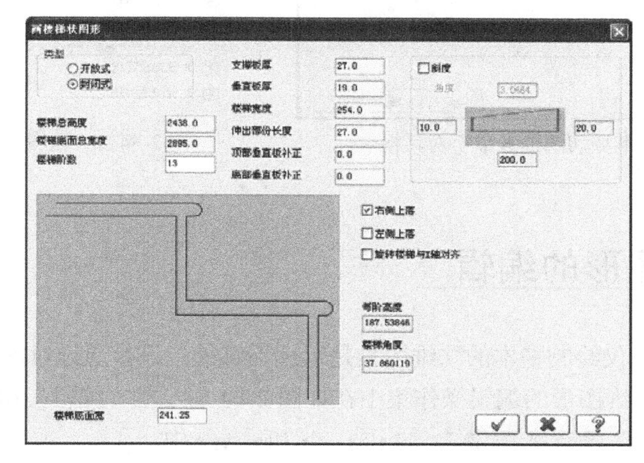

图 2-81　“画楼梯状图形”对话框设置说明

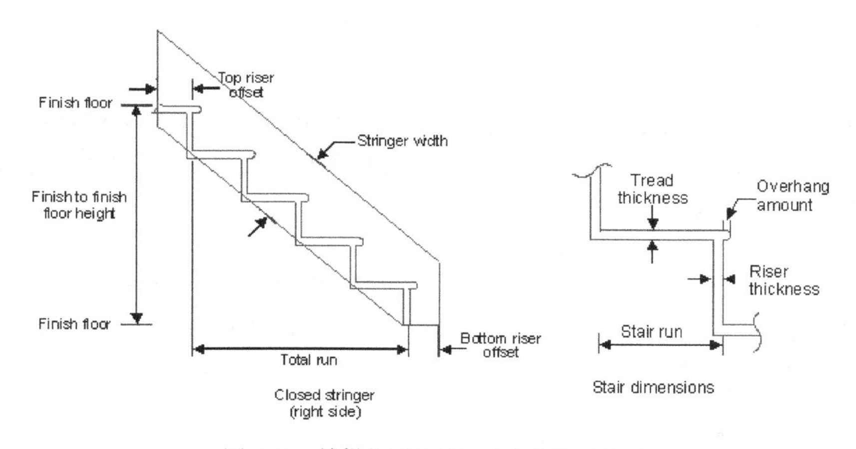

图 2-82　楼梯状图形的尺寸参数设置说明

6. 释放槽

释放槽是车削加工中经常需要用到的一种工艺设计。Mastercam 提供了方便的释放槽操作，

可以很容易地完成这一设计。执行“绘图”|“创建释放槽”命令，系打开如图 2-83 所示的“标准环切凹槽”参数对话框，在该对话框中可设置释放槽的各种参数。

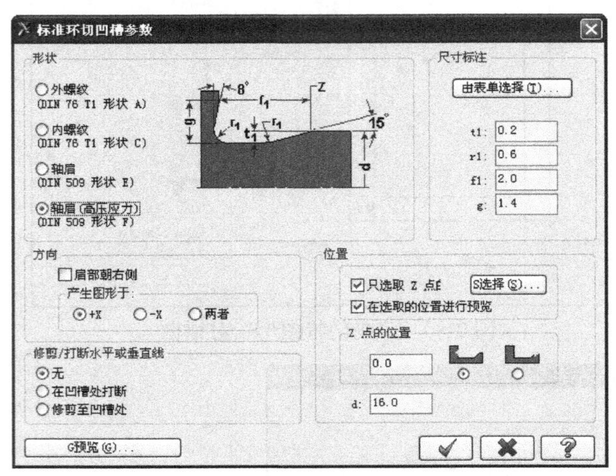

图 2-83 “标准环切凹槽参数”对话框

图 2-84 “编辑”和“转换”菜单

2.2 二维图形的编辑

在设计过程中，仅仅绘制基本的二维图素是远远不够的，只有通过对图素进行各种编辑才能获得满意的图形。二维图形的编辑操作集中在如图 2-84 所示的“编辑”和“转换”菜单以及工具栏、和中。

2.2.1 对象删除

删除功能用于删除已经构建好的图素。这一功能的所有命令集中在如图 2-85 所示的“编辑”|“删除”菜单的子菜单和工具栏中。其中各项主要命令及其功能分别如下。

- “删除图素”：删除选中的图素。

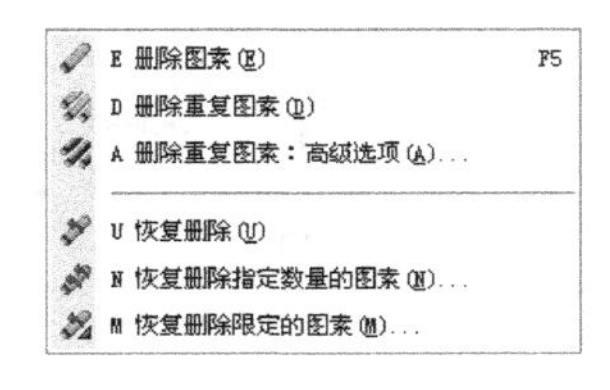

图 2-85 “编辑”|“删除”子菜单

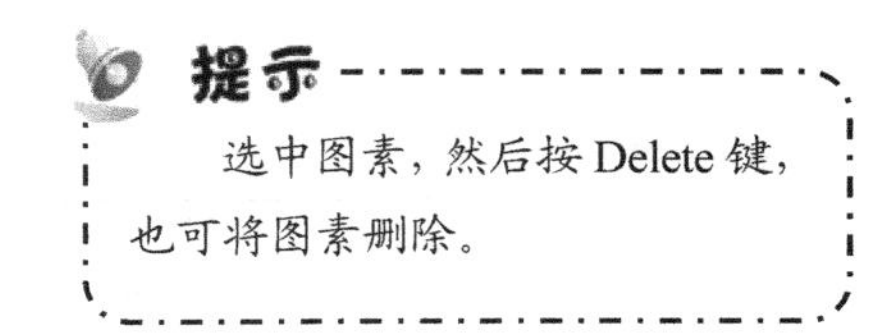

- “删除重复图素”：在设计过程中，有时需要绘制很多重复的图素，因此 Mastercam 除了提供常规的删除功能之外，还提供了删除重复图素的功能，利用该功能，系统会自动地把重复的图素删除掉。执行该功能后，系统将打开如图 2-86 所示的“删除重复图素”

对话框。

- “删除重复图素高级选项”：选择该命令删除重复图素时，选中图素后，系统将打开如图 2-87 所示的“删除重复图素”对话框，用户可以在该对话框中选择指定删除图素的条件。

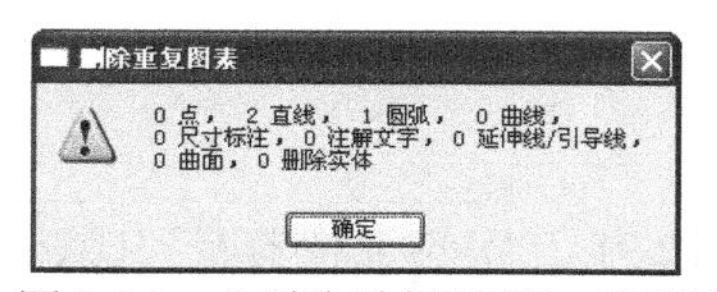

图 2-86　“删除重复图素”对话框

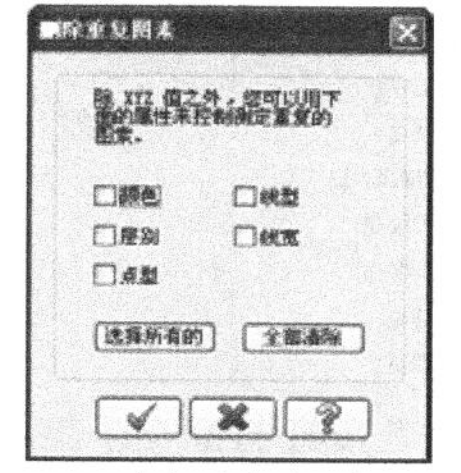

图 2-87　“删除重复图素”对话框

- “恢复删除”：用户不但可以删除图素，还可以很方便地恢复它们，该命令可以按删除的顺序从后往前依次恢复被删除的图素。
- “恢复删除指定数量的图素”：选择该命令，系统将打开如图 2-88 所示的“输入撤消删除的数量”对话框，在该对话框中的文本框中输入一次性恢复的图素数量。例如，依次删除了 20 个图素后，使用该命令并在对话框中输入 5，则将恢复最后删除的 5 个图素。
- “恢复删除限定的图素”：按条件恢复被删除的图素。选择该命令，系统将打开如图 2-89 所示的“单一选取消”对话框，用于指定希望恢复图素所具有的属性。

图 2-88　“输入撤消删除的数量”对话框

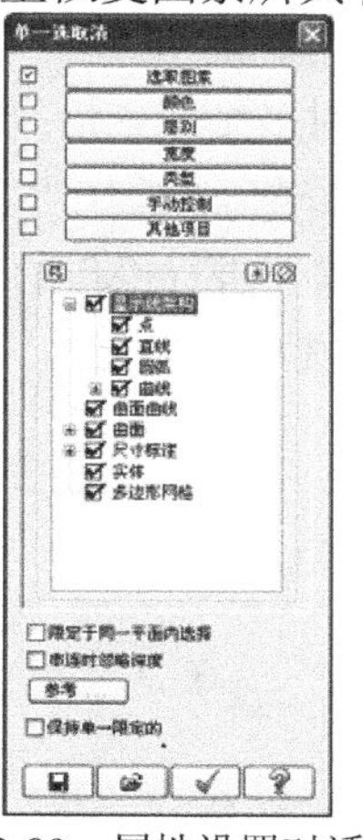

图 2-89　属性设置对话框

2.2.2　对象编辑

二维图素的编辑主要包括修剪、延长、打断、连接和 NURBS 曲线转化等。

1. 修剪、延伸和打断

修剪、延伸和打断的各种命令集中在如图 2-90 所示的“编辑”|“修剪/打断”子菜单中。

(1) “修剪/打断/延伸”命令

该命令用于对两个相交或非相交的几何图形在交点处进行操作。

执行“编辑”|“修剪/打断”|“修剪/打断/延伸”命令或单击按钮，此时的 Ribbon 工具栏如图 2-91 所示。

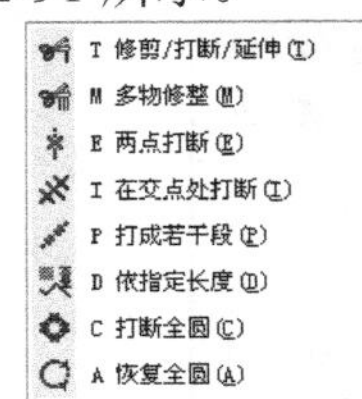

图 2-90 “编辑”|“修剪/打断”子菜单

图 2-91 “修剪/延伸/打断”工具栏

在 Ribbon 工具栏中，左边有 5 个按钮，提供了 5 种不同的处理方式，分别为：单一图素操作、两图素操作、三图素操作、分割操作、修剪到点，实例如图 2-92 所示。左边为修剪前的图形，右边为修剪后的图形。默认为单图素修剪方式，用户可以根据需要进行选择。单击按钮，选择“修剪/延伸”功能；单击按钮，选择“打断/延伸”功能，该命令将图素在交点处打断，并保持两侧的图形。单击按钮，并在后面的文本框中输入图素延长或缩短的长度。选择需要进行操作的方式后，系统将提示用户依次选择需要进行操作的对象图素和操作的目标图素。系统会按要求以目标图素为参考对象对图素进行操作。根据操作方式的不同，系统也会同时对两个图素进行相应的操作。单击“确定”按钮完成操作。

(2) “多物修整”命令

该命令能够同时对多个图素沿统一边界进行修剪。

执行“编辑”|“修剪/打断”|“多物修整”命令或单击按钮，启动多图素修剪命令。系统提示用户选择所有需要进行操作的图素和目标边界图素。在选择需要编辑的图素后，Ribbon 工具栏将会以如图 2-93 所示显示。

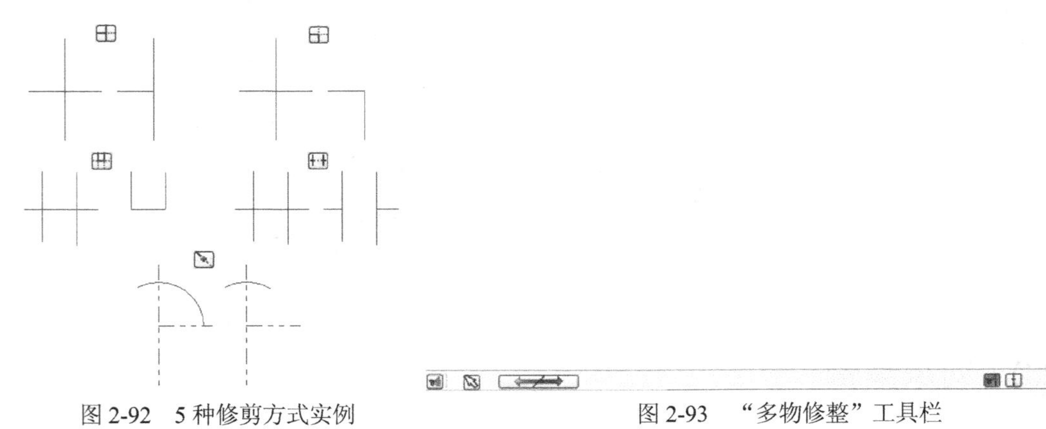

图 2-92 5 种修剪方式实例

图 2-93 “多物修整”工具栏

在该工具栏中单击按钮可以改变修剪的方向，单击确定按钮完成操作。多图素修剪实例如图 2-94 所示。

(3) “两点打断”命令

该命令可以通过指定图素上的一点，将图素打断成两部分。

执行“编辑”|“修剪/打断”|“两点打断”命令或单击按钮，启动在指定点打断命令。系统提示选择需要进行操作的图素以及需要打断的点，单击确定按钮完成操作。

(4) “在交点处打断”命令

该命令用于将图素在相交处打断。

执行“编辑”|“修剪/打断”|“在交点处打断”命令或单击按钮，启动在相交处打断命令。系统提示用户选择需打断的相交图素，单击确定按钮完成操作。实例如图 2-95 所示。

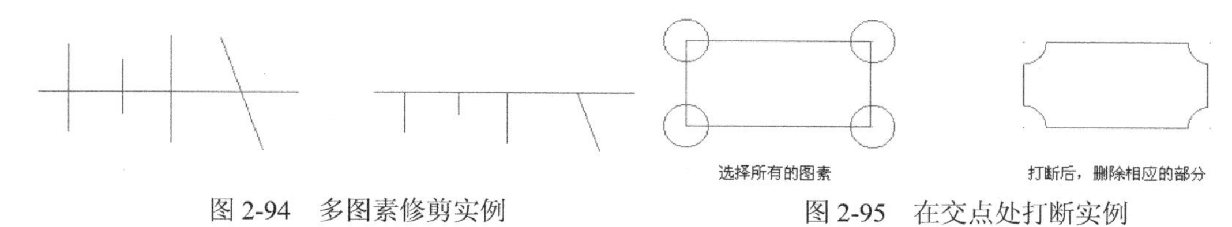

图 2-94　多图素修剪实例　　　图 2-95　在交点处打断实例

(5) “打成若干段”命令

该命令可以按照要求将图素均匀地打断成多个图素。

执行“编辑”|“修剪/打断”|“打成若干段”命令或单击按钮，Ribbon 工具栏如图 2-96 所示。Ribbon 工具栏中，在按钮后的文本框中，可以指定图素被打断成多少图素；在按钮后的文本框中，可以指定打断后图素期望的长度；在按钮后的文本框中，可以指定打断曲线的弦高。用户还可以指定打断后对原来图素的处理方式。单击按钮或按钮，将设置打断后的图素设置为线段或圆弧，设置完成后，选择需要进行打断的图素，单击确定按钮完成操作。实例如图 2-97 所示。

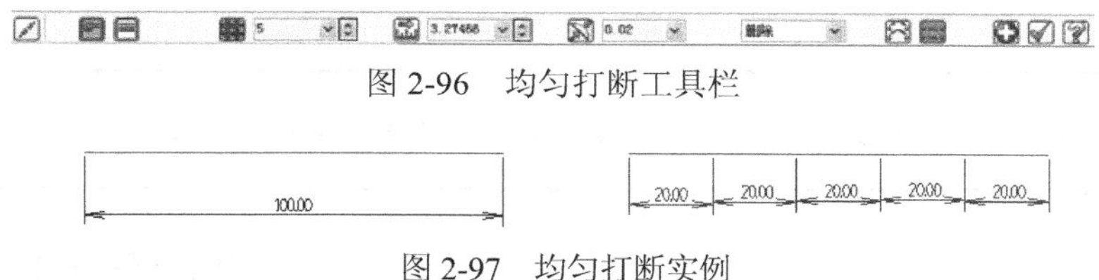

图 2-96　均匀打断工具栏

图 2-97　均匀打断实例

(6) “依指定长度”命令

该命令可以将一个整体的图形标注打断，如尺寸标注和图形填充等。执行“编辑”|“修剪/打断”|“依指定长度”命令或单击按钮后，选择需要打断的对象，单击确定按钮完成操作。实例如图 2-98 所示，将尺寸标注打断，并删除一部分。

图 2-98　打断图形标注实例　　　图 2-99　“全圆打断的圆数量”对话框

(7) “打断全圆”命令

该命令可以将圆打断成若干段弧。

执行“编辑”|“修剪/打断”|“打断全圆”命令或单击按钮，启动打断全圆命令。系统提示用户选择需要打断的圆，选择后确定。系统打开如图 2-99 所示的“全圆打断的圆数量”对话框，用户可以输入需要打断的数目。输入后确定。系统自动将选择的圆打断，实例如图 2-100 所示。

(8) “恢复全圆”命令

该命令可以将一个圆弧恢复成圆。

执行“编辑”|“修剪/打断”|“恢复全圆”命令，选择需要操作的弧，即可将一个圆弧恢复成圆。实例如图 2-101 所示。

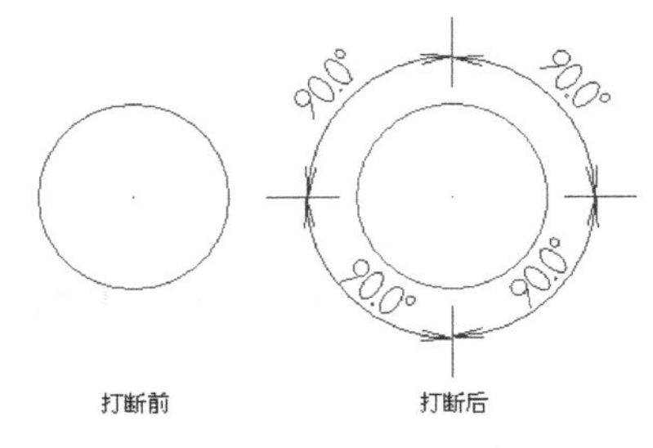

图 2-100　打断圆实例

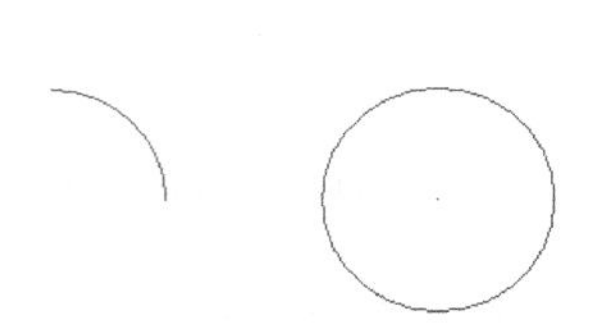

图 2-101　圆弧恢复圆实例

2. 连接

该命令用于将打断的图素重新连接上，或者将一些符合相容性要求的图素连接起来。

执行“编辑”|“连接图素”命令或单击按钮，启动连接图素命令。系统将提示用户选择需要连接的图素，选择后确定即可。实例如图 2-102 所示。如果选择的图素不具有相容性，系统会打开如图 2-103 所示的“连接错误”对话框。

提示

连接图素的相容性：是指直线必须共线，圆弧必须同心同径，曲线原来必须为同一曲线。

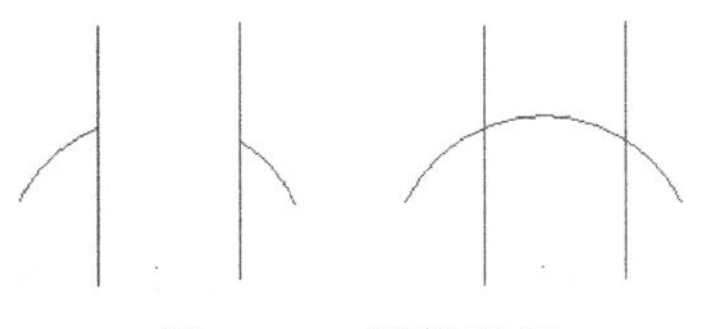

图 2-102　连接实例

图 2-103　“连接错误”对话框

3. NURBS 曲线转化

其实各种图素，如圆弧和直线，都可以看成是一段特殊的曲线。Mastercam 允许在 NURBS 曲线和这些图素之间进行转换。

执行“编辑”|“转成 NURBS”命令，可以将圆弧或直线转换成曲线。

执行“编辑”|“曲线变弧”命令，此时的 Ribbon 工具栏如图 2-104 所示，可以将曲线简化成弧线。在按钮右侧的文本框中输入转换时允许的最大弦高误差，在删除下拉列表

中指定对原曲线的操作，共有 3 个选项："删除"、"保留"和"隐藏"。

图 2-104　"曲线变弧"工具栏

4. 曲线曲面修改

该命令可以改变曲线和曲面的控制点，从而对曲线和曲面的外形进行调整。

执行"编辑"|"更改曲线"命令或单击按钮，启动曲线曲面修改命令。系统提示用户选择需要进行操作的曲线或曲面，并自动提示出节点供用户选择。选择并确定后，可以直接利用鼠标拖曳来改变节点的位置。将节点移动到需要的位置，单击确定按钮完成操作。曲线修改实例如图 2-105 所示。

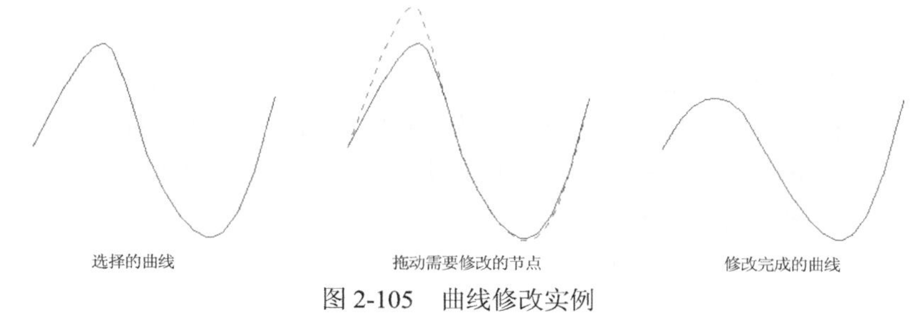

图 2-105　曲线修改实例

5. 设置法线方向

该命令用来设置曲面的法线方向，但不能改变曲面的图形。

执行"编辑"|"法向设定"命令或单击按钮，启动设置法线方向命令。此时的 Ribbon 工具栏如图 2-106 所示。

系统提示用户选择需要进行操作的曲面，选择后系统在曲面上显示法线方向，如图 2-107 所示。单击按钮，可以对法线进行修改；单击按钮，显示法线；单击按钮，隐藏法线。单击确定按钮完成操作。

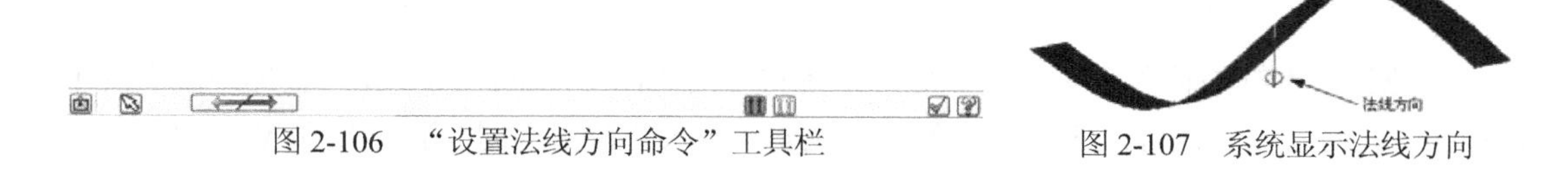

图 2-106　"设置法线方向命令"工具栏　　图 2-107　系统显示法线方向

6. 修改法线方向

修改法线方向命令和设置法线方向类似，其不同在于设置法线方向命令可以一次对多个曲面进行设置，而修改法线方向命令一次只能对一个曲面进行操作。但修改法线方向命令可以在曲面上动态地拖曳法线，方便观察。

执行"编辑"|"更改法向"命令或单击按钮，启动修改法线方向命令。此时的 Ribbon 工具栏如图 2-108 所示。

图 2-108　修改法线方向命令工具栏

2.3 对象变化

对象变化功能主要包括图素的镜像、平移、缩放、偏置和旋转等功能。本节中介绍的对象变化的各种命令也适用于三维图形。

1. 平移

平移，顾名思义，就是将一个已经绘制好的图形移动到另一个指定的位置。

执行“转换”|“平移”命令，或者单击按钮，启动平移命令。系统提示用户选择需要移动的图形，选择并确定。系统将打开如图 2-109 所示的“平移”对话框，在该对话框中设置移动参数。设置完成后，单击确定按钮完成操作。

其中有 3 种平移效果可供用户选择：移动、复制和连接。移动是将原有图素平移到新的位置，而不删除原有图素；复制是在新的位置上绘制相同的图素，并保留原有的图素；连接是在复制之后，用直线将新图素和原有的图素连接起来。连接实例如图 2-110 所示。

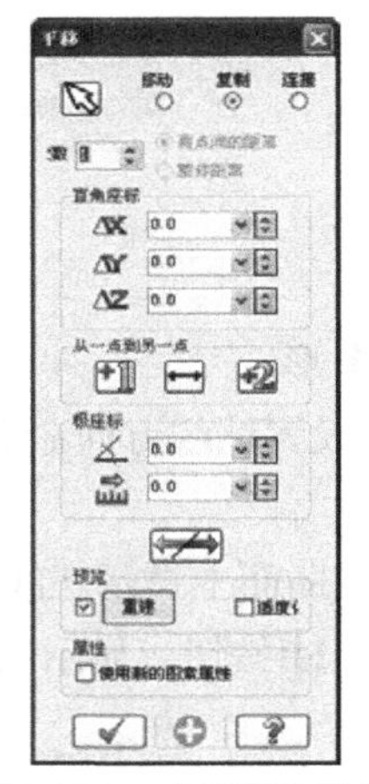

图 2-109 “平移”对话框

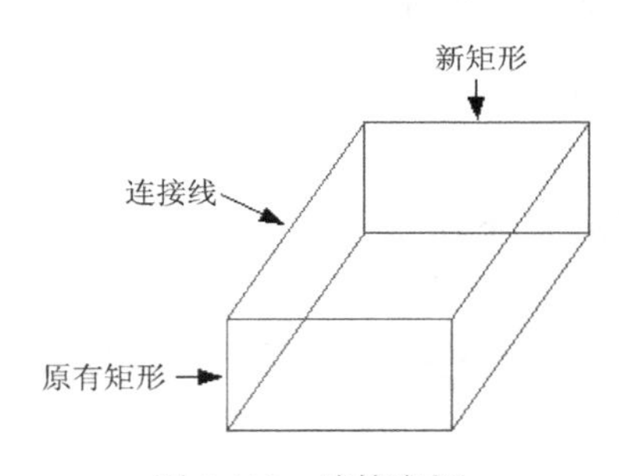

图 2-110 连接实例

在“数”文本框中输入大于 1 的数后，系统将激活“两点间的距离”和“整体距离”两个单选按钮，此时可以一次性产生多个新的平移图素。输入的数据相同，指定 X 和 Y 方向的位置平移均为 10，两个选项的不同实例对比效果如图 2-111 所示。

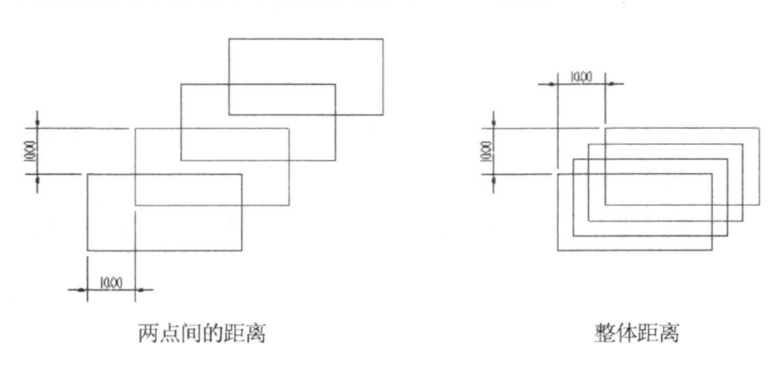

两点间的距离　　整体距离

图 2-111 多图素平移实例

系统提供了 3 种指定新位置的方法：位置增量、沿直线移动和极坐标式移动。用户只需根据实际情况选择一种方法即可。

2. 3D 平移

3D 平移是指将图素在两个不同的平面进行平移。

执行“转换”|“3D 平移”命令或单击按钮，启动 3D 平移命令，系统将提示用户选择需要进行操作的图形。利用鼠标选择并确定后，系统将打开如图 2-112 所示的“3D 平移选项”对话框，在其中可设置 3D 平移参数。单击按钮，在打开的如图 2-113 所示的“平面选择”对话框中选择参考的源视图并确定，系统将提示选择该视图平面中的移动基准点，选择后确定。选择移动的目标视图和目标点。选择并确定后，系统将图素移动到新的视图。实例如图 2-114 所示。

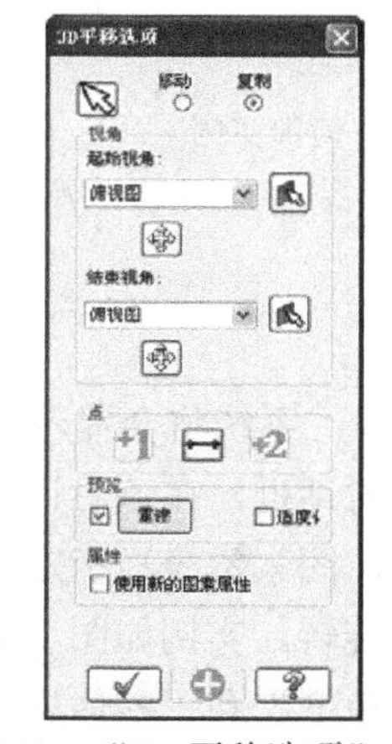

图 2-112　“3D 平移选项”对话框

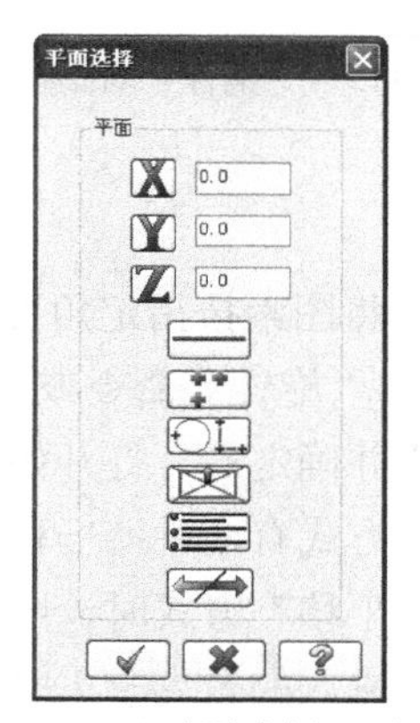

图 2-113　“平面选择”对话框

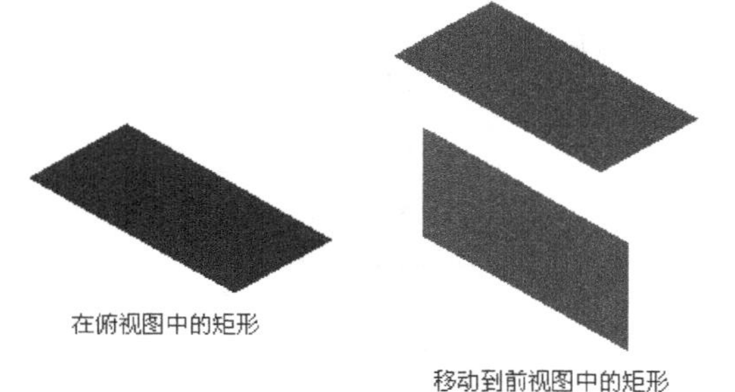

图 2-114　3D 平移实例

3. 镜像

镜像指的是将某一图素沿某一直线(镜像轴)在对称位置绘制新的相同图素。

执行“转换”|“镜像”命令或单击按钮，启动镜像命令。系统将会提示用户选择需要镜像的图形。选择并确定后，系统打开如图 2-115 所示的“镜像”对话框，在该对话框中设置镜像参数。用户可以指定镜像的方式为水平镜像、垂直镜像、沿某角度线镜像、沿已有某直线

镜像或沿选定两点连线镜像。确定镜像方式后，系统将图素沿选定轴镜像到新的位置。实例如图 2-116 所示。

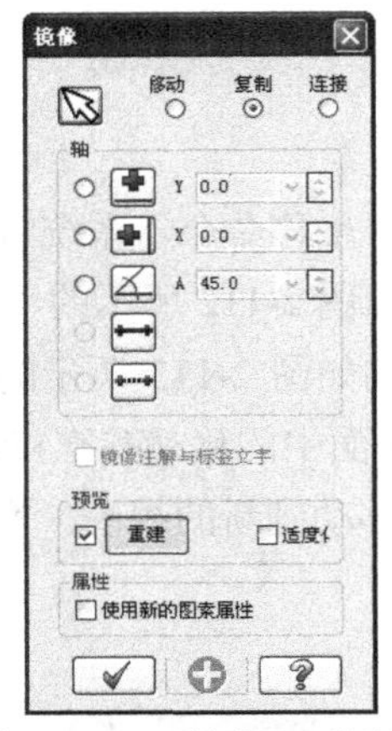

图 2-115 “镜像”对话框

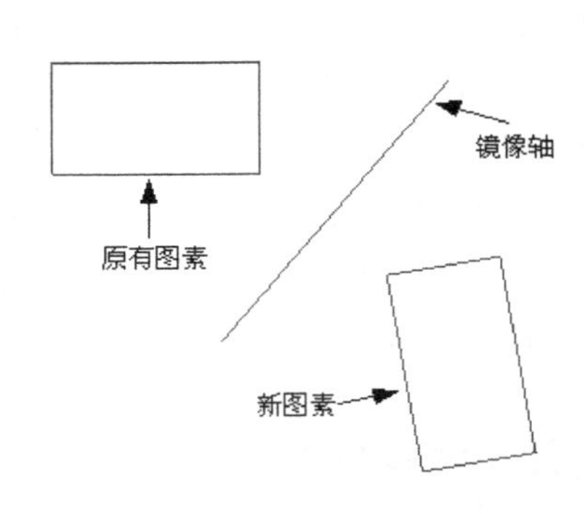

图 2-116 镜像实例

4. 旋转

旋转命令可以将图素按指定角度进行旋转。

执行“转换”|“旋转”命令或单击按钮，启动旋转命令，系统将会提示用户选择需要旋转的图形。选择并确定后，打开如图 2-117 所示的“旋转”对话框，在该对话框中设置旋转参数。图素的旋转方式有两种：一种是当选择“旋转”方式时，图素本身沿指定的圆心旋转；另一种是当选择“平移”方式时，图素整体沿指定的圆心平移旋转。实例如图 2-118 所示。当在“数”文本框中输入的数大于 1 时，系统将激活“单次旋转角度”和“整体旋转角度”单选按钮，它们的含义与平移对话框中的“两点间的距离”和“整体距离”类似。设置并确定后，系统将图素绕选定圆心进行旋转到新的位置。

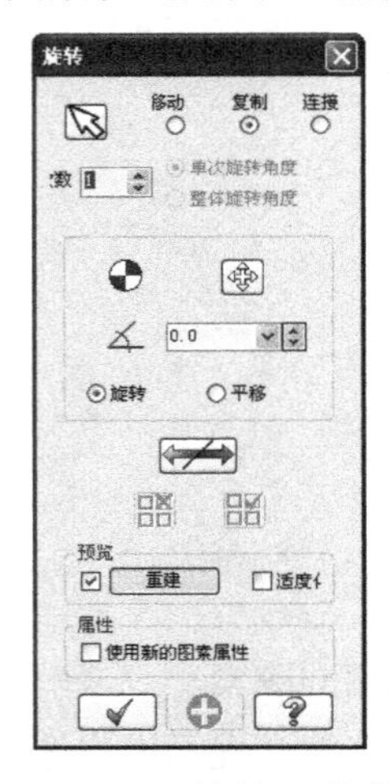

图 2-117 “旋转”对话框

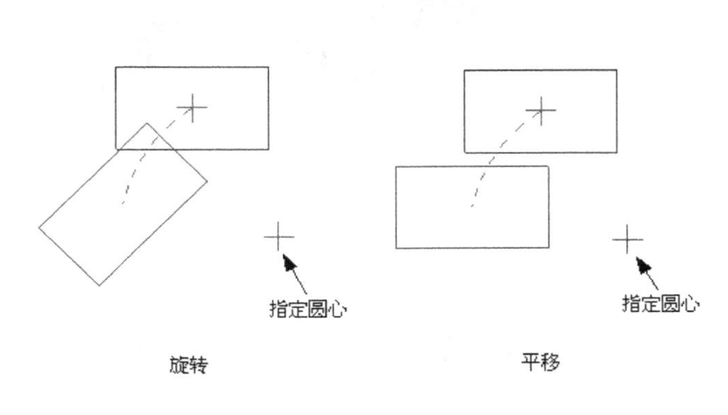

图 2-118 “旋转”和“平移”实例

5. 缩放

缩放命令可以对已有图素按给定的比例进行放大或缩小。

执行“转换”|“比例缩放”命令或单击按钮，启动比例缩放命令。系统将会提示用户选择需要缩放的图形，选择并确定后，系统将打开如图 2-119 所示的“比例”对话框，在该对话框中设置缩放参数。设置完成后，图素将在 X、Y 和 Z 这 3 个方向上使用相同的缩放比例。也可以指定图素在 3 个方向采用不同的缩放比例。选中 XYZ 单选按钮，对话框将变成如图 2-120 所示，用户可分别设置 3 个方向的缩放参数。设置并确定后，系统将图素按要求进行缩放。如图 2-121 所示的是一个正方形在 X 和 Y 方向分别设置为不同的缩放比例(0.5 和 0.33)实例。

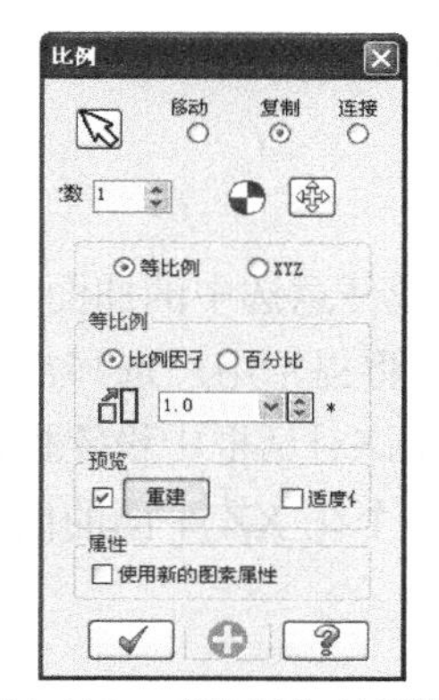

图 2-119　“比例”对话框

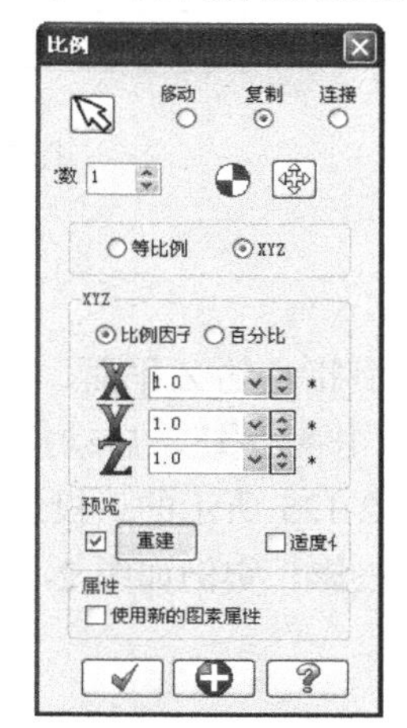

图 2-120　XYZ 缩放对话框

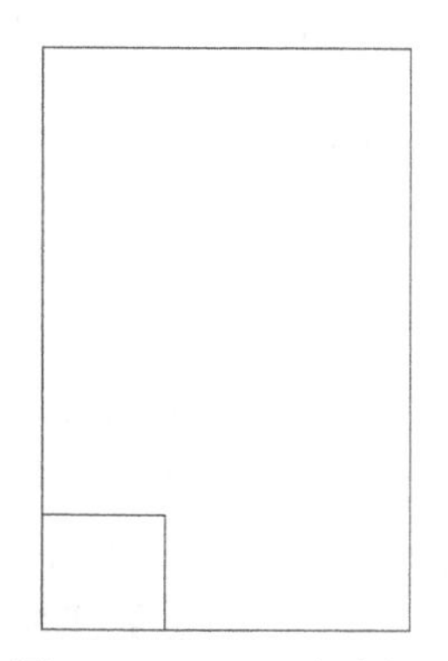
图 2-121　XYZ 缩放实例

6. 偏置

Mastercam 提供了两种偏置命令：“单体补正”和“串连补正”。“串连补正”可以通过串连选择，将连接在一起的多个图素作为偏置对象，该命令更多时候用于轮廓偏置。在二维情况下，轮廓偏置也可以看成一种缩放命令，只是这时设置的参数是距离偏置值，而不是比例因子。

(1) “单体补正”命令

想要实现二维偏置命令，执行“转换”|“单体补正”命令或单击按钮。系统将会提示用户选择需要偏置的图形，选择后，系统将打开如图 2-122 所示的“补正”对话框，在其中设置偏置参数。偏置命令对于不同的图素有着不同的效果，实例如图 2-123 所示，其中的尺寸表示偏置距离。如果对曲线进行偏置，系统只会把指定点简化为一段弧来进行偏置，而不会对整条曲线进行偏置处理。确定后，系统将图素按要求进行偏置。

(2) “串连补正”命令

要进行三维偏置，执行“转换”|“串连补正”命令或单击按钮，打开“串连选项”对话框，提示用户选择需要偏置的图形。选择后，系统将打开如图 2-124 所示的“串连补正”对话框，在该对话框中设置偏置参数，与图 2-122 的“补正”对话框比较，该对话框主要多了一

个用于设置 Z 方向偏置的文本框。当偏置对象也是三维图形时，选中“绝对座标”单选按钮，表示偏置到绝对的 Z 方向位置；选中“增量座标”单选按钮，则表示偏置在 Z 方向的相对增量。确定后，系统将图素按要求进行偏置。

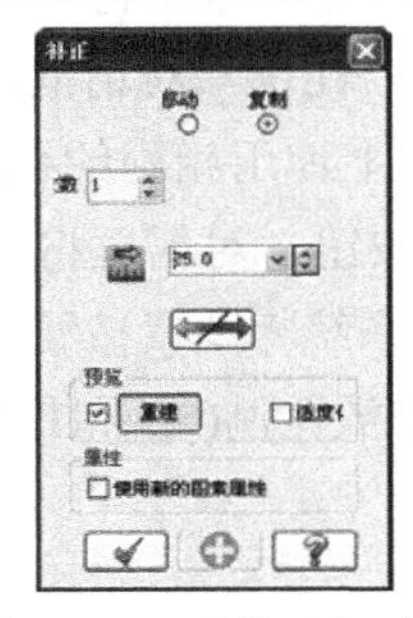

图 2-122 “补正”对话框

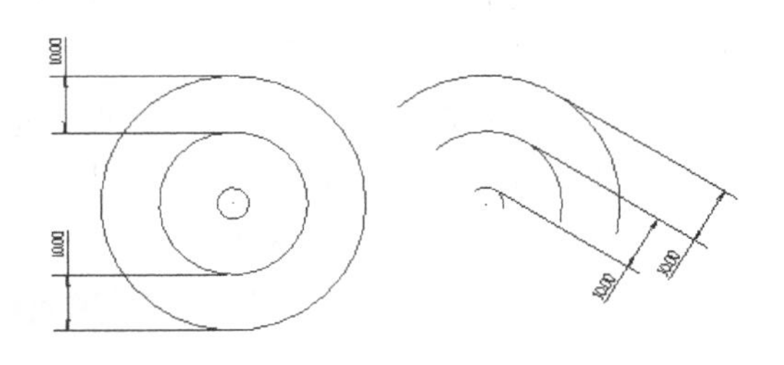

图 2-123 偏置实例

7. 投影

投影命令可以将选中的图形投影到指定的 Z 平面、任意选中平面或任意选中的曲面。

执行“转换”|“投影”命令或单击按钮，启动投影命令。系统将提示用户选择需要投影的图形，选择并确定后，打开如图 2-125 所示的“投影”对话框，在该对话框中设置投影参数。确定后，系统将图素按要求进行投影。实例如图 2-126 所示，将一个在 XZ 平面的曲线投影到 XY 平面，最后得到一条直线。

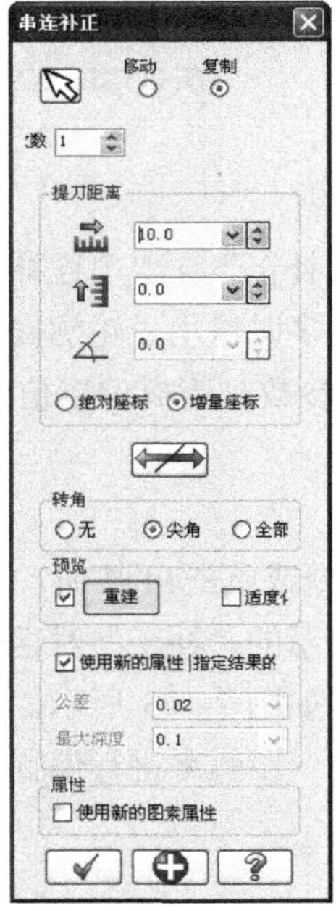

图 2-124 “串连补正”对话框

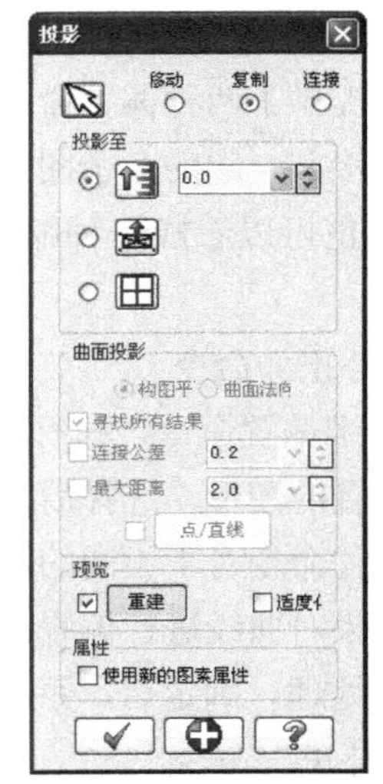

图 2-125 “投影”对话框

图 2-126　投影实例

提示

如果投影面和图形所在面平行，则得到的投影不会产生变化，视觉效果上只发生了平移。

8. 阵列

在绘图时，经常会遇到很多相同图素以一定规律均匀分布的情况。如果逐个画出这些图素，效率就比较低，这时可以使用阵列命令指定图素的分布规律，让系统自动完成相同图素的绘制。阵列只能使图素以平移的方式均布，而不能转动它们。

执行“转换”|“阵列”命令或单击按钮，启动阵列命令。系统将会提示用户选择需要阵列的图形，选择并确定后，打开如图 2-127 所示的“阵列选项”对话框，在该对话框中设置阵列参数。设置并确定后，系统将图素按要求进行投影。实例如图 2-128 所示，对一个圆进行阵列处理，两个方向分别为 45°和 135°，每个方向上的阵列数量均为 3。

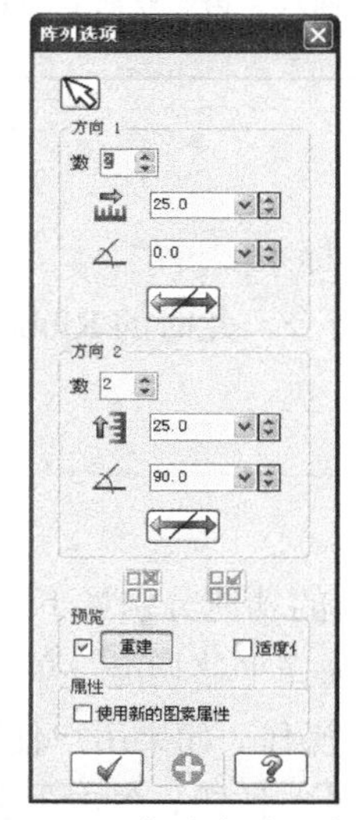

图 2-127　“阵列选项”对话框

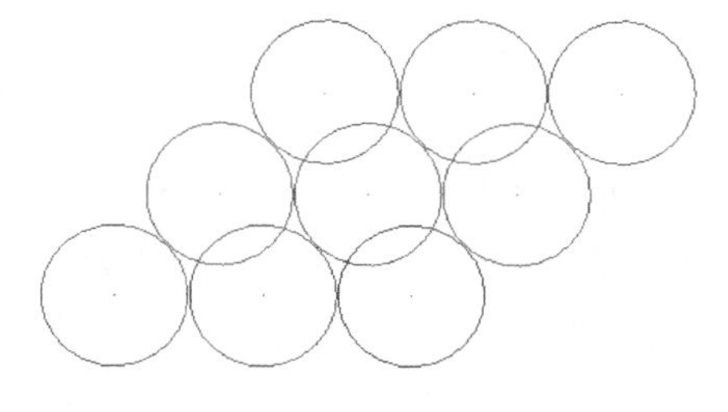

图 2-128　阵列实例

9. 缠绕

缠绕命令可以将一条直线、弧或曲线卷成圈，如绕制弹簧一样。该命令也可将卷好的线重新恢复。

执行“转换”|“缠绕”命令或单击按钮，启动缠绕命令，打开“串连选项”对话框，系统将提示用户选择需要缠绕的图形。选择后，打开如图 2-129 所示的“缠绕选项”对话框，在其中设置缠绕参数，确定后，系统将图素按要求进行缠绕。实例如图 2-130 所示，对一条直

线进行缠绕。

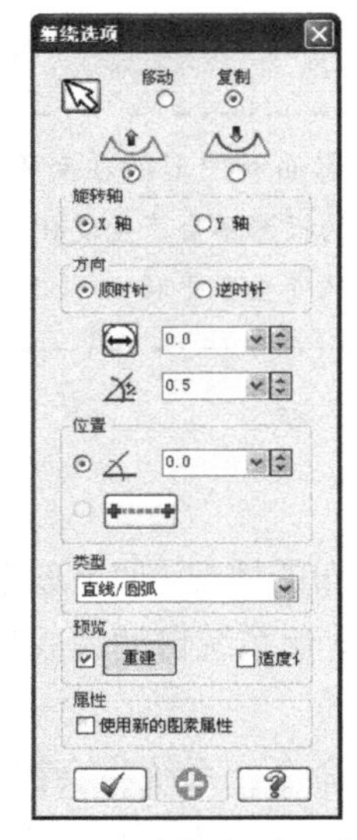

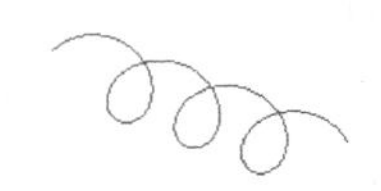

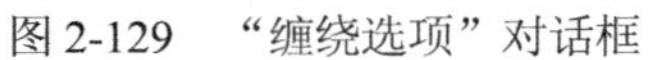
图 2-129　“缠绕选项”对话框　　　　图 2-130　直线缠绕实例

提示

缠绕命令是沿一个虚拟的圆柱空间将图素缠绕成弹簧的形状。该圆柱是由缠绕的直径和轴线决定的。

10. 拖曳

拖曳功能类似于平移和旋转，不同之处在于拖曳是通过鼠标来实现的。

执行“转换”|“拖曳”命令，或单击按钮，启动拖曳命令，此时的 Ribbon 工具栏如图 2-131 所示。

图 2-131　Ribbon 工具栏

选中要进行拖曳的图素后，单击 Ribbon 工具栏上各个按钮的功能分别如下：单击按钮，选择移动功能；单击按钮，选择复制功能；单击按钮，选择平移功能；单击按钮，选择转动功能；单击按钮，将结合平移和转动功能对图素进行操作。如果用户使用“范围内+”和“窗选”方式，并且已选择了部分图素，系统将激活按钮。单击按钮，将实现对选中点的拖曳，实例如图 2-132 所示。确定后，系统将图素按要求进行拖曳。

11. 牵移

牵移命令同样可以对图形进行拖曳，其效果与图 2-132 相同，但提供了更多的参数。

执行“转换”|“牵移”命令或单击按钮，启动牵移命令。系统将提示用户利用“范围内+”和“窗选”方式选择相交的图素。选择并确定后，打开如图 2-133 所示的“牵移”对话框，在该对话框中进行参数设置。其中的参数和平移命令对话框中的一致，效果相当于将图素的交点进行平移。确定后，系统将图素按要求进行牵移。

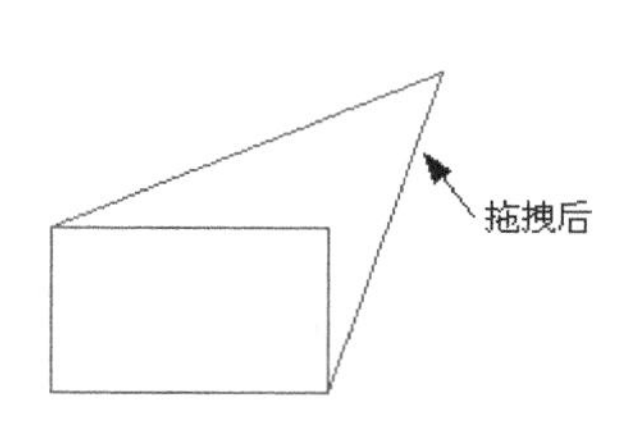

图 2-132　拖拽的效果

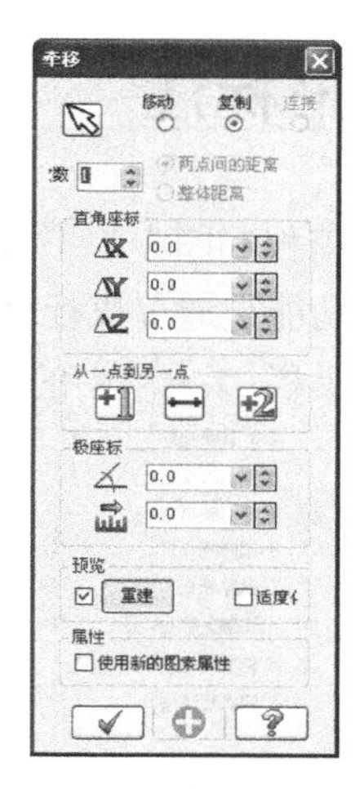

图 2-133　“牵移”对话框

12. 转换 STL 图形文件

该命令可以将 STL 图形文件输入到 Mastercam 系统中。STL 图形文件是一种三维图形交换文件。执行“转换”| STL 命令，启动转换命令后，系统将提示用户选择相应的文件，并可对图形文件进行镜像、缩放、旋转和平移等操作。

13. 图形嵌套

执行“转换”|“图形排版”命令，启动图形嵌套命令。该命令用于把几何图形、群组织在一个图形表内，用户可以根据需要设置图形表参数。启动该命令，打开如图 2-134 所示的图素嵌套对话框，可以在该对话框中设置图形表参数。

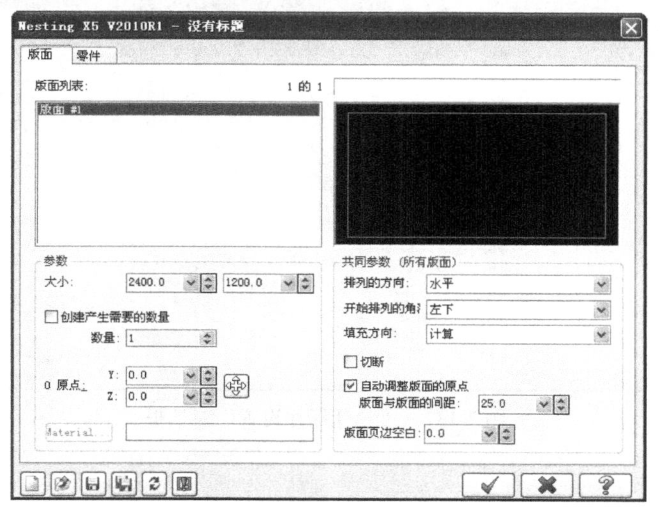

图 2-134　图素嵌套对话框

2.3 图形标注

尺寸标注是工程制图中必不可少的一个环节，本节将介绍 Mastercam 提供的强大尺寸标注功能。尺寸标注功能是通过执行“绘图”|“尺寸标注”下拉菜单中的各项命令，如图 2-135 所示，以及单击工具栏 中的各个按钮来实现的。

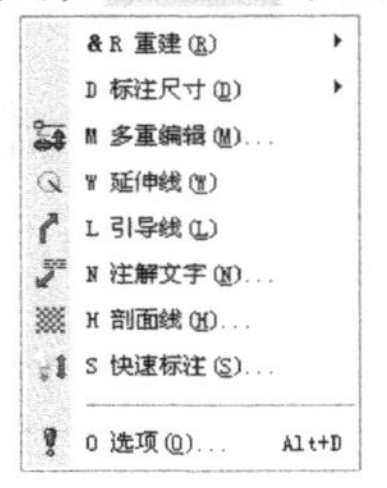

图 2-135　尺寸标注下拉菜单

图 2-136　尺寸标注的组成

2.3.1 尺寸标注的设置

一个完整的尺寸标注由尺寸文本、尺寸线、尺寸界线和箭头 4 部分组成，如图 2-136 所示。这 4 部分的样式都可以根据需要自行设置。

执行“绘图”|“尺寸标注”|“选项”命令或单击 按钮，打开如图 2-137 所示的“尺寸标注设置”对话框，可以在该对话框中进行参数设置。设置的参数均可在预览区进行预览。默认打开的是“尺寸属性”设置页面。

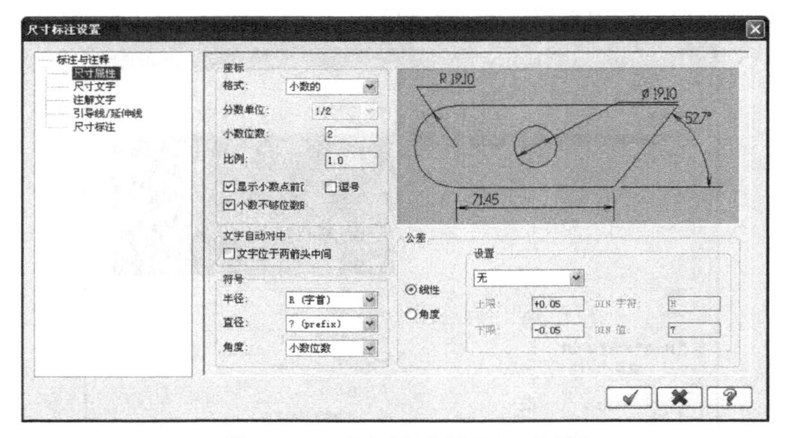

图 2-137　“尺寸标注设置”对话框

1. 尺寸属性

尺寸属性设置在左侧列表框中对应“尺寸属性”选项。其中各主要选项及其含义如下。

(1) 坐标

此选项区域中的选项用于设置尺寸标注的数字规范。

- “格式”：该下拉列表用于设置尺寸长度的表示方法，主要有“小数的”(十进制表示法)、“科学的”(科学计数法)、“工程单位”(工程表示法)、“分数单位”(分数表示法)和“建筑单位”(建筑表示法)选项。
- “小数位数”：可以在该文本框中输入小数点后保留的位数。系统默认为的小数点位数为后两位。
- “比例”：可以在该文本框中设置标注尺寸和实际绘图尺寸的比例。系统默认比例为 1∶1。
- “显示小数点前面的零”：选中该复选框，对于小于 1 的尺寸进行标注时显示如“0.23”；不选中该复选框，则显示“.23”，即小于 1 的尺寸标注时，小数点前不加 0。

(2) 文字自动对中

此选项区域中仅有一个“文字位于两箭头中间”复选框。选中后，尺寸文本放置在尺寸线的中线，否则可以任意放置。

(3) “符号”

此选项区域中的选项主要用于设置圆和角度标注样式。

- “半径”：该下拉列表用于设置半径的标注方式，有“R(字首)”、“R.(字尾)”和“无”3 种方式。如标注一个半径为 10 的尺寸时，选择“R(字首)”，将显示 R10；选择“R.(字尾)”，将显示 10R；选择“无”，将显示 10。
- “直径”：该下拉列表用于选择直径的标注方式，有“？(prefix)”、“D(字首)”、“Dia.(字尾)”和“D.(字尾)”4 种方式。如标注一个直径为 10 的尺寸时，选择“？(prefix)”，将显示Φ10；选择“D(字首)”，将显示 D10；选择“Dia.(字尾)”，将显示 10 Dia；选择“D.(字尾)”，将显示 10 D。
- “角度”：该下拉列表用于设置角度的标注方式，有“小数位数”、“度/分/秒”、“弧度”和“梯度”4 种方式。其中默认的方式为“小数位数”，显示如 15.26°。

(4) 公差

此选项区域中的选项主要用于设置公差的标注方式。

“设置”选项组中的下拉列表用于设置公差的标注形式，有“无”(不带公差)、+/-(正负尺寸公差标注)、“上下限制”(极限尺寸公差标注)和 DIN(公差带标注)4 种。

2. 尺寸文字和注解文字

尺寸文字设置对应“尺寸标注设置”对话框左侧列表框中的“尺寸文字”选项，如图 2-138 所示。用户可以对尺寸文字的大小、字型、文本对齐方式以及点的标注形式进行设置。在设置时，可以通过预览框进行观察。

注释文字设置对应“尺寸标注设置”对话框左侧列表框中的“注释文字”选项，如图 2-139 所示。在此可以对注释文字的字体大小、字型和对齐方式等进行设置。在设置时，可以通过预

览框进行观察。

3. 尺寸线、尺寸界线和箭头

尺寸线、尺寸界线和箭头设置对应“尺寸标注设置”对话框中的“引导线/延伸线”选项，如图 2-140 所示。用户可以对它们相应的标注形式进行设置。在设置时，可以通过预览框进行观察。

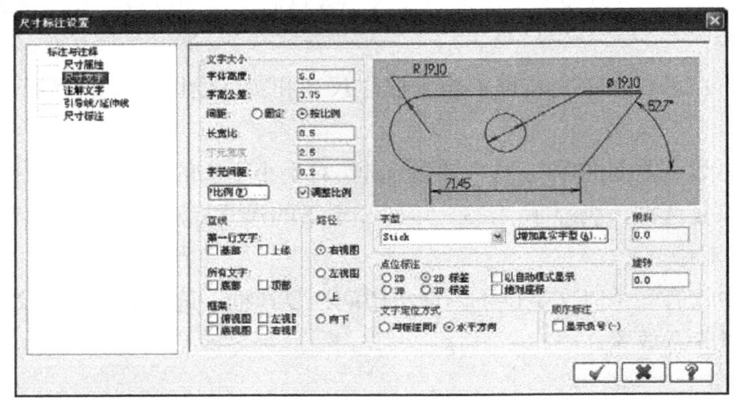

图 2-138　尺寸文字设置

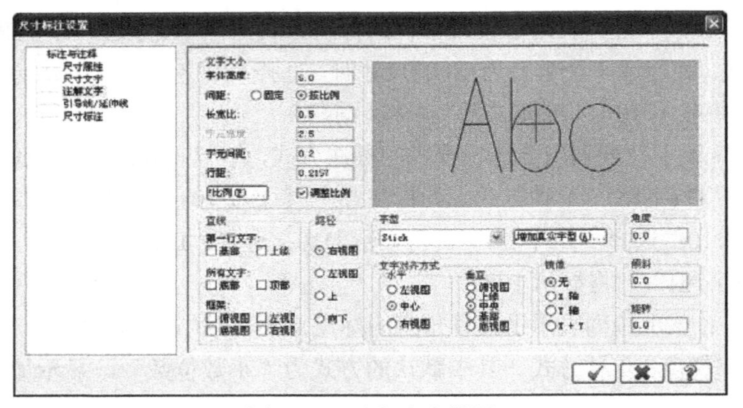

图 2-139　注解文字设置

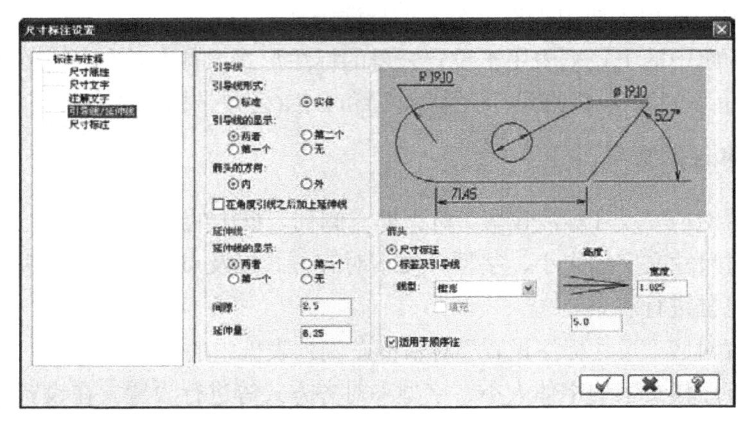

图 2-140　尺寸线、尺寸界线和箭头设置

计算机基础与实训教材系列

在进行尺寸标注属性设置时，除了通过预览框来观察显示效果之外，还要通过在实际的绘图区域进行标注后，再通过观察来对参数设置进行检验，判断是否符合要求。

2.3.2　尺寸标注

在“绘图”|“尺寸标注”|“标注尺寸”菜单中，Mastercam 向用户提供了 11 种尺寸标注的方法，如图 2-141 所示。

这 11 种标注方法中，主要操作步骤都类似，大致如下：

(1) 在“绘图”|“尺寸标注”|“标注尺寸”菜单中，选择需要进行标注的命令。

(2) 利用鼠标选择需要标注尺寸的两个端点。

(3) 选中后，图形窗口中将显示尺寸标注，利用鼠标进行动态拖曳，将尺寸标注置于所需的位置。同时，在使用每种方法进行标注时，Ribbon 工具栏如图 2-142 所示，用于设置尺寸的各种参数。工具栏上的图标会根据方法的不同分别被激活。

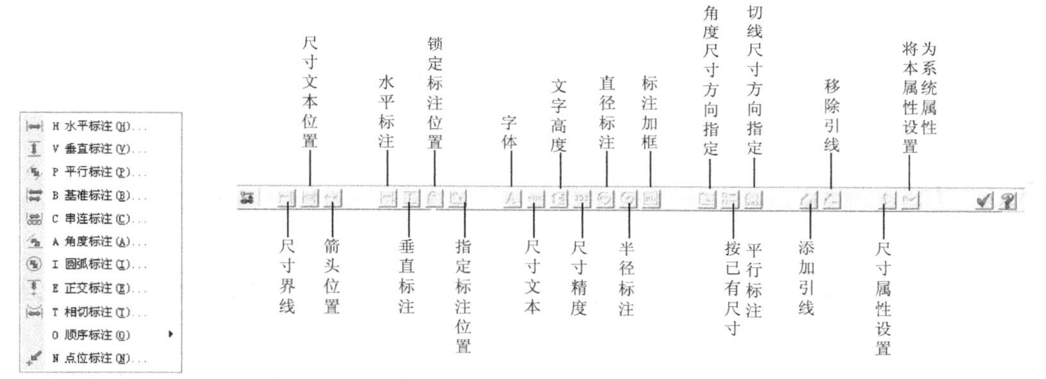

图 2-141　尺寸标注方法　　　　图 2-142　尺寸标注工具栏

(4) 在工具栏中对显示的尺寸标注进行需要的修改之后，单击“确定”按钮，完成尺寸标注。部分实例如图 2-143 所示。

这里仅对坐标标注进行简单说明。如果需要对一条没有特别形状的曲线进行标注，往往采用坐标标注的方法。首先在曲线上选择一个点作为零点，然后选择需要标注的点。尺寸文本表示在标注点相对零点的变化量，一般以水平和竖直方向来描述其变化。Mastercam X5 提供了 4 种坐标标注方式，分别为：“水平标注”，标注各点相对于某一基准点的水平相对距离；“垂直标注”，标注各点相对于某一基准点的竖直相对距离；“平行标注”，标注各点相对于某一基准点的平行相对距离；“基准标注”，标注各点相对于某一基准点的直线距离。

Mastercam 还提供了一种智能方式来进行标注。执行“绘图”|“尺寸标注”|“快速标注”命令或单击 按钮，Ribbon 工具栏如图 2-142 所示。采用这种智能方式，系统将自动识别所标注的图素，选择合适的标注方式。

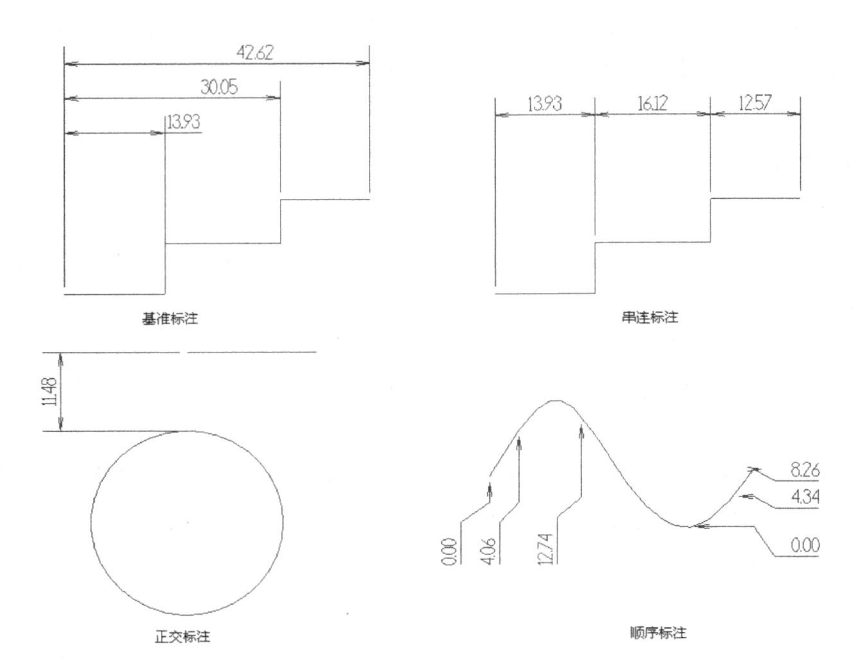

图 2-143　尺寸标注实例

2.3.3　尺寸编辑

对于已经完成的标注，有时还需要进行编辑修改，如更改箭头样式和文本高度，或者给尺寸添加公差等。

执行“绘图”|“尺寸标注”|“多重编辑”命令或单击按钮，启动尺寸编辑命令，系统将提示选择需要编辑的尺寸线。选择并确定后，打开如图 2-144 所示的“尺寸标注设置”对话框，用户可以在该对话框中对尺寸标注设置进行修改。

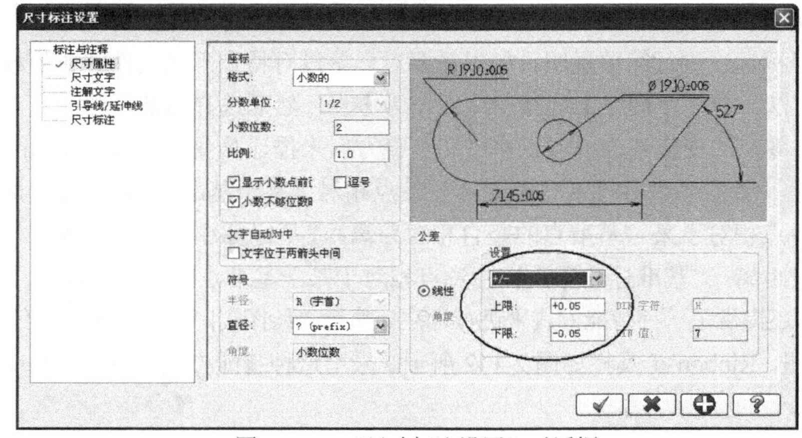

图 2-144　“尺寸标注设置”对话框

实例如图 2-145 所示，为一个圆的直径标注，按照图 2-144 所示添加公差。设置完成后，单击“确定”按钮，完成编辑修改。

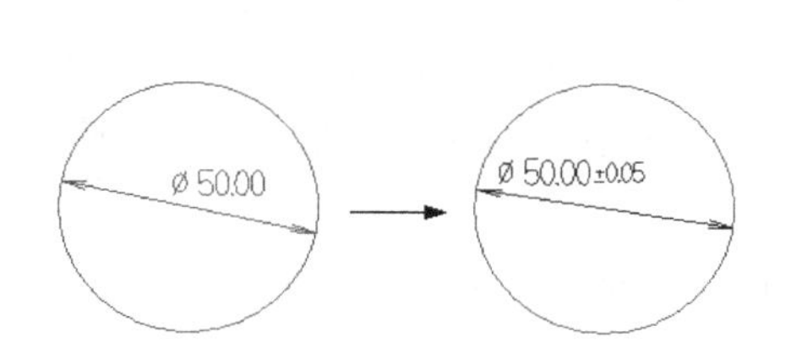

图 2-145　圆直径标注修改实例

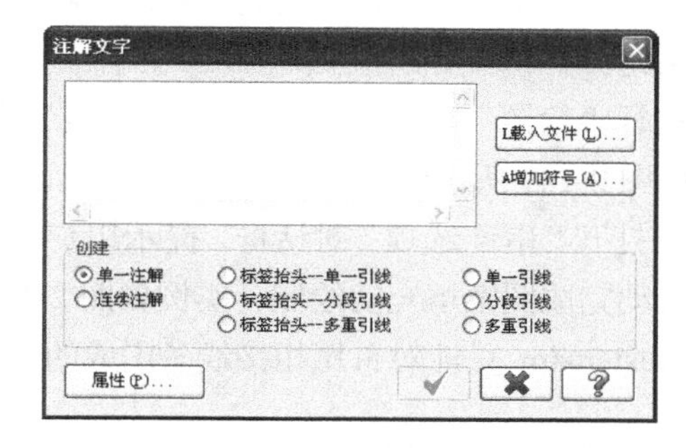

图 2-146　“注解文字”对话框

2.3.4　其他类型图形标注

1. 图形注释

执行“绘图”|“尺寸标注”|“注解文字”命令，或单击按钮，打开如图 2-146 所示的“注解文字”对话框，可以在该对话框中进行图形注释参数的设置。设置参数后，在图形上指定注释位置点即可。

2. 引出线

引出线指的是一条在图素和相应注释文字之间的一条直线。执行“绘图”|“尺寸标注”|“延伸线”命令或单击按钮，即可进行引出线的绘制。实例如图 2-147 所示。

3. 引线

引线也是连接图素与相应注释文字之间的一种图形，它是带箭头的直线，而且可以是折线，如图 2-148 所示。执行“绘图”|“尺寸标注”|“引导线”命令或单击按钮，即可进行引线的绘制。

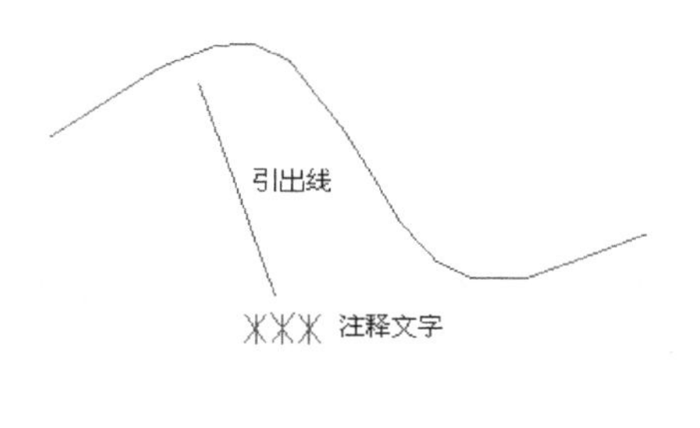

图 2-147　引出线实例

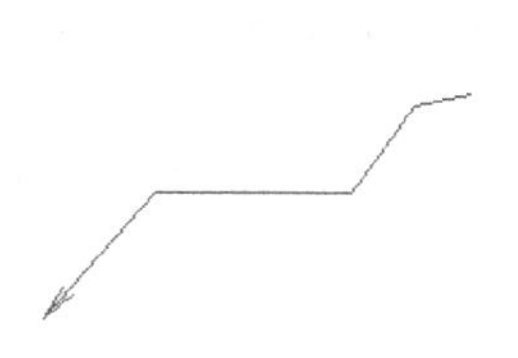

图 2-148　引线实例

4. 图案填充

在绘制图纸时，时常要用到剖视图对物体的内部构造进行描述，因此需要创建各种不同的图案填充。

执行“绘图”|“尺寸标注”|“剖面线”命令或单击▩按钮，启动图案填充命令，系统将打开如图 2-149 所示的“部面线”对话框，该对话框用于指定填充图案的样式。设置并确定后，系统将打开“串连选项”对话框，提示用户选择要进行图案填充的几何图形。选择并确定后，系统自动完成图案填充的绘制。实例如图 2-150 所示。

Mastercam 只能对首尾相接线条围成的封闭区域进行填充，交叉线围成的区域则无法进行填充。

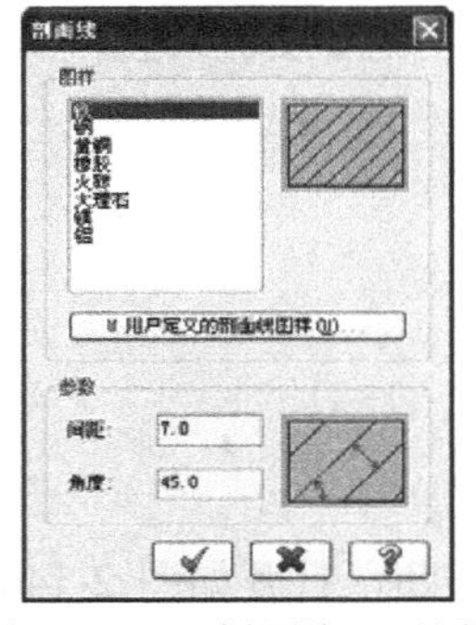

图 2-149　“剖面线”对话框

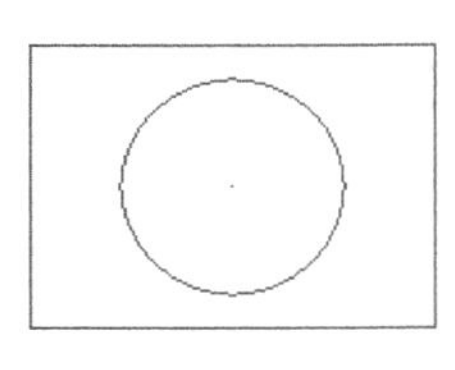

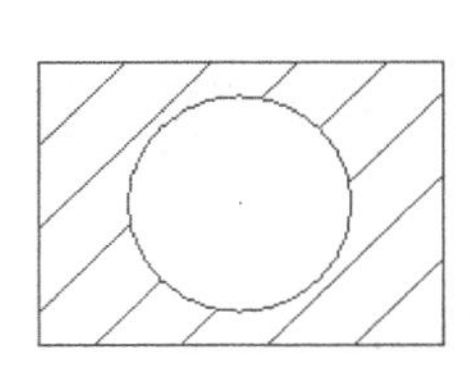

图 2-150　图案填充实例

5. 更新标注

在完成尺寸标注后，如果要对图素进行修改，就需要对相应的尺寸标注进行更新。用户可以对这一特性进行设置，执行“绘图”|“尺寸标注”|“重建”菜单中相应的命令即可，如图 2-151 所示为“重建”菜单。

A 快速重建尺寸标注(A)
V 重建有效的标注(V)
S 选取尺寸标重建(S)
L 重建所有的标注(L)

图 2-151　“重建”菜单

2.4　二维造型综合实例

本节将综合利用本章前面介绍的关于二维图形绘制的各种命令，完成若干复杂零件的设计。如图 2-152 所示，这是一个使用 AutoCAD 绘制的二维轴类零件。

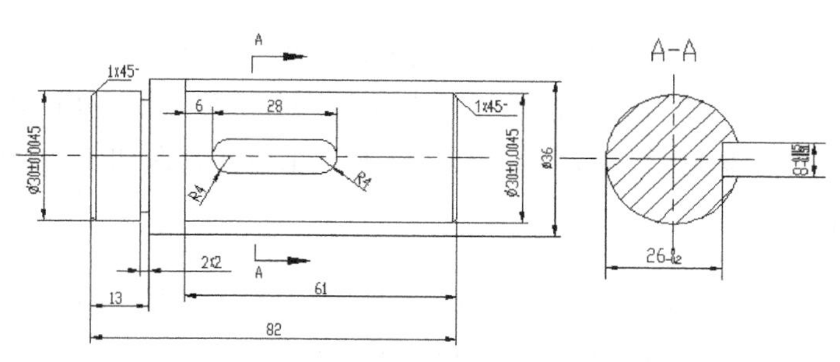

图 2-152　二维轴类零件实例

1. 主视图外形

首先，将轴主视图中的左端中点放置在原点，并利用图中尺寸计算出主视图中轴上半部分各尖点的位置，在图上画出。单击按钮，在 X -61.16372 Y 22.64279 Z 0.0 中直接输入各点的坐标值。完成后的效果如图 2-153 所示。

图 2-153　轴上各点

然后用直线将它们依次连接起来，就形成了轴的上半部分。将点删除后的效果如图 2-154 所示。在中，将线型改为点划线，在图中绘制一条起点和终点坐标分别为(-2,0,0)和(84,0,0)的直线，得到的图素效果如图 2-155 所示。

图 2-154　轴的上半部分　　图 2-155　连接轴的两个端点

单击按钮，按系统提示选择图上所有的实线为对象，在打开的“镜像”对话框中，选择以 Y 轴为轴线。确定后，镜像效果如图 2-156 所示。

接下来对两端进行倒角。单击按钮，在工具栏中选择模式 距离/角度，并指定尺寸为 1，角度为 45°。倒角后的效果如图 2-157 所示。

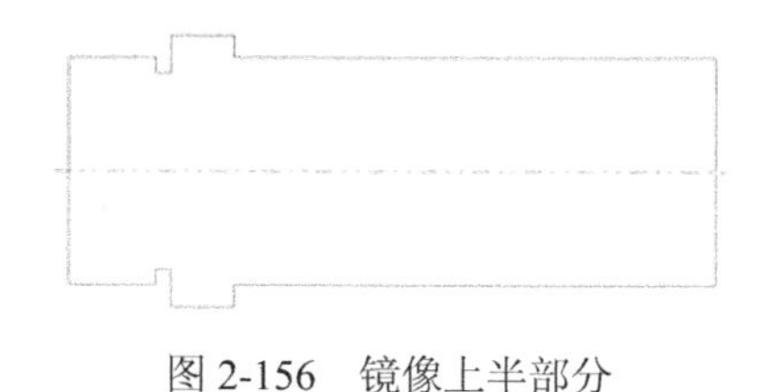

图 2-156　镜像上半部分

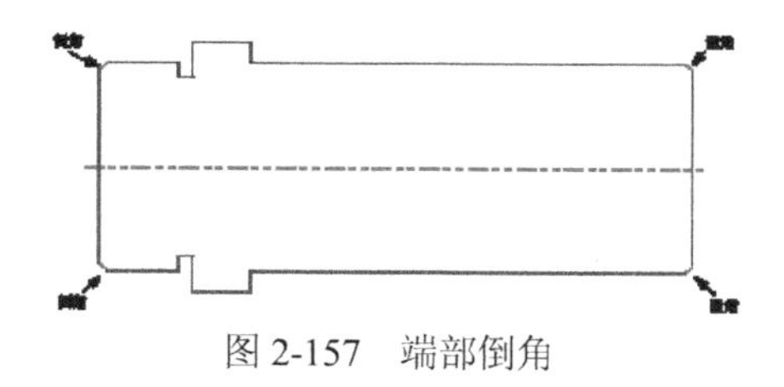

图 2-157　端部倒角

将线型改回实线，并将其余需要的直线连接好，效果如图 2-158 所示。

接着绘制键槽，请思考有哪些方法可以用来绘制一个如图 2-152 所示的满足要求的键槽呢？作为思考，这里就不例出具体的方案。绘制完成后的轴主视图如图 2-159 所示。

2. 绘制剖视图

下面绘制剖视图。首先绘制一个半径为 15 的圆及其中线，如图 2-160 所示。然后按照图中尺寸完成如图 2-161 所示的绘制，画出槽的深度和宽度。

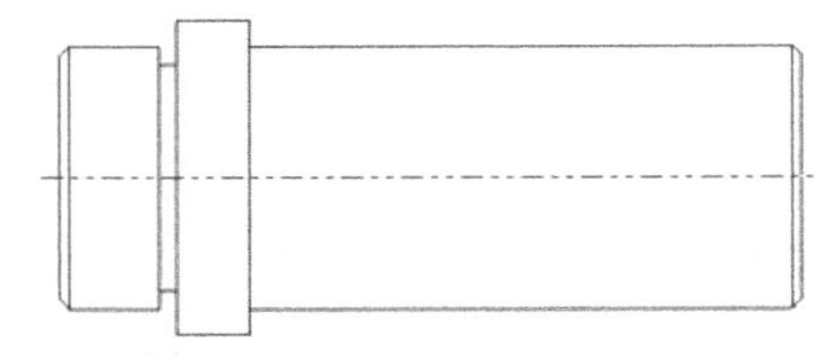

图 2-158 绘制其余直线

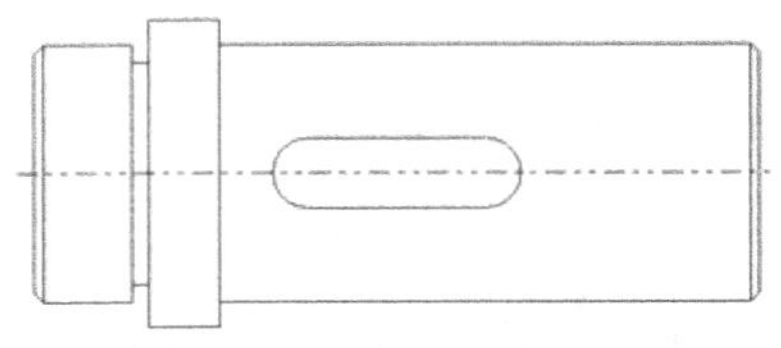

图 2-159 完成的轴主视图

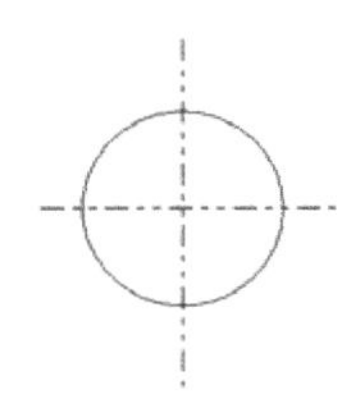

图 2-160 圆及其中线

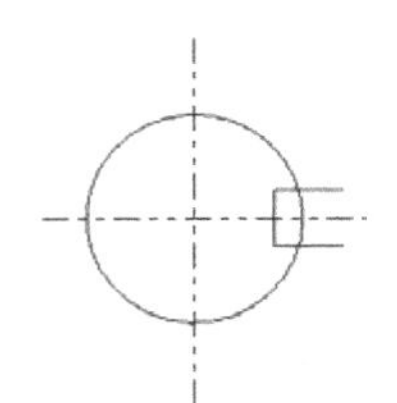

图 2-161 画出槽的深度和宽度

单击按钮，在工具栏中，单击按钮对圆进行修剪，单击按钮分别对另外两条线进行修剪，修剪效果如图 2-162 所示。单击按钮，将“间距”设置为 4，为剖视图添加剖面线，效果如图 2-163 所示。

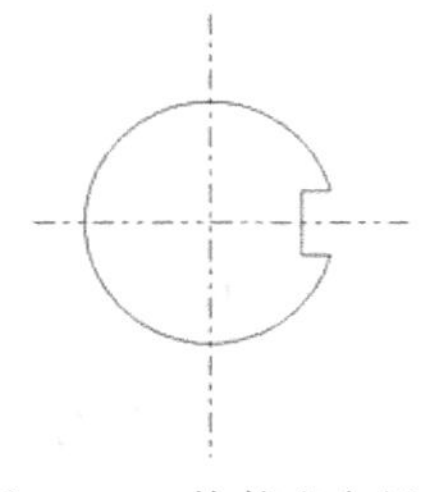

图 2-162 修剪多余部分

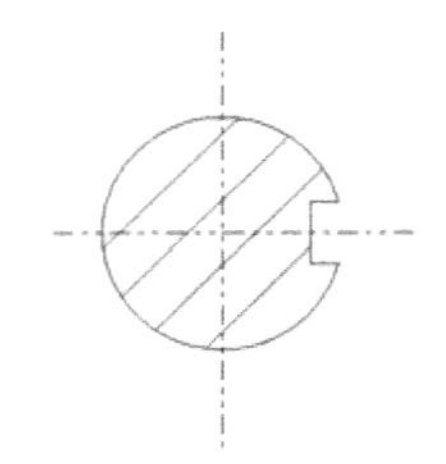

图 2-163 剖视图

完成绘制的整个图形如图 2-164 所示，其余的工作就是进行标注了，请读者自己完成。

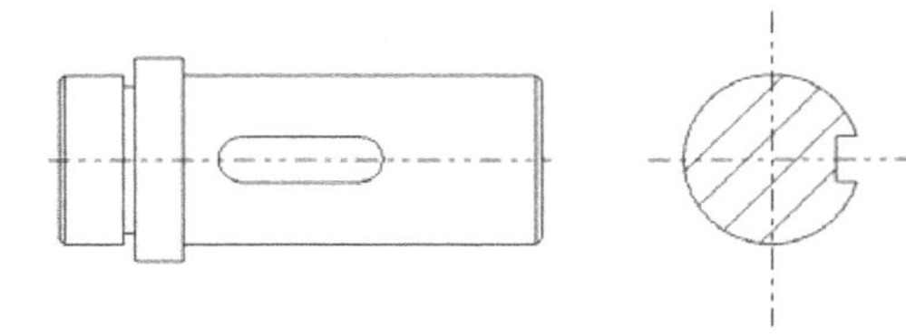

图 2-164 完成的视图

2.5　上机练习

如图 2-165 所示，是一个用 AutoCAD 绘制的轴承座设计图。下面使用 Mastercam 来完成这一绘制工作。

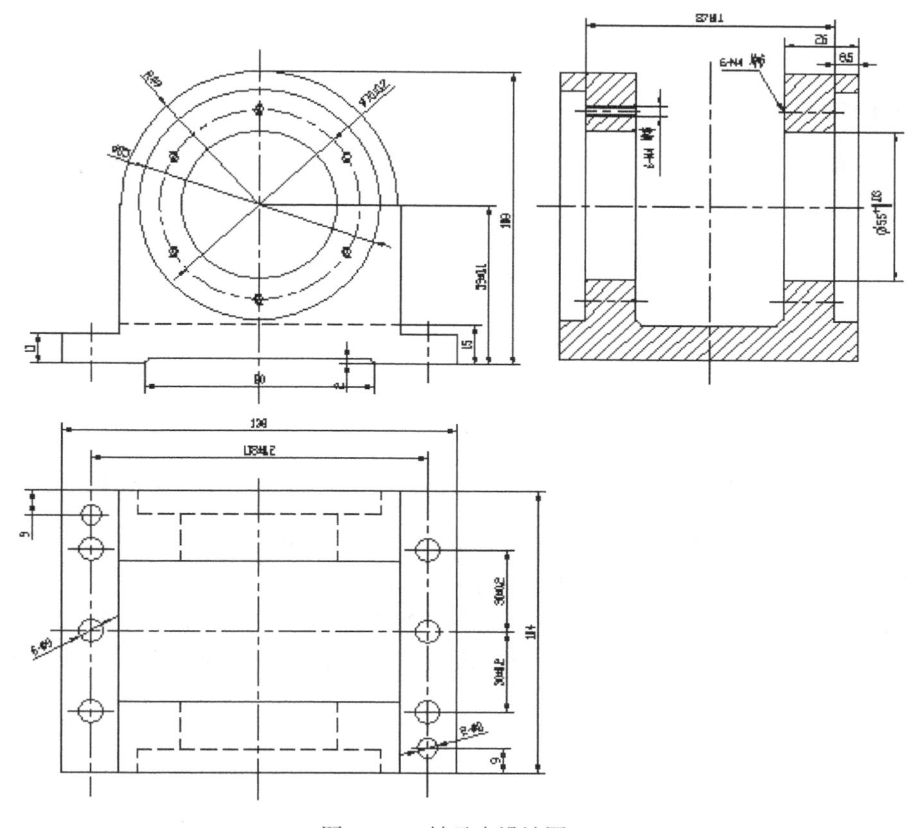

图 2-165　轴承座设计图

这张设计图由主视图、俯视图和左剖视图 3 个视图组成。绘制时，需要首先安排好 3 个视图的布局。

1. 布局设计

(1) 为了绘制方便，这里将主视图的圆心确定在坐标系的原点。在 中将线型改为点划线。

(2) 轴承座主视图上的最大半圆半径为 49，而圆心到底部的距离为 59，因此绘制一条从点(0,54)到(0,-64)的中线。

(3) 俯视图中有两条中线，因为轴承座宽度为 104，在保证两个视图中间距离(暂定为 15)的基础上，将两条中线的交点定在(0,-122)上。水平中线的起点和终点分别为(-74,-122)和(74,-122)，垂直中线的起点和终点分别为(0,-65)和(0,-179)。

(4) 左剖视图中有两条中线，一条是中心孔轴线，它和主视图中的中线同一高度。在保证两个视图中间距离(暂定为15)的基础上，将两条中线的交点定在(136,0)上。中心孔轴线的起点和终点分别为(79,0)和(193,0)，垂直中线的起点和终点分别为(136,54)和(136,-64)。

(5) 单击按钮，在 X -61.16372 Y 22.64279 Z 0.0 中先后分别输入上面各中线的起点和终点坐标值绘制中线，完成后的效果如图2-166所示。

这里的布局只是暂时性的，如果在绘制过程中发现不合理的地方，可以使用平移等命令进行调整。

2. 绘制主视图

(1) 单击按钮，选择原点为圆心，在 70.0 中输入直径值为70，绘制螺纹孔中心圆，如图2-167所示。

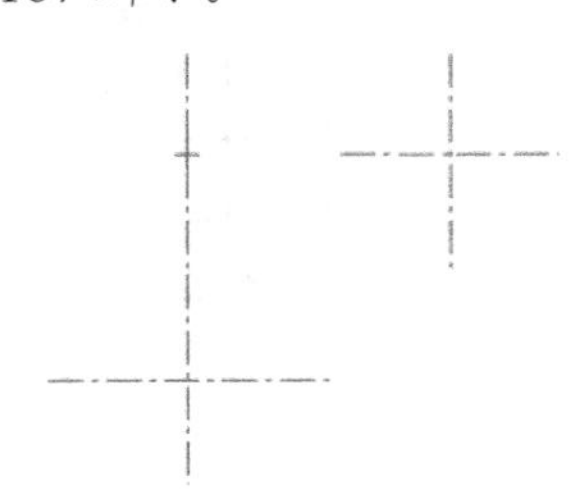
图 2-166　绘制完成的中心线

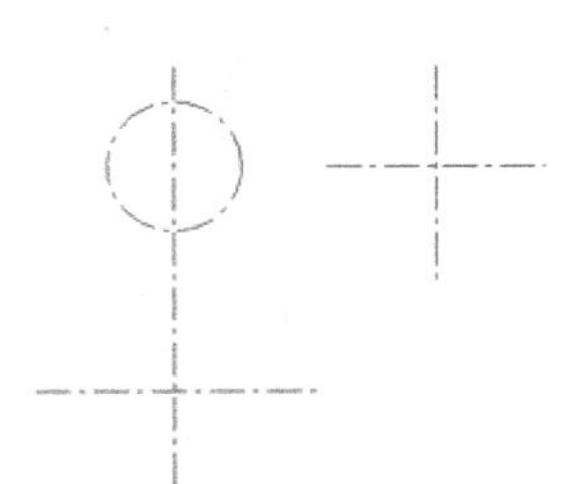
图 2-167　绘制好的螺纹孔中心圆

(2) 在中，修改线型为实线。单击按钮，同样选择圆点为圆心，先后在 70.0 中输入直径55和85，绘制轴承孔，效果如图2-168所示。

(3) 单击按钮，首先同样选择原心作为圆点，然后在 49.0 中输入半径值为49。依次在 0.0 180.0 中输入圆弧的起始和终点角度，分别为0度和180度，绘制轴承座顶部外形，效果如图2-169所示。

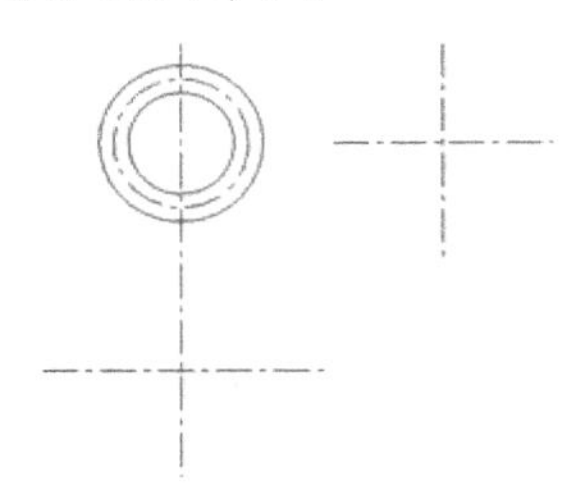
图 2-168　绘制好的轴承孔

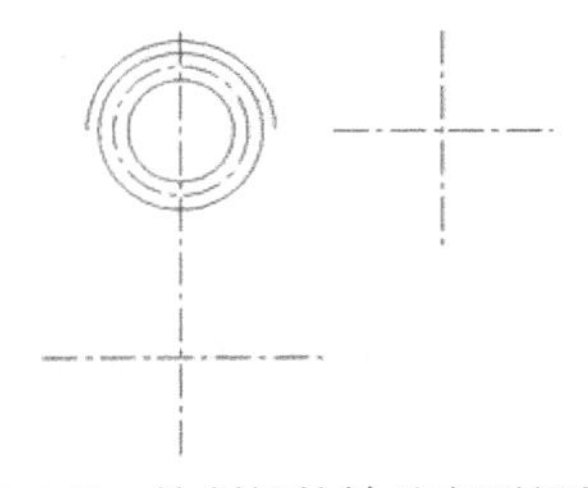
图 2-169　绘制好的轴承座顶部外形

(4) 接着绘制整个外形。首先单击按钮，然后在Ribbon工具栏中单击按钮，绘制多段线。选择顶部圆弧左端为多段线的起点。

(5) 在Ribbon工具栏中单击按钮，在 48.0 中输入48，绘制一条长度为48的垂线。

(6) 在Ribbon工具栏中单击按钮，在 20.0 中输入20，绘制一条长度为20的水平线。

(7) 用同样的方法依次绘制一条长度为11的垂线、一条长度为29的水平线、一条长度为2的垂线和一条长度为40的水平线。绘制时注意线的方向。绘制完成后的效果如图2-170所示。

(8) 一起选中前面绘制好的所有直线，单击按钮，在打开的“镜像”对话框中选择即可，确定后的滤镜效果如图2-171所示。

(9) 最后绘制螺纹孔。单击按钮，在主视图中线和螺纹孔中心圆的上部交点，绘制一个半径为 2、从 0 度~270 度的弧，作为螺纹孔的大径。单击按钮，在该位置绘制一个半径为 1.8 的圆作为螺纹孔小径，效果如图 2-172 所示。

(10) 选中刚刚绘制好的一个螺纹孔的两个图素，单击按钮，在打开的“旋转”对话框中，参照图 2-173 的参数进行设置。确定后，生成均布的一组螺纹孔，效果如图 2-174 所示。

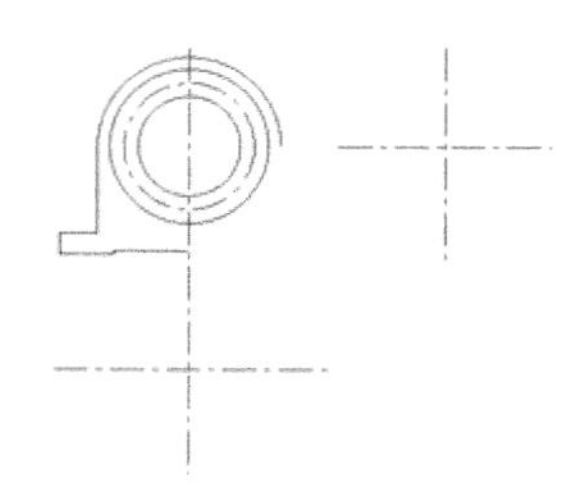

图 2-170　绘制好的一半轴承座主视图外形

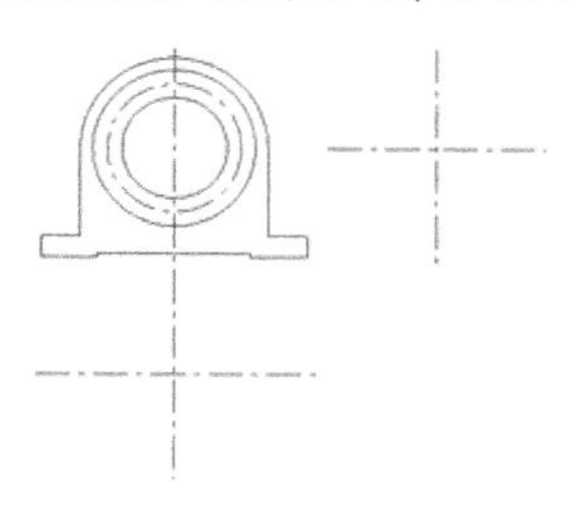

图 2-171　镜像后的主视图

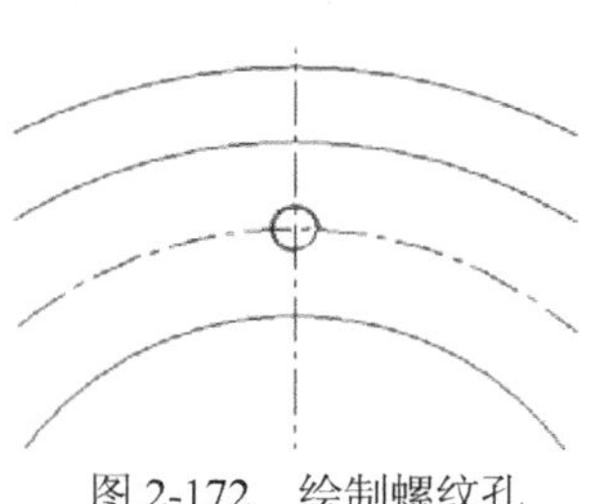

图 2-172　绘制螺纹孔

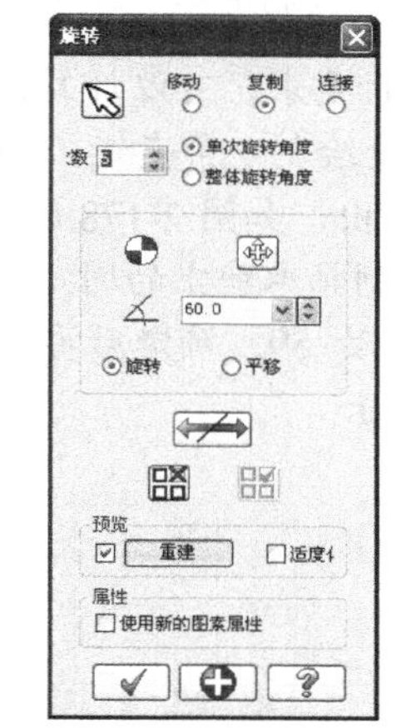

图 2-173　“旋转”对话框

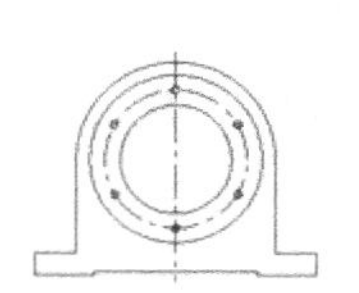

图 2-174　均布的螺纹孔

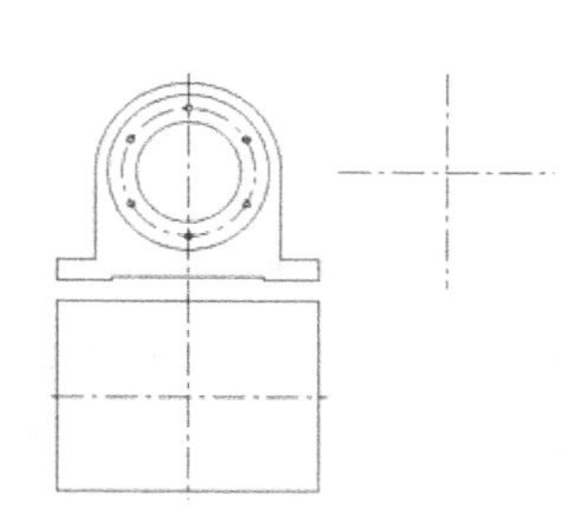

图 2-175　绘制完成的俯视图外形

主视图中还有一条虚线和两条点划线没有画出，可以在其他视图完成后，根据投影关系来绘制，这样相对简便一些。

3. 绘制俯视图

(1) 首先单击按钮，在 Ribbon 工具栏中单击按钮，选择两条中线的交点为中心，在 138.0　104.0 中分别输入矩形的长和宽，分别为 138 和 104。绘制完成后的俯视图外形，效果

如图 2-175 所示。

(2) 作主视图顶部外形两边的投影线，效果如图 2-176 所示。

(3) 单击 按钮，首先选择要保留的线段部分，确定后再选择修剪的基准线(矩形的上部长边)，然后确定即可。依次对两条线进行修剪，修剪后的效果如图 2-177 所示。

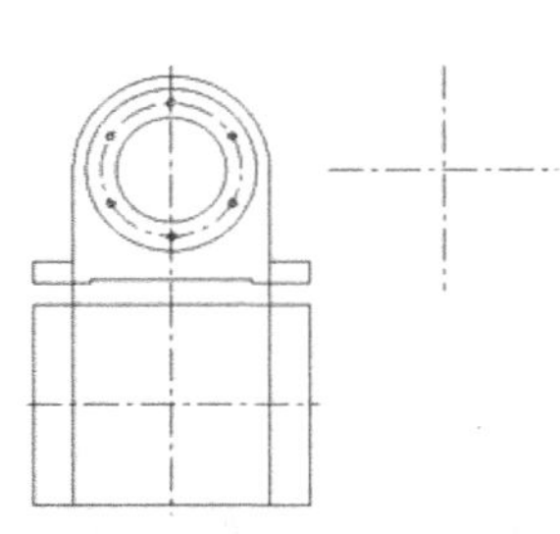

图 2-176　绘制完成的顶部外形投影线

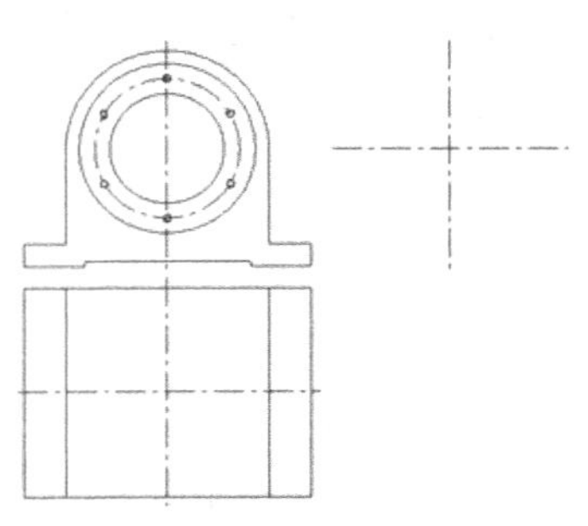

图 2-177　修剪后的投影线

(4) 根据设计要求，可以计算出轴承座中间的空隙部分的宽度为 52，因此可以在水平中线上方距离为 26 处绘制一条直线，再进行修剪得到需要的图素。根据这个思路，这里将具体步骤用图形的方式给出，如图 2-178 所示，读者需自己思考并加以实现。

(5) 接着绘制轴承座上的固定孔。先选中垂直中线，单击 按钮，在打开的“平移”对话框中将其水平移动 59。确定后再用同样的方法水平移动-59，即可得到两条固定孔的中线，效果如图 2-179 所示。

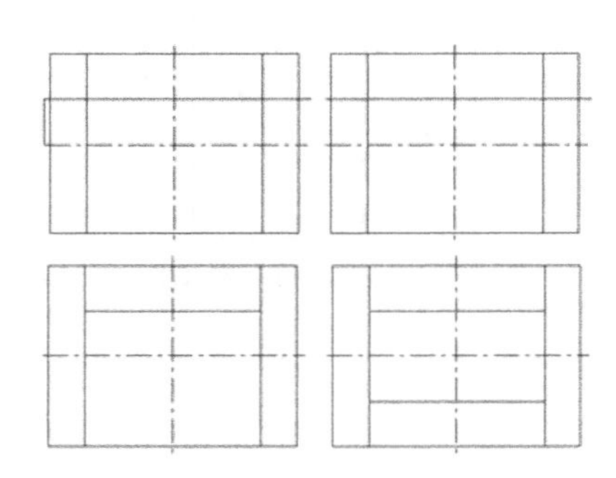

图 2-178　绘制轴承空隙部分俯视图步骤图形

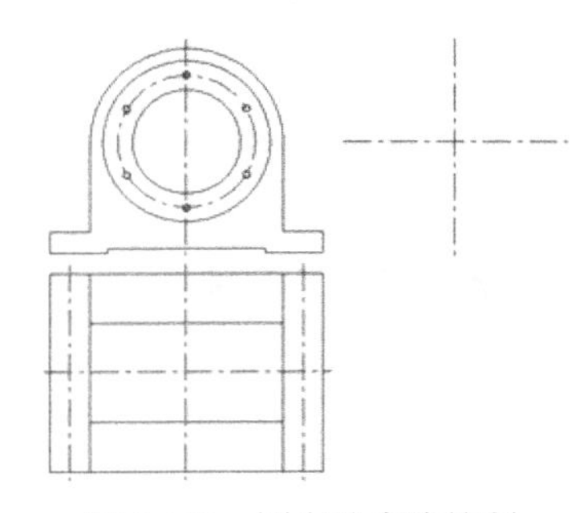

图 2-179　固定孔中线绘制

(6) 在两条固定孔中线与水平中心的交点处，绘制两个直径为 9 的圆。然后分别进行平移(距离为 30)和镜像，或者两次平移，即可得到满足设计要求的图形。整个过程图如图 2-180 所示。

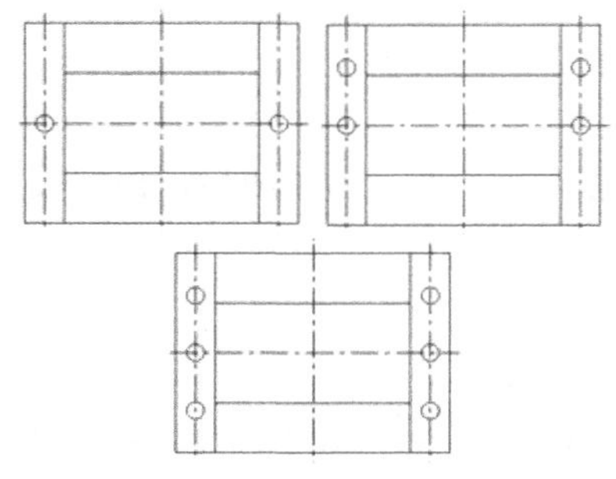

图 2-180　直径为 9 的安装孔绘制过程图

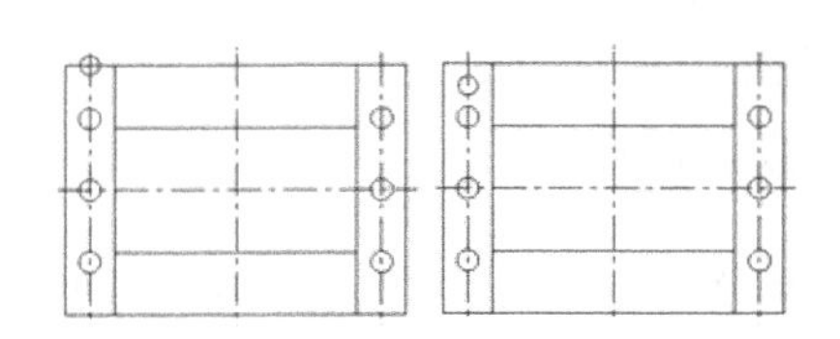

图 2-181　圆柱销孔的绘制方式

(7) 绘制销钉孔时，首先在俯视图上部长边与左边的固定孔中心线相交处绘制一个直径为 8 的圆，然后向下平移(距离为 9)，平移时选择 move 方式将原有图素删掉。具体操作过程如图 2-181 所示。使用同样的方法，绘制另一个圆柱销孔，完成后效果如图 2-182 所示。

(8) 将线型改为点划线，为每个孔绘制水平中线。这一过程请读者自己完成。完成后的效果如图 2-183 所示。

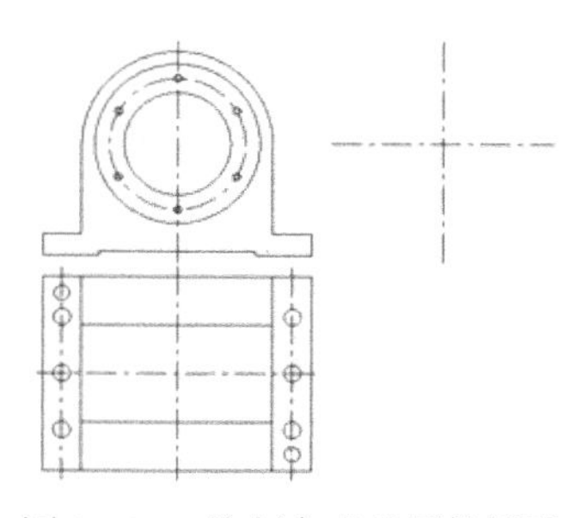

图 2-182　绘制完成的圆柱销孔

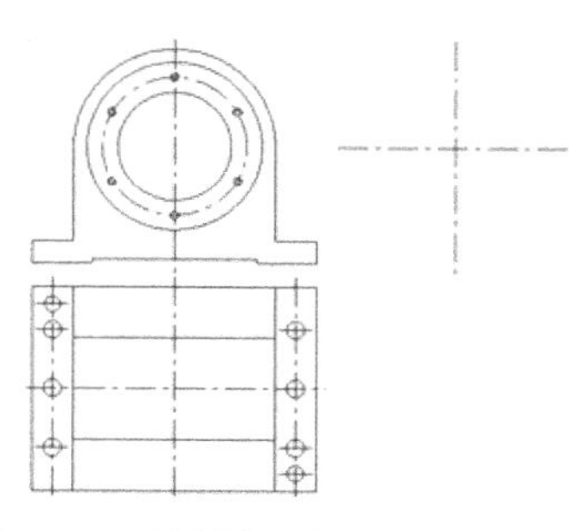

图 2-183　绘制完成的固定孔水平中线

(9) 将线型改为虚线，将主视图中轴承孔投影下来，单击 按钮，绘制投影线，效果如图 2-184 所示。

(10) 根据设计要求，将俯视图上部长边下移 8.5，下移效果如图 2-185 所示。

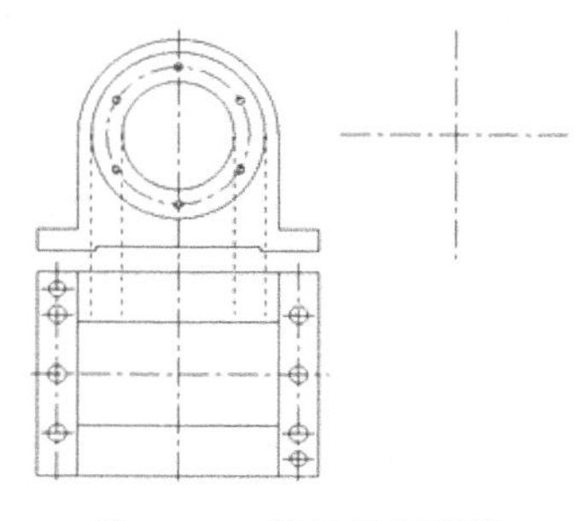

图 2-184　轴承孔投影线

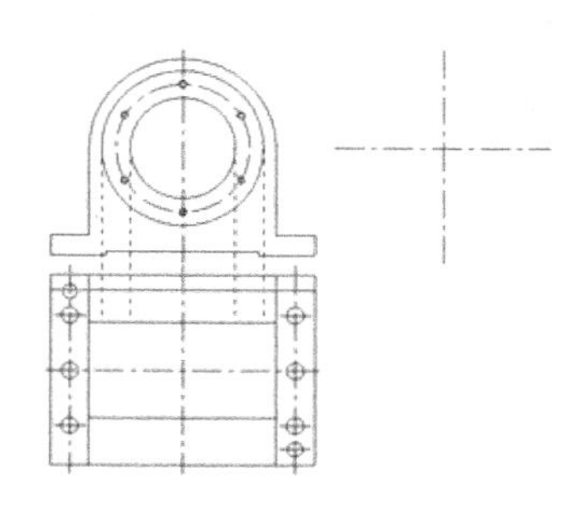

图 2-185　顶部长边下移

(11) 单击 按钮，对以上各线进行修剪。修剪后，将下移线删掉，再绘制一条虚线即可，效果如图 2-186 所示。然后以水平中线为中心进行镜像就得到了完整的俯视图，如图 2-187 所示。

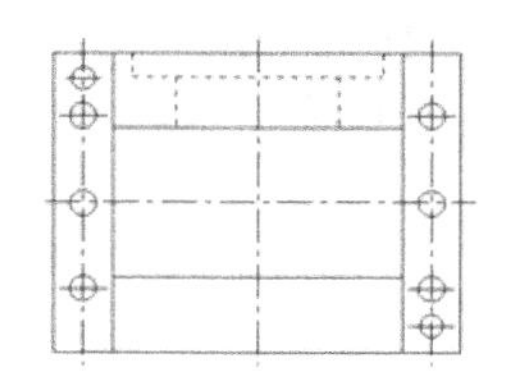

图 2-186　修剪后的虚线

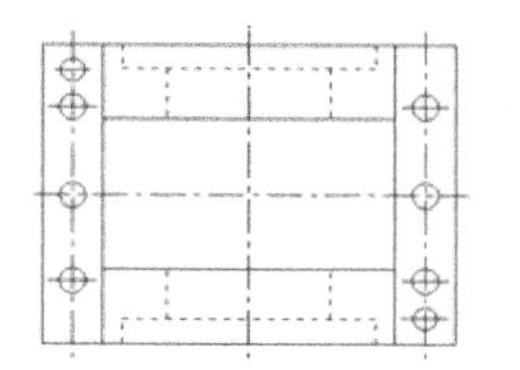

图 2-187　完整的俯视图

4. 绘制左剖视图

左剖视图是完全由直线构成的图形，并且左右对称，因此只要根据设计要求，明确了每条直线的长度等数据，就可以很方便地绘制出满足要求的图形。

(1) 首先为了满足视图对应的关系，将线型改为实线后，单击 按钮，以主视图为基准，绘制两条顶部和底部的标准线，效果如图 2-188 所示。

(2) 接下来绘制多段线。根据设计要求，以底部标准线端点为起点，绘制一条长度为 52 的水平线，再绘制一条垂直线直接到上部的标准线，然后依次绘制一条长度为 26 的水平线、一条长度为 93 的垂直线和一条直接连到垂直中心线的水平线。完成后，将上下标准线删除，效果如图 2-189 所示。

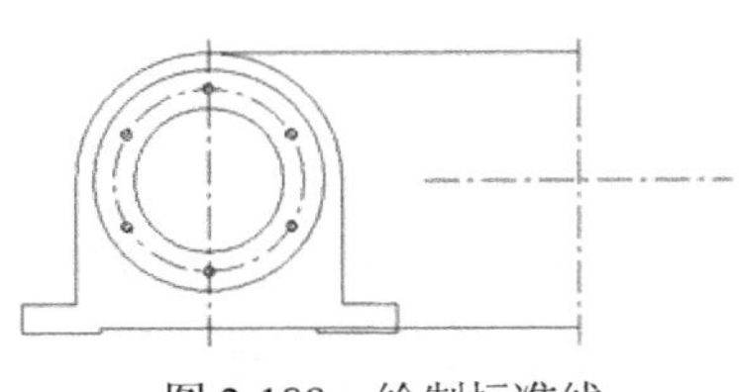

图 2-188　绘制标准线

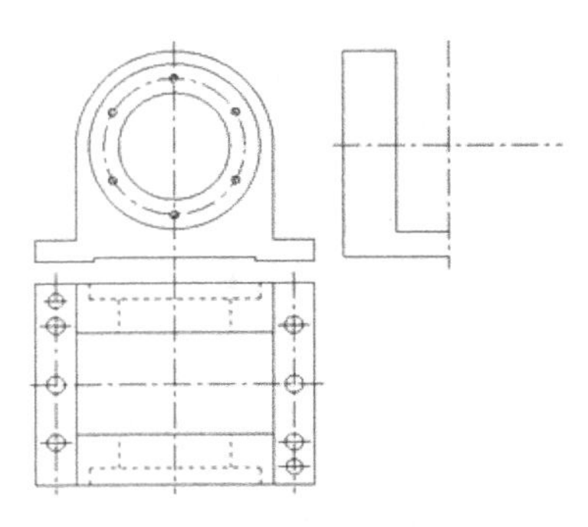

图 2-189　绘制完成的多线段

(3) 接着，将主视图的轴承孔投影过来，效果如图 2-190 所示。

(4) 单击 按钮，在大孔交线处绘制一条长度为 8.5 的水平线和一条垂直线，直到轴承孔中线处，效果如图 2-191 所示。

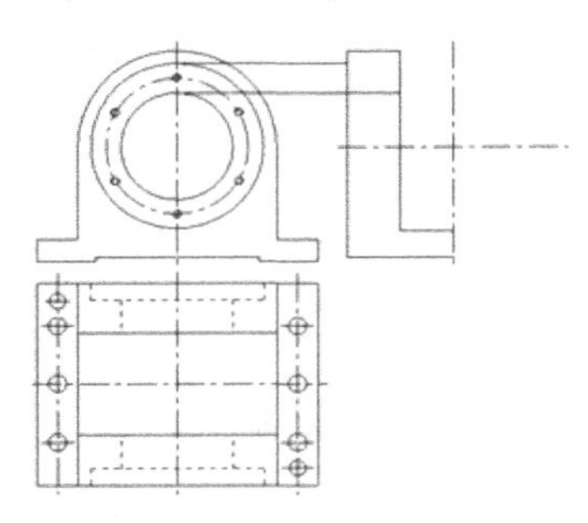

图 2-190　轴承孔投影

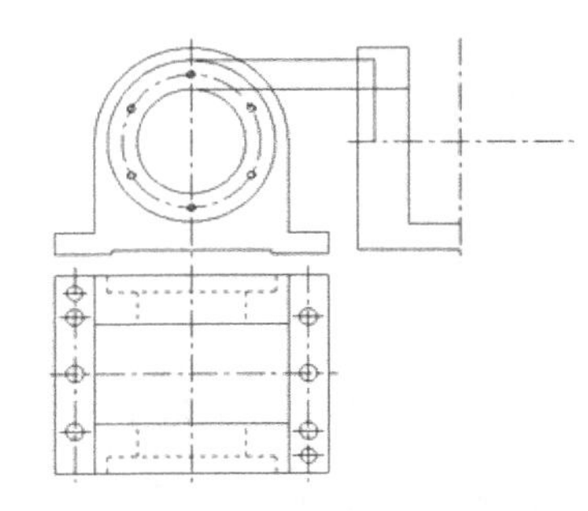

图 2-191　绘制轴承孔部分左剖视图

(5) 单击 按钮，按设计要求进行修剪。修剪后的效果如图 2-192 所示。

(6) 选中刚才绘制的轴承孔部分，单击 按钮，沿水平中线进行镜像，然后对所有已经绘制的直线沿垂直中线进行镜像，效果如图 2-193 所示。

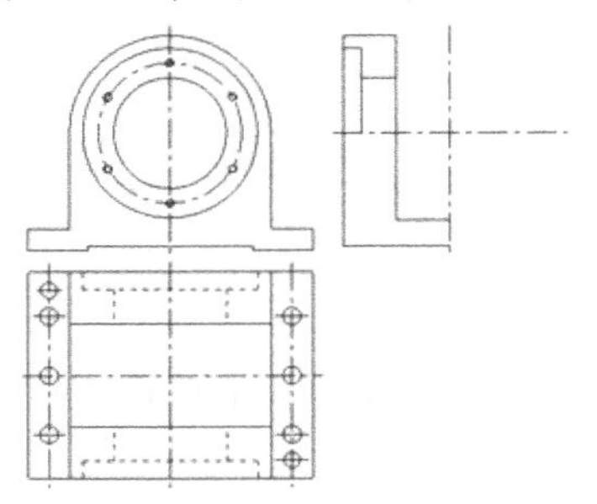

图 2-192　修剪后轴承孔部分左剖视图

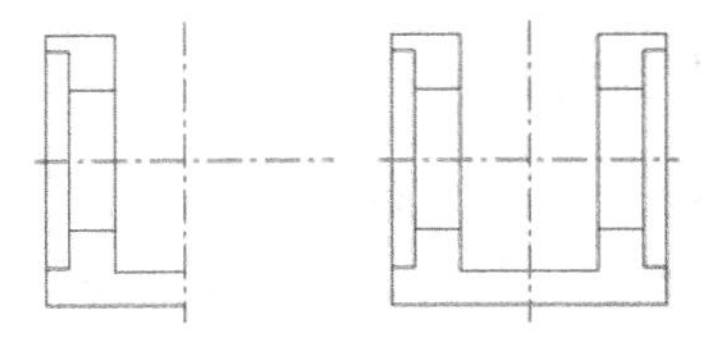

图 2-193　左剖视图镜像

(7) 然后绘制螺纹孔内径在左剖视图上的投影。根据对称关系，直接由主视图绘制直线投影过来即可，效果如图 2-194 所示。

(8) 由于 Mastercam 只能对首尾相连的封闭空间进行填充，此时需要将绘制剖面线的空间提取出来。因此，首先将部分直线删除，再将需要的空间进行封闭。这也是为什么在此前只绘制了螺纹孔内径的原因。具体操作步骤图如图 2-195 所示。

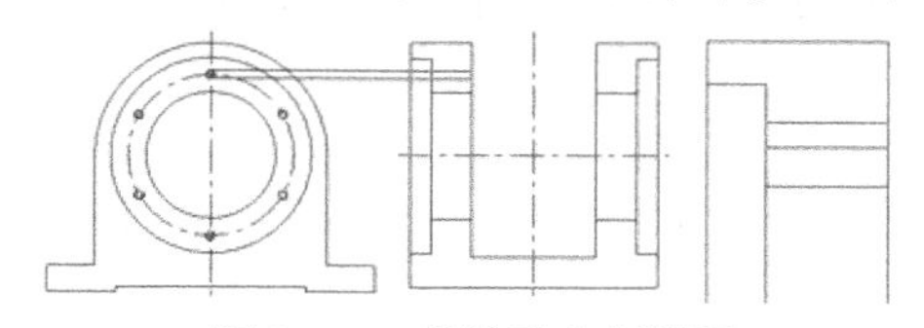
图 2-194　螺纹孔左剖视图

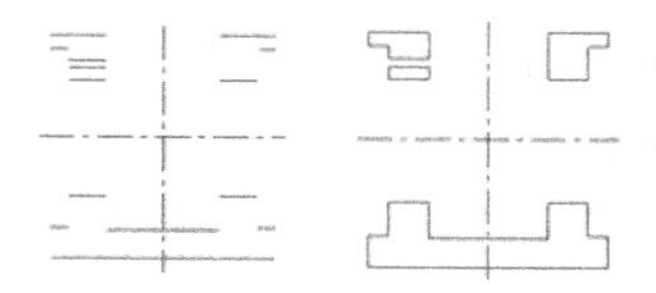
图 2-195　剖面线空间提取

(9) 单击▒按钮，打开“剖面线”对话框，参照图 2-196 进行参数设置，指定剖面线间距为 2。确定后，在串连选择对话框中单击[+]按钮，依次选择 3 个区域，选择后确定即可，效果如图 2-197 所示。

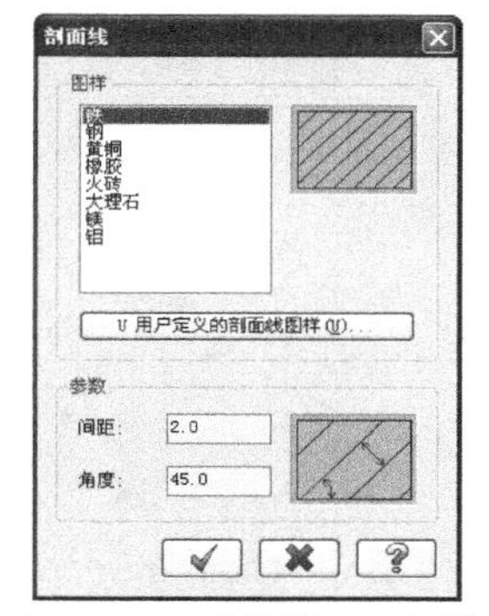

图 2-196　“剖面线”对话框

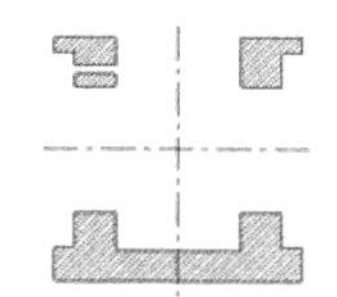
图 2-197　绘制好的剖面线

(10) 如果封闭区间不能满足要求，无法生成剖面线，系统将会弹出提示，此时需要认真检查几个封闭空间是否真的完全封闭而没有交线和缺口了。

(11) 下面将左剖视图的全部线补齐即可，效果如图 2-198 所示。

(12) 最后，根据投影关系分别参照俯视图和左剖视图，将主视图缺少的线补齐，完成绘制，最终效果如图 2-199 所示。

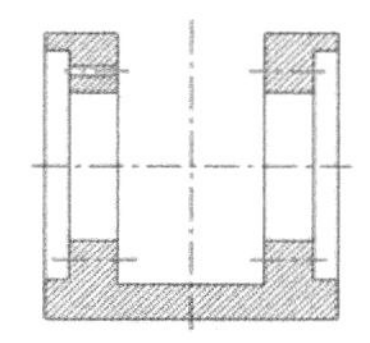
图 2-198　完成的左剖视图

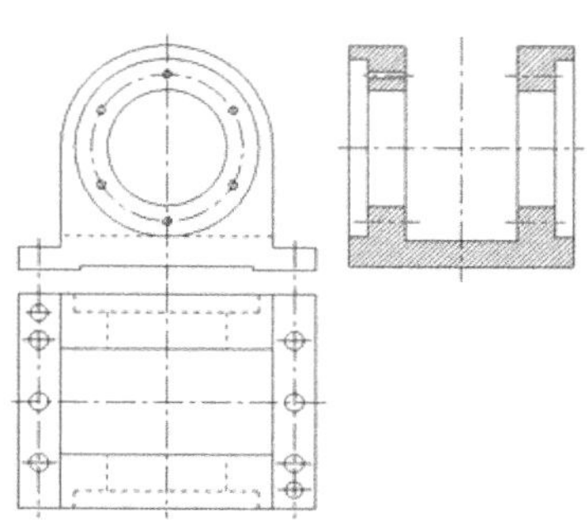
图 2-199　完成的三视图

2.6 习题

1. 指定点的位置有几种方式？
2. 如何画出一条水平或垂直的直线？
3. 利用相切画圆或弧中的端点法绘制圆弧时，给定的半径值必须满足什么条件？
4. Mastercam 所使用的两种曲线各自有何特点？
5. 倒圆角时串连方向会对圆角有何影响？
6. 对象被删除后，有哪些恢复的方法？
7. 设置和修改法线方向命令有何异同？
8. 一般对图素进行操作时，对原有图素可如何处理？
9. “单体补正”和“串连补正”命令有何异同？
10. “拖曳”和“牵移”命令有何异同？
11. 在标注时如何修改尺寸标注？
12. 解释坐标标注的含义及其 4 种标注方式。
13. 引线和引出线有何不同？
14. 如何进行图形注释和图案填充？

第3章 三维曲面设计

学习目标

Mastercam 具有强大的三维造型功能，主要包括曲面设计和三维实体设计两大部分，它们彼此相互补充，使用户能够方便地设计出各种三维造型。本章主要介绍三维曲面设计的相关内容。

本章重点

- 掌握各种曲面的绘制方法
- 掌握曲面的各种编辑方法
- 掌握由曲面创建曲线的方法

3.1 曲面创建

三维曲面设计功能一直是 Mastercam 的强项。Mastercam 除了提供丰富的自由曲面创建功能之外，还内嵌了一些标准曲面，如球、圆柱等。曲面设计的所有命令均集中在如图 3-1 所示的“绘图”|“曲面”和“绘图”|“基本曲面/实体”子菜单以及相应的工具栏中。

3.1.1 直纹/举升曲面

直纹曲面和举升曲面有着相同的特点，它们都是通过指定曲面的多个截面线框而生成的曲面。不同的是，举升曲面中的各个截面线框是通过曲线连接的，而直纹曲面是通过直线连接的。

因此，绘制直纹/举升曲面的第一步就是根据需要绘制截面线框。截面线框是二维图形，在绘制时，需要为它们指定不同的工作深度。

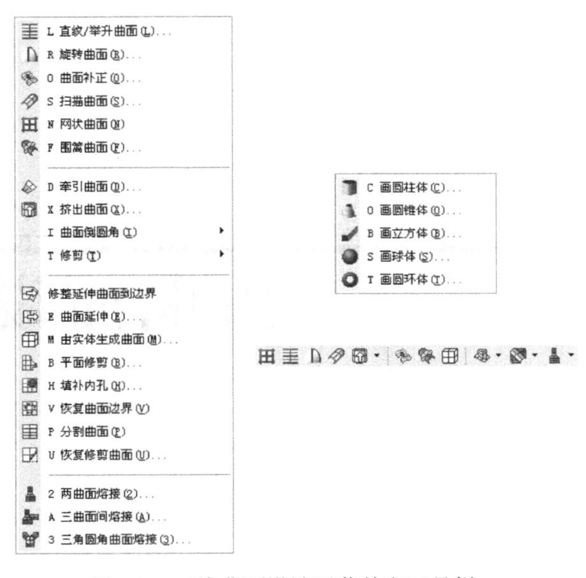

提示

在进行三维造型时，构图深度是指构图平面在 Z 方向的位置。

图 3-1　三维曲面设计子菜单和工具栏

在 XY 平面上绘制 3 个二维图形，效果如图 3-2 所示。在绘制时，利用 Z 0.0 文本框为它们指定不同的 Z 方向坐标。绘制完成后，单击按钮进行观察，效果如图 3-3 所示。

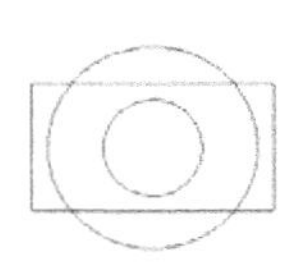

图 3-2　3 个二维图形俯视图

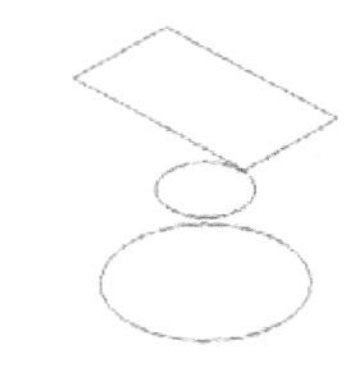

图 3-3　3 个二维图形轴测视图

在生成曲面之前，用户还需要明白一点，由于直纹/举升曲面是通过截面线框相连的方式而生成的，即将不同截面线框的起点连在一起，并按一定算法连接下去，直到最后终点相连。因此用户需要让系统知道每个线框的起点和终点，以及连接的方向。一般情况下的要求是同点、同向，否则曲面会有“扭曲”现象。对于圆来说，起点是明确的，就是与 X 轴的右边交点，即角度为零处。矩形的起点往往需要用户指定，可以通过“打断”命令寻找一点作为起点。

操作步骤：

(1) 执行“绘图”|“曲面”|“直纹/举升曲面”命令或单击按钮，启动直纹/举升曲面创建命令。

(2) 系统将打开“串连选项”对话框，同时提示用户选择截面线框，并通过单击按钮指定串连方向。

(3) 选择后确定，此时 Ribbon 工具栏如图 3-4 所示。单击按钮将生成直纹曲面；单击按钮将生成举升曲面。

(4) 完成后，单击“确定”按钮，即可完成直纹/举升曲面的创建。

在选择截面线框时，选择的顺序将影响到所生成的曲面，因为系统是按选择的顺序来顺序

连接而生成曲面的。直纹/举升曲面实例如图 3-5 所示，第一张图为依次选择矩形、小圆和大圆后的效果；第二张图为依次选择小圆、大圆和矩形后的效果。

图 3-4　“直纹/举升曲面”工具栏

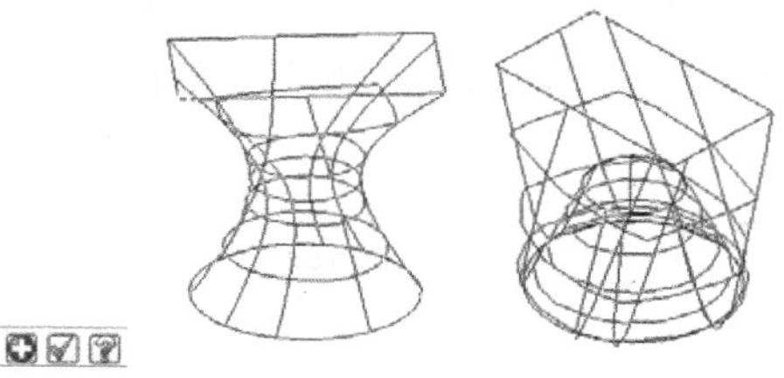

图 3-5　直纹/举升曲面实例

接着对曲面进行着色处理，只需在工具栏中单击按钮即可。单击按钮，可以显示曲面边框。如果对当前的颜色不满意，可以单击按钮进行颜色设置；单击按钮将取消着色。着色效果如图 3-6 所示。

图 3-6　着色效果

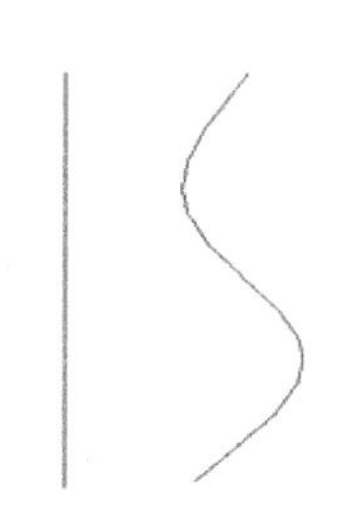

图 3-7　母线和轴线

3.1.2　旋转曲面

在各种各样的曲面中，有一种可以认为是母线绕轴线旋转而得到的旋转曲面，在创建这样的曲面时，需要在生成曲面之前分别绘制出母线和轴线。

在 XY 平面绘制出如图 3-7 所示的一条曲线和直线，分别作为曲面的母线和轴线。

操作步骤：

(1) 执行“绘图”|“曲面”|“旋转曲面”命令或单击按钮，启动旋转曲面创建命令。

(2) 系统打开“串连选项”对话框，并依次提示用户选择母线和轴线。

(3) 选择后确定。此时的 Ribbon 工具栏如图 3-8 所示。

图 3-8　“旋转曲面”工具栏

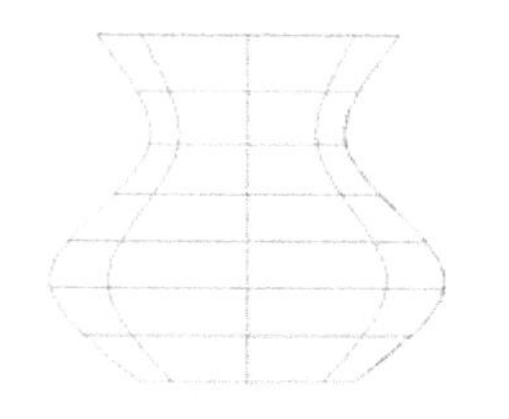

图 3-9　旋转曲面实例

单击按钮可以重新指定轴线。在按钮和右侧的文本框中指定旋转的起始和终止角度。如果指定生成的不是一个封闭的曲面，可以通过单击按钮来改变旋转方向。

(4) 完成后，单击“确定”按钮，完成旋转曲面的创建。图 3-7 中的直线和曲线生成的封闭旋转曲面后的效果如图 3-9 所示。

3.1.3 扫掠曲面

扫掠曲面指的是用一条截面线或线框沿轨迹线移动所生成的曲面。其中，截面线和线框都可以是多条线，系统会自动对它们进行平滑的过渡处理。

在绘制扫掠曲面之前，应首先绘制好截面线和轨迹线。在 XY 平面内绘制一段圆弧作为截面线，在 XZ 平面内绘制一条直线作为轨迹线，在轴测视角下的效果如图 3-10 所示。

操作步骤：

(1) 执行“绘图”|“曲面”|“扫描曲面”命令或单击按钮，启动扫掠曲面创建命令。

(2) 系统打开“串连选项”对话框，用户需要依次选择截面线和轨迹线。

(3) 选择后确定。此时的 Ribbon 工具栏如图 3-11 所示。

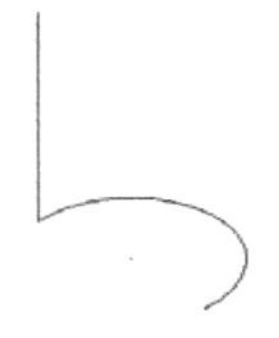

图 3-10　截面线和轨迹线

图 3-11　“扫掠曲面”工具栏

(4) 完成后，单击“确定”按钮，得到如图 3-12 所示的曲面形状。

单击 Ribbon 工具栏中的按钮，截面线将沿轨迹线平移生成曲面；单击按钮，截面线将沿轨迹线旋转生成曲面；单击按钮，可以选择两条轨迹线。如图 3-13 所示的是矩形截面线和一条轨迹线，如图 3-14 所示的是两种扫掠方式的效果比较。

提示

用户可以一次性选择多个截面线进行扫掠。

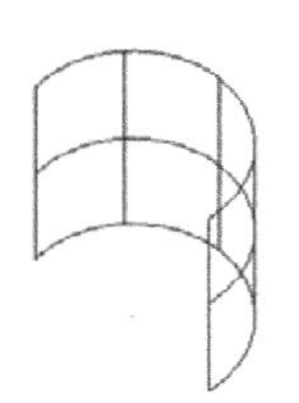

图 3-12　扫掠曲面实例

图 3-13　矩形截面线和一条轨迹线

计算机基础与实训教材系列

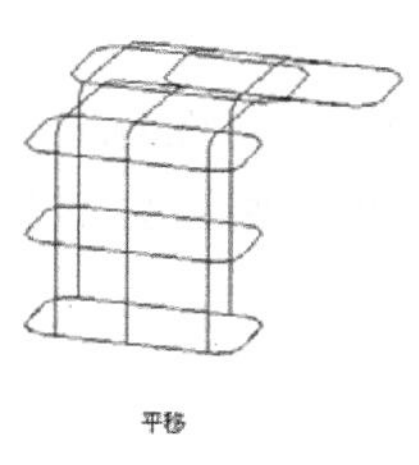

图 3-14　“旋转”和“平移”扫掠方式的比较

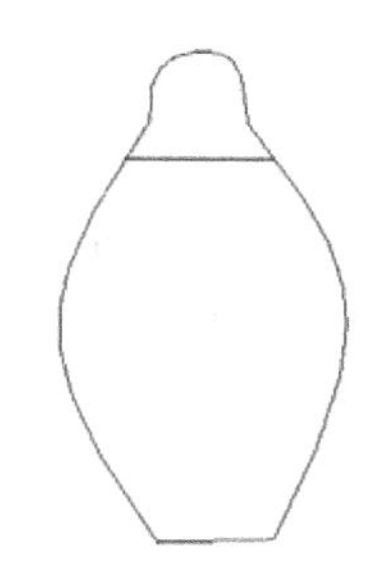

图 3-15　封闭结构实例

3.1.4　网格曲面

网格曲面指的是直接利用图素围成的封闭结构生成的曲面。在绘制这种曲面之前，需要有一组首尾相连的封闭的图素，图素的数量至少在 3 个以上，因为系统将把这些图素像扫掠曲面一样分成截面线和轨迹线。在图 3-15 中，左边的图形即便封闭也无法生成网格曲面，需在其中增加一个图素，如图 3-15 中所示的直线。

操作步骤：

(1) 执行“绘图”|“曲面”|“网状曲面”命令或单击田按钮，启动网格曲面创建命令。

(2) 系统打开“串连选项”对话框，用户需要依次选择轨迹线和截面线。对于图 3-15 所示的图形就首先需要依次选择两条弧线，而不能先选择一条弧线，接着选择直线，然后选择另一条弧线。如果不能创建曲面，系统将会提示选择顺序错误。选择后，Ribbon 工具栏如图 3-16 所示。

网格曲面要一系列横向和纵向组成的网格状结构来创建曲面。

图 3-16　“网格曲面”工具栏

(3) 完成后，单击“确定”按钮，完成曲面绘制。利用图 3-15 的图形生成的曲面如图 3-17 所示。

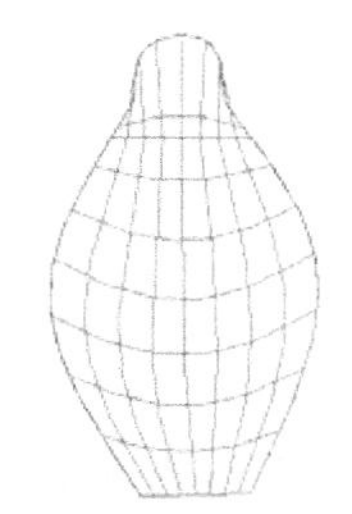

图 3-17　网格曲面实例

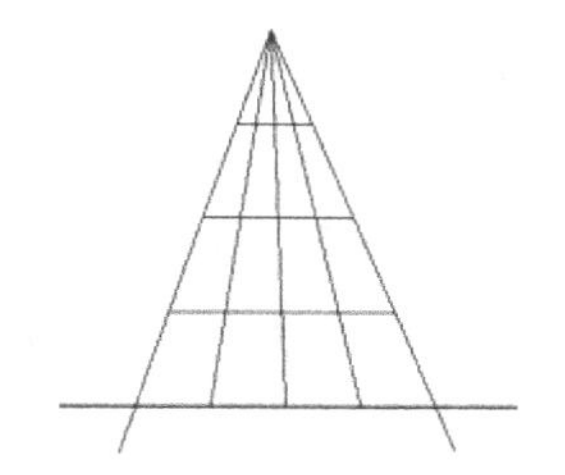

图 3-18　多端点网格曲面实例

单击 Ribbon 工具栏中的按钮，在选择完图素后，系统将提示用户选择一个端点作为顶点。一个由图素围成的封闭图形至少有两个端点。当端点数大于 3 时，如图 3-18 所示，往往需要指定一个端点作为曲面的顶点。

在图标右侧的下拉列表中，可以选择曲面 Z 向尺寸，Mastercam 提供了 3 种方式：“引导方向”，和截面线 Z 向尺寸一样；“截断方向”，和轨迹线 Z 向尺寸一样；“平均”，前两者的平均值。

3.1.5 围栏曲面

围栏曲面是通过利用已有曲面上的图素绘制出来的一段曲面。因为它和已有曲面在交线处相互垂直，所以有时看起来似乎是要将曲面包围在内，故称它为围栏曲面，也被称为包罗曲面。如图 3-19 所示是在扫掠曲面和网格曲面基础上生成的围栏曲面。

下面以网格曲面为基础，介绍如何绘制包罗曲面。首先在 XY 平面上绘制如图 3-20 所示的网格曲面。

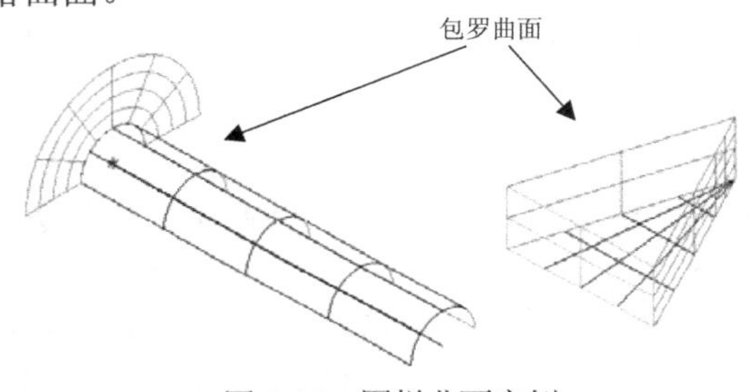

图 3-19 围栏曲面实例

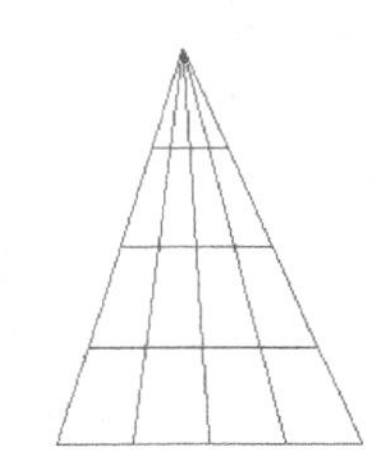

图 3-20 网格曲面

操作步骤：

(1) 执行“绘图”|“曲面”|“围栏曲面”命令或单击按钮，启动围栏曲面创建命令。

(2) 系统首先提示用户选择基础曲面。选择并确定后，打开“串连选项”对话框，选择曲面上的图素作为包罗面的交线。依次选择网格曲面的 3 条边。

(3) 选择后确定。Ribbon 工具栏如图 3-21 所示。在选择时根据需要可以利用按钮选择交线的方向，以区分起点和终点。按顺时针方向指定起点和终点。

图 3-21 “包罗曲面”工具栏

工具栏中各个按钮的功能如下。

- 单击按钮，选择交线。
- 单击按钮，选择曲面。
- 单击按钮可改变生成包罗曲面的方向。
- 在图标和右侧的文本框中，可分别指定曲面在起点和终点的高度。
- 在图标和右侧的文本框中，可分别指定曲面在起点和终点的角度值。
- 在图标右侧的下拉列表中提供了 3 种生成包罗曲面的方法：“相同圆角”，所有扫描线的高度和角度方向均一致，以起点数据为准；“线锥”，扫描线的高度和角度方向呈

线性变化；“立体混合”，根据一种立方体的混合方式生成。如图 3-22 所示的是利用 3 种方式生成的不同曲面。

(4) 完成后，单击“确定”按钮，完成曲面绘制。

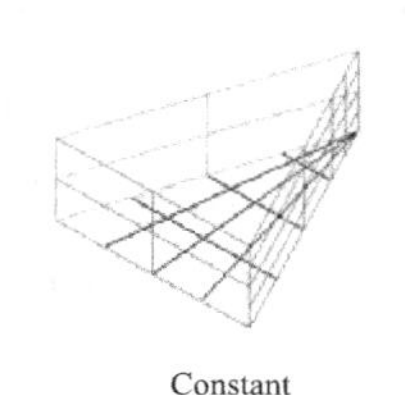

Constant

Linear taper

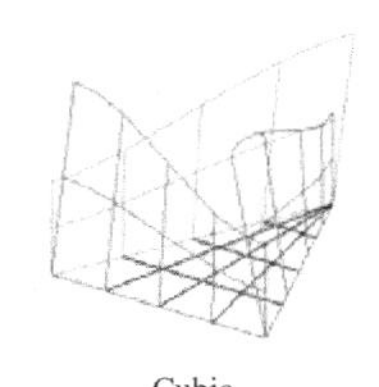

Cubic

参数均为：起点高度 10
终点高度 20
起点角度 0
终点角度 10

图 3-22　包罗曲面 3 种生成方式的实例

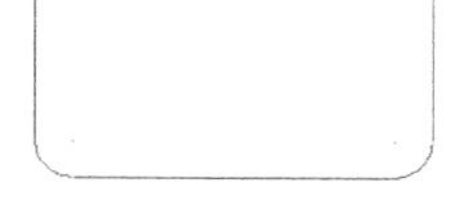

图 3-23　矩形牵引线

3.1.6　牵引曲面

牵引曲面指的是利用一条直线沿某轨迹运动所形成的曲面。从概念上看，似乎与扫掠曲面有些相似，但二者还是有些不同，且分别适用于不同的场合。扫掠曲面的截面线可以是任意图素，如圆、矩形等，而牵引曲面的扫描线不是一段已经画好的图素，并且只能是一段不可见的直线。

在生成牵引曲面之前，首先需要绘制好牵引线，即轨迹线。这里以一个 XY 平面中的如图 3-23 所示的矩形为例。注意矩形需要倒圆角，否则在进行牵引时，可能无法得到连贯的曲面。

操作步骤：

(1) 执行“绘图”|“曲面”|“牵引曲面”命令或单击按钮，启动牵引曲面命令。

(2) 系统将会打开一个对话框，提示用户选择牵引面。

(3) 选择后确定。系统将打开如图 3-24 所示的“牵引曲面”对话框，在该对话框中设置牵引面的参数。设置高度为 20，角度为 10。

(4) 完成后，单击“确定”按钮，系统将生成如图 3-25 所示的牵引曲面。

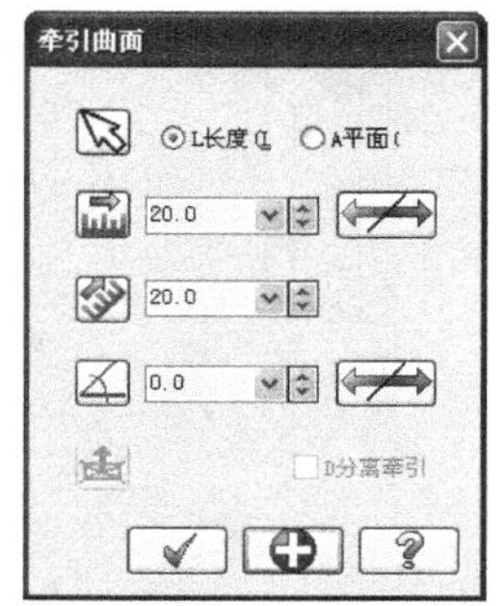

图 3-24　“牵引曲面”对话框

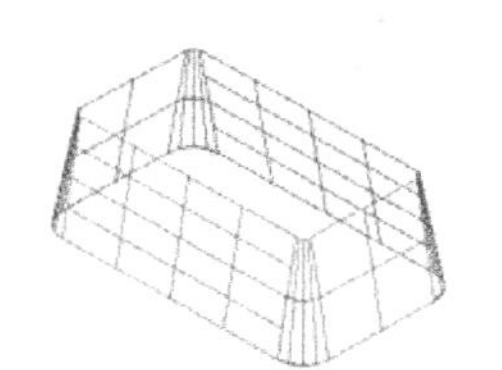

图 3-25　牵引曲面实例

3.1.7 拉伸曲面

拉伸曲面指的是利用一条基本封闭的线框沿与之垂直的轴线移动而生成的曲面。注意：可以进行拉伸的线框必须是封闭的，如果是未封闭的圆弧，系统将作出相应提示并自动帮助用户进行封闭处理。拉伸曲面命令将生成多个曲面，组成封闭的图形。如图 3-26 所示是由 XY 平面内的一条圆弧生成的拉伸曲面，它一共生成了 4 个曲面，分别是两个顶面、一个圆弧面和一个平面。

在 XY 面中绘制好一段封闭线框，效果如图 3-27 所示。

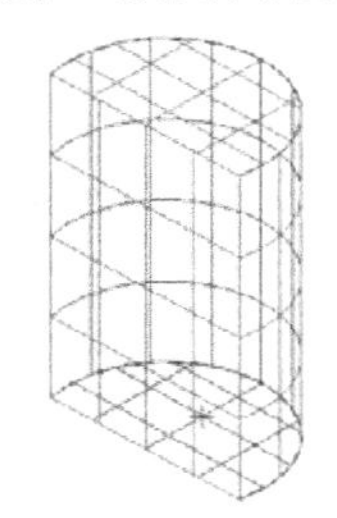

图 3-26　拉伸曲面实例

图 3-27　封闭线框

操作步骤：

(1) 执行“绘图”|“曲面”|“挤出曲面”命令或单击按钮，启动拉伸曲面命令。

(2) 系统打开“串连选项”对话框，提示用户选择封闭的线框。

(3) 设置并确定后，打开如图 3-28 所示的“拉伸曲面”对话框，在其中设置拉伸参数。设置拉伸曲面参数后的图形效果如图 3-29 所示。

(4) 完成后，单击“确定”按钮，完成拉伸曲面创建。

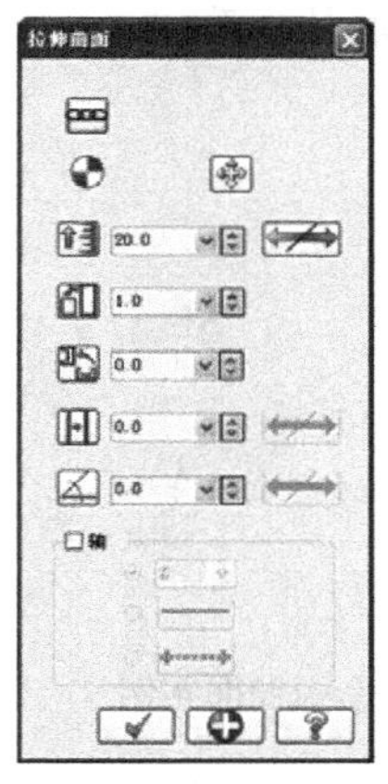

图 3-28　“拉伸曲面”对话框

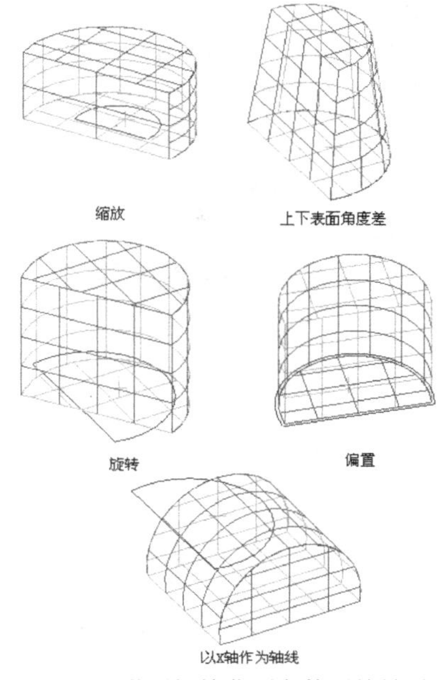

图 3-29　设置拉伸曲面参数后的效果

3.1.8　平坦边界曲面

平坦边界曲面指的是利用边界线围成的平坦曲面，适用于生成中间有“缺陷”的平面，平坦边界曲面的实例如图 3-30 所示。

要生成如图 3-30 所示的曲面，首先需绘制好如图 3-31 所示的平面图形。

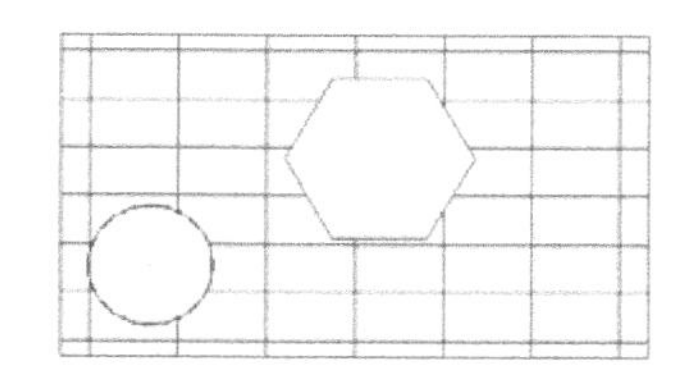

图 3-30　平坦边界曲面实例

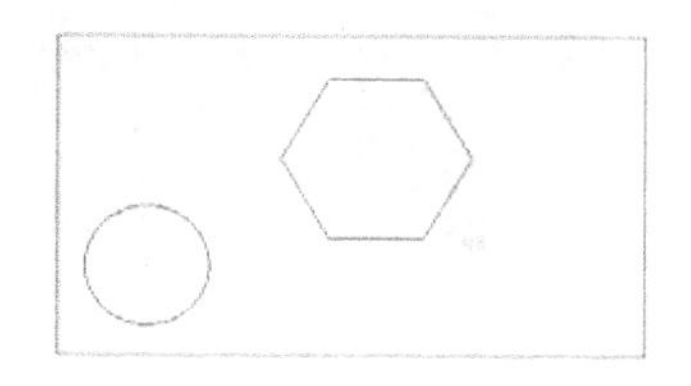

图 3-31　边界线框

操作步骤：

(1) 执行“绘图”|“曲面”|“平面修剪”命令或单击按钮，启动平坦边界曲面创建命令。

(2) 系统打开“串连选项”对话框，用户需要选择平面的边界线。

(3) 选择后确定。此时的 Ribbon 工具栏如图 3-32 所示。

在该工具栏中，单击按钮，重新选择边界线框；单击按钮，选择新增的边界；单击按钮，手动设计边界线框。

(4) 完成后，单击“确定”按钮，完成拉伸曲面创建。本例只需直接确定即可得到如图 3-30 所示的曲面。

图 3-32　“平坦边界曲面”工具栏

图 3-33　六面体

3.1.9　由实体生成曲面

用户可以通过 Mastercam 的实体造型功能提取实体表面来得到需要的曲面。通过实体造型的方式来获得曲面，也是广大工程技术人员很喜欢使用的一种曲面造型方式。由于 Mastercam 的实体造型功能十分完善，有时使用这种方法反而更加简单。例如，当需要绘制一个正六面体的 3 个面时，首先通过实体造型生成所需的六面体，然后通过实体获得曲面就十分简单了。首先创建一个六面体，如图 3-33 所示，创建的方式将在后面加以介绍。

操作步骤：

(1) 执行“绘图”|“曲面”|“由实体生成曲面”命令或单击按钮，启动由实体生成曲面创建命令。

(2) 系统将提示用户选择所需的实体表面。这里可以依次捕捉每个表面，也可以一次捕捉所有的实体表面，区别如图 3-34 所示。捕捉后，系统即可自动生成所需的曲面。

激活着色后，由曲面组成的“六面体”和六面体实体看上去似乎没有区别，但当取消着色后，六面体实体只有线框线，而由曲面组成的“六面体”的每个面上都有表示面的交线，如图 3-35 所示。

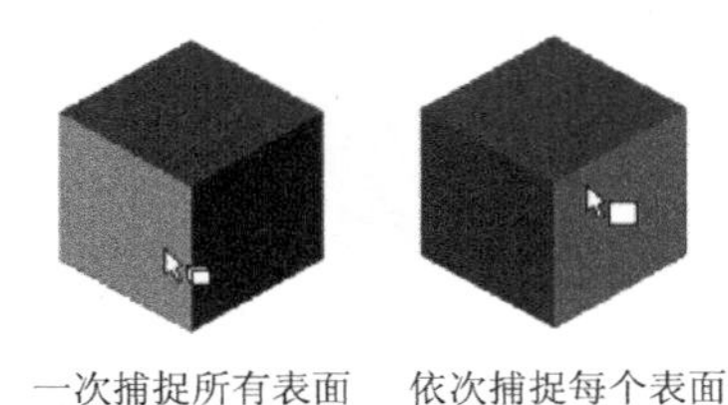

图 3-34 捕捉方式比较

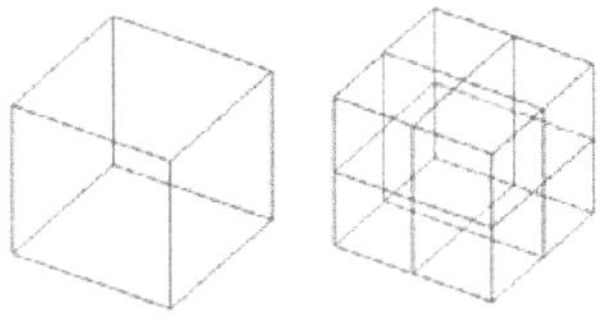

实体 面

图 3-35 六面体实体和曲面的区别

(3) 完成后，单击“确定”按钮，完成曲面创建。

3.1.10 创建基本曲面

对于常用的曲面，如球面、圆柱面等，Mastercam 提供了直接生成这些曲面的命令。在生成这些曲面的同时，也可以选择生成相应的实体。

Mastercam 提供了 5 种基本的曲面形状，如图 3-36 所示。

它们的创建过程都很简单，下面将逐一进行介绍。

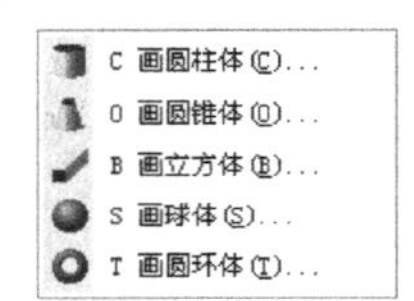

图 3-36 5 种基本的曲面形状

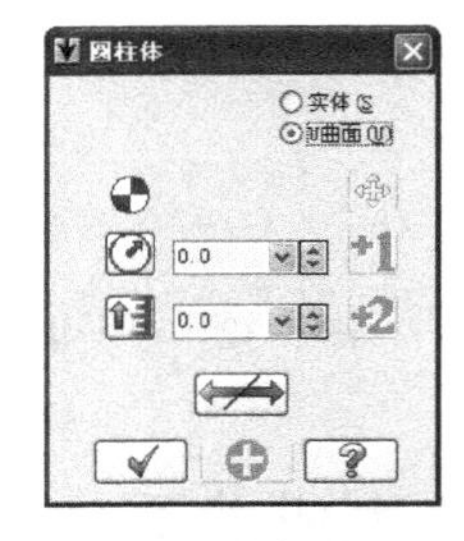

图 3-37 “圆柱体”对话框

执行“绘图”|“基本曲面/实体”|“画圆柱体”命令或单击按钮，系统将打开如图 3-37 所示的“图柱体”对话框。也可以将圆形母线改为圆弧，并指定轴线方向，实例如图 3-38 所示。

执行“绘图”|“基本曲面/实体”|“画圆锥体”命令或单击按钮，系统将打开如图 3-39 所示的“圆锥体”对话框。也可以将圆形母线改为圆弧，并指定轴线方向。如果将顶部圆形的半径设置为零，将得到一个圆锥，实例如图 3-40 所示。

执行“绘图”|“基本曲面/实体”|“画立方体”命令或单击按钮，系统将打开如图 3-41 所示的“立方体”对话框。实例如图 3-42 所示。

执行“绘图”|“基本曲面/实体”|“画球体”命令或单击按钮，系统将打开如图 3-43 所示的“球体”对话框。实例如图 3-44 所示。

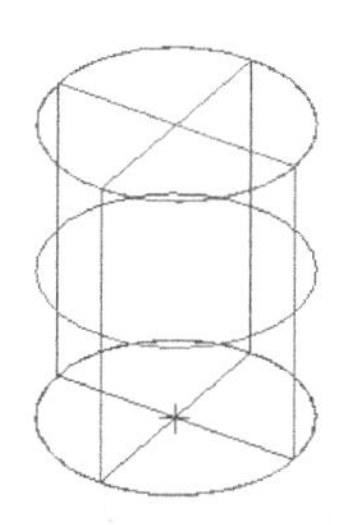

图 3-38　圆柱体曲面实例

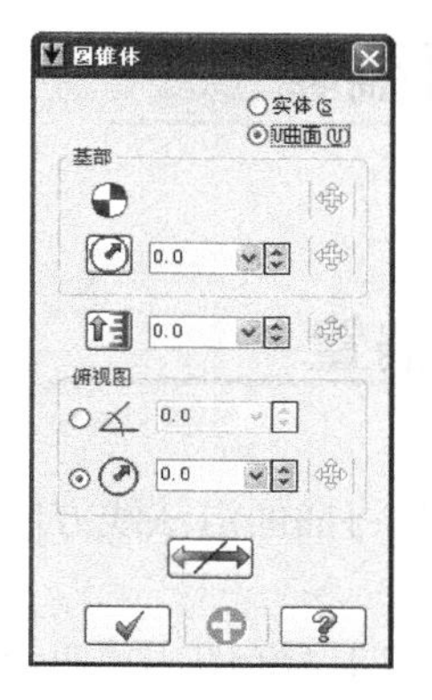

图 3-39　“圆锥体”对话框

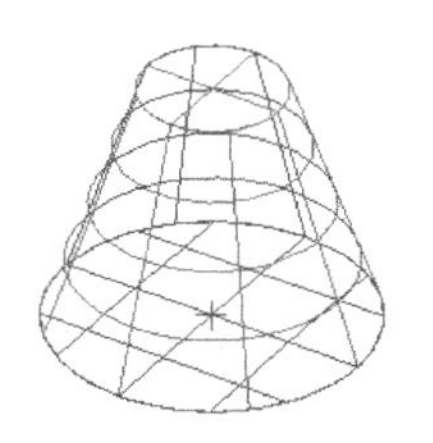

图 3-40　圆锥/圆台形曲面实例

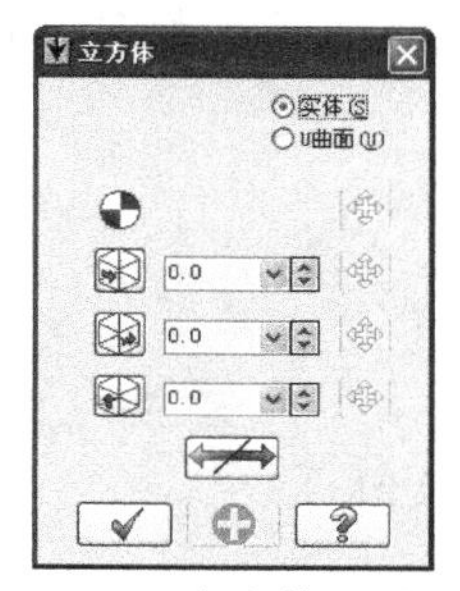

图 3-41　“立方体”对话框

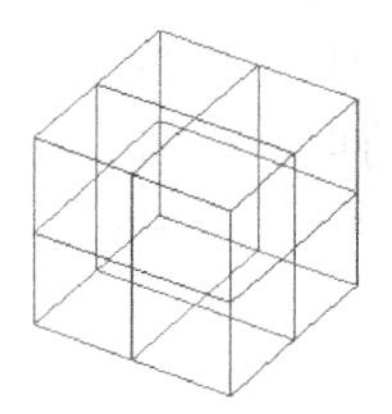

图 3-42　立方体曲面实例

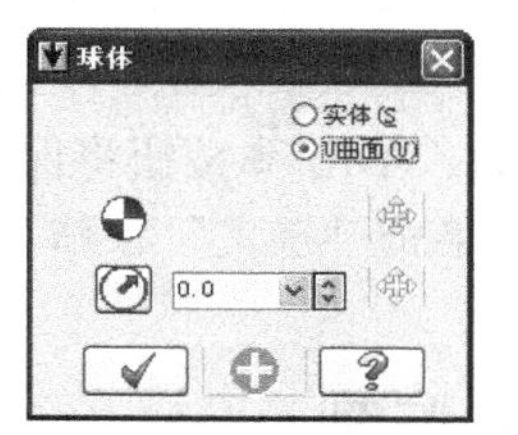

图 3-43　“球体”对话框

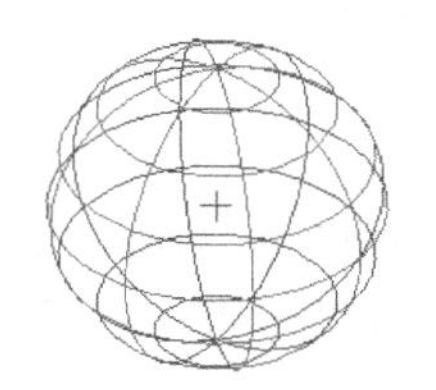

图 3-44　球体曲面实例

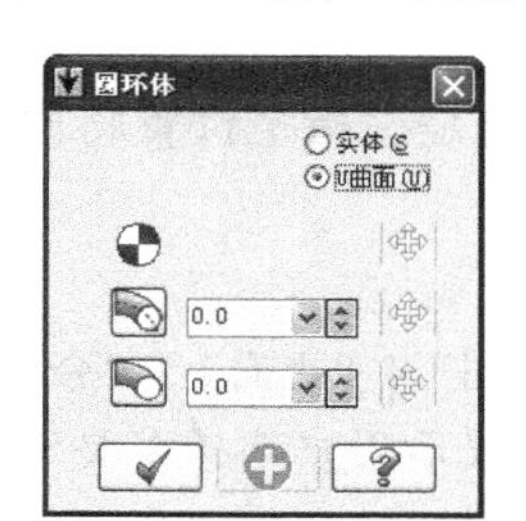

图 3-45　“圆环体”对话框

执行“绘图”|“基本曲面/实体”|“画圆环体”命令或单击按钮，系统将打开如图 3-45 所示的“圆环体”对话框。实例如图 3-46 所示。

至此，已经介绍完了所有的曲面生成方法。曲面的生成方法是灵活多样的，很多时候，相同的曲面可以用不同的方法来实现，读者需要在实践过程中不断地练习，才能找到绘制所需曲面的最简单、最快捷的方法。

3.2 曲面编辑

3.2.1 曲面偏置

曲面偏置指的是将曲面沿法线方向移动一段指定的距离。

操作步骤：

(1) 执行“绘图”|“曲面”|“曲面补正”命令或单击按钮，启动曲面偏置命令。

(2) 系统将提示用户选择需要偏置处理的曲面，选择后确定。

(3) 此时的 Ribbon 工具栏如图 3-47 所示。

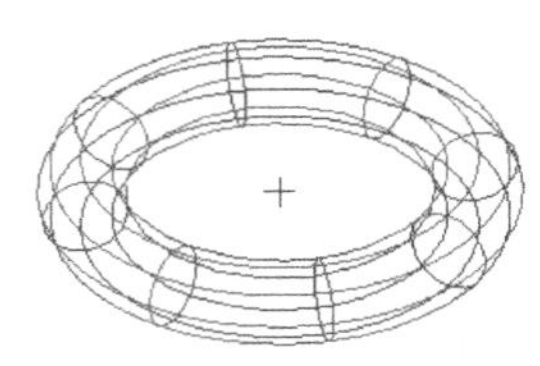
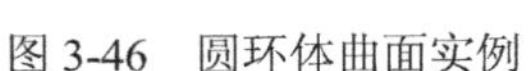

图 3-46 圆环体曲面实例

图 3-47 “曲面偏置”工具栏

当同时对多个曲面进行偏置时，单击按钮，系统将显示所生成的偏置曲面的法线，选择其中的一个曲面，通过单击该曲面来改变偏置方向。每次单击按钮时，将依次选择生成的曲面，同时激活按钮，单击该按钮可以改变偏置的方向。在按钮右侧的文本框中可以输入偏置距离。单击按钮将保留原曲面；单击按钮将取消原曲面。

(4) 完成后，单击“确定”按钮，完成曲面偏置操作。实例如图 3-48 所示。

3.2.2 曲面断裂

曲面断裂指的是在指定位置将原有的曲面断裂成两个曲面，类似于二维图形中的打断命令。

操作步骤：

(1) 执行“绘图”|“曲面”|“分割曲面”命令或单击按钮，启动曲面断裂命令。

(2) 系统将会提示用户选择需要进行断裂处理的曲面，然后提示用户选择断裂点，选择后确定，即可将曲面打断。

(3) 此时的 Ribbon 工具栏如图 3-49 所示。

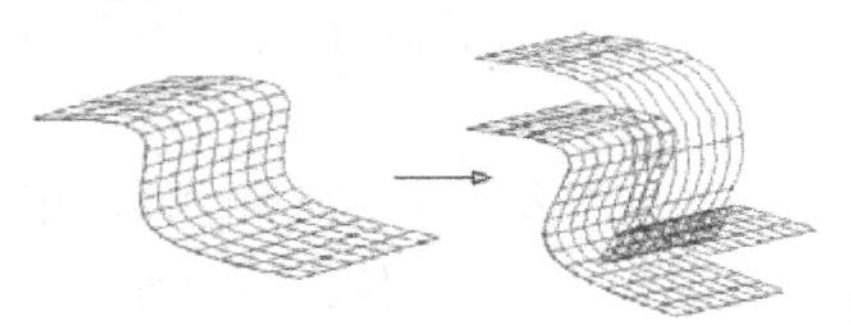

图 3-48 曲面偏置实例

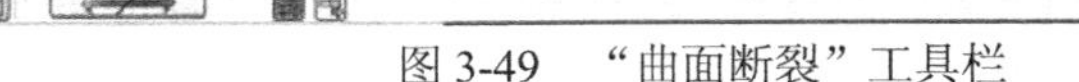

图 3-49 “曲面断裂”工具栏

单击按钮可以改变断裂方向。单击按钮，新生成的曲面将符合系统设定的曲面图素的特性；单击按钮，新生成的曲面将与原有曲面保持相同的特性。

(4) 完成后，单击“确定”按钮，完成曲面断裂操作。实例如图 3-50 所示。

3.2.3　曲面延伸

通过曲面延伸命令可以将曲面延长指定长度，或者延长到指定曲面，如图 3-51 和图 3-52 所示。

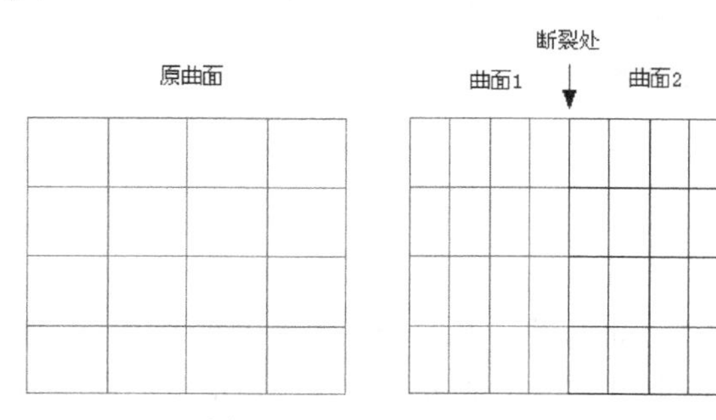

图 3-50　曲面断裂实例

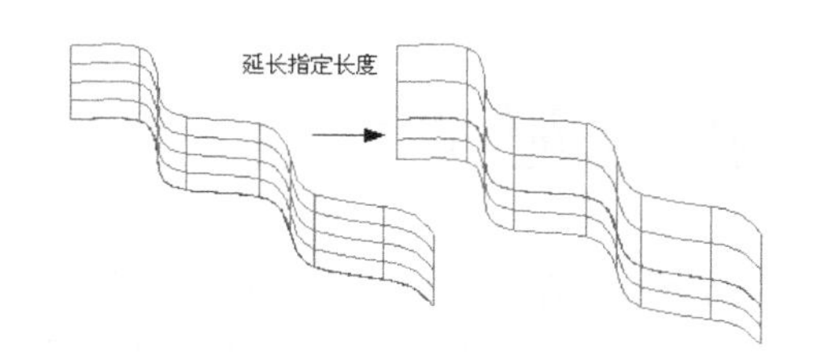

图 3-51　将曲面延长指定长度

操作步骤：

(1) 执行“绘图”|“曲面”|“曲面延伸”命令或单击按钮。

(2) 首先选择需要延伸的曲面，这时将出现一个带箭头的线，如图 3-53 所示，用户可以利用鼠标来移动它，以选择不同的延伸方向。选择后，单击“确定”按钮。

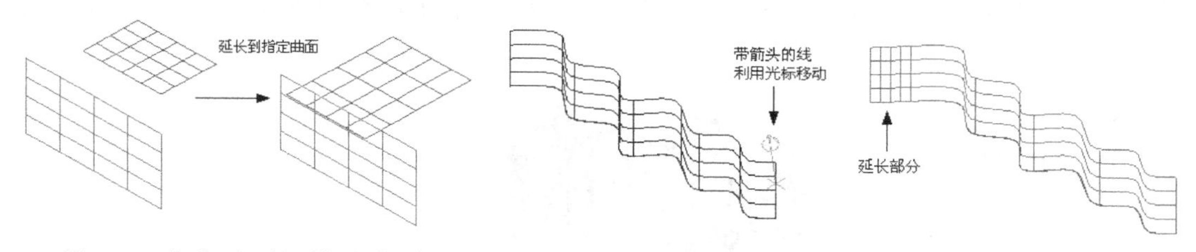

图 3-52　将曲面延长到指定曲面

图 3-53　选择曲面和延伸方向

(3) 此时的 Ribbon 工具栏如图 3-54 所示。

工具栏中的各按钮功能如下。

- 单击按钮，生成的延伸面是线性延长的。
- 单击按钮，生成的延伸面是按照原曲面的曲率变化的。
- 单击按钮，表示要将曲面延伸到指定的曲面，此时系统将打开如图 3-55 所示的“平面选择”对话框，用于指定目标曲面。
- 单击按钮，表示将曲面延长指定的长度，可在右侧的文本框中指定这一长度。
- 单击按钮，在创建新曲面之后删除原有曲面。
- 单击按钮，在创建新曲面之后仍然保留原有曲面。

图 3-54 “曲面延伸”工具栏

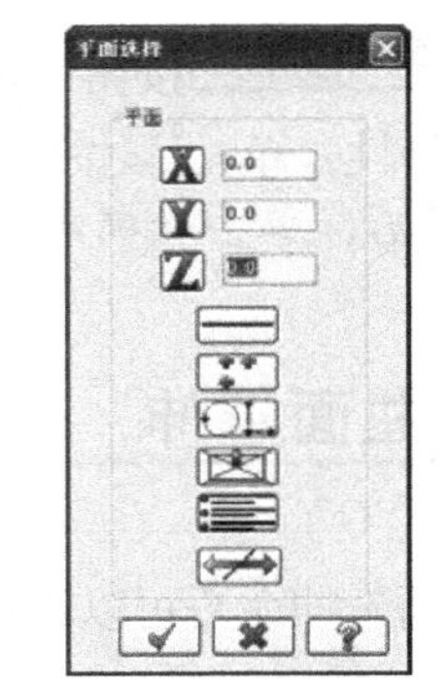

图 3-55 “平面选择”对话框

(4) 完成后，单击“确定”按钮，完成曲面延伸操作。

3.2.4 曲面倒圆角

曲面倒圆角命令可以在两组曲面之间进行圆弧过渡操作，其中一共包含了 3 种操作，分别可以在曲面和曲面、曲面和曲线以及曲面和平面之间倒圆角。首先介绍使用得最多的曲面和曲面倒圆角。

1. 曲面和曲面倒圆角

在介绍具体操作之前，首先需要创建一个如图 3-56 所示的相交曲面。

这里使用创建扫掠曲面的方法创建这一组曲面，首先，分别在 XZ 平面和 YZ 平面绘制好如图 3-57 所示的图素，然后使用生成扫掠曲面的方法，选择截面线和轨迹线，即可分别生成两个曲面。

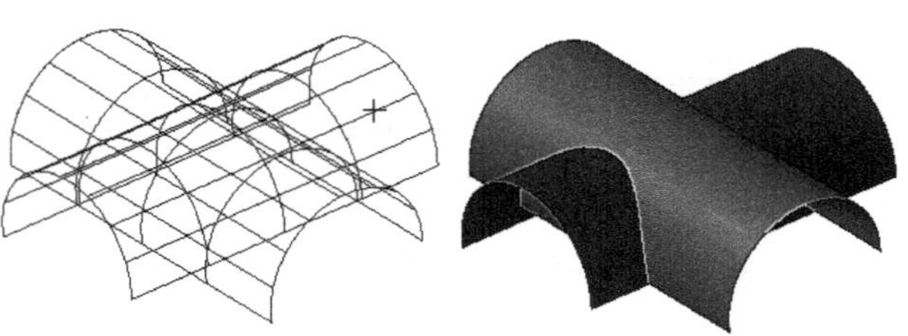

图 3-56 相交曲面

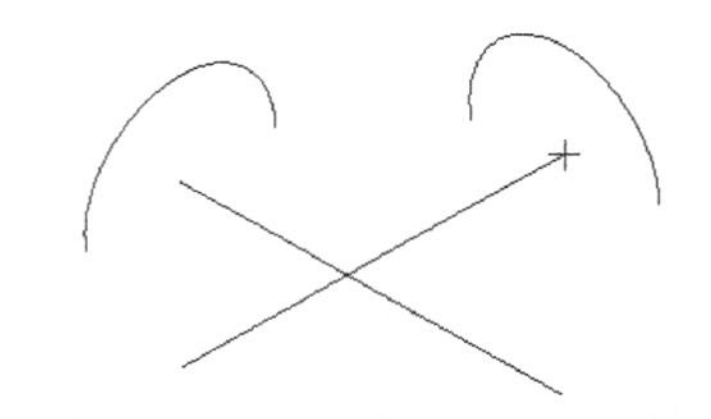

图 3-57 绘制的截面线和轨迹线

从图 3-56 中可以看出，两个曲面相交处并未有任何处理，低一些的曲面直接“穿过”另一个曲面。以下将进行倒圆角处理。

操作步骤：

(1) 执行“绘图”|“曲面”|“曲面倒圆角”|“曲面与曲面倒圆角”命令或单击按钮，启动曲面和曲面倒圆角命令。

(2) 系统将提示用户分别选择两个需要倒圆角的曲面。选择后，单击“确定”按钮。

(3) 系统打开如图 3-58 所示的“曲面与曲面倒圆角”对话框。

在对话框中，单击[←⊞→]按钮，系统将在图中显示两个箭头，代表倒圆角所形成面的法线方向。单击箭头将改变箭头的方向，效果如图 3-59 所示。改变法线方向，将会改变生成的倒圆角面，图 3-59 对应的倒圆角效果如图 3-60 所示。

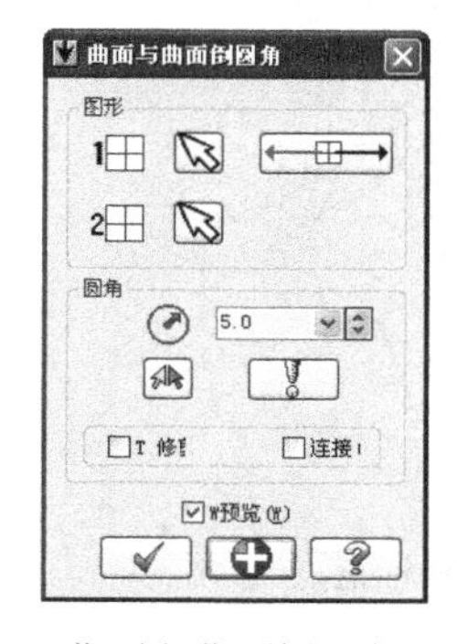

图 3-58　“曲面和曲面倒圆角”对话框

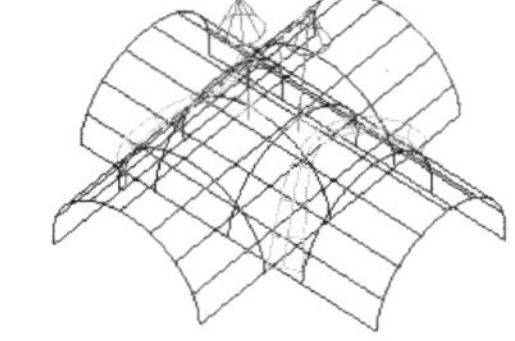
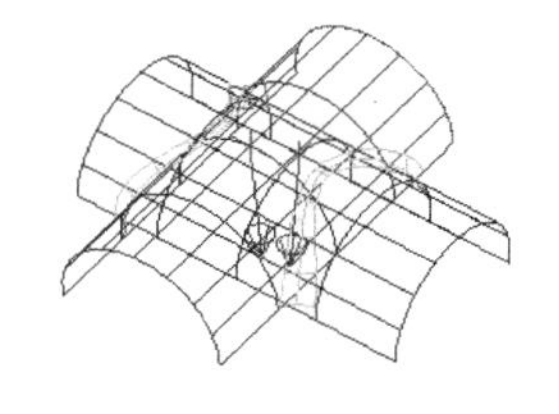

图 3-59　倒圆角法线方向选择

单击[按钮]按钮，打开如图 3-61 所示的“曲面倒圆角选项”对话框，该对话框用于设置倒圆角时的一些参数。

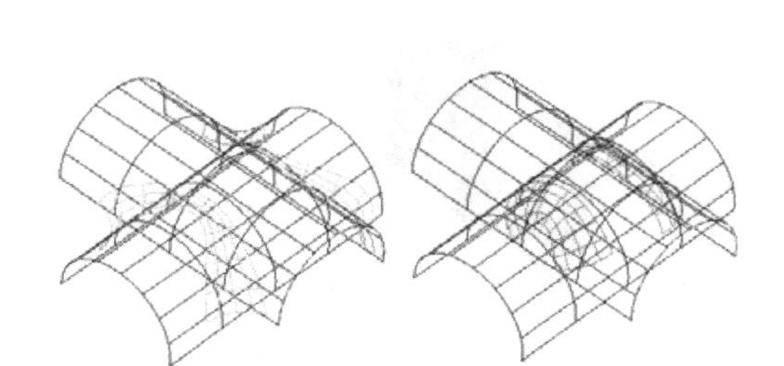

图 3-60　不同法线方向的倒圆角效果

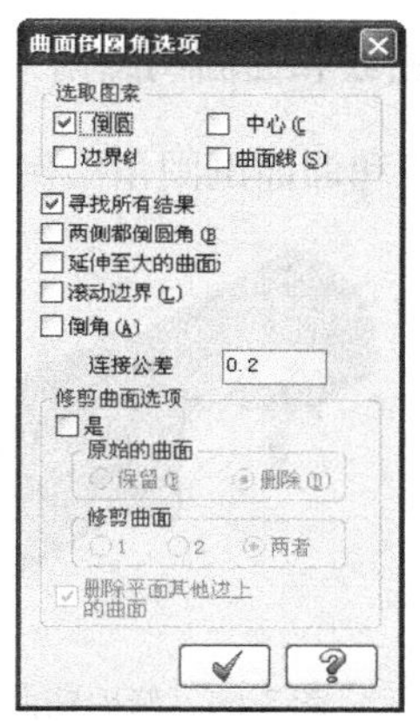

图 3-61　“曲面倒圆角选项”对话框

由于面和面接触的情况有很多种，有时存在多个可以倒圆角的地方。因此，往往需要手动添加一些倒圆角。单击[按钮]按钮，可以手动选择一段需要倒圆角的地方。系统将会提示用户首先选择一个面，然后选择面上需要倒圆角的地方。选择并确定后，接着选择另一个面和倒圆角处即可。当然，如果选择的地方不合适进行倒圆角，则不能生成倒圆角。

在图标[图标]右侧的文本框中，输入圆角的半径。默认情况下倒圆角面上任意一点的半径都是这个值。用户也可以改变这个值，单击如图 3-58 所示的“曲面和曲面倒圆角”对话框中的[▼]按钮，该对话框将出现如图 3-62 所示的扩展部分，用于改变倒圆角半径。

单击[按钮]按钮，系统将会提示用户通过中心线选择倒圆角面，选择后，出现如图 3-63 所示的情况，使用鼠标选择标记点，并将标记点半径设置为指定的半径。

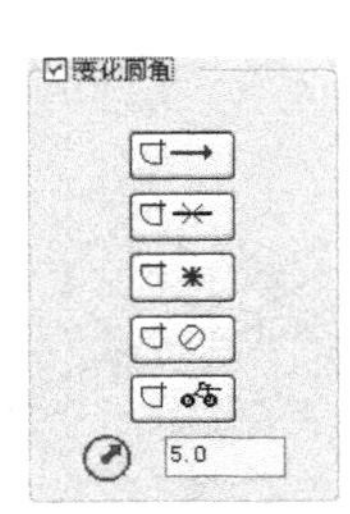

图 3-62　用于改变倒圆角半径的选项

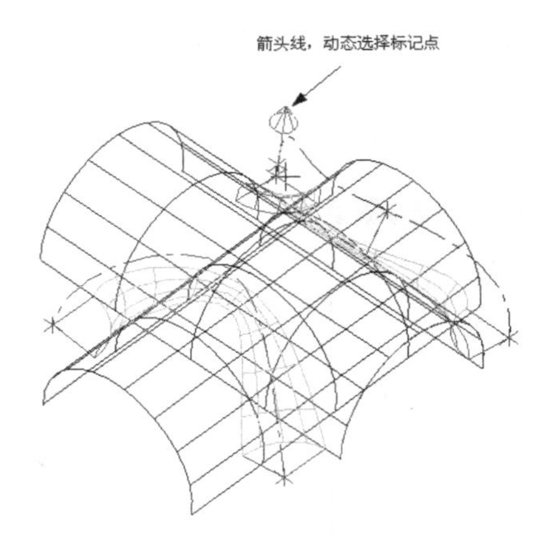

图 3-63　选择标记点

选中“修剪”复选框，系统将按照如图 3-61 所示的倒圆角参数设置对曲面进行修剪。修剪后的曲面实例如图 3-64 所示。

(4) 完成后，单击“确定”按钮，完成曲面和曲面倒圆角操作。

2. 曲线和曲面倒圆角

曲线和曲面倒圆角实例如图 3-65 所示。

图 3-64　修剪曲面实例

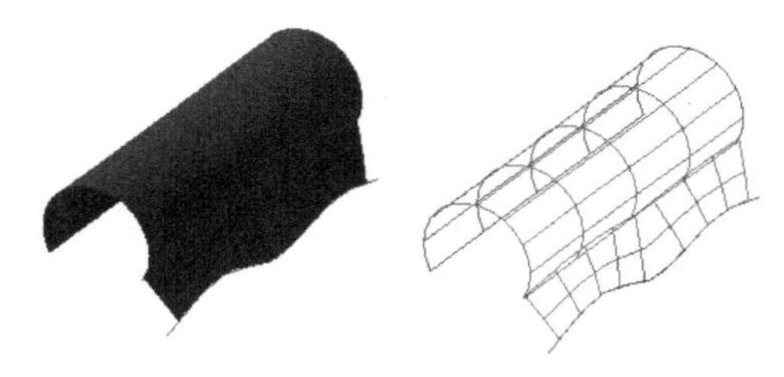

图 3-65　曲面和曲线倒圆角实例

首先绘制如图 3-66 所示的曲面和曲线。

操作步骤：

(1) 执行“绘图”|“曲面”|“曲面倒圆角”|“曲线与曲面”命令或单击按钮，启动曲面和曲线倒圆角命令。

(2) 系统将提示用户分别选择需要倒圆角的曲面和曲线。选择后，单击“确定”按钮。

(3) 系统打开如图 3-58 所示的“曲面和曲面倒圆角”对话框，其中的各个命令和参数的含义也是一致的，用户可以参照前面介绍的方法进行操作。

(4) 完成后，单击“确定”按钮，完成曲面和曲线倒圆角操作，效果如图 3-65 所示。

3. 曲面和平面倒圆角

其实，平面也是曲面的一种特例，在它们之间倒圆角与在曲面和曲面之间倒圆角略有不同而已。实例如图 3-67 所示。

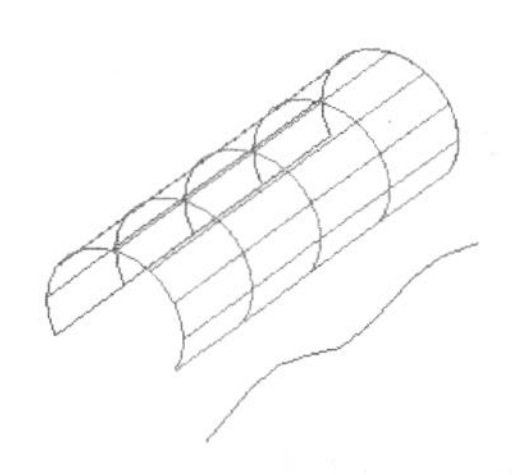

图 3-66　绘制的曲面和曲线

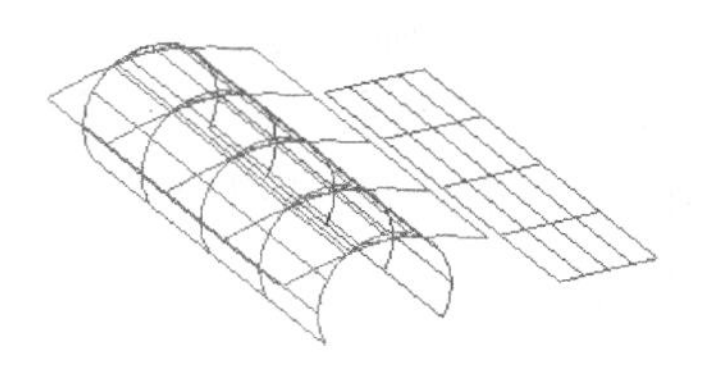

图 3-67　曲面和平面倒圆角实例

首先绘制如图 3-67 所示的曲面和平面。

操作步骤：

(1) 执行“绘图”|“曲面”|“曲面倒圆角”|“曲面与平面”命令或单击按钮，启动曲面和平面倒圆角命令。

(2) 系统首先提示用户分别选择需要倒圆角的曲面。选择后，单击“确定”按钮。

(3) 系统打开如图 3-55 所示的“平面选择”对话框，提示用户选择平面。选择平面后，打开如图 3-58 所示的“曲面和曲面倒圆角”对话框，设置参数并确定后，即可在它们之间生成倒圆角。

(4) 完成后，单击“确定”按钮，完成曲面和平面倒圆角操作，效果如图 3-67 所示。

3.2.5　曲面修剪

曲面修剪是一个经常使用到的命令，利用该命令可以将已有曲面沿选定边界进行修剪。边界可以是曲面、曲线或平面。

1. 修剪至曲面

首先介绍修剪至曲面。如图 3-68 所示的是两个相交曲面的修剪效果。

创建如图 3-69 所示的两个曲面，让半圆柱面从一个球面中穿过。球面半径大于半圆柱面半径。

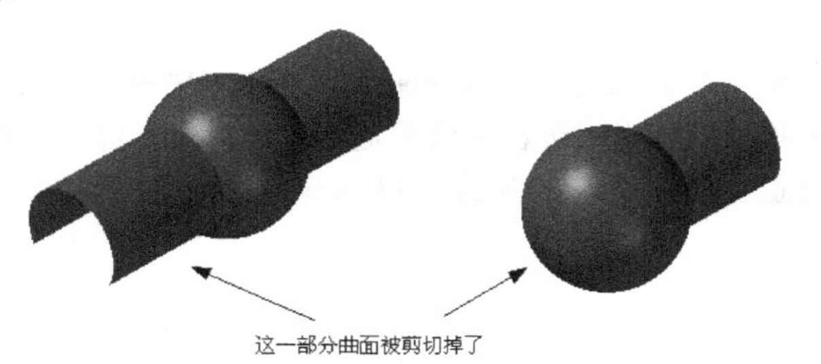

图 3-68　修剪至曲面效果

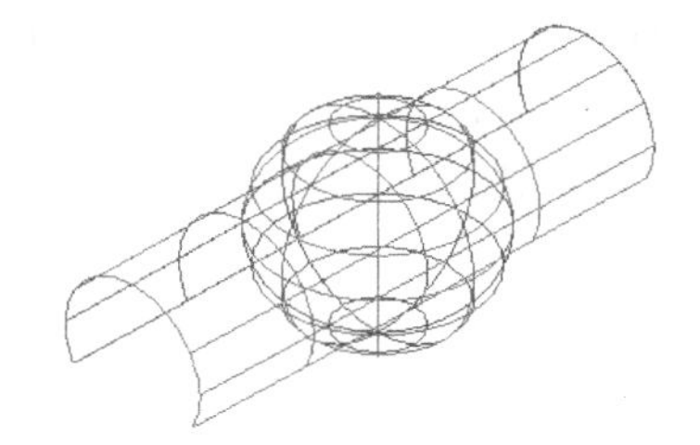

图 3-69　修剪前创建的曲面

操作步骤：

(1) 执行“绘图”|“曲面”|“修剪”|“修整至曲面”命令或单击按钮，启动修剪至曲面命令。

(2) 系统提示用户依次选择需要进行修剪的两个曲面。曲面的选择没有顺序要求，但需要知道哪个是先选择的，哪个是后选择的。在本例中先选择的是球面。

(3) 选择后单击“确定”按钮，此时的 Ribbon 工具栏如图 3-70 所示。

工具栏中各按钮的功能分别如下。

- 单击按钮，将进行第一个曲面的选择。
- 单击按钮，将进行第二个曲面的选择。在修剪时，用户可以选择修剪后是否保留原有的曲面。
- 单击按钮将保留原曲面。
- 单击按钮，将原有的曲面删除，只保留剪切后的曲面。
- 单击按钮，新生成的修剪曲面将采用当前的图形属性；默认情况下为采用原有曲面的属性。
- 单击工具栏中的按钮、和，分别表示对第一个选取的曲面、对第二个选取的曲面和同时对两个曲面进行修剪。

如上所述，本例中选择时首先选择的是球面。因此，这个按钮就分别表示对球面、半圆柱面和两个曲面进行修剪。

图 3-70 “修剪至曲面命令”工具栏

图 3-71 无法修剪球面示意图

在修剪曲面时，被修剪曲面剩余的部分必须要形成一个完整的“边界”，才能生成一个新的曲面。在本例中，由于半圆柱面的半径小于球面半径，因此，半圆柱面是从球面中穿过的，此时系统无法相对于半圆柱面对球面进行修剪，因为它无法形成封闭的边界，如图 3-71 所示。如果依然想对球面进行剪切，系统会打开“错误提示”对话框，如图 3-72 所示。因此本例中只能对第二选择曲面——半圆柱面进行修剪。

(4) 在工具栏中，单击按钮，然后单击半圆柱面，在这一曲面上将会出现一个箭头线。移动鼠标指针，箭头线将会随着在曲面上移动。箭头线所在的位置是剪切后需要保留的一段曲面。取消着色后，可以看到半圆柱面被球面分成了 3 段，如图 3-73 所示。

图 3-72 “错误提示”对话框

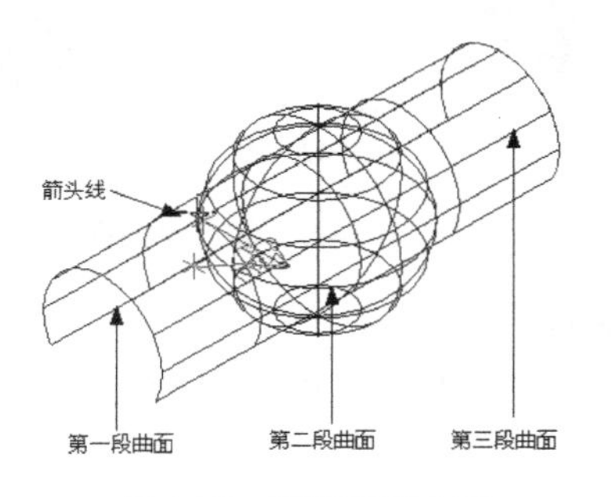

图 3-73 选择保留曲面

(5) 利用鼠标将箭头线移动到需要保留的位置后单击“确定”按钮，系统将会自动对曲面进行修剪，效果如图 3-74 所示。若保留第二段曲面，因其在球面内部，故只有在取消着色时才能看到。

当半圆柱面变成一个完整的圆柱面时，即可对球面进行修剪。因为，此时可以形成一个封闭边界，效果如图 3-75 所示。

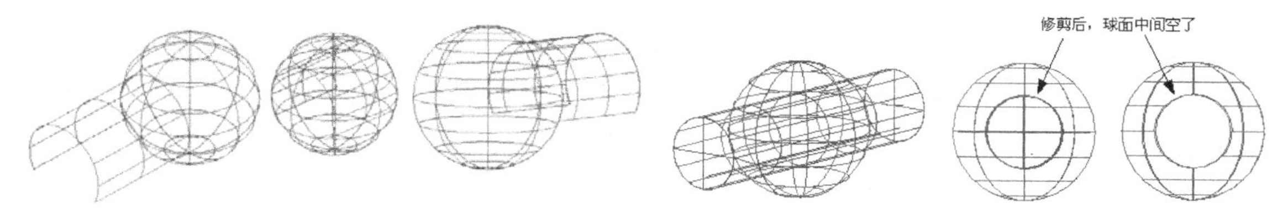

图 3-74　修剪效果　　　　图 3-75　修剪球面

2. 修剪至曲线

下面介绍修剪至曲线命令。以如图 3-76 所示的图形为例进行介绍。在一个圆柱面的外部绘制一个圆，它们的位置关系如图 3-76 所示。

操作步骤：

(1) 执行“绘图”|“曲面”|“修剪”|“修整至曲线”命令或单击按钮，系统启动修剪至曲线命令。

(2) 系统提示用户首先选择需要进行修剪的曲面。选择后单击“确定”按钮，打开“串连选项”对话框，进行曲线的选择。

(3) 选择曲面和曲线之后，Ribbon 工具栏如图 3-77 所示。

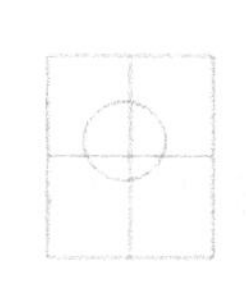

图 3-76　创建的圆柱面和圆

图 3-77　“修剪至曲线”工具栏

工具栏中各按钮的功能分别如下。

- 单击按钮，将重新进行曲面的选择。
- 单击按钮，将重新进行曲线的选择。修剪时，用户可以选择修剪后是否保留原有的曲面。
- 单击按钮，将保留原曲面。
- 单击按钮，将原有曲面删除，只保留剪切后的曲面。
- 系统提供了两种选择保留曲面的方法，单击按钮，系统将按照构图平面的法线方向将曲线投影到曲面上，这也是默认的方法；单击按钮，系统将按照修剪曲面的法线方向进行投影，在右侧的文本框中输入 Mastercam 寻找解决方案时的曲面之间允许的最大距离。

(4) 系统将会提示用户选择曲面需要保留的部分，利用鼠标选中曲面后，在曲面上将出现一个箭头线。拖曳鼠标，箭头线会随之移动，停留的地方即修剪后保留的地方，这同修剪至曲面是一样的。选择不同的保留面，图 3-76 的修剪结果将会出现如图 3-78 所示的不同情况。

(5) 选择后，单击“确定”按钮即可完成修剪至曲线的操作。

3. 修剪至平面

最后是曲面修剪至平面。这一平面可以是实际存在的，也可以是虚拟的。曲面被平面截成两段后，用户可以根据需要选择其中的一段。如图 3-79 所示的是一个圆柱面被一个平面竖直修剪的实例。

图 3-78　修剪至曲面的结果

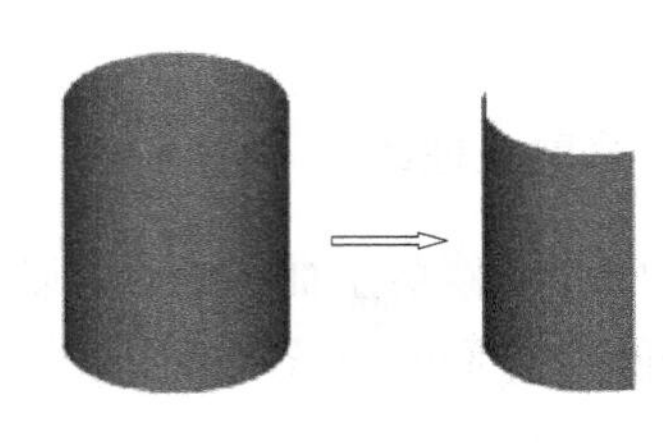

图 3-79　修剪至平面的实例

在介绍修剪至平面命令之前，需要创建一个如图 3-79 左图所示的圆柱面。

操作步骤：

(1) 执行“绘图”|“曲面”|“修剪”|“修整至平面”命令或单击按钮，启动修剪至平面命令。

(2) 系统提示用户首先选择需要进行修剪的曲面。

(3) 选择后单击“确定”按钮，系统将打开如图 3-55 所示的“平面选择”对话框，用户需要通过某种方式选择一个穿过圆柱面的平面，否则将无法进行修剪。用户还可以通过单击按钮，选择保留平面哪一侧的曲面。

(4) 选择平面后，Ribbon 工具栏如图 3-80 所示。

工具栏中，按钮、、和与前面介绍的修剪至曲面和曲线中的相应按钮的含义相同。其他按钮及其功能分别如下：

- 单击按钮，可以重新选择平面。
- 单击按钮，将只有被选择的一边曲面被保留，另一边的将被删除。
- 单击按钮，两边的曲面都会被保留，曲面沿选定平面“断裂”成两截，如图 3-81 所示。

图 3-80　“修剪至平面”工具栏

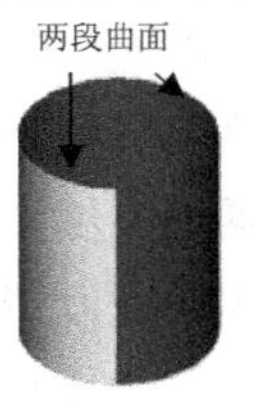

图 3-81　曲面被修剪成两部分

(5) 设置完成后，单击“确定”按钮即可完成修剪至平面操作。

3.2.6　曲面修剪后处理

曲面在进行修剪后，Mastercam 还提供了一些相应的命令来对这些曲面进行处理。

1. 恢复修剪曲面

操作步骤：

(1) 在对曲面进行修剪后，执行“绘图”|“曲面”|“恢复修剪曲面”命令或单击按钮，系统启动恢复修剪曲面命令。

(2) 系统将会提示用户选择修剪过的曲面。

(3) 选择曲面并确定后，系统将曲面恢复到修剪之前的样子，此时的 Ribbon 工具栏如图 3-82 所示。

在工具栏中，单击按钮，将恢复原来的曲面，并保留修剪后的曲面；单击按钮，将恢复原来的曲面，同时将修剪后的曲面删除。

(4) 设置完成后，单击“确定”按钮，完成恢复修剪曲面的操作。这里以图 3-78 修剪的结果为例，恢复后的效果如图 3-83 所示。

图 3-82　“恢复修剪曲面”工具栏

图 3-83　恢复修剪曲面实例

2. 移除边界

当曲面的边界被移除时，曲面将会沿着被移除的边界向外扩展，直到遇到新的边界为止。这里首先创建一个如图 3-84 所示的曲面，并在曲面中间修剪掉一部分，当然也可以利用前面介绍的平坦边界曲面的方法来创建这一曲面。该曲面由矩形组成外边界，由圆组成内边界。

操作步骤：

(1) 执行“绘图”|“曲面”|“恢复曲面边界”命令或单击按钮，启动移除边界命令。

(2) 系统将提示用户选择需要移除边界的曲面。

(3) 选择后单击“确定”按钮，图形对象上将会出现一个箭头线，它会随着鼠标指针的移动而移动，通过它来进行边界的选择，如图 3-85 所示。

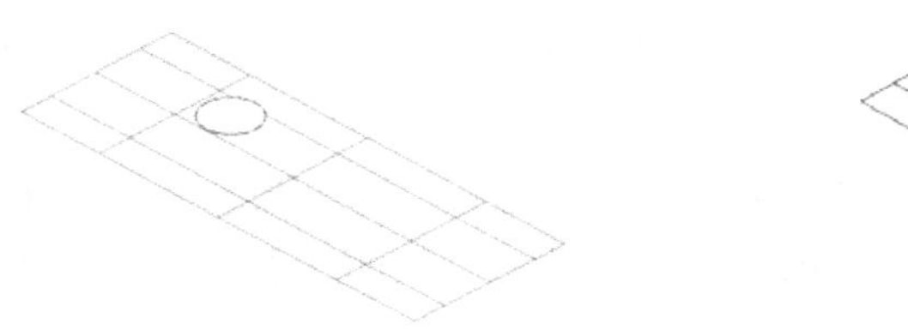

图 3-84　中间有孔的曲面

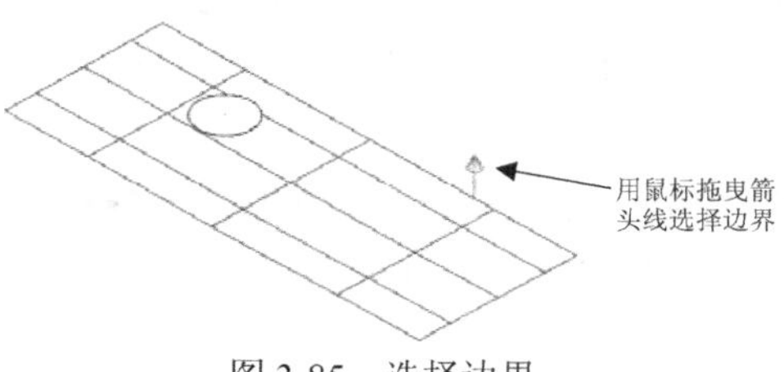

图 3-85　选择边界

(4) 当选定内部圆时，曲面将覆盖这一区域，并将这一边界移除，单击“确定”按钮，完成移除边界操作，如图 3-86 所示。

如果一个曲面是通过修剪得到的，那么也可以通过这个命令对其进行恢复。对图 3-78 中右边的图形进行恢复后，如图 3-87 所示。可见，虽然图形已被修剪，但系统仍然“记住”了这一图形的原有边界。

图 3-86　移除边界的曲面　　　　图 3-87　通过移除边界恢复被修剪曲面

3. 填充曲面上的孔

这一命令执行的效果和移除边界的效果相同，只是执行后在孔处会生成一个新的曲面，而不是与周边曲面连成一体。该命令可以通过执行“绘图”|“曲面”|“填补内孔”命令或单击按钮来执行。

3.2.7 曲面熔接

曲面熔接指的是将两个或三个曲面通过一定的方式连接起来。曲面熔接和曲面倒圆角都是为了使曲面的连接更加平滑，但是曲面熔接命令更加灵活。Mastercam 提供了 3 种熔接方式，分别为两面熔接、三面熔接和三圆角熔接。

1. 两面熔接

首先介绍两面熔接，实例如图 3-88 所示。

操作步骤：

(1) 执行“绘图”|“曲面”|“两曲面熔接”命令或单击按钮，启动两面熔接命令。

(2) 系统将打开如图 3-89 所示的“两曲面熔接”对话框，并提示用户依次选择两个需要熔接的面和熔接位置。每次选择完曲面后，系统会立即提示用户，通过一个箭头线选择熔接处的位置，如图 3-90 所示。由于可以将曲面看成是“经线”和“纬线”相交构成，因此在每一点都有一条经线和纬线通过它。熔接方向的选择指的是选择以哪条线作为熔接交线。

(3) 选择完曲面和熔接处后，可以通过如图 3-91 所示的示例来观察选择不同熔接交线的熔接效果。

单击“两曲面熔”对话框中的按钮系统将进行交叉熔接，即将两条交线的首尾相连，效果如图 3-92 所示；单击按钮，系统将重新选择一条交线的端点位置，效果如图 3-93 所示。

(4) 设置完成后，单击“确定”按钮，完成两面熔接操作。

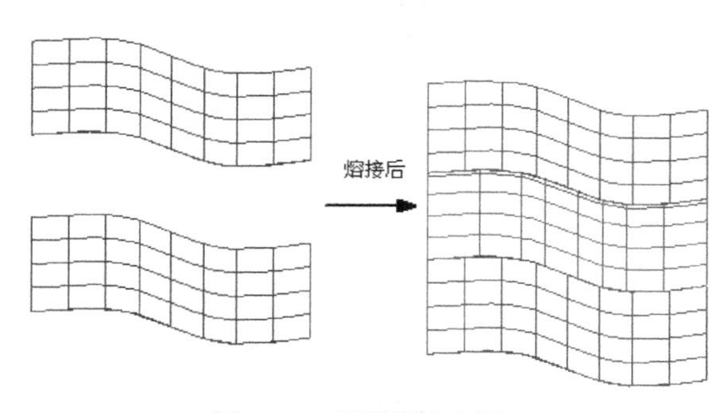

图 3-88　两面熔接实例

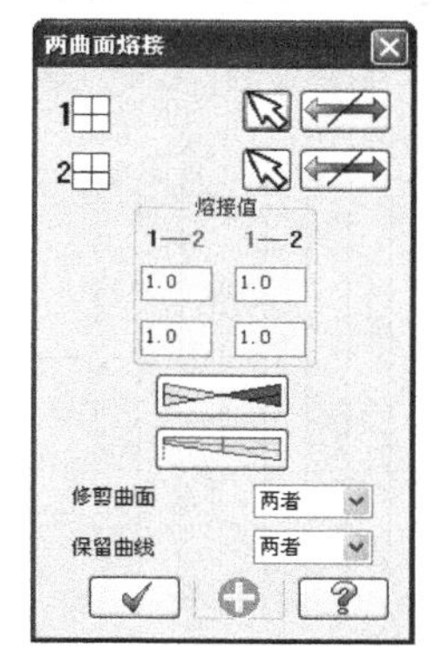

图 3-89　“两曲面熔接”对话框

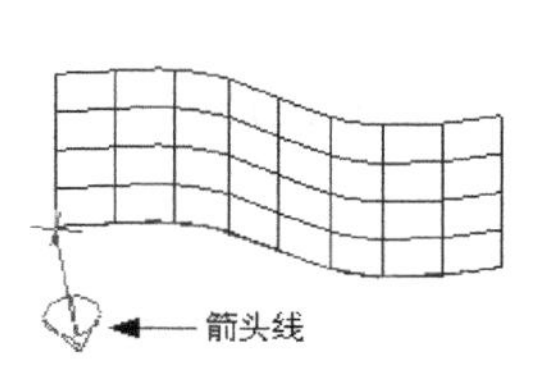

图 3-90　熔接处选择

同一点，分别以经线和纬线作为熔接交线

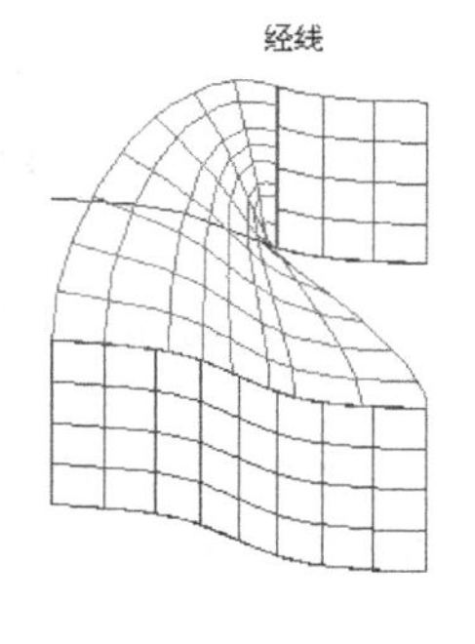

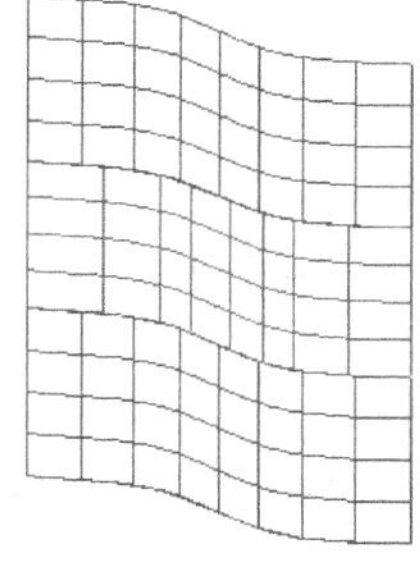

图 3-91　选择不同的熔接交线

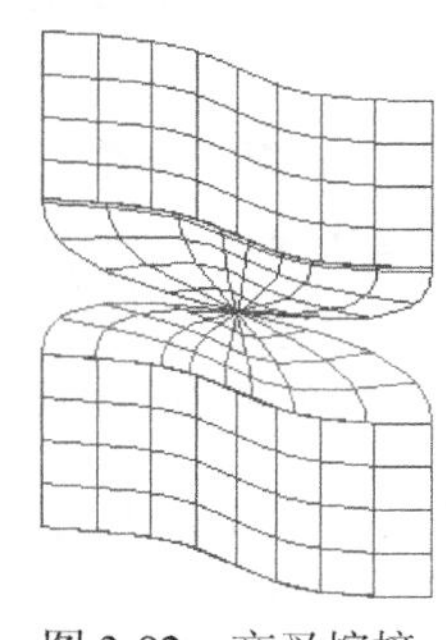

图 3-92　交叉熔接

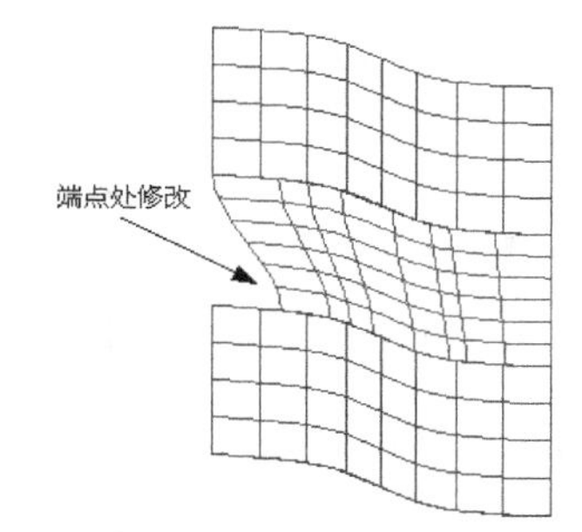

图 3-93　修改熔接处

2. 三面熔接

接下来介绍三面熔接，实例如图 3-94 所示。

操作步骤：

(1) 执行“绘图”|“曲面”|“三曲面间熔接”命令或单击按钮，启动三面熔接命令。

(2) 系统将打开如图 3-95 所示的“三曲面熔接”对话框。并提示用户依次选择 3 个需要熔接的曲面和熔接位置。三面熔接的操作和两面熔接基本一样。

(3) 设置完成后，单击“确定”按钮，完成三面熔接操作。

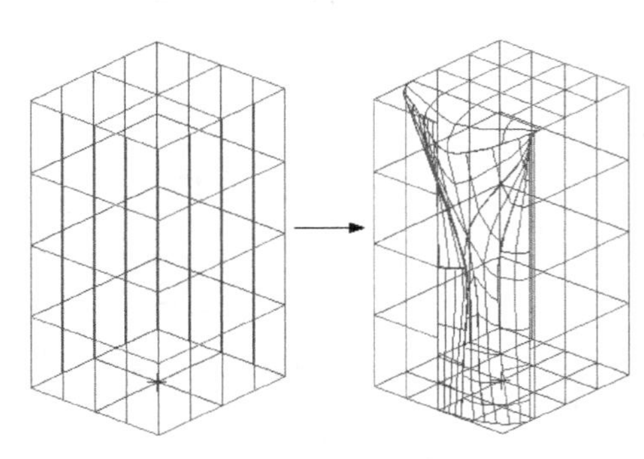

图 3-94　三面熔接实例

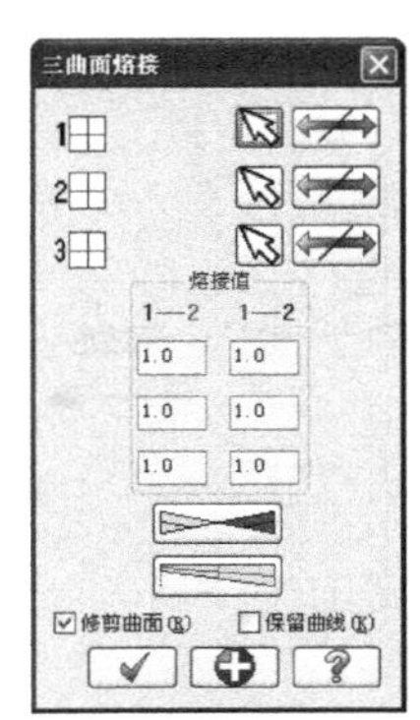

图 3-95　“三曲面熔接”对话框

3. 三圆角熔接

下面介绍三圆角熔接。当对 3 个相交的面分别进行两两倒圆角处理后，在它们的相交处，可能无法得到光滑的过渡，如图 3-96 所示。三圆角熔接就是用于处理这种问题的命令。

操作步骤：

(1) 执行“绘图”|“曲面”|“三角圆角曲面熔接”命令或单击按钮，启动三圆角熔接命令。

(2) 系统将提示用户依次选择 3 个需要熔接的圆角面。

(3) 选择后单击“确定”按钮，系统将打开如图 3-97 所示的“三个圆角曲面熔接”对话框。

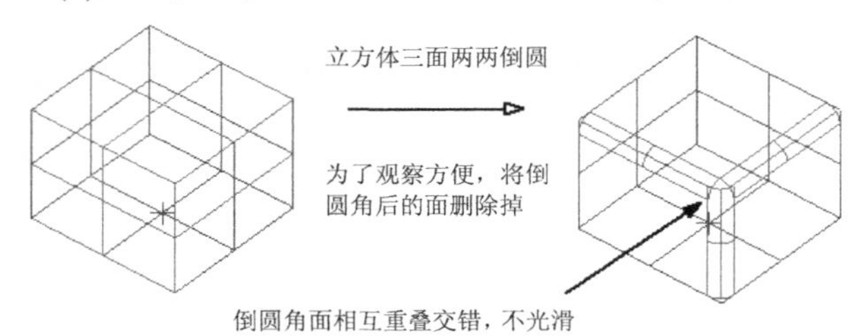

图 3-96　立方体三面倒圆角

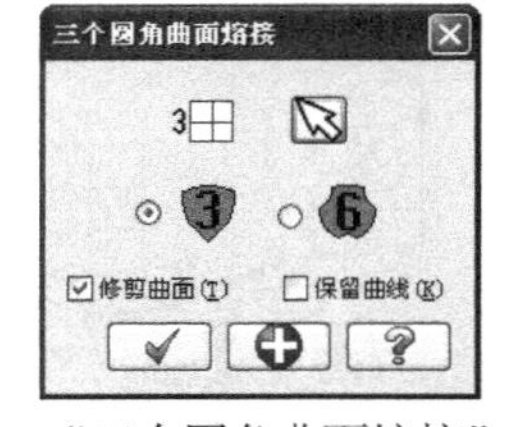

图 3-97　“三个圆角曲面熔接”对话框

熔接时，可以选择熔接处以三边形或六边形进行处理，效果如图 3-98 所示。

(4) 设置完成后，单击“确定”按钮，完成三圆角熔接操作。熔接后接着进行着色，可以明显看到，三圆角面相交处变得光滑了，效果如图 3-99 所示。

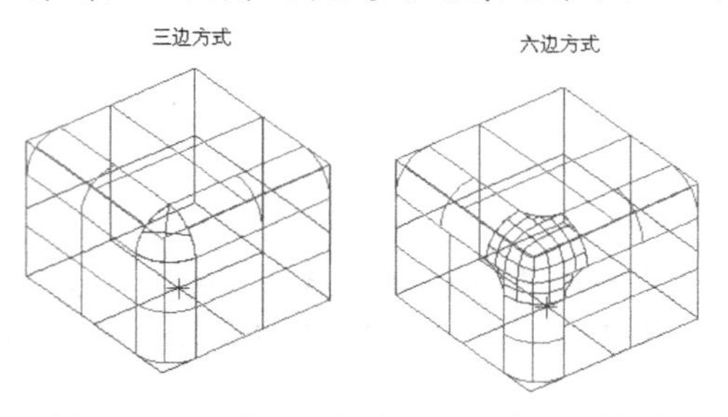

图 3-98　三边形和六边形方式的处理效果

图 3-99　着色效果

至此，已经介绍了所有有关曲面编辑的各种命令，用户可以结合前面创建曲面的各种方法，设计出满足要求的各种曲面形状。

3.3　曲面曲线创建

在第3章已经详细介绍了平面曲线的创建，本节在曲面创建的基础上，将介绍如何从已有的曲面上提取所需要的曲线，这样的曲线是空间的三维曲线。

Mastercam 提供了 9 种绘制曲面曲线的方法，所有的命令均集中在如图 3-100 所示的“绘图”|“曲面曲线”子菜单中。

3.3.1　单一边界线

曲面都是有边界的，而且往往有很多个边界。单一边界线命令就是用于绘制出曲面的一条边界线。创建如图 3-101 所示的曲面。

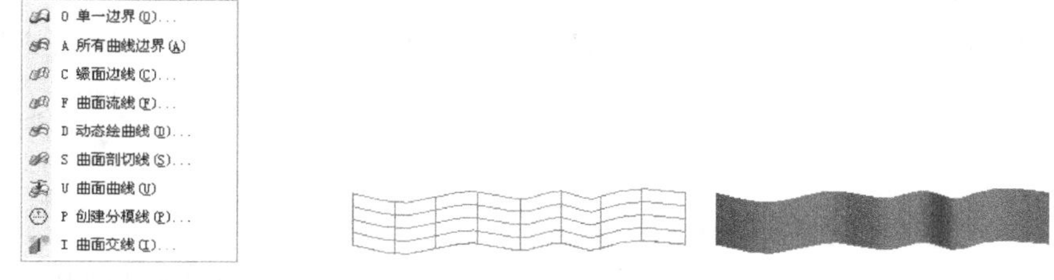

图 3-100　曲面曲线绘制子菜单　　　　图 3-101　绘制好的曲面

操作步骤：

(1) 执行“绘图”|“曲面曲线”|“单一边界”命令，启动单一边界线绘制命令。

(2) 系统将提示用户选择需要绘制边界的曲面。

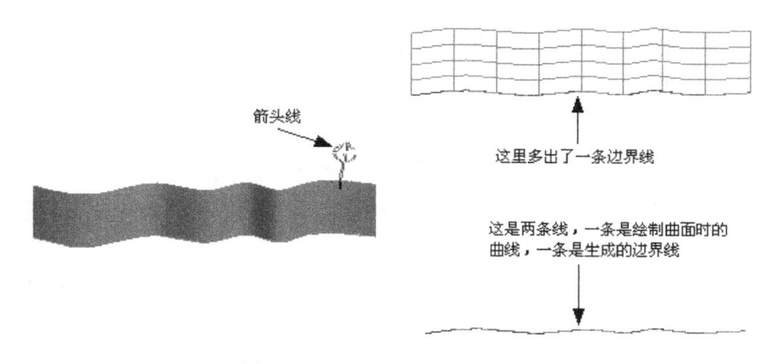

图 3-102　绘制单一边界线的实例

(3) 选择后单击“确定”按钮，将会出现一个箭头线，它用于选择需要绘制的边界。用户可以通过移动鼠标来拖曳箭头线。这里选择上边界线进行绘制，如图 3-102 所示。

(4) 绘制完成后确定，Ribbon 工具栏如图 3-103 所示。在工具栏的文本框中可以输入转折角的大小。当边界线的转折角小于这一角度时，边界线将在此被打断，系统默认值为 30°。

图 3-103 “单一边界线”工具栏

(5) 设置完成后，单击“确定”按钮，完成单一边界线的绘制操作。

3.3.2 所有边界线

利用该命令，可以一次性绘制出曲面的所有边界。以图 3-101 所示的曲面为例。

操作步骤：

(1) 执行“绘图”|“曲面曲线”|“所有曲线边界”命令，启动所有边界线绘制命令。

(2) 系统将提示用户选择曲面，选择后确定。

(3) 此时的 Ribbon 工具栏如图 3-104 所示，用于设置相关的参数。

在工具栏中，同样存在转折角设置一栏。同时，单击按钮，如果选定曲面和其他曲面有共享边界，系统将不会绘制这些共享的边界曲线。

(4) 设置完成后，单击“确定”按钮，完成所有边界线绘制操作。绘制实例如图 3-105 所示。

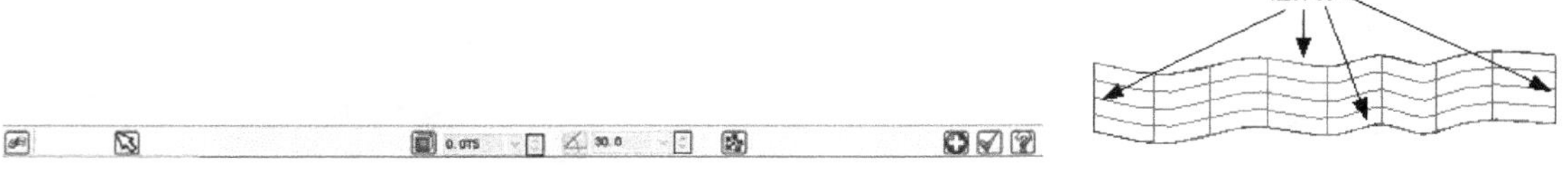

图 3-104 “所有边界线”工具栏

图 3-105 绘制所有边界线实例

3.3.3 常参数线

常参数线指的是曲面中该曲线上的所有点的坐标都具有相同的坐标值。类似于地形图中的等高线。这里仍以图 3-101 的曲面为例。

操作步骤：

(1) 执行“绘图”|“曲面曲线”|“缀面边线”命令，启动常参数线绘制命令。

(2) 系统提示用户选择曲面，选择后单击“确定”，将会出现一个箭头线，用于提示用户利用鼠标选择绘制曲线的位置。

(3) 选择并确定后，Ribbon 工具栏如图 3-106 所示，用于设置相关的参数。

图 3-106 “常参数线”工具栏

在曲面的一个点上一般可以绘制出两条常参数线，它们分别具有不同的常参数。可以通过单击按钮来进行选择。在 弦高 0.001 中，用户可以设置曲线精度的保证方式，一共有 3 种：“弦高”，数值越小，精度越高；“距离”，数值越小，精度越高；“次

数”，数值越大，精度越高。

(4) 设置完成后，单击“确定”按钮，完成常参数线绘制操作。常参数线绘制实例如图 3-107 所示。

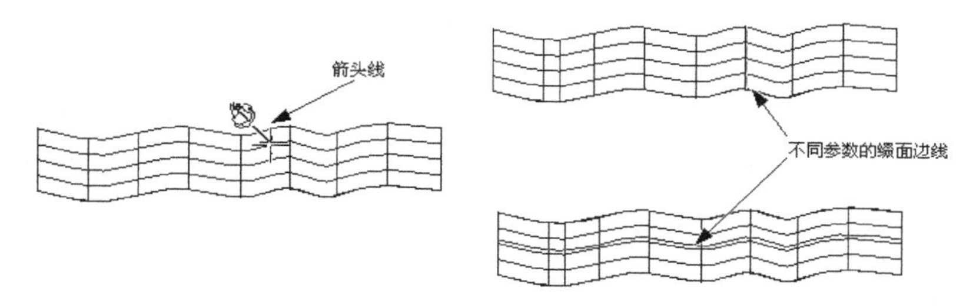

图 3-107　常参数线绘制实例

3.3.4　流线

可以将曲面看成一块布料，这块布料由“经线”和“纬线”交织而成。这样的“经线”和“纬线”统称为流线。仍以图 3-101 的曲面为例。

操作步骤：

(1) 执行“绘图”|“曲面曲线”|“曲面流线”命令，启动流线绘制命令。

(2) 系统将提示用户选择曲面。

(3) 选择并确定后，Ribbon 工具栏如图 3-108 所示，用于设置相关的参数。

在工具栏中，通过单击按钮可选择绘制流线的方向，即选择绘制“经线”或“纬线”。同样，在 弦高 0.001 中，用户可以设置曲线精度的保证方式。在 弦高 0.001 中，用户可以选择绘制流线的数量，Mastercam 提供了 3 种方式：“弦高”，流线每变化指定的高度，将生成一条流线；“距离”，每隔一定距离创建一条流线；“次数”，直接指定流线的数量。

(4) 设置完成后，单击“确定”按钮，完成流线绘制操作。实例如图 3-109 所示，一共绘制了 5 条流线。

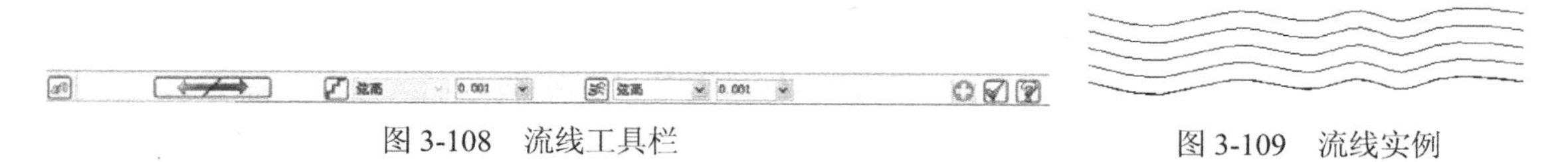

图 3-108　流线工具栏

图 3-109　流线实例

3.3.5　动态线

动态线是最为灵活的一种方式，它允许在曲面上绘制出任意一条曲线。这里仍以图 3-101 的曲面为例。

操作步骤：

(1) 执行“绘图”|“曲面曲线”|“动态绘曲线”命令，启动动态线命令。

(2) 系统提示用户选择曲面。选择并确定后，利用鼠标在曲面上动态地选择曲线要经过的点。

(3) 此时的 Ribbon 工具栏如图 3-110 所示。工具栏中唯一的参数就是设置曲线的弦高误差。

(4) 设置完成后，单击“确定”按钮，完成流线绘制操作，生成一条位于曲面上的动态线，效果如图 3-111 所示。

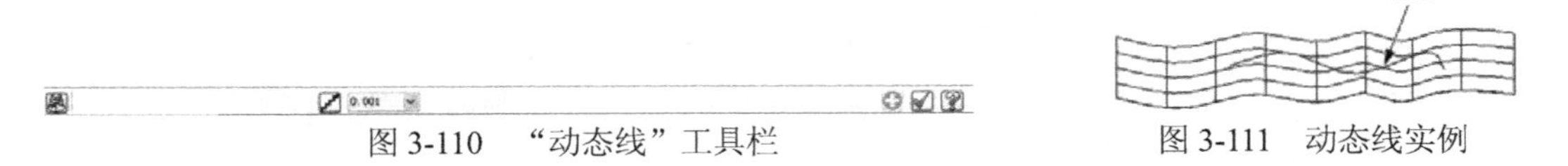

图 3-110 “动态线”工具栏　　图 3-111 动态线实例

3.3.6 剖线

剖线指的是曲面与平面的交线。

操作步骤：

(1) 执行“绘图”|“曲面曲线”|“曲面剖切线”命令，启动剖线命令。

(2) 此时的 Ribbon 工具栏如图 3-112 所示。

图 3-112 “剖线”工具栏

单击按钮，系统将打开如图 3-55 所示的“平面选择”对话框，用于选择平面。在图标右侧的文本框中可以输入需要生成的剖线沿曲面间的距离，这样可以生成一组剖线。在图标右侧的文本框中，可以对剖线进行偏置处理。单击按钮，系统将对生成的剖线进行连接处理。单击按钮，系统将会自动寻找可能的多种解决方案。

(3) 设置完成后，单击“确定”按钮，完成剖线命令的操作。生成的剖线效果如图 3-113 所示。

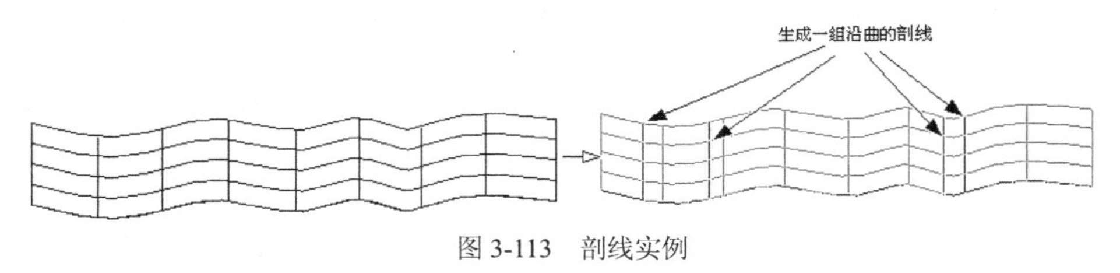

图 3-113 剖线实例

3.3.7 投影线

投影线命令用于生成一个曲线在某曲面上的投影线。以图 3-114 所示的图形为例。

操作步骤：

(1) 执行“绘图”|“曲面曲线”|“曲面曲线”命令，启动投影线命令。

(2) 系统将提示用户选择需要进行投影处理的曲面和曲线。

(3) 选择并确定后，系统将曲线投影到曲面上，完成投影线命令的操作，效果如图 3-115 所示。如果无法进行投影，系统将会自动结束命令。

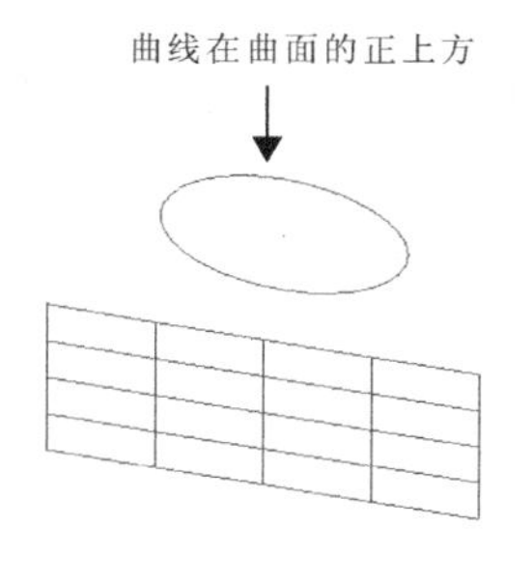

图 3-114　圆形和曲面

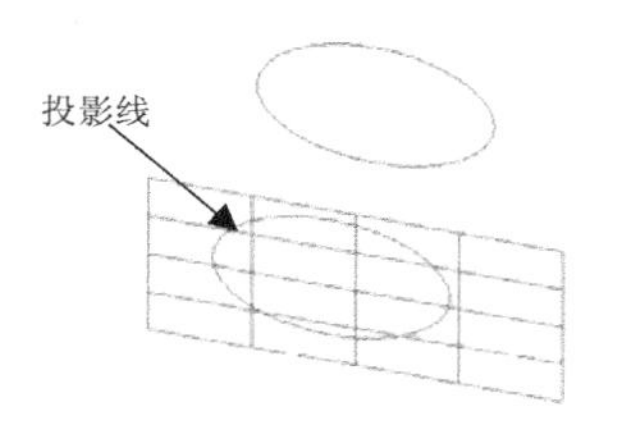

图 3-115　投影线实例

3.3.8　分模线

在模具设计中，往往需要将形腔分成上下两个部分来进行设计，分模线就是指上模和下模的交线。这里以图 3-116 所示的球面为例。

操作步骤：

(1) 执行"绘图" | "曲面曲线" | "创建分模线"命令，启动分模线命令。

(2) 系统将提示用户选择分模线所在的构图平面以及所要进行处理的曲面。

(3) 选择并确定后，此时的 Ribbon 工具栏如图 3-117 所示。

图 3-116　球面

图 3-117　"分模线"工具栏

在工具栏的 弦高 0.02 中可以设置分模线精度参数。在图标 右侧的文本框中，可以指定分模线所在角度，取值范围为-90°～90°。

(4) 设置完成后，单击"确定"按钮，完成分模线命令的操作。分模线效果如图 3-118 所示。

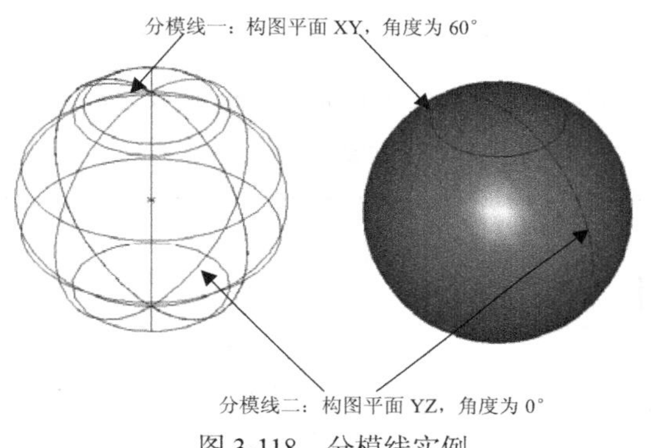

图 3-118　分模线实例

3.3.9 交线

交线命令用于创建两组相交曲面的交线。以如图 3-119 所示的相交曲面为例。

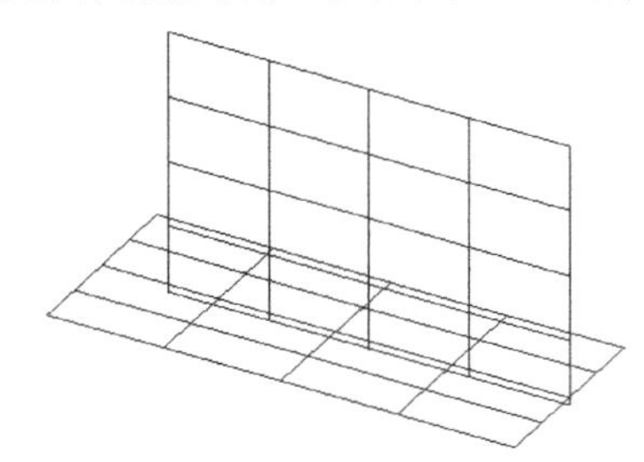

图 3-119　两个相交曲面

操作步骤：

(1) 执行“绘图”|“曲面曲线”|“曲面交线”命令，启动交线命令。

(2) 同时，系统将提示用户依次选择两个曲面。

(3) 选择并确定后，此时的 Ribbon 工具栏如图 3-120 所示。

在工具栏的 弦高 0.02 中，可以设置交线的精度。单击按钮，重新选择第一个曲面；单击按钮，重新选择第二个曲面。在图标右侧的文本框中，可以设置交线沿曲面一的偏置量；在图标右侧的文本框中，可以设置交线沿曲面二的偏置量；单击按钮，可以手动指定交线的位置；单击按钮，系统将各交线连成一个图素；单击按钮，系统将会自动寻找可能的多种解决方案。

(4) 设置完成后，单击“确定”按钮，完成交线的绘制操作，效果如图 3-121 所示。

图 3-120　“交线”工具栏

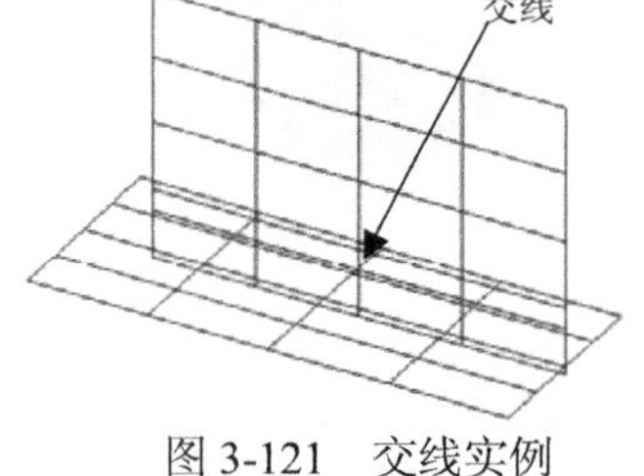

图 3-121　交线实例

提示

前面介绍的生成曲面曲线的各种方法，也可以应用于实体。在以上命令中选择曲面时，系统会自动帮助用户选择实体上的面，读者可以自己进行尝试。

3.4 上机练习

本节通过一个实例，利用扫描曲面和围栏曲面绘制一个叶轮，对本章学习的内容进行巩固。

读者可以从指定网站下载并打开本实例对应的文件“叶轮.MCX-5”，实例如图 3-122 所示。

设计步骤：

(1) 启动 Mastercam X5 软件。

(2) 执行“文件”|“新建”命令，新建一个新的“叶轮. MCX-5”文件。

(3) 单击按钮，进入俯视图。然后单击按钮，选择原点 X 0.0 Y 0.0 Z 0.0 为圆心，在 100.0 中输入直径值 100，同样单击按钮，选择点 X 0.0 Y 0.0 Z 50.0 为圆心，在 20.0 中输入直径值 20，绘制叶轮两个中心圆，如图 3-123 所示。

(4) 单击按钮，进入前视图。单击按钮，用鼠标选择点（10,50,0）和（50,0,0）为端点画圆弧，然后在 80.0 中输入半径值为 80。绘制扫描曲面的截面线，效果如图 3-124 所示。

(5) 单击按钮，进入等视图。单击按钮或执行“绘图”|“曲面”|“扫描曲面”命令，绘制扫描曲面。

(6) 系统将打开如图 1-41 所示的“串接选项”对话框，并提示用户选择截面线。利用鼠标选择截面线，如图 3-125 所示。

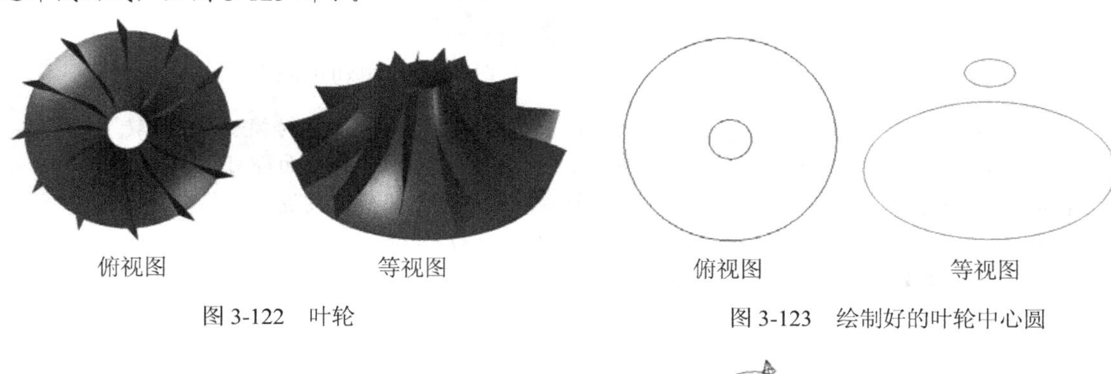

图 3-122　叶轮

图 3-123　绘制好的叶轮中心圆

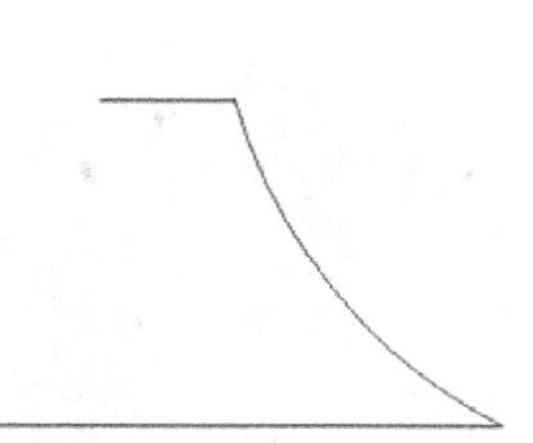

图 3-124　扫描曲面的截面线

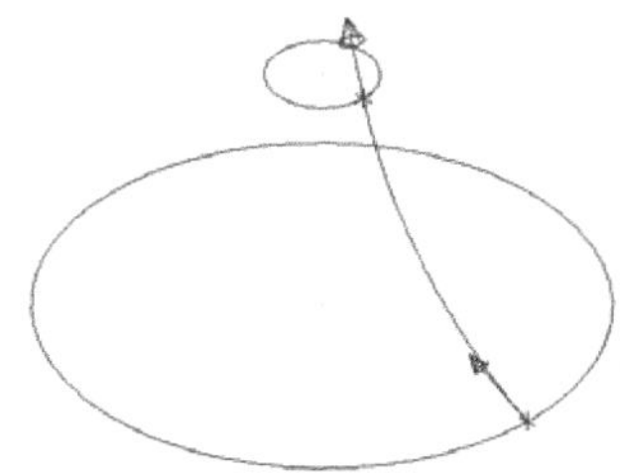

图 3-125　选择截面线

(7) 选择并确定后，系统将提示用户，选择轨迹线。利用鼠标选择如图 3-126 所示。

(8) 选择并确定后，系统自动生成如图 3-127 所示的扫描曲面。

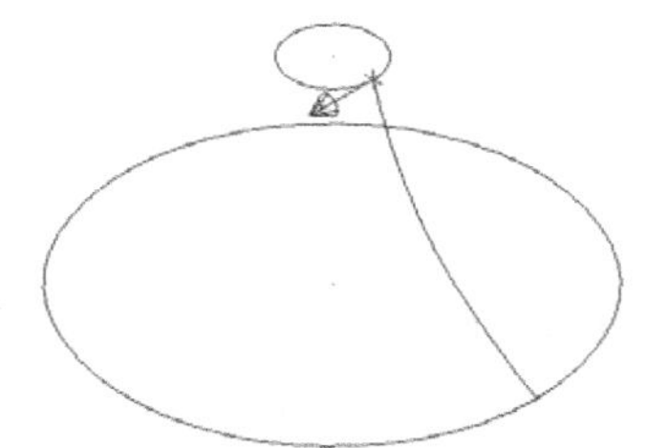

图 3-126　选择轨迹线

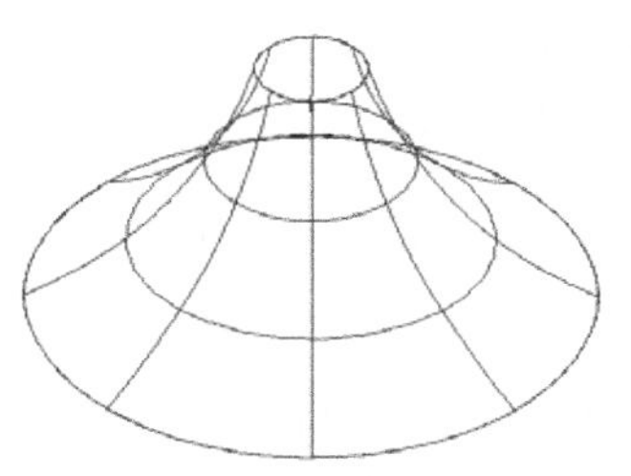

图 3-127　完成的扫描曲面

(9) 下面绘制叶轮的叶片。单击按钮或执行“绘图”|“曲面”|“围篱曲面”命令，绘制围篱曲面。

(10) 系统首先提示选择曲面，用鼠标选择上述扫描曲面后，系统将打开如图 1-41 所示的“串接选项”对话框，利用鼠标选择扫描曲面的截面线作为与围篱曲面的交线，效果如图 3-128 所示。

(11) 选择后单击“确定”按钮。在出现的 Ribbon 工具栏中，利用按钮选择交线的方向。选择 立体混合 按钮旁的选项，选择“立体混合”，在 20.0 10.0 中分别输入曲面在起点和终点的高度为 20、10，在 15.0 -15.0 中分别输入曲面在起点和终点的角度值为 15、-15。设置完成确定后，系统将自动生成如图 3-129 所示的围篱曲面。

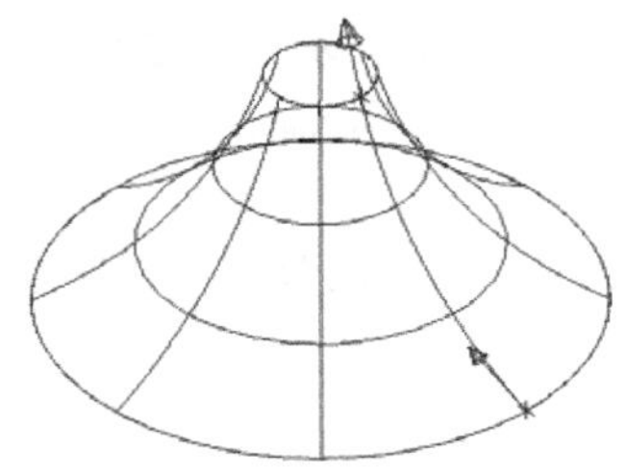

图 3-128 选择交线

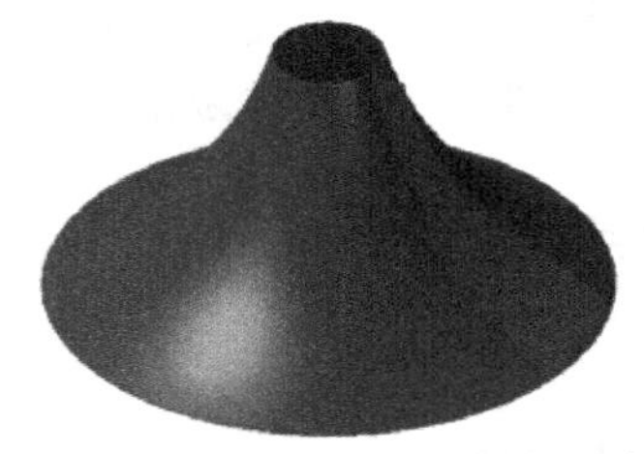

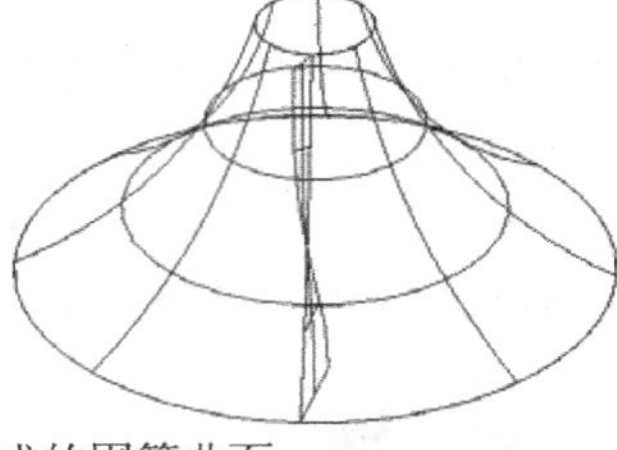

图 3-129 完成的围篱曲面

(12) 接着对绘制完成的叶片进行旋转复制。单击按钮或执行“转换”|“旋转”命令。

(13) 系统将提示用户 旋转：选取图素去旋转 。利用鼠标选择叶片曲面即可。

(14) 系统弹出“旋转”对话框，参照如图 3-130 所示进行参数设置。

(15) 轮片旋转复制完成，绘制的叶轮效果如图 3-131 所示。

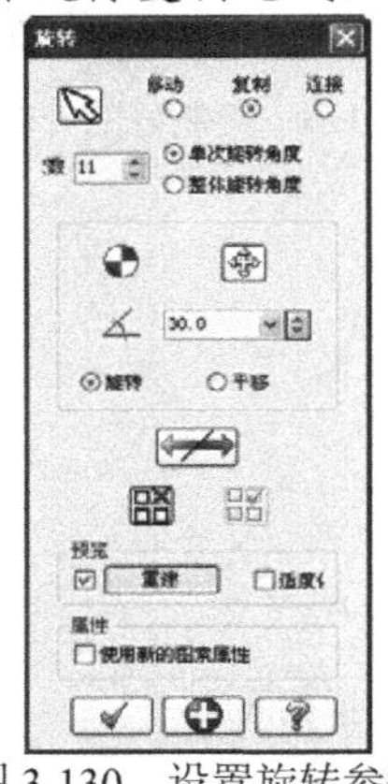

图 3-130 设置旋转参数

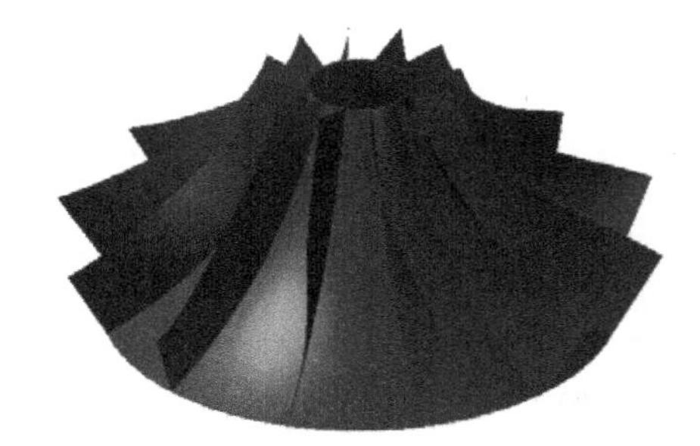

图 3-131 绘制完成的叶轮效果

3.5 习题

1. 创建曲面的方法有哪几种？
2. 扫掠曲面时，“旋转”和“平移”方式生成的曲面有何不同？
3. 在曲面和曲面倒圆角的操作中，如何在一些倒圆角的地方手动添加？
4. 曲面修剪后的处理有几种操作方法？
5. 如何从曲面中提取曲线？方法有哪些？

三维实体设计

学习目标

三维实体设计是目前大多数CAD软件都具有的一种基本功能，Mastercam 自 7.0 版本增加实体设计功能以来，现在已经发展出一套完整成熟的造型技术。本章将介绍该技术。

本章重点

- 熟练掌握实体的各种创建方法
- 熟练掌握实体的各种编辑方法

4.1 实体创建

三维实体设计的基本操作集中在如图 4-1 所示的“实体”菜单中以及工具栏中。

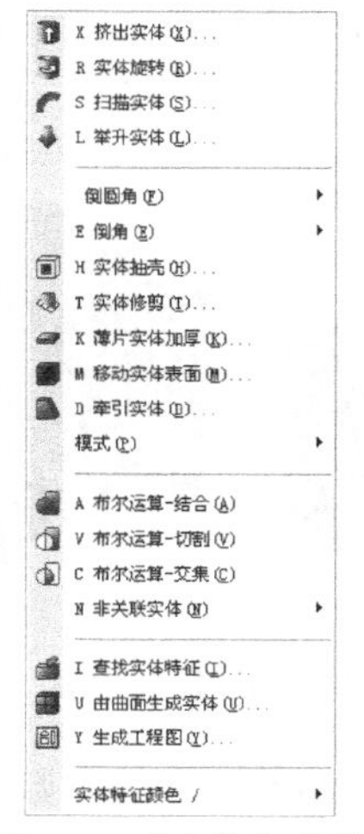

图 4-1 “实体”菜单

图 4-2 非封闭线框错误提示

4.1.1 拉伸创建实体

拉伸创建实体指的是将一个封闭的二维线框进行拉伸从而生成实体的操作。如果线框是非封闭的，系统在拉伸实体时将会打开如图 4-2 所示的错误提示对话框。

这里以图 4-3 所示的封闭线框为例，介绍通过拉伸操作创建实体的方法。

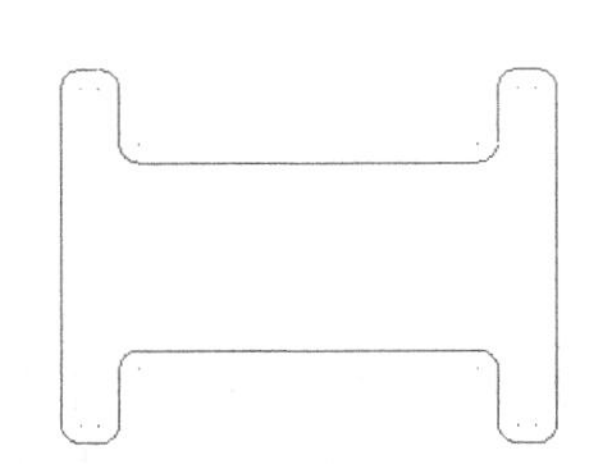

图 4-3 封闭曲线实例

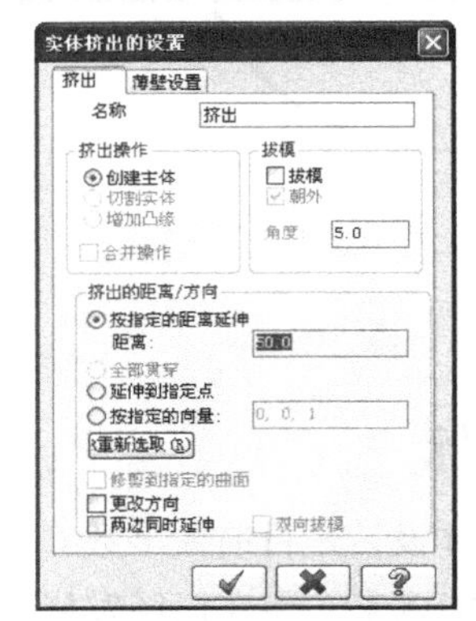

图 4-4 “实体挤出的设置”对话框

操作步骤：

(1) 执行“实体”|“挤出实体”命令或单击按钮，启动拉伸创建实体命令。

(2) 系统将打开“串连选项”对话框，提示用户选择封闭线框。

(3) 选择并确定后，系统将打开如图 4-4 所示的“实体挤出的设置”对话框，在该对话框中设置拉伸参数。同时，在封闭线框中出现一个箭头线，如图 4-5 所示，用于指示拉伸方向。

在“实体挤出的设置”对话框中有“挤出”和“薄壁设置”两个选项卡，分别对应生成拉伸实体和薄壁实体功能。在该对话框中，用户可以输入自命名的当前操作名称。这在创建复杂实体时是非常有用的，它将帮助用户区分实体的各个部分。用户还可以指定实体的倾斜角度，这在模具设计时是很有用的一项功能，因为在模具的设计过程中往往需要设计出一定的拔模斜度。

(4) 设置完成后，单击“确定”按钮完成操作。拉伸实体的效果如图 4-6 所示。

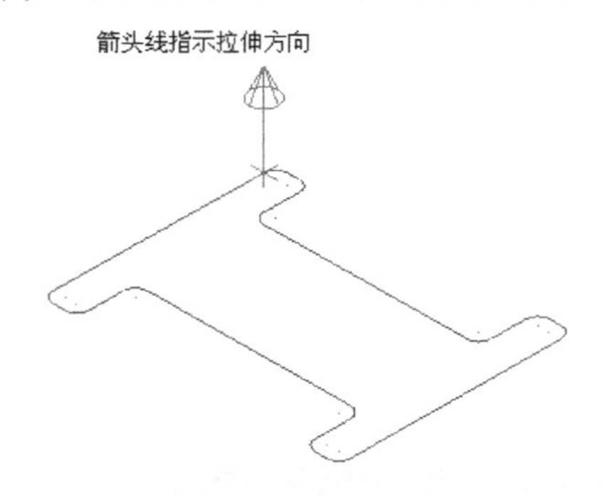

图 4-5 拉伸方向指示

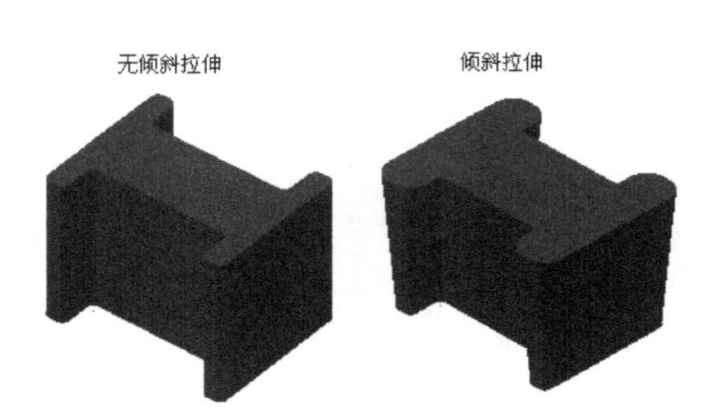

图 4-6 拉伸效果

在对话框中，选择“薄壁设置”标签，切换到如图 4-7 所示的薄壁实体参数设置界面。设置完成后，生成薄壁实体，效果如图 4-8 所示。

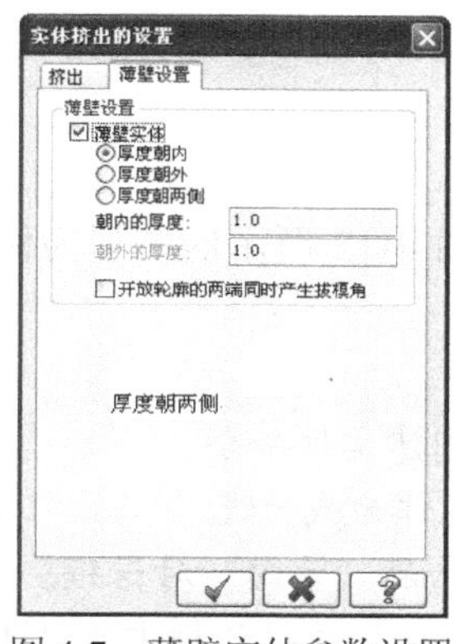

图 4-7　薄壁实体参数设置

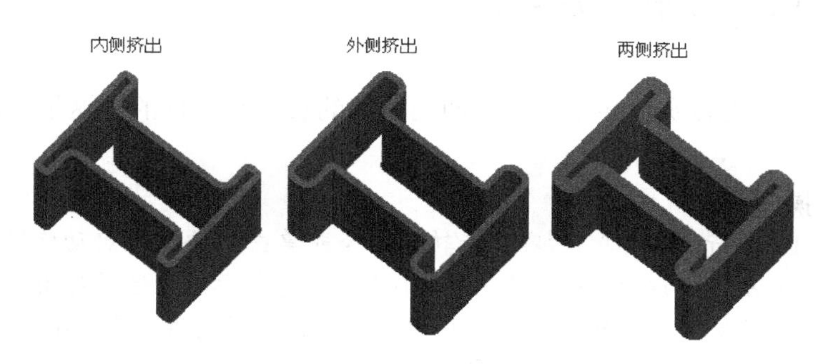

图 4-8　薄壁实体效果

生成实体效果后，可以看到，在对象管理区的“实体”选项卡下，显示了如图 4-9 所示的一个实体对象。在实体的创建过程中，实体创建编辑的所有操作都会在这里留下记录。因此，在这里可以很方便地对实体进行各种管理和操作。

在树状图中的任何一个名称右侧单击鼠标右键，都会弹出一个快捷菜单，利用它可以进行相关的操作。同时，双击“参数”选项，可以对操作的参数进行修改，如本例中将打开如图 4-4 所示的“实体挤出的设置”对话框，用于重新指定操作参数。双击“图形”选项，将打开如图 4-10 所示的“实体串连管理器”对话框。同时将实体中的线框高亮显示，如图 4-11 所示。在本例中只有一条封闭线框，因此只有一条基本串接线。选中该串接线后，单击鼠标右键，将弹出一个快捷菜单，用于添加串连线和重新选择串连等操作。

图 4-9　实体对象管理

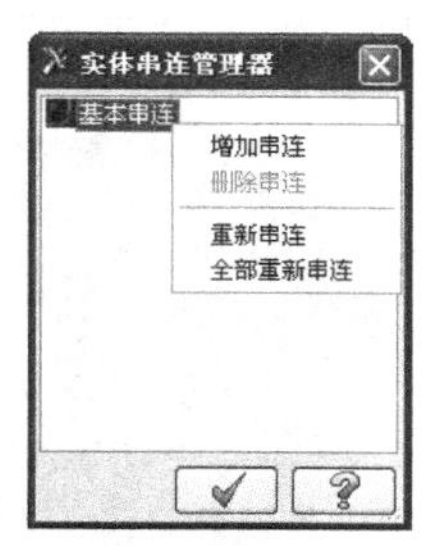

图 4-10　“实体串连线管理器”对话框

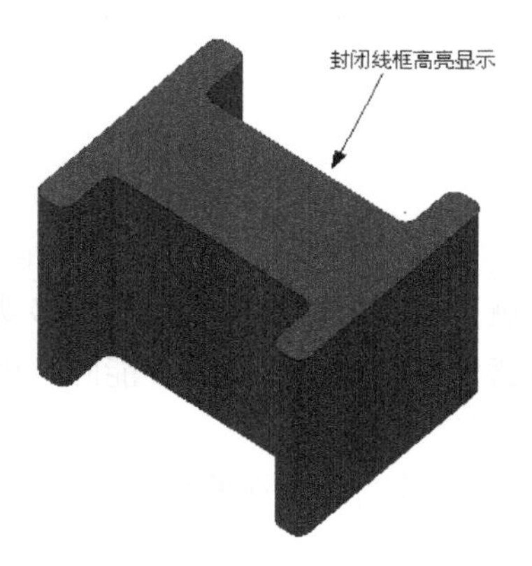

图 4-11　实体串连线框高亮显示

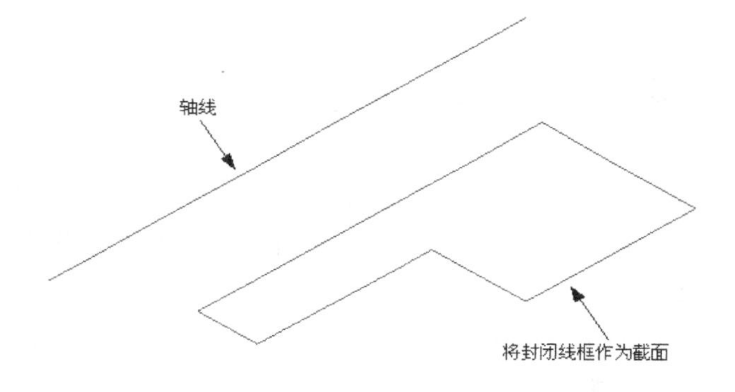

图 4-12　轴线和界面线

4.1.2 旋转创建实体

创建旋转实体和创建旋转曲面命令的思路是一样的。这里以图 4-12 所示的图形为例进行介绍。

操作步骤:

(1) 执行"实体" | "实体旋转"命令或单击按钮，启动旋转创建实体命令。

(2) 系统将打开"串连选项"对话框，用于提示用户选择封闭线框作为截面线。

(3) 确定后，系统将会提示用户选择轴线，并打开如图 4-13 所示的"方向"对话框。

(4) 选择轴线后，打开如图 4-14 所示的"旋转实体的设置"对话框。该对话框中的"薄壁设置"选项卡与"实体挤出的设置"对话框中的是一样的。

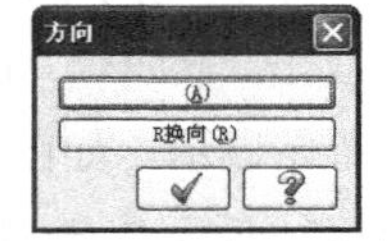

图 4-13 "方向"对话框

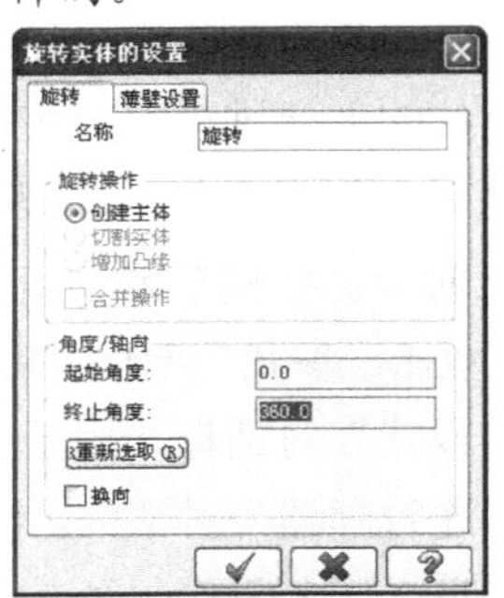

图 4-14 "旋转实体的设置"对话框

(5) 完成设置后，单击"确定"按钮完成操作，生成的实体效果如图 4-15 所示。

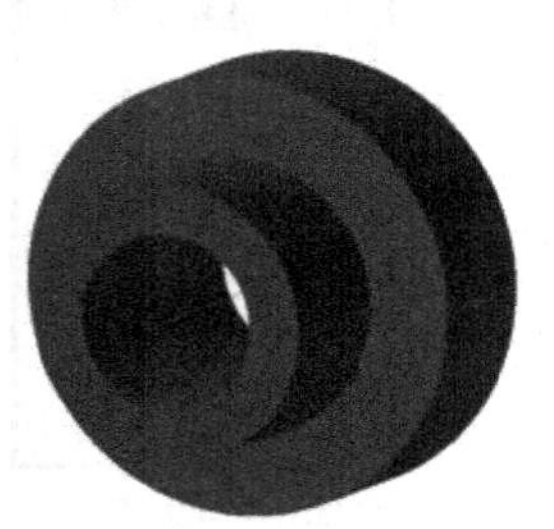

图 4-15 旋转创建实体效果

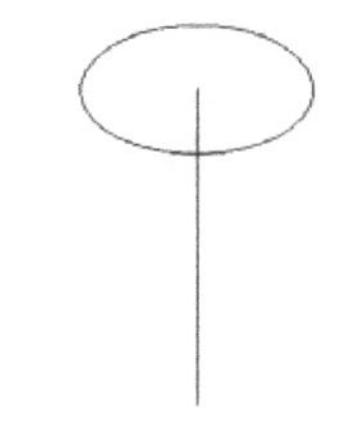

图 4-16 扫掠创建实体的基本图形

4.1.3 扫掠创建实体

扫掠创建实体和扫掠创建曲面的方法基本上是一样的，就是用一封闭线框沿轨迹线移动所生成的实体。其中封闭线框可以不只有一个，但是这些线框必须在同一个平面内才能同时进行扫掠处理。

这里以如图 4-16 所示图形为基础，通过扫掠法来创建实体。直线与圆所在的平面相互垂直。

操作步骤:

(1) 执行"实体" | "扫描实体"命令或单击按钮，启动扫掠创建实体命令。

(2) 系统将打开“串连选项”对话框，用于提示用户分别选择封闭线框和轨迹线。

(3) 选择并确定后，系统将打开如图 4-17 所示的“扫描实体的设置”对话框，其中的各个选项与前述意义相同。

(4) 完成设置后，单击“确定”按钮完成操作。扫掠创建的实体效果如图 4-18 所示。

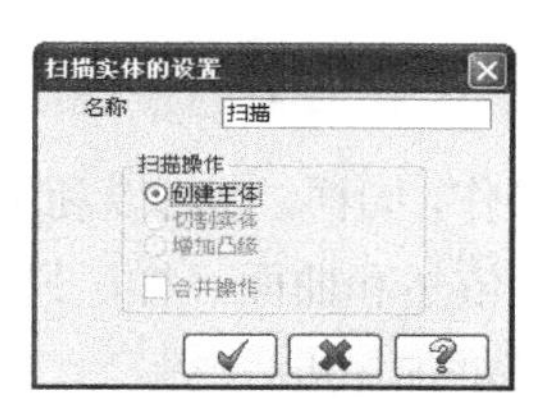

图 4-17　“扫描实体的设置”对话框

图 4-18　扫掠创建实体效果

4.1.4　举升创建实体

举升创建实体和举升创建曲面有着相同的特点，它们都是通过指定曲面的多个截面线框而生成的。在绘制这些二维截面线框时，需要为它们指定不同的高度，如图 4-19 所示的是两个同心但高度不同的圆。

操作步骤：

(1) 执行“实体”|“举升实体”命令或单击按钮，启动举升创建实体命令。

(2) 系统将打开“串连选项”对话框，用于提示用户选择截面线框。

(3) 选择并确定后，系统将打开如图 4-20 所示的“举升实体的设置”对话框，其中的各个选项与前述意义基本相同。

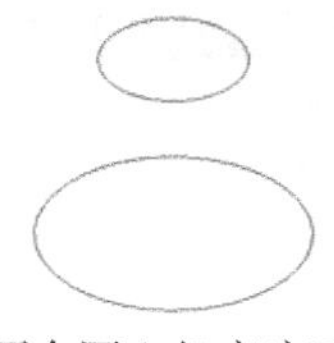

图 4-19　两个同心但高度不同的圆

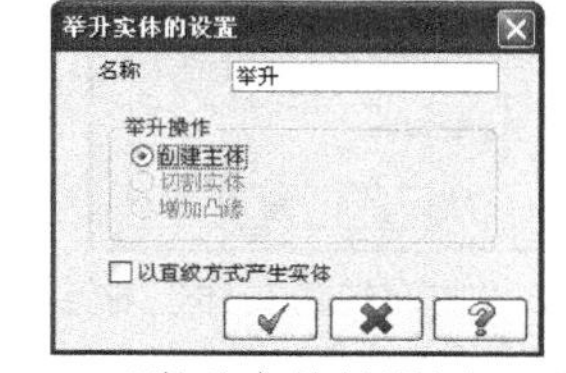

图 4-20　“举升实体的设置”对话框

(4) 设置完成后，单击“确定”按钮完成操作。举升创建实体的效果如图 4-21 所示。

图 4-21　举升创建实体实例

图 4-22　一个曲面

4.1.5　创建基本实体

创建基本实体的命令和创建基本曲面是一样的。在创建基本实体时，只需要在如图 3-37、

图 3-39、图 3-41、图 3-43 和图 3-45 所示的对话框中，选中“实体”单选按钮，系统将会创建出相应的基本实体。

4.1.6 曲面创建实体

在创建曲面的部分介绍了如何由实体生成曲面的操作，同样，也可以利用曲面来生成实体，但是，用这种方法生成的实体是没有厚度的，它的形状依然和曲面一样，只是系统已经将其看作一个实体，可以通过后面介绍的实体编辑命令来为其增加厚度。

这里以如图 4-22 所示的曲面为例。

操作步骤：

(1) 执行“实体”|“由曲面生成实体”命令或单击按钮，启动由曲面创建实体命令。

(2) 系统打开如图 4-23 所示的“曲面转为实体”对话框，用于设置生成实体的一些参数。在该对话框中，“边界误差”参数的设置将影响到曲面和实体的逼近程度。

(3) 设置参数后，系统将打开如图 4-24 所示的“创建边界”对话框，询问用户是否需要创建实体的外围边界。如果需要生成边界线，则还需要指定边界的颜色。生成的实体外观与图 4-22 的曲面没有区别。

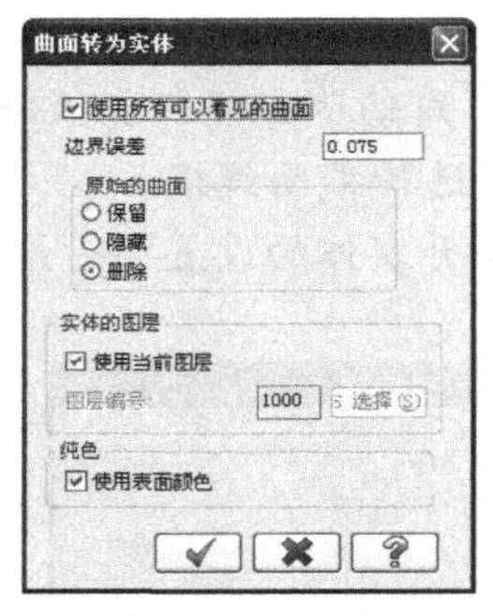

图 4-23 “曲面转为实体”对话框

图 4-24 “创建边界”对话框

(4) 设置完成后，单击“确定”按钮完成操作。

以上就是 Mastercam 提供的所有创建实体的方法。

4.2 实体编辑

4.2.1 实体倒圆角

实体倒圆角指的是在实体的边缘处倒出圆角，使得实体平滑过渡。

1. 两个相接面的边上倒圆角

首先利用基本实体创建功能生成如图 4-25 所示的正六面体。

操作步骤：

(1) 执行“实体”|“倒圆角”|“实体倒圆角”命令或单击按钮，启动实体倒圆角命令。

(2) 系统将提示用户选择需要倒圆角的地方。

在实体上选择某种特征时，系统提供了多种选择方式。在选择工具栏中，显示如图 4-26 所示的按钮。

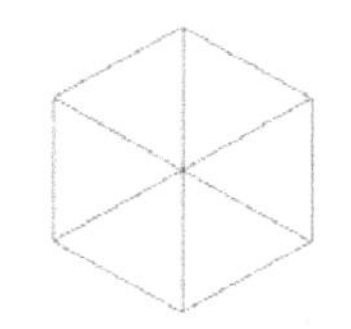

图 4-25　正六面体

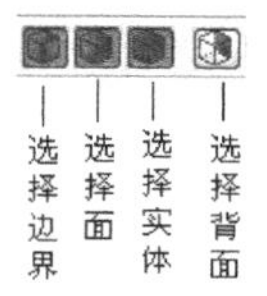

图 4-26　实体特征选择方式

利用鼠标选择特征时，将会出现不同如图 4-27 所示的鼠标形状，以提示用户当前选择的特征。

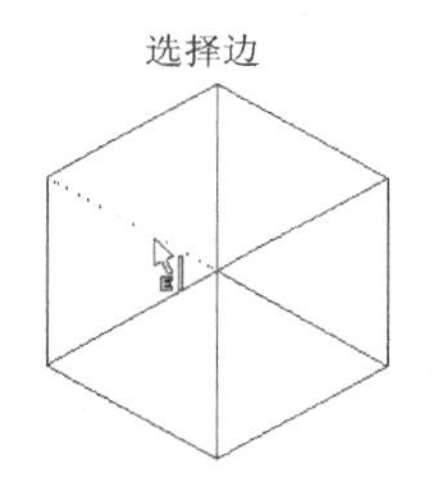

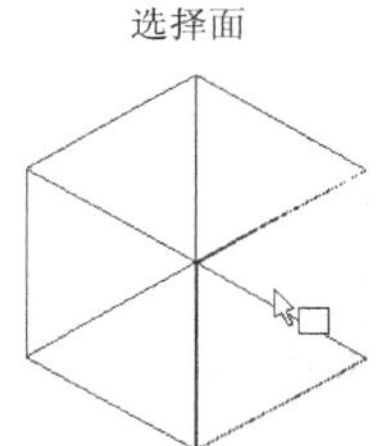

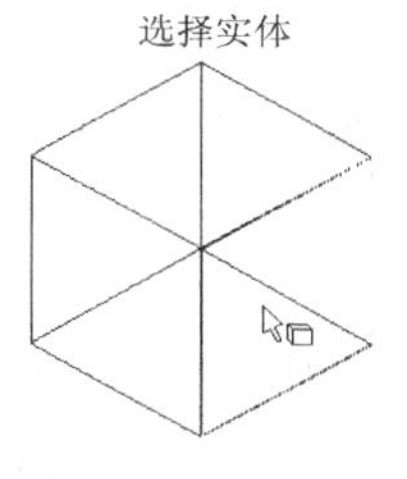

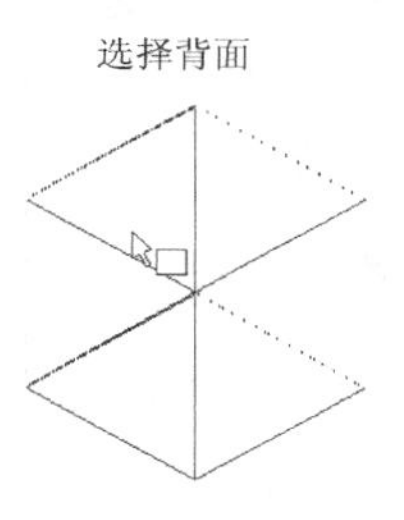

图 4-27　选择实体特征时的不同鼠标形状

如果选择面来作为倒圆角特征，系统将在所有选中曲面之间的交线处倒圆角；如果选择的是实体，系统将把整个实体上的边倒圆角。

(3) 选择完成后，系统将打开如图 4-28 所示的“实体倒圆角参数”对话框。

只有当用户在选择特征采用选择边的方式时，“变化半径”单选按钮才会被激活。选中该单选按钮后，对话框将变成如图 4-29 所示。此时单击“编辑”按钮，将弹出如图 4-29 右图所示的子菜单。

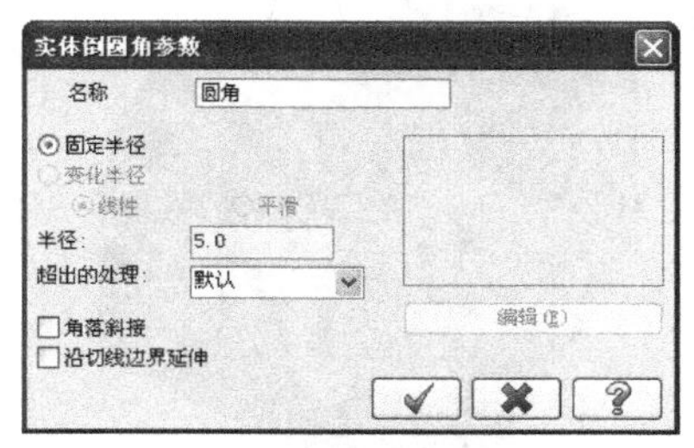

图 4-28　“实体倒圆角参数”对话框

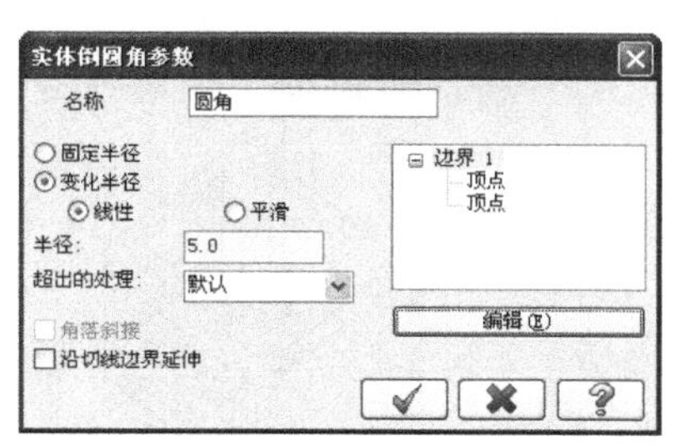

图 4-29　倒圆角对话框特征点设置

同时系统会在实体上将特征点标出来，如图 4-30 所示。通过为每个特征点指定不同的半径，

可以让倒圆角按选定方式生成。选中“线性”单选按钮，生成的半径变化倒圆角，效果如图 4-31 所示。

在该对话框中，有一个“超出的处理”下拉列表，用于倒圆角时的溢出处理。因为每一个面都是有边界的，倒圆角时有可能会对实体的边界产生影响。系统提供了 3 种处理方式：“保持熔接”，保持圆角熔接方式，牺牲边界；“保持边界”，保持边界方式，牺牲圆角；“默认”，自动选择前面两种方式中的最佳方式。

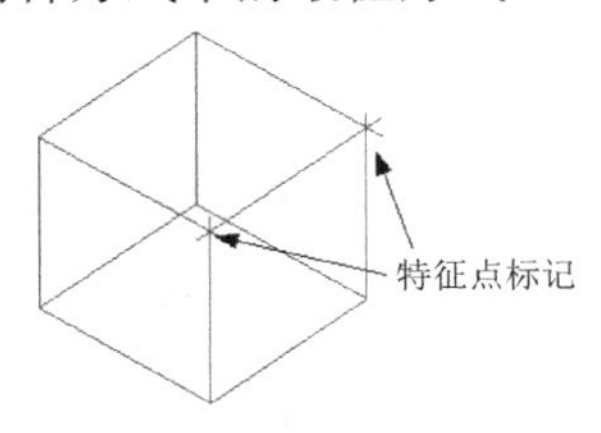

图 4-30　标出特征点

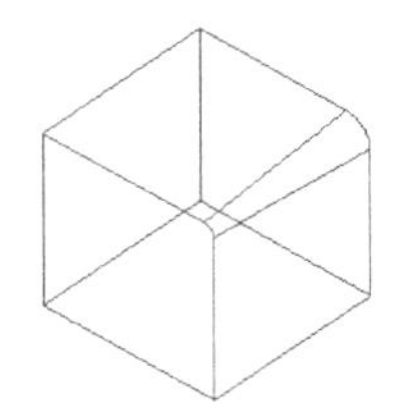

图 4-31　半径变化倒圆角

在倒圆角时，有时会出现 3 个倒圆角相交的现象。选中“角落斜接”复选框即可对这种情况进行处理，效果如图 4-32 所示。

选中“沿切线边界延伸”复选框，可以将倒圆角沿边进行延伸。选中后，当对一个边倒圆角时，与该边相切的所有边都将倒出圆角。

(4) 完成设置后，单击确定按钮完成操作。

2. 面对面倒圆角

以上介绍的是在两个相接面的边上倒圆角，Mastercam 还提供了另外一种倒圆角方式，称之为面对面倒圆角。该命令可以在两个非相接的面之间进行倒圆角。首先需要绘制如图 4-33 所示的实体。

操作步骤：

(1) 执行“实体”|“倒圆角”|“面与面倒圆角”命令或单击按钮，启动面对面倒圆角命令。

(2) 系统将提示用户选择需要倒圆角的面。

(3) 选择并确定后，系统将打开如图 4-34 所示的“实体的面与面倒圆角参数”对话框。

(4) 完成设置后，单击“确定”按钮完成操作。倒圆角后的效果如图 4-35 所示。

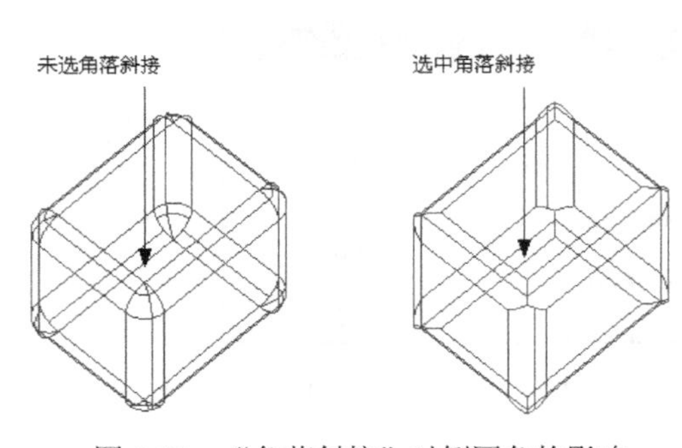

图 4-32　“角落斜接”对倒圆角的影响

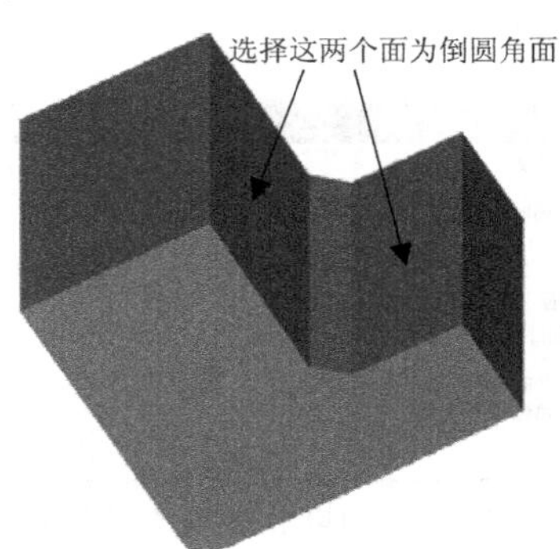

图 4-33　面对面倒圆角实体

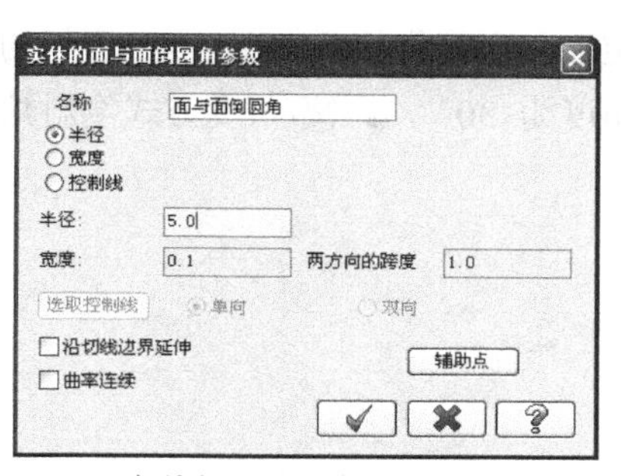

图 4-34　“实体的面与面倒圆角参数”对话框

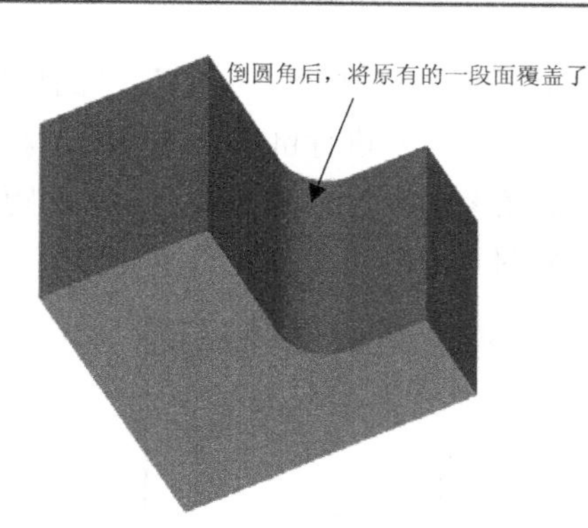

图 4-35　倒圆角效果

4.2.2　实体倒斜角

实体倒斜角命令是对实体的边进行倒斜角处理，即在被选中的实体边上切除材料。一般在设计零件的锐边时，都要进行倒斜角处理。Mastercam 提供了 3 种倒斜角方式，分别为：单一距离、两距离和距离/角度。3 种方式对应不同的斜角尺寸设置方式，可参见二维图形编辑中的倒角操作的尺寸设置。创建如图 4-25 所示的正六面体并以此为例。

- 单一距离方式：执行“实体”|“倒角”|“单一距离倒角”命令或单击 按钮，系统将提示用户选择需要进行倒斜角处理的边，选择方法和倒斜面的相同。选择并确定后，系统将打开如图 4-36 所示的“实体倒角参数”对话框。除图中所示的选项外，该对话框中其他选项的含义与倒圆角相同。单一距离方式倒斜角的效果如图 4-37 所示。

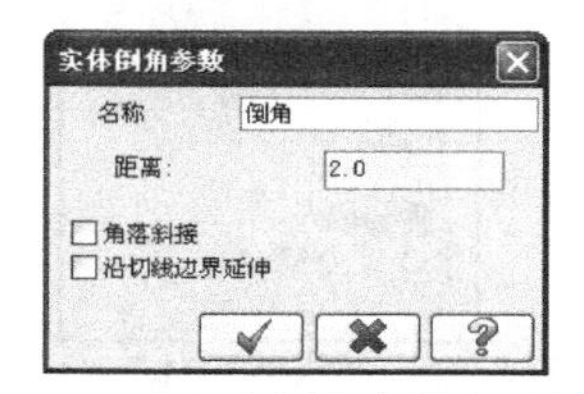

图 4-36　“实体倒角参数”对话框

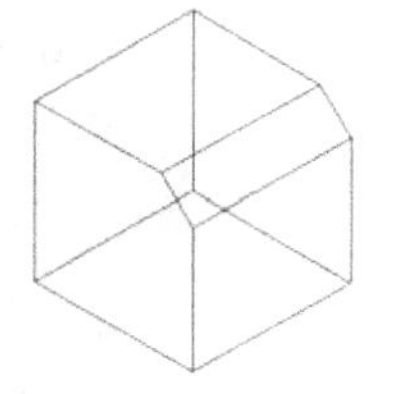

图 4-37　单一距离倒斜角效果

- 两距离方式：执行“实体”|“倒角”|“不同距离”命令或单击 按钮，系统将会提示用户选择需要进行倒斜角处理的边。选择并确定后，打开如图 4-38 所示的“实体倒角参数”对话框。指定倒角的两个距离分别为 4 和 1，不同距离方式倒斜角的效果如图 4-39 所示。

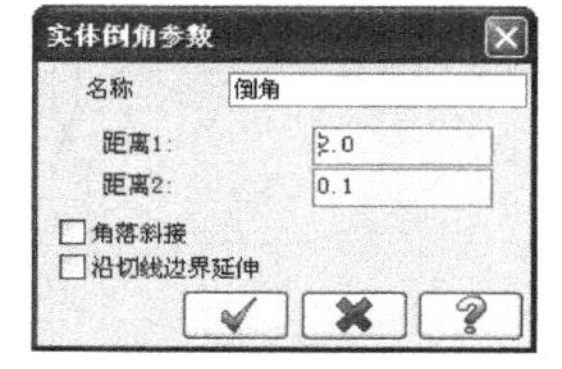

图 4-38　“实体倒角参数”对话框

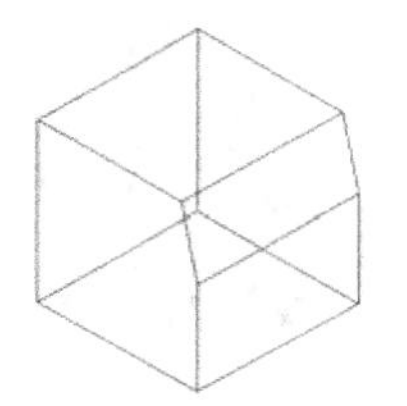

图 4-39　不同距离方式倒斜角效果

⊙ 距离/角度：执行“实体”|“倒角”|“距离/角度”命令或单击按钮。系统将提示用户选择需要进行倒斜角处理的边。选择并确定后，系统将打开如图 4-40 所示的“实体倒角参数”对话框。指定倒角的距离为 4，角度为 30°，距离/角度方式倒斜角的效果如图 4-41 所示。

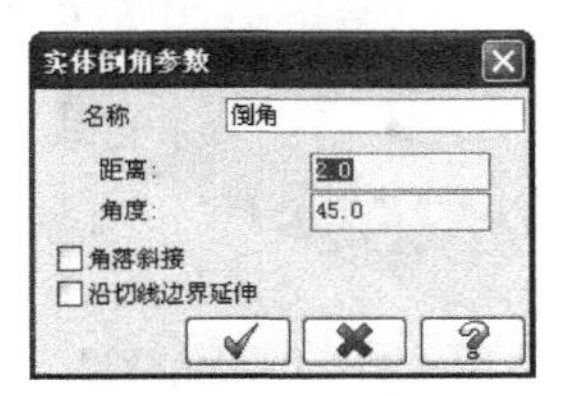

图 4-40 “实体倒角参数”对话框

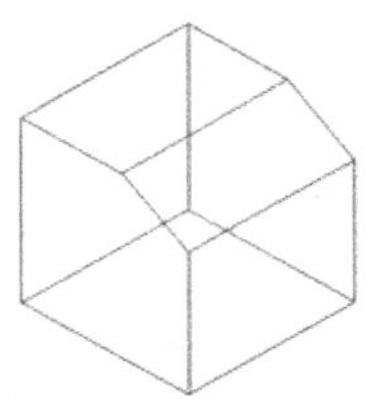

图 4-41 距离/角度方式倒斜角效果

4.2.3 实体修剪

实体修剪命令指的是使用平面、曲面或实体薄片来对已有的实体进行修剪。所谓实体薄片类似于利用曲面创建实体命令生成的实体。

创建如图 4-42 所示的正六面体和曲面，曲面须完全穿过六面体。

操作步骤：

(1) 执行“实体”|“实体修剪”命令或单击按钮，启动实体修剪命令。

(2) 系统首先提示用户选择需要进行修剪的实体。

(3) 选择并确定后，系统将打开如图 4-43 所示的“修剪实体”对话框。

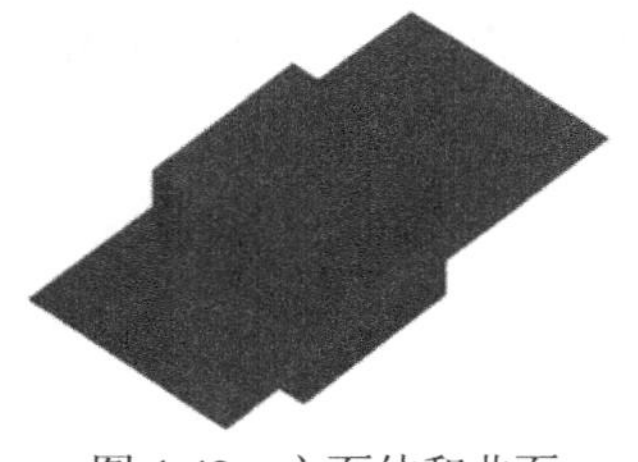

图 4-42 六面体和曲面

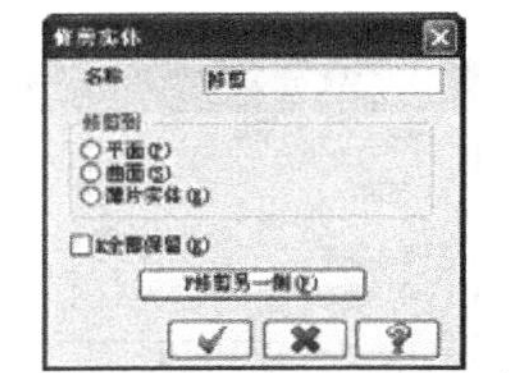

图 4-43 “修剪实体”对话框

选择不同的修剪到对象，系统均会提示用户选择需要的对象。其中，选中“平面”单选按钮，系统将会打开“平面选择”对话框。

(4) 设置完成后，单击确定按钮完成操作。本例的修剪效果如图 4-44 所示。

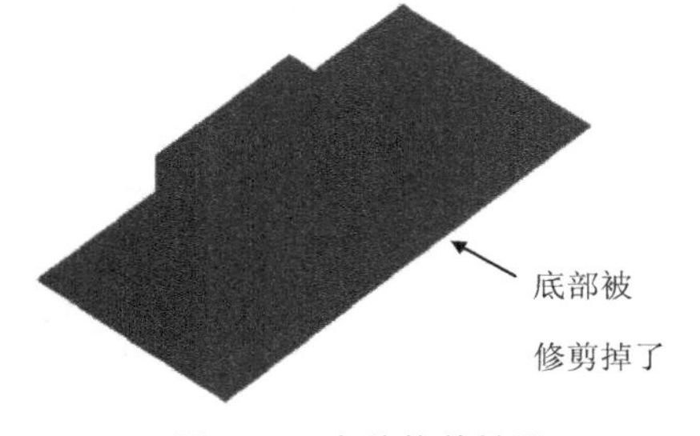

图 4-44 实体修剪效果

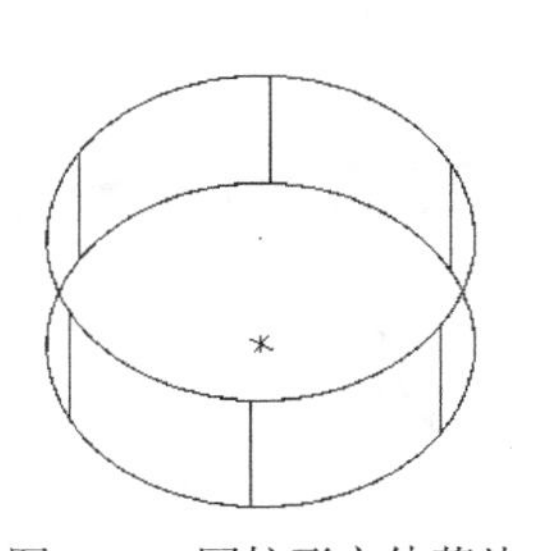

图 4-45 圆柱形实体薄片

4.2.4　薄片加厚

薄片加厚命令能够增加薄片型实体的厚度，使其看上去更像是一个实体。

首先创建如图 4-45 所示的圆柱形实体薄片。

操作步骤：

(1) 执行“实体”|“薄片实体加厚”命令，或者单击按钮，启动薄片加厚命令。

(2) 系统提示用户首先选择实体薄片。

(3) 选择并确定后，系统将打开如图 4-46 所示的“增加实体薄片的厚度”对话框。

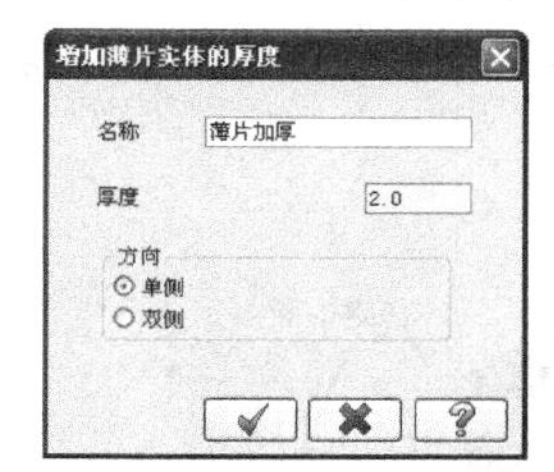

图 4-46　“增加薄片实体的厚度”对话框

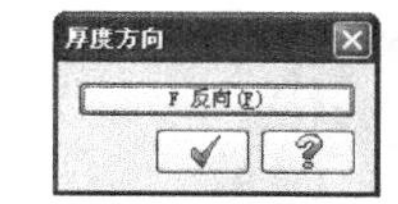

图 4-47　“厚度方向”对话框

如果选中“单侧”单选按钮，系统将打开如图 4-47 所示的“厚度方向”对话框。同时，在图形对象上出现如图 4-48 所示的箭头线，用于指示加厚方向。单击“反向”按钮即可改变加厚方向。

(4) 完成设置后，单击“确定”按钮完成操作。设置厚度值为 2，加厚的效果如图 4-49 所示。

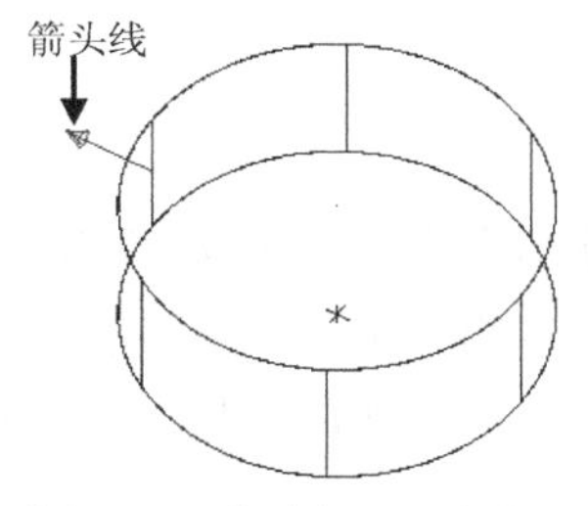

图 4-48　薄片加厚方向指示

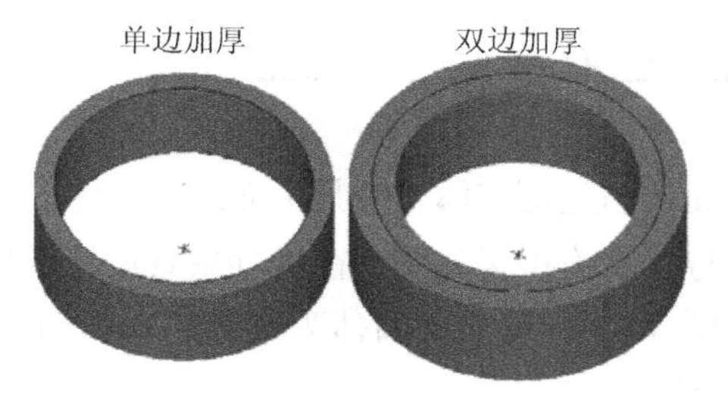

图 4-49　薄片加厚效果

4.2.5　移除面

移除面命令指的是将实体上指定的表面移除，使其变成一个开口的薄壁实体。以如图 4-25 所示的正六面体为例。

操作步骤：

(1) 执行“实体”|“移动实体表面”命令或单击按钮，启动移除面命令。

(2) 系统将提示用户选择需要的面。

(3) 选择并确定后，系统将打开如图 4-50 所示的“移除实体的表面”对话框。

(4) 在生成薄壁实体之前，系统将打开如图 4-51 所示的边界曲线提示框，询问用户是否需要创建边界曲线。

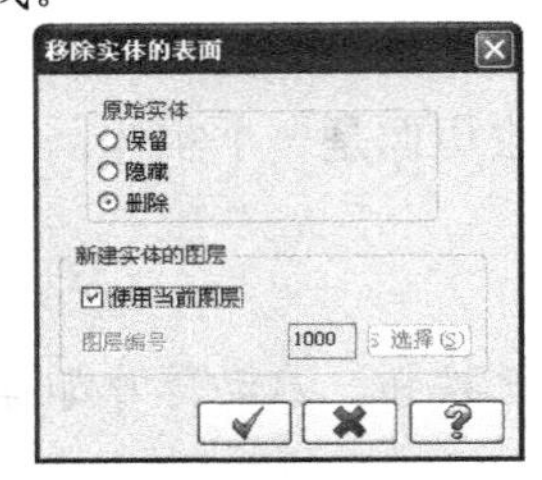

图 4-50 “移除实体的表面”对话框

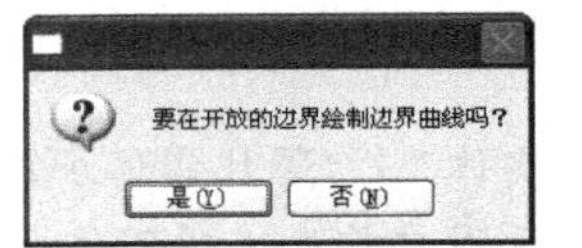

图 4-51 边界曲线提示框

(5) 设置完成后，单击“确定”按钮完成操作。移除某一个面后，实体转变成如图 4-52 所示的薄壁实体。

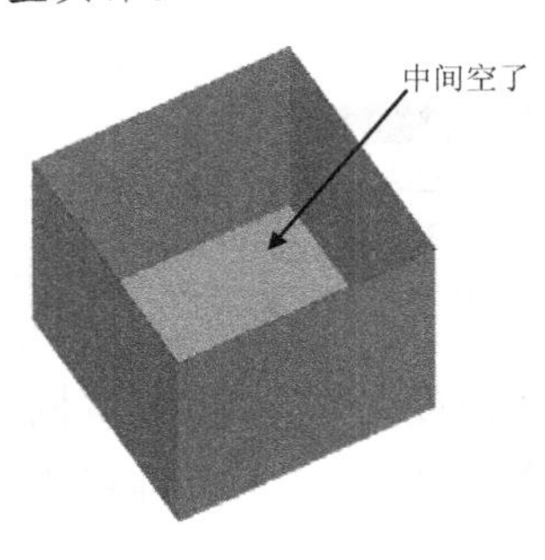

图 4-52 移除面后的薄壁实体

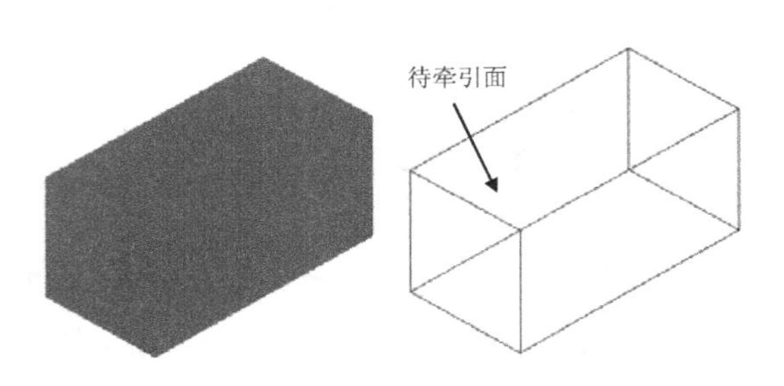

图 4-53 待牵引实体

4.2.6 牵引面

牵引面指的是将实体上的某个面旋转一定的角度，其他与它相交的面也会随着发生变化，继续保持与该面的相交关系。在进行模具设计时这一命令可以用来生成拔模斜度。

以如图 4-53 所示的六面体为例介绍牵引面命令。下面，都以顶面为需要进行牵引的面。

操作步骤：

(1) 执行“实体”|“牵引实体”命令或单击按钮，启动牵引面命令。

(2) 系统将提示用户首先选择待牵引面。

(3) 选择并确定后，系统将打开如图 4-54 所示的“实体牵引面的参数”对话框。

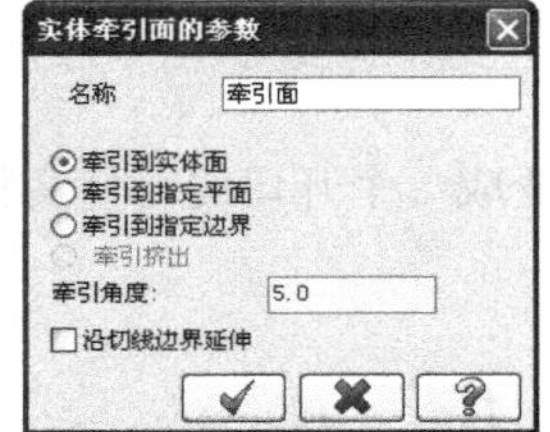

图 4-54 “实体牵引面的参数”对话框

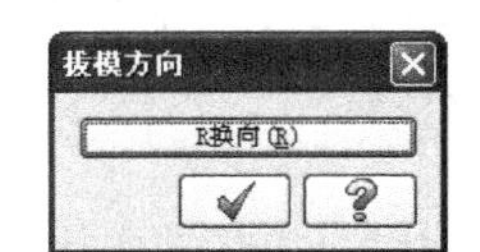

图 4-55 “拔模方向”对话框

对话框中提供了 4 种牵引方式，下面将逐一进行介绍。

- "牵引到实体面"，指的是将待牵引面拉伸到实体上的某个参考面处，这个面的大小不会发生变化，待牵引面将以它们的交线为轴进行旋转。选中"牵引到实体面"单选按钮，确定后，系统提示用户选择指定面。接着系统将打开如图 4-55 所示的"拔模方向"对话框，并在图形对象上出现一个圆台形线框，用于指示牵引方向，如图 4-56 所示。

在"拔模方向"对话框中，单击 换向(R) 按钮可以改变圆台方向，即牵引方向。在"实体牵引面的参数"对话框中，设置"牵引角度"参数为 15，设置牵引后的效果如图 4-57 所示。

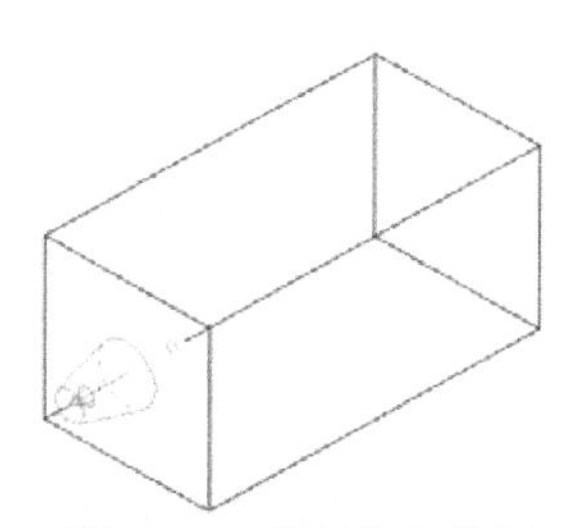

图 4-56　牵引方向指示

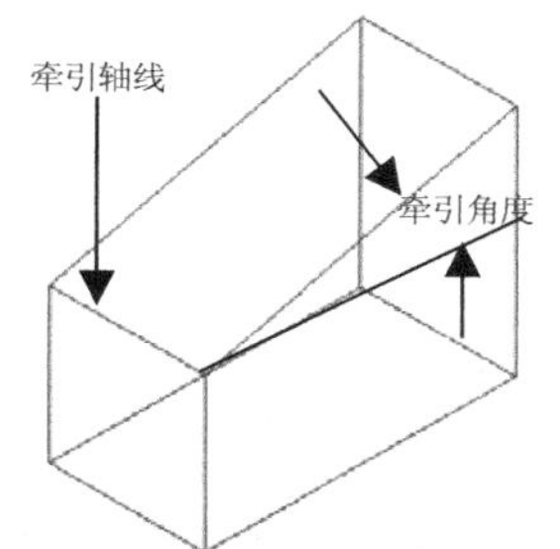

图 4-57　牵引至指定面效果

- "牵引到指定平面"，指的是将待牵引面拉伸到空间中某个平面处，待牵引面将以它们的交线为轴进行旋转。这个平面和交线可以都是虚拟的。

在实体前方放置一个平面，效果如图 4-58 所示。选中"牵引到指定平面"单选按钮，确定后，系统将打开"平面选择"对话框。选定平面后，系统将打开如图 4-55 所示的"拔模方向"对话框，并在平面上出现一个圆台形线框，用于指示牵引方向，如图 4-59 所示。

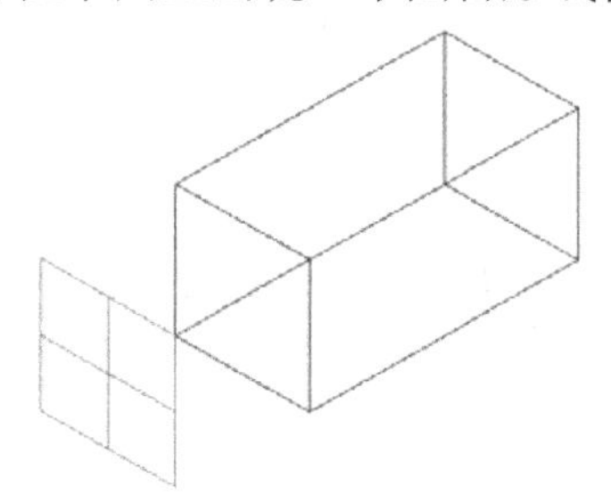

图 4-58　在实体前放置平面

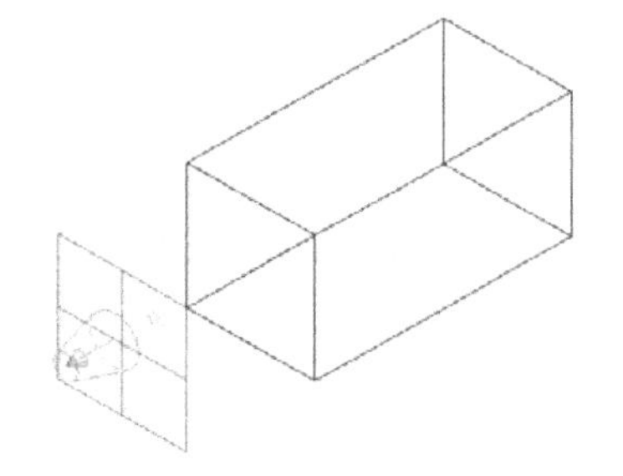

图 4-59　牵引方向指示

在"实体牵引面的参数"对话框中，设置"牵引角度"参数为 15，设置牵引后的效果如图 4-60 所示。

- "牵引到指定边界"，指的是以选择的参考边作为轴线，牵引后该边不会发生变化。选中"牵引到指定边界"单选按钮，确定后，系统提示用户首先选择参考边界作为旋转轴，然后选择一条边来指定牵引方向。本例的选择方式如图 4-61 所示。选择牵引方向边后，系统将在边上利用圆台形线框指示牵引方向。牵引方向的选择不同，得到的牵引效果则不同，如图 4-62 所示。

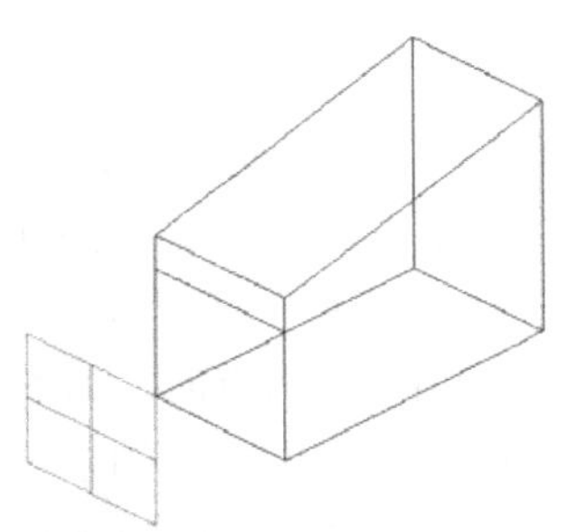
图 4-60　牵引后效果

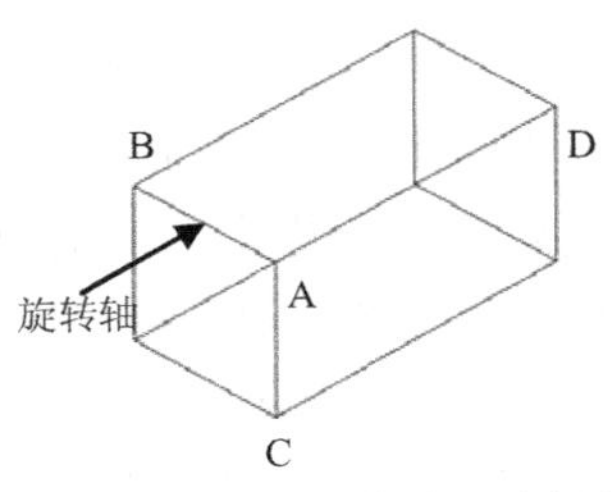

图 4-61　牵引至指定边界选择方式

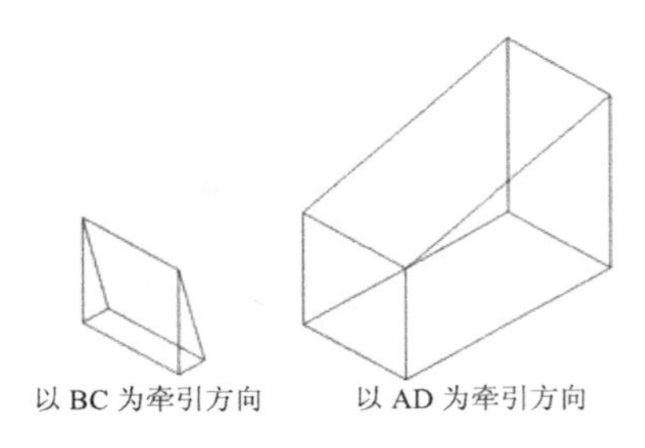

图 4-62　牵引至指定边界效果

图 4-63　基本线框

⊙　"牵引挤出"，该命令只能用在拉伸实体上。牵引挤出的旋转轴线是选中面所在的线框。利用如图 4-63 所示的基本线框，生成一个如图 4-64 所示的实体，牵引后的效果如图 4-65 所示。

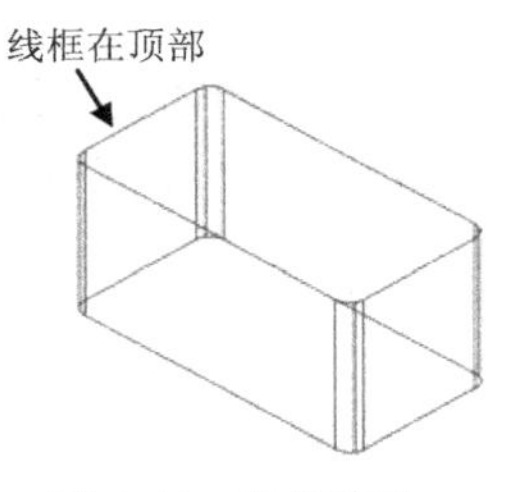

图 4-64　拉伸实体

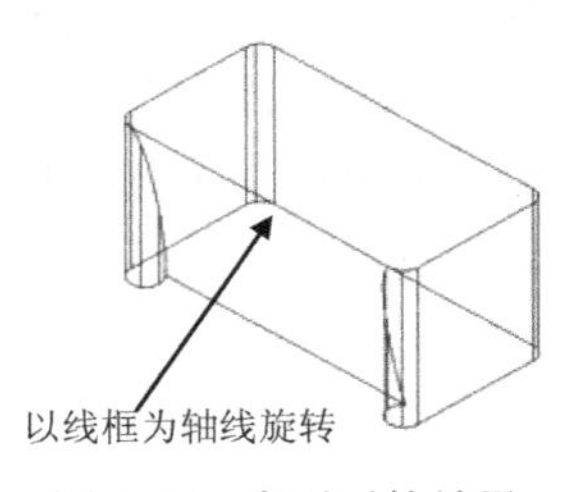

图 4-65　牵引后的效果

(4) 设置完成后，单击"确定"按钮完成操作。

4.2.7　布尔运算

布尔运算是实体造型中的一种重要方法，通过利用它，可以迅速地构建出复杂而规则的形体。布尔运算的主要方法有：求交、求差和求并。

在介绍布尔运算之前，首先创建如图 4-66 所示的图形，一个圆柱体和一个六面体。圆柱体从六面体中穿过，接下来的内容介绍都以该图为例。

⊙　布尔求并运算，是指将两个以上有接触的实体连接成一个无缝的实体。执行"实体"|"布尔运算-结合"命令或单击按钮，系统将提示用户选择需要求并的实体。选择并确定后，系统将自动生成一个新的实体，如图 4-67 所示。

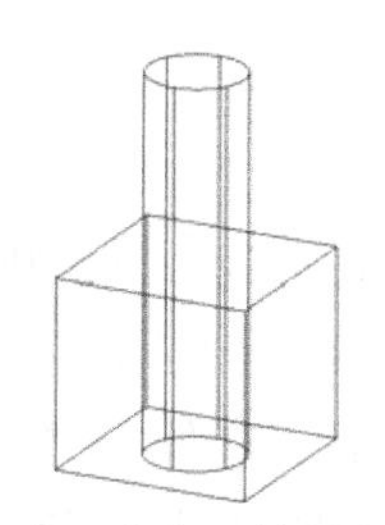

图 4-66　布尔运算基本图形

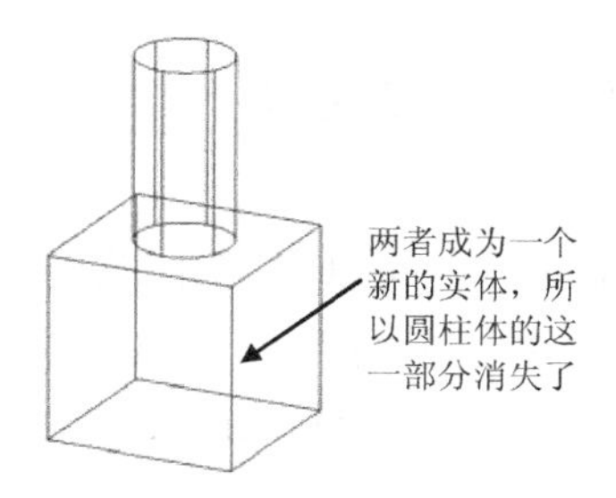

图 4-67　布尔求并运算结果 1

- 布尔求差运算，是对两个混叠的实体，从其中的一个实体中挖去另外一个实体的部分图形。执行“实体”|“布尔运算-切割”命令，或单击按钮，系统提示用户选择需要求差的实体。选择并确定后，系统将生成一个新的实体，如图 4-68 所示。
- 布尔求交运算，利用它可以得到两个混叠的实体的混叠部分。执行“实体”|“布尔运算-交集”命令，或者单击按钮，系统提示用户选择需要求交的实体。选择并确定后，系统将生成一个新的实体，效果如图 4-69 所示。

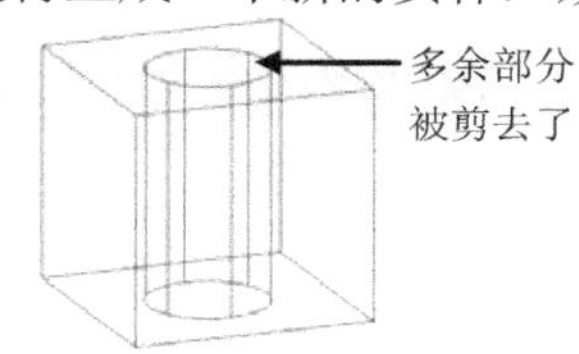

图 4-68　布尔求差运算结果 2

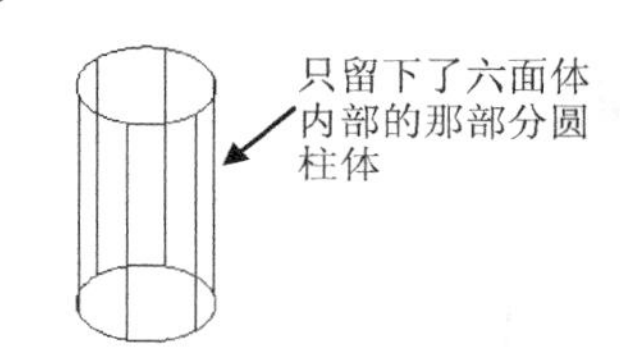

图 4-69　布尔求交运算结果 3

4.2.8　特征辨识

特征辨识功能可以用于寻找主体实体中的孔、倒圆角等实体特征，并把它们独立出来成为一个新的“操作”。用户可以重新创建操作或删除该特征。重新创建时，系统将把该操作添加到实体对象管理区中；删除可以用于忽略特征，生成到刀具路径。用户还可以设置需要寻找特征的条件，即其半径范围。

执行“实体”|“查找实体特征”命令或单击按钮，系统将提示用户选择需要处理的实体。选择并确定后，系统将打开如图 4-70 所示的“寻找特征”对话框。

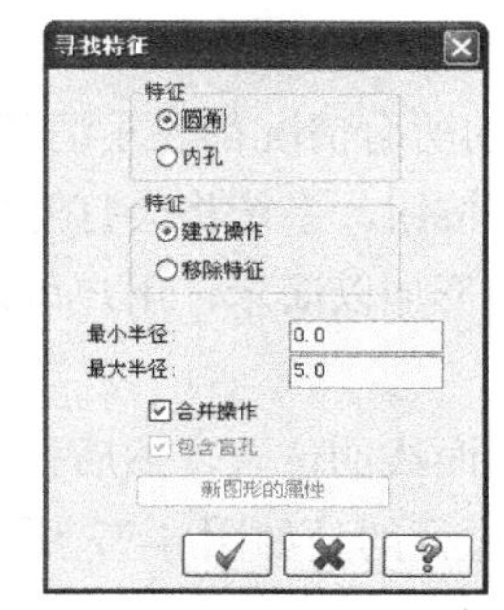

图 4-70　“寻找特征”对话框

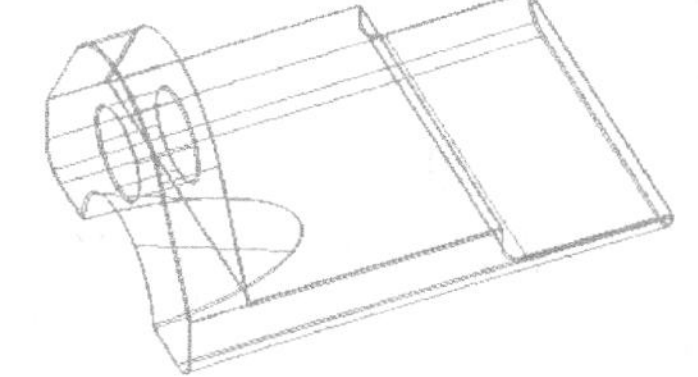

图 4-71　三维实体实例

4.2.9 创建多面视图

在 Mastercam 中，可以直接由已创建的实体来生成多面视图。这一功能极大地方便了设计工作，它允许设计人员直接从三维图形设计入手。在工程设计中得到了大量的使用。

首先，直接调用一个 Mastercam 自带的三维实体实例。执行“文件”|“打开文件”命令，在 mcx\Design\Samples\meric 安装目录下找到并打开文件 SOLID MODELING_BLOCK_ MM. MCX。打开如图 4-71 所示的三维实体。

操作步骤：

(1) 执行“实体”|“生成工程图”命令或单击按钮，启动创建多面视图命令。

(2) 系统将打开如图 4-72 所示的“绘制实体的设计图纸”对话框。在“布局模式”下拉列表中可以进行视图布局模式的选择。用户可以根据需要选择适当的布局模式。

(3) 接下来，系统将打开如图 4-73 所示的“深度选择”对话框，要求用户指定多面视图置于哪一个图层。

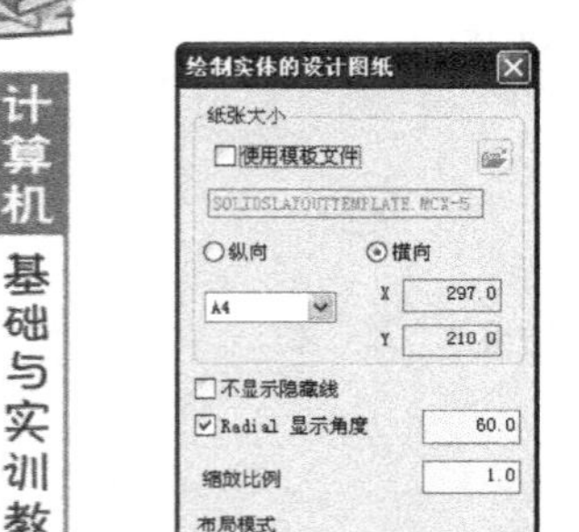

“布局模式”下拉列表中各选项含义如下：
DIN 标准 4 视图(底、主、左、轴侧)
ANSI 标准 4 视图(顶、主、右、轴侧)
DIN 标准 3 视图(底、主、左)
ANSI 标准 3 视图(顶、主、左)
1 个等轴测视图
自定义

图 4-72 “绘制实体的设计图纸”对话框

图 4-73 “深度选择”对话框

(4) 完成指定后，系统将打开如图 4-74 所示的“绘制实体的设计图纸”对话框，用于设置更为详细的多视图参数。Mastercam 提供了 7 种视图，每种视图都对应一个编号。1—Top，顶(俯)视图；2—Front，前(主)视图；3—Back，后视图；4—Bottom，底(仰)视图；5—Right，右视图；6—Left，左视图；7—ISO，等轴侧视图。在“更改视图”文本框中可以直接输入视图编号选择对应的视图。

(5) 完成设置后，单击“确定”按钮完成操作。

在实际的工程设计中，一般情况下，仅有 3 个视图是无法将零件的所有情况都表示清楚的，Mastercam 提供了很方便的选项来生成剖面视图。单击“增加断面”按钮，系统将会打开如图 4-75 所示的“断面形式”对话框。该对话框中的每种剖面方式都有图形加以演示，用户可以直观地了解选中的剖面方法。

选中某种方法并确定后，系统将提示用户直接在多视图上选择剖面线的位置，然后打开如图 4-76 所示的“参数”对话框，用于指定剖面视图的参数。本例中进行的是如图 4-77 所示的选择。同时，单击“全部显示”按钮，将每个视图隐藏的虚线都显示出来。

图 4-74　“绘制实体的设计图纸”对话框

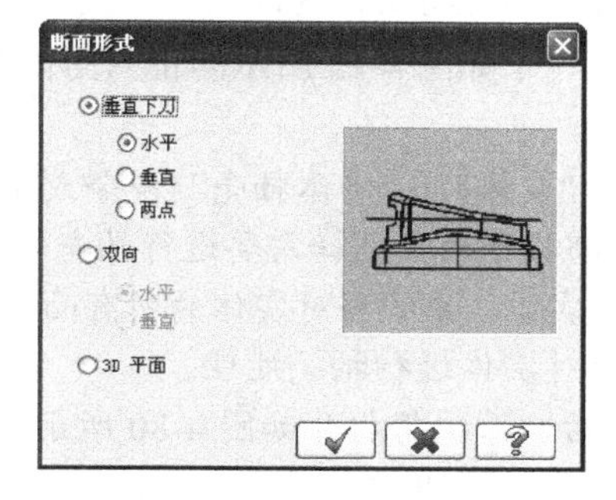

图 4-75　“断面形式”对话框

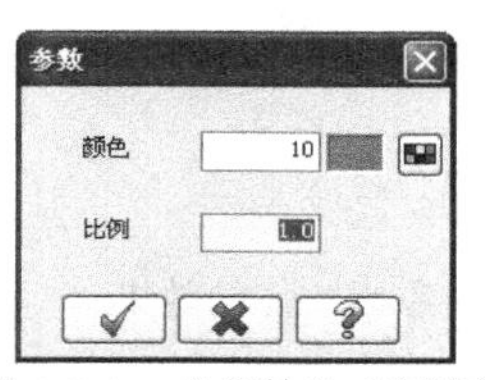

图 4-76　“参数”对话框

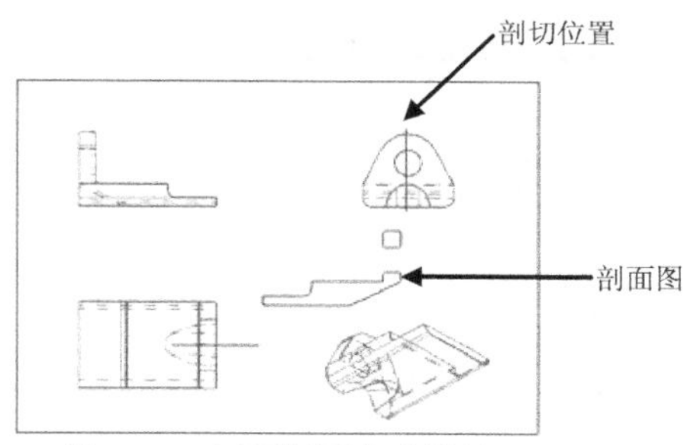

图 4-77　剖面视图生成效果

有时，在一个很大的零件中，会有局部很小无法在当前比例下描述清楚的情况，用户可以很方便地对视图的局部进行放大。单击“增加详图”按钮，系统将打开如图 4-78 所示的“详图形式”对话框。选择局部框的形式后确定，系统将提示用户选择放大区域，然后打开如图 4-76 所示的“参数”对话框，设置比例为 2，然后选择视图放置位置即可，实例效果如图 4-79 所示。

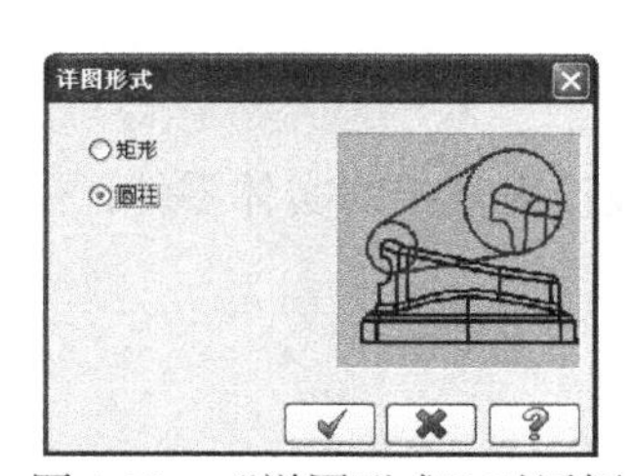

图 4-78　“详图形式”对话框

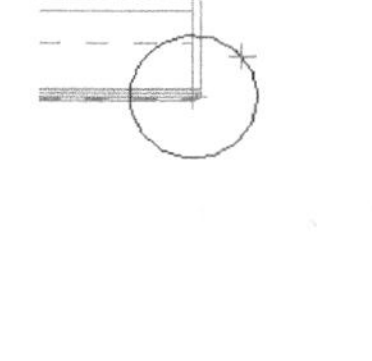

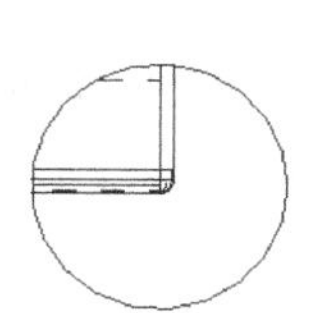

图 4-79　局部放大实例效果

接下来，用户只要通过平移、旋转和对齐等操作，就可以将多视图安排得更为整齐合理，以得到满意的视图效果。

在多面视图中的每个图形都是矢量图形，即图中的各种图素和画出来的没有区别，用户可以很方便地在上面直接进行修改或标注尺寸等。

4.2.10 实体抽壳

实体抽壳指的是将实体内部掏空，使实体变成有一定壁厚的空心实体。

首先创建一个如图 4-25 所示的正六面体并以此为例。

操作步骤：

(1) 执行"实体"|"实体抽壳"命令或单击▣按钮，启动实体抽壳命令。

(2) 系统将提示用户选择需要进行抽壳处理的实体和实体表面。注意，在选择抽壳对象时，如果选择的是实体，系统将对实体的所有面进行抽壳；如果选择的是实体表面，系统会将此表面删除，然后对实体进行抽壳处理。

(3) 选择后，系统将打开如图 4-80 所示的"实体薄壳"对话框。

(4) 设置完成后，单击"确定"按钮完成操作。选择实体作为抽壳对象时，效果如图 4-81 所示；选择实体表面作为抽壳对象时，效果如图 4-82 所示。

图 4-80 "实体薄壳"对话框

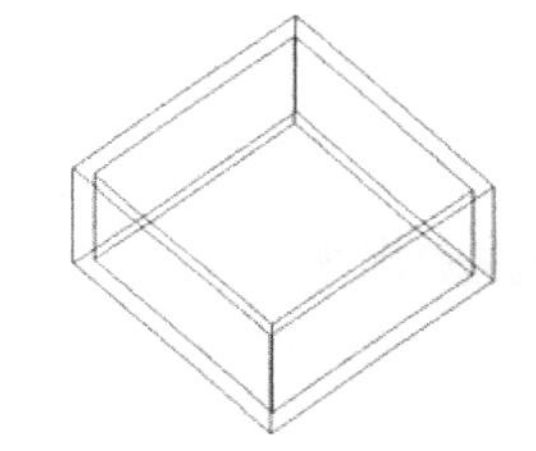

图 4-81 抽壳对象为实体的效果

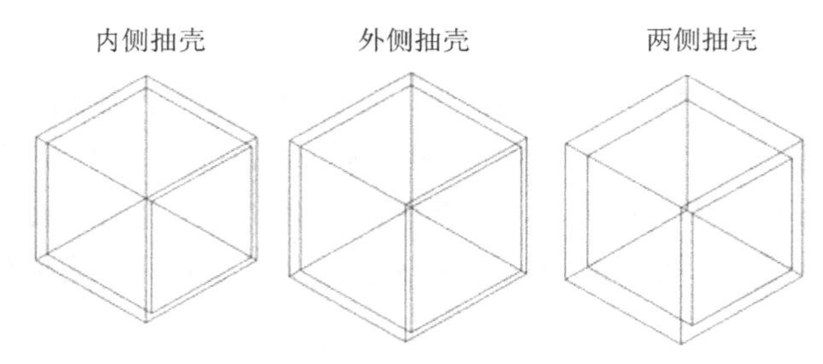

图 4-82 抽壳对象为实体表面的效果

以上介绍了创建和编辑实体的基本命令，想要利用这些命令设计出复杂的实体零件，需要在实践中不断加以思考和练习。

4.3 三维实体设计实例

本节将以一个实例为对象，介绍生成一个复杂实体的详细操作过程。

以如图 4-83 所示的曲柄实例为例。以下是其绘制的全过程。

1. 二维截形绘制

首先单击按钮，将构图平面设置为侧视图。在中，将线型设置为点划线。

曲柄的两端各有一个圆形图素。这里将其中较大的圆的圆心放到坐标系的原点。两个圆的圆心距离为 200。将构图深度 Z 设置为 0。

单击按钮，绘制过坐标系原点的两条相互垂直的中心线；然后单击按钮，将垂直的中心线水平移动 200，完成后的效果如图 4-84 所示。

图 4-83　曲柄实例

图 4-84　绘制完成的中心线

将线型设置为实线。单击按钮，利用鼠标选择圆心，在中输入需要的半径。在左边的中心线交点处绘制半径分别为 50 和 17.5 的两个圆，然后在右边的中心线交点处绘制半径分别为 30 和 18 的两个圆，完成后的效果如图 4-85 所示。

接下来绘制肋板圆弧。单击按钮，单击 Ribbon 工具栏的按钮，并在中输入直径值 520，然后利用鼠标依次选择左右两个大圆。确定后，选择所需的一个圆即可。完成后的效果如图 4-86 所示。

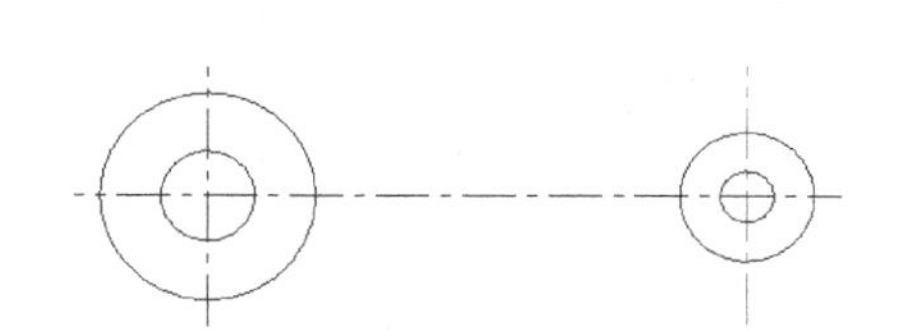

图 4-85　绘制完成的圆

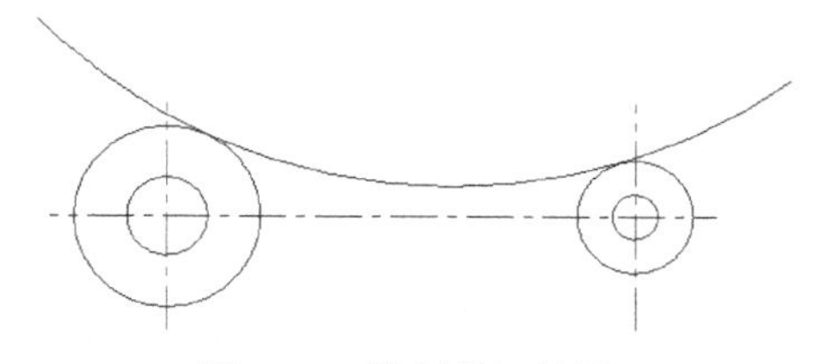

图 4-86　绘制共切外圆

单击按钮，对共切外圆进行剪切操作。利用鼠标依次选择需要保留的一段圆弧和大圆即可。完成后的效果如图 4-87 所示。

单击按钮，沿水平中心线对共切圆弧进行镜像，效果如图 4-88 所示。

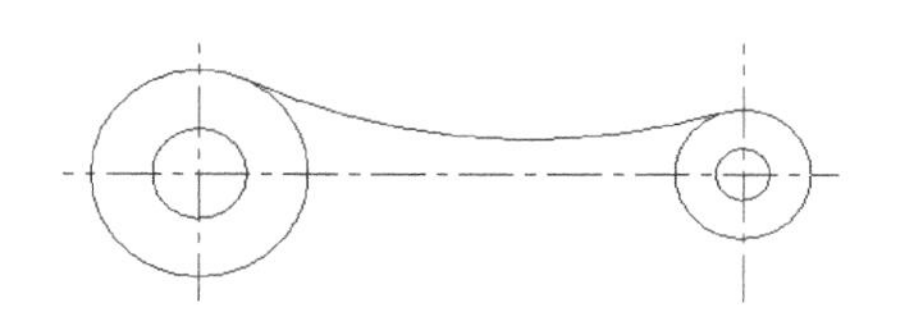

图 4-87　剪切共切外圆

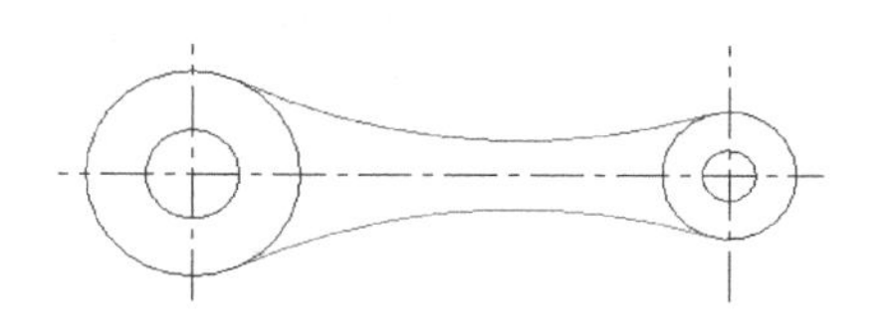

图 4-88　镜像共切圆弧

接下来，绘制左边小圆孔中的键槽，键槽宽为 10，深度距离为到中心线 22.5，即槽底与水平中心线的距离为 22.5。相对第 3 章的绘制方法，这里介绍另一种。

单击按钮，将垂直中心线往左右两边各偏置 5，水平中心线往上部偏置 22.5，并将线型设置为实线，完成后的效果如图 4-89 所示。

然后根据要求，依次进行修剪即可得到需要的图形。完成后的二维截形效果如图 4-90 所示。

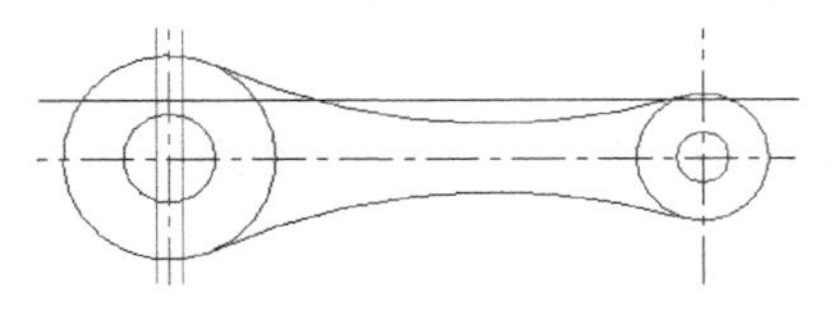

图 4-89　偏置中心线

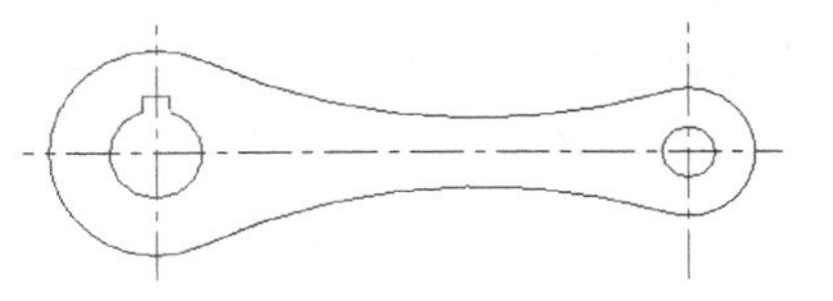

图 4-90　完成的二维截形效果

2. 绘制压肋板实体

单击按钮，将视角设置为轴测视图。

单击按钮，打开“串连选择”对话框，依次选择图中的 3 个封闭串连图形，如图 4-91 所示。

确定后，在“实体的挤出设置”对话框中选中“按指定的距离延伸”单选按钮，并设置距离为 30，如图 4-92 所示。

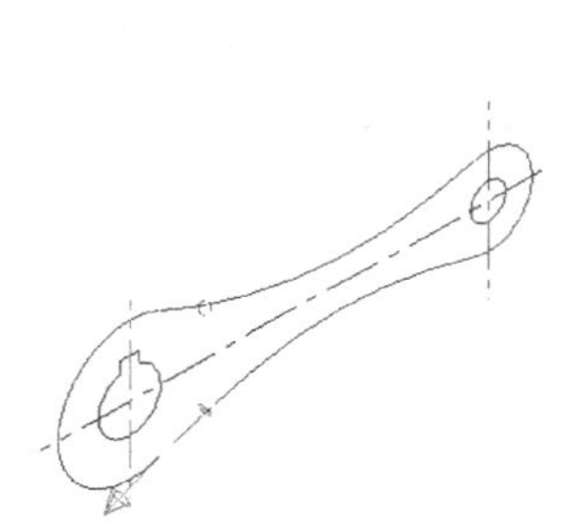

图 4-91　选择需要进行拉伸的封闭图素

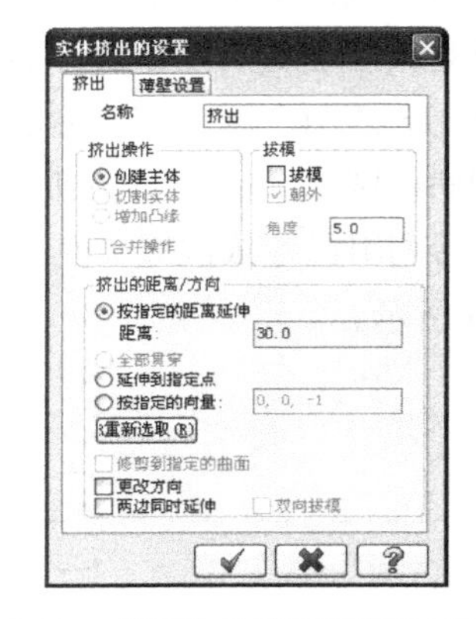

图 4-92　“实体的挤出设置”对话框

确定后，系统生成如图 4-93 所示的拉伸实体。

3. 绘制凸台实体

在进行实体操作之前，为了拉伸操作，曾将两个外圆进行了修剪。在这里，为了生成凸台，需要将其补上。补完后的效果如图 4-94 所示。

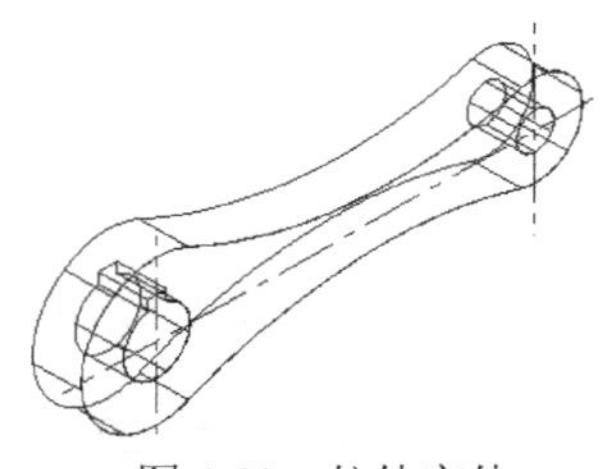

图 4-93　拉伸实体

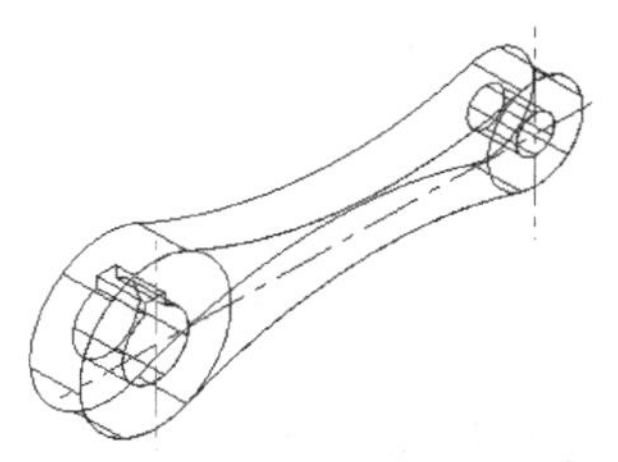

图 4-94　补大圆

选中补好的大圆以及两个中心孔图素，单击按钮，沿 Z 向移动-30，完成后的效果如图 4-95 所示。

接着，单击按钮，串连选择一侧的两个大圆和两个中心孔，设置拉伸长度为 6。拉伸效果如图 4-96 所示。

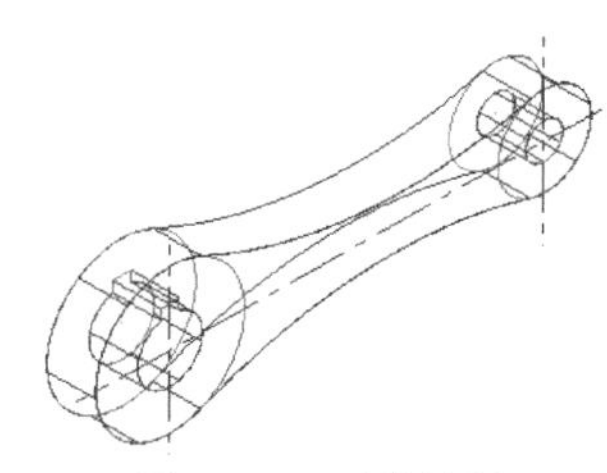

图 4-95　平移效果

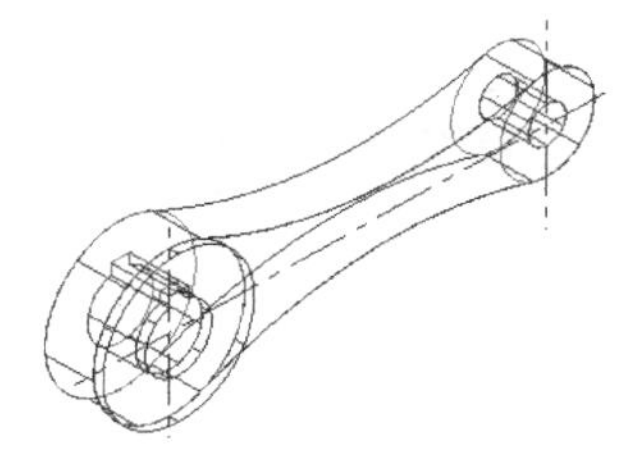

图 4-96　凸台拉伸效果

利用光标滚轮或动态观测器，将曲柄反转至另一侧并进行同样的操作。最终生成的曲柄实体效果如图 4-97 所示。

最后，单击按钮，对实体进行着色，并从不同的角度观察，效果如图 4-98 所示。

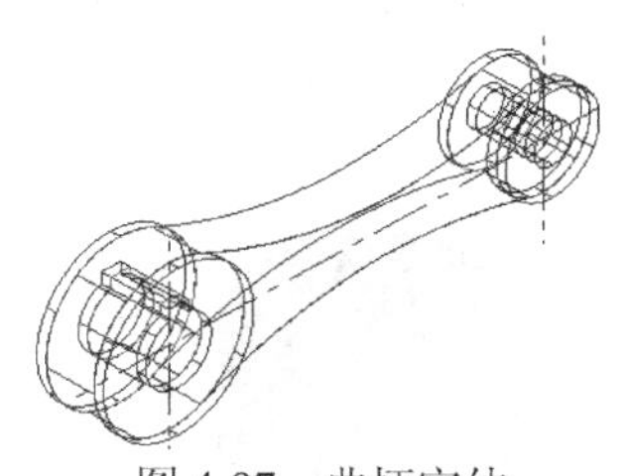

图 4-97　曲柄实体

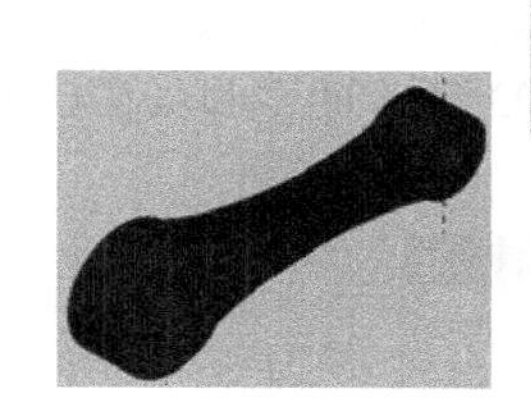

图 4-98　着色后观察实体效果

4.4　上机练习

螺母实例如图 4-99 所示，以下对绘制的全过程进行介绍。

1. 创建螺旋实体

(1) 执行“绘图”|“(H)”命令，系统将打开“螺旋线”对话框，在该对话框中将设置具体参数，Radius 为 10、Taper Angle 为 0、Revolutions 为 5、Pitch 为 3。设置完成后确定，然后在 X 0.0 Y 0.0 Z 0.0 中输入螺旋线底部中心坐标为(0,0,0)。完成后的效果如图 4-100 所示。

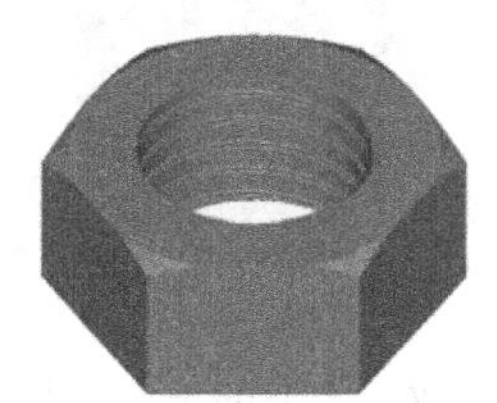

图 4-99　螺母实例

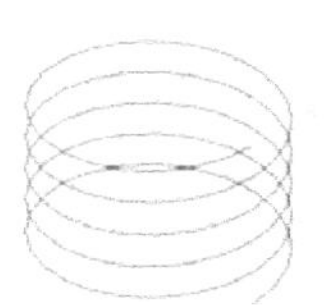

图 4-100　绘制完成的螺旋线

(2) 单击按钮，将螺旋线沿 X 方向移动-10 的距离，以便将螺旋线的起始点移动到坐标系原点。

(3) 单击按钮，将构图平面设置为前视图。

(4) 执行“绘图”|“画多边形”命令，打开“多边形选项”对话框，参照图 4-101 进行参数设置。绘制一个正三边形，外接圆为 0.8，中心在原点。

(5) 完成后的效果如图 4-102 所示。

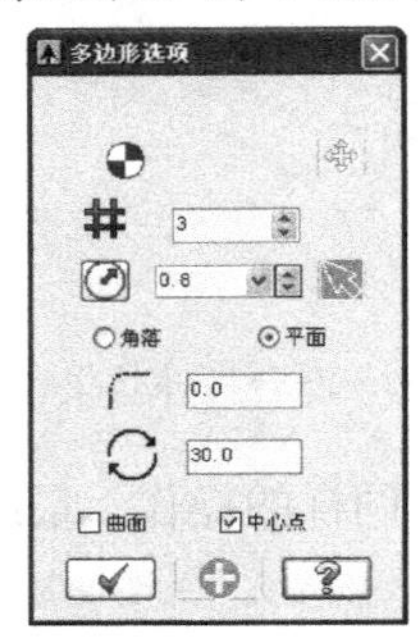

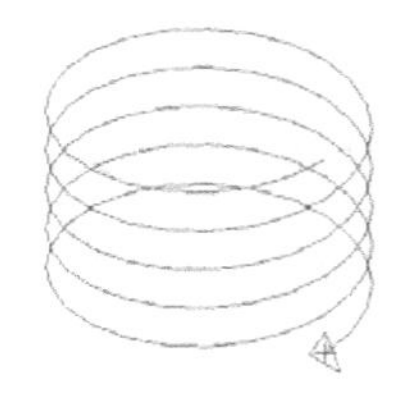

图 4-101 “多边形选项”对话框

图 4-102 绘制完成的正三边形效果

(6) 下面通过扫掠生成螺旋实体。单击按钮，选择三边形为扫掠线，螺旋线为扫掠轨迹，确定后，系统将打开如图 4-103 所示的“扫描实体的设置”对话框。直接确定后，生成螺旋实体，效果如图 4-104 所示。

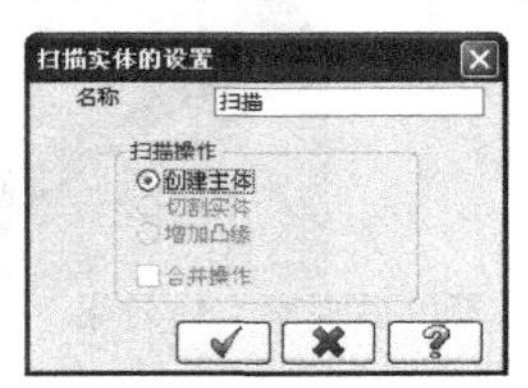

图 4-103 “扫描实体的设置”对话框

图 4-104 生成的螺旋实体

2. 绘制六面体

(1) 单击按钮，将构图平面设置为主视图。

(2) 执行“绘图”|“画多边形”命令，打开的“多边形选项”对话框，参照图 4-105 进行参数设置。绘制一个正六边形，外接圆为 18，中心在(-10,0,0)。绘制完成后的效果如图 4-106 所示。

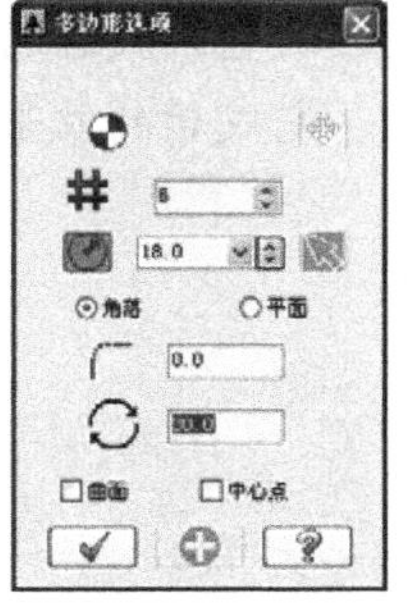

图 4-105 “多边形选项”对话框

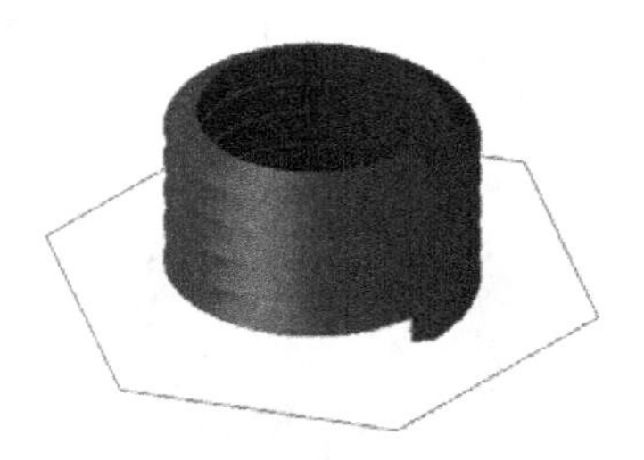

图 4-106 绘制的正六边形效果

(3) 单击按钮，串连选择正六边形为拉伸对象，将拉伸长度设置为 15，设置完成并确定后，生成如图 4-107 所示的图形。

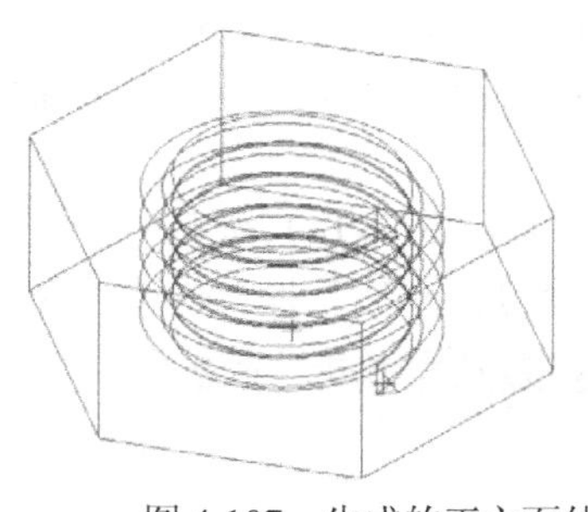

图 4-107　生成的正六面体

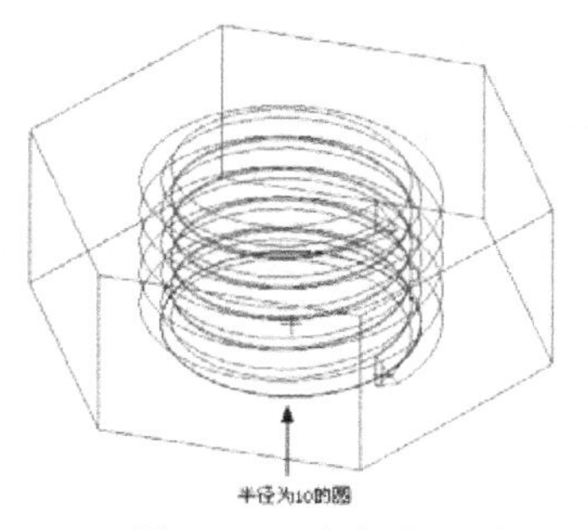

图 4-108　半径为 10 的圆

3. 创建内螺纹

(1) 首先单击按钮，以(-10,0,0)为圆心，绘制一个如图 4-108 所示的半径为 10 的圆。

(2) 单击按钮，选择上一步绘制的圆为拉伸对象，在如图 4-109 所示的“实体挤出的设置”对话框中选中“切割实体”单选按钮。确定后，选择正六面体为对象进行修剪即可。完成后的效果如图 4-110 所示。

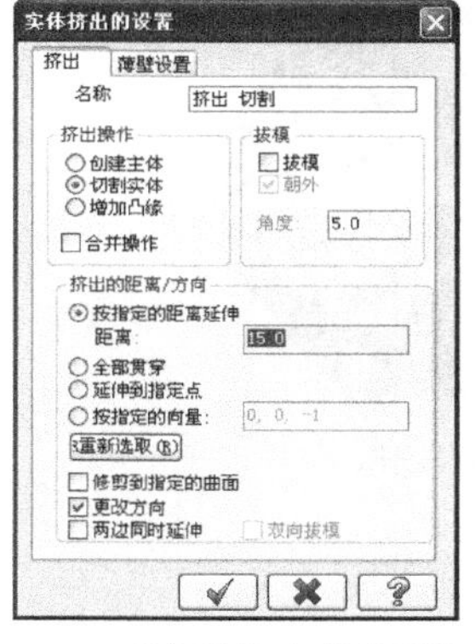

图 4-109　“实体挤出的设置”对话框

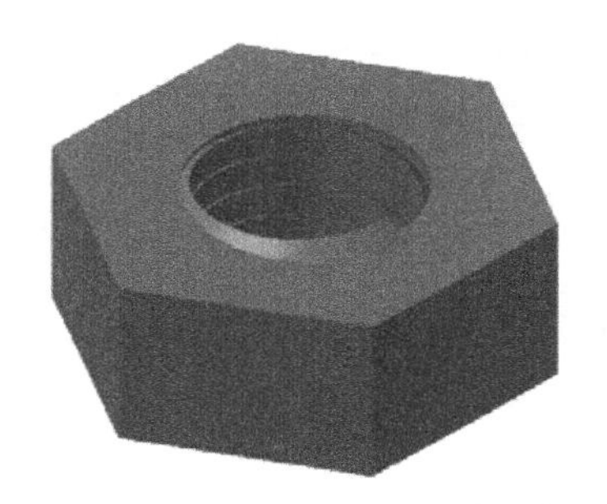

图 4-110　拉伸后的效果

(3) 接下来利用布尔求差运算生成螺纹。单击按钮，依次选择正六面体和螺旋体，确定后，生成如图 4-111 所示的螺纹体。原本突出的螺旋体现在变成了内陷的螺纹。

图 4-111　生成的螺纹体

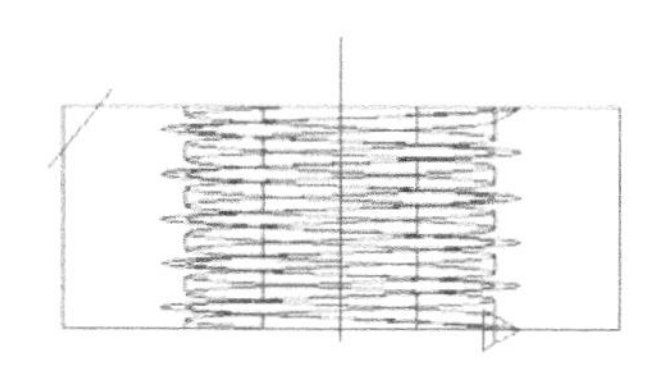

图 4-112　绘制的一条直线和一条中心线

4. 上下表面倒角

(1) 单击和按钮，将构图平面和显示平面均改为前视图。

(2) 单击按钮，在 Z 为-15 的面上，绘制如图 4-112 所示的一条直线和一条中心线。

(3) 下面绘制旋转曲面。单击按钮，分别选择直线为旋转母线，中心线为轴线，生成如图 4-113 所示的旋转曲面。

(4) 下面用生成的曲面去修剪实体。单击按钮，打开如图 4-114 所示的“修剪实体”对话框，选中该对话框中的“曲面”单选按钮，并单击“修剪另一侧”按钮该选择合适的方向。

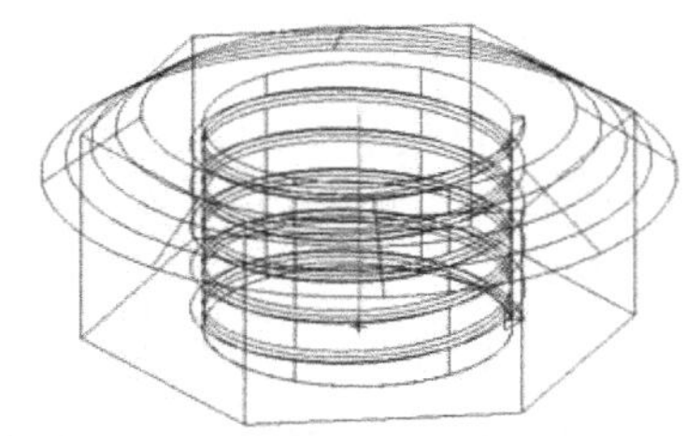

图 4-113　生成的旋转曲面

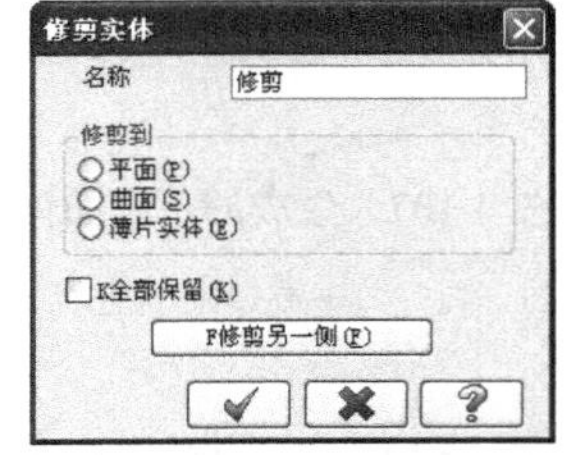

图 4-114　“修剪实体”对话框

(5) 确定后，将旋转曲面隐藏起来，效果如图 4-115 所示。

(6) 底面用同样的方法进行操作即可。最终生成的螺母效果如图 4-116 所示。

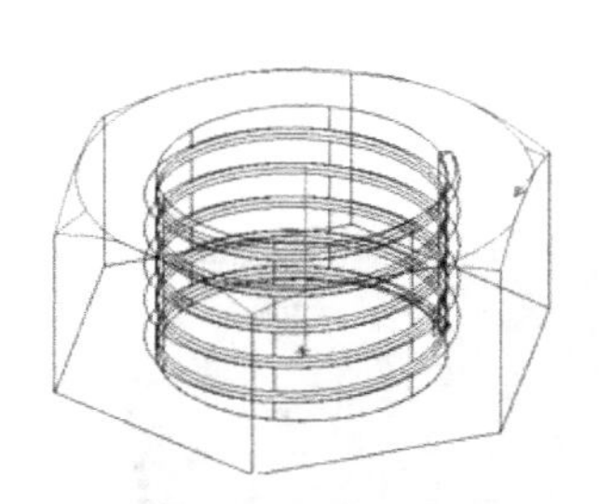

图 4-115　实体修剪后的螺母顶面效果

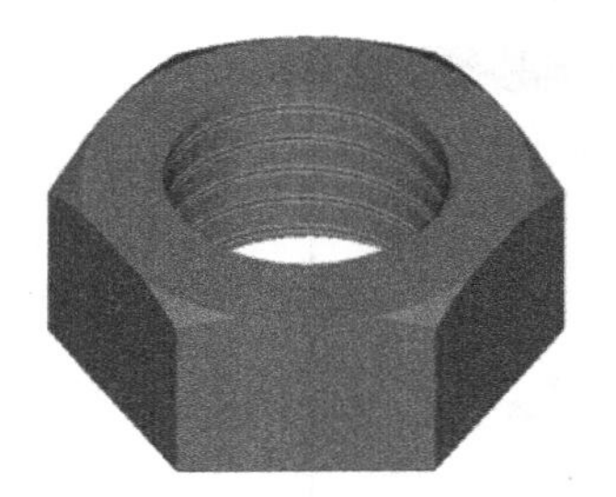

图 4-116　螺母

4.5　习题

1. 创建基本实体有哪些方法？
2. 在倒圆角时，有时会出现 3 个倒圆角相交的现象，如何解决？
3. Mastercam 提供了哪几种视图，如何生成和布局？
4. 在生成二维图纸时，如何生成剖面视图？

第5章 数控加工基础

学习目标

目前的 CAM 技术已有了很大的发展，在一定程度上能够自动帮助技术人员进行刀具路径的规划和决策。但这种程度依然十分有限，很多工艺参数的选择工作都必须在操作者的指引下完成。这就要求操作者具备足够的专业知识和经验，否则设计出来的刀具路径往往可能在 Mastercam 中看起来可以实现，但在实际中根本无法进行加工。本章的内容将重点放在如何操作生成刀具路径上，对于具体的参数选择，需要用户在实际使用过程中不断地结合实际经验才能逐步体会。

本章重点

- 了解数控编程的基本过程
- 了解数控编程中坐标系的含义以及相关的术语
- 掌握刀具设置的方法
- 掌握材料设置的功能
- 掌握工作设置中的基本内容和方法
- 掌握操作管理的基本内容和方法
- 掌握刀具路径修剪与转换的方法

5.1 Mastercam X5 数控加工基础

如果说 CAD 功能是任何制造业软件的基础，那么，对于 Mastercam 来说，强大的 CAM 功能是其能够在激烈的竞争中立于不败之地的关键。CAM 主要是根据工件的几何外形，通过设置相关的切削参数来生成刀具路径。

刀具路径被保存为 NCI(工艺数据文件)，它包含了一系列刀具运动轨迹以及加工信息，如刀具、机床、进刀量、主轴转速和冷却液控制等。刀具路径经过后置处理器，即可转换为 NC

代码。

Mastercam X5 包含了“铣床”、“车床”、“线切割”和“雕刻” 4 个 CAM 模块。在如图 5-1 所示的“机床类型”子菜单中，用户可以通过选择不同的机床来进入对应的模块。本书将介绍内容的重点放在应用得最多和最有特色的“铣床”模块。

在执行“机床类型”|“铣床”|“默认”命令，打开如图 5-1 所示的“刀具路径”子菜单。当然，如果是车床或刨床，会有不同的子菜单。用户还可以通过定制工具栏来使用更为方便的命令选择方式。

铣床(M)
车床(L)
线切割(W)
雕刻(R)
设计(D)

图 5-1 “机床类型”子菜单

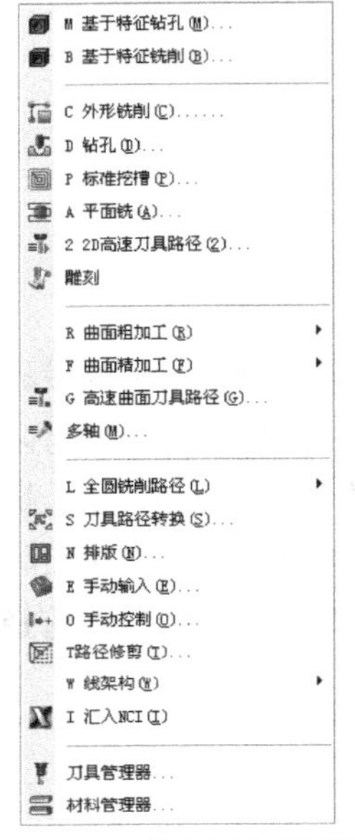

图 5-2 “刀具路径”子菜单

Mastercam 的 CAM 部分主要可以分为二维刀具路径设计和三维刀具路径设计两大类。二维刀具路径指的是在加工过程中，刀具或工件在高度方向上不再发生变化，即只在 XY 平面内移动；三维刀具路径指的是刀具或工件在 XY 平面内不断移动之外，在 Z 方向上也不断发生变化，即实现三轴的联动。

目前在模具加工领域发展较为迅速的一种加工方法为多轴加工。所谓多轴加工即在原有的 X、Y、Z 三轴的基础上，增加了两个刀具旋转的 A、B 轴。多轴加工的加工对象多为复杂的三维零件。因此，本书将其归在三维刀具路径中加以介绍。

二维刀具路径包括了外形铣削、挖槽加工、平面铣削和挖槽加工 4 大类，三维刀具路径则分为粗加工和精加工两大类。但不论是哪种刀具路径的生成方式，其中的刀具设置、材料设置、工作设置和操作管理的基本方法都是一样的。因此，在介绍如何生成刀具路径之前，对这些内容先进行统一介绍。

5.2　数控编程的基本过程

数控编程是从零件设计得到合格的数控加工程序的全过程，其最主要的任务是通过计算得到加工走刀中的刀位点，即获得刀具运动的路径。对于多轴加工，还要提供出刀轴的矢量。

对于复杂零件，其刀位点的计算使用人工方式是很难进行的。而 CAD 技术的发展为解决这一问题提供了有力工具。利用 CAD 技术生成的零件产品，包含了零件完整的表面信息，这就为利用计算机计算刀位点提供了基础。

利用 CAD 软件进行零件设计，然后通过 CAM 软件获取设计信息，并进行数控编程的基本过程，如图 5-3 所示。数控编程中的关键技术包括零件几何建模技术、加工参数合理设置、刀具路径仿真和后处理技术。

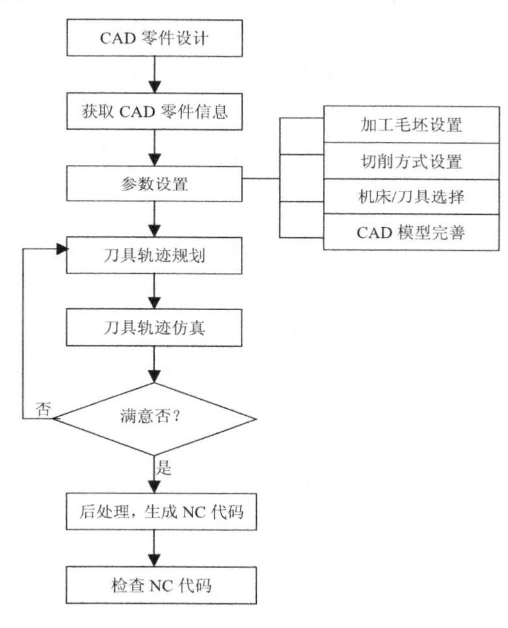

图 5-3　数控编程的基本过程

5.2.1　零件几何建模技术

CAD 模型是数控编程的前提和基础，其首要环节是建立被加工零件的几何模型。复杂零件建模的主要技术以曲面建模技术为基础。Mastercam 的 CAM 模块获得 CAD 模型的方法途径有直接获得、直接造型和数据转换 3 种。

直接获得方式指的是直接利用已经造型好的 Mastercam 的 CAD 文件。这类文件的后缀名为.MCX。

直接造型指的是直接利用 Mastercam 软件的 CAD 功能，对于一些不太复杂的工件，在编程之前直接造型。

数据转换指的是将其他 CAD 软件生成的零件模型转换成 Mastercam 专用的文件格式。

5.2.2 加工参数合理设置

数控加工的效率和质量有赖于加工方案和加工参数的合理选择。合理的加工参数设置包括加工工艺分析规划和参数设置两方面内容。

1. 加工工艺分析和规划

加工工艺分析和规划的主要内容包括加工对象的确定、加工区域规划、加工工艺路线规划，以及加工工艺和加工方式确定。

加工对象的确定指的是通过对 CAD 模型进行分次，确定零件的哪些部分需要在哪种数控机床上进行加工。如数控铣不适合用于尖角和细小的筋条等部位加工。选择加工对象时，还要考虑加工的经济性等问题。

加工区域规划是为了获得较高的加工效率和加工质量，将加工对象按其形状特征和精度等要求划分成数个加工区域。

加工工艺路线规划主要是指安排粗、精加工的流程和进行加工余量的分配。

加工工艺和加工方式主要包括刀具选择和切削方式选择等。

加工工艺分析和规划的合理选择决定了数控加工的效率和质量，其目标是在满足加工要求、机床正常运行的前提下尽可能提高加工效率。工艺分析的水平基本上决定了整个 NC 程序的质量。

2. 加工参数设置

在完成了加工工艺分析和规划后，通过各种加工参数的各种设置来具体实现数控编程。加工参数设置的内容有很多，最主要的是切削方式设置、加工对象设置、刀具和机床参数设置和加工程序设置。前 3 种与加工工艺分析和规划的内容相对应。加工程序设置包括进/退刀设置、切削用量、切削间距和安全高度等参数。这是数控编程中最关键的内容。

5.2.3 刀具路径仿真

由于零件形状的复杂多变以及加工环境的复杂性，因此为了确保程序的安全，必须对生成的刀具路径进行检查。检查的主要内容包括加工过程中的过切或欠切、刀具与机床和工件的碰撞问题。CAM 模块提供的刀具路径仿真功能就能很好地解决这一问题。通过对加工过程的仿真，可以准确地观察到加工时刀具运动的整体情况，因此能够在加工之前发现程序中的问题，并及时进行参数的修改。

5.2.4 后处理技术

后处理技术是数控编程技术的一个重要内容，它将通用前置处理生成的刀位数据转换成适合于具体机床数据的数控加工程序。后处理技术实际上是一个文本编辑处理过程，其技术内容包括机床运动学建模与求解、机床结构误差补偿和机床运动非线性误差校核修正等。

在后处理生成数控程序之后，还必须对这个程序文件进行检查，尤其需要注意的是对程序头和程序尾部分的语句进行检查。

后处理完成后，生成的数控程序就可以运用于机床加工了。

5.2.5 数控加工程序编制

1. 坐标系统

(1) 机床坐标系与运动方向

为了确定机床的运动方向和移动距离，需要在机床上建立一个坐标系，该坐标系就是机床坐标系，也被称为标准坐标系。

数控机床上的坐标系采用右手直角笛卡尔坐标系。右手的大拇指、食指和中指保持相互垂直，拇指所指的方向为 X 轴的正方向，食指所指的方向为 Y 轴的正方向，中指所指的方向为 Z 轴的正方向。

通常把传递切削力的主轴定为 Z 轴。对于工件旋转的机床，如车床、磨床等，工件转动的轴为 Z 轴；对于刀具旋转的机床，如镗床、铣床和钻床等，刀具转动的轴为 Z 轴。Z 轴的正方向为刀具远离工件的方向。

X 轴一般平行于工件装夹面且与 Z 轴垂直。对于工件旋转的机床(如车床、磨床等)，X 轴坐标的方向是在工件的径向上，且平行于横向滑座，刀具远离工件旋转中心的方向为 X 轴的正向；对于刀具旋转的机床(如铣床、镗床和钻床等)，若 Z 轴是垂直的，当从刀具主轴向立柱看时，X 轴的正向指向右；若 Z 轴是水平的，当从主轴向工件看时，X 轴的正向指向右。

当 X 轴与 Z 轴确定之后，Y 轴垂直于 X 轴和 Z 轴，其方向可以按右手定则确定。

(2) 工件坐标系

工件坐标系指的是由编程人员根据零件图样及加工工艺，并以零件上某一固定点为原点所建立的坐标系，又被称为编程坐标系或工作坐标系。

(3) 附加坐标系

为了编程和加工的方便，如果还有平行于 X、Y、Z 坐标轴的坐标，有时还需设置附加坐标系，可以采用的附加坐标系有：第二组 U、V、W 坐标，第三组 P、Q、R 坐标。

2. 几个重要术语

(1) 机床原点

机床原点又被称为机械原点，是机床坐标系的原点。该点是机床上的一个固定点，其位置由机床设计和制造单位确定，通常不允许用户改变。机床原点是工件坐标系、机床参考点的基准点，也是制造和调整机床的基础。数控车床的机床原点一般设在卡盘后端面的中心。数控铣床的机床原点，各生产厂商设置的是不一致的，有的设在机床工作台的中心，有的设在进给行程的终点。

(2) 机床参考点

机床参考点是机床上的一个固定点，用于对机床工作台、滑板与刀具相对运动的测量系统进行标定和控制。其位置由机械挡块或行程开关来确定。

(3) 工件原点

工件坐标系的原点称为工件原点或编程原点。工件原点在工件上的位置虽然可以任意选择。但是，一般应遵循以下原则：

① 工件原点应设置在工件图样的设计基准或工艺基准上，以利于编程。

② 工件原点应尽量设置在尺寸精度高、粗糙度值低的工件表面上。

③ 工件原点最好设置在工件的对称中心上。

④ 要便于测量和检验。

(4) 绝对坐标与相对坐标

绝对坐标指的是所有点的坐标值都是相对于坐标原点进行计量的；相对坐标又称增量坐标，指的是运动终点的坐标值是以前一个点的坐标作为起点来进行计量的。

(5) 对刀与对刀点

对刀点指的是通过对刀确定刀具与工件相对位置的基准点。对刀点可以设置在工件上，也可以设置在与工件的定位基准有一定关系的夹具的某一位置上。其选择原则如下：

① 所选的对刀点应使程序编制更简单。

② 对刀点应设置在容易找正、便于确定零件加工原点的位置。

③ 对刀点应设置在加工过程中检查方便、可靠的位置。

④ 对刀点的选择应有利于提高加工精度。

当对刀精度要求较高时，对刀点应尽量设置在零件的设计基准或工艺基准上，对于以孔定位的工件，一般以取孔的中心作为对刀点。

(6) 换刀点

换刀点指的是为加工中心、数控车床等采用多刀加工的机床而设置的，因为这些机床在加工过程中需要自动换刀，在编程时应当考虑选择合适的换刀位置。

5.3 刀具设置

5.3.1 刀具选择

在设置每一种加工方法时，首先要为此次加工选择一把合适的刀具。刀具的选择是机械加工中关键的一个环节，需要有丰富的经验才能做出合理地选择。有时，用户往往会在虚拟的环境下选择一把普通的刀具来加工难切割的材料，或者将一把直径很小的刀设置出很大的进给量，类似的错误往往在仿真中能够很顺利地通过且不被发现，但是一到实际加工中就会出现错误或出现事故，因此需要特别注意刀具的选择及其各种参数的设置。

以外形铣削为例，在选择完加工位置后，系统将打开如图 5-4 所示的“外形铣削设置”对话框。其他铣削方式的对话框与此类似。

在该对话框左侧的第一个列表框中选择“刀具”选项，系统将在右边打开相应的参数设置界面，如图 5-5 所示。

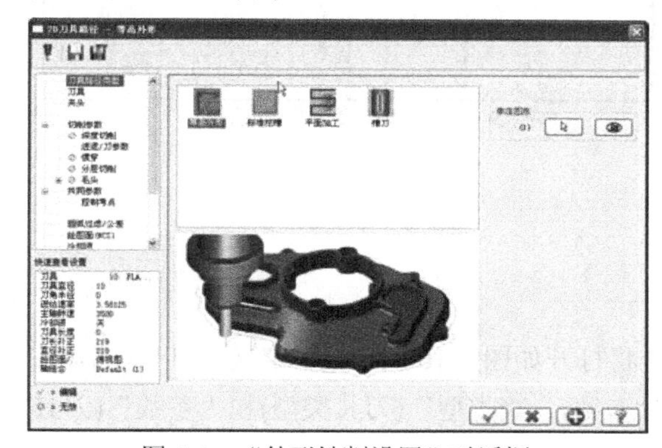

图 5-4　“外形铣削设置”对话框

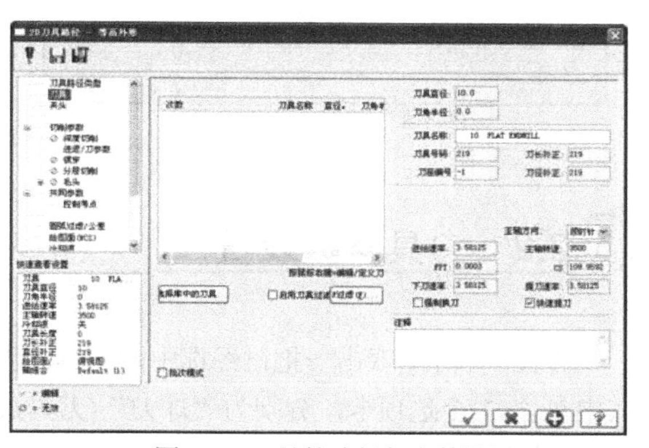

图 5-5　刀具的选择与参数设置

单击“选择库中的刀具”按钮，系统将打开如图 5-6 所示的“选择刀具”对话框，可以从刀具库中选择刀具。

在众多的刀具中查找一把刀具，有时是很繁琐的，此时，用户可以单击图 5-5 或图 5-6 中的F过虑(F)...按钮，进行刀具的条件过滤设置。单击该按钮后，系统将打开如图 5-7 所示的“刀具过滤设置”对话框。

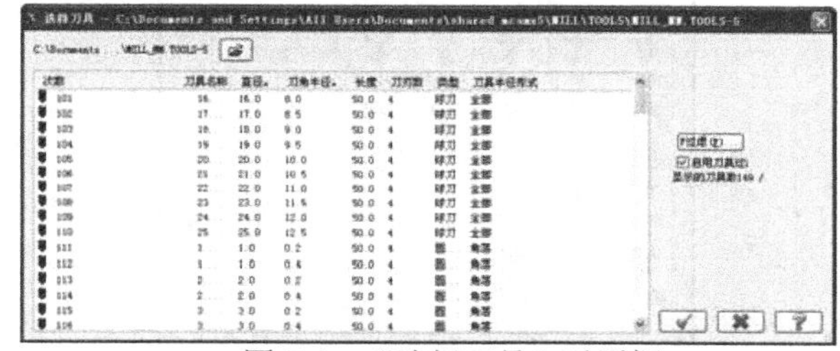

图 5-6　“选择刀具”对话框

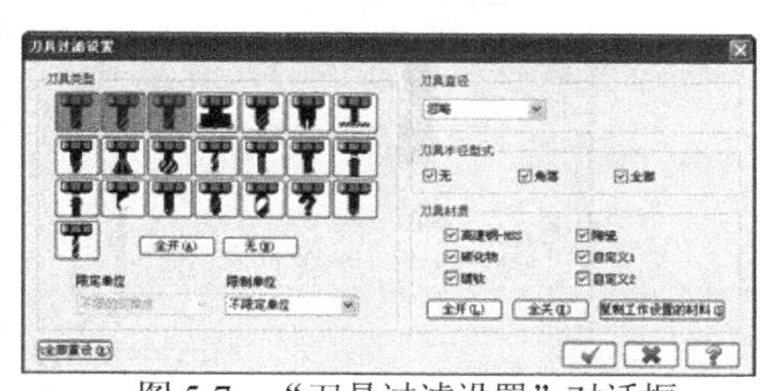

图 5-7　“刀具过滤设置”对话框

在“刀具过滤设置”对话框中的“刀具材质”选项区域，可以选择“高速钢-HSS”、“陶瓷”、“碳化物”和“镀钛”材质，还可以通过选择“自定义 1”和“自定义 2”自定义刀具。

设置好过滤条件并选中图 5-5 和图 5-6 中的相应的激活选项后，系统会按照用户的条件列出符合要求的刀具。

完成刀具的选择后，如图 5-5 所示的外形铣削设置对话框中就会列出相应的刀具，如图 5-8 所示。

以上介绍的是在选择加工方法后选择加工刀具，用户也可以直接为某一机床添加相应的刀具。执行“刀具路径”|“刀具管理器”命令，打开如图 5-9 所示的“刀具管理”对话框。此时当使用某台机床时，只需在其自身配备的刀具中选择合适的刀具即可。

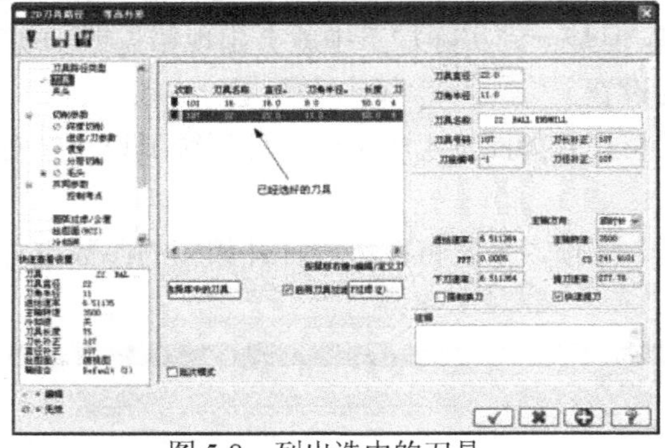

图 5-8　列出选中的刀具

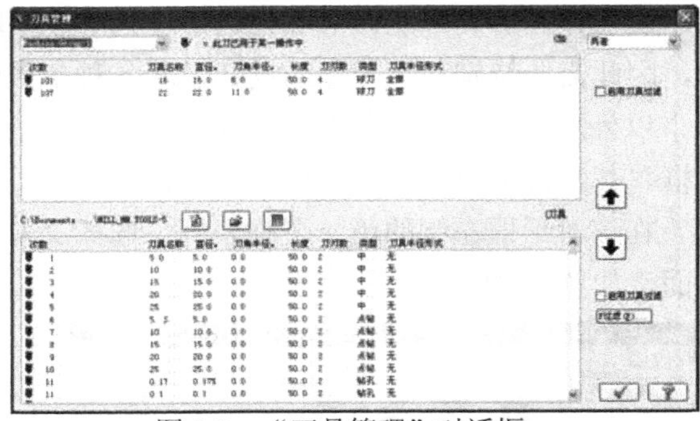

图 5-9　“刀具管理”对话框

5.3.2　刀具参数设置

在图 5-8 中，双击一把已经选中的刀具，系统将打开如图 5-10 所示的“定义刀具”对话框。其中包含 3 个选项卡，分别为“球刀”(刀具尺寸参数)、“类型”(刀具类型)和“参数”(刀具加工参数)。

Mastercam 总共提供了 19 种固定外形的刀具，同时也允许用户在如图 5-11 所示的“类型”选项卡中自行定义刀具类型。其中的“未定义”选项用于自定义类型。当然，不同的刀具对应不同的尺寸参数，都会引起刀具尺寸参数形式的变化。

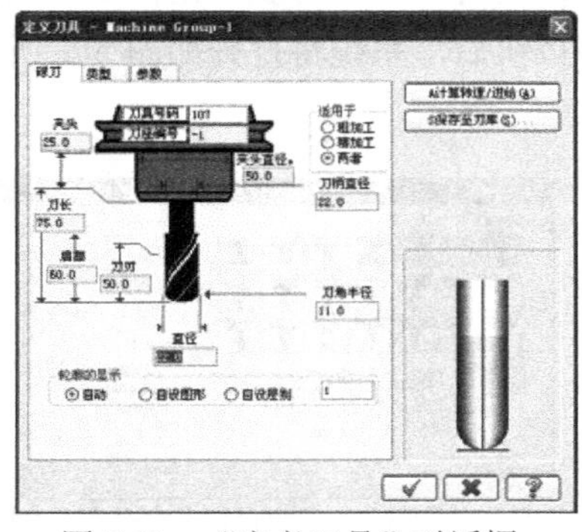

图 5-10　“定义刀具”对话框

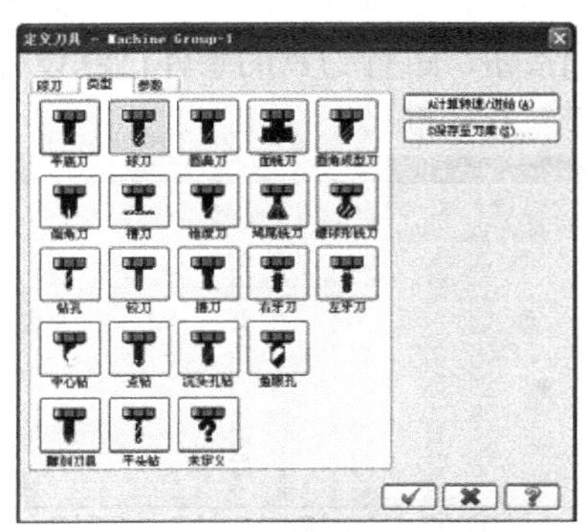

图 5-11　“类型”选项卡

如图 5-12 所示的“参数”选项卡，主要用于设置刀具加工中的各种参数，如主轴转速、进刀量和冷却方式等。Mastercam 提供了一套经验公式，用户不需指定所有的参数，只需设置部分信息，然后单击［A计算转速/进给(A)］按钮，系统将自动计算出合适的其他参数。当然，自带的一套经验公式很多时候不符合实际情况，而需要用户自行确定。

单击［Coolant...］按钮，打开如图 5-13 所示的“冷却方式”对话框。

同时，在如图 5-5 所示的“外形铣削设置”对话框的刀具参数设置选项卡也可以进行一些设置，具体内容如图 5-14 所示。

对图 5-4 所示的“外形铣削设置”对话框中的各选项介绍分别如下。

- 选择“杂项变量”选项，打开如图 5-15 所示的“后处理相关设置”对话框，用于指定一些与后置处理有关的命令，这些选项将出现在每个操作的开始位置，例如，是使用增量还是绝对方式进行处理，一共有 10 个整数项和 10 个实数项。

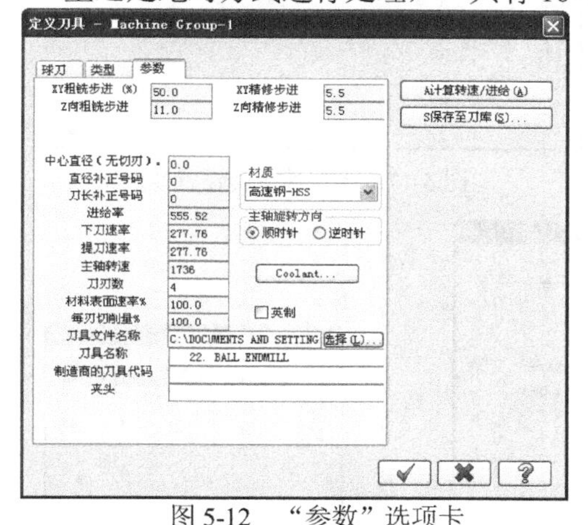

图 5-12　“参数”选项卡

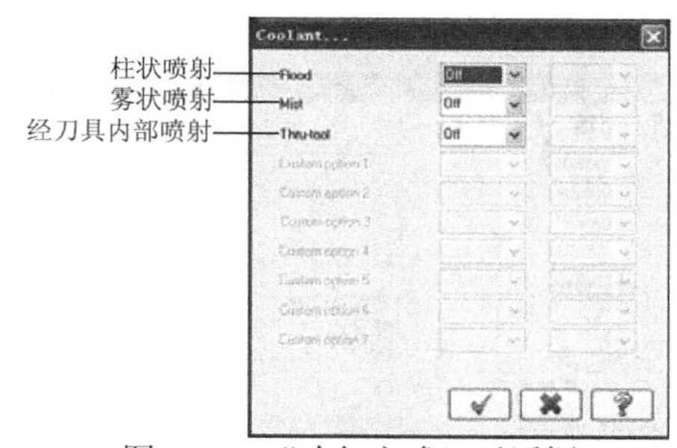

图 5-13　“冷却方式”对话框

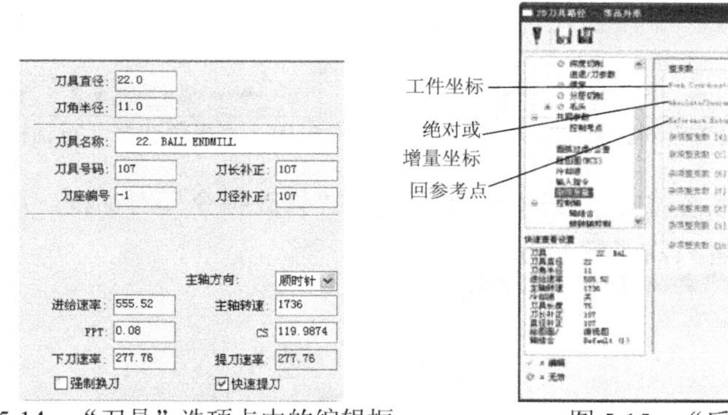

图 5-14　“刀具”选项卡中的编辑框

图 5-15　“后处理相关设置”对话框

- 选择“控制考点”选项，打开如图 5-16 所示的“零点位置及参考点指定”对话框。
- 选择“旋转轴控制”选项，打开如图 5-17 所示的“工件旋转设置”对话框，其中一共有 4 种旋转方式，这里介绍其中的 3 种。“旋转轴定位”，指工件绕指定轴旋转，而刀具与该轴垂直；“3 轴”，即工件绕指定轴旋转，而刀具与该轴平行；“替换轴”，指工件在指定轴定义的平面内不动，而刀具移动。

⊙ 选择“绘图面(WCS)”选项，打开如图 5-18 所示的“平面设置”对话框，用于指定工件平面。数控加工中有 3 个重要的平面：上平面、前平面和侧平面。在该对话框中，单击»按钮，对话框将发生变化，系统将允许用户在工件平面、刀具平面和构图平面中进行相互复制。单击▤按钮，系统将打开如图 5-19 所示的“视角选择”对话框，用于选择平面。

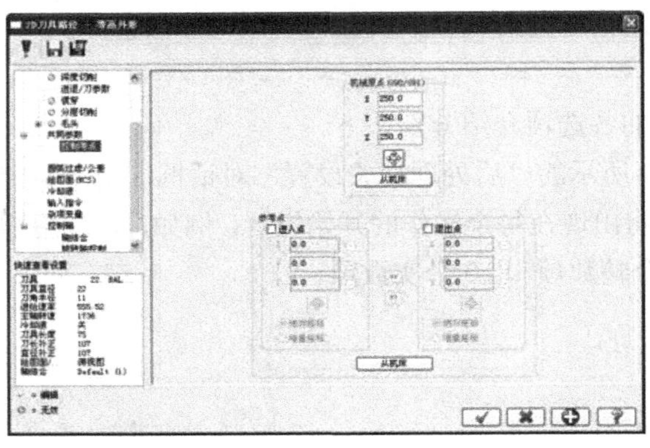

图 5-16 “零点位置及参考点指定”对话框

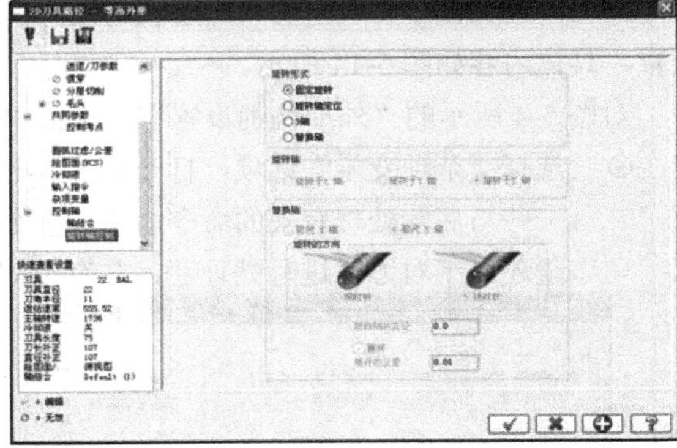

图 5-17 “工件旋转设置”对话框

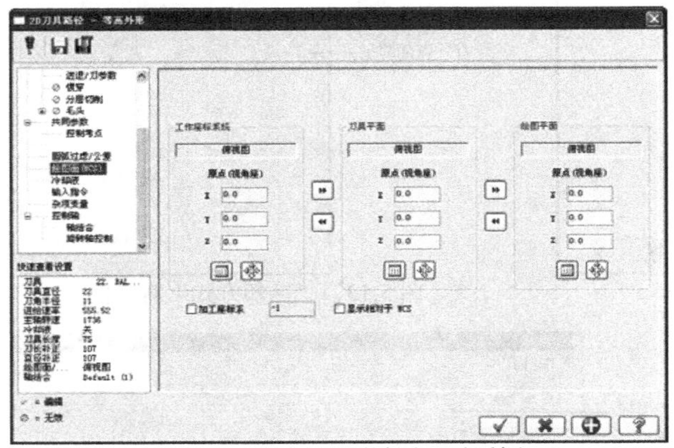

图 5-18 “平面设置”对话框

图 5-19 “视角选择”对话框

⊙ 选择“输入指令”选项，系统将打开如图 5-20 所示的“修改指令”对话框，用于编辑一些加工中的变量，初学者只需了解即可。

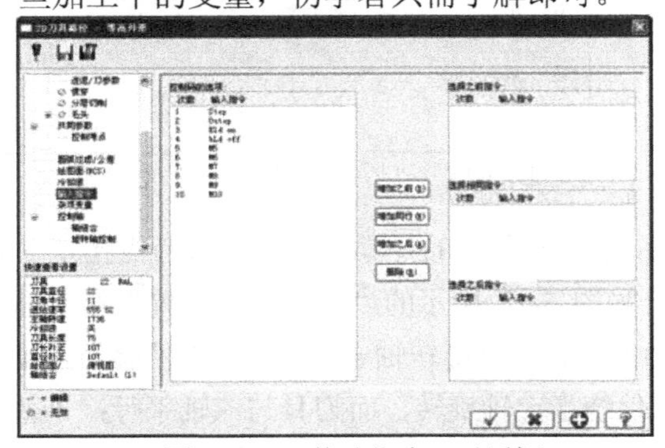

图 5-20 “修改指令”对话框

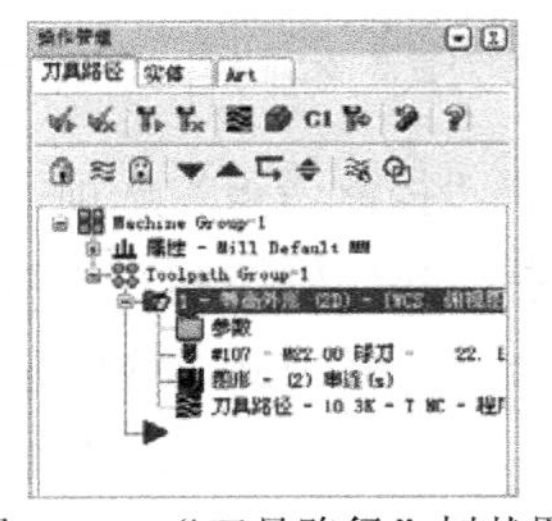

图 5-21 “刀具路径”树状图

5.4　材料设置

Mastercam 允许用户不仅可以直接从材料库中选择需要使用的材料，同时也允许用户根据需要自行设置。

5.4.1　选择材料

用户在选择好使用的机床后，会在对象管理区的“刀具路径”选项卡中生成树状图，如图 5-21 所示，单击“属性”列表中的“刀具路径”选项，系统将打开如图 5-22 所示的“机器群组属性”对话框，在“刀具设置”选项卡中选择需要的材料。对于对象管理区中的内容，将在后面相关章节进行介绍。

在“刀具设置”选项卡中，单击“选择”按钮，系统将打开如图 5-23 所示的“材料列表”对话框，用户可以从当前机床材料或者系统材料库中进行选择。

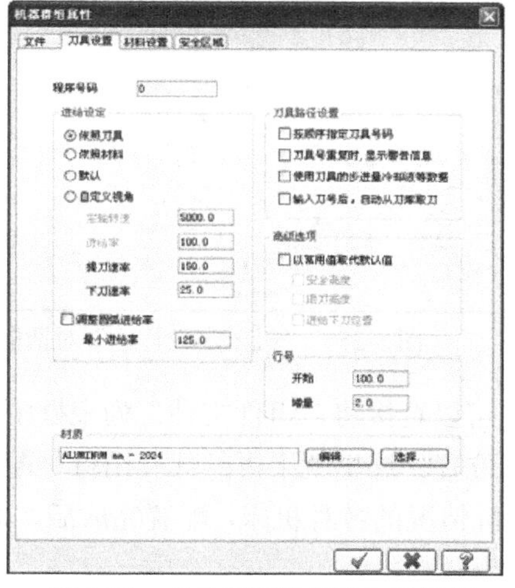

图 5-22　“机器群组属性”对话框

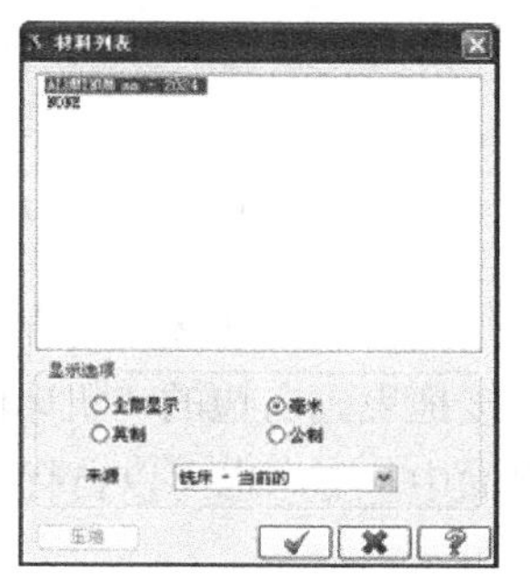

图 5-23　“材料列表”对话框

5.4.2　材料参数

在“材料列表”对话框中，双击任何一种材料，都会打开如图 5-24 所示的“材料定义”对话框，用于修改材料参数。但是，当用户需要自行设置材料时，可以在“材料列表”对话框的材料列表中单击鼠标右键，在弹出的快捷菜单中选择“新建”命令，同样可以打开如图 5-24 所示的“材料定义”对话框，在该对话框中用户可以根据需要自行设置材料参数。

5.5 工作设置

工作设置是对选用的机床和毛坯等相关工作环境内容进行设置。当然，前面介绍的刀具和材料选择也是工作设置的一部分。

5.5.1 机床设置

用户可以在选择某种机床后，通过执行“设置”|“机床定义管理器”命令来查看或修改所选择机床的相应配置。选择该命令后，系统首先会提示用户是否确定需要执行该功能。因为相应的机床已经被选择使用，如果用户不慎进行了不当的改动，可能会造成生成的刀具路径错误等不可预计的错误后果。确定后，打开如图 5-25 所示的“机床定义管理”对话框。

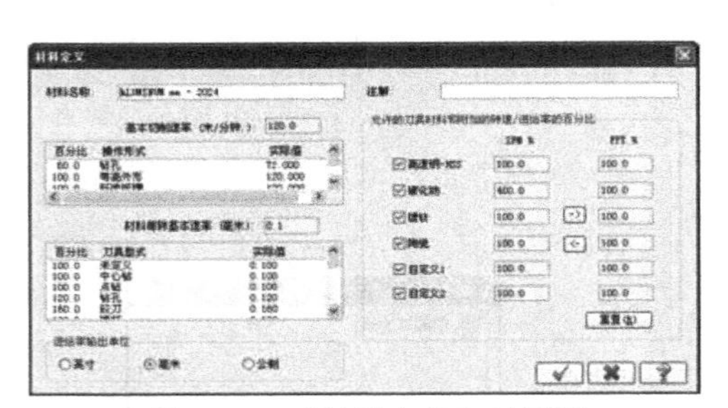

图 5-24 “材料定义”对话框

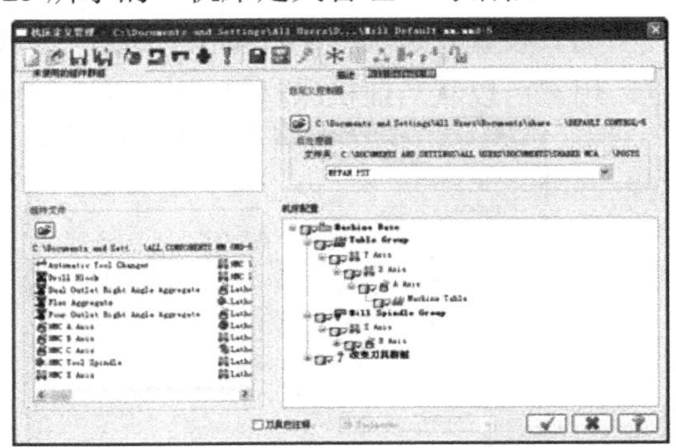

图 5-25 “机床定义管理”对话框

如果用户需要为机床增加某种配置或功能，可以直接将“组件文件”列表框中的各种功能用鼠标直接拖曳到右边的“机床配置”中相应的位置。这里就不再具体介绍每种配置的功能。在这个界面中，用户也可以自行配置符合自身实际情况的各种机床，配置完成后，单击按钮即可。

5.5.2 毛坯设置

在如图 5-21 所示的“刀具路径”树状图中，选择“材料设置”选项，打开如图 5-26 所示的“机器群组属性”对话框，选择“材料设置”选项卡，从中可以设置毛坯参数。

5.5.3 安全区域设置

所谓安全区域指的是用户设置的一个工作空间，刀具的所有运动都必须在这个空间内进行。在如图 5-21 所示的“刀具路径”树状图中，选择“安全区域”选项，打开“机器群组属性”

对话框，在如图 5-27 所示的“安全区域”选项卡中，可以设置安全区域。

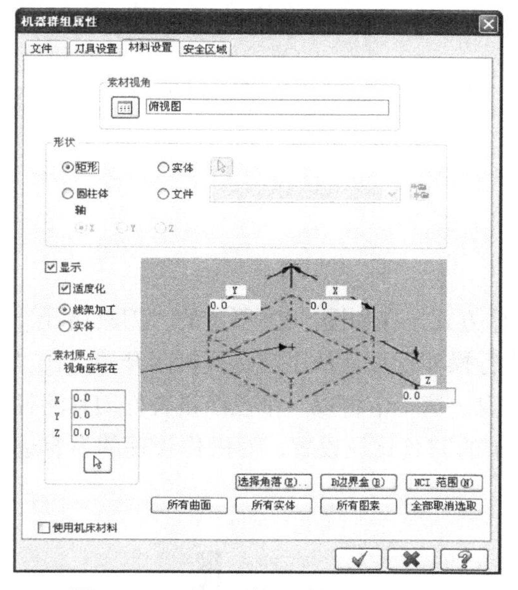

图 5-26　“机器群组属性”对话框

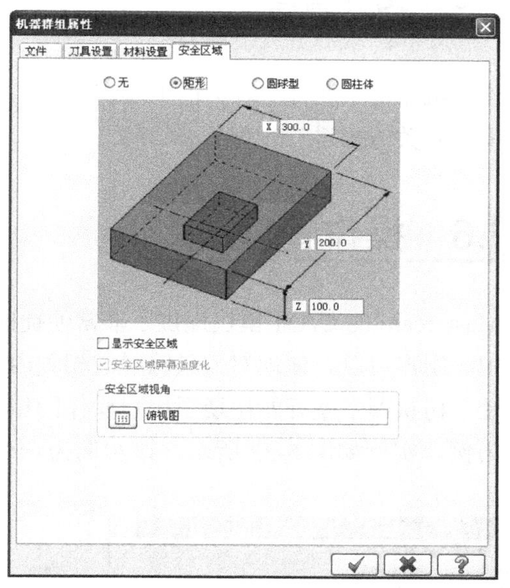

图 5-27　“安全区域”选项卡

5.5.4　加工参数设置

在如图 5-21 所示的“刀具路径”树状图中，选择“刀具设置”选项，打开如图 5-22 所示的“机器群组属性”对话框，在“刀具设置”选项卡中，可以设置加工的各种相关参数。除了前面介绍的材料选择之外，其他参数如图 5-28～图 5-31 所示。

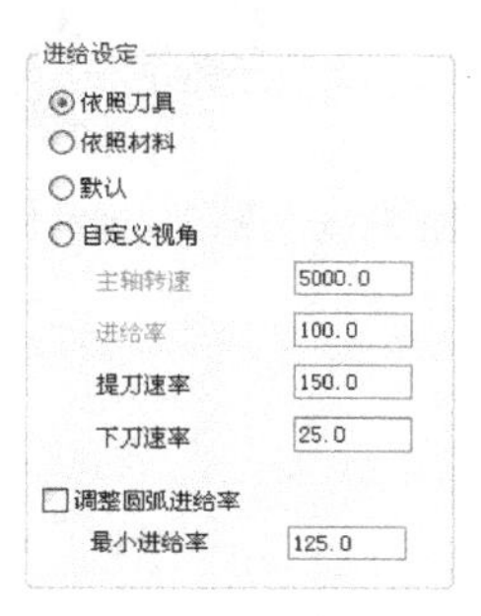

图 5-28　进给设定

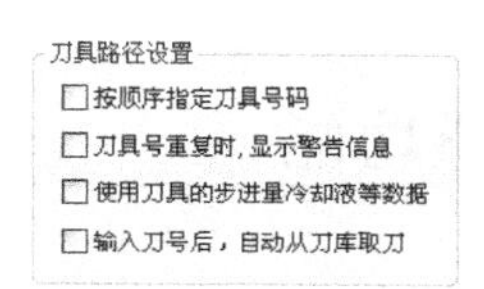

图 5-29　刀具路径配置

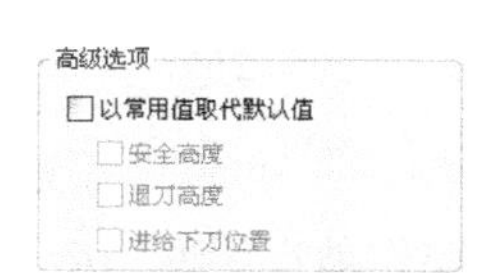

图 5-30　高级选项

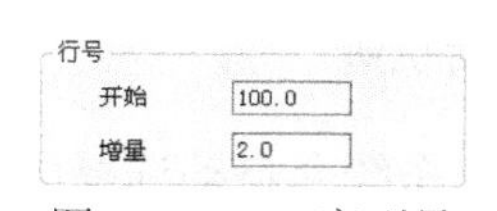

图 5-31　NC 序列号

5.5 文件管理

在“机器群组属性”对话框中还有一个“文件”选项卡，如图 5-32 所示主要用于对一些与机床配置有关方面进行管理。

5.6 操作管理

Mastercam 的 CAM 模块提供了非常便捷的操作方式，在如图 5-21 所示的“刀具路径”树状图中，用户可以方便地对刀具路径的相关内容进行操作管理。从用户选择机床开始，在“刀具路径”树状图中就开始出现了用户操作的相关信息。这一节将以一个已经设置好刀具路径的零件为例，实例如图 5-33 所示，该实例为一个铣槽的刀具路径设置，对操作管理的内容进行介绍。

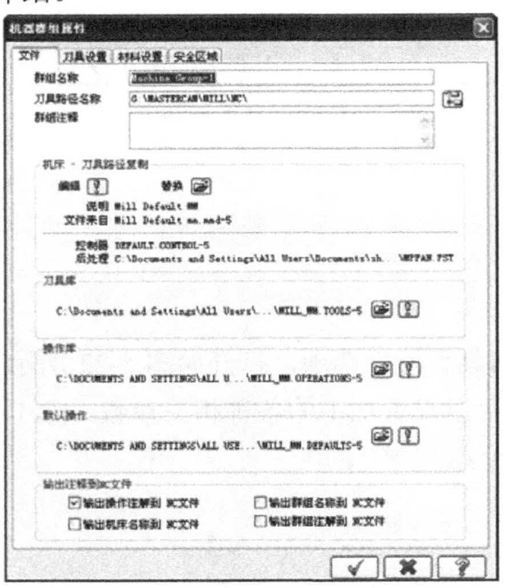

图 5-32 “文件”选项卡

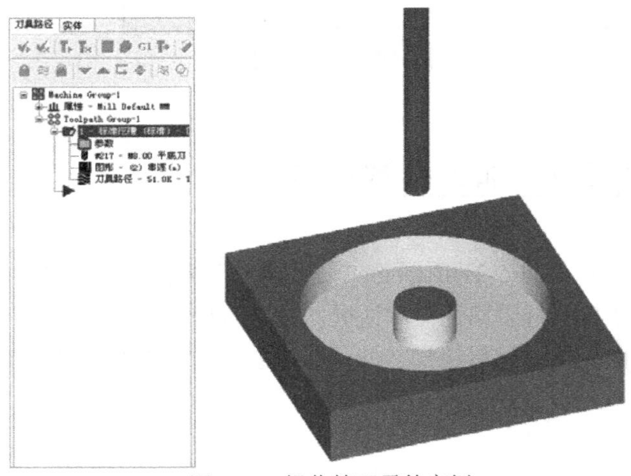

图 5-33 操作管理零件实例

5.6.1 按钮功能

首先，介绍“操作管理”任务面板的“刀具路径”选项卡中各种按钮的功能，如图 5-34 所示。

1. 选择和刷新轨迹

单击按钮，系统会自动选择所有的操作。当一个操作被选中时，会在相应位置出现一个标记，如图 5-35 所示。单击按钮将取消选中。

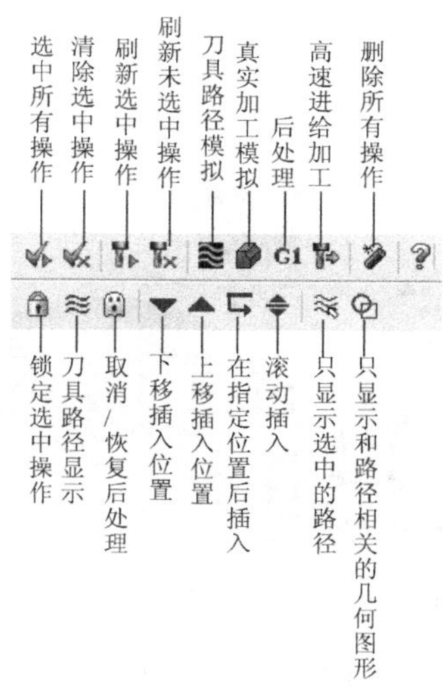

图 5-34　“刀具路径”选项卡中的按钮功能

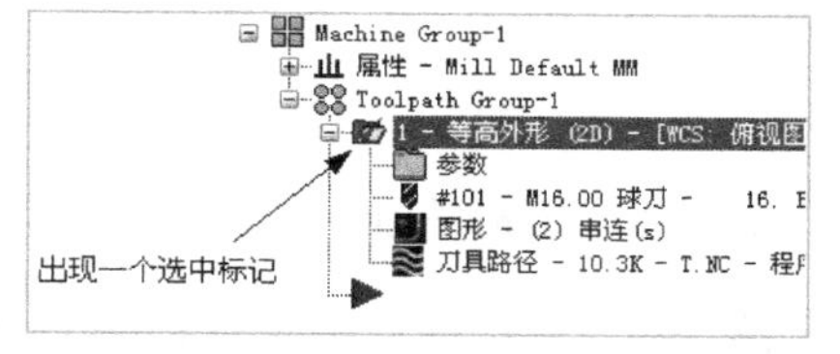

图 5-35　操作被选中后的标记

单击按钮，即可刷新所有选中的操作。用户在对一个操作的相关参数进行修改后，必须进行刷新才能使修改生效。单击按钮，即可刷新所有未被选中的操作。

2. 刀具路径和加工模拟

单击按钮，打开如图 5-36 所示的“刀路模拟”对话框，并显示如图 5-37 所示的“刀具路径模拟”工具栏，在其中可以对选中的操作进行模拟。

刀具路径模拟显示实例如图 5-38 所示。

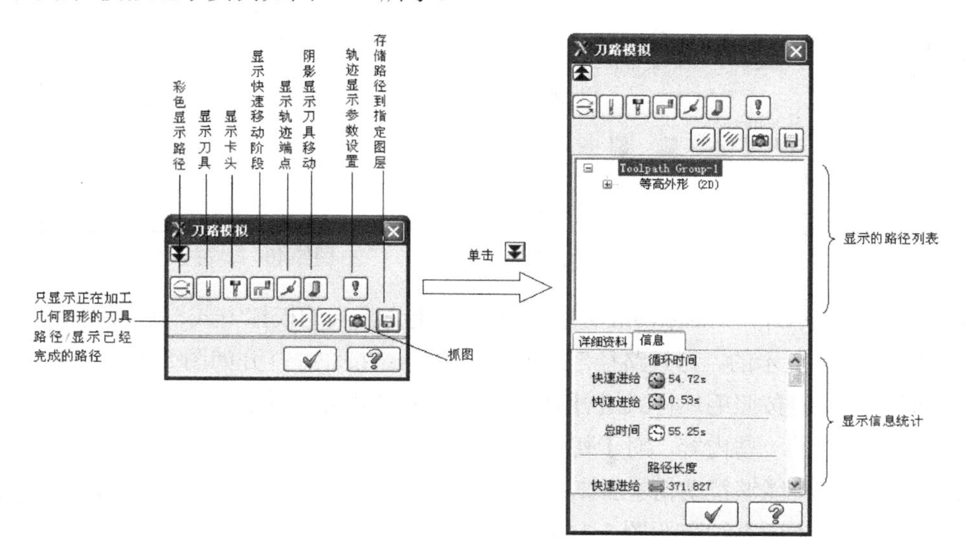

图 5-36　“刀路模拟”对话框

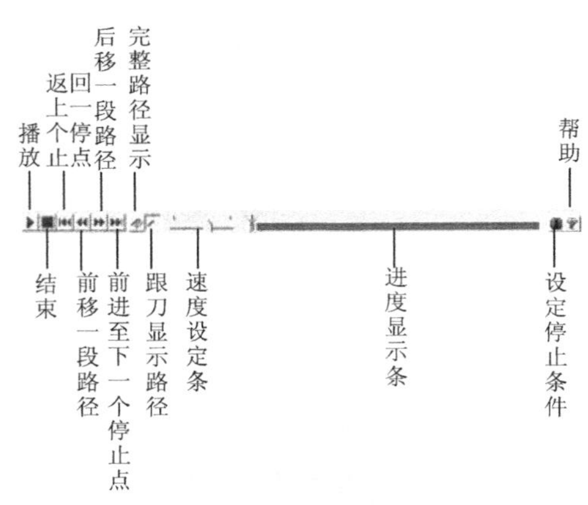

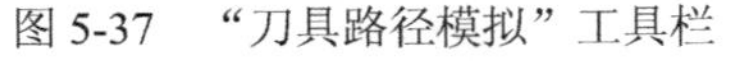

图 5-37 “刀具路径模拟”工具栏

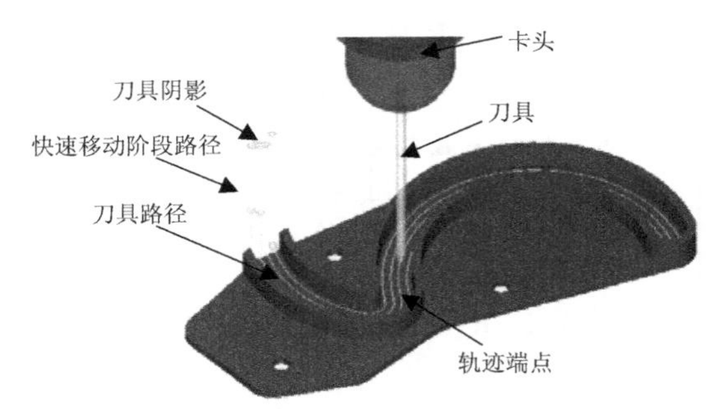

图 5-38 刀具路径模拟显示实例

在“刀路模拟”对话框和相应的 Ribbon 工具栏中，单击 按钮和 按钮，系统将打开如图 5-39 所示的“刀具路径模拟选项”对话框和如图 5-40 所示的“暂停设定”对话框。

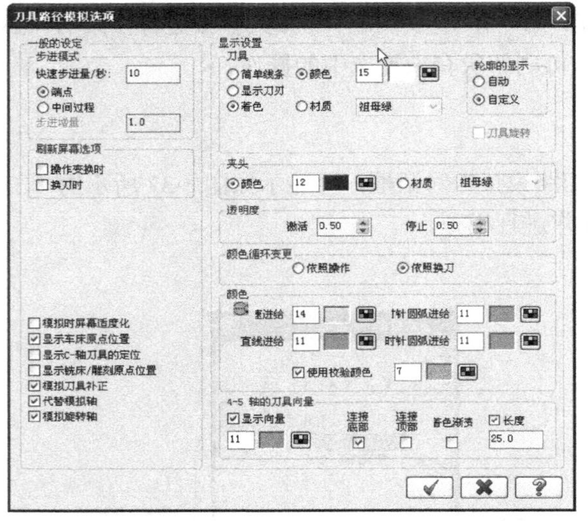

图 5-39 “刀具路径模拟选项”对话框

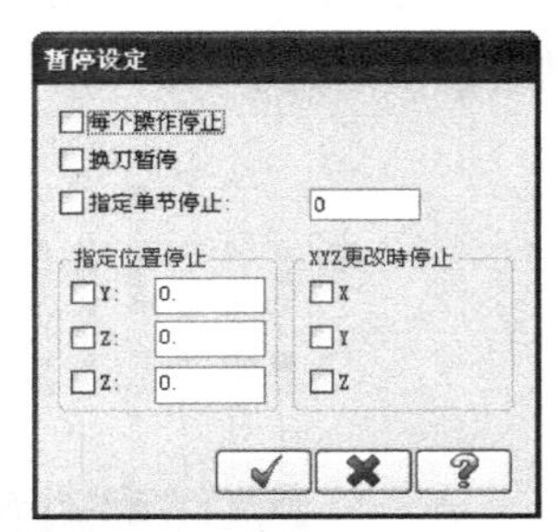

图 5-40 “暂停设定”对话框

除了刀具轨迹显示外，Mastercam 还提供了一种更为真实的模拟方式，它直接从毛坯上切除材料。在如图 5-34 所示的“刀具路径”选项卡中单击 按钮，打开如图 5-41 所示的“验证”对话框，同时，零件将按照毛坯样式进行显示，如图 5-42 所示。模拟效果如图 5-43 所示。

对于模拟显示中的一些内容，对于初学者来说，很难从字面上加以深刻了解，通过后面的学习以及不断地实践将能够帮助初学者掌握这些内容。本书作为一本基础教材，在这里就不逐一详细加以说明了。下面继续介绍图 5-34 的“刀具路径”选项卡中的其他按钮。

3. 后置处理

单击 G1 按钮，打开如图 5-44 所示的“后处理程式”对话框。单击该对话框中的“信息内容”和“传输”按钮，将分别打开如图 5-45 和图 5-46 所示的“图形属性”对话框和“传输”

对话框。所谓的后置处理指的是根据用户设置的图形和刀具路径等信息来生成数控程序的处理过程。为机床配置不同的后置处理程序，生成的数控程序也会不同。这样，Mastercam 就能够自动地生成 NC 程序，从而极大地减少了加工辅助时间。

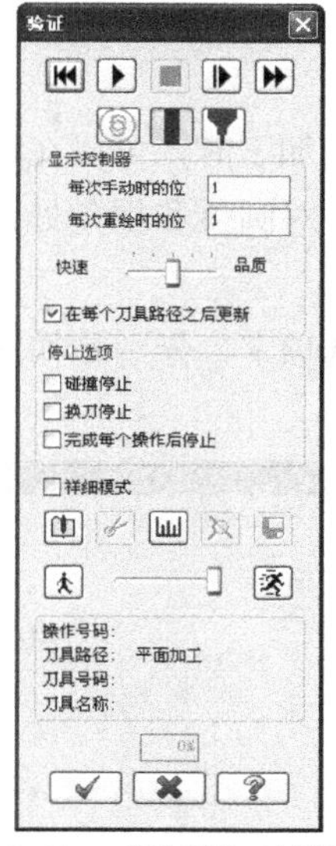

图 5-41　“验证”对话框

图 5-42　零件毛坯样式显示

图 5-43　模拟效果

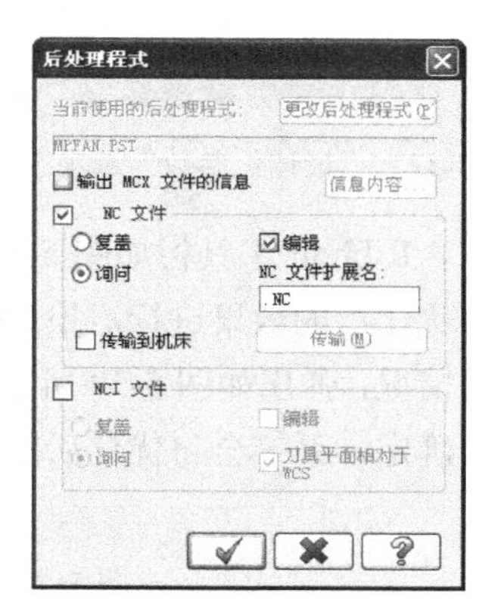

图 5-44　“后处理程式”对话框

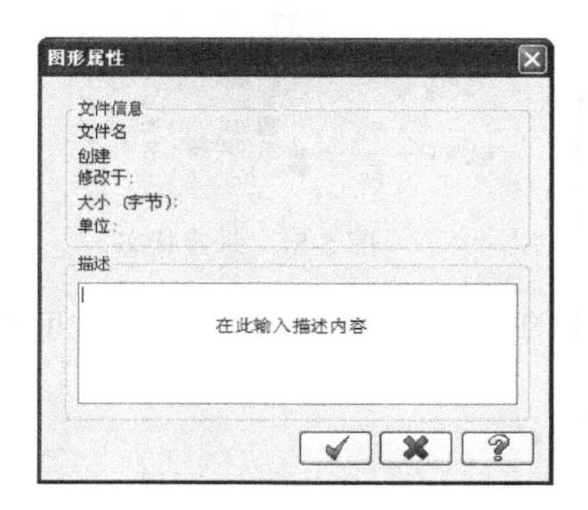

图 5-45　“图形属性”对话框

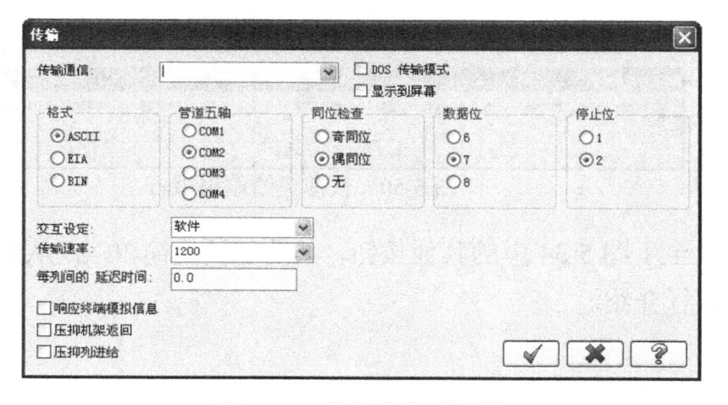

图 5-46　“传输”对话框

NCI 文件是一种过渡性质的文件，而传递给机床的文件是前面提到的数控文件，也就是 NC 文件。通信参数设置包括了通信的格式、使用的端口、波特率、奇偶效验和停止位等设置，用户可以参看相关的通信标准，根据实际情况进行选择。

4. 快速进给

快速进给又被称为高速进给，可以对加工路径进行优化。在进行粗加工时，可以在切除材料少的地方加大进给量，而在多的地方减少进给量；在进行精加工时，对圆弧和拐角处调整进给速率，以获得较好的精度效果。

单击按钮，打开“省时高效率加工”对话框，其中包括了两个选项卡，分别是如图 5-47“最佳化参数”选项卡和图 5-48“材料设置”选项卡所示。

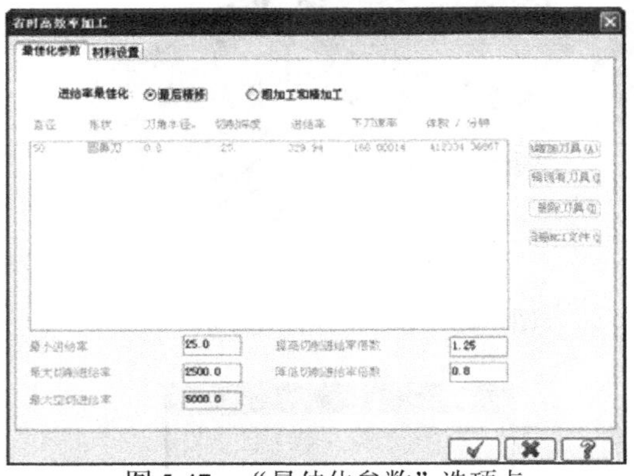

图 5-47 “最佳化参数”选项卡

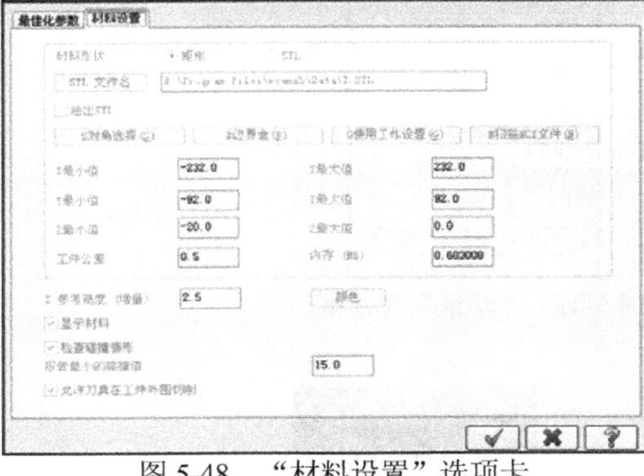

图 5-48 “材料设置”选项卡

设置完成后，Ribbon 工具栏如图 5-49 所示，单击或按钮，系统将会按要求重新计算轨迹参数，并将优化后的效果进行汇报。需要注意的是，如果参数设置不合理，反而会出现优化后时间增加的情况，弹出如图 5-50 所示的提示框。并且快速进给只对 G0~G03 的功能代码段有用。如果用户确定，系统会将优化后的刀具路径进行锁定，锁定状态以如图 5-51 所示显示。

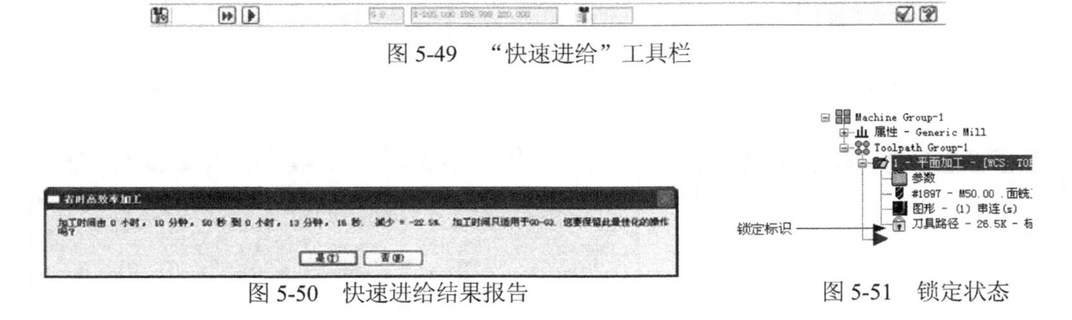

图 5-49 “快速进给”工具栏

图 5-50 快速进给结果报告

图 5-51 锁定状态

至于图 5-34 中的其他按钮，其功能较为简单，仅从图中的文字说明就可以理解了，这里不再进行介绍。

5.6.2　树状图功能

在树状图区显示了机床组以及刀具路径的树状关系。选择其中的任何一个选项都会打开相应的对话框，以方便用户进行各种操作。同时，在每一项上或者空白区域上单击鼠标右键，也会弹出相应的快捷菜单供用户选择。下面以如图 5-52 所示的树状图为例进行介绍。

1. 单击项目管理

在这个实例中仅使用了一台机床，因此只有一个机床组。其中，单击“属性”选项下面的 4 个子选项，可以进行相应的工作设置，这在前面已经介绍。下面介绍 Toolpath Group-1 中的内容。一个刀具路径组中可以包含许多段刀具路径，每一个刀具路径下面有 4 条信息项目。

选择“参数”选项，将打开如图 5-53 所示的“刀具路径参数设置”对话框，用于指定本刀具路径的各种参数。

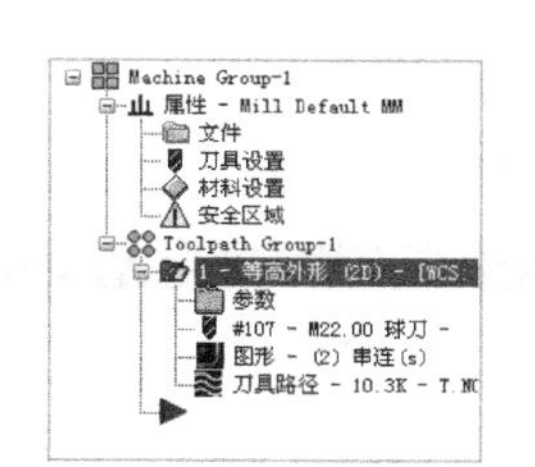

图 5-52　树状图实例

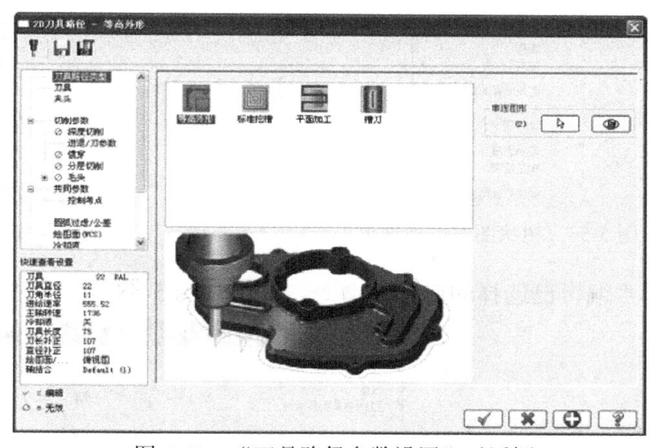

图 5-53　“刀具路径参数设置”对话框

选择“#107-M22.00 球刀”选项，将打开如图 5-10 所示的“定义刀具”对话框，用于指定所用刀具的各种参数。

选择“图形-(2)串连(s)”选项，打开如图 5-54 所示的“串连管理”对话框，用于管理刀具路径所基于的几何要素。用户可以通过单击 按钮来重新选择该轨迹的基本几何要素；也可以通过旁边的 4 个红色按钮来重新安排各链排列的顺序。

选择“刀具路径”选项，进入刀具路径显示功能，打开如图 5-55 所示的“刀路模拟”对话框。

图 5-54　“串连管理”对话框

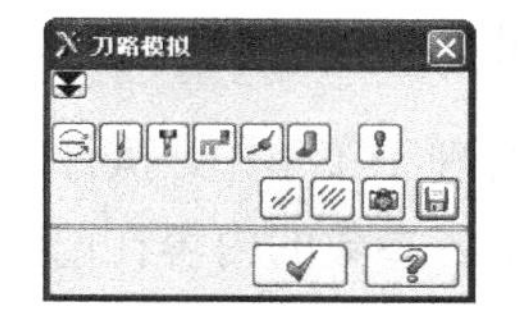

图 5-55　“刀路模拟”对话框

2. 右键管理

(1) 树状图右键管理菜单

在树状区除“刀具路径”以外的每一选项或者空白处单击鼠标右键，都会弹出一个快捷菜单，但所获得的功能可能不一样，如图 5-56 所示。

执行“铣床刀具路径”命令，将弹出如图 5-57 所示的铣削刀具路径子菜单，用户可以根据需要进行选择。如果是在车削或刨削模块下将展开车削或刨削路径子菜单。

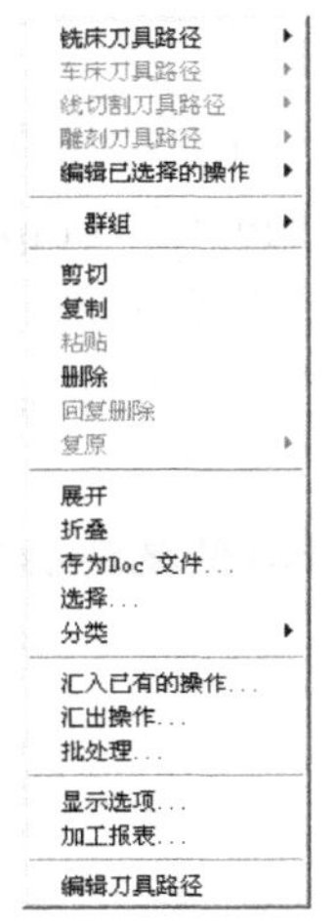

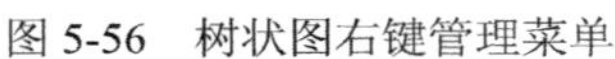

图 5-56 树状图右键管理菜单

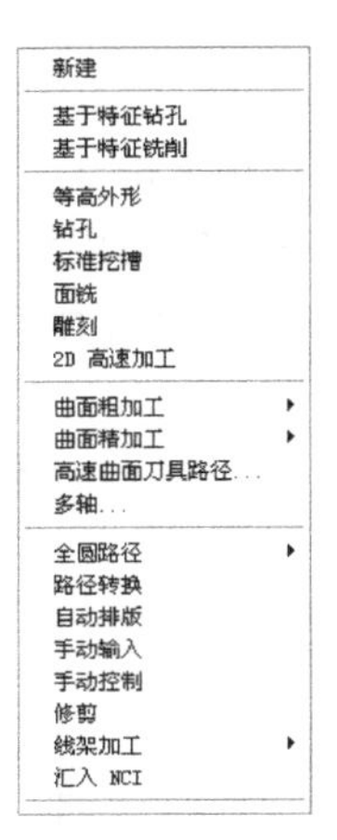

图 5-57 铣削刀具路径子菜单

执行“编辑已选择的操作”命令，弹出如图 5-58 所示的操作管理子菜单。

编辑共同参数...
更改NC文件名称...
更改程序编号...
刀具重新编号...
加工座标系重新编号...
更改刀具路径方向
重新计算转速/进给率

图 5-58 操作管理子菜单

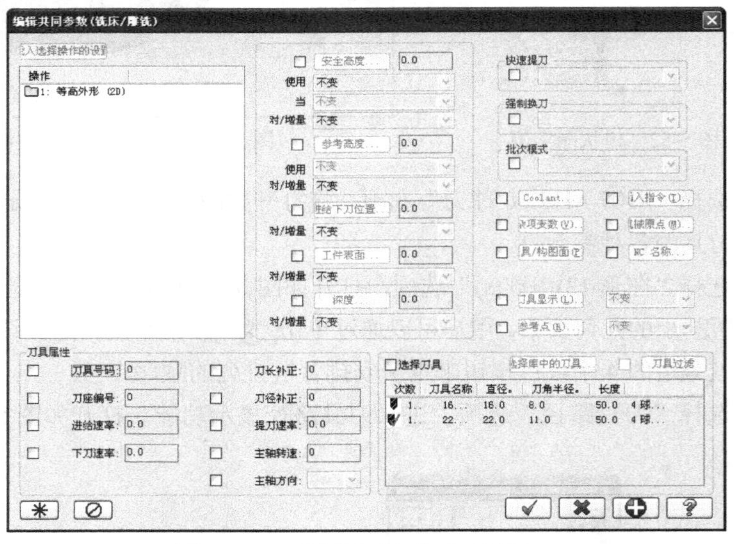

图 5-59 “编辑通用参数“对话框

在操作管理子菜单中，执行“编辑共同参数”命令，打开如图 5-59 所示的“编辑通用参数”对话框，其中各参数的内容在前面都已进行介绍；执行“更改 NC 文件名称”命令，打开如图 5-60 所示的“输入新 NC 名称”对话框；执行“刀具重新编号”命令，打开如图 5-61 所示的“刀

具重新编号”对话框；执行“加工坐标系重新编号”命令，打开如图 5-62 所示的“加工坐标系重新编号”对话框；执行“更改刀具路径方向”命令，系统将把刀具路径头尾反过来；执行“重新计算转速/进给率”命令，将重新计算进给量和进给速度。

在树状图右键管理菜单中执行“群组”命令，弹出如图 5-63 所示的组管理子菜单。

图 5-60　“输入新 NC 名称”对话框

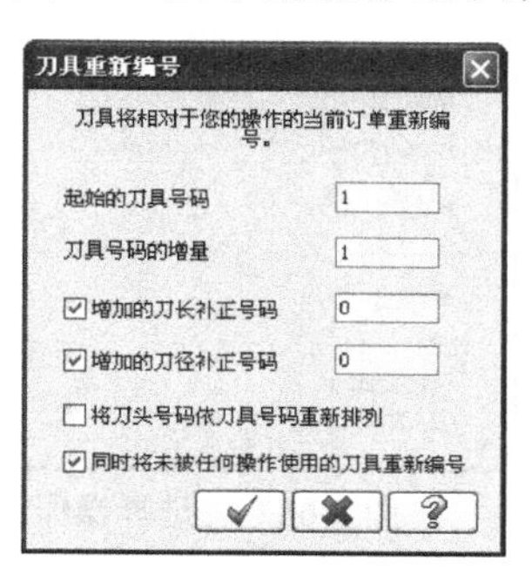

图 5-61　“刀具重新编号”对话框

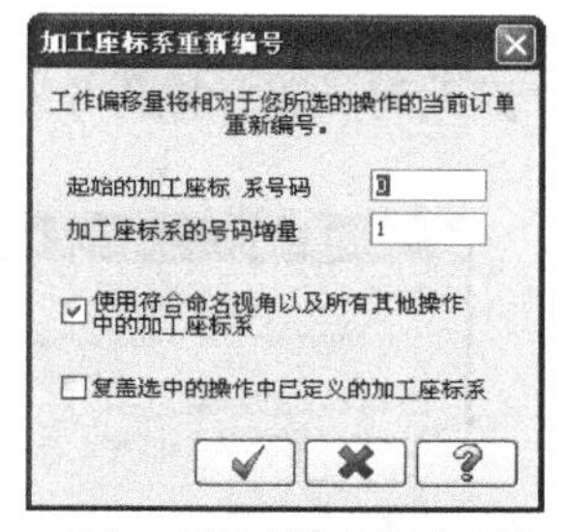

图 5-62　“加工坐标系重新编号”对话框

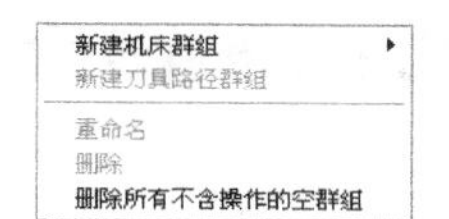

图 5-63　组管理子菜单

执行“存为 Doc 文件”命令，打开如图 5-64 所示的“指定写入到”对话框，在该对话框中可以设置文本文件的保存路径和名称。Mastercam 允许用户将所选择的操作的相关信息内容保存为一个文本文件，文件内容如图 5-65 所示。

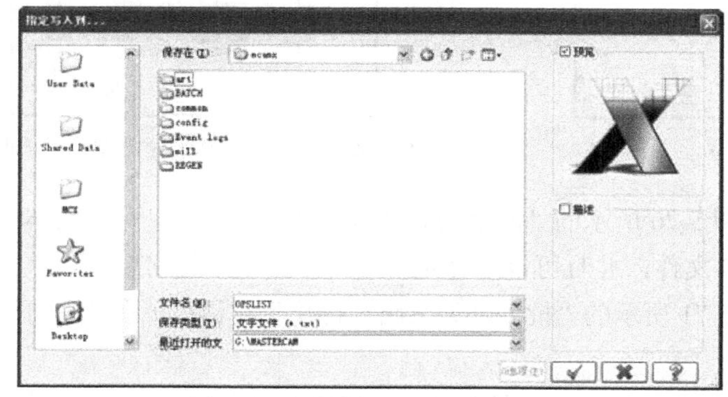

图 5-64　“指定写入到”对话框

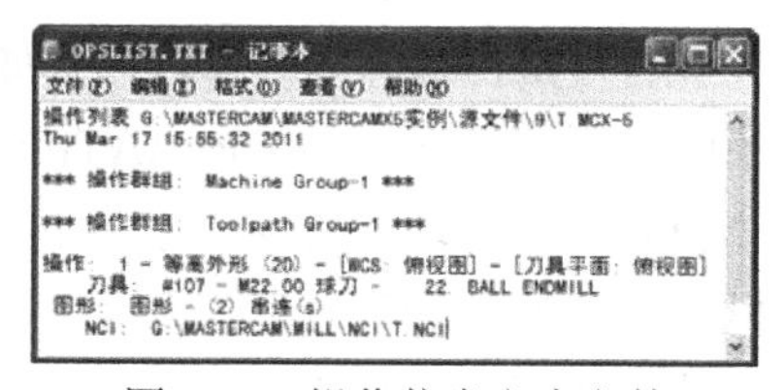

图 5-65　操作信息文本文件

执行“选择”命令，打开如图 5-66 所示的“选择操作的设置”对话框，可以在该对话框中设置一些有关刀具路径的参数，系统会自动选中符合要求的所有刀具路径。用户可以通过下拉列表进行选择，也可以单击按钮手动选择。

执行“分类”命令，弹出如图 5-67 所示的排序子菜单。

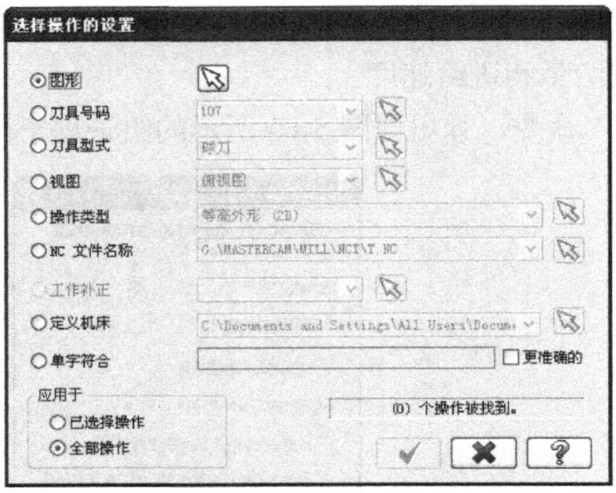

图 5-66 “选择操作的设置”对话框

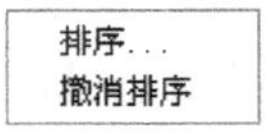

排序...
撤消排序

图 5-67 排序子菜单

执行其中的“排序”选项，打开如图 5-68 所示的“排序选项”对话框，用于指定操作排序的原则。单击▲按钮将改变排序的方向。

执行“汇入已有的操作”命令，将打开如图 5-69 所示的“汇入刀具路径操作”对话框，从中用户可以导入已有库文件中的操作。

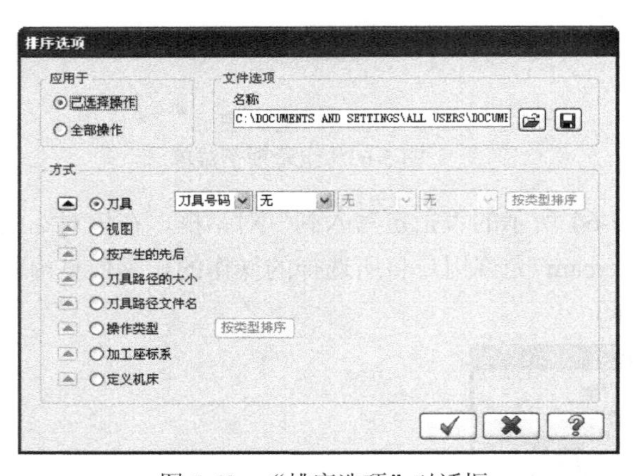

图 5-68 “排序选项”对话框

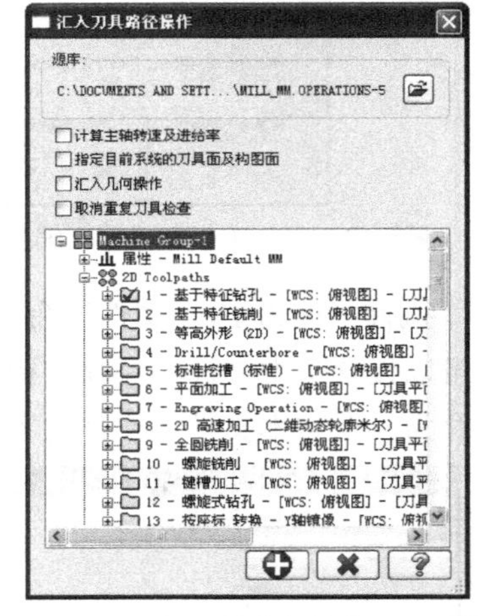

图 5-69 “汇入刀具路径操作”对话框

执行“汇出操作”命令，打开如图 5-70 所示的“汇出刀具路径操作”对话框，可以将本文件中的刀具路径导出为 OPERATIONS 文件，并且可以选择是否同时导出基础几何要素。

执行“批处理”命令，打开如图 5-71 所示的“批处理刀具路径操作”对话框，在其中可进行批量加工参数的设置。

执行“显示选项”命令，打开如图 5-72 所示的刀具路径管理树状图“显示选项”对话框，用于设置树状图中的显示方式。

执行“加工报表”命令，打开如图 5-73 所示的“加工报表”对话框，用户可以对生成的表单文件进行设置。

执行“编辑刀具路径”命令，打开如图 5-74 所示的“刀具路径编辑”对话框，用于刀具路

径的编辑。

(2) 刀具路径检查

在树状图的“刀具路径”选项上单击鼠标右键，直接启动刀具路径检查功能，打开如图 5-75 所示的“验证”对话框。

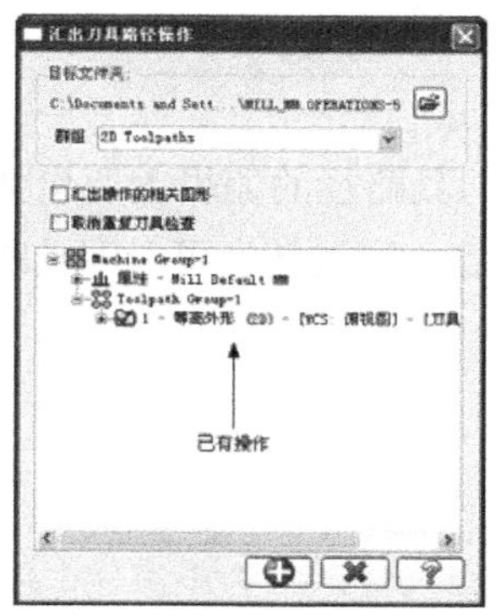

图 5-70　“汇出刀具路径操作”对话框

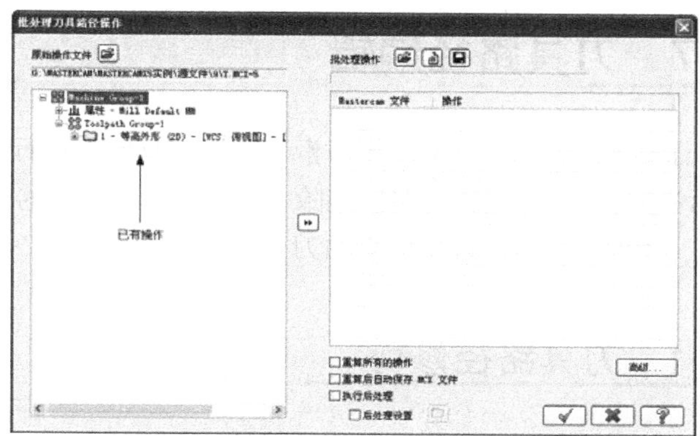

图 5-71　“批量处理刀具路径操作”对话框

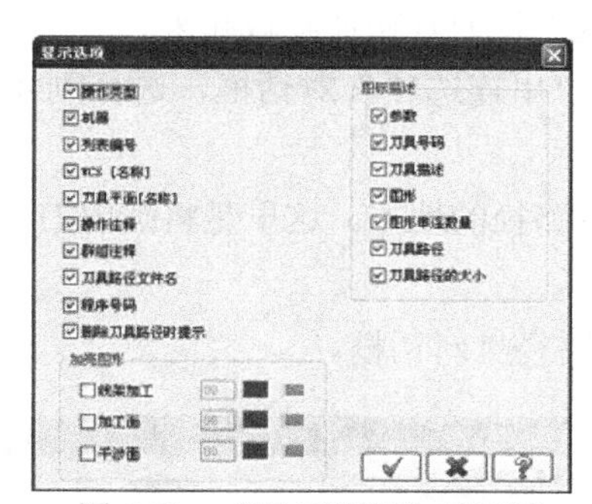

图 5-72　“显示选项”对话框

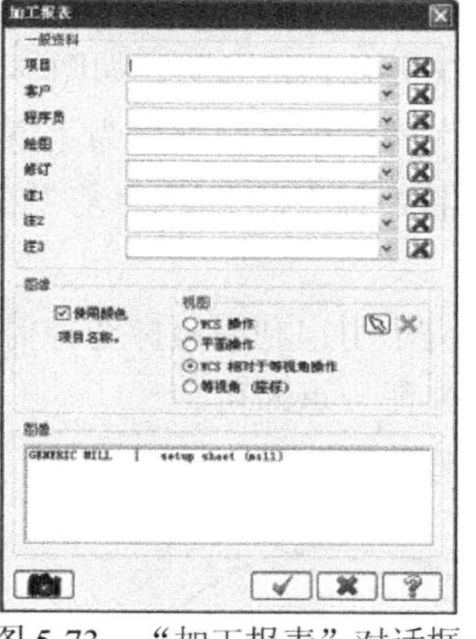

图 5-73　“加工报表”对话框

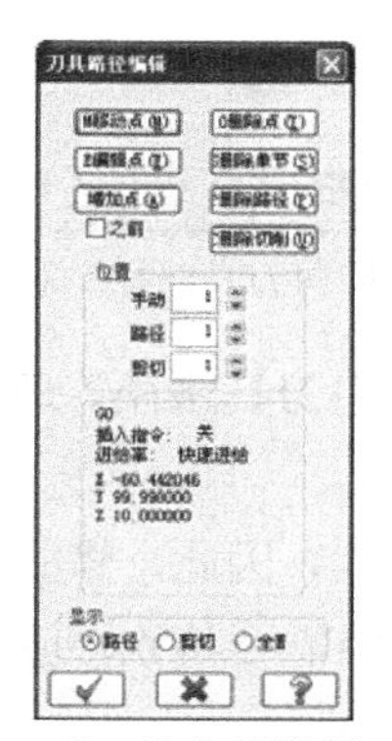

图 5-74　“刀具路径编辑”对话框

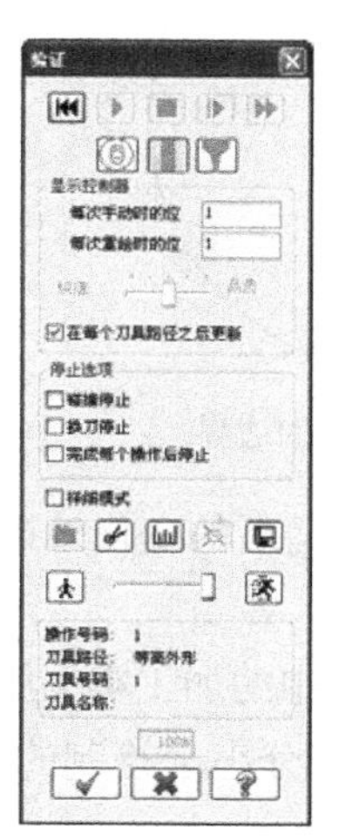

图 5-75　“验证”对话框

以上就是操作管理的全部内容，由于很多内容涉及具体的加工参数和刀具路径的知识，这里只简单地进行介绍。对于具体内容的进一步理解需要建立在对后面章节的学习和不断练习的基础上。

5.7 刀具路径编辑

Mastercam 允许用户像操作图素一样对刀具路径进行编辑。刀具路径的编辑主要包括修剪和转换两个方面。通过修剪可以删除刀具路径中不需要的部分内容；通过转换可对刀具路径进行平移、镜像和旋转，以生成新的刀具路径。

5.7.1 刀具路径修剪

刀具路径修剪功能允许用户对已经生成的刀具路径进行修剪，可以使刀具路径避开一些空间。对刀具路径进行修剪的边界必须是封闭的。

首先绘制需要修剪的边界，如图 5-76 所示。边界图形可以是任何形状和尺寸的，并且可以和刀具路径不在同一个平面上，为了方便观察，这里将刀具路径隐藏起来。

执行“刀具路径”|“路径修剪”命令，打开“串连选项”对话框，选择刚才绘制的圆并确定。

此时系统提示用户利用鼠标选择需要保留刀具路径的地方。这里是将圆内刀具路径删除，因此单击边界外任一点即可。

接着系统将打开如图 5-77 所示的“修剪刀具路径”对话框。

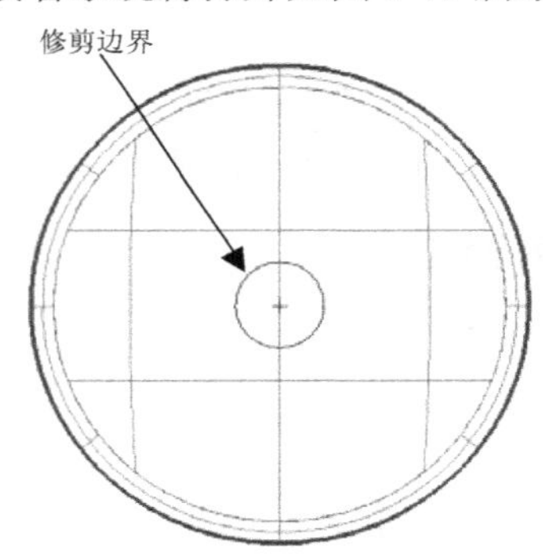

图 5-76　需要修剪的边界

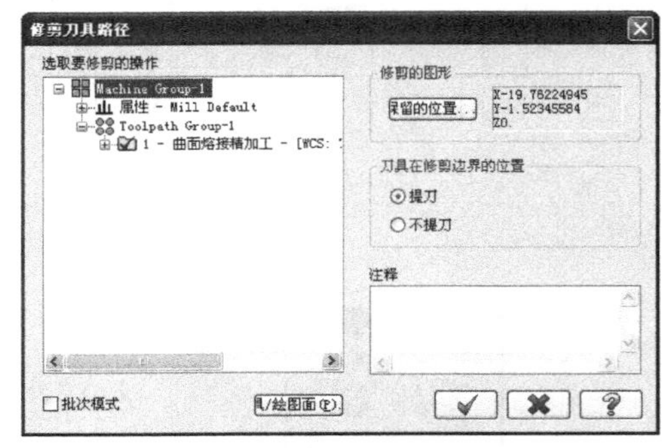

图 5-77　“修剪刀具路径”对话框

确定后，刀具路径修剪后的变化效果如图 5-78 所示。同时，在刀具路径管理区中也显示了新的操作，如图 5-79 所示。

需要注意的是，本例中的加工实例原本没有选择刀具半径补偿，因此，修剪后的效果如图 5-80 所示。实际保留的部分小于绘制的圆，这一点在实际运用中需要特别注意。

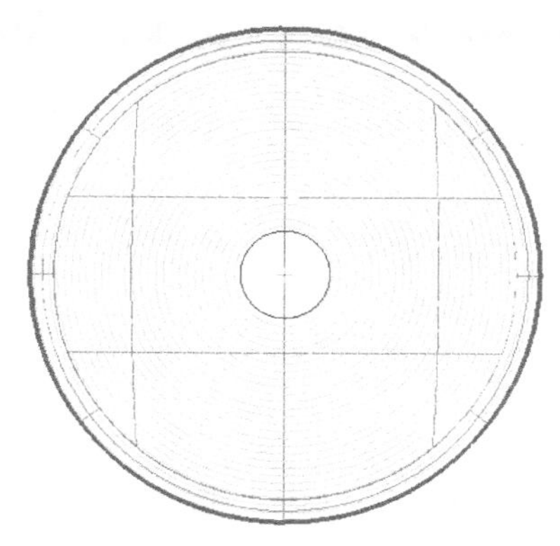

图 5-78　修剪后的刀具路径效果

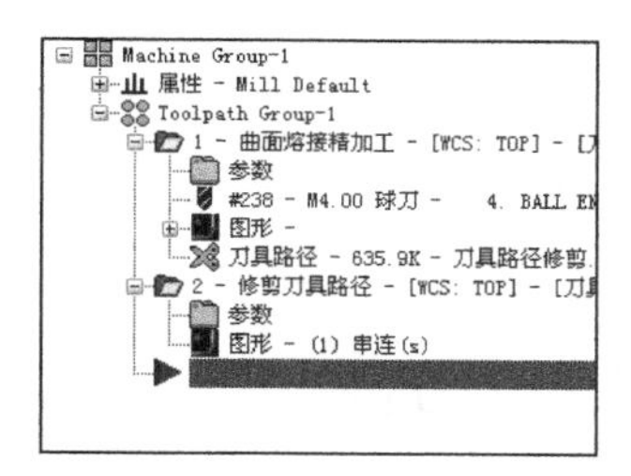

图 5-79　修剪操作

图 5-80　模拟加工效果

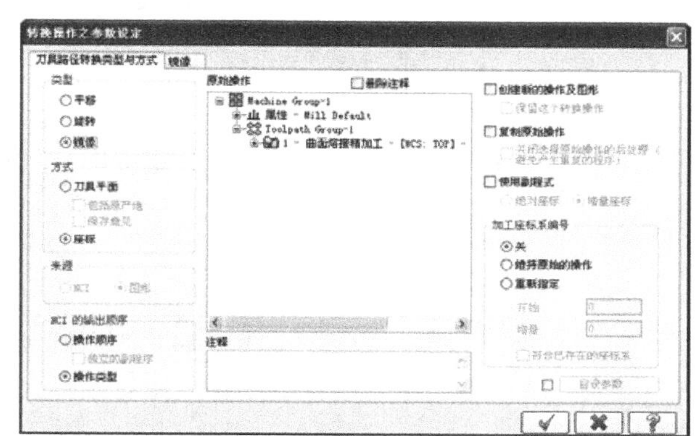

图 5-81　“转换操作之参数设定”对话框

5.7.2　刀具路径变换

刀具路径变换指的是对已有的刀具路径进行平移、镜像和旋转，从而生成新的刀具路径。这在有重复刀具路径的时候可以简化操作的过程。

执行“刀具路径”|“刀具路径转换”命令，打开如图 5-81 所示的“转换操作之参数设定”对话框。

在该对话框中选择变换的方式将会激活相应的选项卡。刀具路径的变化和图形的变化形式基本上是相同的。

“刀具平面”指的是以刀具面的变化来实现刀具路径的转换；“坐标”指的是以坐标的变化方式来实现刀具路径的转换。

“平移”选项卡、“旋转”选项卡和“镜像”选项卡分别如图 5-82、图 5-83 和图 5-84 所示。它们的操作和相应的图形变化类似。

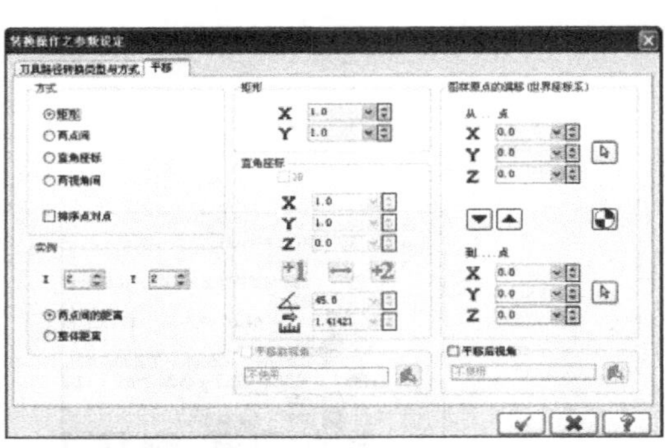

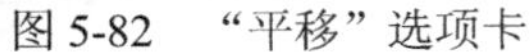

图 5-82 “平移”选项卡

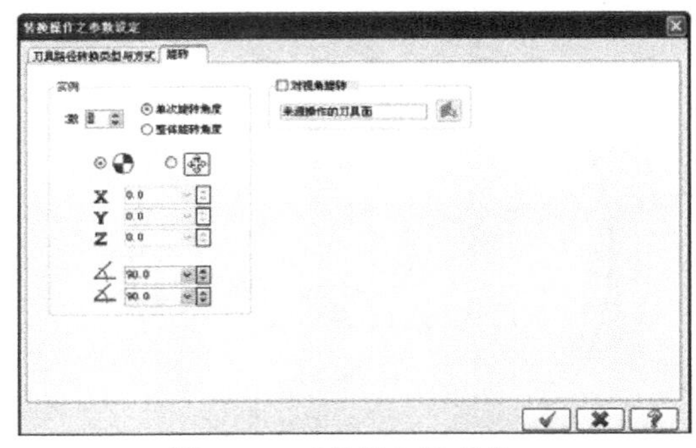

图 5-83 “旋转”选项卡

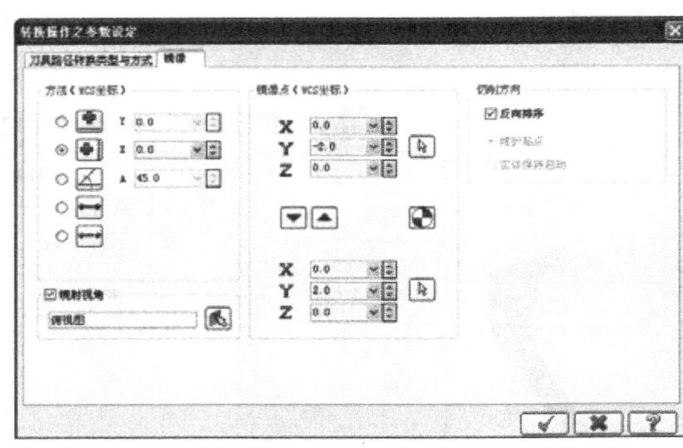

图 5-84 “镜像”选项卡

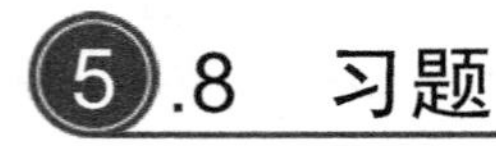

5.8 习题

1. 如何修改刀具参数并保存？
2. 如何选择一个刀具路径的材料并修改其参数？
3. 如何为一个刀具路径设置一个毛坯件？
4. 如何进行导入和导出操作？
5. 如何对一段刀具路径进行优化，实现快速进给？

二维加工

学习目标

二维加工是生产实践中使用得最多的一种加工方式。二维加工所产生的刀具路径在切削深度方向上是不变的。在铣削加工中，进入下一层加工时 Z 轴才单独进行动作，实际加工靠 X、Y 两轴联动实现。

本章重点

- 掌握刀具路径生成的基本步骤
- 掌握外形铣削的基本方法
- 掌握挖槽加工的基本方法
- 掌握平面铣削的基本方法
- 掌握钻孔加工的基本方法
- 掌握雕刻加工的基本方法
- 能独立完成简单的二维零件加工

6.1 外形铣削

外形铣削指的是刀具按照指定的轮廓进行加工。本节首先介绍外形铣削的基本步骤，然后通过一个实例来说明外形铣削的基本方法。

6.1.1 外形铣削的基本步骤

外形铣削的基本步骤可以分为以下 8 个步骤：

(1) 创建基本图形。

(2) 选择需要的机床，设置工作参数。

(3) 新建一个外形铣削刀具路径，根据系统的提示选择基本图形。

(4) 选择刀具并设置刀具参数。

(5) 设置外形铣削的加工参数。

(6) 校验刀具路径。

(7) 真实加工模拟。

(8) 根据后置处理程序，创建 NCI 文件和 NC 文件，并将其传送至数控机床。

其他加工方法的操作步骤也基本类似。其中最关键的内容是如何设置合理的加工参数，没有实际经验的读者往往会“想当然”地去设置，从而犯一些错误，因此这点在实际应用中需要特别小心。

6.1.2 外形铣削实例

1. 创建基本图形

绘制一个如图 6-1 所示的外形铣削加工零件，图中标注即为加工后需要保证的尺寸。绘制时，要以原点为矩形 100×80 的中心，这样便于设置毛坯时的工作。

2. 选择机床

首先需要挑选一台实现加工的机床，直接执行“机床类型”|“铣床”|“默认”命令即可，即选择系统默认的铣床来进行加工；接下来进行工作设置，此时最重要的是为零件设计合适的毛坯。

本例图素的最大尺寸为 100×80 的一个矩形，因此考虑采用 104×84 的矩形毛坯，每边留出 2mm 的余量，并且将毛坯厚度设计为 20mm，材料选择为铝材。

在对象管理区中，单击“材料设置”标签，打开如图 6-2 所示的“机器群组属性”对话框中的“材料设置”选项卡，并按照如图 6-2 所示进行设置。

由于已将图素矩形中心设置在原点处，因此需要将毛坯中心也放置到原点。材料的选择按第 5 章介绍的方法进行选择即可。

对于工作设置中的其他操作内容，也需要认真设置。在真正的生产实践中，需要特别注意后置处理程序的选择和设置。但是，由于本例相对简单，只需对照第 5 章的相关内容进行检查即可。

3. 新建刀具路径

用户可以通过两种方式新建刀具路径：执行“刀具路径”|“外形铣削”命令，或者在对象管理区中单击鼠标右键，执行“铣床刀具路径”|“等高外形”命令，打开如图 6-3 所示的“输入新 NC 名称”对话框，在该对话框的文本框中输入 NC 名称，确定后，系统将打开“串连选项”对话框，用于提示用户选择刀具路径的基本几何要素。选择好图形后，需注意串连的选择

方向，它涉及刀具路径设计的相关问题。方向选择如图 6-4 所示。

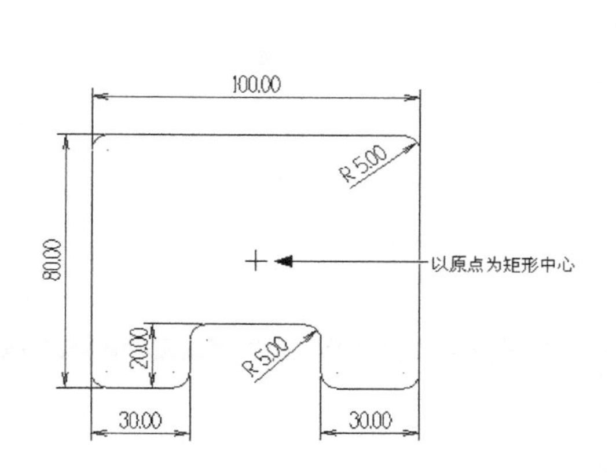

图 6-1　外形铣削加工零件

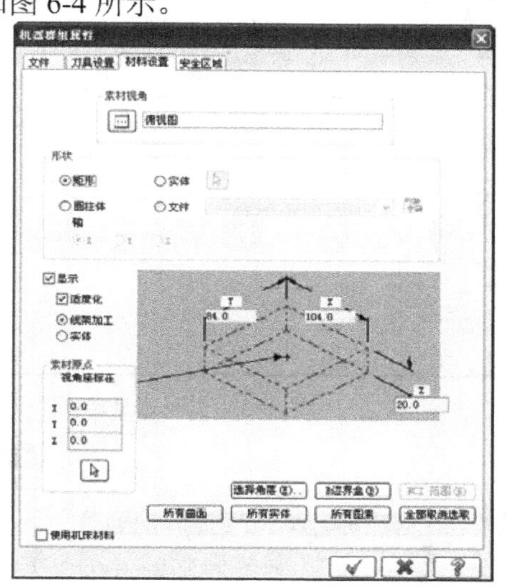

图 6-2　“材料设置”选项卡

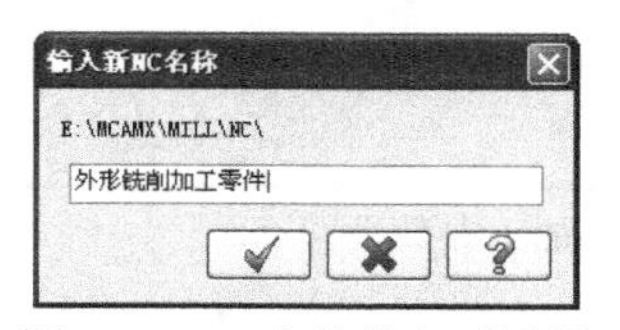

图 6-3　NC 名称输入对话框

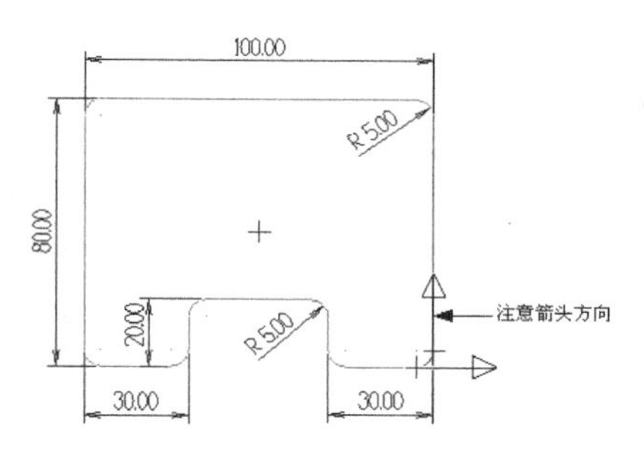

图 6-4　实例几何要素方向选择

4. 选择刀具

确定刀具路径后，系统自动打开如图 5-4 所示的“外形铣削设置”对话框，按照第 5 章的内容需选择一把直径为 22mm 的平底刀。选择好后，系统将自动使刀具显示在相应的位置，如图 6-5 所示。

刀具参数的各种含义请参见前面章节的相关介绍。注意，这里的刀具编号等参数都是使用刀具在库中的原始数据，用户往往需要对其进行相应的修改，以方便管理。而刀具尺寸等参数是 Mastercam 的默认参数，在实际应用时，需要对照真实的刀具进行修改。在本例中只需修改其刀具编号即可。双击已经列出的刀具，打开“定义刀具”对话框，参照如图 6-6 进行参数设置。

切换到“参数”选项卡，对刀具的各种加工参数进行设置。对于主轴转速和进给率参数，用户可以自行输入，也可以单击 A计算转速/进给(A) 按钮由系统进行计算。刀具加工参数的设置如图 6-7 所示。

确定后即可完成刀具的选择和参数的设置。返回到外形铣削设置对话框，切换到“切削参数”选项卡，在其中设置加工参数。

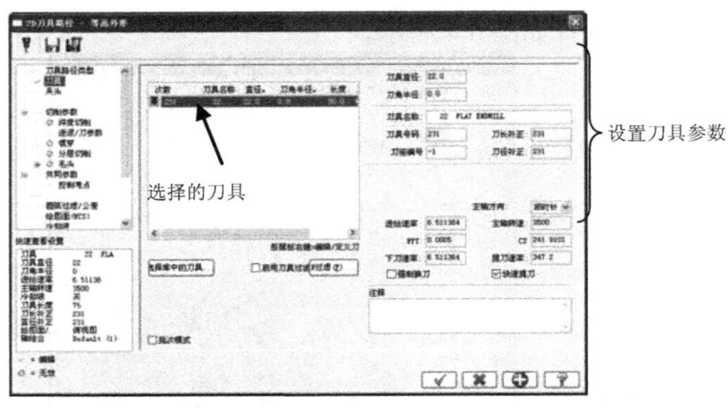

图 6-5 实例刀具选择

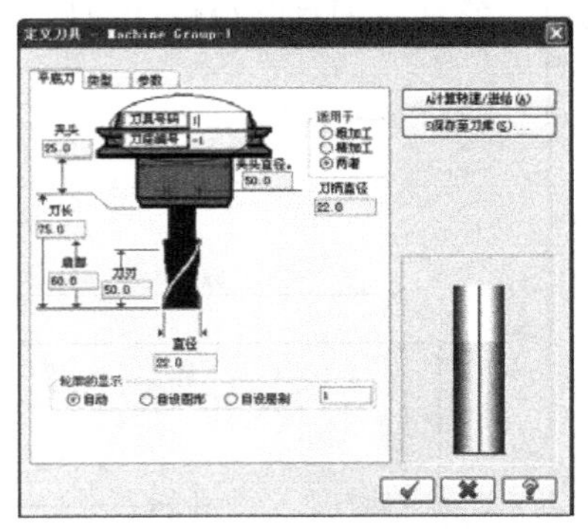

图 6-6 刀具尺寸参数设置

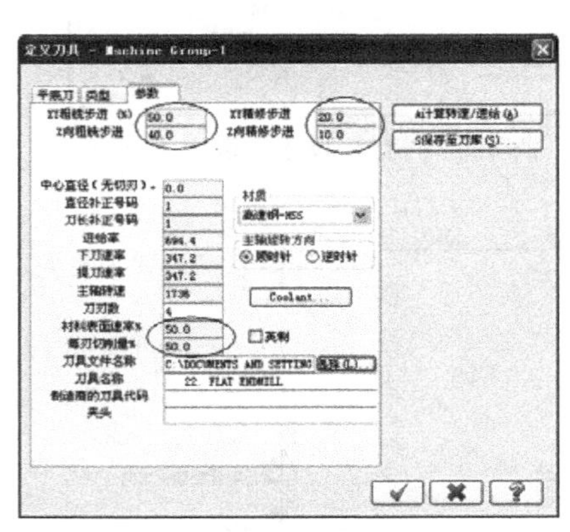

图 6-7 刀具加工参数设置

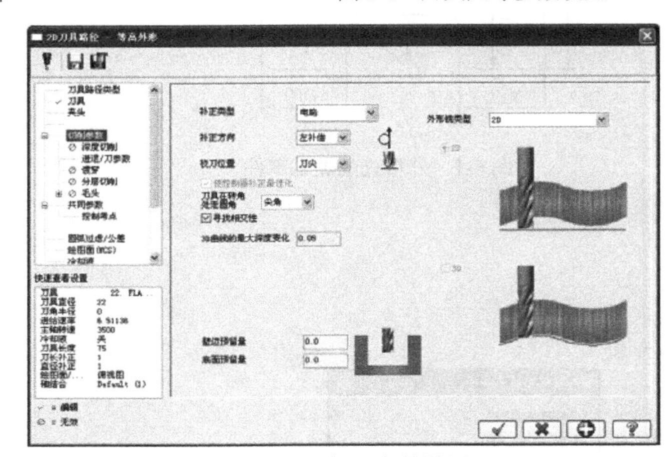

图 6-8 加工参数设置

5. 设置加工参数

外形铣削的加工参数和加工高度设置选项如图 6-8 和图 6-9 所示。

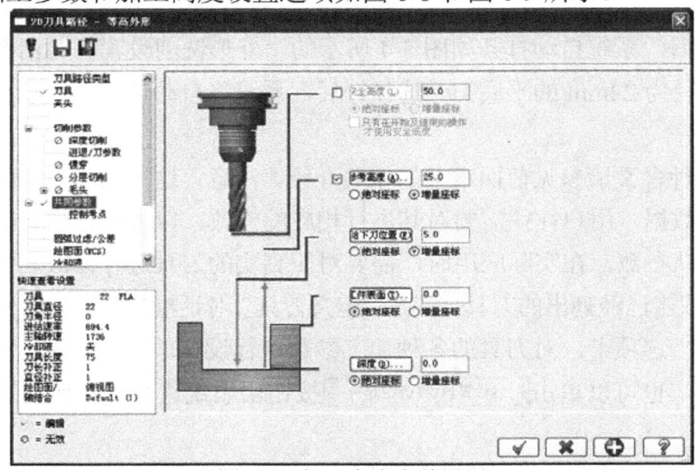

图 6-9 加工高度参数设置

除了可以手动在文本框中输入参数之外，还可以单击相应按钮，并利用鼠标在图形上进行

单击来直接获得相应的数值。参数的增量方式是以工件顶面为基准计算的；而绝对方式则是在工作坐标系下进行计算得到；两者的关系可以通过指定工件顶面数据来进行换算。本例的毛坯和工件的创建，关系明确，而且都以坐标系原点为中心，因此直接根据几何关系输入参数即可。具体参数设置如图 6-9 所示，请读者认真思考这几个尺寸的相互关系以及绝对和增量方式高度的设置。其高度参数设置关系如图 6-10 所示。当把工件表面的绝对高度设置为 0 时，增量和绝对高度量就统一起来了。

接下来设置刀具补偿参数。刀具补偿是数控加工中的一个重要概念，在零件设计阶段是按照零件的实际轮廓进行设计，但在数控指令中的轨迹是刀具中心点的轨迹，由于刀具半径能够存在，因此会使加工零件尺寸发生偏差。还有一种刀具补偿是在长度方向上的，主要针对于有自动换刀功能的加工中心。由于各种刀具的刀柄长度可能不一样，在高度方向上就需要进行补偿。这里仅介绍最常见的刀具半径补偿。

刀具半径补偿根据补偿方向针对轨迹前进方向的不同，分为左补偿和右补偿，补偿说明如图 6-11 所示。可见左、右补偿的概念指的是在轨迹线上沿串连方向(加工方向)看去，刀具在轨迹线的哪一侧，右侧为右补偿，左侧为左补偿。

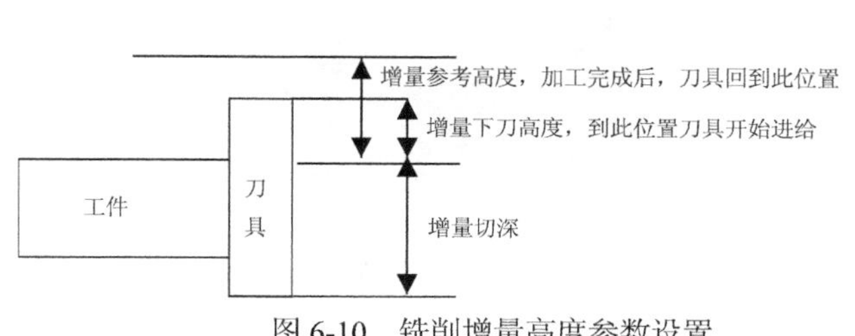

图 6-10　铣削增量高度参数设置

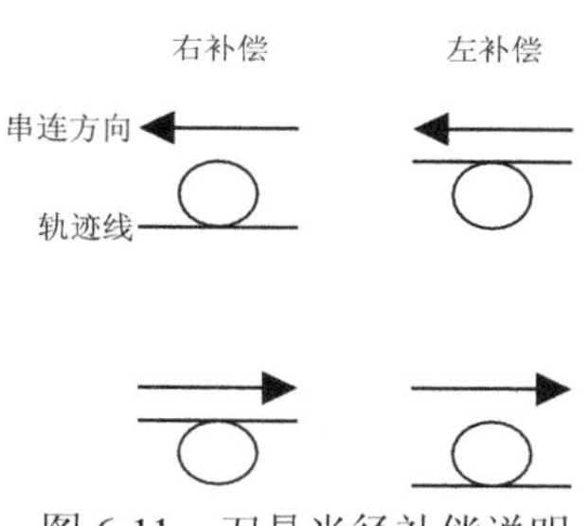

图 6-11　刀具半径补偿说明

具体实现补偿的方式有两种：计算机补偿和控制器补偿。计算机补偿指的是直接按照刀具中心轨迹进行编程，此时无需进行左、右补偿，程序中无刀具补偿指令 G41 或 G42。控制器补偿指的是按照零件轨迹进行编程，在需要的位置加入刀具补偿指令及补偿号码，机床执行该程序时，根据补偿指令自行计算刀具中心轨迹线。

但在实际加工中，随着刀具的磨损，补偿半径也会发生变化，因此，在补偿中新增了一个专用的寄存器来存储刀具的磨损值。Mastercam 就向用户提供了这种功能。

刀具补偿的相关设置如图 6-12 所示。

下面进行如图 6-13 所示的加工误差的相关设置。

图 6-12　刀具补偿参数设置

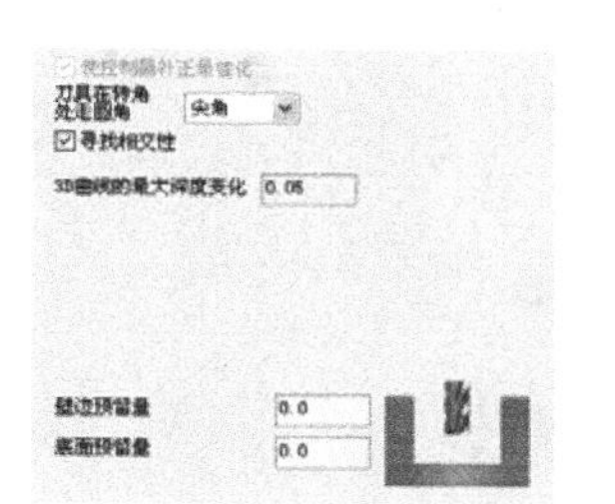

图 6-13　加工误差相关设置

刀具在周转角时，机床的运动方向会发生突变，切削力会发生很大的变化，对刀具不利，因此要求尽可能在转角处进行圆弧过渡操作。

寻找相关性指的是系统会在刀具路径中寻找路径的相交情况，以避免在后面的加工中破坏已经切削的表面。

线性公差仅用于三维圆弧、二维或三维 Spline 曲线。

最大深度偏差仅用于三维外形刀具路径操作。

在粗铣轮廓时，一般不能一次直接切到需要的尺寸，这样无法保证加工面的质量，因此往往要求留有一定的加工余量。为此，Mastercam 提供了两个方向的预留量参数设置。

外形铣削中一共提供了如图 6-14 所示的 5 种外形铣削类型，分别是“2D”(二维外形加工)、“2D 倒角”(二维倒角加工)、“斜降”(斜坡加工)、“残料加工”和“轨迹线加工”(振动加工)。

(1) 2D

“2D”即二维外形加工，使用平底刀沿平面加工出外形，如图 6-15 所示。

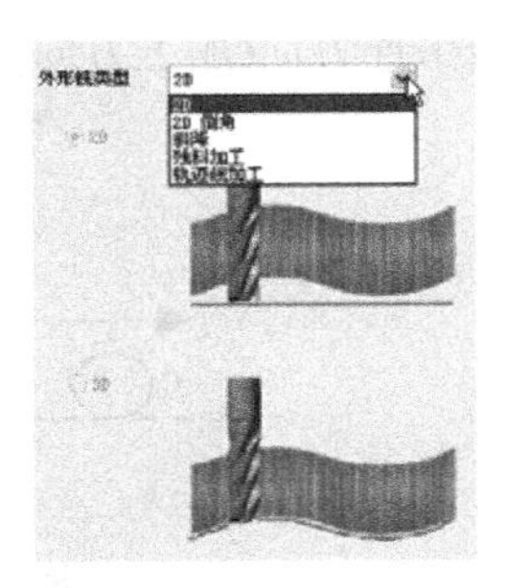

图 6-14　外形铣削加工类型

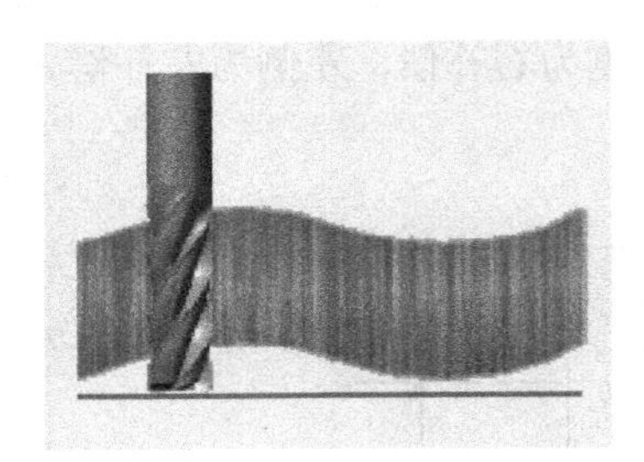

图 6-15　二维外形加工

(2) 二维倒角加工

倒角加工需要通过倒角铣刀来实现，在这个对话框中只能设置倒角的加工宽度，角度是由刀具参数决定的，如图 6-16 所示。

(3) 斜坡加工

所谓斜坡加工指的是在 XY 方向走刀时，Z 轴方向也按照一定的方式进行进给，从而加工出一段斜坡面，如图 6-17 所示。

(4) 残料加工

外形残料加工主要是为了保证加工的要求，对粗加工时的大直径刀具加工所遗留的材料进行再次加工，还包括对前面设置的 3 个方向的预留量进行加工，如图 6-18 所示。

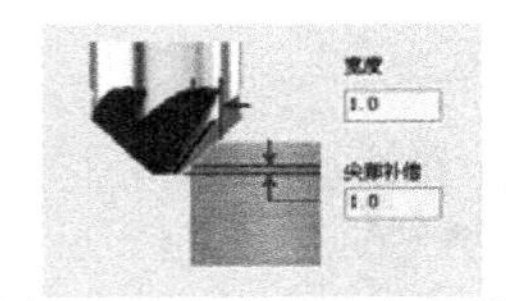

图 6-16　倒角加工参数设置

图 6-17　斜坡加工参数设置

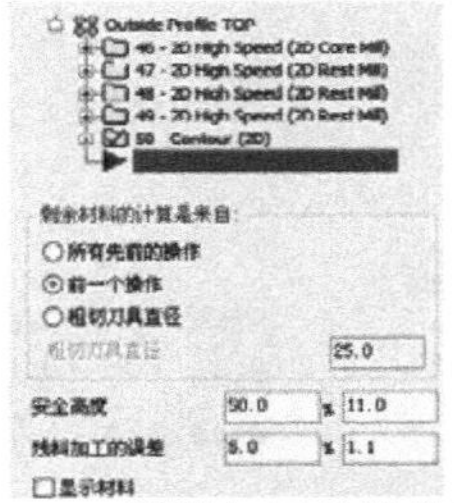

图 6-18　残料加工参数设置

(5) 振动加工

振动加工参数设置如图 6-19 所示。

在图 6-8 的加工参数选项中还有 5 个子选项，下面分别进行介绍。

◉　分层切削

当毛坯材料过厚时，所需要的切削量过大，刀具将无法一次加工到指定尺寸。有时即便可以加工完成，也会由于切削量大而使切削性能变差，加工表面质量会很差。因此，需要进行多次切削，每次加工一定的量，直到最后成形，“外形分层”对话框如图 6-20 所示。

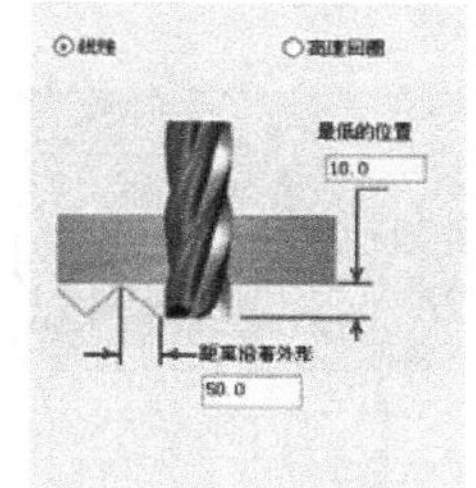

图 6-19　振动加工参数设置

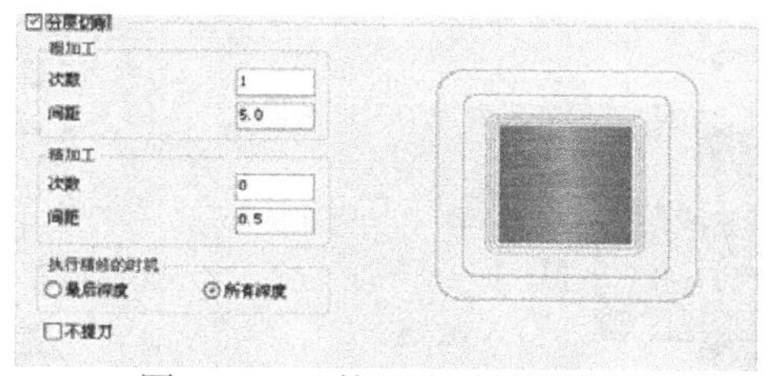

图 6-20　“外形分层”对话框

◉　进退/刀参数

刀具切入和切出材料时，由于切削力突然变化，将会因产生振动而留下刀痕。因此，在进刀和退刀时，Mastercam 系统可以自动添加一段隐线和圆弧，使之与轮廓光滑过渡，从而避免振动，提高加工质量。而且，在实际加工中，往往把刀具路径的两端进行一定的延长，这样能获得很好的加工效果，进/退刀参数设置如图 6-21 所示。

◉　深度切削

当毛坯尺寸过深时，也无法一次加工完成。需要在深度方向上分成若干次加工，以便获得良好的加工性能。“深度切削”如图 6-22 所示。

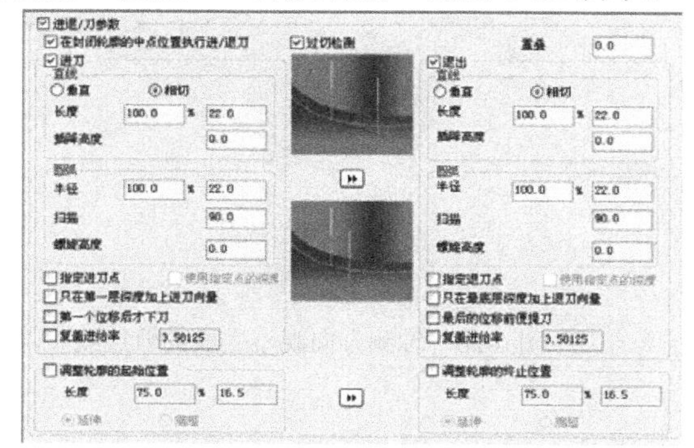

图 6-21　“进/退刀参数”对话框

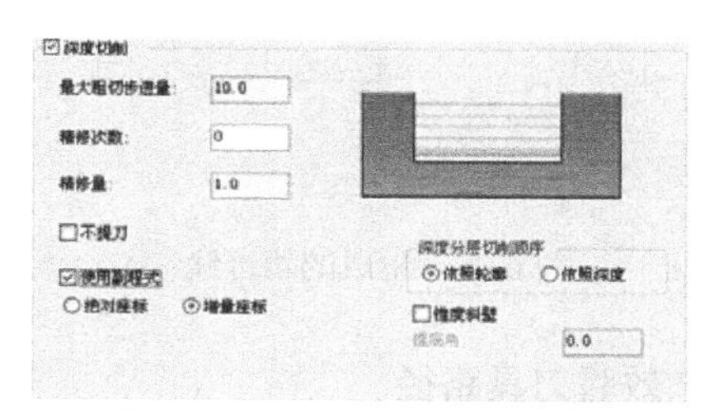

图 6-22　“深度切削”对话框

按轮廓方式指的是先在一个外形边界上加工到指定的深度，再进行下一个边界的加工。按深度方式指的是在一个深度上加工所有的边界外形，再进行下一个深度的加工。在一般的加工中，优先选择按轮廓方式。

◉　贯穿

贯穿设置用来指定刀具完全穿过工件后的伸出长度，这有利于清除加工的余量。系统会自动在进给深度上加入这一伸出长度，“贯穿参数”对话框如图 6-23 所示。

⊙ 毛头

在加工时，可以指定刀具在一定阶段脱离加工面一段距离，以形成一个“台阶”，有时这是非常有用的一种功能，比如在加工路径中间有一段凸台需要跨过。在加工中，该操作被称为“毛头”。“毛头”对话框如图 6-24 所示。当在整个加工面都需要加高时，可以选中“全部”单选按钮；当需要间断性抬高时，则可以选中“局部避开”单选按钮。

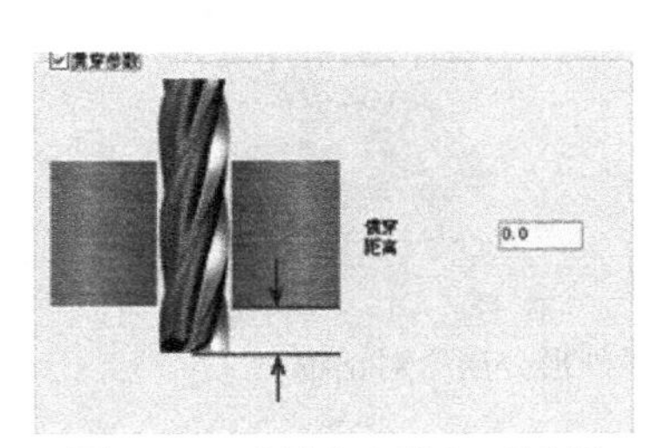

图 6-23 “贯穿参数”对话框

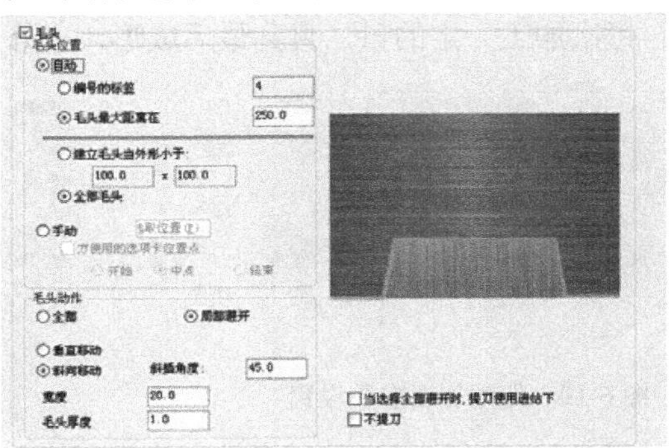

图 6-24 “毛头”对话框

上面就是所有关于外形铣削的各种参数设置，其他加工方法的参数也基本相同。确定后，系统将会生成一个刀具路径，并显示在对象管理区中。在需要时用户也可对这些参数再次进行设置。这时在图形区就出现了一条轨迹线，如图 6-25 所示。在轴测方向观察生成的轨迹线效果如图 6-26 所示。

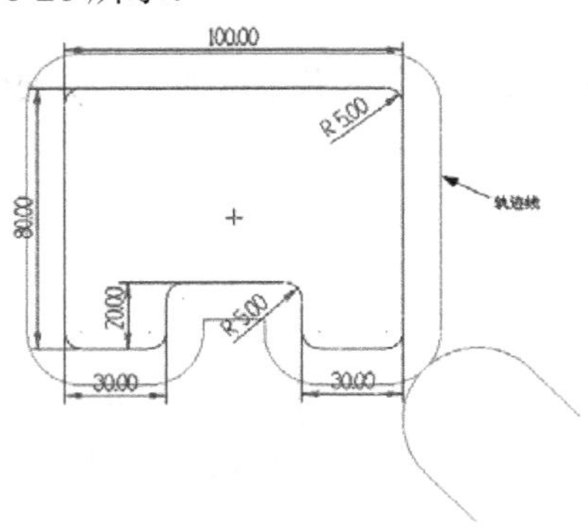

图 6-25 生成的轨迹线

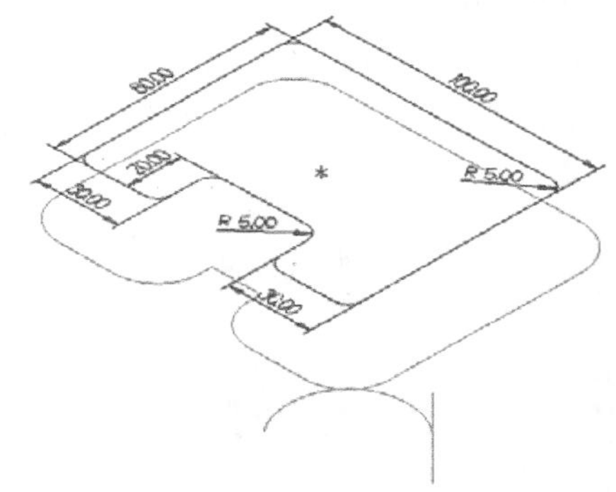

图 6-26 轴测方向观察生成的轨迹线

6. 效验刀具路径

如果已经完成了外形铣削刀具路径的设置，就可以通过刀具路径模拟来观察刀具路径是否设置得合适了。

在对象管理区中单击按钮即可进行刀具路径的校验，并通过仿真对刀具路线进行观察。观察时可以选择单步和连续的方式分别进行，单步方式用于检查切削流程，连续方式用于检查切削效果，这样可以观察得更为清晰、准确。校验效果如图 6-27 所示。

7. 真实加工模拟

在确定了刀具路径的正确性后，还需要通过真实加工模拟来观察是否有错误。比如在这个例子中，如果刀具半径过小，在铣凹处时，将会出现一段悬空的毛坯没有被加工到，用户可以自行进行设置与观察。正确的显示效果如图 6-28 所示。

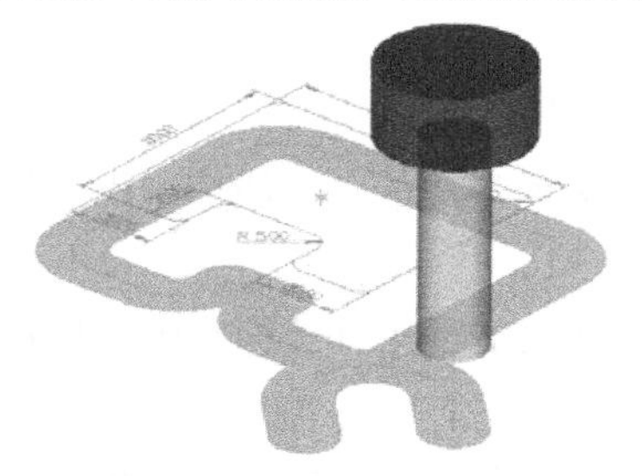

图 6-27　校验效果

图 6-28　真实加工模拟

8. 后置处理

在确认刀具路径正确后，即可生成 NC 加工程序。单击对象管理区中的 G1 按钮，打开“后置处理操作设置”对话框。确定后，系统提示用户选择 NC 文件保存的路径和名称。保存之后，即可生成了本刀具路径的加工程序，如图 6-29 所示。

如果直接用于生产，就可以通过通信模块将该程序发送给机床进行加工了。

通过这个例子可以发现，使用 Mastercam 自动生成 NC 程序的效率要远远高于人工编程，而且可以通过仿真的手段来检查程序的正确性，这更符合日益发展的生产要求，符合现代化工厂生产的要求。

以上通过一个外形铣削展现了整个 CAM 模块的基本流程，用户需要在自己设计的零件上进行各种各样的尝试，以提高对软件的熟练程度，掌握生成刀具路径设置的关键要点，以避免各种各样的错误。想要设计出合理的加工参数，就需要积累大量的实践经验，不太熟悉的用户可以参阅各种加工手册。

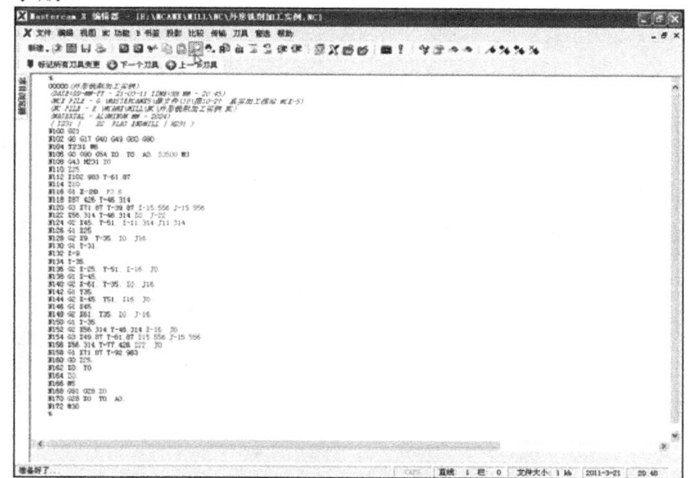

图 6-29　生成的 NC 程序

计算机基础与实训教材系列

6.2 挖槽加工

6.2.1 槽的基本加工方法

零件上的槽和岛屿都是通过将工件上指定区域内的材料挖去而形成的。一般情况下，使用平底刀(EndMill)进行加工。

一般来说，槽的轮廓都是封闭的。如果选择了开放轮廓，就只能使用开放轮廓的挖槽加工来进行操作。

挖槽刀具路径生成的一般步骤和外形铣削基本相同，主要参数有刀具参数、挖槽加工参数和粗精铣参数 3 种。

在铣槽时，可以按照刀具的进给方向分为顺铣和逆铣两种方式。顺铣有利于获得较好的加工性能和表面加工质量。

有时，在槽内还包含一个被称为“岛屿”的区域。在分层铣削加工过程中，可以特别补充一段路径加工岛屿顶面。

在挖槽加工时，可以附加一个精加工操作，从而一次完成两个刀具路径规划。

在下面内容的介绍中，将通过一个实例来生成一个段槽的加工刀具路径。

6.2.2 挖槽加工实例

1. 创建基本图形

创建两个同心的圆，圆心在坐标系原点，尺寸如图 6-30 所示，将两圆之间的部分作为一段槽，而将小圆作为孤岛。

2. 选择机床

与外形铣削相同，选择默认铣床。然后在对象管理区中，选择“材料设置”选项，切换至“机床工作参数设置”对话框的“材料设置”选项卡，根据基本图素的要求，选择毛坯为 100×100 的一个矩形材料，将高度设置为 20，毛坯中心在原点，如图 6-31 所示。

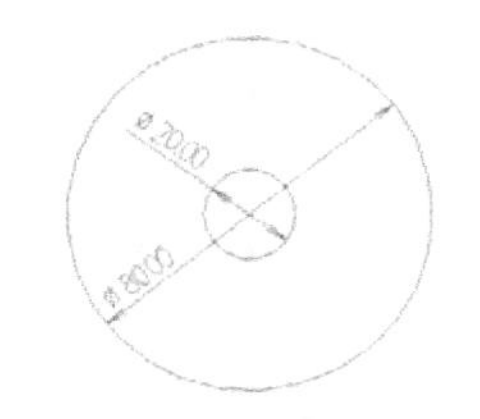

图 6-30　挖槽加工基本图素

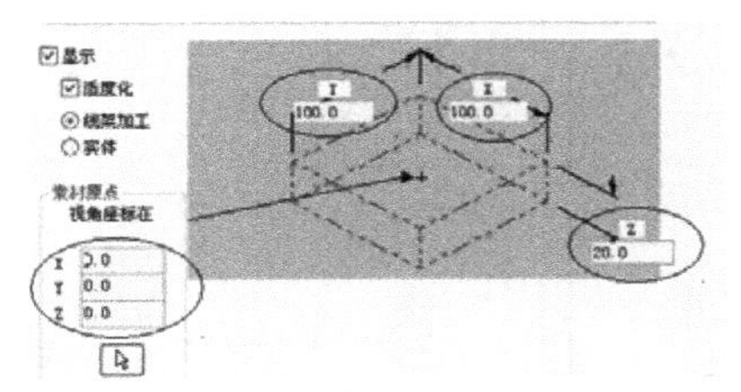

图 6-31　挖槽加工毛坯设置

3. 新建刀具路径和选择刀具

执行“刀具路径”|“标准挖槽”命令或在对象管理区中，单击鼠标右键，执行“铣床刀具路径”|“标准挖槽”命令，在打开的“NC 代码名称”对话框中输入名称后，系统将打开“串连选项”对话框，提示用户选择挖槽刀具路径的基本几何要素。单击按钮进行区域选择，选中大、小圆中间的圆环部分即可。

确定后，系统将打开“挖槽加工参数设置”对话框，首先在刀具参数选项下选择一把刀具直径为 8 的平底刀，并参照图 6-32 设置刀具的加工参数。

4. 设置加工参数

在“挖槽加工参数设置”对话框中，切换到“切削参数”选项卡，在该选项卡中进行挖槽参数的设置，如图 6-33 所示。

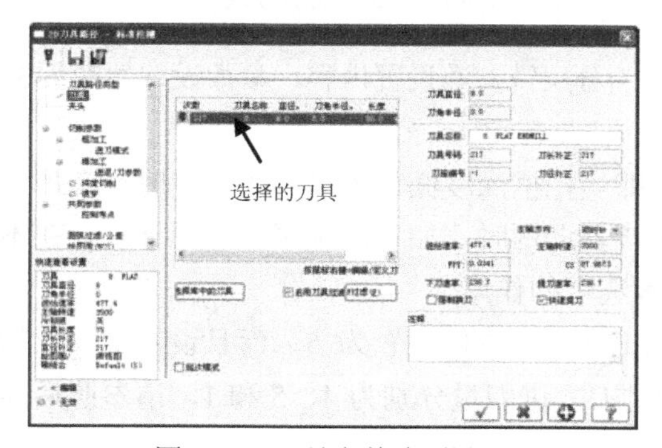

图 6-32　刀具参数选项设置

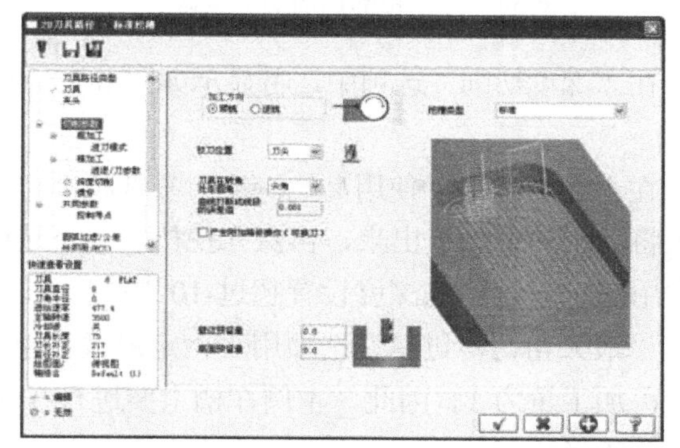

图 6-33　挖槽参数设置

Mastercam 共提供 5 种挖槽加工的方法，分别为“标准”，标准挖槽模式；“平面加工”，免铣削模式；“使用岛屿深度”，岛屿模式；“残料加工”，残料模式；“打开”，轮廓开口模式。其中轮廓开口模式将会把为封闭的区间自动封闭起来。用户可以通过“挖槽类型”后面的下拉列表进行模式选择。本实例选择“使用岛屿深度”模式。

选择相应的模式将会激活不同的设置选项。选择“使用岛屿深度”模式显示如图 6-34 所示的参数设置内容，本例参数设置如图 6-34 所示。

在这里设置岛屿上方高度为-2，即相对于毛坯表面的距离为 2，那么，在设置槽深为 10 的情况下，在槽内就会出现一个高度为 8 的圆柱，且表面经过加工。

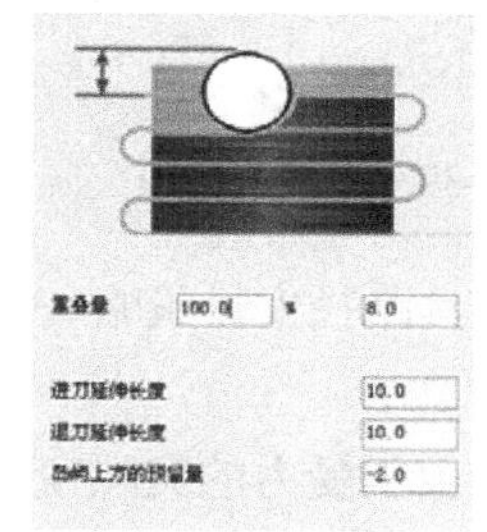

图 6-34　“使用岛屿深度”参数设置

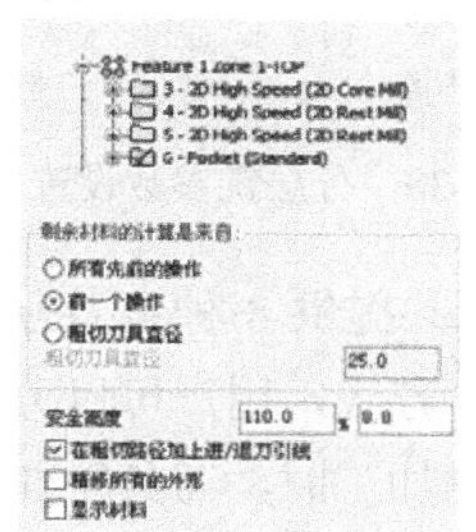

图 6-35　残料加工参数设置

在其他模式下将会激活如图 6-35 所示的残料加工参数设置内容和如图 6-36 所示的开口轮廓挖槽加工参数设置内容。

在设置挖槽参数时，还需要在如图 6-37 所示的选项卡中指定刀具铣削的方式。一般选择逆铣方式。

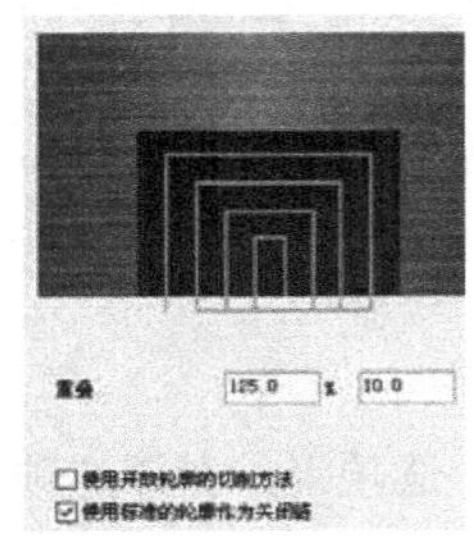

图 6-36　开口轮廓挖槽加工参数设置

图 6-37　刀具铣削方式

在“深度切削”选项中，将显示如图 6-38 所示的分层铣参数设置内容，参数设置如图 6-38 所示。

在本例中选中“使用岛屿深度”复选框即可，即当挖槽深度低于该岛屿的深度时，在加工时先将岛屿外形加工出来，再深入挖槽。当不选中该复选框时，加工的顺序会有所不同。在本例中用户可以将岛屿深度设置超过-10，然后比较本选项的作用。

“最大粗切步进量”选项用于指定最大的粗加工深度，本例设置为 5，而且设置了一次精加工，加工量为 1。因此，本例在槽上要进行 3 次进刀，进刀量分别为 4、5 和 1，请参照后面的刀具路径进行检查。其他参数与外形铣削时的含义相同。

在“挖槽加工参数设置”对话框中还有“粗加工”和“精加工”两个选项，即粗/精铣选项，如图 6-39 和图 6-40 所示。

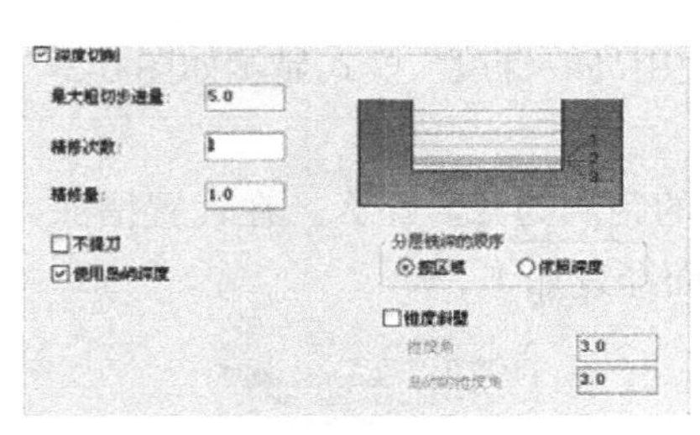

图 6-38　分层铣参数设置

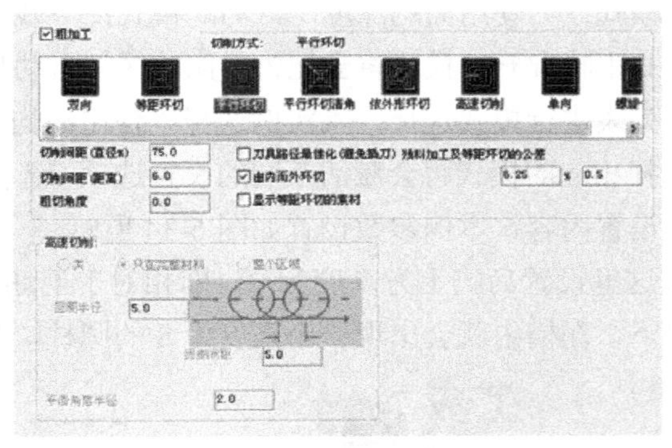

图 6-39　粗加工选项

Mastercam 共提供 8 种走刀方式，它们分别对应不同的刀具路径安排策略。在本例中选用第一种“双向”方式，用户可以分别选择不同的方式并观察。

由于在挖槽加工时，刀具往往是直接插入工件的，因此会由于受力的突然变化，而影响切削性能，因而需多采用螺旋下刀方式。选择“进刀模式”选项，打开螺旋式下刀参数设置，其中包含“螺旋形”和“斜降”两个单选项，分别对应螺旋式和斜插式下刀，如图 6-41 和图 6-42

所示。

至此已经完成所有的挖槽参数的设置。单击“确定”按钮，即可生成如图 6-43 所示的刀具路径。

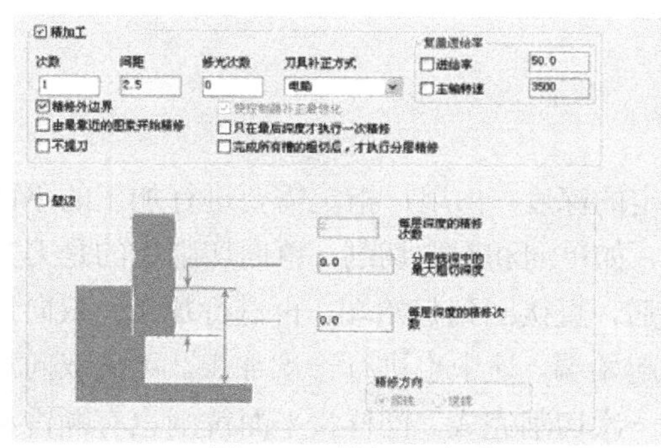

图 6-40　精加工选项

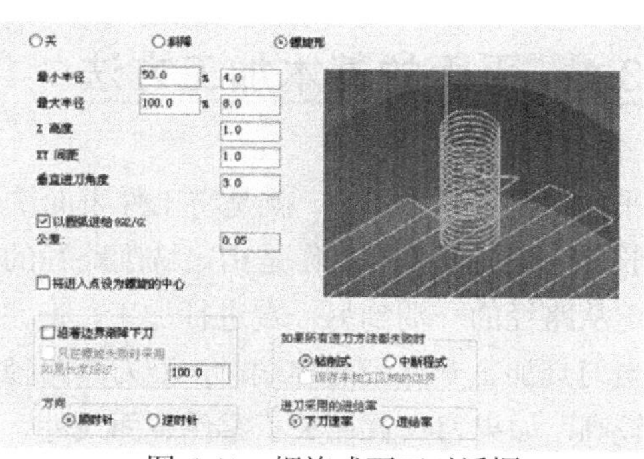

图 6-41　螺旋式下刀对话框

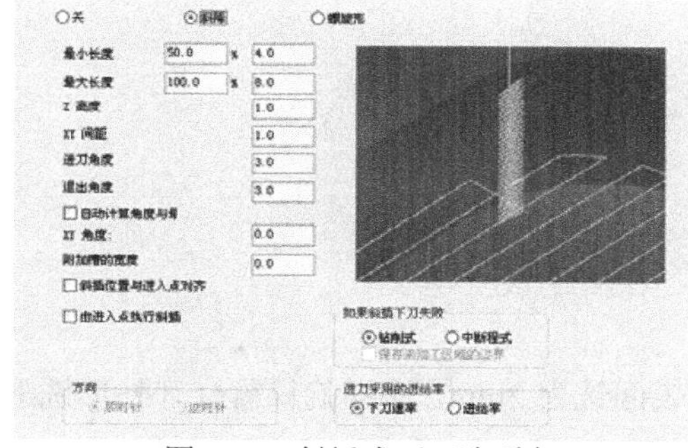

图 6-42　斜插式下刀选项卡

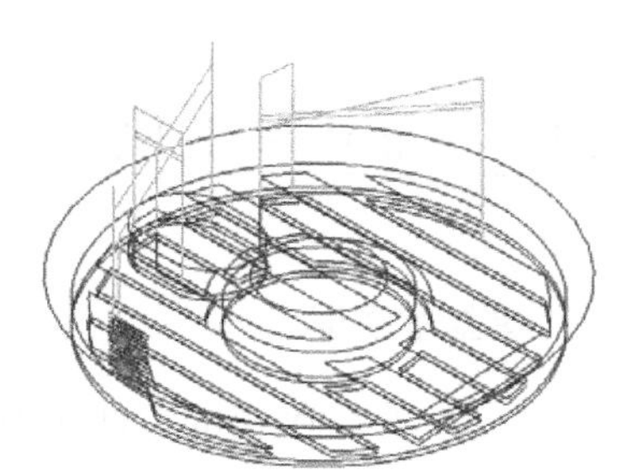

图 6-43　挖槽刀具路径实例图

5. 模拟及后置处理

生成刀具路径后，便可以进行刀具路径仿真和实际加工仿真，进行验证。确认后，生成的实例和 NC 文件效果分别如图 6-44 和图 6-45 所示。

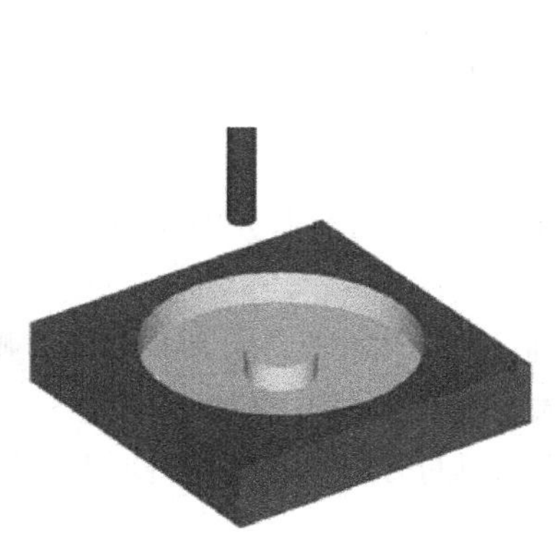

图 6-44　实际加工仿真

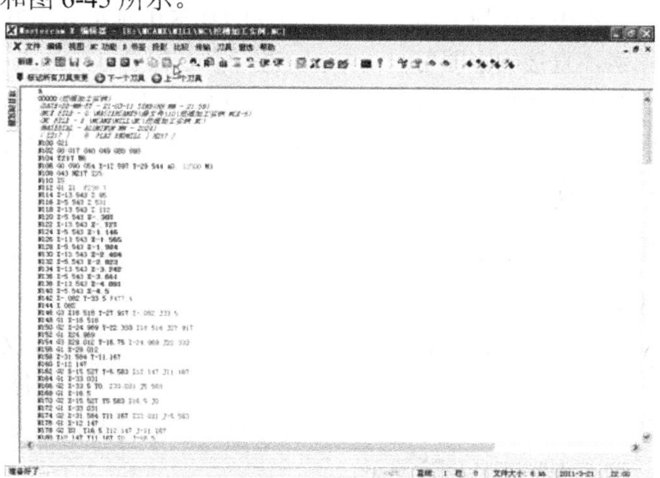

图 6-45　NC 文件

6.3 平面铣削

6.3.1 平面的基本加工方法

平面铣削，顾名思义，就是将工件表面铣去指定的深度，由用户指定需要进行加工的平面区域。平面铣削最主要的工作是指定铣削路径的方式，如单向和双向切削。单向切削指的是刀具始终固定从路径的一端到另一端进行加工，走完一遍后，直接回到起始端，再进行加工；双向切削是指当刀具加工到路径的尾端时，沿刀具路径返回起始端，途中也进行一次加工。可见双向加工效率较高。如果刀具直径大于零件表面尺寸，可以一次切削完成。同样，平面铣削也有顺铣和逆铣之分。总之，掌握平面加工中有各种方法和技巧，并安排出最合理的加工方案需要通过不断地实践和学习才能掌握。

6.3.2 平面铣削实例

1. 创建基本图形

本例使用外型铣削后的零件作为实例，将其表面铣去 2mm。这样就只需打开外形铣削的文件，直接在已选择好的机床下添加刀具路径了。

2. 新建刀具路径和选择刀具

执行“刀具路径”|“平面铣”命令或在对象管理区中单击鼠标右键，执行“铣床刀具路径”|“面铣”命令，在打开的“NC 代码名称”对话框中输入名称后，系统将打开“串连选项”对话框，提示用户选择平面铣削刀具路径的基本几何要素。由于是对整个表面进行铣削，不需要选择图素，直接确定即可。

在打开的“平面铣削参数”对话框中的“刀具”选项卡中，为本次加工选择一把刀具直径为 20 的平底刀，其他参数设置可以参照前面相关内容的进行设置。如图 6-46 所示。

3. 设置加工参数

在“平面铣削参数”对话框中，将“共同参数”和“切削参数”选项卡分别参照图 6-47 和图 6-48 进行设置。

Mastercam 共提供 4 种面铣削方式，主要有“双向”，双向加工；“单向”，单向加工、顺铣；“动态”，单向加工、逆铣；“一刀式”，当刀具直径大于加工面时，只加工一次。

切削间距指的是刀具路径每两行之间的距离。当间距大于刀具直径时，将显示出加工不到的地方，这一点需要特别注意。

跨行方式指的是加工完一行后，进入下一行加工的方式，在“切削之间位移”下拉列表中进行选择，包括：“高速回圈”，走圆弧快速移动到下一行；“线性”，走直线进入下一行；“快速进给”，走直线快速进入下一行。

设置完所有的参数后，单击“确定”按钮。系统将自动生成如图 6-49 所示的面铣削刀具路径，这里已将外形铣削的路径隐藏了。同时，在对象管理区中，在原有外形铣削路径下显示出一个新的面铣削刀具路径选项，如图 6-50 所示。

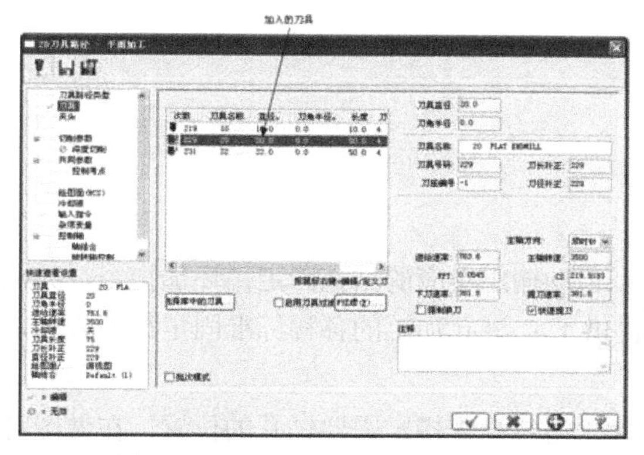

图 6-46　“刀具”选项卡设置

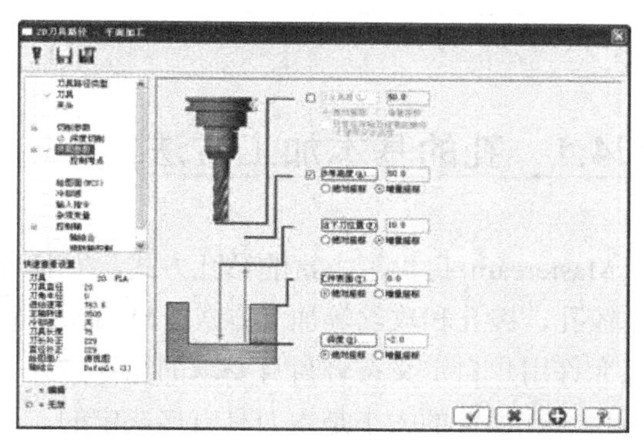

图 6-47　“共同参数”选项卡设置

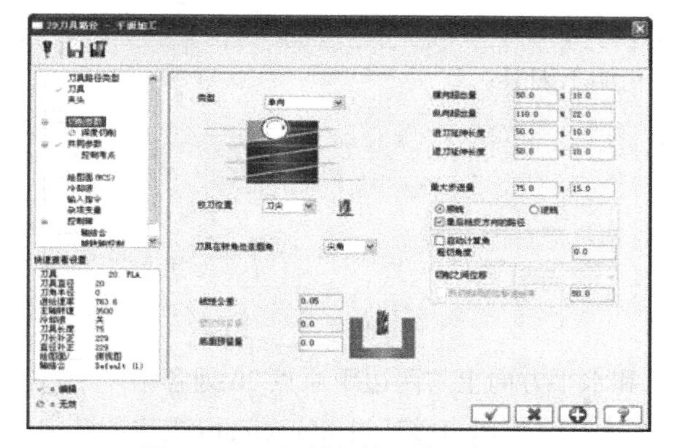

图 6-48　“切削参数”选项卡设置

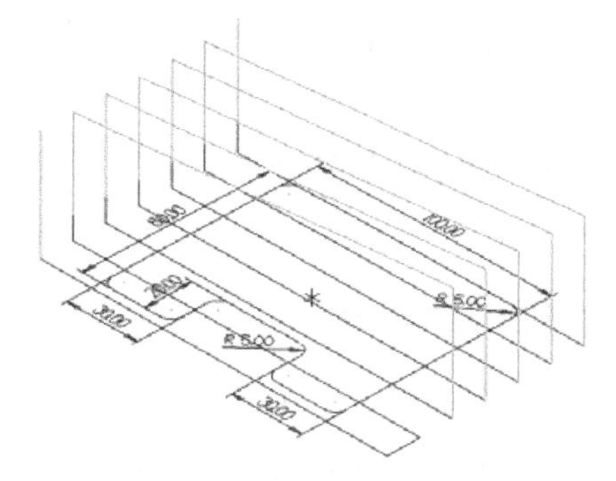

图 6-49　面铣削刀具路径实例

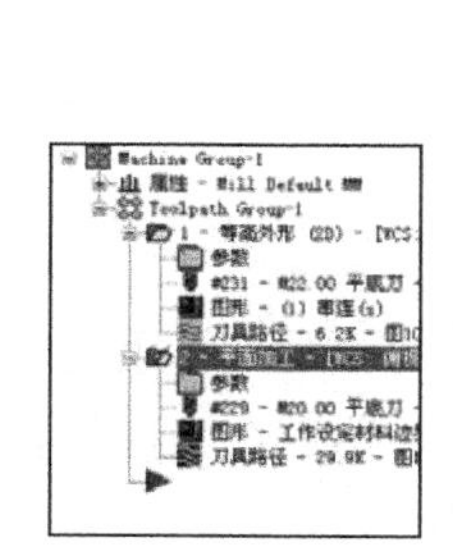

图 6-50　面铣削树形图

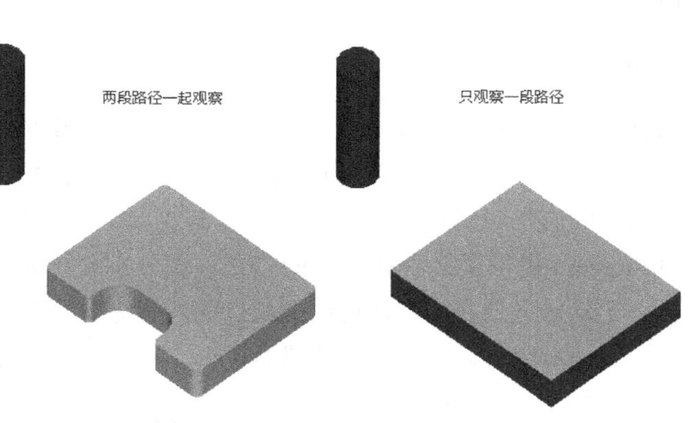

图 6-51　平面铣削真实加工模拟

4. 模拟及后置处理

在模拟过程中，可以将两段刀具路径放在一起进行观察，也可以单独进行观察。对于第二段路径的真实加工模拟如图 6-50 所示。

6.4 钻孔加工

6.4.1 孔的基本加工方法

Mastercam 提供了丰富的钻孔方式，并且可以自动输出对应的钻孔固定循环加指令，如钻孔、铰孔、镗孔和攻丝等加工方式。Mastercam 提供了 7 种孔加工的各种标准固定循环方式，而且允许用户自定义符合自身要求的循环方式。

由于孔加工的大小是由刀具直接决定的，因此，用户只需指定需要钻孔的位置，在做图时无需将孔画出。对于孔圆心点的位置，除了可以由用户自行绘制之外，系统还提供了一些很有用的选择方式，用于在孔数量庞大时缩短设计时间。

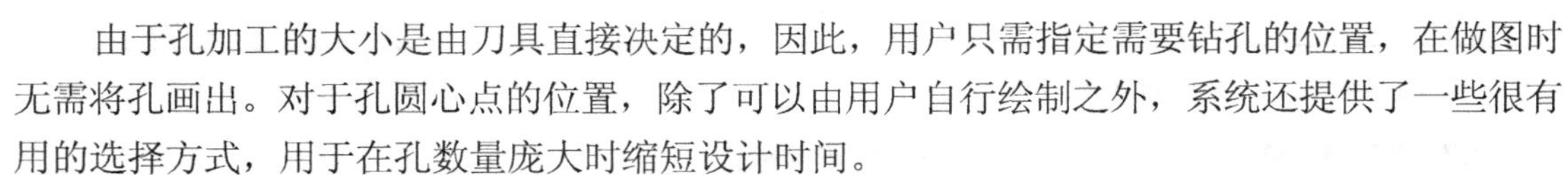

孔加工的刀具自然应该选择钻头等专用孔加工刀具。

6.4.2 钻孔实例

1. 创建基本图形

这里继续使用 6.3 节的例子，计划在原点和水平方向上与两边距原点 20 处各钻一个直径为 3，深度为 10 的小孔。用户无需实际绘出这 3 个点，可以直接通过 Mastercam 提供的孔中心点的选择方式来指定。

2. 新建刀具路径

执行“刀具路径”|“钻孔”命令或在对象管理区中单击鼠标右键，执行“铣床刀具路径”|“钻孔”命令，在打开的“NC 代码名称”对话框中输入名称后，系统将打开如图 6-52 所示的“选取钻孔的店”对话框，提示用户选择需要加工孔的中心。

Mastercam 提供了 7 种孔加工的方式。现分别介绍如下。

- 手动输入选择：这是对话框默认的选择方式，该方式要求用户通过光标手动输入孔的位置。本例将通过这种方式进行输入。首先利用鼠标选择原点，然后在坐标位置工具栏中分别输入(-20,0,0)和(20,0,0)两点。选中后的效果如图 6-53 所示。
- “自动”：该方法只需用户指定第一、第二和最后一个点，系统会自动选择一系列的点。这种方式多用于位于一条直线上的多个孔的情况。使用该方法时需注意孔是否遗漏。

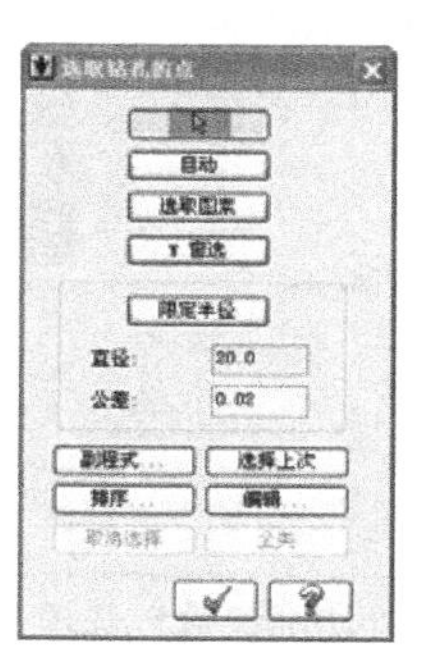

图 6-52　“选区钻孔的点”对话框

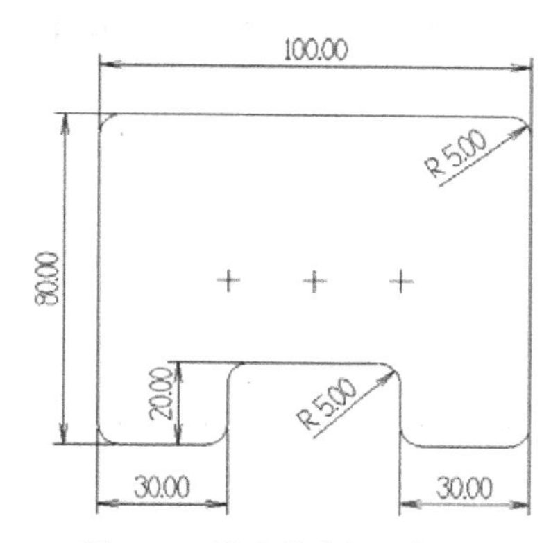

图 6-53　选中的孔加工位置

- “选取图素”：该方法利用选择图素来定位孔，如直线的端点、圆的中心等。
- “窗选”：该方法利用鼠标拖动围成一个窗口，在窗口内的一系列点均被选中。
- “限定半径”：在图形上用一个指定的半径来选择圆弧的中心点。当图中有大量的半径相同的圆或弧中心需要钻孔时，用该方法最为简便。
- “选择上次”：依然选择上一次的钻孔路径中孔的位置。
- “排序”：根据系统提供的样式进行孔的有规律排列，可以是矩形或环形方式。共有 3 种主要方式，分别是 2D 排序、旋转排序和交叉断面排序。单击“排序”按钮，打开如图 6-54 所示的“切削顺序”对话框，其中的 3 个选项卡分别对应了 3 种不同的方式。

Mastercam 还允许用户使用“副程式”(即子程序操作方式)来进行重复钻削，也可以通过单击“编辑”按钮来编辑选择的加工点。

3. 选择刀具和设置加工参数

选好点后，打开“钻孔参数设置”对话框。在其中的“刀具”选项卡中，选择一把直径为 3 的钻头作为本次加工的刀具，如图 6-55 所示。此时在刀具列表中已经列出了 3 把刀，分别对应一段刀具路径。

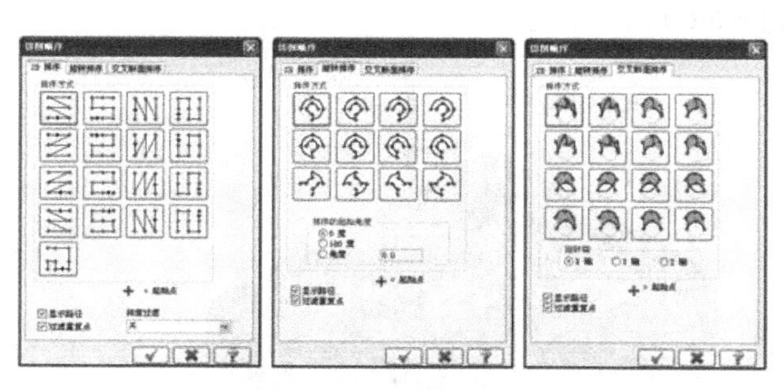

图 6-54　“切削顺序”对话框

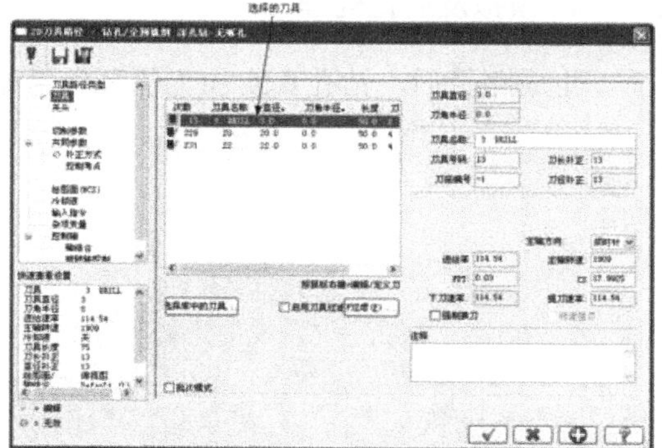

图 6-55　“刀具”选项卡设置

在该对话框中，分别切换到“共同参数”和“切削参数”选项卡，参照图 6-56 和图 6-57 进行参数设置。

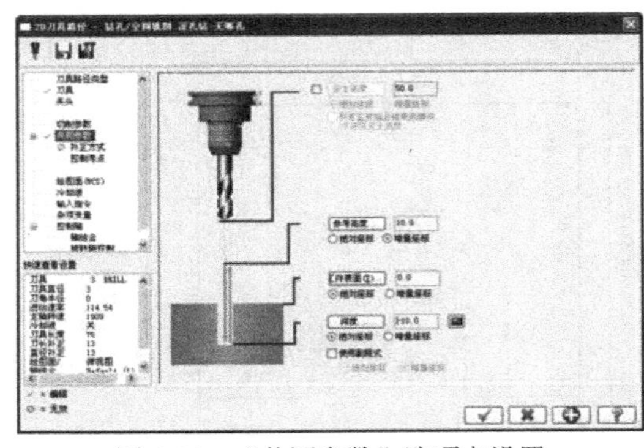

图 6-56 “共同参数”选项卡设置

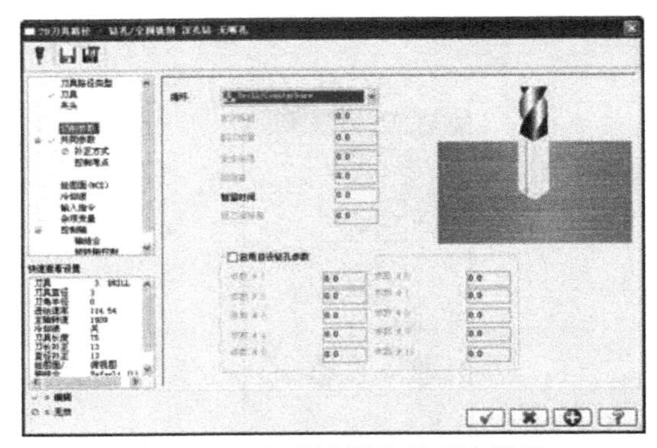

图 6-57 “切削参数”选项卡设置

钻孔循环方式主要有以下几种：Drill/Counterbore(钻/镗孔)、“深孔啄钻”、“断屑式”、“攻牙”、Bore #1(镗孔方式 1)、Bore #2(镗孔方式 2)、Fine bore(精镗孔)、Rigid Tapping Cycle 和其他方式。镗孔的两种方式分别是使用进给速度进刀和退刀、退刀时主轴停止快速退刀。

打开“补正方式”选项卡，参数图 6-58 进行设置。刀尖补偿的主要作用是保证将孔钻透和保证孔深。

参数设置完成后，系统将自动生成的钻孔刀具路径如图 6-59 所示。

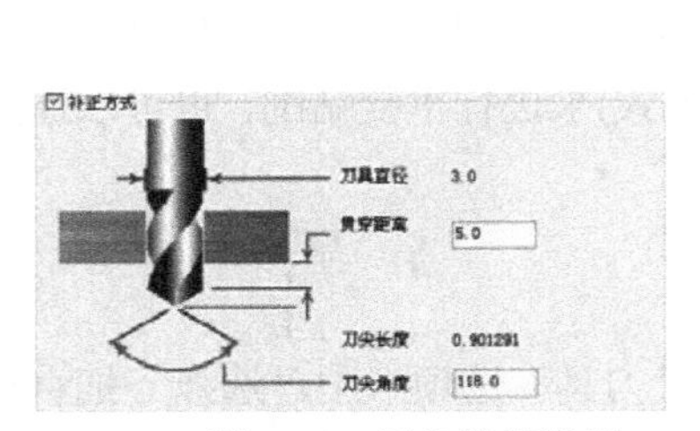

图 6-58 刀尖补偿设置

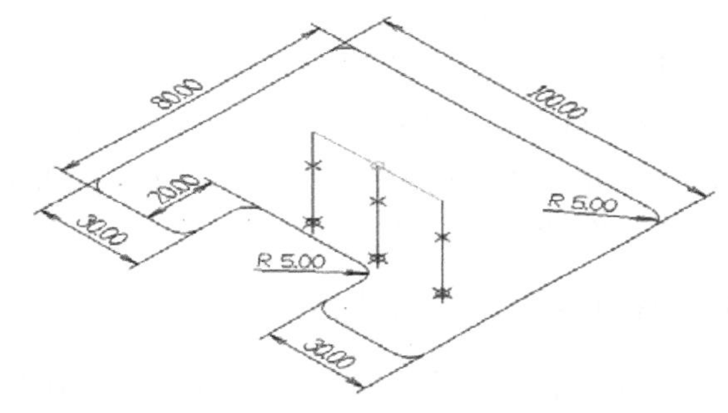

图 6-59 钻孔刀具路径

4. 模拟及后置处理

生成路径后，钻孔真实加工仿真效果如图 6-60 所示。

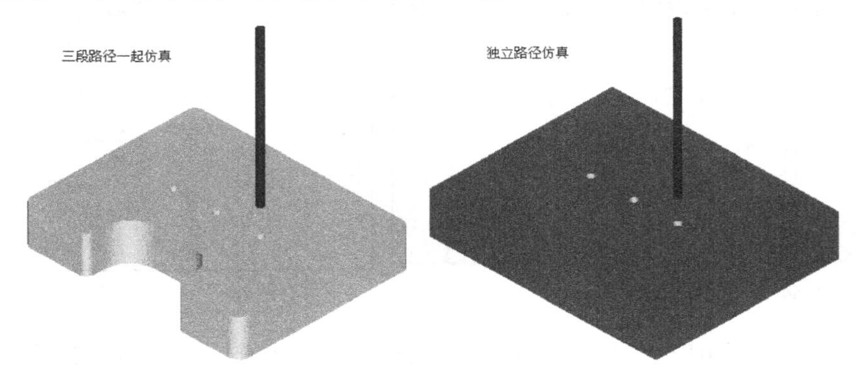

图 6-60 钻孔真实加工仿真效果

计算机基础与实训教材系列

上面介绍了 4 种主要的二维铣削加工方式。其实二维加工方法还有很多，但掌握了这 4 种方法的基本流程和关键参数的设置，其他二维加工方法的基本模式也就掌握了，通过不断地练习就可以做到举一反三了。

6.5　上机练习

本节通过一个实例，利用外形、平面和挖槽加工方法，对本章学习的内容进行巩固；并讲述同样的零件设计，如何为其设计加工模具。二维加工实例如图 6-61 所示。

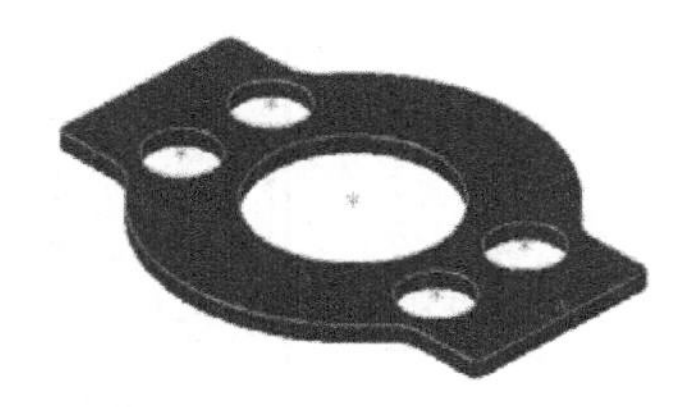

图 6-61　二维加工实例

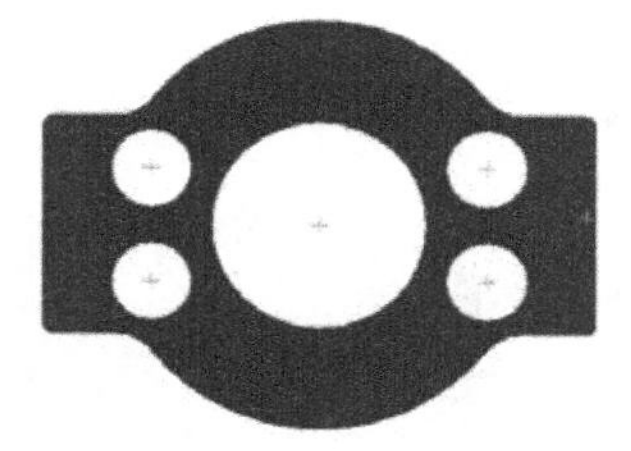

图 6-62　零件俯视图

6.5.1　加工设置

首先指定出加工的毛坯。

设计步骤：

(1) 从光盘中打开“二维加工实例.MCX”，如图 6-61 所示。

(2) 单击和按钮，将构图平面和视图平面都改为俯视图，效果如图 6-62 所示。

(3) 绘制一个矩形，作为加工的边界。根据零件尺寸的大小，首先在坐标输入栏中指定矩形的一个顶点，X 140.0 Y 130.0 Z 0.0。确定后，同样在坐标输入栏中指定矩形的另一个顶点，X -140.0 Y -130.0 Z 0.0。完成后的矩形效果如图 6-63 所示。

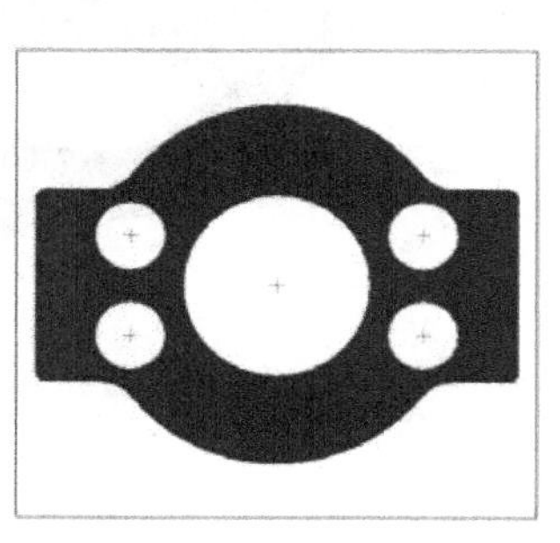

图 6-63　矩形加工边界

图 6-64　刀具路径管理器

(4) 执行“机床类型”|“铣床”|“默认”命令，选择默认机床作为本次加工使用的机床。此时，Mastercam X5 自动切换到 Mill 模块，在标题栏显示 Mastercam Mill X5。同时，刀具路径管理器将如图 6-64 所示显示。

(5) 双击管理器中的“材料设置”选项，打开如图 6-65 所示的“材料设置”选项卡。

(6) 单击选项卡中的“边界盒”按钮，打开如图 6-66 所示的“边界盒选项”对话框，在该对话框中设置 Z 轴的扩展量为 2mm，作为平面加工的余量。

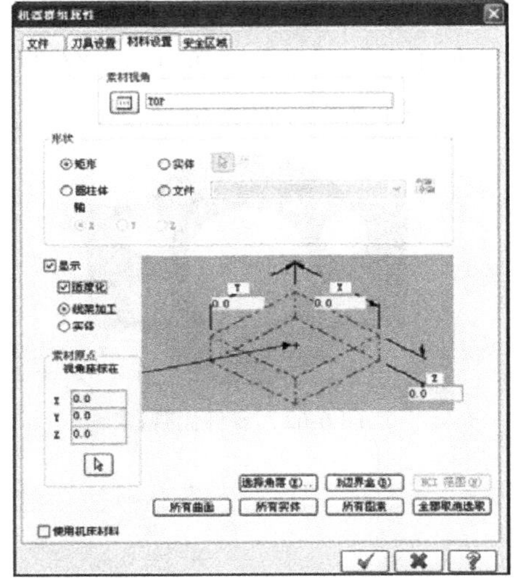

图 6-65 “材料设置”选项卡

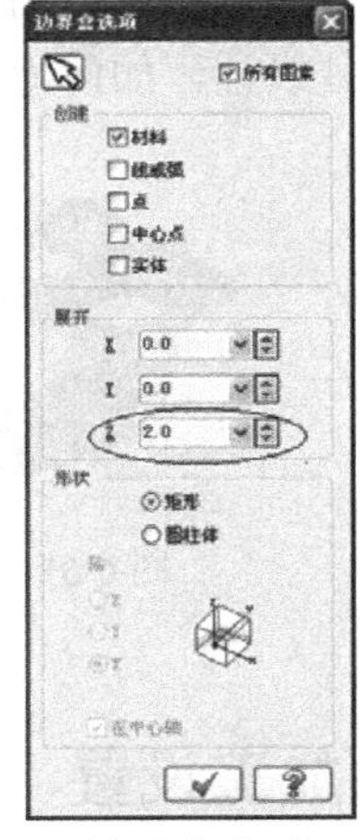

图 6-66 “边界盒选项”对话框

(7) 单击“确定”按钮后，返回“材料设置”选项卡，如图 6-67 所示。图中显示了毛坯外形尺寸的大小。

(8) 单击“确定”按钮后，完成零件的毛坯设计，效果如图 6-68 所示。

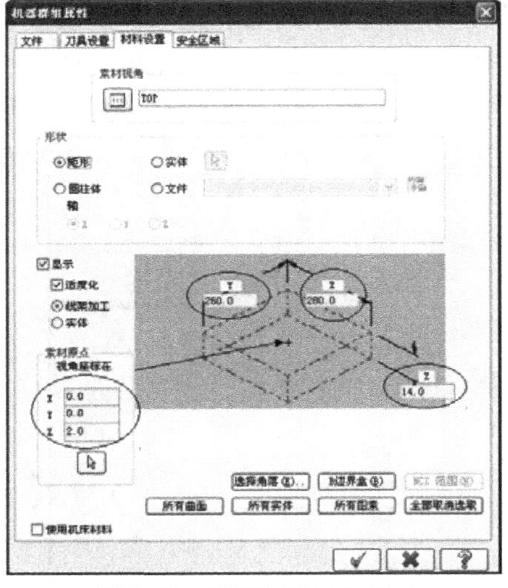

图 6-67 设置好的毛坯尺寸

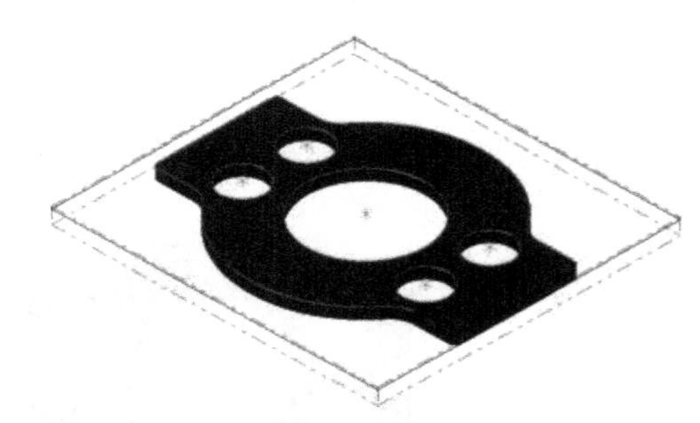

图 6-68 零件边界盒作为毛坯外形

6.5.2 外形加工

选择外形加工方法，加工出零件的外形。

设计步骤：

(1) 执行"刀具路径" | "外形铣削"命令，在打开的"输入新 NC 代码名称"对话框的文本框中输入如图 6-69 所示的名称。

(2) 确定后，系统将打开"串连选项"对话框，用于选择外形加工的几何图形。利用鼠标在图形对象上选择图形的外面边界，效果如图 6-70 所示，其中的箭头代表了串连的方向。

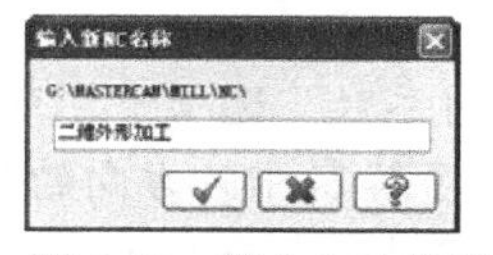

图 6-69　输入 NC 代码名称

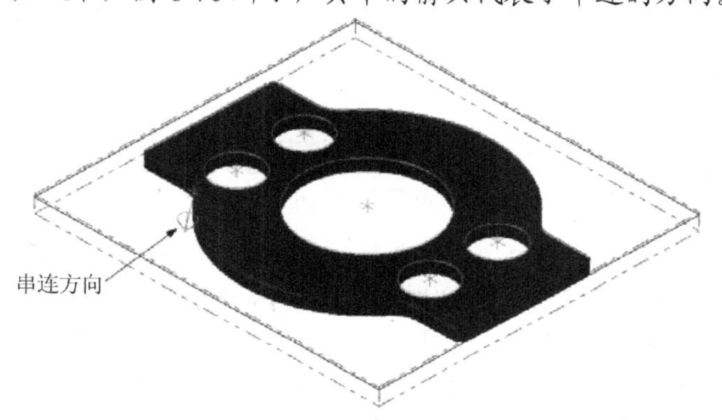

图 6-70　选择外形加工几何图形

(3) 确定后，系统将打开如图 6-71 所示的"加工参数"对话框。选择"刀具"选项，并在刀具列表栏单击鼠标右键，在弹出的快捷菜单中选择"创建新刀具"命令，打开如图 6-72 所示的"定义刀具"对话框。

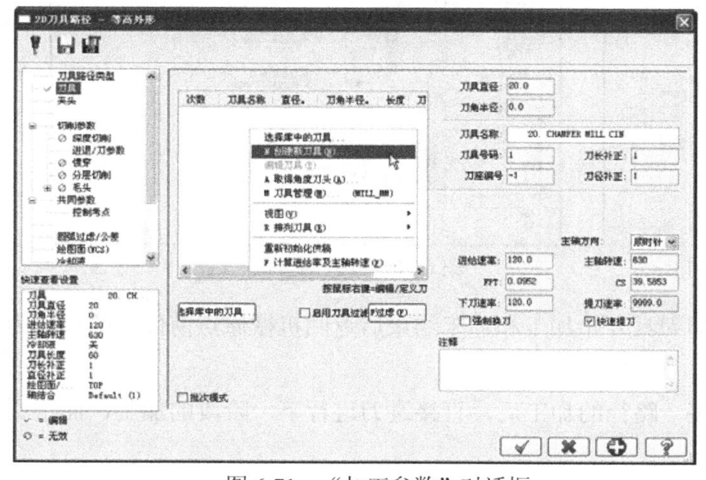

图 6-71　"加工参数"对话框

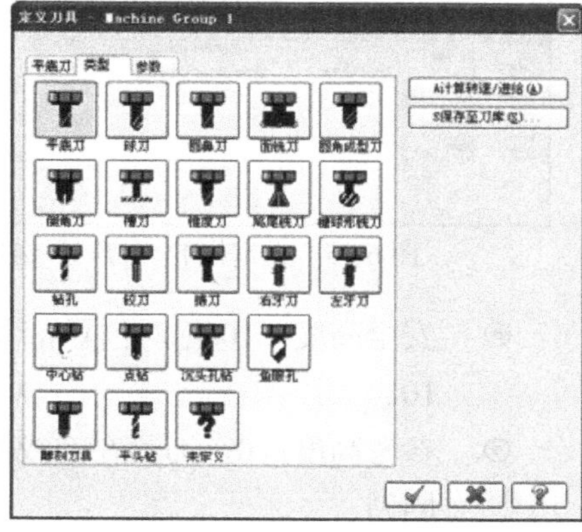

图 6-72　"定义刀具"对话框

(4) 选中"平底刀"图标，系统将打开如图 6-73 所示的"刀具参数设置"对话框，在该对话框中指定刀具半径为 10mm，其他参数也参照图 6-73 进行设置。

(5) 在“刀具参数设置”对话框中，单击“参数”标签打开“参数”选项卡，在其中指定“进给率”为 800、“下刀速率”为 1600、“主轴转速”为 3000、“提刀速率”为 1600 以及粗精加工的步距，如图 6-74 所示。

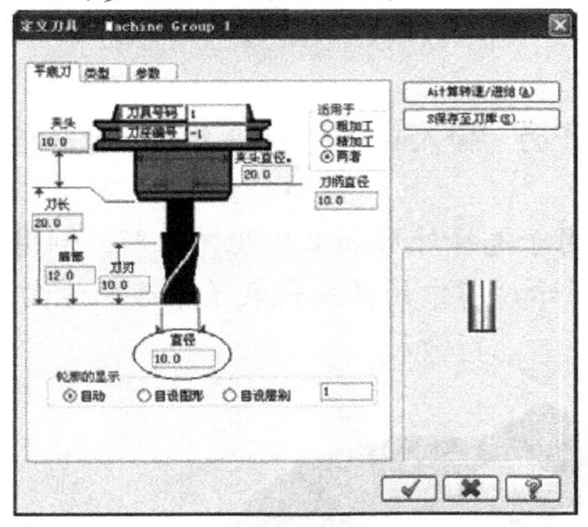

图 6-73 “刀具参数设置”对话框

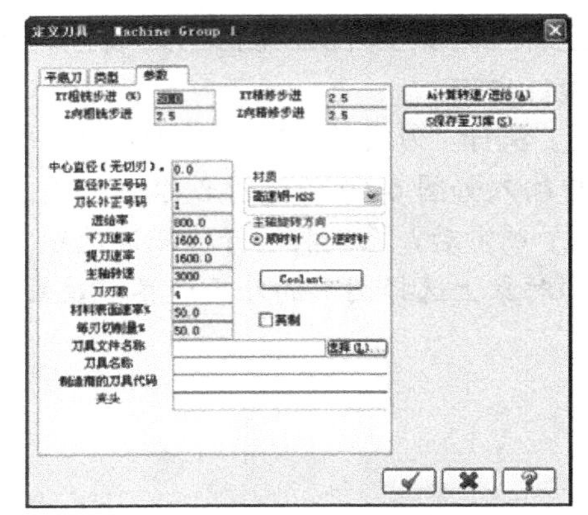

图 6-74 “参数”选项卡设置

(6) 确定后，返回“加工参数”对话框的“刀具”选项卡，并选中“快速提刀”复选框，设置快速退刀，此时的对话框将如图 6-75 所示显示。

(7) 选择“加工参数”对话框中的“共同参数”选项，打开“共同参数”选项卡，可以从中进行外形加工的参数设置，如图 6-76 所示。进行参数设置时，应该了解零件 Z 方向的分布。本零件的图形位于 Z 轴零点的下方，深度为 12。在毛坯设置时，为了进行表面加工，设计了 2mm 的余量，这部分位于 Z 轴零点的上方。其中各项详细说明如下。

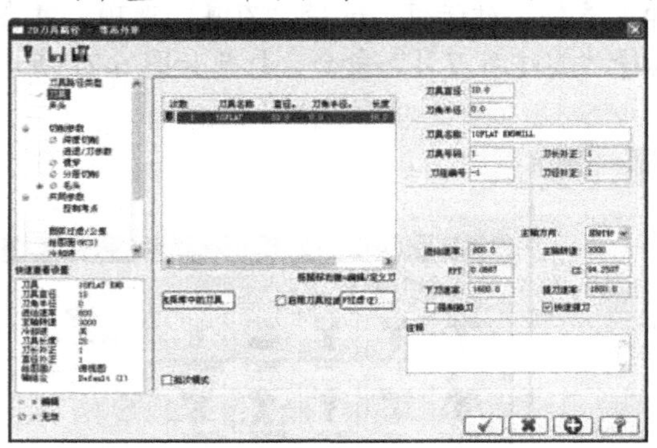

图 6-75 设定好的“刀具”选项卡

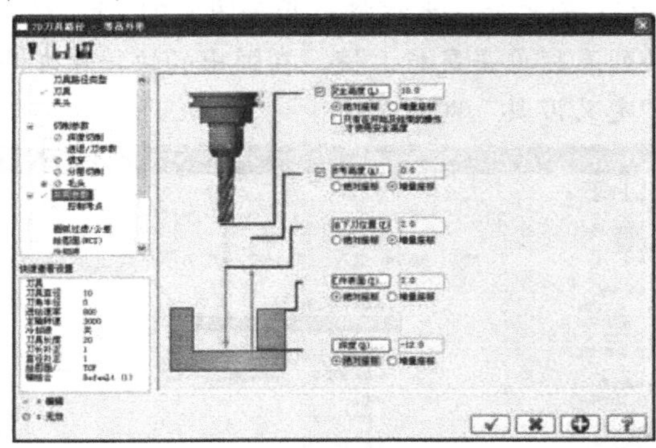

图 6-76 “共同参数”选项卡

- 安全高度：10(绝对位置)，即刀具开始加工和加工结束后返回机械原点前停留的高度为 10。
- 参考高度：0，刀具在完成某一路径的加工后，直接进刀进行下一阶段的加工，而不用回刀。
- 下刀位置：2(相对位置)，刀具从安全高度快速移动到距加工面 2mm 后，开始以设置的加工速度移动。
- 工件表面位置：2(绝对位置)。
- 加工深度：-12(绝对位置)，工件最后切削的深度位置为-12。

(8) 根据图 6-70 所示，选择的加工方向为顺时针方向(由 Z 轴正向下看)，因此需在加工参数对话框的“切削参数”选项卡中，选择右旋式刀具补偿，如图 6-77 所示。如果选择左旋，则刀具路径的部分会“陷入”零件内部，并且加工尺寸无法保证，而无法达到加工的要求。

(9) 在“加工参数”对话框中的“深度切削”选项卡中，进行如图 6-78 所示的分层加工设置。

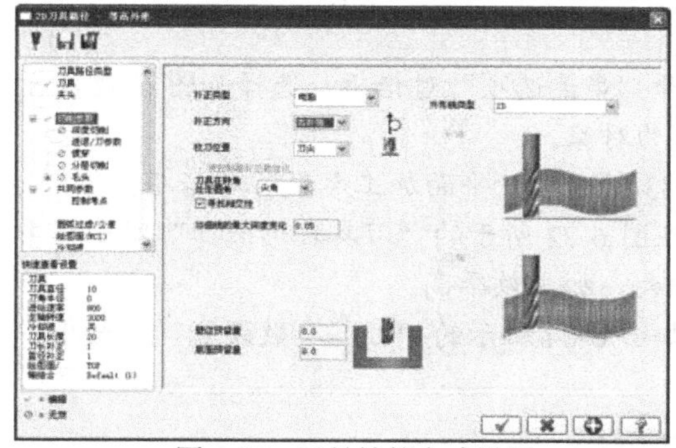

图 6-77　刀具补偿方式设置

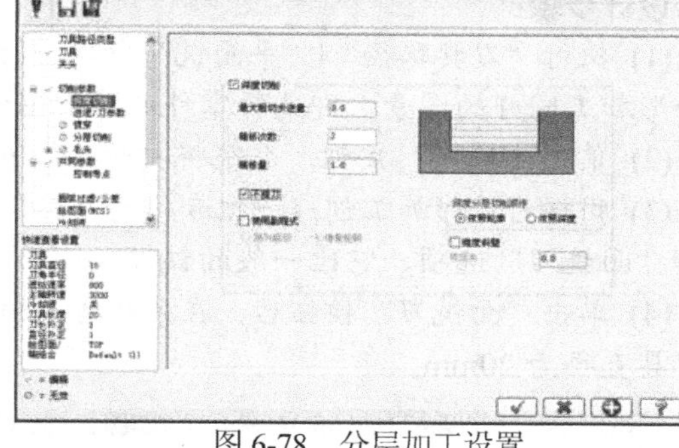

图 6-78　分层加工设置

进行分层铣削可以保护刀具，同时还可以得到更好的加工效果。由于要加工的零件厚度为 14mm，因此设计粗加工 4 次，每次 3mm；精加工 2 次，每次 1mm。

(10) 为避免残料的存在，让刀具伸出零件后，再进行一步加工。在“加工参数”对话框的“贯穿”选项卡中设置伸出距离为 0.5mm，如图 6-79 所示。

(11) 单击“确定”按钮，完成加工参数的设置。系统将自动生成刀具路径，效果如图 6-80 所示。

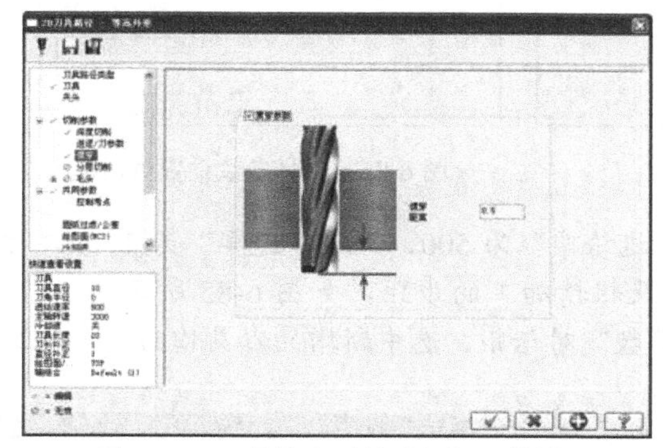

图 6-79　刀具伸出零件进行加工的设置

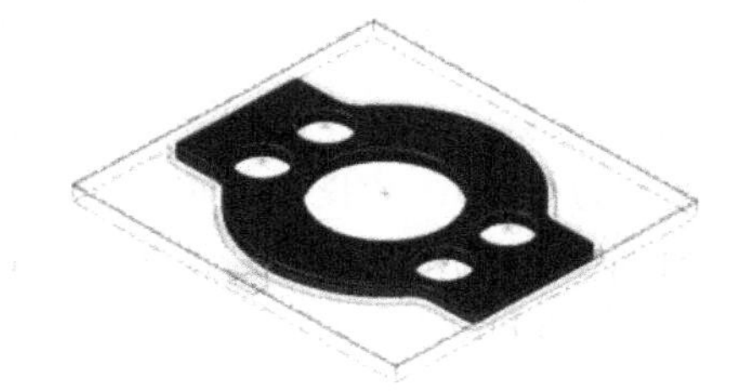

图 6-80　生成的刀具路径

(12) 单击刀具路径管理器中的按钮，进行加工仿真，效果如图 6-81 所示。

至此，该零件的外形加工完成。

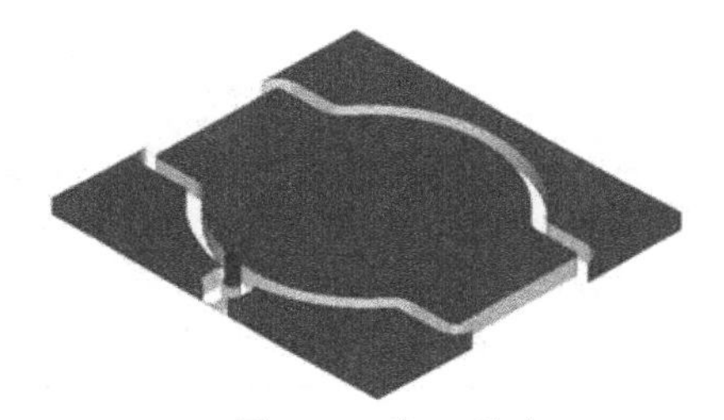

图 6-81　加工仿真

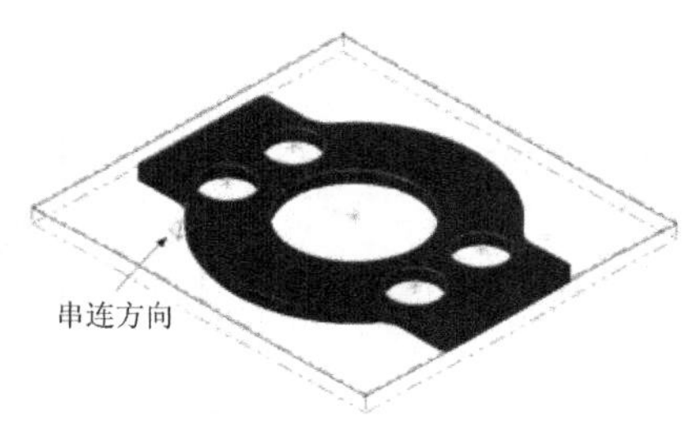

图 6-82　外形加工图素

6.5.3 平面加工

最后利用平面加工方法，加工出零件的表面。

设计步骤：

(1) 执行"刀具路径" | "平面铣"命令，打开"串连选项"对话框。选择如图 6-82 所示的与外形加工同样的图素，即选择零件的外形图素为对象。

(2) 单击"确定"按钮，系统将打开如图 6-83 所示的"平面加工参数"对话框。

(3) 同样为外形加工创建一把专门的刀具，在图 6-72 所示的"刀具外形选择"对话框中，选择"面铣刀"选项，它比一般的铣刀切削面积大、加工效率高。

(4) 单击"面铣刀"按钮后，在系统打开的如图 6-84 所示的"刀具参数设置"对话框中设置刀具直径为 20mm。

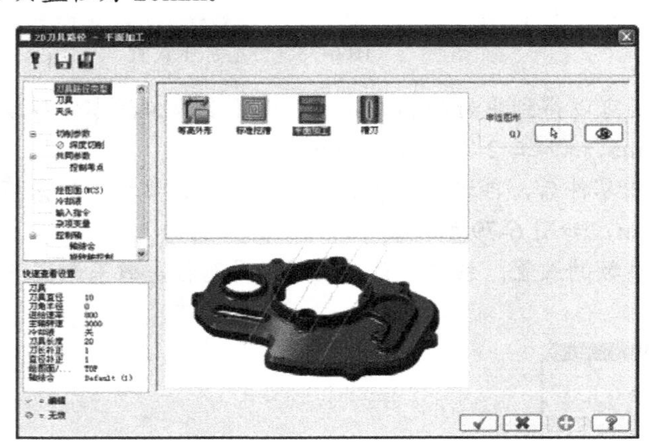

图 6-83　平面加工参数对话框

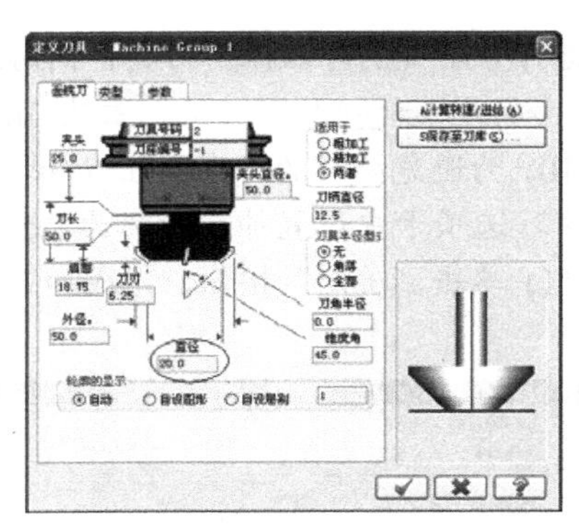

图 6-84　刀具参数设置对话框

(5) 切换到"参数"选项卡，在其中指定"进给率"为 500、"下刀速率"为 1000、"主轴转速"为 4000、"提刀速率"为 1000，以及粗精加工的步距，如图 6-85 所示。

(6) 单击"确定"按钮，返回"平面加工参数"对话框，选中新增的刀具作为平面加工的刀具，如图 6-86 所示。

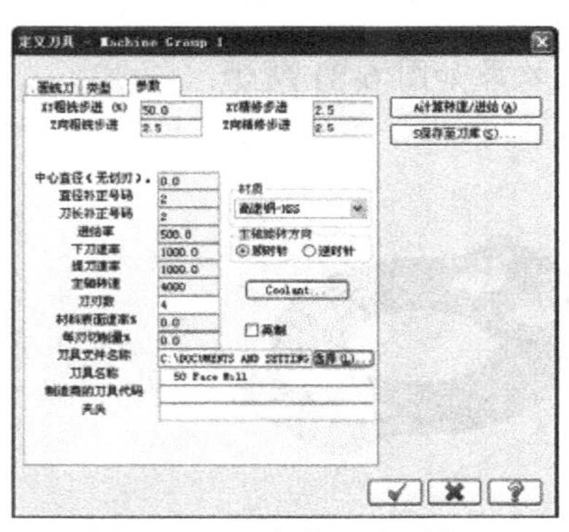

图 6-85　"参数"选项卡

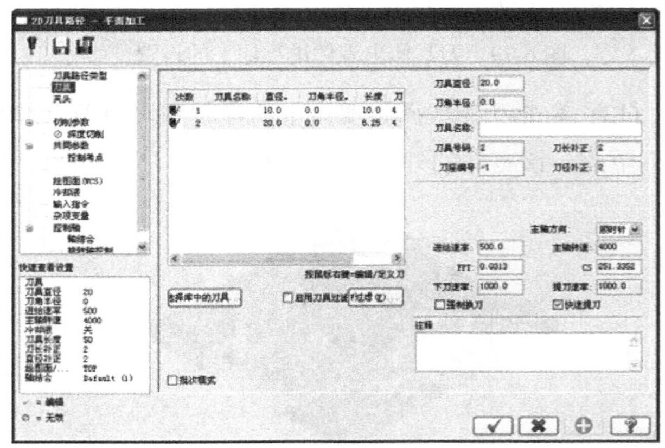

图 6-86　选择新增的刀具

计算机基础与实训教材系列

(7) 打开如图6-87所示的“共同参数”选项卡，首先进行高度设置。与外形加工的设置基本相同，只是加工深度的绝对位置为0，也就是加工厚度为2mm。

(8) 打开如图6-88所示的“深度切削参数”选项卡，在此进行分层加工设置。由于要加工的零件厚度为2mm，因此设计：粗加工1次，每次1.5mm；精加工1次，每次0.5mm。并且加工中不提刀。

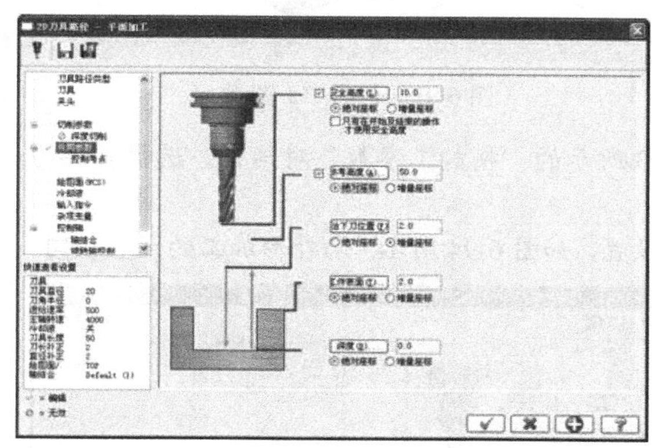

图6-87　“共同参数”选项卡

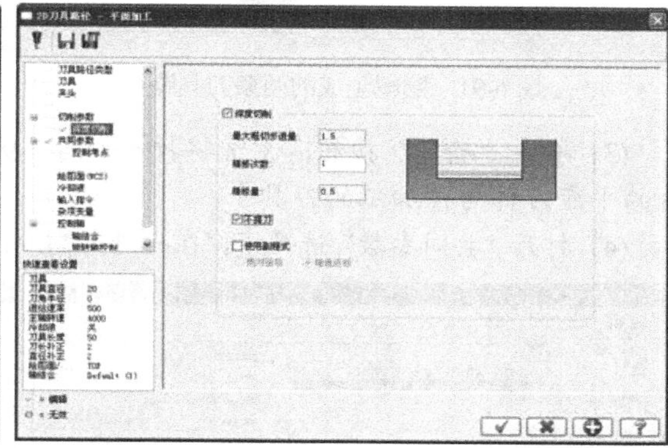

图6-88　“深度切削”选项卡

(9) 单击“确定”按钮，返回“加工参数设置”对话框。

(10) 单击“确定”按钮，完成平面加工参数设置。系统自动生成刀具路径，效果如图6-89所示。

(11) 按住Ctrl键，在刀具路径管理器中同时选中外形和平面两个刀具路径，单击按钮进行加工仿真，效果如图6-90所示。

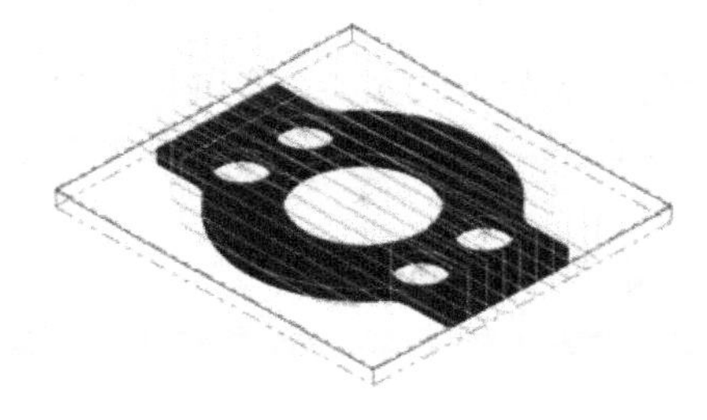

图6-89　生成的刀具路径

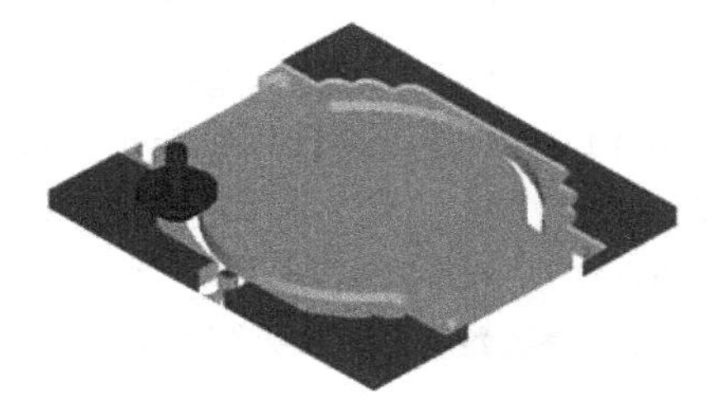

图6-90　加工仿真

6.5.4　挖槽加工

接下来利用挖槽加工方法，加工出零件的内部凹槽。

设计步骤：

(1) 在刀具路径管理器中，选中前面生成的两条刀具路径，单击≋按钮，将生成的两条刀具路径进行隐藏，效果如图6-91所示。

(2) 执行“刀具路径”|“标准挖槽”命令，打开“串连选项”对话框。选择需要加工的5个圆为图素，效果如图6-92所示。

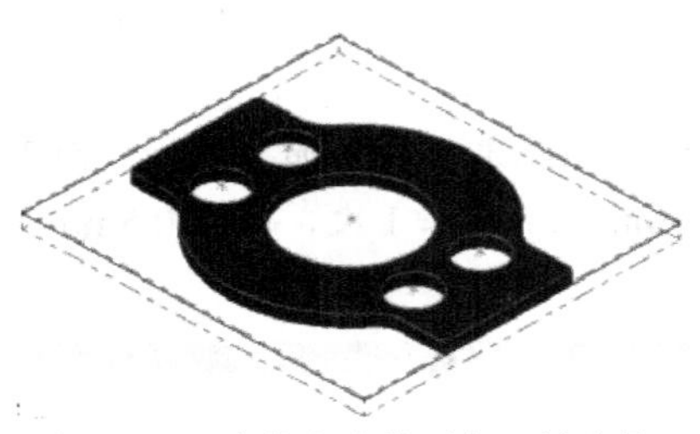

图 6-91　隐藏生成的两条刀具路径

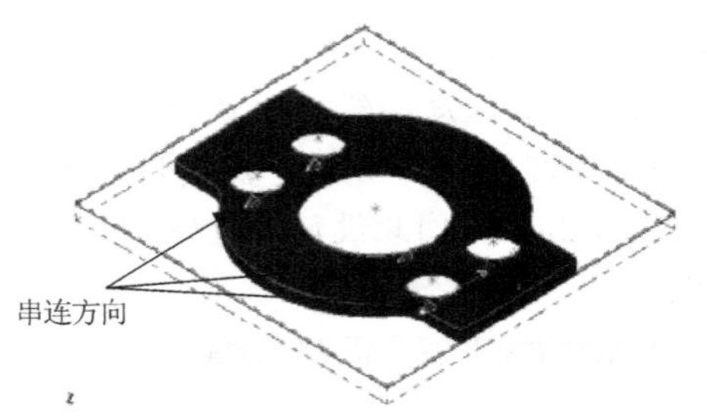

图 6-92　外形加工图素

(3) 单击“确定”按钮，系统将打开如图 6-93 所示的“槽加工参数”对话框。选择直径为 10 的平底刀作为槽加工的刀具。

(4) 打开“共同参数”选项卡，在此进行高度设置，如图 6-94 所示。与外形加工的设置相同。

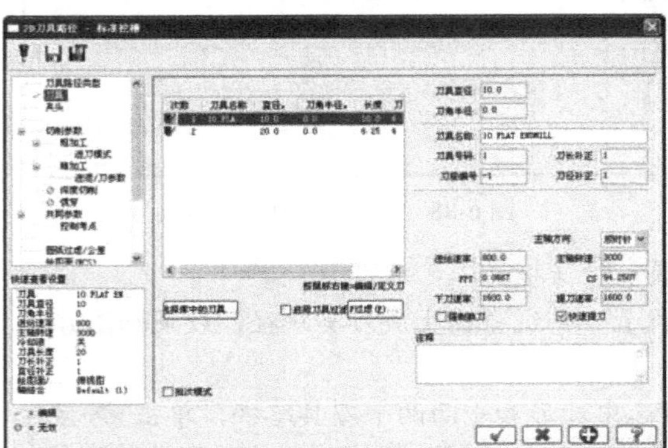

图 6-93　选择新增的刀具

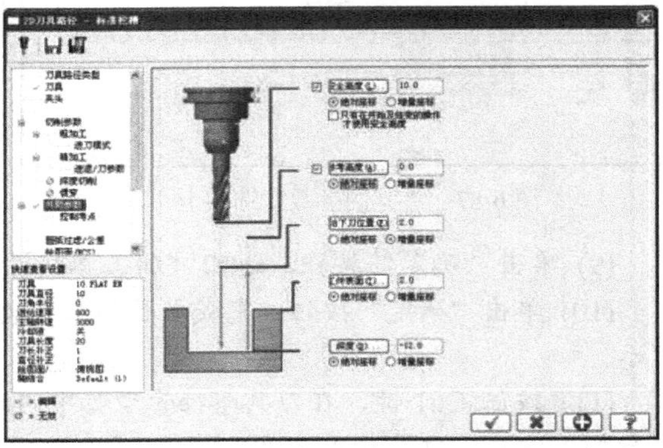

图 6-94　“共同参数”选项卡参数设置

(5) 打开“深度切削”选项卡，进行如图 6-95 所示的分层加工设置。由于要加工的零件厚度为 14mm，因此设计：粗加工 4 次，每次 3mm；精加工 2 次，每次 1mm。并且加工中不提刀。

(6) 打开如图 6-96 所示的“惯穿”选项卡，设置伸出距离为 0.5mm。

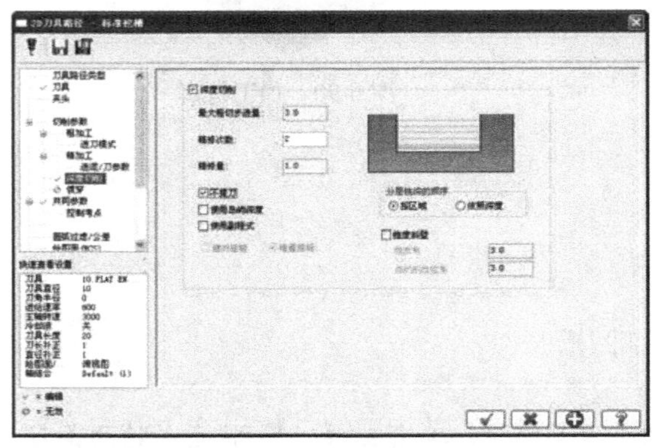

图 6-95　分层加工设置

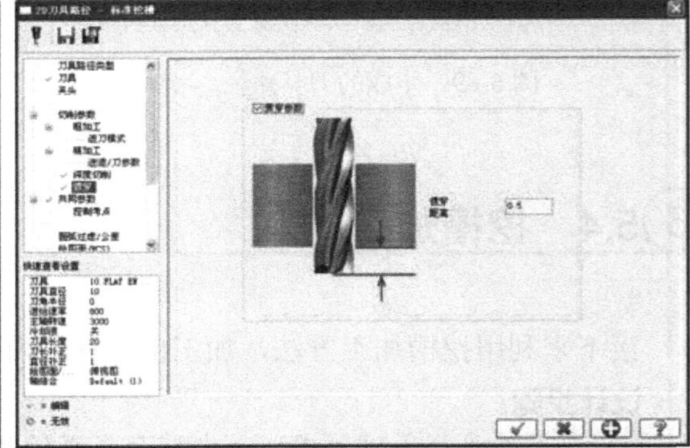

图 6-96　刀具伸出零件进行加工的设置

(7) 分别打开“粗加工”和“精加工”选项卡，如图 6-97 所示，进行粗/精加工参数设置。在粗加工方式中选择双向切削，粗切削间距为刀具直径的 60%，即 6mm。选中“刀具路径最优

化”复选框，优化刀具路径，以达到最佳的铣削顺序。在精加工参数设置中，设定进行一次精加工。选中“不提刀”复选框，在粗加工完成后直接进行精加工而不提刀。并且选中“进给率”和“主轴转速”复选框，将进给率和主轴转速分别设置为 400 和 6000，以得到更好的精加工效果。整个粗/精加工参数设置如图 6-97 所示。

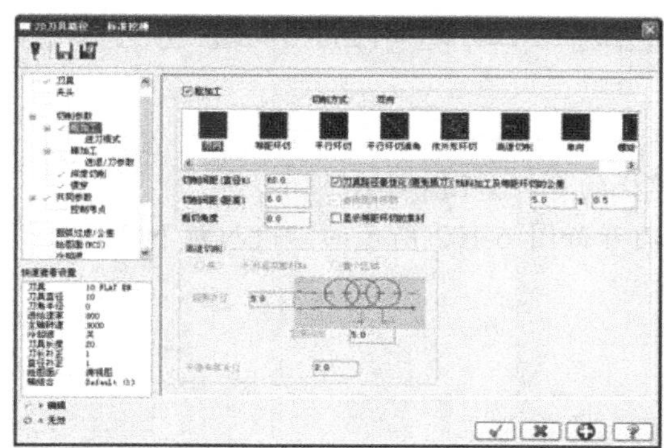

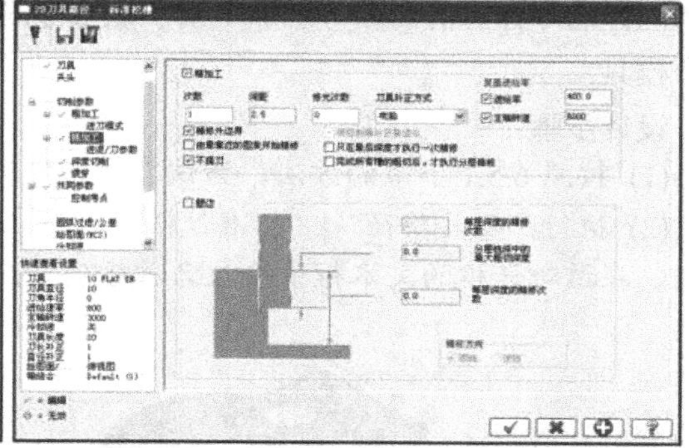

图 6-97　粗/精加工参数设置

(8) 打开“进刀模式”选项卡，参照图 6-98 进行螺旋下刀方式的设置。无需修改参数，直接单击“确定”按钮返回。

(9) 单击“确定”按钮，完成槽加工参数设置。系统将自动生成刀具路径，效果如图 6-99 所示。

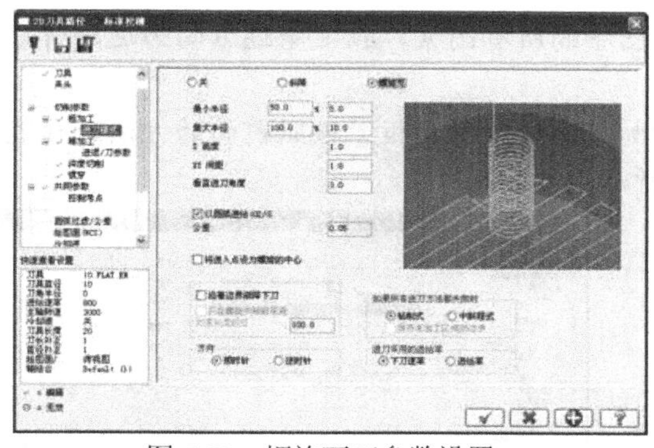

图 6-98　螺旋下刀参数设置

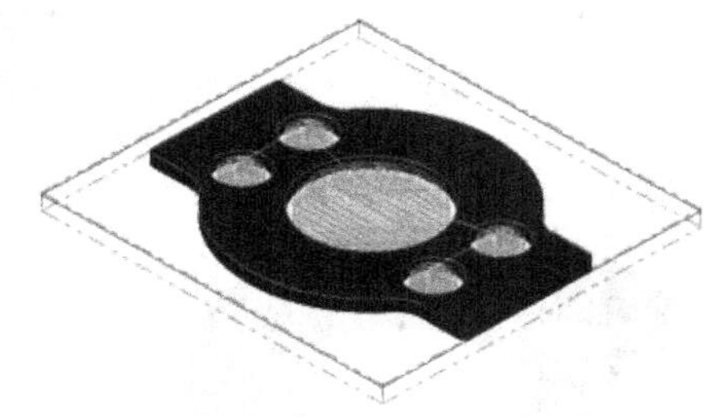

图 6-99　生成的刀具路径

(10) 按住 Ctrl 键，在刀具路径管理器中同时选中外形、平面和槽 3 个刀具路径，单击按钮进行加工仿真，仿真效果如图 6-100 所示。

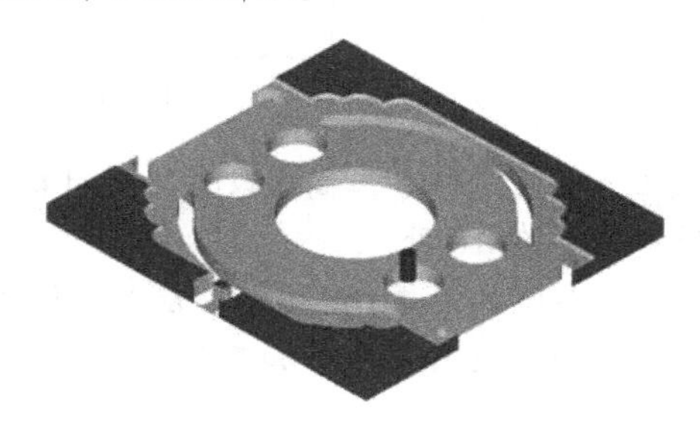

图 6-100　加工仿真

6.5.5 相同零件的模具加工

同样的初始零件设计，通过不同的刀具路径设置方法可以得到不同的加工效果。如图 6-59 所示同样的零件，前面的方法加工出了该零件的外形，下面介绍如何利用该图形，为其加工出一个模具。

设计步骤：

(1) 按照 6.5.1 小节的方法，为该零件指定同样的毛坯如图 6-101 所示。

(2) 执行“刀具路径”|“标准挖槽”命令，打开如图 6-102 所示的“输入新 NC 名称”对话框。在该对话框的文本框中输入名称后确定。

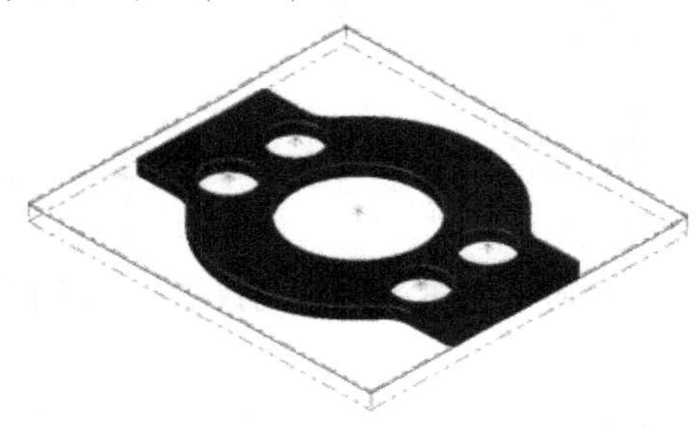

图 6-101　毛坯

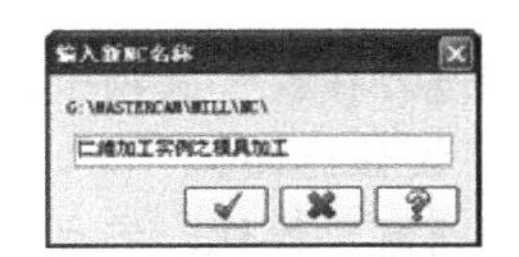

图 6-102　输入 NC 名称

(3) 系统打开“串连选项”对话框。选择图中的所有图素，指定串连方向为逆时针，如图 6-103 所示。

(4) 单击“确定”按钮，系统将打开“槽加工参数”对话框。按照前面的方法选择直径为 10 的平底刀作为槽加工的刀具，如图 6-104 所示。

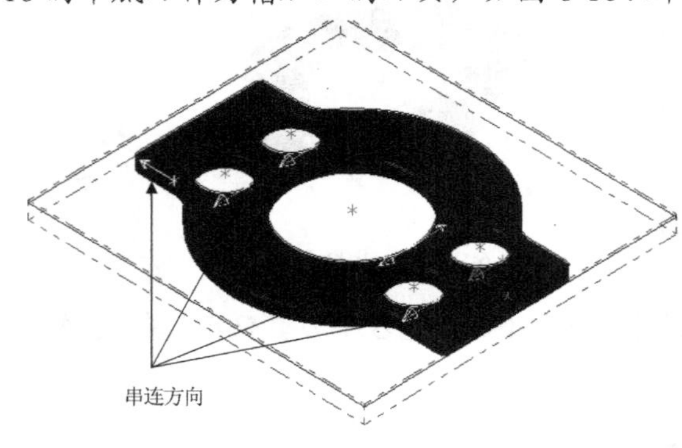

图 6-103　选择图素

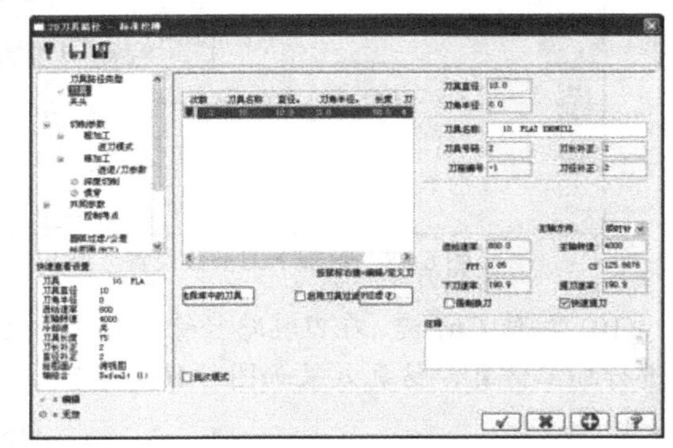

图 6-104　“槽加工参数”对话框

(5) 打开“共同参数”选项卡，在此进行加工高度设置，如图 6-105 所示。由于加工的是模具，因此加工深度为 12，即绝对位置在-10 处。

(6) 打开“深度切削”选项卡，参照如图 6-106 进行分层加工设置。由于要加工的零件厚度为 12mm，因此设计：粗加工 4 次，每次 2.5mm；精加工 2 次，每次 1mm。并且加工中不提刀。

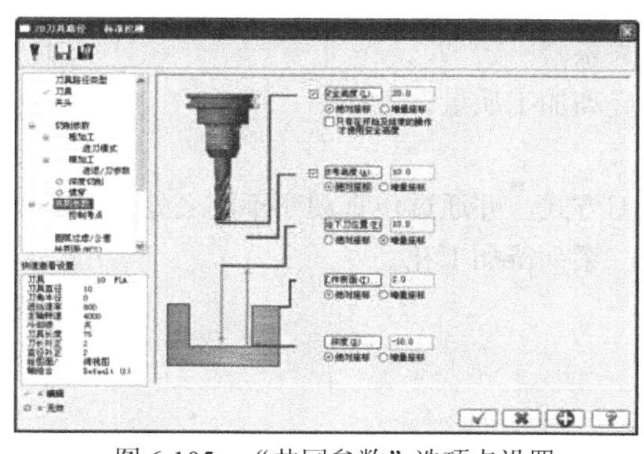

图 6-105 “共同参数”选项卡设置

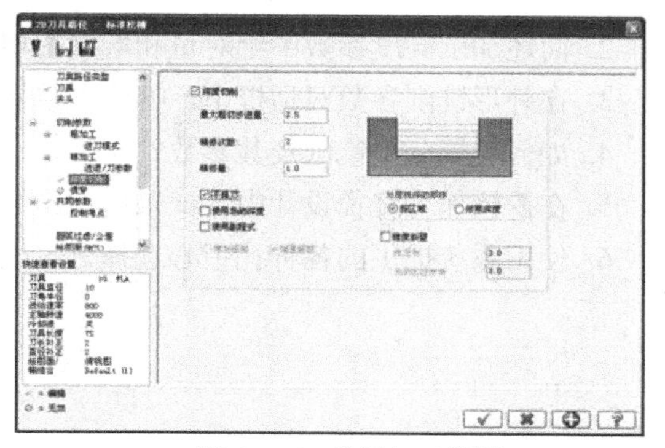

图 6-106 分层加工设置

(7) 分别打开“粗加工”与“精加工”选项卡，这两个选项卡的设置和前面的基本相同，不同的是选择了“平行环切”走刀方式，参照图 6-107 进行粗/精加工参数设置。

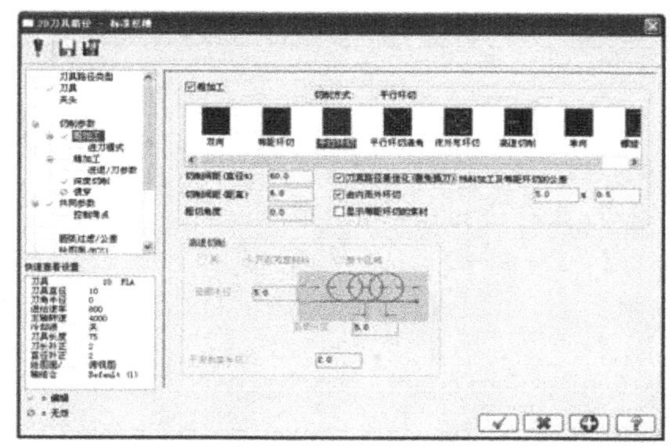

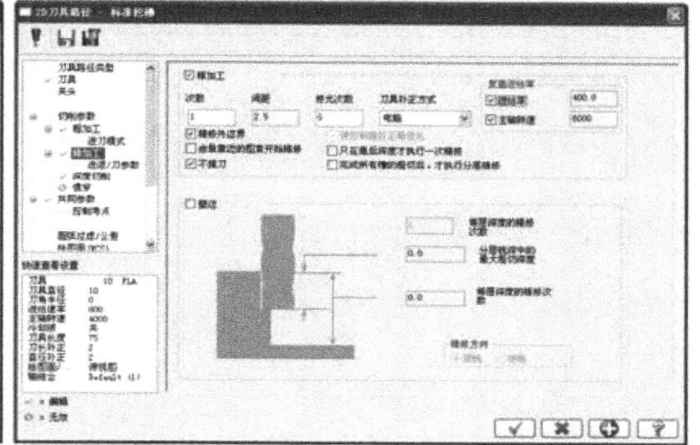

图 6-107 粗/精加工参数设置

(8) 单击“确定”按钮，完成槽加工参数设置。系统将自动生成刀具路径，效果如图 6-108 所示。

(9) 在刀具路径管理器中，单击 按钮进行加工仿真，效果如图 6-109 所示。

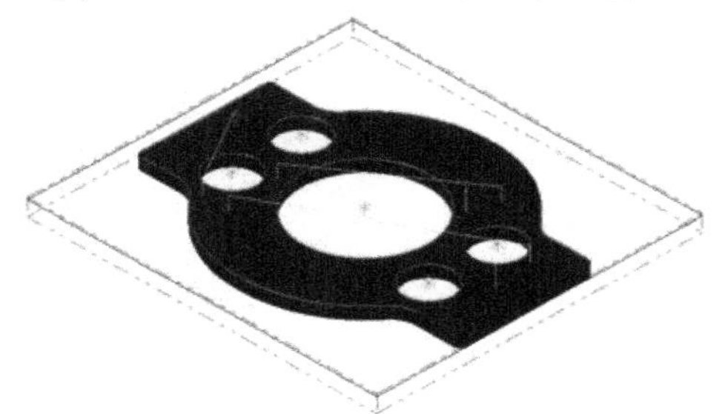

图 6-108 生成的刀具路径

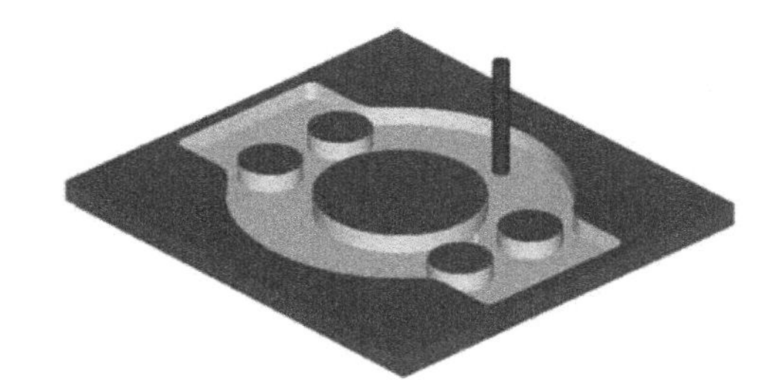

图 6-109 加工仿真

6.6 习题

1. 如何正确地设置补偿方式和判断左、右补偿？

2. 简述加工高度参数中绝对量和增量的相互关系。
3. 在外形铣削参数对话框中，哪些参数能够提高加工质量？
4. 如何设置分层铣削及其参数？
5. 在挖槽加工路径设计中尝试采用不同的走刀方式，并通过仿真观察不同之处。
6. 使用系统提供的各种孔中心选择方式生成一系列待加工孔。

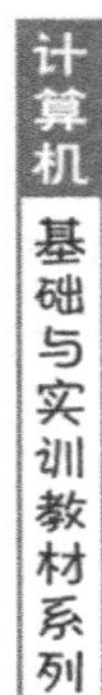

第7章 三维加工

学习目标

三维加工又称曲面加工，主要是指加工曲面或实体表面等复杂型面。它和二维加工的最大区别在于：Z 向不是一种间歇式运动，而是与 XY 方向一起运动，从而形成三维的刀具路径。本章主要讲解三维加工的参数设置和刀具路径的生成。

本章重点

- 掌握三维刀具路径生成的基本步骤
- 理解三维加工各主要参数的含义
- 掌握三维粗加工中的平行加工、挖槽加工和放射状加工方法
- 了解三维粗加工的其他方法和三维精加工的各种方法
- 能独立完成简单的三维曲面加工

7.1 公用加工参数设置

在传统的数控编程中，都是采用手工方式对复杂曲面进行编程，这不但效率低，而且往往会出现错误。使用 Mastercam 的三维加工功能可以很容易地生成符合要求的 NC 代码，大大提高了工作效率和代码准确性。

在实际加工中，大多数零件都需要通过粗加工和精加工阶段才能最终成形。Mastercam 共提供 8 种粗加工方法和 11 种精加工方法。最大限度地切除毛坯上的多余材料是粗加工的最主要目的，因此应优先考虑加工效率的问题。执行“刀具路径”|“曲面粗加工”命令，弹出如图 7-1 所示的曲面粗加工方法子菜单。精加工的主要目的是获得最终的加工面，因此应首先保证曲面的尺寸和形状精度的要求。执行“刀具路径”|“曲面精加工”命令，弹出如图 7-2 所示的曲面精加工方法子菜单。

对于复杂曲面，传统的三轴机床往往不能够满足所有的加工要求，这时就需要使用多轴加

工机床。所谓多轴就是在原有的 X、Y、Z 三轴的基础上增加刀具的偏转和摆动，这样便增大了机床的加工范围。

图 7-1　曲面粗加工方法子菜单

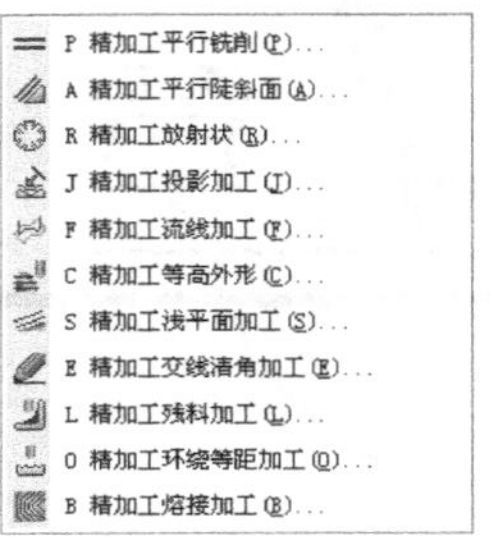

图 7-2　曲面精加工方法子菜单

针对不同的加工零件，需要选择不同的三维加工方式，但在各种加工方法中，有一部分相同的基本参数，本节将介绍这些公共参数的含义和设置。

当在 Mastercam 中第一次选择粗/精加工方法时，系统将打开如图 7-3 所示的“全新的 3D 高级刀具路径优化功能”对话框，并要求用户选择是否使用高级 3D 刀具路径优化功能。

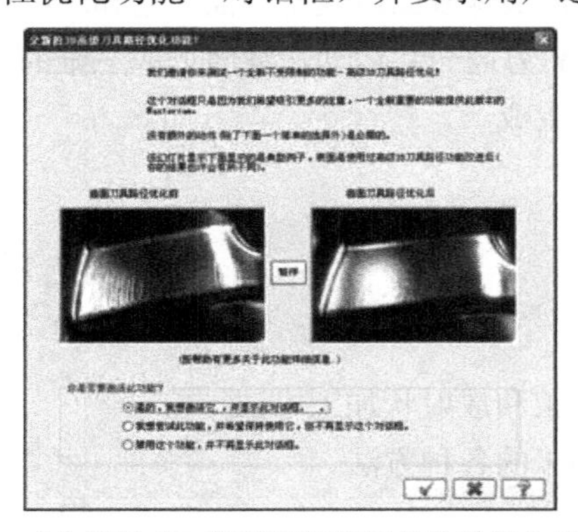

图 7-3　“全新的 3D 高级刀具路径优化功能”对话框

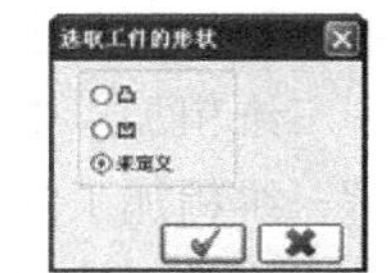

图 7-4　“选取工作的形状”对话框

7.1.1　曲面类型

选择粗加工方式中的前 4 种，即“粗加工平行铣削加工”、“粗加工放射状加工”、“粗加工投影加工”和“粗加工流线加工”方式，系统将打开如图 7-4 所示的“选取工作形状”对话框。Mastercam 提供了 3 种曲面类型供选择：“凸”、“凹”和“未定义”。这 3 种曲面所对应的加工方式也有所区别。凸曲面不允许刀具在 Z 轴做负向移动时进行切削；凹曲面则无此限制；而“未定义”则是指采用默认参数，一般为上一次加工设置的参数。

7.1.2　加工面选择

在指定曲面加工面时，除了选择加工曲面之外，往往还需要指定一些相关的图形要素作为加工的参考，如干涉曲面和切削边界。干涉曲面指的是在加工过程中，应避免切削的平面；切削边界用于限制刀具移动的范围。用户需在如图 7-5 所示的“刀具路径的曲面选取”对话框中进行相关图形要素的指定。

如果选择了刀具路径起始点，则会激活相关加工参数对话框中的相关选项。

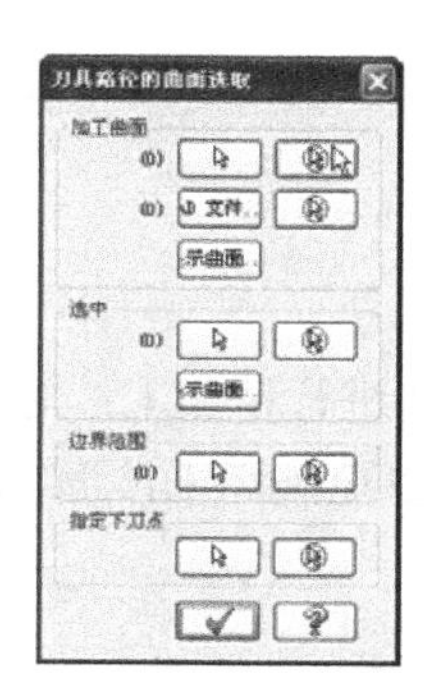

图 7-5　“刀具路径的曲面选取”对话框

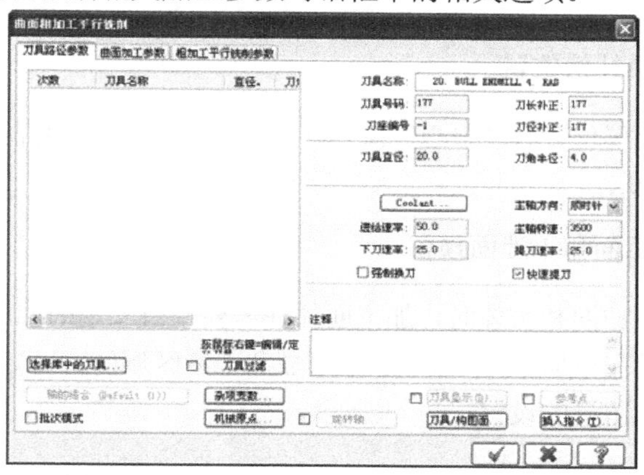

图 7-6　加工参数设置对话框中的刀具参数设置

7.1.3　刀具参数设置

确定加工表面后，系统会打开如图 7-6 所示的“加工参数设置”对话框。在各种加工方法设置对话框的“刀具路径参数”中，首先根据需要选择一把合适的刀具，然后设置刀具号、刀具类型、刀具直径、刀具长度、进给率、主轴转速以及冷却方式等内容，如图 7-6 所示。

7.1.4　加工参数设置

在各种加工方法设置对话框的“曲面加工参数”选项卡中，有一部分加工参数是通用的，如图 7-7 所示。

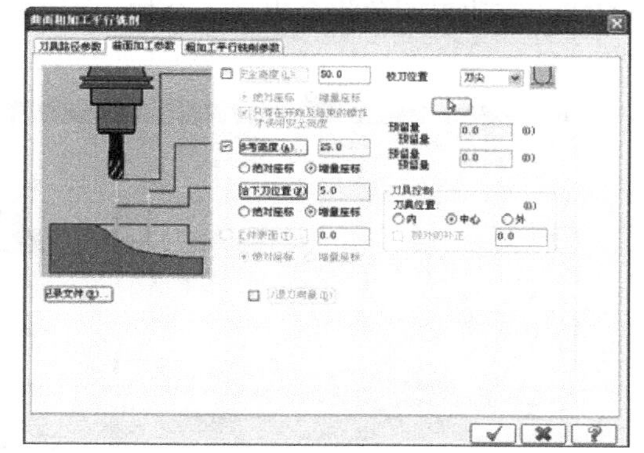

图 7-7　通用加工参数设置

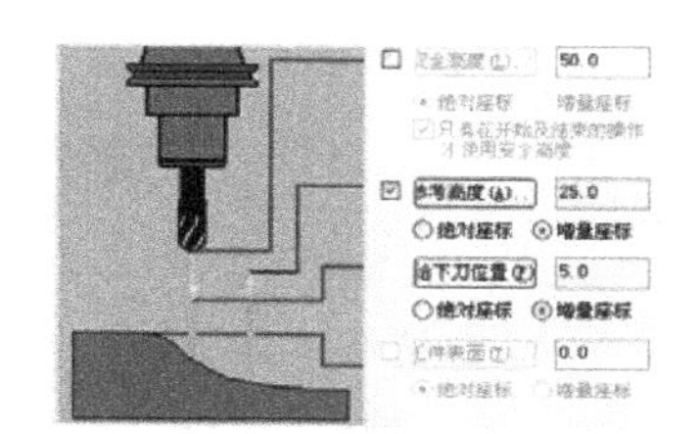

图 7-8　加工高度设置

1. 加工高度

三维加工中的加工高度参数同二维加工基本相同，也是由安全高度、返回高度、进给下刀高度和工件顶面高度组成，只是缺少了“切削深度”选项，如图 7-8 所示，其具体描述参考第 6 章内容。

2. 刀具补偿位置

刀具补偿位置有“中心”和“刀尖”两个选项，分别表示补偿到刀具端头中心和刀具尖角，如图 7-9 所示。

3. 加工面和干涉面预留

在加工曲面和实体时，加工面往往需要预留一定的加工量，以便进行精加工；对于干涉面的预留也是在粗加工时，保证加工区域和干涉区域间有一定的距离，以免破坏干涉面，如图 7-10 所示为其预留量的设置。

图 7-9　刀具补偿位置

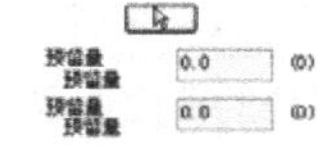

图 7-10　加工面和干涉面预留量设置

如果在开始加工时没有选择加工面和干涉面，也可以在此进行选择。单击按钮，打开如图 7-5 所示的“刀具路径的曲面选取”对话框，用户可以再次进行选择。选择好后，用户便可在相应的对话框中指定一定的预留量了。

文本框右侧的数字分别表示已经选择的加工面和干涉面的数量。

4. 刀具切削边界补偿

在加工曲面时，用户可以用边界来限制加工的范围，这样安排出来的刀具路径就不会超出用户指定的范围。边界必须是封闭的，它可以和曲面不在同一高度上。

边界对于刀具来说，有 3 种不同的方式，分别是“内”，包含刀具在内；“中心”，刀具中心在线上；“外”，刀具在外。选择不同的方式，加工出来的曲面的大小将会有所不同，效果如图 7-11 所示。

从图 7-11 中可以看出，如果使用“内”方式，在边界四角将会出现一个加工不到的区域，在设计刀具路径时需要特别注意这些地方。

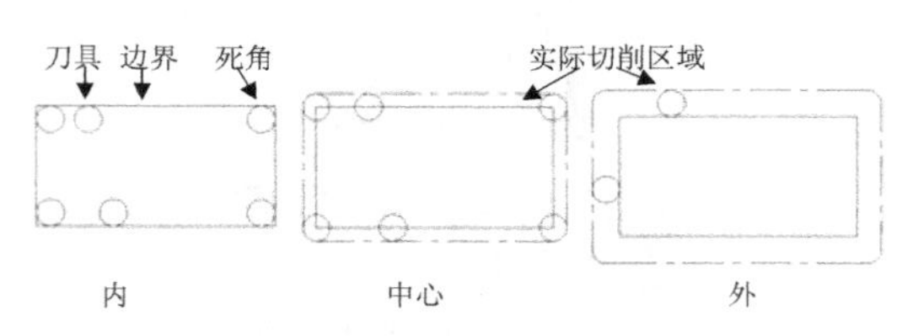

图 7-11　刀具切削边界补偿

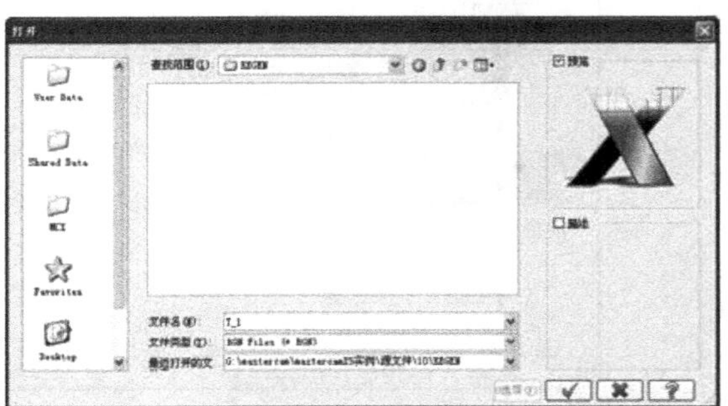

图 7-12　记录参数文件对话框

5. 其他参数

“曲面加工参数”选项卡中还有两个按钮。单击[记录文件(R)...]按钮，打开如图 7-12 所示的记录参数文件对话框，用于自动保存曲面加工刀具路径的记录文件。由于曲面刀具路径的规划和设计有时耗时过长，采用该方法可以加快刀具路径的刷新速度，便于对刀具路径的修改。

单击[进退刀向量(D)]按钮，系统将打开如图 7-13 所示的“方向”对话框。在该对话框中，单击[V向量(V)...]按钮，系统将打开如图 7-14 所示的“向量”对话框，用于指定进退刀的向量；单击[参考线(L)...]按钮，可以直接在图形窗口中利用鼠标选择参考线。

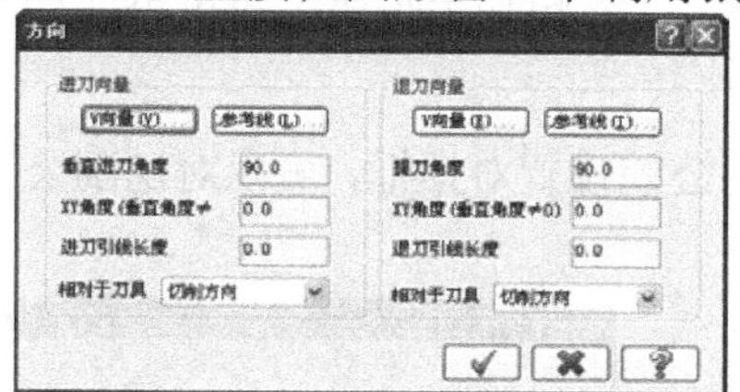

图 7-13　“方向”对话框

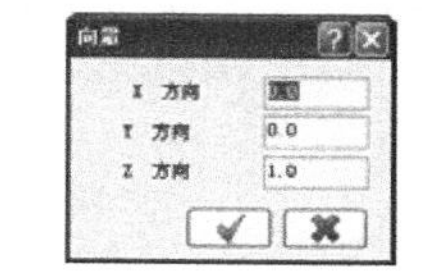

图 7-14　“向量”对话框

7.2　曲面粗加工

Mastercam 提供了 8 种曲面粗加工的方法。用户可以通过执行“刀具路径”|“曲面粗加工”命令，在弹出的如图 7-1 所示的曲面粗加工方法子菜单中进行选择。各项加工方法及其说明如下。

- “粗加工平行铣削加工”：生成的刀具路径相互平行。
- “粗加工放射状加工”：生成放射状的刀具路径。
- “粗加工投影加工”：将已有的刀具路径或几何图形投影到某一曲面，生成刀具路径。
- “粗加工流线加工”：生成沿曲面流线方向的刀具路径。
- “粗加工等高外形加工”：生成沿曲面等高线方向的刀具路径。
- “粗加工残料加工”：生成清除前一刀具路径剩余材料的刀具路径。
- “粗加工挖槽加工”：沿槽边界，生成曲面挖槽刀具路径。
- “粗加工钻削式加工”：在 Z 方向下降生成刀具路径。

本节主要以平行铣削粗加工和挖槽粗加工为例进行详细介绍，其他加工方法仅做简要介绍。

7.2.1　平行铣削粗加工

平行铣削粗加工是一种最通用、简单和有效的加工方法。刀具沿指定的进给方向进行切削，生成的刀具路径相互平行。

选择曲面类型并选择平行铣削粗加工命令后，系统将打开如图 7-4 所示的“选取工作形状”对话框，用于提示用户首先指定曲面类型，然后打开如图 7-5 所示的“刀具路径的曲面选取”

对话框，用于选择加工曲面。

接下来打开如图 7-15 所示的“曲面粗加工平行铣削”对话框，其中包括 3 个选项卡，“刀具路径参数”和“曲面加工参数”在曲面中已经介绍过，“粗加工平行铣削参数”选项卡是平行铣削粗加工专有的参数设置，主要包括切削误差、切削方式和进刀方式等参数设置。

1. 切削误差

“整体误差”按钮右侧的文本框用于设置刀具路径的精度误差。该处公差值越小，加工得到的曲面就越接近真实曲面，当然加工时间也就越长。在粗加工阶段，可以设置较大的公差值以提高加工效率。

单击[整体误差(T)...]按钮，打开如图 7-16 所示的总公差设置对话框，可以对切削公差进行更为详细的设置。

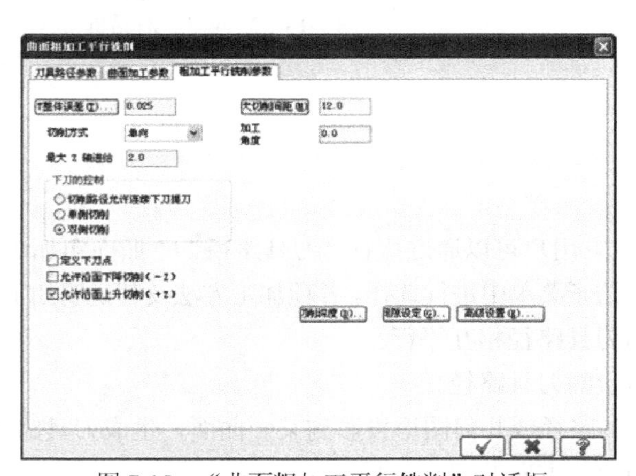

图 7-15 “曲面粗加工平行铣削”对话框

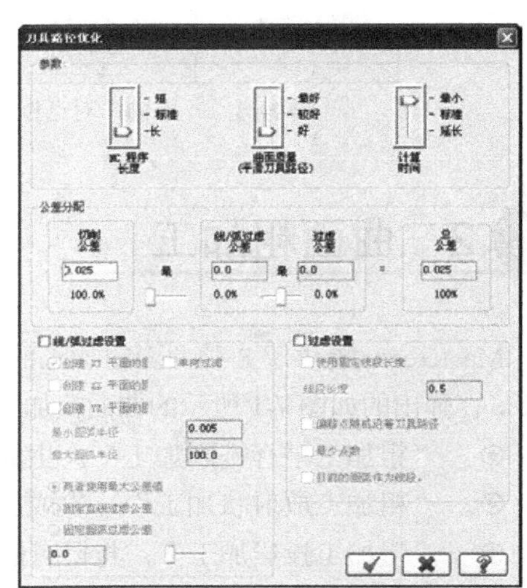

图 7-16 总公差设置对话框

2. 切削方式

在“切削方式”下拉列表中，有“双向”和“单向”两种方式。“双向”：双向切削，刀具在完成一行切削后随即转向下一行进行切削；“单向”：单向切削，加工时刀具仅沿一个方向进给，完成一行后，需要抬刀返回到起始点再进行下一行的加工。

双向切削有利于缩短加工时间，而单向加工可以保证一直采用顺铣和逆铣方式，以获得良好的加工质量。

3. 下刀方式

下刀方式决定了刀具在下刀和退刀时在 Z 方向的运动方式。

将曲面简化成一个有左、右两个坡的“山峰”。允许连续下刀和提刀，是指在加工曲面时，刀具将在两边连续的下刀和提刀；从一侧切削，只能对一个坡进行加工，另一侧则无法同时一起连续加工；从两侧切削，可以在加工完一侧的坡后，立刻连续加工另一个坡，效果如图 7-17

所示。

4. 切削间距

在“最大切削间距”文本框中可以设置同一层相邻两条刀具路径之间的最大距离。该值必须小于刀具直径，否则加工时，两条路径之间会有一部分材料加工不到。但粗加工时，为了获得较高的加工效率，可以把这个值在刀具性能允许的情况下，设置得尽可能大一些。

单击“最大切削间距”按钮，打开如图 7-18 所示的“最大步进量”对话框，用于设置更为详细的间距参数。

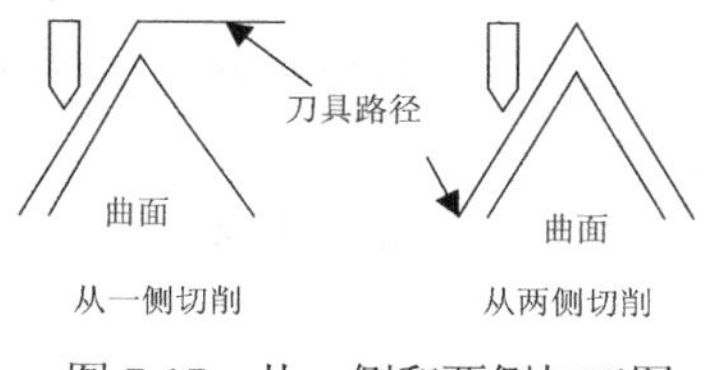

图 7-17　从一侧和两侧加工图

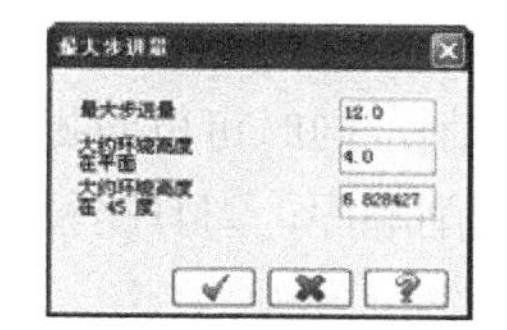

图 7-18　“最大步进量”对话框

5. 切削深度

单击“切削深度”按钮，打开如图 7-19 所示的“切削深度的设定”对话框。该对话框用于设置粗加工的切削深度。当选择绝对坐标时，要求用户输入最高点和最低点的位置，或者利用鼠标直接在图形上进行选择。选择相对坐标时，需要输入顶部预留量和切削边界的距离，同时输入其他部分的切削预留量。该对话框中的部分内容需要在特定的加工方法中才可以被激活。

6. 间隙设定

当曲面上存在一些断点如缺口时，便会产生间隙。用户可以根据需要对刀具路径如何跨越这些间隙进行设置。单击“间隙设定”按钮，打开如图 7-20 所示的“刀具路径的间隙设置”对话框。

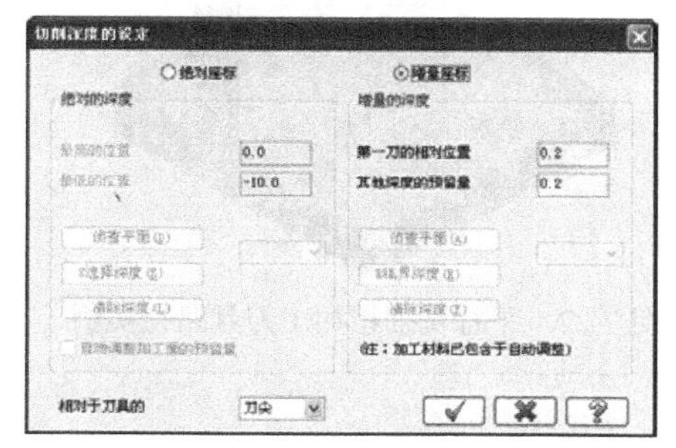

图 7-19　“切削深度的设定”对话框

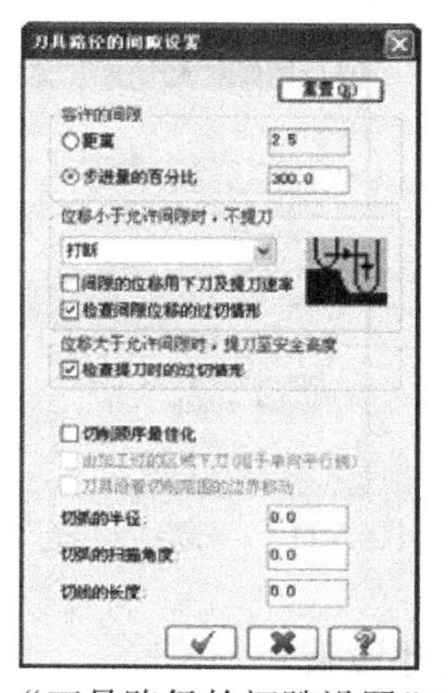

图 7-20　“刀具路径的间隙设置”对话框

容许间隙有两种指定方式，除了可以直接指定容许间距的大小外，另一种更常用的方式是按与步进距的百分比来给出。

刀具的移动距离，一段刀具路径的终点到另一端的起点之间的距离小于容许距离时，可以不进行提刀而直接跨越间隙。Mastercam 提供了以下 4 种跨越方式。

- “不提刀”：刀具从间隙一边的刀具路径的终点，以直线的方式移动到间隙另一边的刀具路径的起点。
- “打断”：将移动距离分成 Z 方向和 XY 方向两部分来移动。首先完成刀具的上下移动，再移动到间隙的另一边。
- “平滑”：刀具路径以平滑的方式越过间隙，常用于高速加工。
- “随曲面式”：刀具根据曲面的外形变化趋势，在间隙两侧的刀具路径间移动。

当移动量大于容许间隙时，可以首先提刀到指定的高度，再进行移动跨越间隙，下刀到指定的位置继续切削，同时可以对提刀和下刀进行过切检查。

选择优化切削顺序，刀具路径将会被分成若干区域，在完成一个区域的加工后，再对另一个区域进行加工。

在对曲面的边界加工时，可以引入一段圆弧，使进刀和退刀的过程更加平稳，以便获得更好的加工效果。

7. 高级设置

所谓高级设置主要是指设置刀具在曲面边界的运动方式。单击 高级设置(E)... 按钮，打开如图 7-21 所示的“高级设置”对话框。该对话框中的各选项卡及其内容如下。

“刀具在边缘走圆角”方式可以采用自动计算模式，即在加工切削范围之内将所有的边缘都走圆角。

“尖角边缘的误差”用于指定出现边缘尖角时的刀具路径精度。

隐藏面指的是一些刀具无法加工到的曲面，在生成刀具路径时，可以将它们隐藏起来，以便加快加工速度。

内部尖角会很容易产生过切，在遇到这些情况时，系统将提醒用户并进行调整。

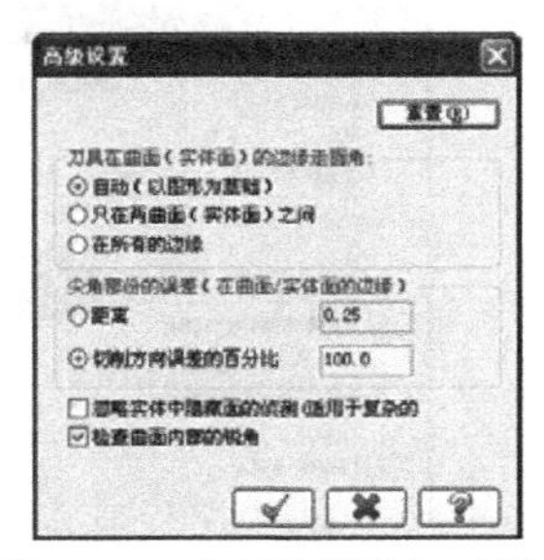

图 7-21 “高级设置”对话框

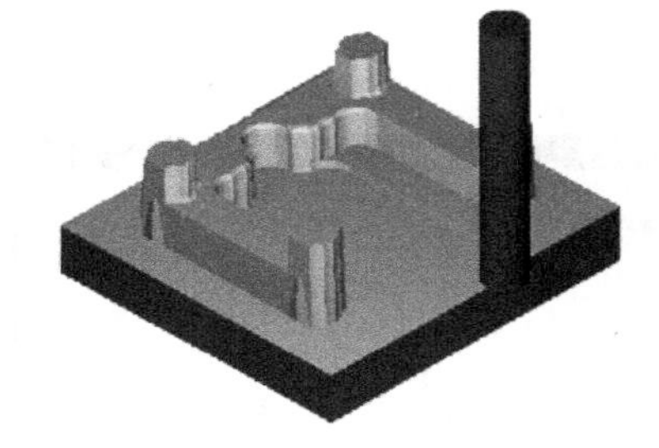

图 7-22 平行铣削粗加工刀具路径实例

8. 其他设置

选中“定义下刀点”复选框，用户可以自行指定刀具路径的起始点。选中该复选框后，在退出参数设置对话框时，系统将提示用户进行下刀点指定，并以距指定点最近的角点作为刀具路径的起始点。

“允许沿面下降切削”和“允许沿面上升切削”复选框，用于指定刀具是在上升还是在下降时进行切削。

以上就是平行铣削粗加工的专有参数设置。平行铣削粗加工刀具路径的实例，真实仿真效果如图 7-22 所示。

7.2.2　挖槽粗加工

挖槽粗加工的特点是加工时按高度来将路径分层，即在同一个高度完成了所有加工之后，再进行下一个高度的加工。由于挖槽加工是在实际中运用得极为广泛的一种加工方式，以如图 7-23 所示的图形为例来详细介绍挖槽粗加工。

执行“刀具路径”|“曲面粗加工”|“粗加工挖槽加工”命令，系统将会提示用户选择加工曲面。选择并确定后，打开如图 7-5 所示的“刀具路径的曲面选取”对话框，用于帮助用户指定加工曲面和曲面边界等。

1. 普通粗加工参数

选择与加工有关的曲面以及边界后，打开如图 7-24 所示的“曲面粗加工挖槽”对话框，其中包含 4 个选项卡。前两个选项卡与前面介绍的相同，分别用于指定刀具参数和曲面参数。在第三个选项卡“粗加工参数”中指定普通粗加工参数，它和平行粗加工中的加工参数基本相同。

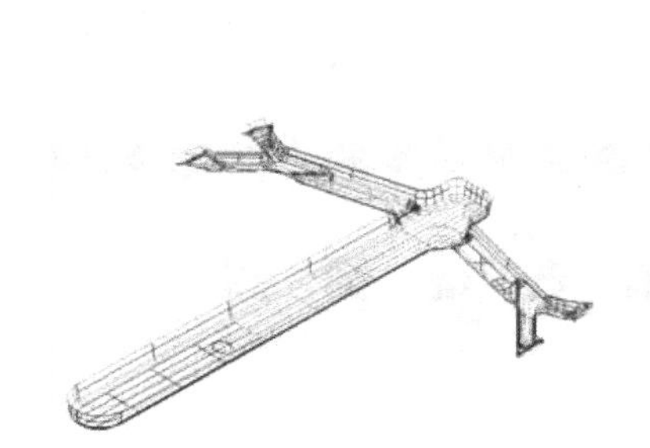

图 7-23　挖槽粗加工几何图素实例

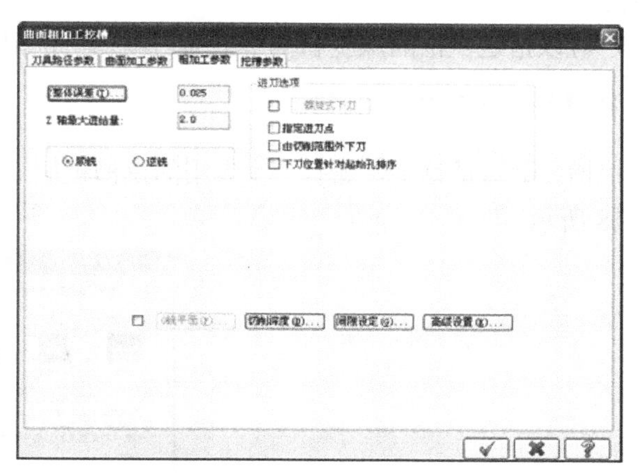

图 7-24　“曲面粗加工挖槽”对话框

单击 螺旋式下刀 按钮，打开如图 7-25 所示的“螺旋/斜插下刀参数”对话框，可以在其中指定刀具的下刀方式，有螺旋形下刀和斜降式下刀两种方式可供用户选择。

最小和最大半径分别指的是螺旋的最小半径和最大半径。最大半径需要根据槽的尺寸来进行确定，半径越大，进刀的时间也就越长。

Z 向和 XY 向间隙指的是螺旋线距工件表面以及槽壁的距离。

进刀角度指的是螺旋线的升角，它决定螺旋线的圈数。

选中“以圆弧进给”复选框，刀具将沿螺旋线圆周运动，否则刀具以直线方式沿螺旋线运动，可以在右侧文本框中输入直线的长度。

斜降式下刀参数可以在如图 7-26 所示的选项卡中进行设置。

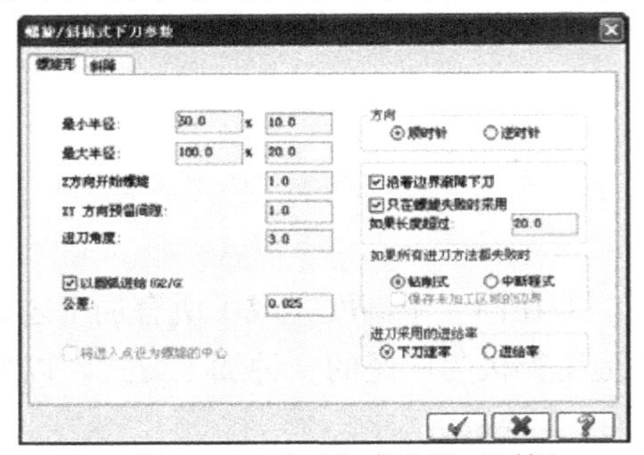

图 7-25　下刀方式选择对话框

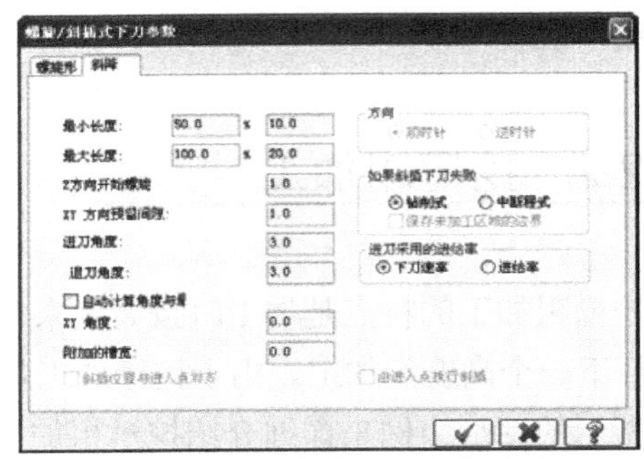

图 7-26　斜降式下刀参数设置

进刀角度指的是切入工件时刀具轴线与工件表面的夹角；退刀角度则是指退出工件时二者的夹角。

系统可以自动计算进刀中心线与 XY 之间的角度，当然，用户也可以自行指定。

在图 7-24 中的普通粗加工参数选项卡中，激活 G铣平面(F)... 按钮，可以设置表面加工参数。单击该按钮后，打开如图 7-27 所示“平面铣削加工参数”对话框。

如果槽的边界是开放的，可以指定在刀具路径中对槽表面进行扩展，这有利于获得较好的加工表面。

用户可以指定在槽的深度和槽壁上为后续加工预留一定的加工量。

2. 挖槽粗加工参数

在挖槽参数对话框中，还有一个专用的挖槽粗加工参数选项卡，即“挖槽参数”选项卡，如图 7-28 所示。

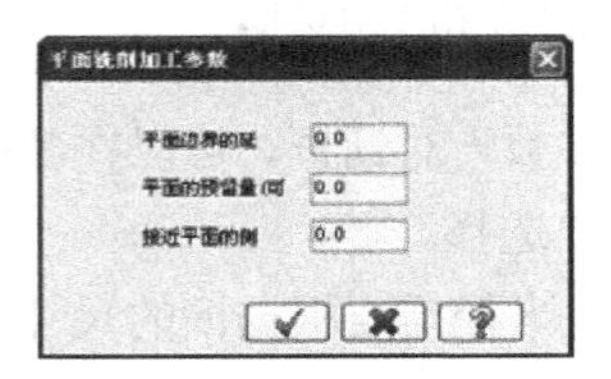

图 7-27　“平面铣削加工参数”对话框

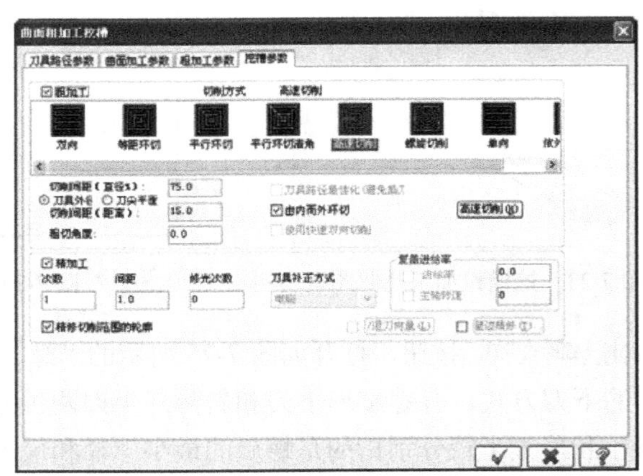

图 7-28　“挖槽参数”选项卡

单击“高速切削”按钮，打开如图 7-29 所示的“高速切削参数”对话框。

对于本实例，用户可以尝试利用不同的参数设置来观察各种参数对刀具路径的影响。最后

生成的刀具路径仿真效果如图 7-30 所示。

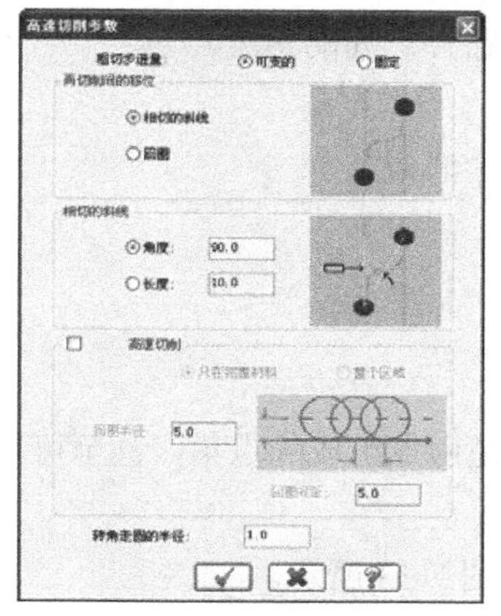

图 7-29　“高速切削参数”对话框

图 7-30　挖槽粗加工实例刀具路径仿真效果

7.2.3　放射状粗加工

在如图 7-31 所示的“放射状粗加工参数”选项卡中设置放射状粗加工参数时，前两个选项卡的内容和其他加工方式的内容是相同的，第三个选项卡为本加工方法专用的参数设置选项卡。部分内容与前面介绍的相似。

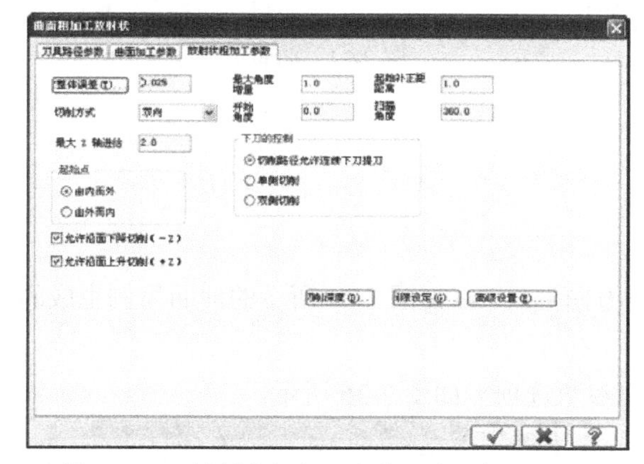

图 7-31　“放射状粗加工参数”选项卡

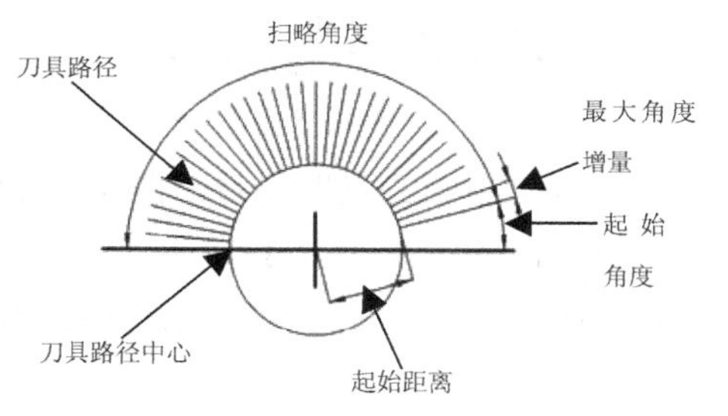

图 7-32　放射状刀具路径示意

放射状刀具路径是一个以某一点为中心向外发散的一种刀具路径，它适用于回转表面的加工。针对放射状加工的专用参数主要有以下 4 个：

- “最大角度增量”指的是相邻两条刀具路径之间的距离。由于刀具路径是放射状的，因此，时常在中心部分刀具路径过密，在外围则比较分散。为了避免在加工中出现有些地方加工不到的现象，因此刀具路径的最大角度增量应该妥当设置。
- “起始补正距离”指的是刀具路径开始点距中心的距离。由于中心部分刀具路径集中，所以留下一段距离不进行加工，可以防止中心部分刀痕过密。

◉ “开始角度”指的是起始刀具路径的角度，以与 X 方向的角度为准。

◉ “扫描角度”则是指起始刀具路径和终止刀具路径之间的角度。

以上各参数的具体描述如图 7-32 所示。

在设置好参数后，系统将会提示用户利用鼠标选择中心点。

7.2.4 投影粗加工

投影粗加工的对象，可以是一些几何图素，也可以是由点组成的点集，甚至可以是将一个已有的 NCI 文件进行投影。

投影粗加工参数设置对话框中的专用参数选项卡如图 7-33 所示。

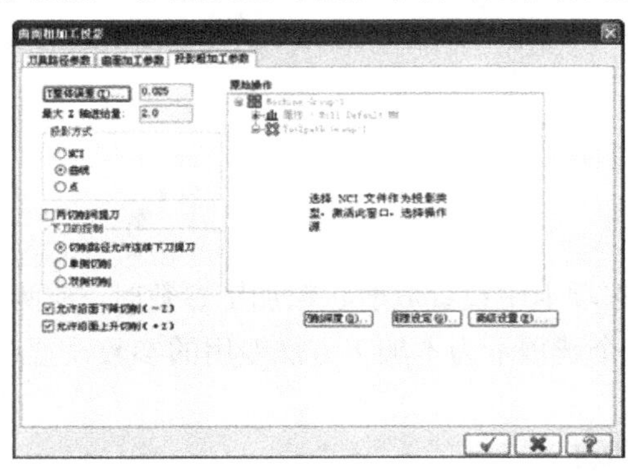

图 7-33 “投影粗加工参数”选项卡

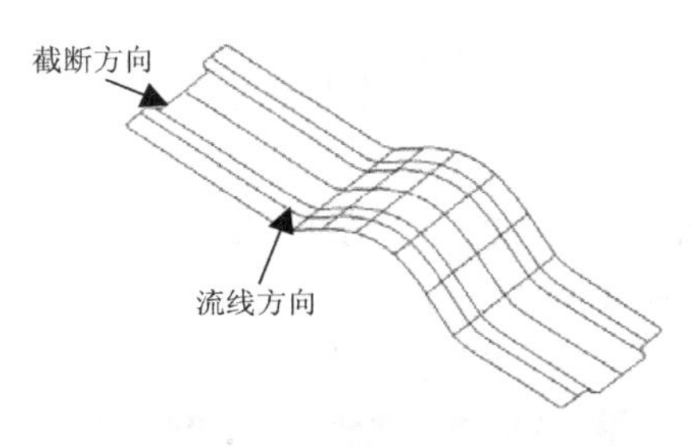

图 7-34 曲面实例

7.2.5 曲面流线粗加工

该加工方法中，刀具路径将沿曲面的流线方向生成。以如图 7-34 所示的曲面为例生成的刀具路径模拟加工效果如图 7-35 所示。

曲面流线粗加工参数设置对话框中的专用参数选项卡如图 7-36 所示。

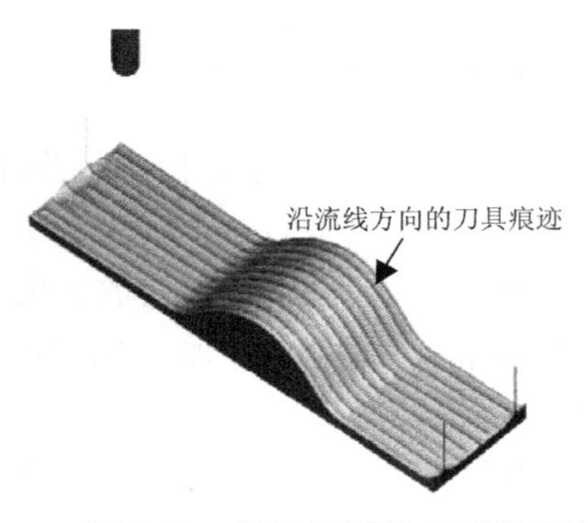

图 7-35 曲面流线粗加工模拟效果

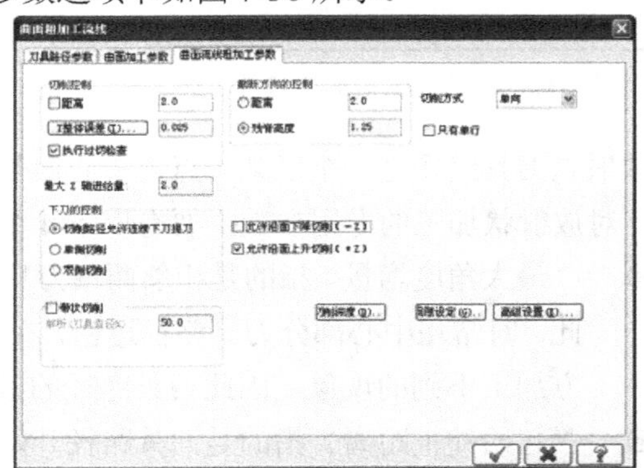

图 7-36 “曲面流线粗加工参数”选项卡

刀具在流线方向上切削的进刀量有两种设置方式：一种是直接指定距离，一种是按照要求的总公差来进行计算。

选中“执行过切检查”复选框，系统将检查可能出现的过切现象，并自动调整。

截断控制，指的是刀具在垂直于流线的方向上的运动方式，与切削控制一样有两种方式。“残脊高度”指的是由于刀头的形状而在两行刀具路径之间留下的未加工量。残脊高度是影响曲面流线加工精度的主要原因。

该加工共有 3 种切削方式可供用户选择，分别是“双向”、“单向”和“螺旋形”。

7.2.6　等高外形粗加工

等高外形粗加工，顾名思义是将毛坯一层一层地切去，将一层外形铣至要求的形状后，再进行 Z 方向的进给，加工下一层，直至最后加工完成。

等高外形粗加工参数设置对话框中的专用参数选项卡如图 7-37 所示。

“转角走圆的半径”指的是在加工拐角时，安排刀具走圆角而不是直线，以使刀具获得较好的切削性能。

对于开放式轮廓，在加工到边界时刀具需要转向，因此可以选择刀具是按单向或双向方式来进行加工。“单向”，在完成一段刀具路径后，刀具提刀回到下一段路径的另一端开始继续加工；“双向”，刀具立刻进入下一段刀具路径的加工。双向加工可正反两个方向加工，提高加工效率。

当两段加工区间的距离小于设定的间隙时，刀具可以选择 4 种方式进入下一段区域加工。4 种方式都有图形加以说明，并可激活相应的参数文本框，以便进行设置。

在此选项卡中，单击“间隙设定”按钮，打开如图 7-38 所示的“刀具路径的间隙设置”对话框，它与其他加工方式的间隙设置有所不同。

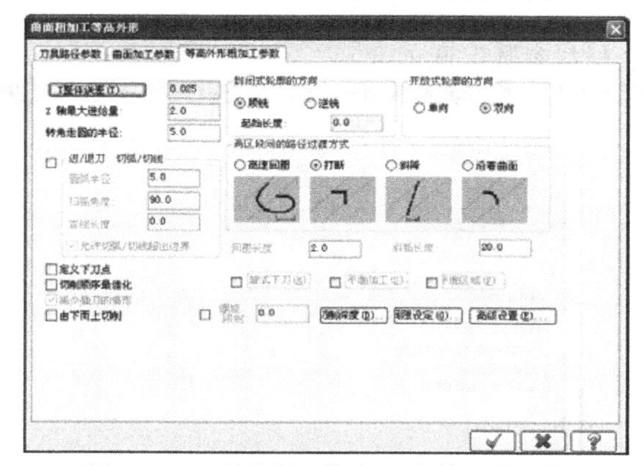

图 7-37　“等高外形粗加工参数”选项卡

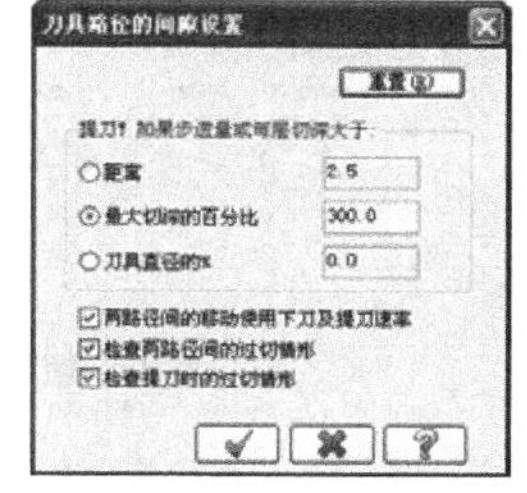

图 7-38　“刀具路径的间隙设置”对话框

单击旋式下刀(H)按钮，打开如图 7-39 所示的“螺旋下刀参数”对话框，在该对话框中进行螺旋下刀设置。

单击平面加工(S)按钮，打开如图 7-40 所示的“浅平面加工”对话框。

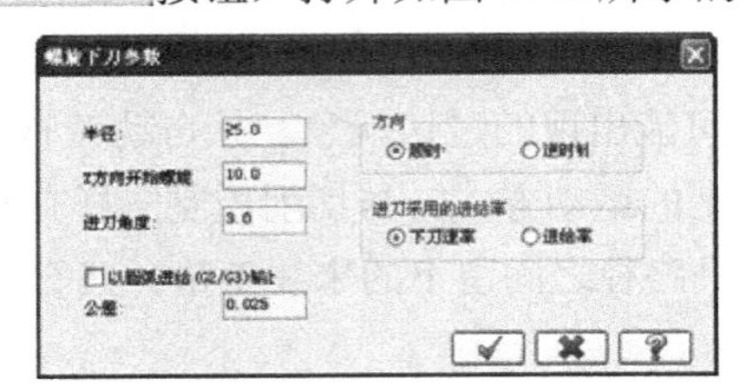

图 7-39　“螺旋下刀参数”对话框

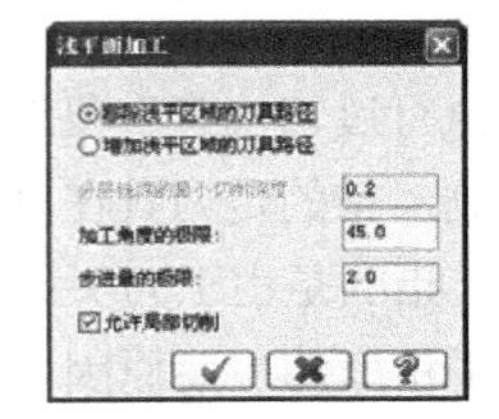

图 7-40　“浅平面加工”对话框

单击“平面区域”按钮，打开如图 7-41 所示的“平坦区域加工设置”对话框。

设置平坦面加工参数后，系统将在相应的平坦面上增加一段刀具路径，并对其进行加工。Mastercam 的帮助文件提供了如图 7-42 所示的实例进行说明。

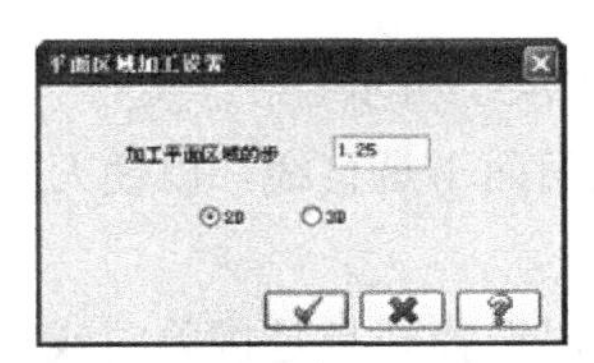

图 7-41　“平坦区域加工设置”对话框

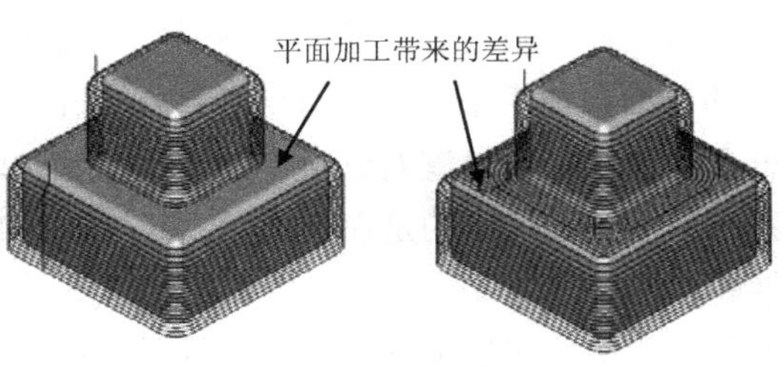

图 7-42　平坦面加工实例

7.2.7　残料粗加工

一般在粗加工后，往往会留下一些没有加工到的地方，对这些位置的加工被称为残料加工。

残料粗加工的参数设置对话框中的第三个选项卡为如图 7-43 所示的“残料加工参数”选项卡。

第四个选项卡为如图 7-44 所示的“剩余材料参数”选项卡。

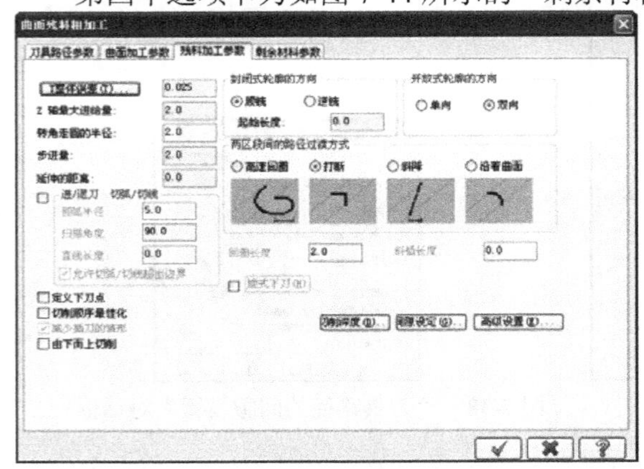

图 7-43　“残料加工参数”选项卡

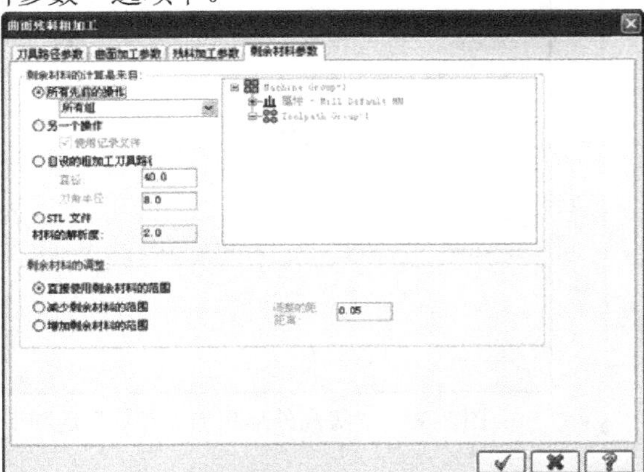

图 7-44　“剩余材料参数”选项卡

7.2.8 钻削式粗加工

钻削式粗加工，顾名思义就是刀具连续地在毛坯上采用类似钻孔的方式去除材料。这种方法的特点是加工速度快，但对刀具和机床的要求比较高。

钻削式粗加工的参数设置对话框中的第三个选项卡为如图 7-45 所示的“钻削式粗加工参数”选项卡。

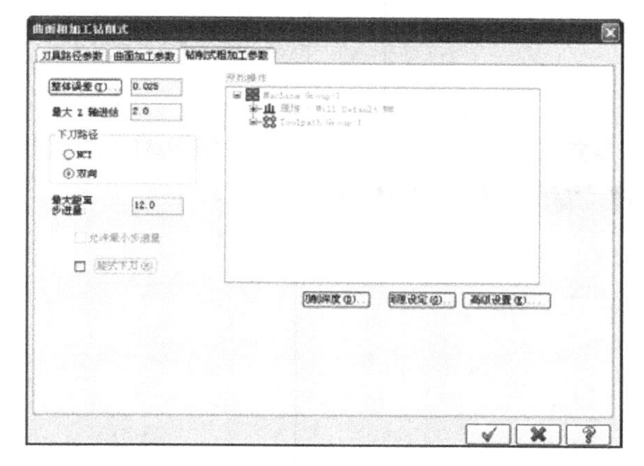

图 7-45　“钻削式粗加工参数”选项卡

7.3 曲面精加工

执行“刀具路径”|“曲面精加工”命令，系统将打开如图 7-2 所示的曲面精加工方法子菜单，Mastercam X5 共提供了 11 种曲面精加工方法。

7.3.1 平行铣削精加工

对于曲面精加工来说，其参数设置的内容在相当一部分上和曲面粗加工的含义相同。例如对于平行铣削精加工而言，其参数对话框中的 3 个选项卡中的“刀具路径参数”、“曲面加工参数”和“精加工平行铣削参数”依然分别是刀具参数选项卡、曲面参数选项卡和加工参数选项卡，分别如图 7-46、图 7-47 和图 7-48 所示。其中，前两个选项卡的内容和前面介绍的完全相同，只是在“精加工平行铣削参数”选项卡中才有所不同。

在精加工阶段，往往需要把公差值设置得更低，并且采用能获得更好的加工效果的切削方式。在加工角度的选择上，可以与粗加工时的角度不同，如互相垂直，这样可以减少粗加工的刀痕，以获得更好的加工表面质量。

单击“限定深度”按钮，打开如图 7-49 所示的“限定深度”对话框，用于设置加工范围。

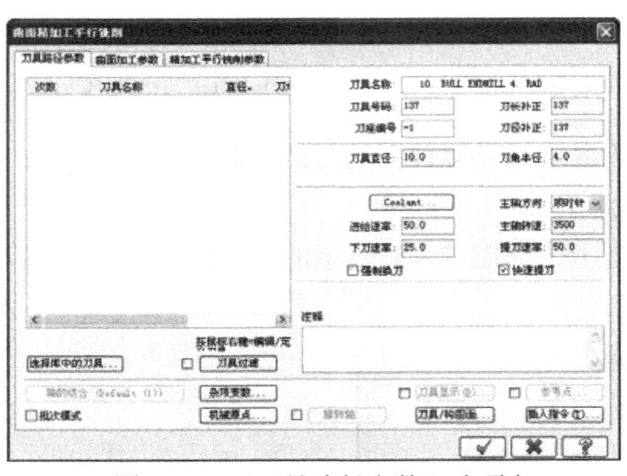

图 7-46　“刀具路径参数”选项卡

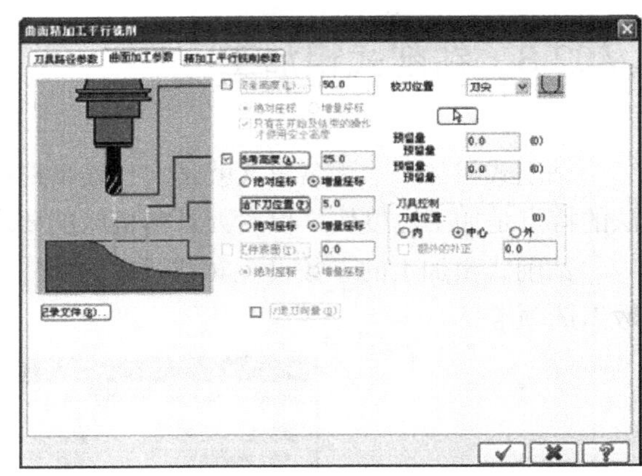

图 7-47　“曲面加工参数”选项卡

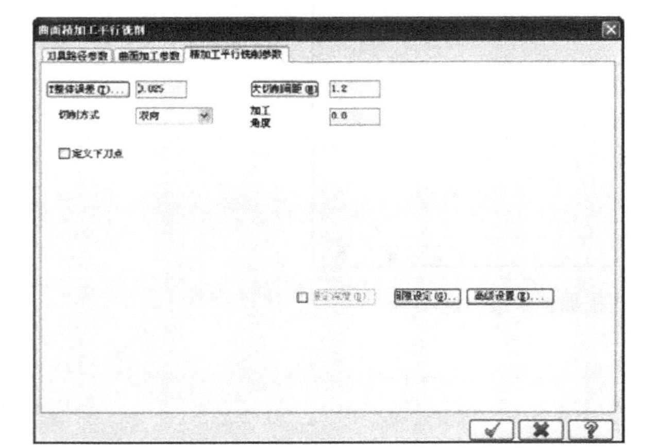

图 7-48　“精加工平行铣削参数”选项卡

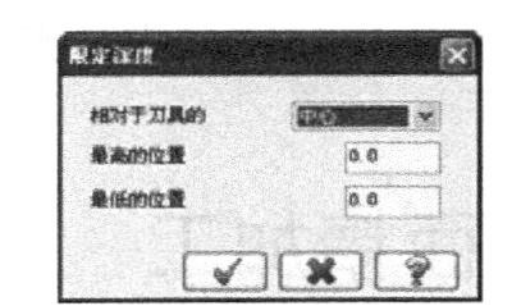

图 7-49　“限定深度”对话框

7.3.2　陡斜面精加工

对于较陡的曲面，在粗加工时往往会留下较多的残留材料，因此 Mastercam 在精加工中专门提供了针对这种曲面的精加工方式。

陡斜面精加工参数对话框中的加工参数选项卡如图 7-50 所示。在该对话框中，通过指定陡斜面的角度范围来指定加工范围。陡斜面的角度是指斜面法线与刀具轴线间的夹角。

Mastercam 提供了一个陡斜面精加工实例，其加工范围为 70°~90°，生成的刀具路径效果如图 7-51 所示。

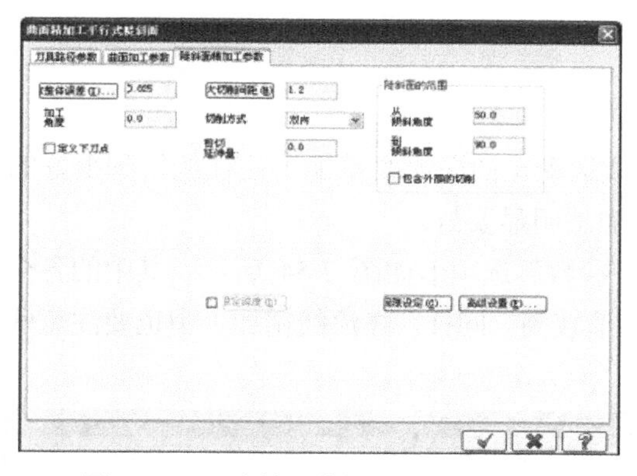

图 7-50　“陡斜面精加工参数”选项卡

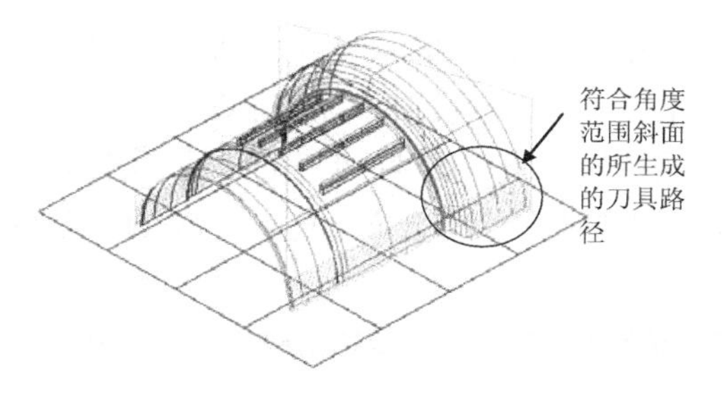

图 7-51　陡斜面精加工实例

7.3.3　放射状精加工

放射状精加工参数对话框中的“放射加工参数”选项卡如图 7-52 所示。它与放射状粗加工参数对话框中的内容完全相同。

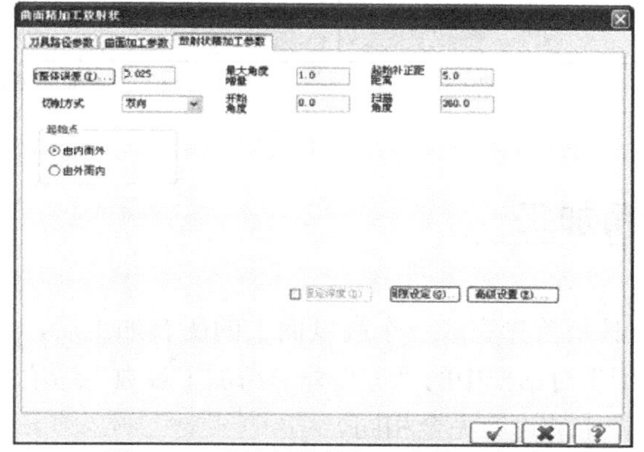

图 7-52　“放射状精加工参数”选项卡

7.3.4　投影精加工

投影精加工指的是将已有的刀具路径或者几何图形投影到要加工的曲面上，以生成刀具路径来进行切削。

投影精加工参数对话框中的加工参数选项卡与投影粗加工参数对话框相比，少了部分内容，如图 7-53 所示为“投影精加工参数”选项卡。

“增加深度”指的是将 NCI 文件中的 Z 轴深度作为新刀具路径的深度，即在刀具路径的下刀高度中加上这一距离。

7.3.5 流线精加工

流线精加工和粗加工一样，都是刀具沿曲面流线运动。曲面流线精加工往往能得到很好的加工效果。当曲面较陡时，加工质量比一般的平行加工明显要好。

流线精加工的参数对话框中的“曲面流线精加工参数”选项卡如图 7-54 所示。其中的各个参数和流线粗加工中的含义一样，区别仅仅在于精度值较高。同样，在流线精加工中也要注意残留高度。

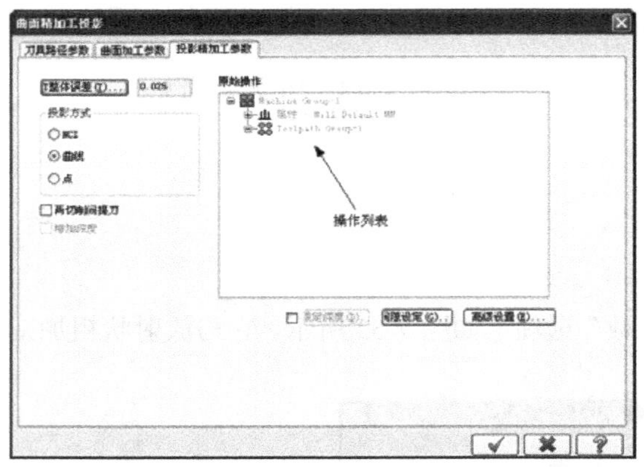

图 7-53 “投影精加工参数”选项卡

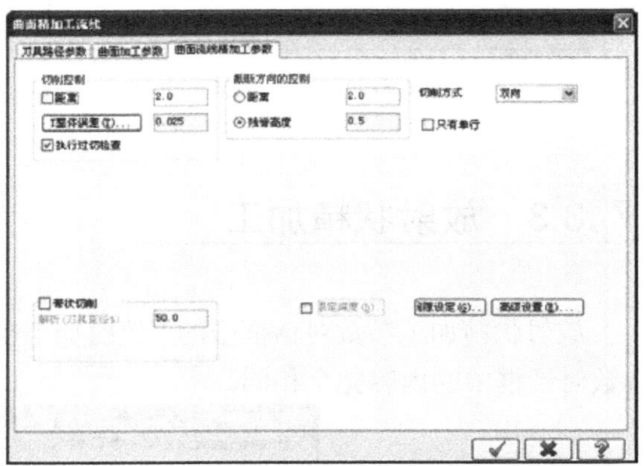

图 7-54 “曲面流线精加工参数”选项卡

7.3.6 等高外形精加工

等高外形精加工的刀具是首先完成一个高度面上的所有加工后，才进行下一个高度的加工。“曲面精加工等高外形”对话框中的“等高外形精加工参数”选项卡如图 7-55 所示，它和等高外形粗加工参数对话框中的内容完全相同。

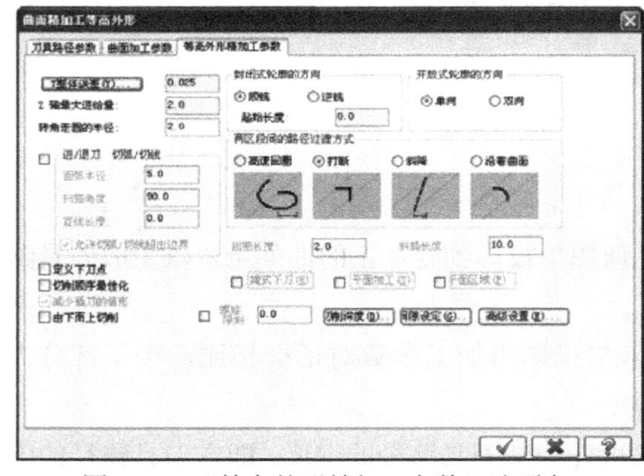

图 7-55 “等高外形精加工参数”选项卡

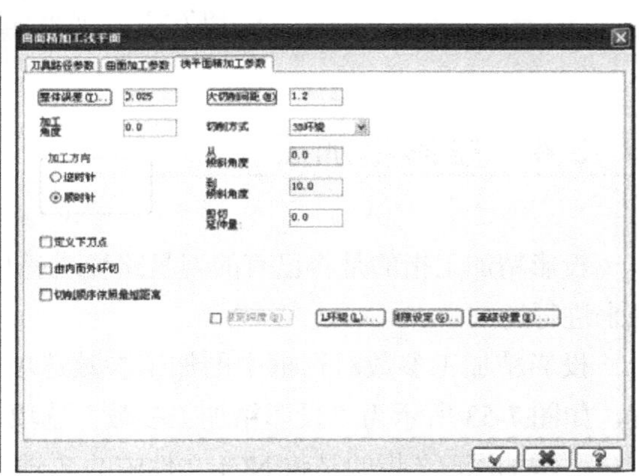

图 7-56 “浅平面精加工参数”选项卡

7.3.7　浅平面精加工

与陡平面精加工正好相反，浅平面精加工主要用于加工一些比较平坦的曲面。在大多数的精加工中，往往会对平坦部分加工得不够，因此，需要在后面使用浅平面精加工来保证加工质量。

“曲面精加工浅平面”对话框中的“浅平面精加工参数”选项卡如图 7-56 所示。浅平面坡度最小值和最大值决定了系统认为是浅平面的范围，也就是生成刀具路径的曲面范围。

在浅平面加工中，除了一般的双向加工和单向加工之外，系统还提供了“3D 环绕”加工方式。这种加工方式首先环绕浅平面边界进行切削，然后一层一层地向内部进刀，直到该区域被加工完成。

单击“环绕”按钮，打开如图 7-57 所示的“环绕设置”对话框。

7.3.8　交线清角精加工

交线清角加工是用于清除曲面间交角处的残余材料的。它相当于在曲面间增加了一个倒圆面。

“曲面精加工交线清角”对话框中的“交线清角加工参数”选项卡如图 7-58 所示。

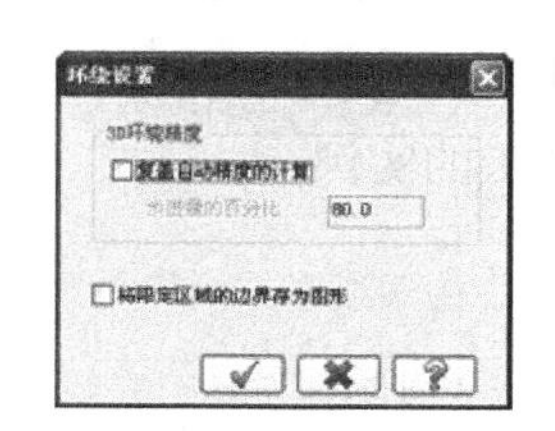

图 7-57　“环绕设置”对话框

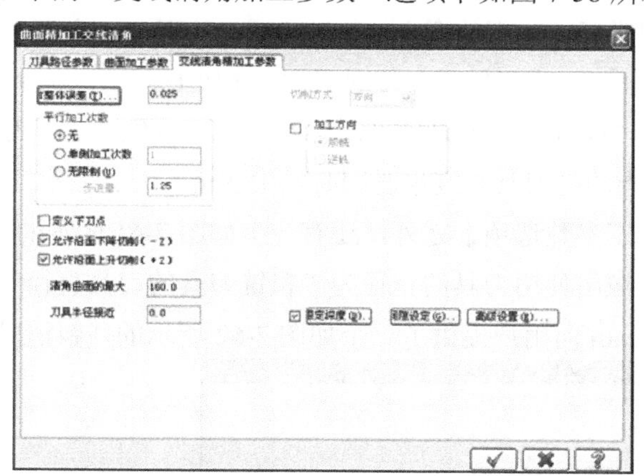

图 7-58　“交线清角精加工参数”选项卡

平行路径指的是沿清角路径偏置了一段距离的刀具路径，偏置值可以由用户设置。用户还可以指定走偏置路径的次数，或者不指定次数而由系统计算。

“清角曲面的最大”文本框用来指定“面夹角”参数，该参数定义了用户需要进行加工的交线清角加工的面之间的夹角范围，如图 7-59 所示。一般情况下设置为 165°，这样可以获得最好的结果。

在一些特殊情况下，可能刀具直径无法完全满足加工的要求，可以在原有路径的基础上添加一定的厚度，以保证加工不会产生过切。

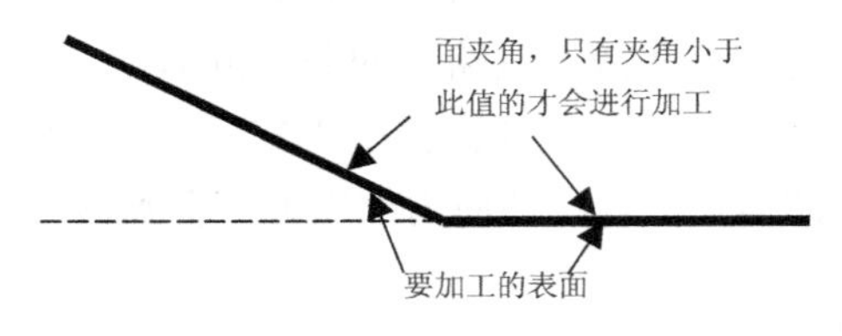

图 7-59　面夹角参数含义

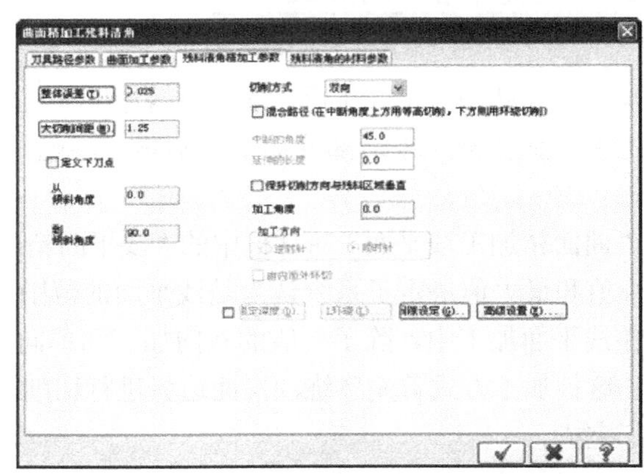

图 7-60　“残料清角精加工参数”选项卡

7.3.9　残料精加工

残料精加工用于清除先前加工由于刀具直径过大而遗留下来的切削材料。“曲面精加工残料清角”对话框中的“残料清角的加工参数”选项卡如图 7-60 所示。

这里提供了一种新的混合式加工方式，它是 2D 和 3D 加工方式的结合。当大于转折角度时采用 2D 加工，小于转折角度时采用 3D 加工。

这里的 2D 加工指的是切削时刀具高度不发生变化，刀具作平面运动，类似于等高加工。而 3D 加工指的是刀具高度也会同时发生变化，刀具作空间运动。

除了加工参数选项卡之外，还有一个如图 7-61 所示的“残料清角的材料参数”选项卡。

加工区域所使用刀具的直径为“粗铣刀具的刀具直径”值加上“重叠距离”值。

Mastercam 向用户提供了一个如图 7-62 所示的残料清除精加工的实例。

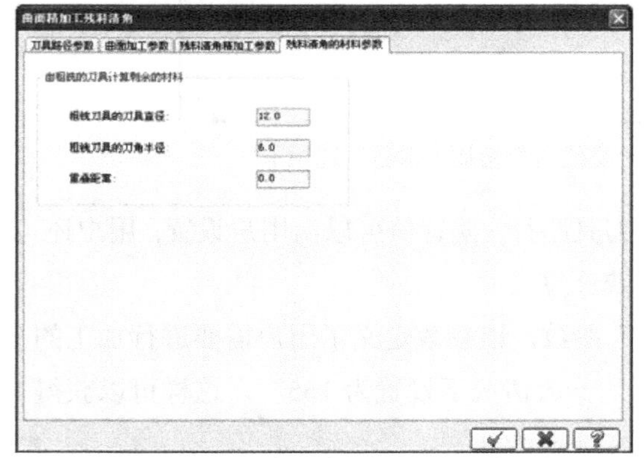

图 7-61　“残料清角的材料参数”选项卡

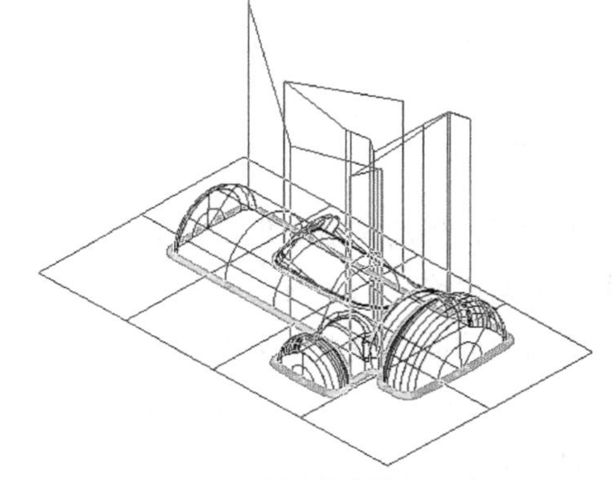

图 7-62　残料清除精加工实例

7.3.10 环绕等距精加工

环绕等距精加工指的是刀具在加工多个曲面零件时，刀具路径沿曲面环绕并且相互等距，即残留高度固定。它适用于曲面变化较大的零件，多用于当毛坯很接近零件时。

“曲面精加工环绕等距”对话框中的“环绕等距精加工参数”选项卡如图7-63所示，环绕等距精加工实例效果如图7-64所示。

“切削顺序依照最短距离”加工作为一种路径优化的手段，主要目标是减少刀具的抬刀距离。

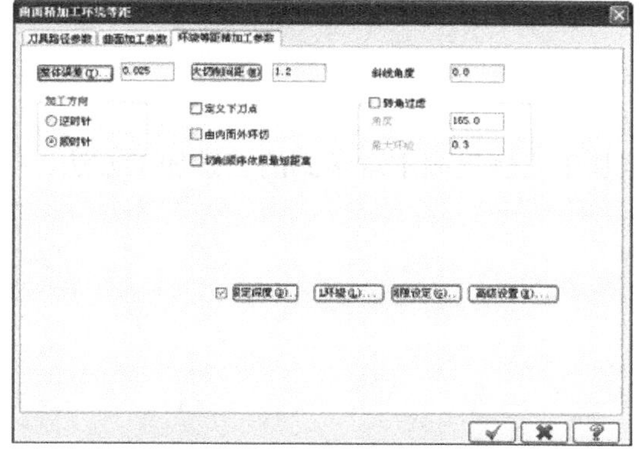

图7-63 “环绕等距精加工参数”选项卡

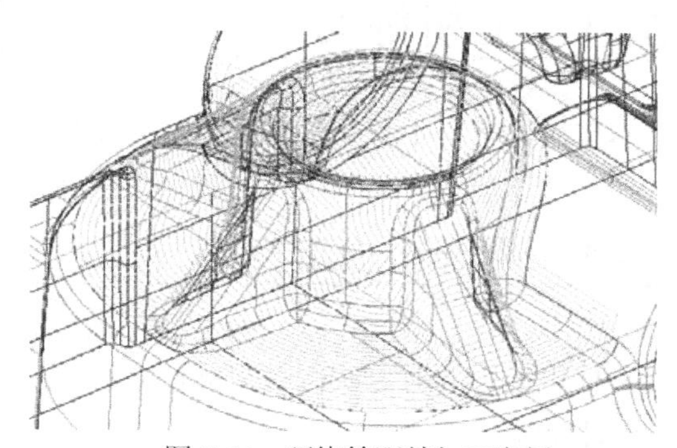

图7-64 环绕等距精加工实例

7.3.11 熔接精加工

熔接精加工是针对由两条曲线决定的区域进行切削的。“曲面熔接精加工”对话框中的“熔接精加工参数”选项卡如图7-65所示。

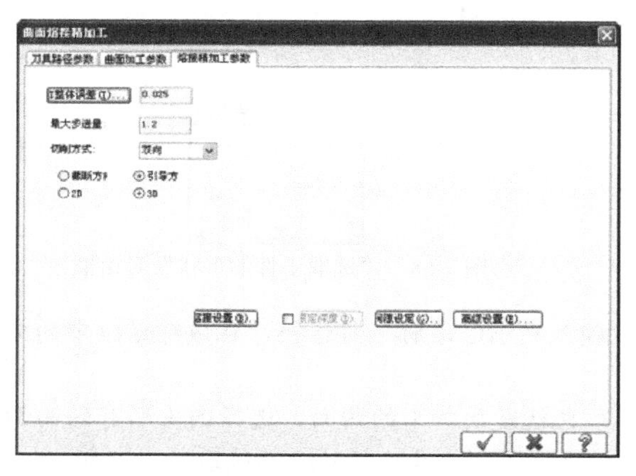

图7-65 “熔接精加工参数”选项卡

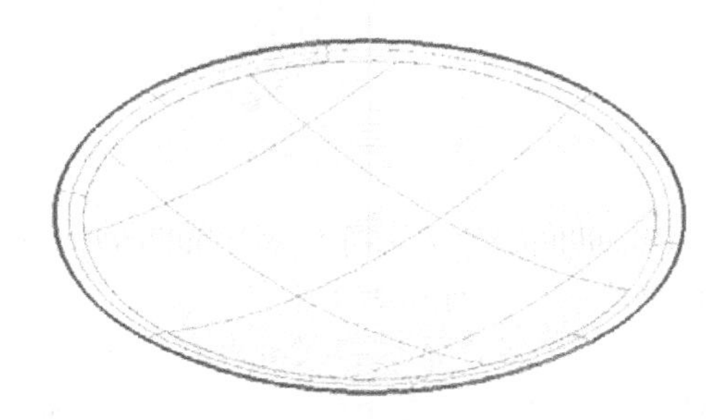

图7-66 混合精加工实例

熔接精加工提供了一种“螺旋形”加工方式，将生成螺旋式的刀具路径。它要求两条曲线中至少有一条是封闭的。

“截断方向”是一种二维切削方式，它的刀具路径是直线形式的，但不一定与所选的曲线平行，非常适用于腔体的加工。这种方式的计算速度快，但不适用于陡面的加工。

“引导方向”可以选择为 2D 或 3D 加工方式，刀具路径由一条曲线延伸到另一条曲线。它适用于流线加工。

Mastercam 向用户提供了一个如图 7-66 所示的混合精加工实例，加工方式设置如图 7-65 所示。

以上就是 Mastercam 提供的 11 种精加工方法。

7.4 上机练习

本节通过一个平行粗加工实例和一个流线粗加工实例巩固本章学到的三维加工方法。

7.4.1 平行粗加工实例

平行粗加工的对象实例效果如图 7-67 所示。

设计步骤：

(1) 从随书配套光盘中打开“平行粗加工零件.MCX”。

(2) 执行“机床类型”|“铣床”|“默认”命令，选择默认机床作为本次加工使用的机床。此时，Mastercam 自动切换到 Mill 模块。

(3) 执行“刀具路径”|“曲面粗加工”|“粗加工平行铣削加工”命令，添加平行粗加工刀具路径。

(4) 系统打开如图 7-68 所示的“选取工件的形状”对话框，这里选择“未定义”即可。

图 7-67 平行粗加工对象

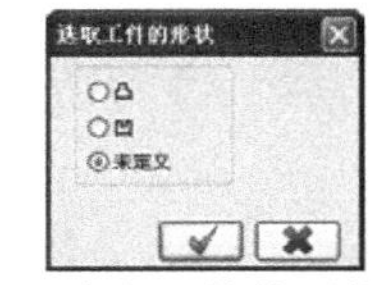

图 7-68 “选取工件的形状”对话框

(5) 确定后，系统将打开如图 7-69 所示的“输入新 NC 名称”对话框，在该对话框中的文本框中输入“平行粗加工零件”。

(6) 确定后，系统将提示用户选择驱动曲面，也就是要加工的曲面，选择图中所有的曲面即可，共 183 个。选择后，系统将打开如图 7-70 所示的“刀具路径的曲面选取”对话框。

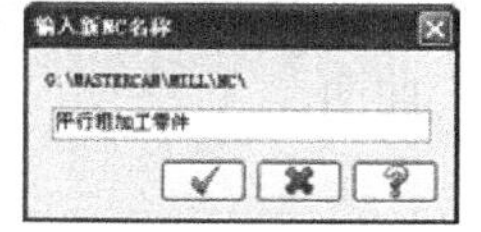

图 7-69　“输入新 NC 名称”对话框

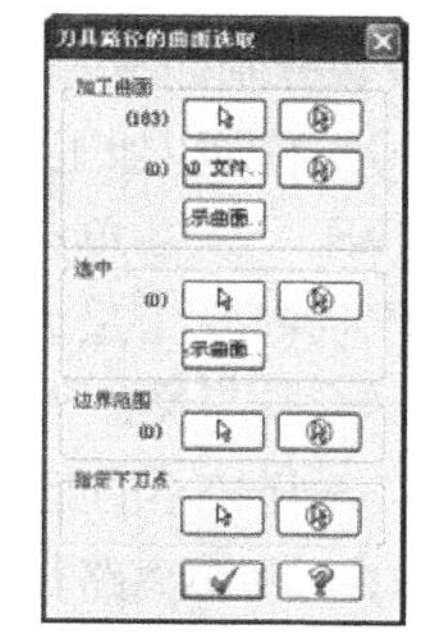

图 7-70　“刀具路径的曲面选取”对话框

(7) 确定后，系统将打开如图 7-71 所示的加工参数对话框。

(8) 单击“选择库中的刀具”按钮，系统打开如图 7-72 所示的刀具库，进行刀具选择。这里选择刀具直径为 12mm 的平底刀，刀具类型为 FLAT ENDMILL。

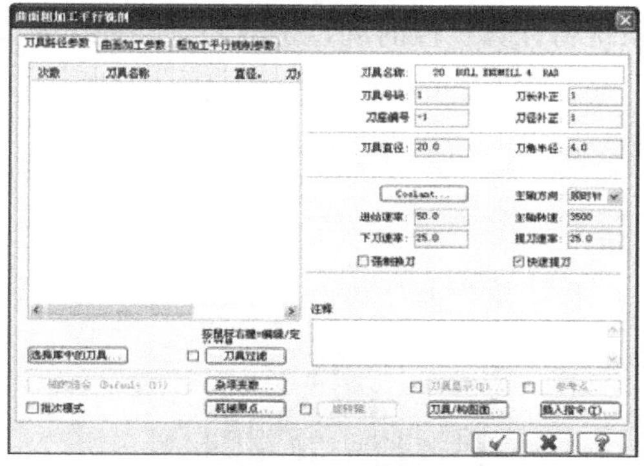
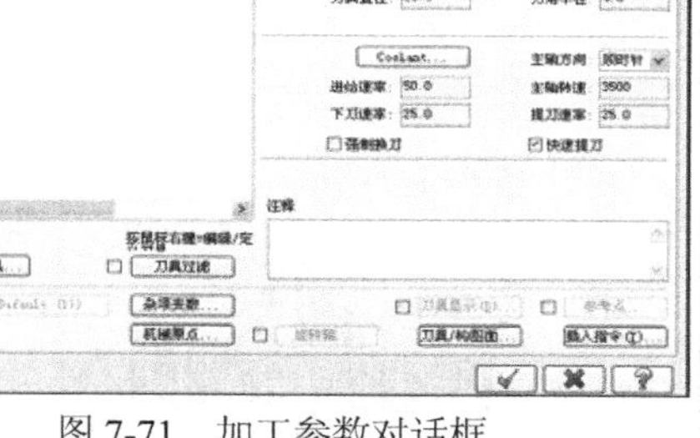

图 7-71　加工参数对话框

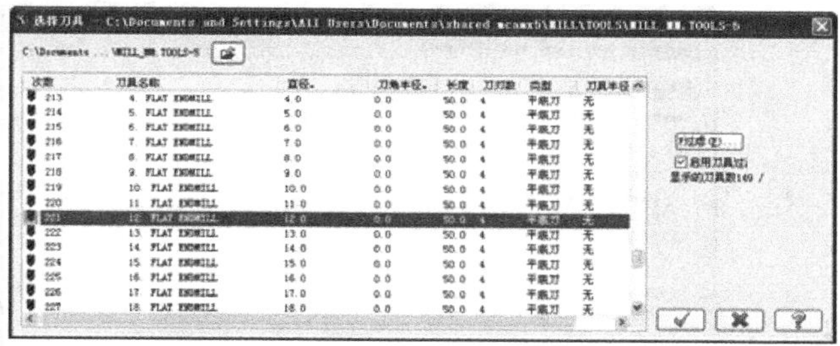

图 7-72　刀具库

(9) 确定后，返回加工参数对话框。参照图 7-73 修改刀具加工参数，进给速率 530、下刀速率 300、提刀速率 1000 以及主轴转速 2600，并选中“快速提刀”复选框设置快速退刀。

(10) 打开加工参数对话框中的“曲面加工参数”选项卡，并参照图 7-74 进行参数设置。

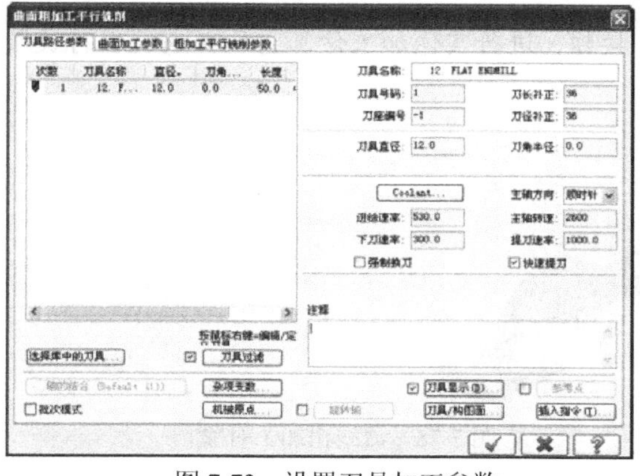
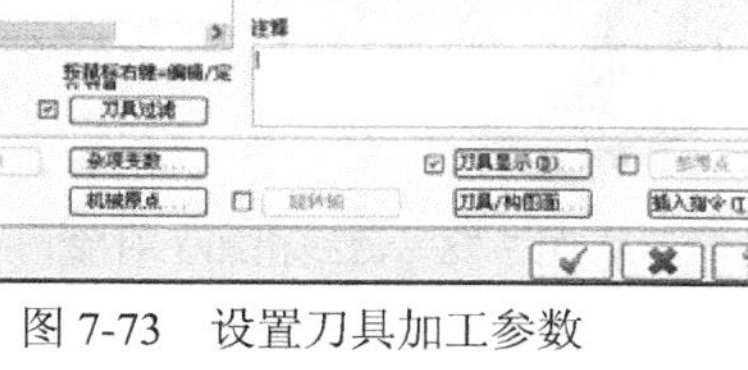

图 7-73　设置刀具加工参数

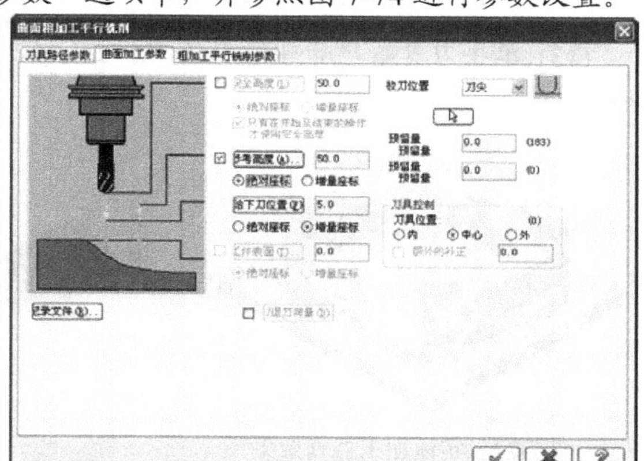

图 7-74　“曲面加工参数”选项卡

(11) 打开加工参数对话框中的“粗加工平行铣削参数”选项卡，并参照图 7-75 进行平行粗加工的参数设置。

其中各个参数设置分别如下。

- 整体误差(T)... 平行粗加工误差，设置为 0.025。
- 切削方式 单向 单向切削方式，刀具只从一个方向切削工件。
- 最大 Z 轴进给 2.0 最大 Z 轴方向的下刀量为 2mm。
- 大切削间距(M) 5.0 XY 方向相邻的两条刀具路径之间的距离为 5。一般为刀具直径的50%~70%。选择较小的距离可以获得更加平滑的加工曲面。
- 加工角度 0.0 到距离路径的切削角度为 0。
- 切削路径允许连续下刀提刀 允许刀具沿曲面连续下刀和提刀，这有利于凹凸曲面的加工。
- 允许沿面下降切削(-Z) 允许刀具沿曲面下降，这样切削效果更加光滑；否则切削的结果为阶梯状。
- 允许沿面上升切削(+Z) 允许刀具沿曲面上升，这样切削效果更加光滑。

(12) 单击“确定”按钮，完成加工参数的设置，系统将计算一段时间，生成刀具路径，效果如图 7-76 所示。

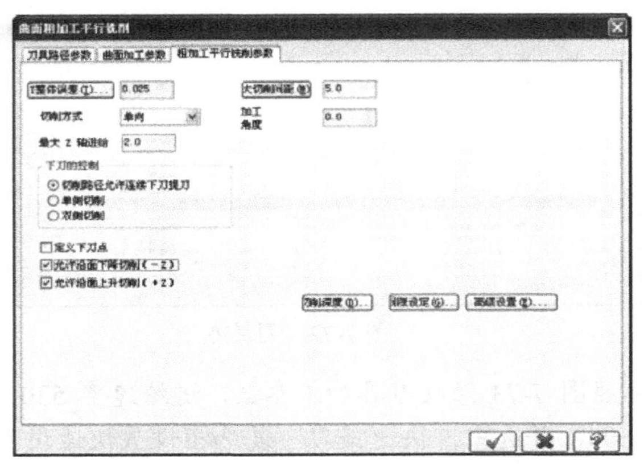

图 7-75 “粗加工平行铣削参数”选项卡

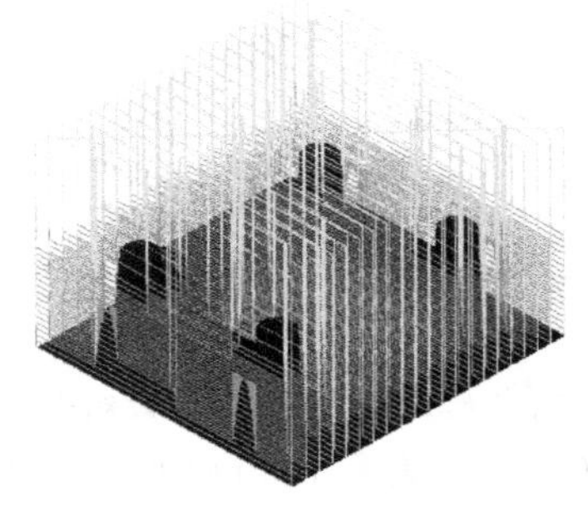

图 7-76 生成的刀具路径

(13) 单击刀具路径管理器中的“加工仿真”按钮，进行实体加工仿真。加工完成后的效果如图 7-77 所示。

图 7-77 实体加工仿真效果

图 7-78 流线粗加工对象

7.4.2 流线粗加工实例

流线粗加工的对象零件如图7-78所示。

设计步骤：

(1) 从随书配套光盘中打开“流线粗加工零件.MCX”。

(2) 执行“机床类型”|“铣床”|“默认”命令，选择默认机床作为本次加工使用的机床。此时，Mastercam自动切换到Mill模块。

(3) 执行“刀具路径”|“曲面粗加工”|“粗加工流线加工”命令，添加流线粗加工刀具路径。

(4) 系统打开如图7-79所示的“选取工件的形状”对话框，这里选择“未定义”即可。

(5) 确定后，系统将打开如图7-80所示的“输入新NC名称”对话框，在该对话框的文本框中输入“流线粗加工零件”。

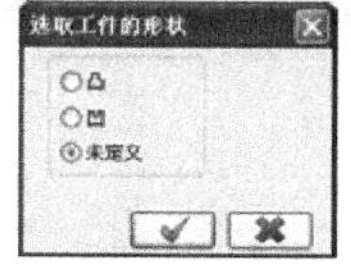

图7-79 “选取工件的形状”对话框

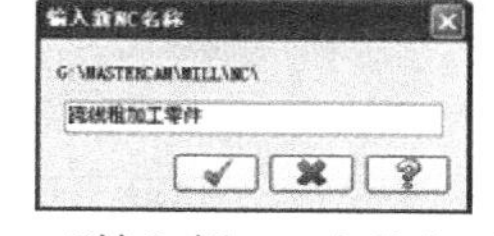

图7-80 “输入新NC名称”对话框

(6) 确定后，系统将提示用户选择驱动曲面，也就是要加工的曲面，选择图中的曲面即可，系统将打开如图7-81所示的“刀具路径的曲面选取”对话框。

(7) 单击该对话框中的 按钮，系统将打开如图7-82所示的“曲面流线设置”对话框，在该对话框中可以进行流线的选择和设置。利用鼠标选择加工起点如图7-83所示。

(8) 确定后，系统将打开如图7-84所示的加工参数对话框。

(9) 同样为其选择一把直径为12的平底刀。参照如图7-85进行刀具加工参数的修改，进给速率1200、下刀速率500、提刀速率1000以及主轴转速4000，并选中“快速提刀”复选框以设置快速退刀。如图7-85所示。

(10) 选择加工参数对话框中的“曲面加工参数”选项卡，并参照图7-86进行参照设置。

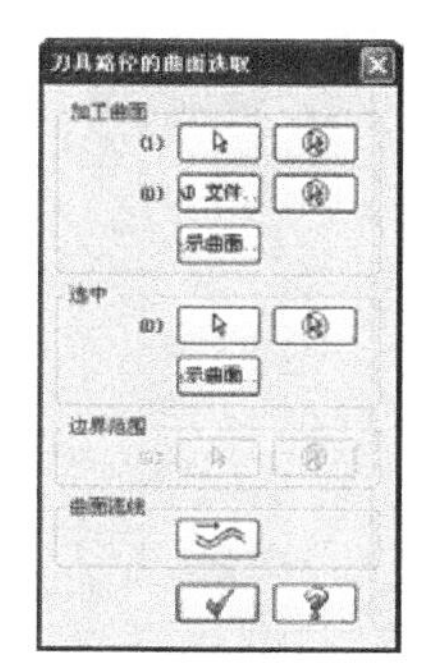

图7-81 “刀具路径的曲面选取”对话框

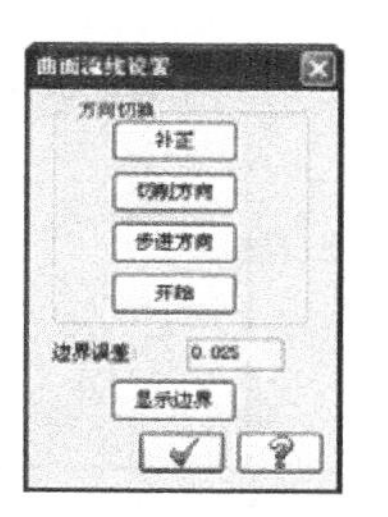

图7-82 “曲面流线设置”对话框

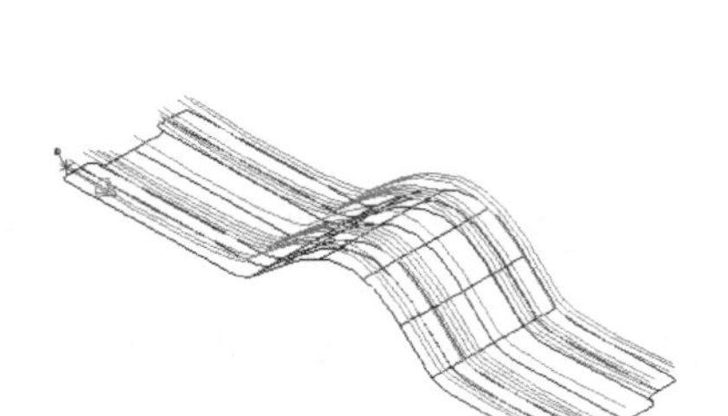

图 7-83　利用鼠标选择加工起点

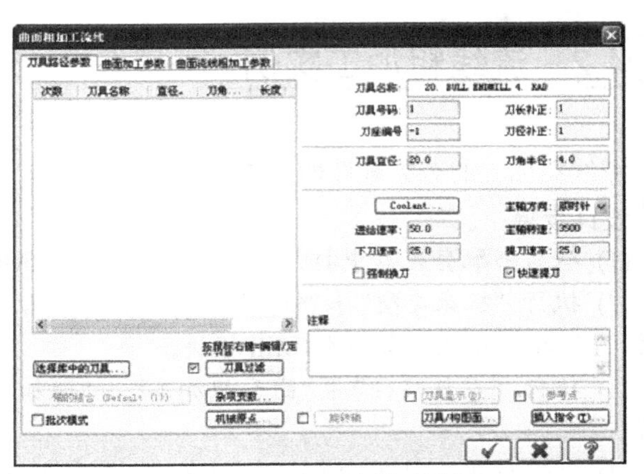

图 7-84　加工参数对话框

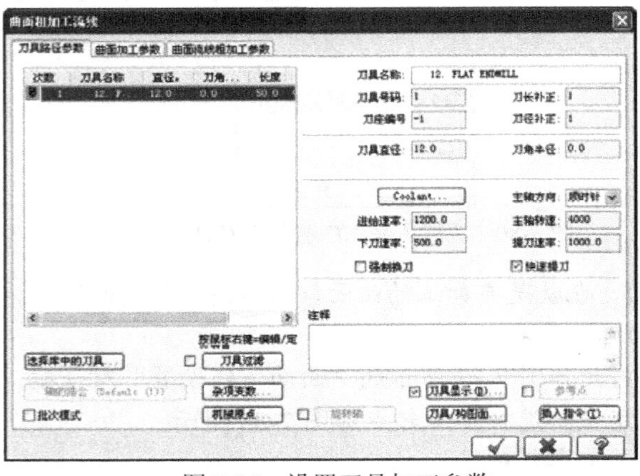

图 7-85　设置刀具加工参数

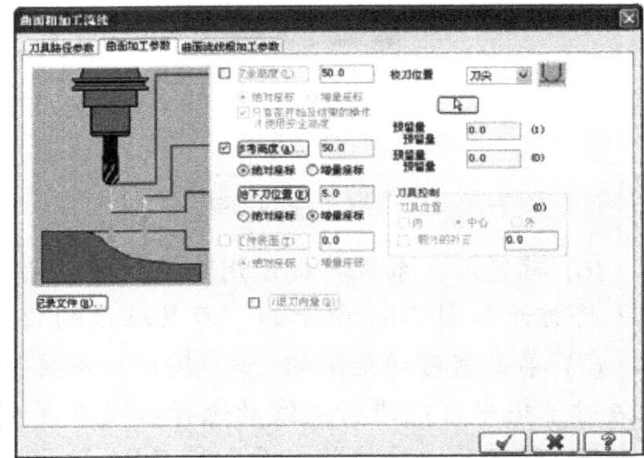

图 7-86　加工参数设置

(11) 选择加工参数对话框中的“曲面流线粗加工参数”选项卡，并设置流线粗加工参数如图 7-87 所示。

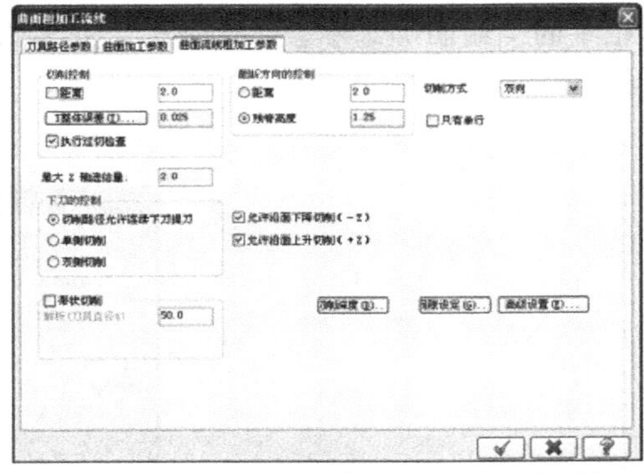

图 7-87　“曲面流线粗加工参数”选项卡

其中特有的参数设置如下。

- ☑执行过切检查 为避免过切而调整刀具在流线方向的运动。
- ⊙残脊高度 1.25 残脊高度为 1.25m，该值越小，截断的步进量也越小。

◉ 切削方式 双向 选择双向切削方式。

(12) 单击“确定”按钮，完成加工参数的设置，系统会计算一段时间，生成刀具路径，效果如图 7-88 所示。

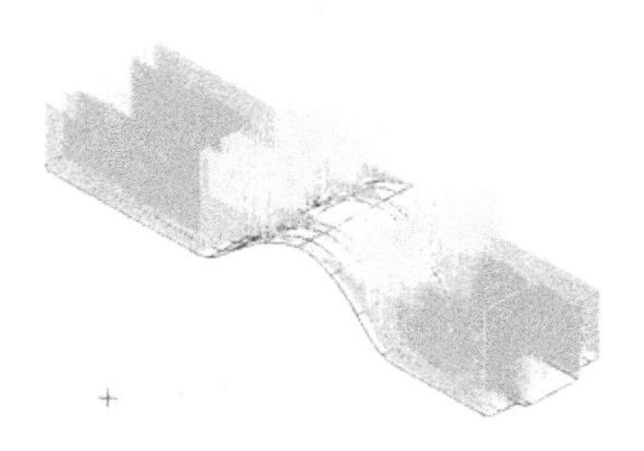

图 7-88　生成的刀具路径

(13) 单击刀具路径管理器中的“加工仿真”按钮，进行实体加工仿真。加工完成后的效果如图 7-89 所示。

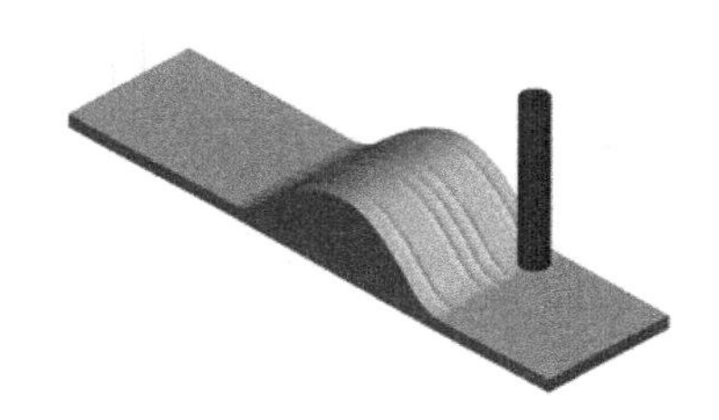

图 7-89　实体加工仿真的效果

7.5　习题

1. 在使用刀具切削边界补偿功能时，应该注意哪些问题？
2. Mastercam X5 提供了几种粗加工方法，如何使用？
3. Mastercam X5 提供了几种精加工方法，如何使用？
4. 简述放射状粗加工参数中各种角度之间的关系和含义？
5. 如何在陡斜面精加工中指定加工面的范围？
6. 什么是残脊高度？如何减少这种误差？

第8章 多轴加工

学习目标

Mastercam X5 的多轴加工模块可以输出四轴和五轴两种格式的刀具路径。本章主要讲解“经典”组中的多轴加工方法和“钻/圆密尔”组中的“钻孔”加工方法。在 Mastercam 多轴加工中，系统具有强大的刀轴方向控制能力，并提供了多种控制刀具切入与切出的方法，还可以控制刀具在走刀进程中的前仰角度、后仰角度和左右侧倾斜角度，以改变刀具的受力状况，这不仅可以提高加工的表面质量，而以可以避免刀具、刀杆与工件不必要的碰撞等。

本章重点

- ⦿ 理解多轴加工中各主要参数的含义
- ⦿ 掌握旋转四轴加工方法
- ⦿ 掌握曲线五轴加工方法
- ⦿ 掌握沿边五轴加工方法
- ⦿ 掌握流线五轴加工方法
- ⦿ 掌握 Msurf 五轴加工方法
- ⦿ 掌握钻孔五轴加工方法
- ⦿ 了解多轴加工的其他方法
- ⦿ 能独立完成简单的多轴加工

8.1 Mastercam X5 多轴加工方法

Mastercam X5 系统的多轴加工方法与三维加工一样，除了共同刀具参数之外，还包括共同多轴参数和各多轴加工方法相对应的特有参数。

8.1.1 多轴加工方法简述

对三轴加工机械，刀具只在X、Y和Z方向动作。三轴加工机械对于加工一些奇特、复杂的曲线和曲面可能达不到所需要的精度要求或根本无法加工，采用多轴加工方法可以解决这方面的问题。四轴加工机械除了可以在X、Y和Z方向平移之外，还可以绕其中某一基本轴进行旋转，加工具有回转轴的零件或需沿某一个轴四周加工的零件。五轴加工机械的刀具可以在任意方向上旋转，从原理上来讲，五轴加工同时使五轴连续独立运动，可以加工特殊五面体和任意形状的曲面。五轴加工的加工范围比三轴加工的要大很多，同时也提高了加工效率和加工精度，并且能够很好地解决三轴加工对某些特殊面无法正确加工的问题。

Mastercam X5系统为用户提供了功能强大的多轴加工功能，主要包括6组多轴加工方法，分别为“经典”、“显示线架构”、“表面/固体”、“钻/圆密尔”、“转换为5倍”和“自定义应用程序”，如图8-1所示，主要的加工方法如下。

(1) “曲线五轴”：用于对2D、3D曲线或曲面边界产生五轴加工刀具路径，可以加工出非常漂亮的图案、文字和各种曲线，其刀具位置的控制设置更灵活。

(2) “沿边五轴”：利用刀具的侧刃顺着工件侧壁进行切削，即可以设置沿着曲面边界进行加工。

(3) “流”：生成流线加工刀具路径，用铣刀的底面对空间曲面进行加工。

(4) Msurf：用于在一系列3D曲面或实体上产生多轴粗加工和精加工刀具路径，特别适用于高复杂、高质量和高精度要求的加工。

(5) “管道五轴”：根据选择的模型曲面，生成管道加工刀具路径，清除管道壁上的材料。主要用于加工特殊造型和一些拐弯形接口的零件。

(6) “旋转四轴”：生成旋转四轴加工刀具路径，适用于加工回转体类的零件。

(7) “钻孔”：用于在曲面上不同的方向进行钻孔加工。多用于空间位置比较特殊的场合，如圆锥面上的孔或工件上孔的轴线变化的孔。

8.1.2 多轴加工共同参数设置

“刀具”和“夹头”选项用于设置刀具和夹头，该设置界面与三维加工中的基本相同，此处不再赘述。以“曲线五轴”为例，其刀具设置界面如图8-2所示。

在如图8-3所示的“链接”选项卡中，包含安全高度、参考高度、进给下刀位置等。大部分参数设置方法与二维、三维加工中相应的参数设置相同，此处不再赘述。

在“链接”选项下还有两个子选项，分别是“进/退刀向量”和“首页/号”，如图8-4和图8-5所示。

在图8-4中可以设置刀具切入切出的方式，其中包括长度、厚度、高度、方向及中心轴角度。各参数的含义分别如下。

- “长度”：用于设置沿刀具移动方向曲线路径的长度。
- “厚度”：用于设置刀具路径与曲线路径端点间的距离。
- “高度”：用于设置刀具路径上面和曲线路径距离。
- “方向”：用于设置相对于刀具移动方向的进/退刀方向，可选择“左补偿”或“右补偿”。
- “中心轴角度”：该选项用于设置曲线路径与刀具路径的起点和终点的位置。

在图 8-5 中，可以设置“进入点”、“退出点”和“机械原点”。通过对这些参数的设置，可以使刀具路径的加工更加精确。

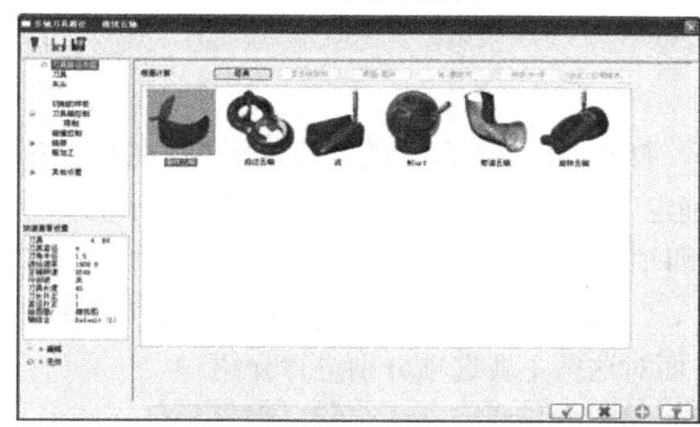

图 8-1　“多轴刀具路径”对话框

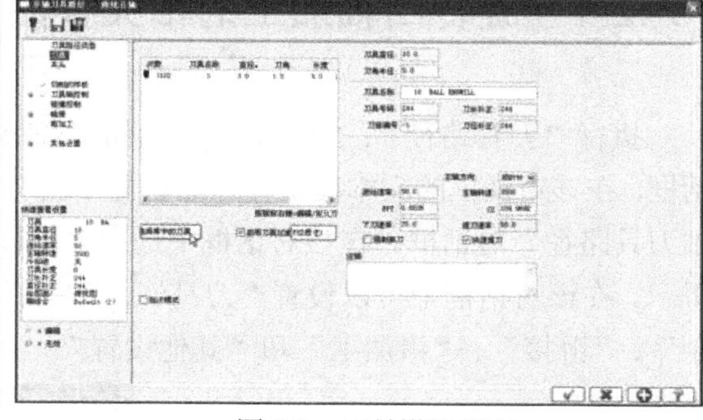

图 8-2　刀具设置界面

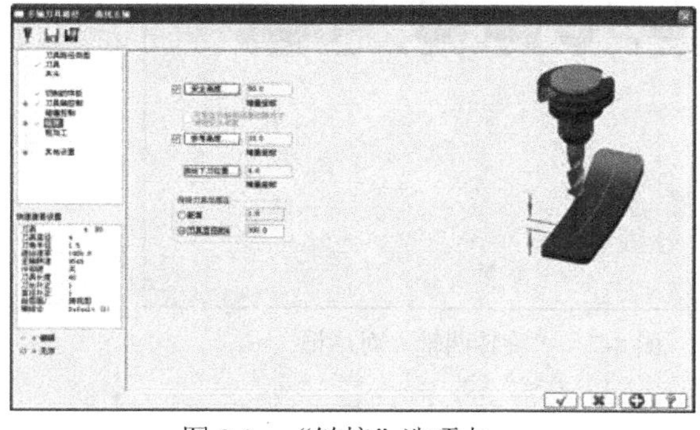

图 8-3　“链接”选项卡

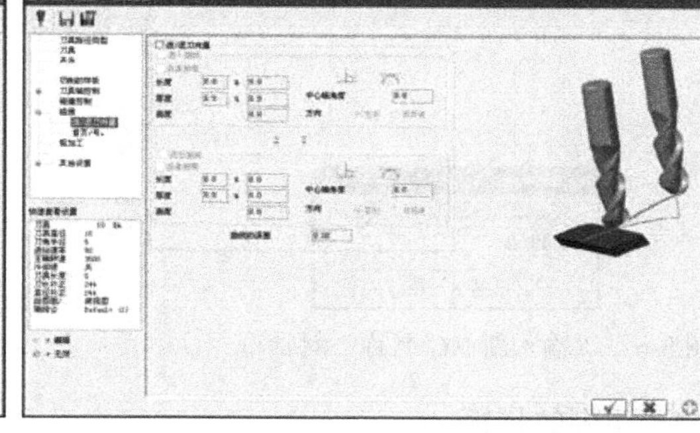

图 8-4　“进/退刀向量”选项卡

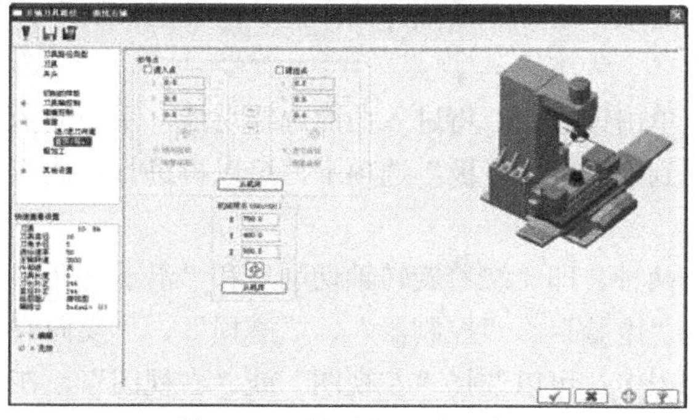

图 8-5　“首页/号”选项卡

提示

在旋转四轴加工中没有“进/退刀向量”选项。

8.2 旋转四轴加工

四轴加工是在三轴的基础上加上一个回转轴，因此，四轴加工可以加工具有回转轴的零件或沿某一轴四周需要加工的零件。CNC 机床中的第四轴可以是绕 X、Y 或 Z 轴旋转的任意一个轴，具体是哪根轴要根据机床的配置来定。

8.2.1 旋转四轴加工的相关参数

执行“刀具路径”| Multiaxis(多轴加工)命令，打开如图 8-6 所示的“输入新 NC 名称”对话框，在该对话框的文本框中输入名称并单击“确定”按钮后，系统将打开如图 8-1 所示的“多轴刀具路径”对话框。在该对话框中选择“旋转四轴”选项进入旋转四轴加工设置，如图 8-7 所示。在该对话框中可以设置“刀具”、“夹头”、“切削的样板”、“刀具轴控制”、“碰撞控制”、“链接”、“粗加工”和“其他设置”。下面对这些主要选项分别进行介绍。

图 8-6 “输入新 NC 名称”对话框

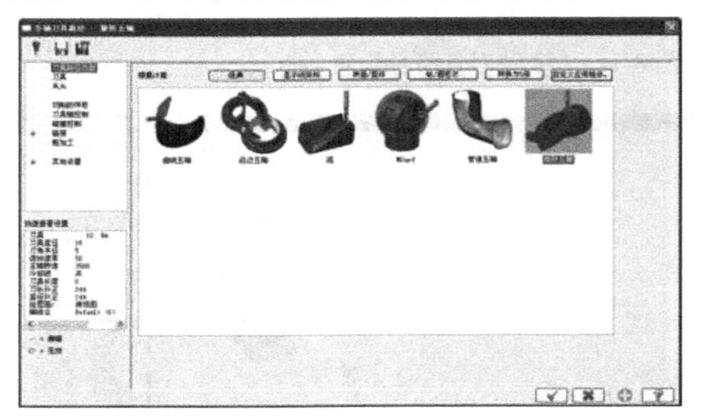

图 8-7 “旋转四轴”对话框

1. 切削的样板

“切削的样板”选项卡如图 8-8 所示。在该选项卡中可以设置“曲面”、“切削控制”、“封闭式轮廓的方向”和“开放式轮廓的方向”。

图 8-8 中有注释的按钮为“选择面”按钮，单击该按钮，将进入曲面选择功能，系统提示“选择刀具模式曲面”，选择后按 Enter 键，回到“切削的样板”选项卡，可以再进行其他选项的设置。

在“切削控制”选项组中，“切削方式”有两种，即“绕着旋转轴切削”和“沿着旋转轴切削”。在“补正类型”下拉列表中，可以选择“电脑”、“控制器”、“磨损”、“反向磨损”和“关”补正类型；在“补正方向”下拉列表中，可以选择“左视图”或“右视图”。在“刀尖补偿”下拉列表中，可以选择“刀尖”或“中心”。

通过“切削公差”文本框中可以设置刀具在切削方向上的误差。切削公差越小，产生的刀具路径越精确，但刀具路径的计算时间也会增加。

在“封闭式轮廓的方向”选项组中，可以设置封闭外形的旋转四轴刀具路径的切削方向，该方向可以是“顺铣”，也可以是“逆铣”。

在“开放式轮廓的方向”选项组中，可以设置开放式外形轮廓的旋转四轴刀具路径的切削方向，该切削方向可以是“双向”，也可以是“单向”。

2. 刀具轴控制

“刀具轴控制”选项卡如图 8-9 所示。

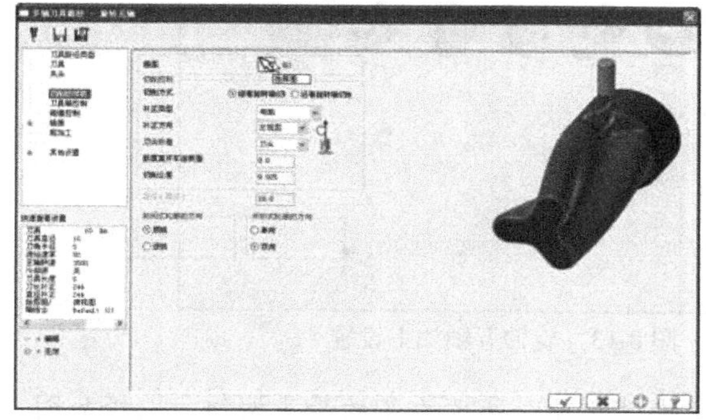

图 8-8　“切削的样板”选项卡

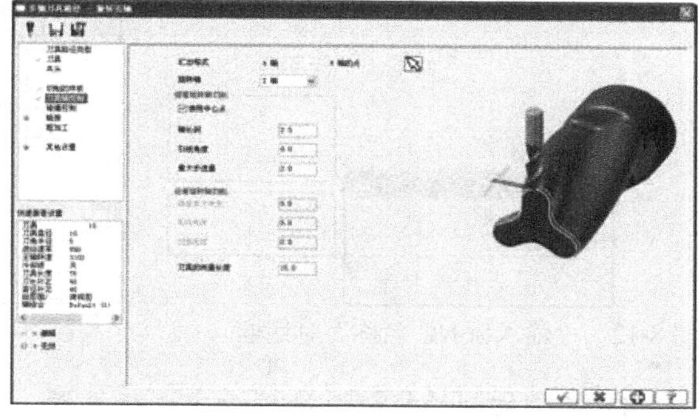

图 8-9　“刀具轴控制”选项卡

在图 8-8 中的“切削控制”选项组中，选中“绕着旋转轴切削”单选按钮，“刀具轴控制”选项卡中的“绕着旋转轴切削”选项组可用。在其中可以设置是否使用中心点，并输入轴心减少增幅长度、引线角度和最大步进量。

在图 8-8 中的“切削控制”选项组中，选择了“沿着旋转轴切削”，“刀具轴控制”选项卡中的“沿着旋转轴切削”选项组可用。在其中可以设置最大角度增量、起始角度和扫描角度。

8.2.2　旋转四轴加工实例

下面介绍旋转四轴加工的一个实例，该实例要完成的多轴加工刀具路径和相应的加工模拟效果如图 8-10 所示。完成该实例制作的具体操作步骤如下。

(1) 打开随书配套光盘中的“旋转四轴加工.MCX”文件，该文件中用于加工的原始曲面如图 8-11 所示。

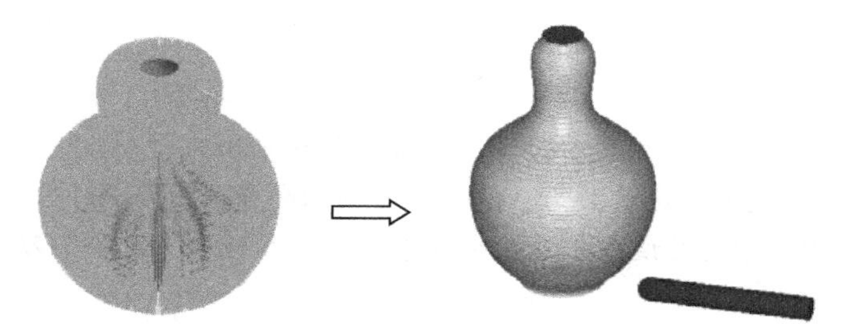

图 8-10　旋转四轴加工模拟效果

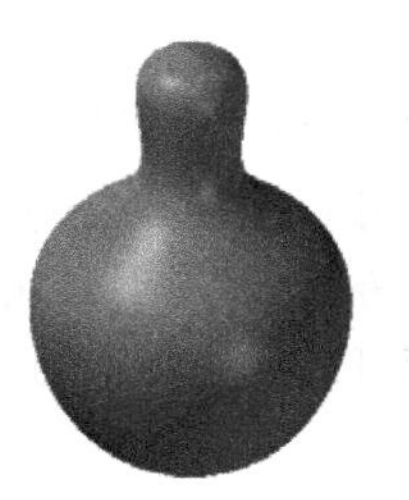

图 8-11　原始曲面

(2) 执行“机床类型”|“铣床”|“默认”命令，选择默认机床作为本次加工使用的机床。此时，Mastercam 自动切换到 Mill 模块。

(3) 执行“刀具路径”| Multiaxis(多轴加工)命令，打开如图 8-12 所示的“输入新 NC 名称”对话框，在该对话框的文本框中输入名称“旋转五轴加工”，单击“确定”按钮，系统将打开如图 8-1 所示的“多轴刀具路径”对话框。在该对话框中选择“旋转五轴”选项进入旋转五轴加工设置，如图 8-13 所示。

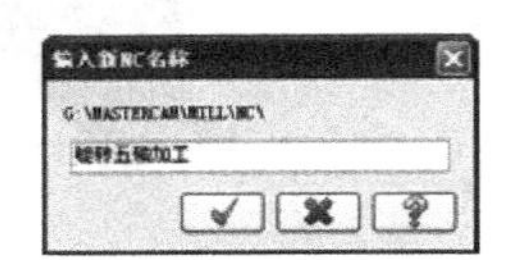

图 8-12 “输入新 NC 名称”对话框

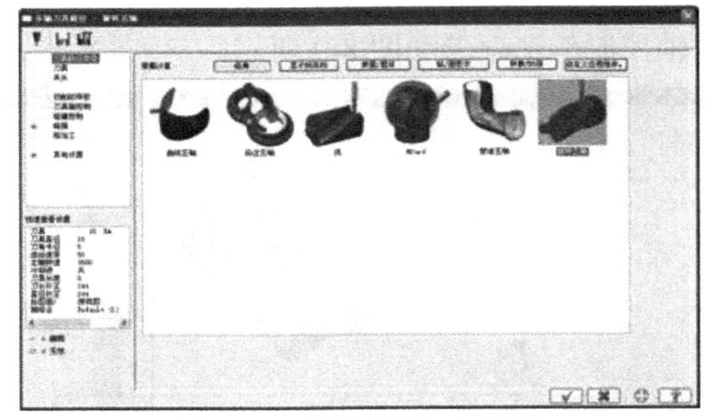

图 8-13 旋转五轴加工设置

(4) 在“切削的样板”选项卡中进行设置。单击“曲面”选项右侧的箭头按钮，选择如图 8-11 所示的曲面，按 Enter 键，返回到“切削的样板”选项卡。设置“切削方式”为“绕着旋转轴切削”、“补正类型”为“电脑”、“补正方向”为“左视图”、“刀尖补偿”为“刀尖”，“切削公差”为 0.025、“封闭式轮廓的方向”为“顺铣”以及“开放式轮廓的方向”为“双向”，如图 8-14 所示。

(5) 在“刀具”选项卡中，单击“选择库中的刀具”按钮，打开“选择刀具”对话框，从刀具资料库中选择直径为 10 的球刀，然后单击确定按钮返回到“刀具”选项卡中，设置“进给速率”为 890、“下刀速率”为 500、“主轴方向”为“顺时针”、“主轴转速”为 3100、“提刀速率”为 9999 并选中“快速提刀”复选框，如图 8-15 所示。

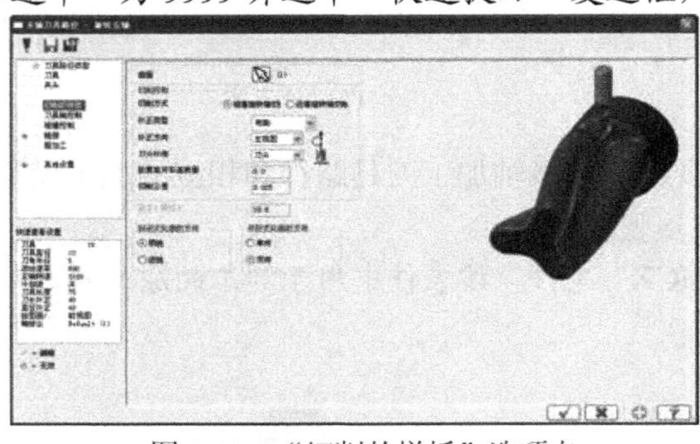

图 8-14 “切削的样板”选项卡

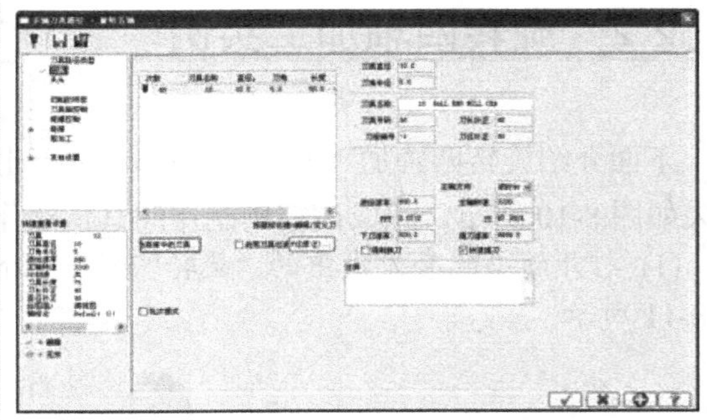

图 8-15 “选择刀具”对话框

(6) 在如图 8-16 所示的“刀具轴控制”选项卡中进行设置。设置“旋转轴”为“Z 轴”、“轴长润”为 2.5、“引线角度”为 0、“最大步进量”为 2 以及“刀具的向量长度”为 15。

(7) 在如图 8-17 所示的“链接”选项卡中进行设置。设置“参考高度”为 15，“进给下刀位置”为 5。

(8) 在旋转四轴加工设置界面单击“确定”按钮，系统将根据所进行的设置生成旋转四轴刀具路径，效果如图 8-18 所示。

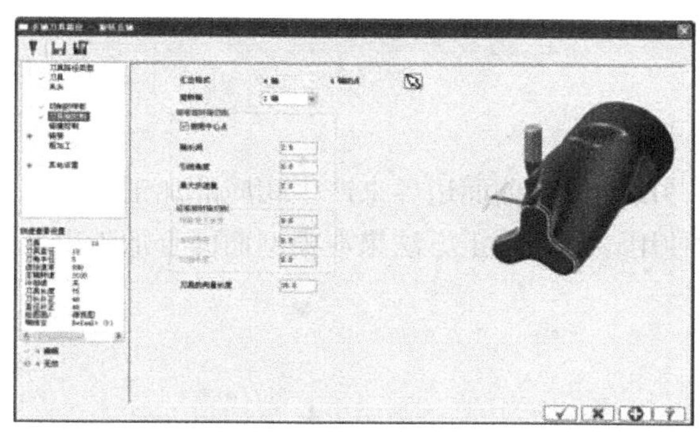

图 8-16　“刀具轴控制”选项卡

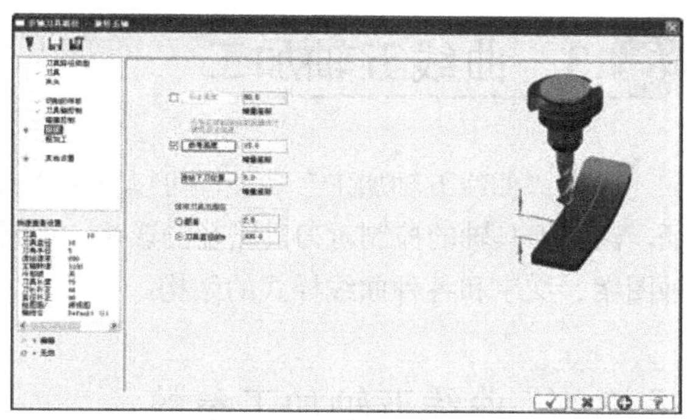

图 8-17　“链接”选项卡

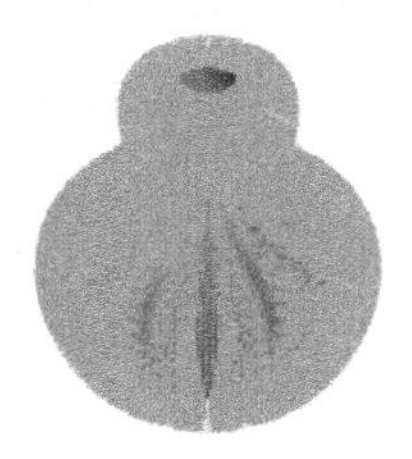

图 8-18　生成的旋转四轴的刀具路径效果

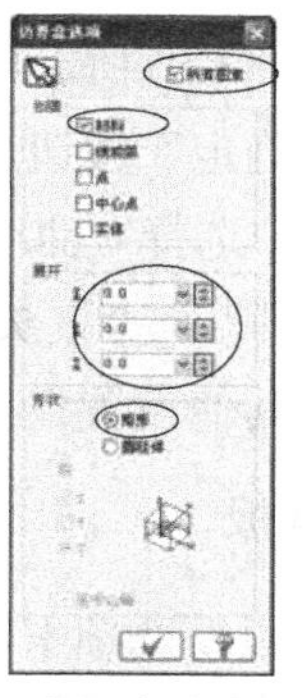

图 8-19　“边界盒选项”对话框

(9) 在刀具路径管理器中单击“属性”节点下的“材料设置”选项，打开“机器群组属性”对话框，在“材料设置”选项卡中单击“边界盒”按钮，打开“边界盒选项”对话框，在该对话框中参照图 8-19 进行参数设置。接着单击“边界盒选项”对话框中的“确定”按钮，返回如图 8-20 所示的“机器群组属性”对话框，选中“显示”复选框，并选择“线架加工”单选按钮，其他采用默认设置，然后单击“确定”按钮关闭该对话框。

(10) 单击刀具路径管理器中的(验证已选择的操作)按钮，对该旋转四轴加工的刀具路径进行加工模拟，其模拟的最终效果如图 8-21 所示。

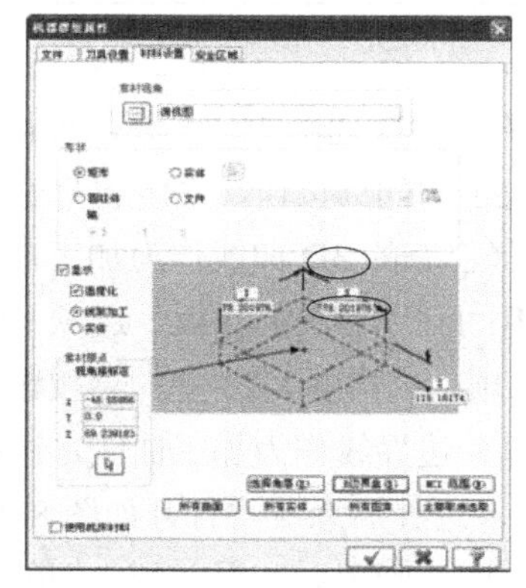

图 8-20　“机器群组属性”对话框

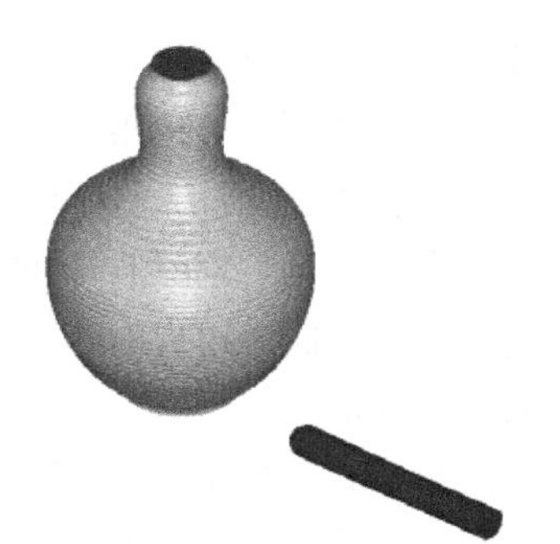

图 8-21　旋转四轴加工模拟效果

8.3　曲线五轴加工

使用“曲线五轴加工”功能，可以参照2D、3D曲线或曲面边界来产生相应的加工刀具路径，注意刀具轴的控制对刀具路径的影响。通常使用该多轴加工方法来在模型曲面上加工出各种图案、文字和各种曲线样式的结构。

8.3.1　曲线五轴加工参数

执行“刀具路径”| Multiaxis(多轴加工)命令，系统将打开“输入新NC名称”对话框，输入名称并单击“确定”按钮后，系统将打开如图8-1所示的“多轴刀具路径—曲线五轴”对话框。在该对话框中选择“曲线五轴”选项进入曲线五轴加工设置，如图8-22所示。在该对话框中可以设置“刀具”、“夹头”、“切削的样板”、“刀具轴控制”、“碰撞控制”、“链接”、“粗加工”和“其他设置”。

1. 切削的样板

“切削的样板”选项卡如图8-23所示。

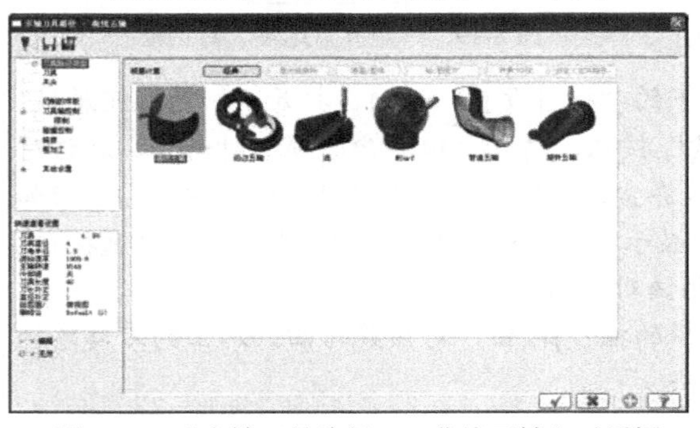

图8-22　“多轴刀具路径——曲线五轴”对话框

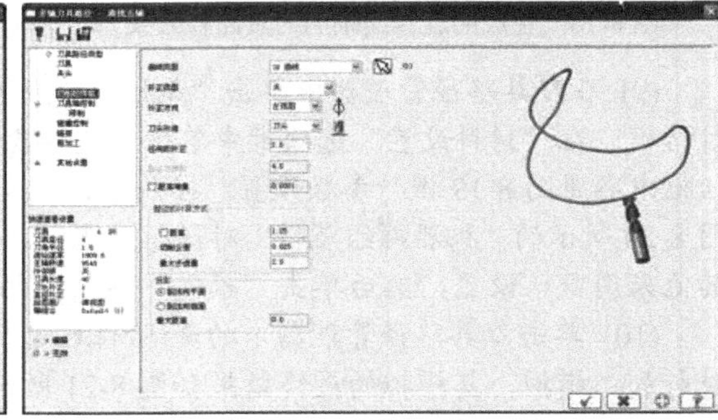

图8-23　“切削的样板”选项卡

在“曲线类型”下拉列表中，共有3种类型可以选择：“3D曲线”、“所有曲面边界”和“单一曲面边界”。选择“3D曲线”类型时，单击图8-23中的按钮，系统将打开“串连选项”对话框，并提示“选择加工的串连1”，用户可以选择已有的3D曲线作为加工曲线，选择完成后，单击“串连选项”对话框中的“确定”按钮，返回到“切削的样板”选项卡继续进行其他设置。选择“所有曲面边界”和“单一曲面边界”选项，单击图8-23中的按钮，系统将提示“选择刀具轴曲面”，用户可以选择曲面的全部或单一边界线作为加工曲线，选择完成后按Enter键，系统将提示“请将游标移到起始加工边界”，选择后系统将打开如图8-24所示的“设置边界方向”对话框，在该对话框中可以设置边界方向，确定后，返回到“切削的样板”选项卡继续进行其他设置。

在“补正类型”下拉列表中，可以选择“电脑”、“控制器”、“磨损”、“反向磨损”

和“关”补正类型。在“补正方向”下拉列表中，可以选择“左视图”或“右视图”。在“刀尖补偿”下拉列表中，可以选择“刀尖”或“中心”。在“径向的补正”文本框中用于设置径向补正距离。

在“壁边的计算方式”选项组中，通过“切削公差”文本框可以设置刀具在切削方向上的误差。切削公差越小，则产生的刀具路径越精确，但刀具路径的计算时间也会随之增多。“最大步进量”文本框用于设置刀具移动的最大步进量。

在“投影”选项组中有两种投影方式：“到法向平面”和“到法向曲面”。“到法向平面”投影方式，投影垂直于平面；“到法向曲面”投影方式，投影垂直于曲面。“最大距离”文本框用于输入最大的投影距离。

2. 刀具轴控制

“刀具轴控制”选项卡如图 8-25 所示。

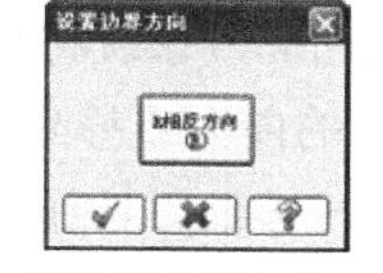

图 8-24　“设置边界方向”对话框

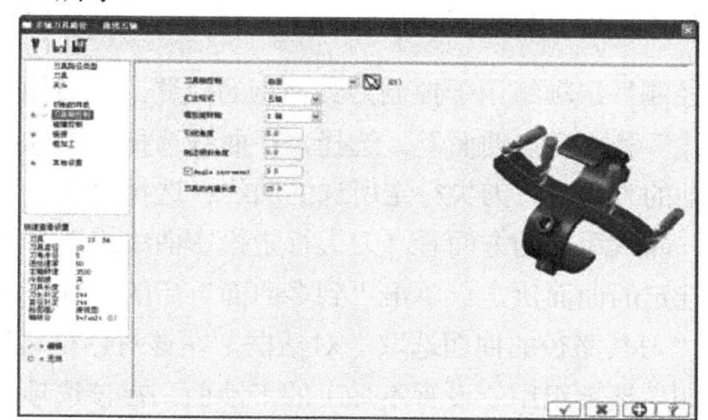

图 8-25　“刀具轴控制”选项卡

(1) “刀具轴控制”选项卡中的各选项及其含义

“刀具轴控制”下拉列表用于设置刀具轴向的控制方式，共有以下 6 种方式：“直线”，用于选择一条线段来控制刀具的轴线；“曲面”，用于选择某个曲面来控制刀具的轴线，刀具轴线垂直于选定的曲面；“平面”，用于选择某个平面来控制刀具的轴线，刀具轴线垂直于选定的平面；“从……点”，用于选择一点作为刀具轴线的起点；“到……点”，用于选择一点作为刀具轴线的终点；“串连”，用于选择已有的线段、圆弧、曲线或任何串连的几何图素来控制刀具的轴线。

“汇出格式”下拉列表用于设置输出的格式，其中有 3 个选项：“3 轴”、“4 轴”和“五轴”。在“模拟旋转轴”下拉列表可以选择“X 轴”、“Y 轴”或“Z 轴”。

“引线角度”文本框用于设置刀具前倾或后倾的角度，“侧边倾斜角度”文本框用于设置侧倾角度。

“刀具的向量长度”用于输入在屏幕上显示的刀具路径长度。

(2)“限制”选项

“刀具轴控制”选项下有子选项“限制”，其设置界面如图 8-26 所示。在该选项卡中可以为 X 轴、Y 轴和 Z 轴设置是否使用角度限制，还可以设置关于轴极限的限定动作，如删除超过限制的位移、“修改”位移超过限制的刀具方向或“警告”位移超过限制的刀具方向。

3. 碰撞控制

“碰撞控制”选项卡如图 8-27 所示。

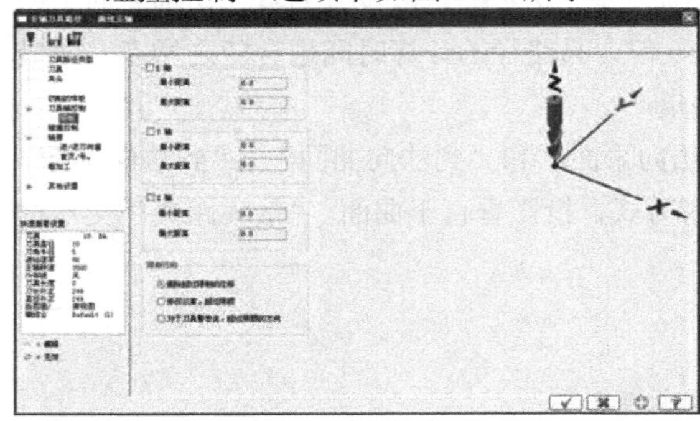

图 8-26　限制设置界面

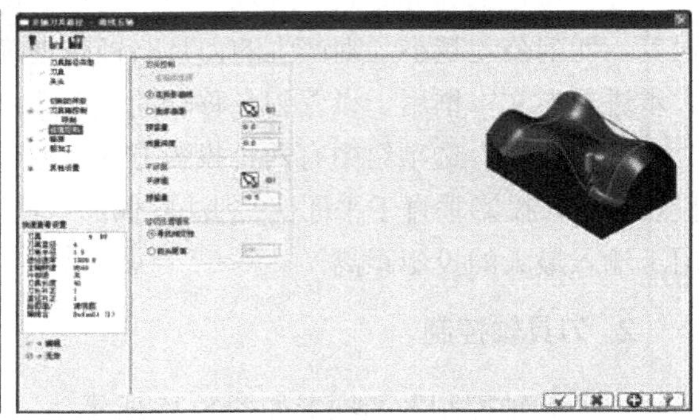

图 8-27　“碰撞控制”选项卡

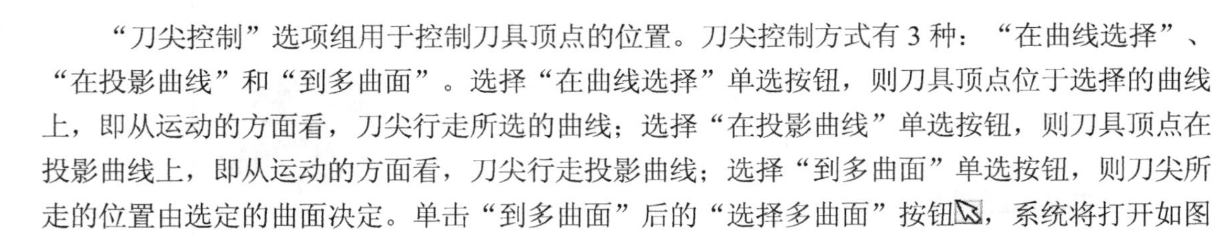

“刀尖控制”选项组用于控制刀具顶点的位置。刀尖控制方式有 3 种：“在曲线选择”、“在投影曲线”和“到多曲面”。选择“在曲线选择”单选按钮，则刀具顶点位于选择的曲线上，即从运动的方面看，刀尖行走所选的曲线；选择“在投影曲线”单选按钮，则刀具顶点在投影曲线上，即从运动的方面看，刀尖行走投影曲线；选择“到多曲面”单选按钮，则刀尖所走的位置由选定的曲面决定。单击“到多曲面”后的“选择多曲面”按钮，系统将打开如图 8-28 所示的“刀具路径的曲面选取”对话框，在该对话框可以选择所需的曲面或移除曲面。

“干涉面”选项组用于设置不加工的干涉面。在该选项组中单击“干涉面”按钮，系统将打开如图 8-28 所示的“刀具路径的曲面选取”对话框，在该对话框可以选择或移除干涉面，或显示已定义的干涉面等。

“过切处理情形”选项组用于设置过切处理的方式，在选择“寻找相交性”或“箭头距离”。选择“寻找相交性”单选按钮时，系统将启动寻找相交功能，在创建切削路径前检测几何图形自身是否相交，如果相交，那么在交点之后的几何图形不产生切削路径。

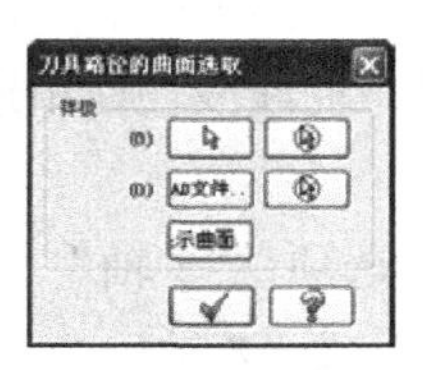

图 8-28　“刀具路径的曲面选取”对话框

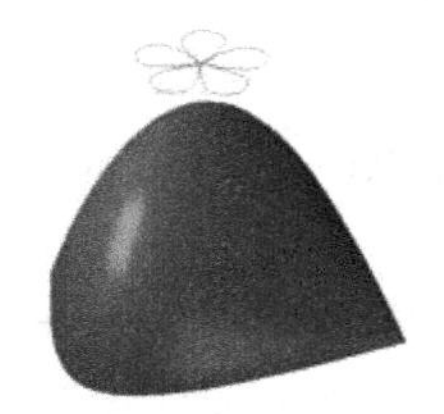

图 8-29　原始图素

8.3.2　曲线五轴加工实例

下面介绍曲线五轴加工的一个实例，目的是让读者通过实例掌握曲线五轴加工的基本方法

及操作步骤。

(1) 打开随书配套光盘中的“五轴曲线加工.MCX”文件，该文件的曲面和曲线如图 8-29 所示。

(2) 执行“机床类型”|“铣床”|“默认”命令，选择默认机床作为本次加工使用的机床。此时，Mastercam 自动切换到 Mill 模块。

(3) 执行“刀具路径”| Multiaxis(多轴加工)命令，系统将打开如图 8-30 所示的“输入新 NC 名称”对话框，在该对话框的文本框中输入名称“五轴曲线加工”，单击“确定“按钮，系统将打开如图 8-1 所示的“多轴刀具路径”对话框。在该对话框中选择“曲线五轴”选项，进入曲线五轴加工设置，如图 8-31 所示。

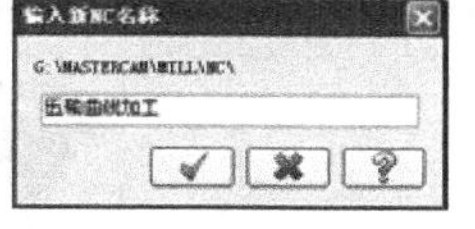

图 8-30　“输入新 NC 名称”对话框

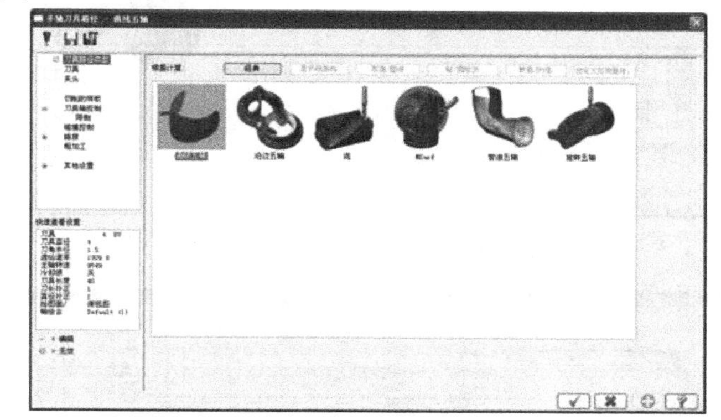

图 8-31　曲线五轴加工设置

(4) 在如图 8-32 所示的“切削的样板”选项卡中进行设置。选择曲线类型为“3D 曲线”，单击按钮，使用鼠标选择如图 8-33 所示的串连曲线，并按 Enter 键确定。设置“补正类型”为“关”、“补正方向”为“左视图”、“刀尖补偿”为“刀尖”、“最大步进量”为 2 并设置“投影”方式为“到法向平面”。

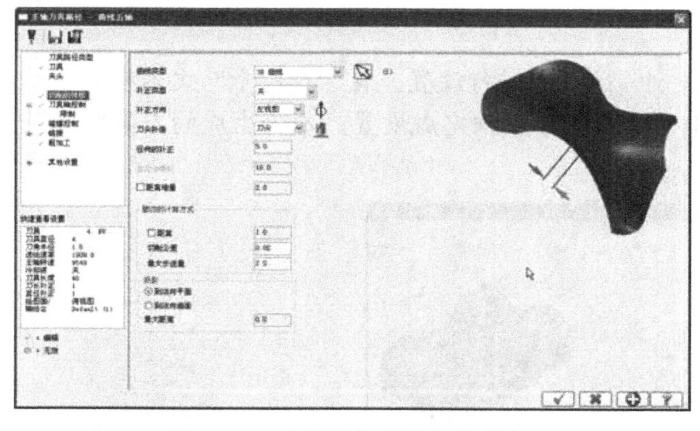

图 8-32　“切削的样板”选项卡

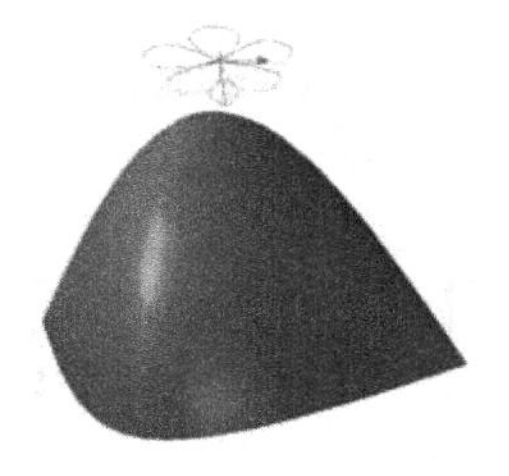

图 8-33　选择加工的串连

(5) 在如图 8-34 所示的“刀具轴控制”选项卡中进行设置。设置“汇出格式”为“五轴”。在“刀具轴控制”中选择“曲面”选项，然后单击其后的箭头按钮，使用鼠标指定两点以框选如图 8-35 所示的所有曲面作为刀具轴曲面，然后按 Enter 键确定，系统将返回“刀具轴控制”选项卡，在该选项卡中设置“刀具的向量长度”为 12。

(6) 在“刀具”选项卡中参照图 8-36 进行设置。单击“选择库中的刀具”按钮，打开“选择刀具”对话框，从刀具资料库列表中选择直径为 4、刀刃长度为 15 的圆鼻刀，然后单击“确定”按钮，结束刀具选择。接着为该刀具设置进给速率、下刀速率、提刀速率和主轴转速等。

(7) 切换到“链接”选项卡，参照图 8-37 所示进行设置。

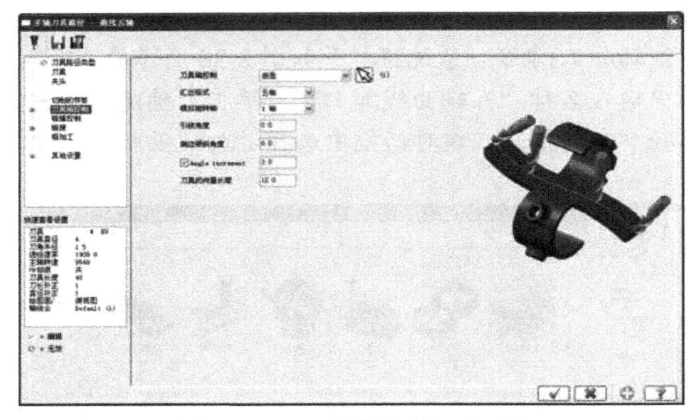

图 8-34 “刀具轴控制”选项卡

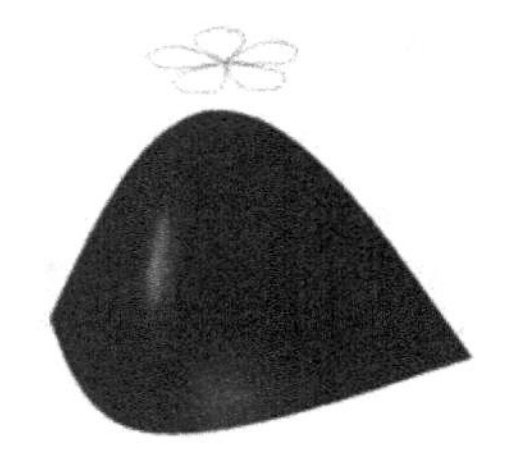

图 8-35 选择刀具轴曲面

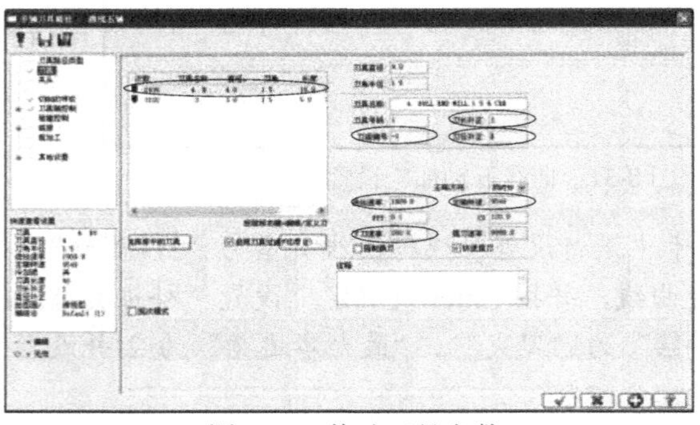

图 8-36 修改刀具参数

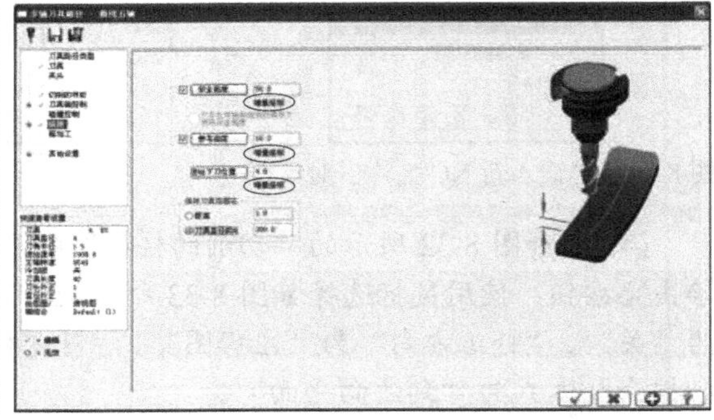

图 8-37 “链接”选项卡

(8) 在如图 8-38 所示的“碰撞控制”选项中进行设置。在“预留量”文本框中输入－0.5。

(9) 在曲线五轴加工设置界面单击“确定”按钮完成设置。本例生成的刀具路径效果如图 8-39 所示。

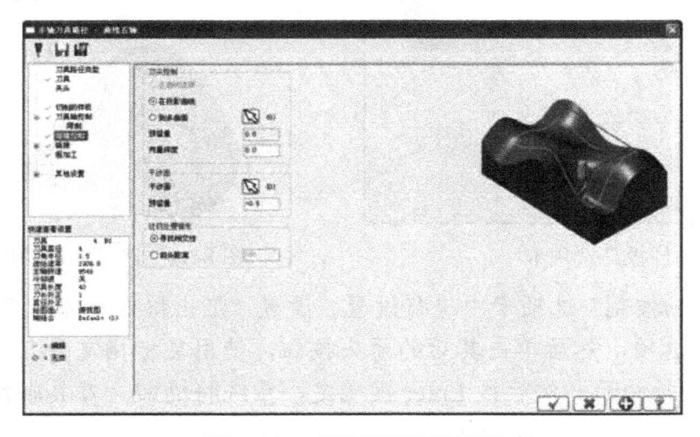

图 8-38 “碰撞控制”选项卡

图 8-39 生成的刀具路径

(10) 在刀具路径管理器中单击(模拟已选择的操作)按钮，打开如图 8-40 所示的“刀路模拟”对话框。在该对话框中设置好相关选项，并在相应的操作栏中设置相关参数后，单击播放栏中的(开始)按钮，系统开始刀路模拟。如图 8-41 所示为刀路模拟过程中的一个截图。

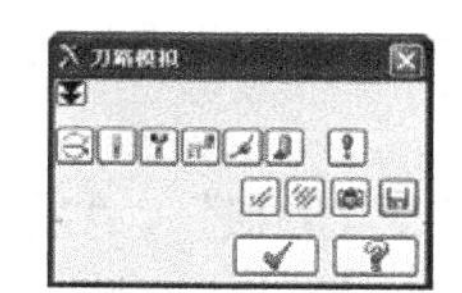

图 8-40 “刀路模拟”对话框

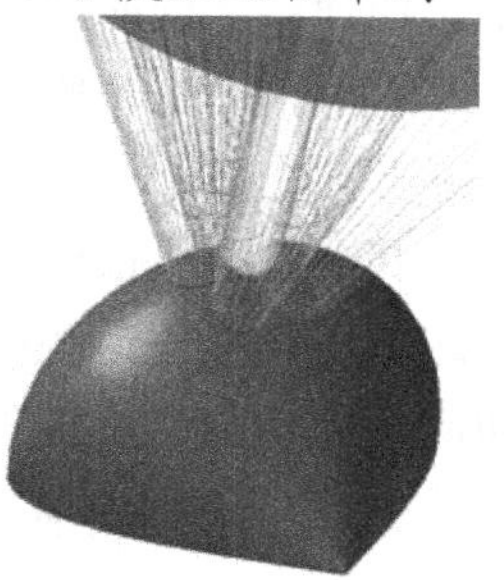

图 8-41 刀路模拟截图

8.4 沿边五轴加工

沿边五轴加工是指利用刀具的侧刃对工件侧壁进行加工，根据刀具轴的控制方式不同，可以生成四轴或五轴沿侧壁铣削的加工刀具路径。

8.4.1 沿边五轴加工参数

执行“刀具路径”| Multiaxis(多轴加工)命令，系统将打开“输入新 NC 名称”对话框，在该对话框的文本框中输入名称并单击“确定”按钮，系统将打开如图 8-1 所示的“多轴刀具路径—沿边五轴”对话框。在该对话框中选择“沿边五轴”选项进入沿边五轴加工设置，如图 8-42 所示。在该对话框中可以设置“刀具”、“夹头”、“切削的样板”、“刀具轴控制”、“碰撞控制”、“链接”、“粗加工”和“其他设置”。

1. 切削的样板

“切削的样板”选项卡如图 8-43 所示。

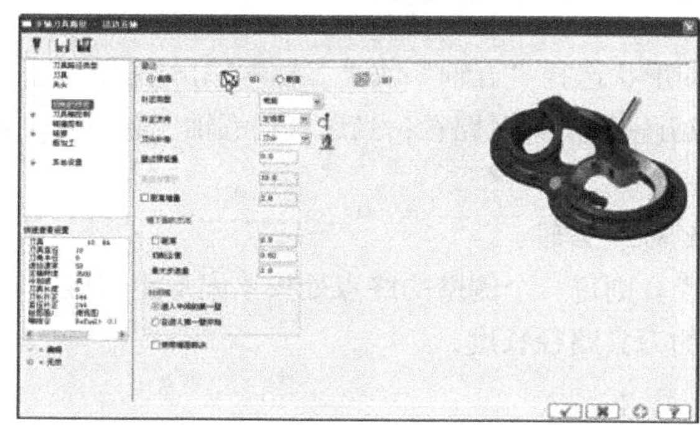

图 8-42 “沿边五轴”对话框

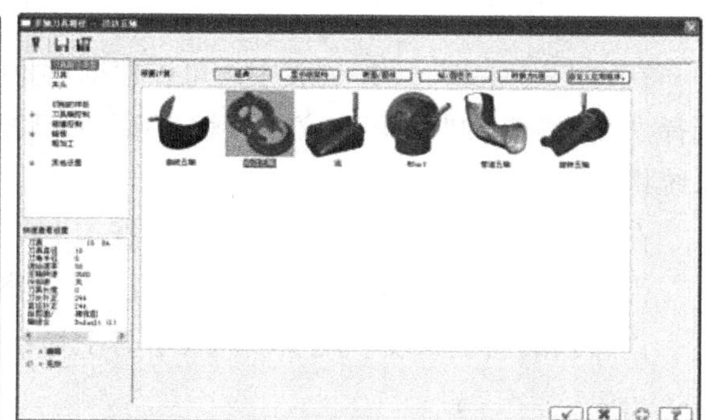

图 8-43 “切削的样板”选项卡

“壁边”选项组中提供了定义侧壁铣削面的两种方式，即“曲面”和“串连”。选择“曲面”单选按钮，单击其右侧的按钮，系统提示“请选择壁边曲面”，选择壁边曲面后按 Enter 键，系统提示“选择第一曲面”，选择第一曲面后，系统接着提示“选择第一个低的轨迹”，这时可以直接按 Enter 键返回到“切削的样板”选项卡或选择轨迹方向，在打开的如图 8-44 所示的“设置边界方向”对话框中进行设置后返回到“切削的样板”选项卡。如果选择“串连”单选按钮，单击其右侧的按钮，系统将打开“串连选项”对话框，选择两个曲线串连来定义侧壁铣削面，即首先选择作为侧壁下沿的曲线串连，接着选择作为侧壁上沿的曲线串连，单击“确定”按钮回到“切削的样板”选项卡。

在“补正类型”下拉列表中，可以选择“电脑”、“控制器”、“磨损”、“反向磨损”和“关”补正类型。在“补正方向”下拉列表中，可以选择“左视图”或“右视图”。在“刀尖补偿”下拉列表中，可以选择“刀尖”或“中心”。

在“墙下面的方法”选项组中，通过“切削公差”文本框中可以设置刀具在切削方向上的误差。切削公差越小，则产生的刀具路径越精确，但刀具路径的计算时间也会随之增加。“最大步进量”文本框用于设置刀具移动的最大步进量。

在“封闭墙”选项组中可以选择“进入中间的第一壁”或“在进入第一壁开始”方式。

2. 刀具轴控制

“刀具轴控制”选项卡如图 8-45 所示。

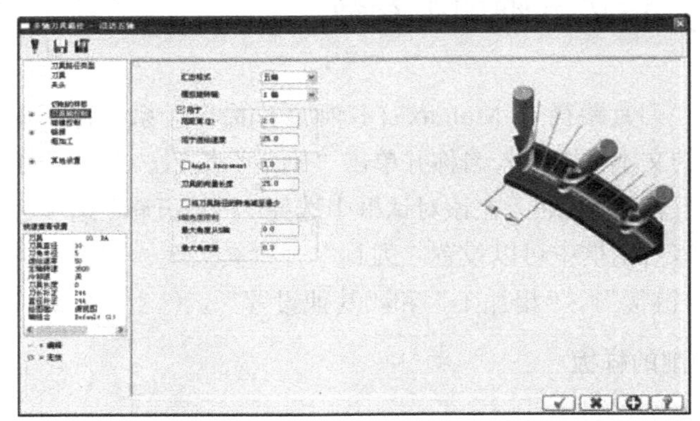

图 8-44 “设置边界方向”对话框

图 8-45 “刀具轴控制”选项卡

在“汇出格式”下拉列表中，可以根据对象的形状选择“五轴”或“五轴”输出格式。当选择“五轴”选项时，可定义第五轴，系统将生成五轴铣削刀具路径；当选择“五轴”选项时，系统将生成五轴铣削刀具路径。

在“模拟旋转轴”下拉列表可以选择 X 轴、Y 轴或 Z 轴。

当选中“范宁”复选框时，需要设置“范距离”，则每一个侧壁的终点处按该扇形距离展开。

“刀具的向量长度”用于输入在屏幕上显示的刀具路径长度。

3. 碰撞控制

“碰撞控制”选项卡如图 8-46 所示。

“刀尖控制”选项组用于设置沿边五轴加工的刀尖位置，共有 3 种控制方式：“平面”、“曲面”和“底部轨迹”。选择“平面”单选按钮，单击按钮，系统将打开“平面选择”对话框，执行选择工具选择所需的平面，确定后返回到“碰撞控制”选项卡。“平面”控制方式使用一个平面作为刀具路径的下底面，即刀尖所走位置由所选平面决定。选择“曲面”单选按钮，则使用一个曲面作为刀具路径的下底面，即刀尖所走位置由所选曲面决定。选择“底部轨迹”单选按钮，则需要设置刀中心与轨迹的距离，从而确定刀尖所走位置。

单击“补偿面”选项组中的“选择多曲面”按钮，系统将打开如图 8-47 所示的“刀具路径的曲面选取”对话框，在该对话框中可以选择所需的曲面或移除曲面。

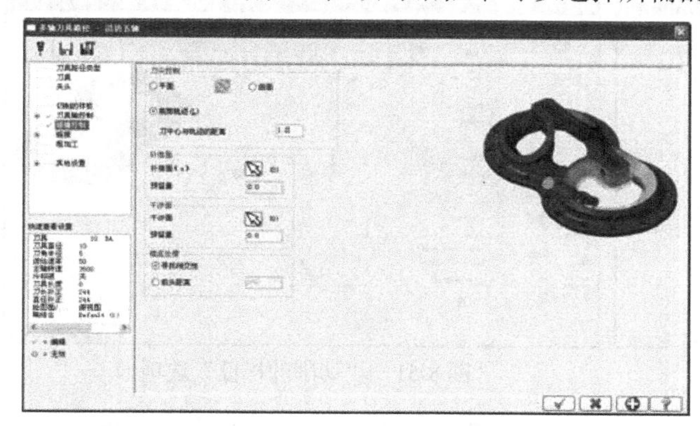

图 8-46　“碰撞控制”选项卡

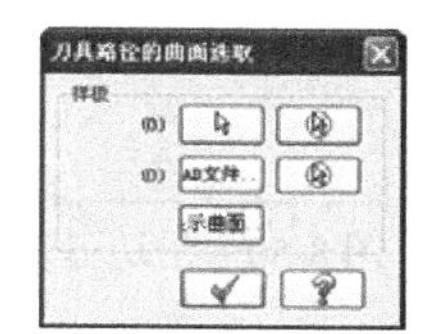

图 8-47　“刀具路径的曲面选取”对话框

“干涉面”选项组用于设置不加工的干涉面。在该选项组中单击“干涉面”按钮，系统将打开如图 8-47 所示的“刀具路径的曲面选取”对话框，在该对话框中可以选择或移除干涉面，或显示已定义的干涉面等。

“楼泥处理”选项组用于设置底部的过切处理情形，可以选择“寻找相交性”或“箭头距离”。

8.4.2　沿边五轴加工实例

下面介绍沿边五轴加工的一个实例，完成该实例的制作具体操作步骤如下。

(1) 打开随书配套光盘中的“沿边五轴加工.MCX”文件，该文件的原始曲面如图 8-48 所示。

(2) 执行“机床类型”|“铣床”|“默认”命令，选择默认机床作为本次加工使用的机床。此时系统将自动切换到 Mill 模块。

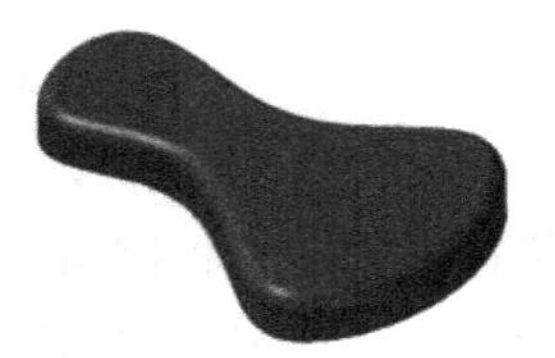

图 8-48　原始曲面

图 8-49　“输入新 NC 名称”对话框

(3) 执行“刀具路径”| Multiaxis(多轴加工)命令，系统将打开如图 8-49 所示的“输入新 NC 名称”对话框，在该对话框的文本框中输入名称“沿边五轴加工”，单击“确定”按钮，系统将打开如图 8-1 所示的“多轴刀具路径”对话框。在其中选择“沿边五轴”选项如图 8-50 所示的沿边五轴加工设置。

(4) 在“切削的样板”选项卡中进行设置，如图 8-51 所示。

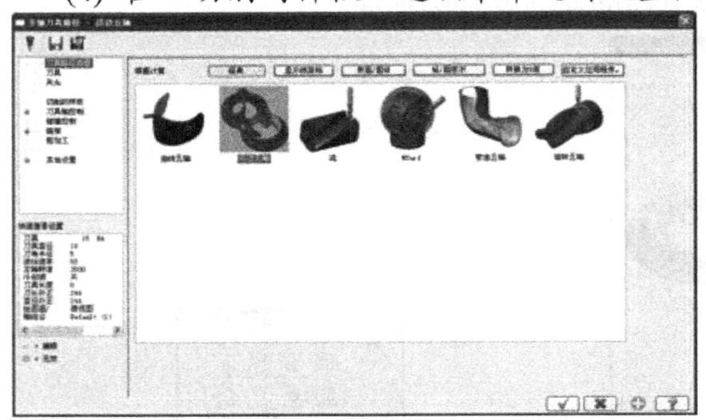

图 8-50　沿边五轴加工设置

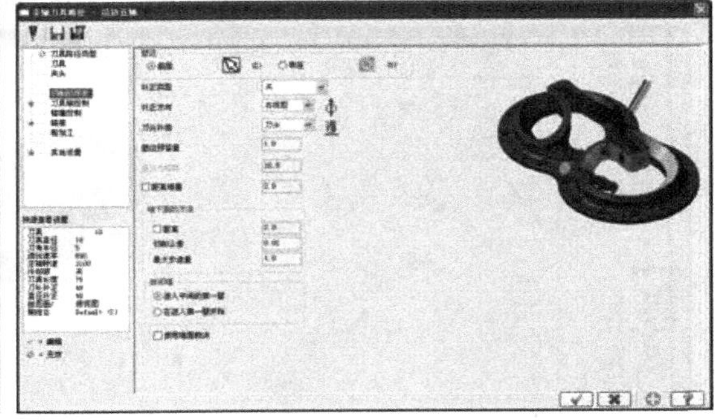

图 8-51　“切削的样板”选项卡

在“壁边”选项组中单击“曲面”单选按钮，选择如图 8-52 所示的所有壁边曲面作为加工曲面，并按 Enter 键确认，系统将提示“选择第一曲面”。选择如图 8-53 所示的曲面(鼠标指针所指的)作为第一曲面，接着系统将提示“选择第一低的轨迹”，选择如图 8-54 所示的侧壁下沿。系统打开如图 8-55 所示的“设置边界方向”对话框，单击“确定”按钮返回“切削的样板”选项卡。在“补正类型”下拉列表中选择“电脑”选项，在“补正方向”下拉列表中选择“左视图”选项，在“刀尖补偿”下拉列表中选择“刀尖”选项并在“封闭墙”选项组中选择“进入中间的第一壁”选项。

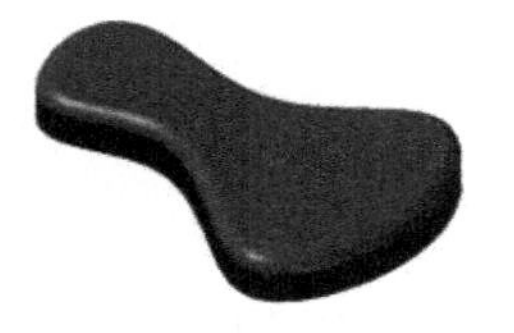

图 8-52　选择壁边曲面

图 8-53　选择第一曲面

图 8-54　选择第一低的轨迹

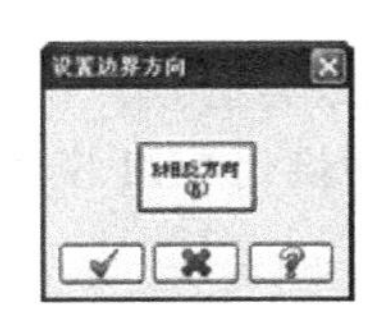

图 8-55　“设置边界方向”对话框

(5) 在“刀具轴控制”选项卡中进行设置。在“汇出格式”下拉列表中选择“五轴”选项。选中“范宁”复选框，设置“范距离”为 2、“范宁进给速度”为 25。设置“刀具向量长度”为 25。如图 8-56 所示。

(6) 在“碰撞控制”选项卡中参照图 8-57 进行设置。在“刀尖控制”选项组中选择“底部轨迹”单选按钮，并设置“刀中心与轨迹的距离”为 1.2，在“楼泥处理”选项组中选择“寻找相交性”。

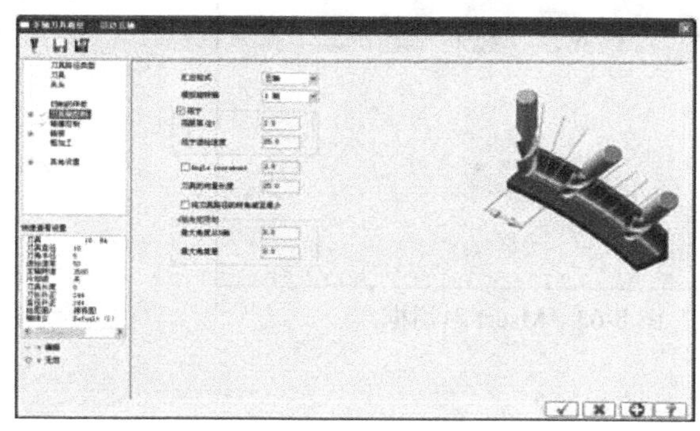

图 8-56　“刀具轴控制”选项卡

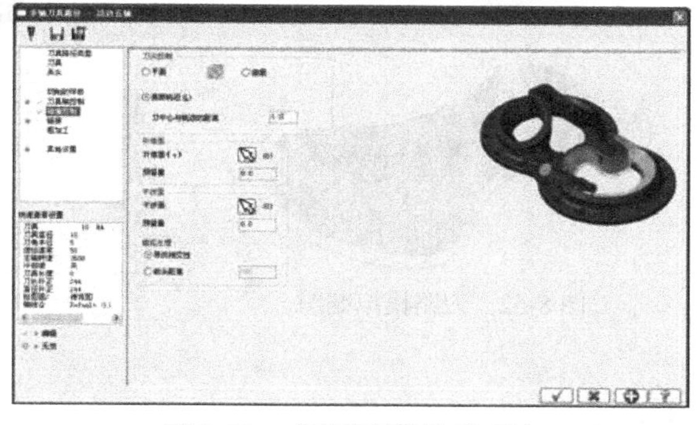

图 8-57　“碰撞控制”选项卡

(7) 在“刀具”选项卡中参照图 8-59 进行设置。单击“选择库中的刀具”按钮，在如图 8-58 所示的“刀具管理器”中选择直径为 10 的球刀，设置其进给速率、下刀速率、提刀速率和主轴转速。

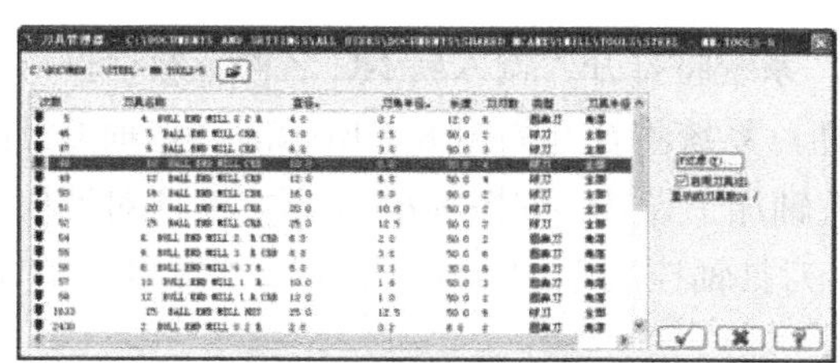

图 8-58　刀具管理器

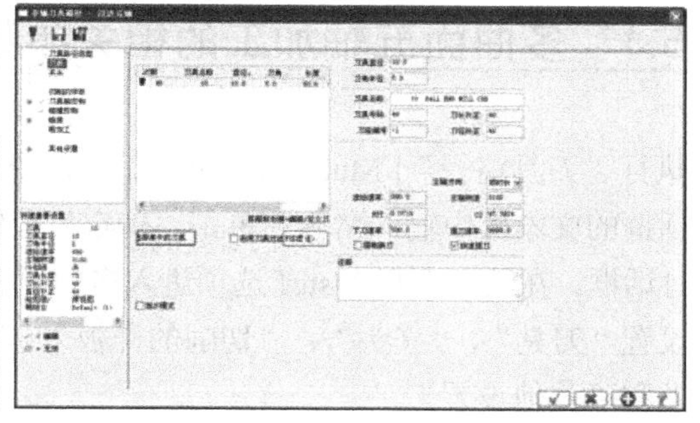

图 8-59　“刀具”设置

(8) 在“链接”选项卡中进行如图 8-60 所示的设置。

(9) 在“沿边五轴”对话框中单击“确定”按钮，系统生成的沿边五轴加工刀具路径效果如图 8-61 所示。

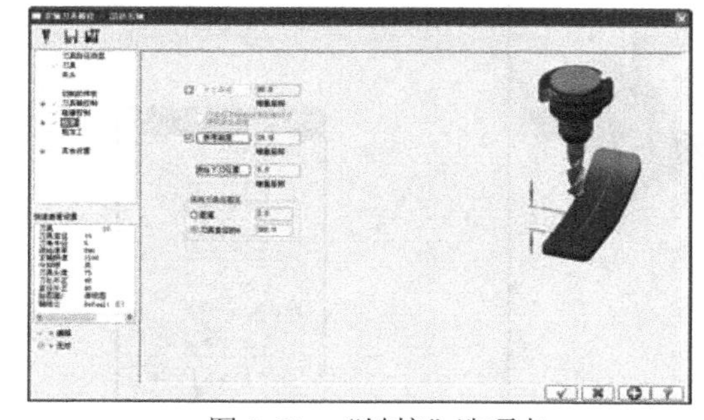

图 8-60　“链接”选项卡

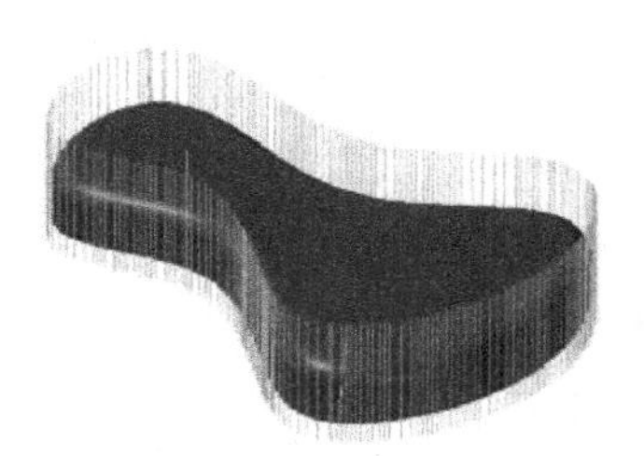

图 8-61　生成的沿边五轴加工的刀具路径效果

(10) 在刀具路径管理器中单击“刀具路径”按钮，打开“刀路模拟”对话框和刀具模拟操作栏。在“刀路模拟”对话框中设置好相关选项，并在其相应的刀路模拟操作栏中设置相关参数后，单击刀路模拟操作栏中的“开始”按钮▶，系统开始刀路模拟，如图 8-62 所示即为刀路模拟过程中的一个截图。

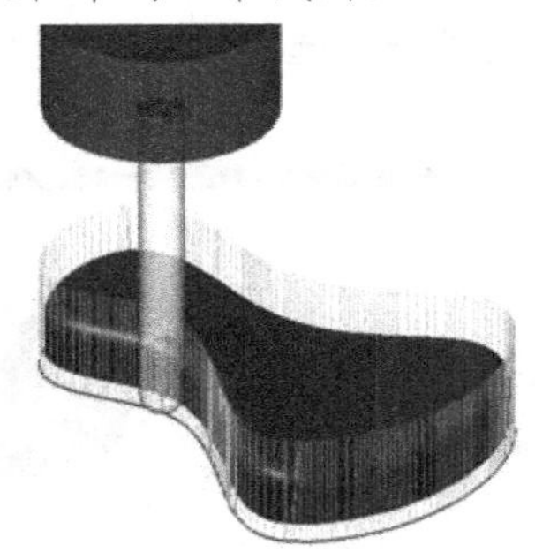

图 8-62　刀路模拟截图

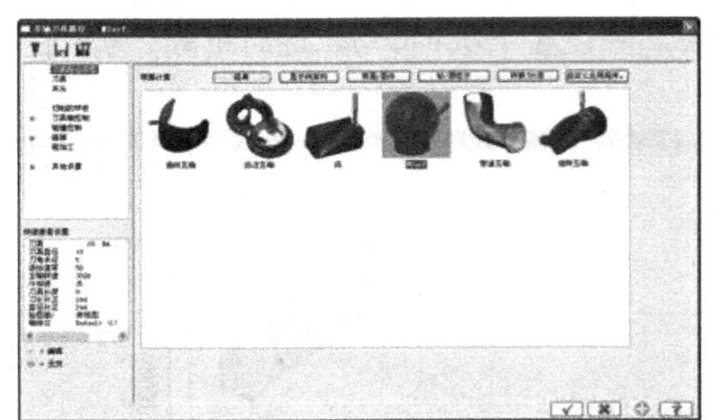

图 8-63　Msurf 对话框

8.5　多曲面五轴加工

多曲面五轴加工适用于一次加工一系列曲面。

8.5.1　多曲面五轴加工的相关参数

执行“刀具路径”| Multiaxis(多轴加工)命令，系统将打开“输入新 NC 名称”对话框，在该对话框的文本框中输入名称并单击“确定”按钮，系统将打开如图 8-1 所示的“多轴刀具路径”对话框。在其中选择 Msurf 选项进入多曲面五轴加工设置，如图 8-63 所示。在该对话框中可以设置“刀具”、“夹头”、“切削的样板”、“刀具轴控制”、“碰撞控制”、“链接”、“粗加工”和“其他设置”。

1. 切削的样板

“切削的样板”选项卡如图 8-64 所示。

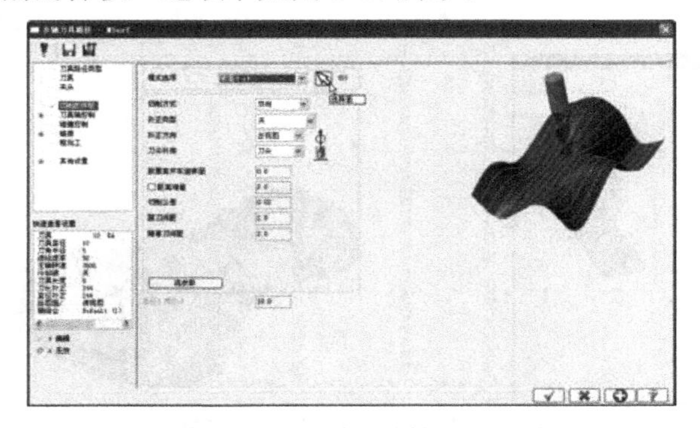

图 8-64　“切削的样板”选项卡

图 8-65　“曲面流线设置”对话框

在该选项卡中可以对补正类型、补正方向、切削公差、跨刀间距和流线参数等进行设置。

“模式选项”用于选择多曲面五轴加工的切削样板，可供选择的切削样板包括“表面”、“圆柱体”、“球体”和“立方体”。“表面”，表示选择已有的曲面作为铣削曲面；“圆柱体”，表示选择一个圆柱体定义铣削对象；“球体”，表示选择一个圆球定义铣削对象；“立方体”，表示选择一个立方体定义铣削对象。

单击“流参数”按钮，系统将打开如图 8-65 所示的“曲面流线设置”对话框，从中可以对补正、切削方向、步法方向和开始方向进行切换，并可以设置边界误差。

2. 刀具轴控制

“刀具轴控制”选项卡如图 8-66 所示。

“刀具轴控制”下拉列表用于控制刀具轴。提供的刀具轴控制方式有“直线”、“表面图案”、“平面”、“从……点”、“到……点”、“串连”和“边界”。

“汇出格式”可以为“4 轴”或“五轴”。当选择“4 轴”时，可以定义第 4 轴，系统将生成 4 轴铣削刀具路径；当选择“五轴”时，系统将生成五轴铣削刀具路径。

“引线角度”是指在刀具路径进/退刀方向刀具倾斜的角度；“侧边倾斜角度”则是指刀具在移动方向倾斜一个角度，也就是曲面法线与刀具轴线之间的角度。

可以在“刀具的向量长度”文本框中输入一个有效数值来控制刀具路径的显示。

3. 碰撞控制

“碰撞控制”选项卡如图 8-67 所示。

可以在“加工曲面”选项组中选择“忽略曲面法线”单选按钮，也可以选择“沿着切入方向”单选按钮。

“干涉面”选项组用于指定干涉面。

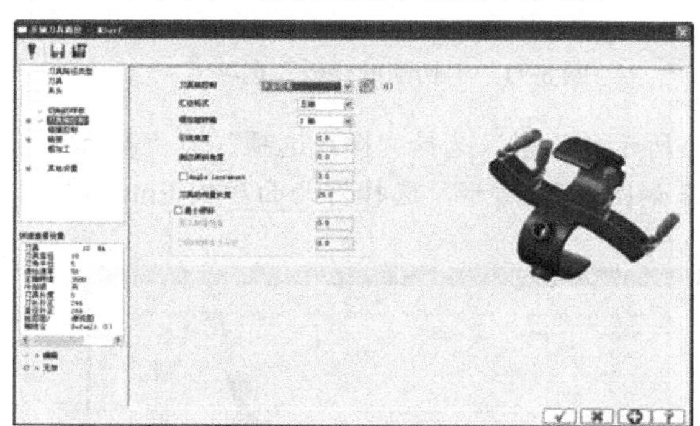

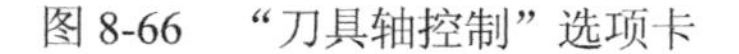

图 8-66　“刀具轴控制”选项卡

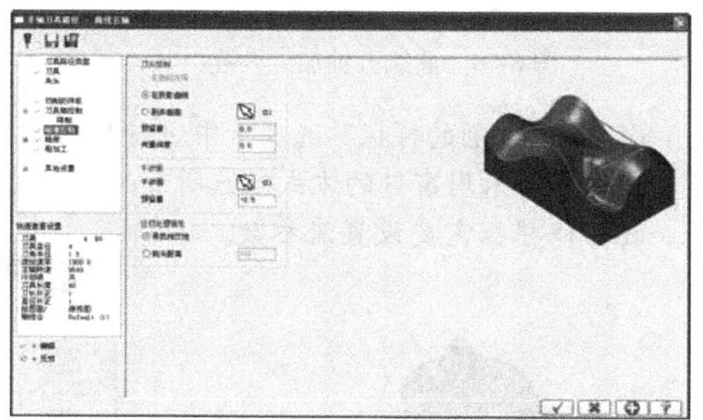

图 8-67　“碰撞控制”选项卡

8.5.2　多曲面五轴加工实例

下面介绍多曲面五轴加工的一个实例，该实例的具体操作步骤如下。

(1) 打开随书配套光盘中的“多曲面五轴加工.MCX”文件，该文件的原始曲面如图 8-68 所示。

(2) 执行“机床类型”|“铣床”|“默认”命令，选择默认机床作为本次加工使用的机床。此时系统将自动切换到 Mill 模块。

图 8-68　原始曲面

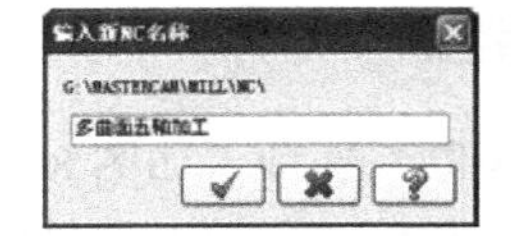

图 8-69　“输入新 NC 名称”对话框

(3) 执行“刀具路径”|Multiaxis(多轴加工)命令，系统将打开如图 8-69 所示的“输入新 NC 名称”对话框，在该对话框的文本框中输入名称“多曲面五轴加工”，单击“确定”按钮，系统将打开如图 8-1 所示的“多轴刀具路径”对话框。在其中选择 Msurf 选项进入多曲面五轴加工设置，如图 8-70 所示。

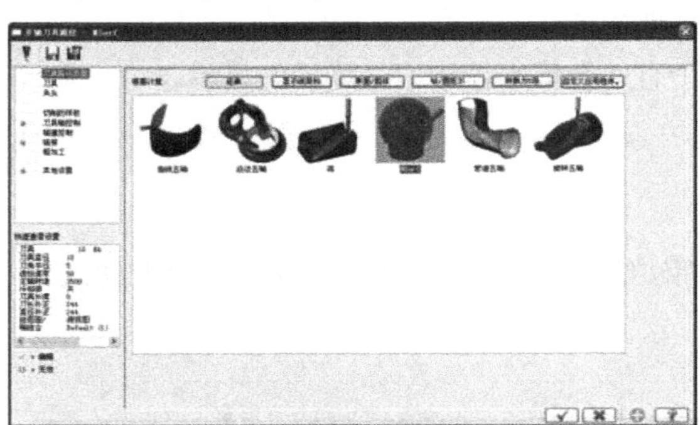

图 8-70　曲线五轴加工设置

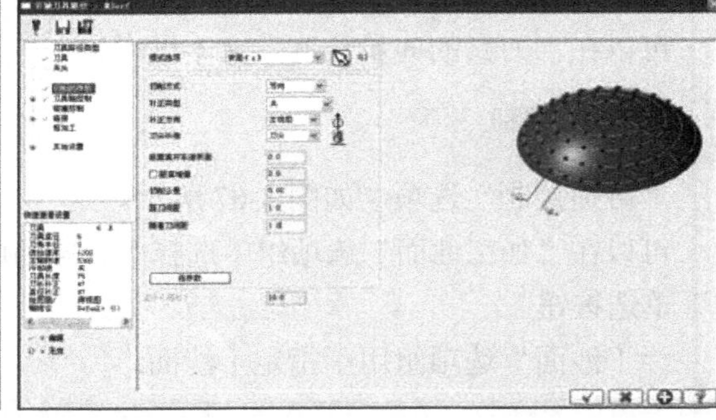

图 8-71　“切削的样板”选项卡

(4) 在“切削的样板”选项卡中进行如图 8-71 所示的设置。选择“模式选项”为“表面”，单击按钮，采用窗口的方式框选所有曲面，效果如图 8-72 所示，选择好曲面后按 Enter 键确认。还可以根据需要设置流参数。

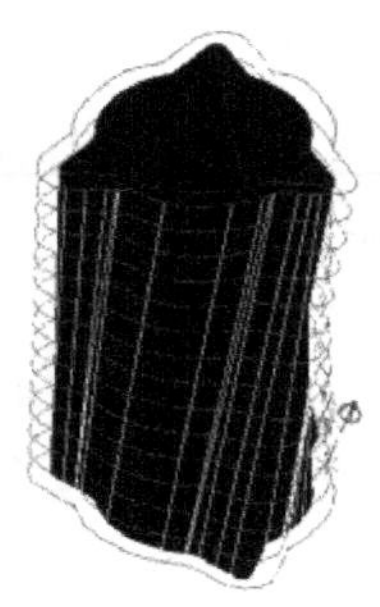

图 8-72　选择刀具模式曲面

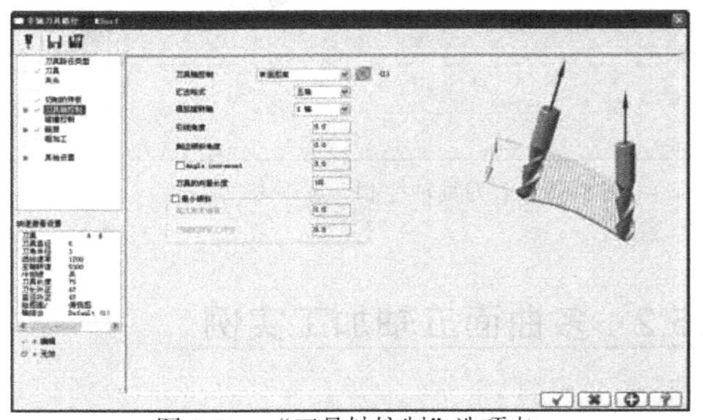

图 8-73　“刀具轴控制”选项卡

(5) 系统返回“多曲面五轴”对话框，在“刀具轴控制”选项卡中参照图 8-73 进行设置。在“刀具轴控制”选项卡中选择“表面图案”、在“汇出格式”选项中选择“五轴”。

(6) 单击“刀具”标签，打开“刀具”选项卡。单击“选择库中刀具”按钮，打开如图 8-74 所示的“选择刀具”对话框，从刀具资料库中选择直径为 6 的球刀，然后单击“选择刀具”对话框中的“确定”按钮。在“刀具”选项卡中进行设置，如图 8-75 所示。

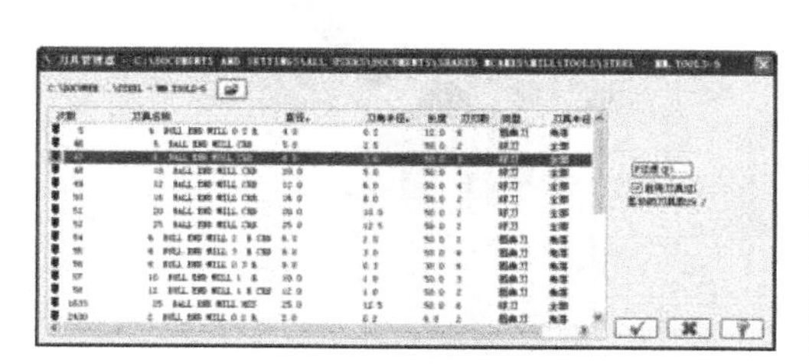

图 8-74 “选择刀具”对话框

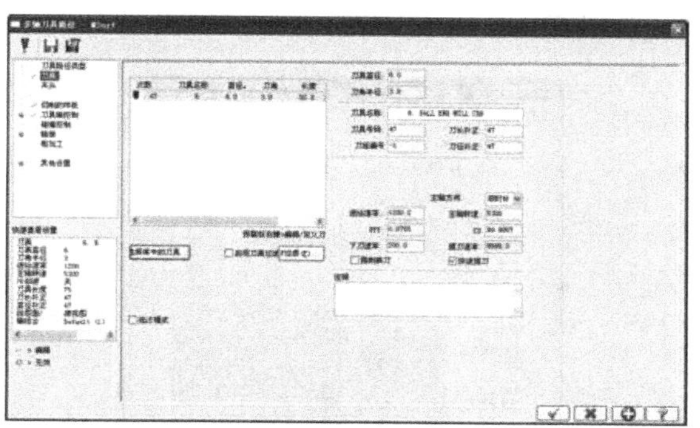

图 8-75 “刀具”选项卡

(7) 打开“链接”选项卡，参照图 8-76 进行设置。

(8) 在“碰撞控制”选项卡中参照图 8-77 进行设置。

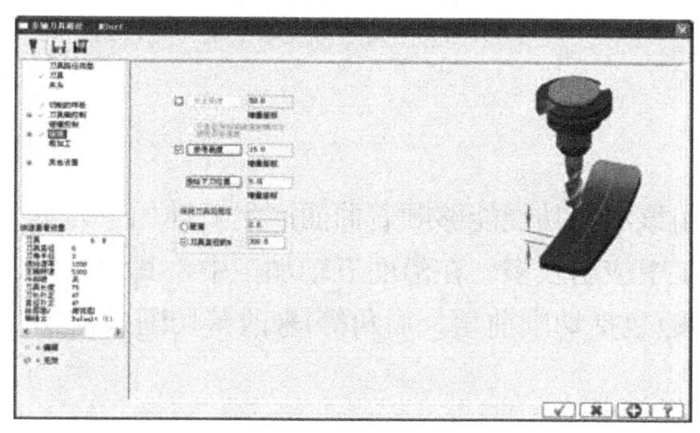

图 8-76 “链接”选项卡

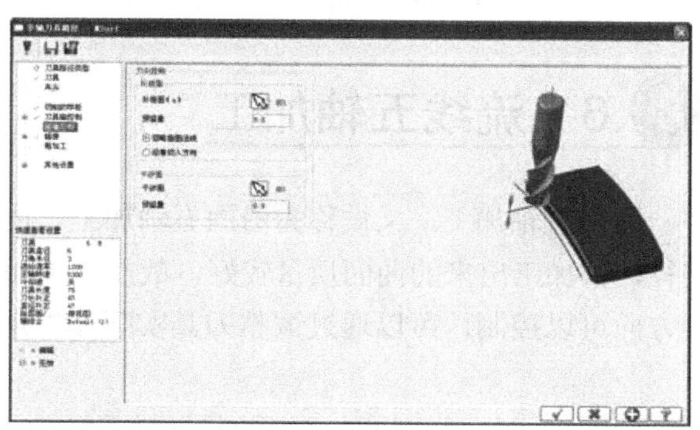

图 8-77 “碰撞控制”选项卡

(9) 在“多曲面五轴”对话框中单击“确定”按钮，生成的刀具路径效果如图 8-78 所示。

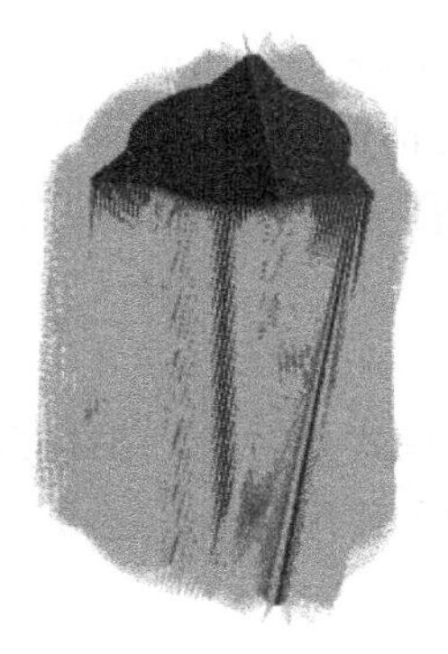

图 8-78 生成的刀具路径效果

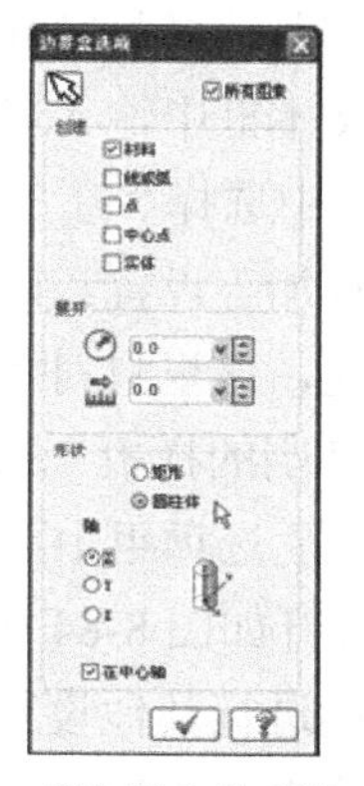

图 8-79 “边界盒选项”对话框

(10) 在刀具路径管理器中单击“属性”节点下的“材料设置”选项，系统将打开“机器群组属性”对话框，在“材料设置”选项卡中单击“边界盒”按钮，系统将打开“边界盒选项”对话框，参照图 8-79 进行设置，然后单击“确定”按钮。

(11) 返回“材料设置”选项卡，其他设置参照图 8-80 进行设置，然后单击“确定”按钮。

(12) 单击刀具路径管理器中的(验证已选择的操作)按钮，对刀具路径进行加工模拟，生成的模拟效果如图 8-81 所示。

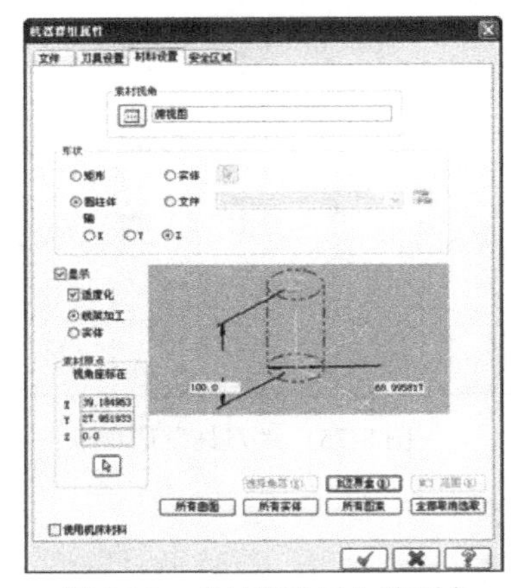

图 8-80 “材料设置”选项卡

图 8-81 模拟效果

8.6 流线五轴加工

流线五轴加工，又被称为沿面五轴加工。使用该加工功能能够顺着曲面产生五轴加工刀具路径，其加工出来的曲面质量较好，故在多轴加工中应用较多。在沿面五轴加工中，其刀具轴线方向可以控制，可以通过调整刀具实际加工角度(包括切削前角、后角等)来改善切削条件。

8.6.1 流线五轴加工的相关参数

执行“刀具路径”| Multiaxis(多轴加工)命令，系统将打开“输入新 NC 名称”对话框，在该对话框的文本框中输入名称并单击“确定”按钮后，弹出如图 8-1 所示的“多轴刀具路径”对话框。在其中选择“流”选项，打开“多轴工具路径—流”对话框，在该对话框中参照图 8-82 进行流线五轴加工设置。其设置方式大多与前面介绍的“多曲面五轴”对话框的内容基本相同，此处不再赘述，这里只对“切削的样板”选项进行讲解。

设置“切削的样板”选项卡如图 8-83 所示。

在“曲面”选项组中单击按钮，系统将提示“选择刀具模式曲面”，选择完成后按 Enter 键，系统将打开如图 8-84 所示的“曲面流线设置”对话框，设置并确定后，返回“切削的样板”选项卡以继续进行其他设置。

还可以设置“切削方式”、“补正类型”、“补正方向”、“刀尖补偿”等选项。

在“沿步”选项组中，可以设置“切削公差”进行切削控制。

在“横跨步”选项组中可以选择“距离”或“扇形高度”方式对截断方向进行控制。

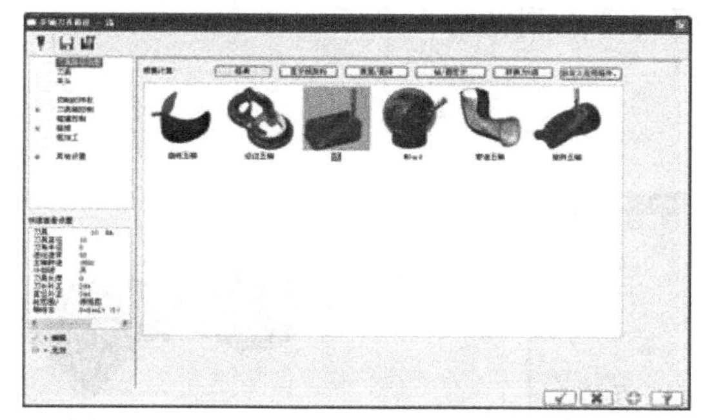

图 8-82　“多轴刀具路径——流”对话框

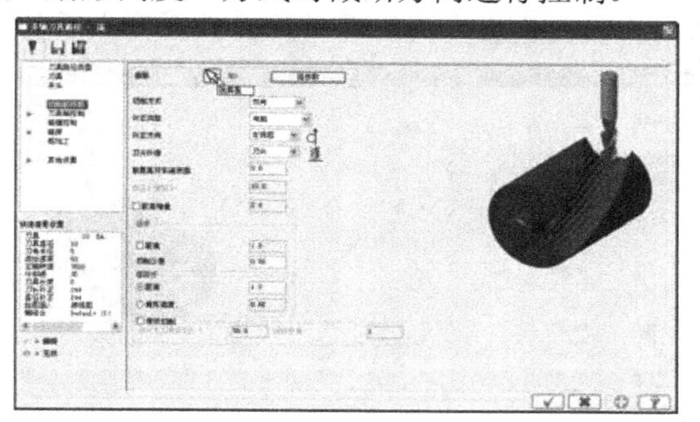

图 8-83　“切削的样板”选项卡

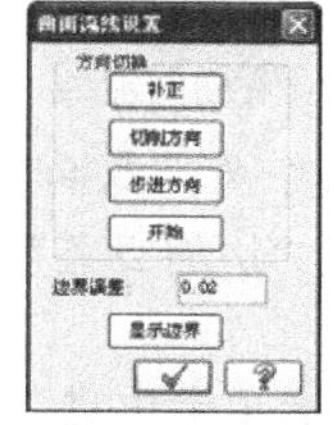

图 8-84　“曲面流线设置”对话框

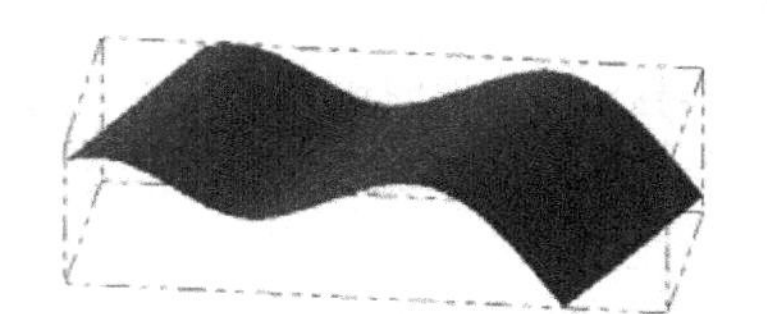

图 8-85　原始图素

8.6.2　流线五轴加工实例

下面介绍流线五轴加工的一个实例，完成实例制作的具体操作步骤如下。

(1) 打开随书配套光盘中的“五轴流线加工.MCX”文件，该文件的曲面和曲线如图 8-85 所示。

(2) 执行“机床类型”|“铣床”|“默认”命令，选择默认机床作为本次加工使用的机床。此时，Mastercam 自动切换到 Mill 模块。

(3) 执行“刀具路径”| Multiaxis(多轴加工)命令，系统将打开如图 8-86 所示的“输入新 NC 名称”对话框，在该对话框的文本框中输入名称“五轴流线加工”，单击“确定”按钮，系统将打开如图 8-1 所示的“多轴刀具路径”对话框。在其中选择“流”选项进行如图 8-87 所示的流线五轴加工设置。

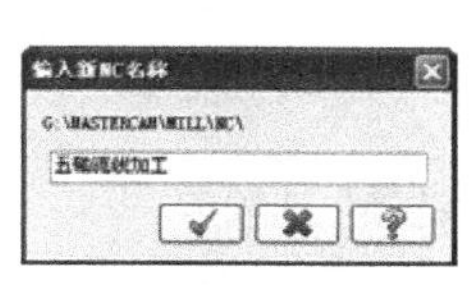

图 8-86　“输入新 NC 名称”对话框

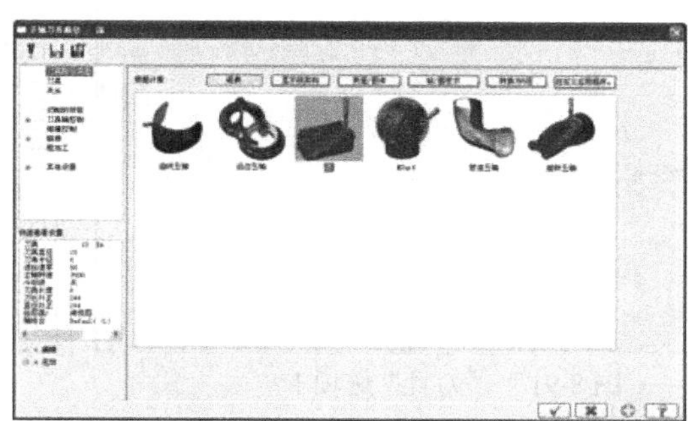

图 8-87　流线五轴加工设置

(4) 在“切削的样板”选项卡中参照图 8-88 进行设置。单击按钮，在绘图区单击曲面，并按 Enter 键确认。系统将打开如图 8-89(a)所示的“曲面流线设置”对话框，设置补正方向、切削方向、步进方向和开始位置设置完成后的图形效果如图 8-89(b)所示。

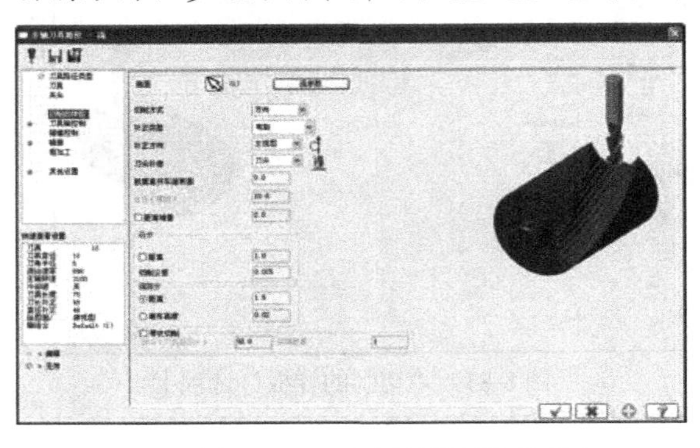

图 8-88 “切削的样板”选项卡

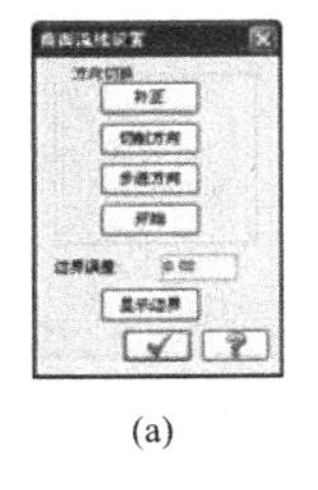

(a)

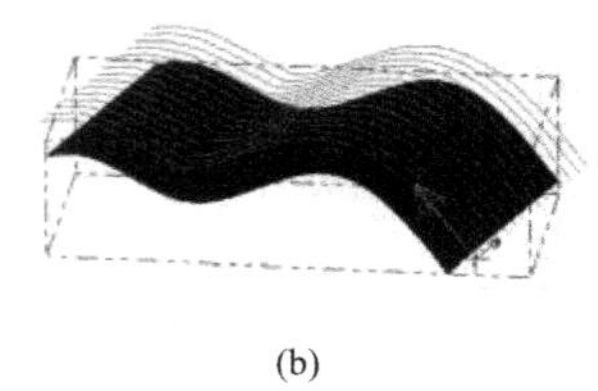

(b)

图 8-89 设置曲面流线

单击“确定”按钮返回到“切削的样板”选项卡，设置“切削方式”为“双向”、“补正类型”为“电脑”、“补正方向”为“左视图”、“刀尖补偿”为“刀尖”、“切削公差”为 0.025、“横跨步”方式为“距离”、距离数值为 1.5。

(5) 返回“流线五轴”对话框，在如图 8-90 所示的“刀具轴控制”选项卡中进行设置，设置“汇出格式”为“五轴”。在“刀具轴控制”下拉列表中选择“表面图案”选项，设置“侧边倾斜角度”为 1.0、“刀具的向量长度”为 15。

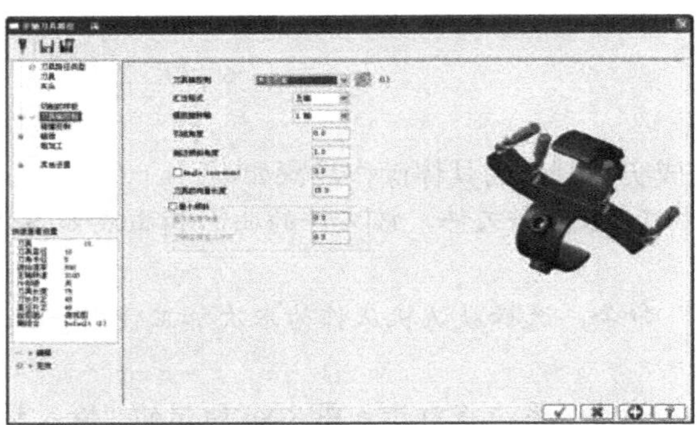
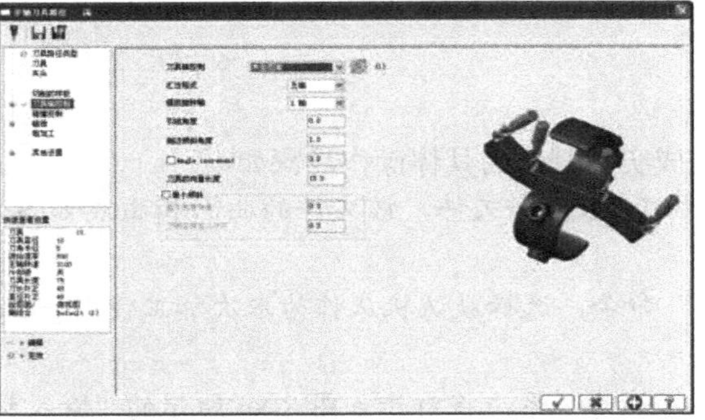

图 8-90 “刀具轴控制”选项卡

提示

用户可以单击“曲面流线设置”对话框中的各方向切换按钮，在绘图区观察曲面流线的变化情况，以进一步熟悉和加深对曲面流线的认识。

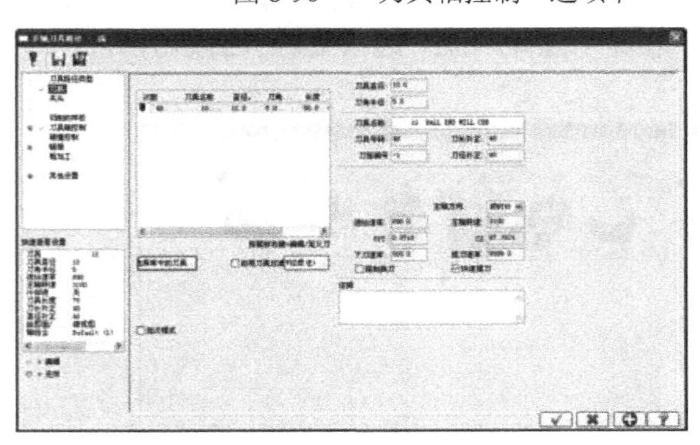

图 8-91 “刀具”选项卡

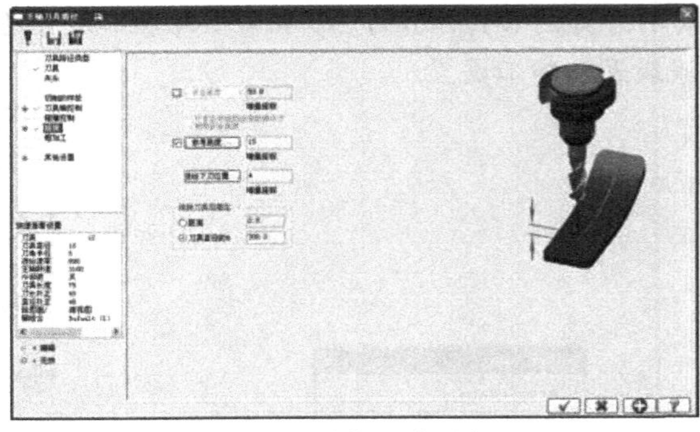

图 8-92 “链接”选项卡

(6) 在“刀具”选项卡中进行刀具设置。单击“选择库中的刀具”按钮，打开“选择刀具”对话框，从刀具资料库中选择直径为 10 的球刀，然后单击“选择刀具”对话框中的“确定”按钮。在“刀具”选项卡中参照图 8-91 进行设置。

(7) 在“链接”选项卡中参照图 8-92 进行设置。

(8) 单击“确定”按钮，系统通过计算生成流线五轴刀具路径，效果如图 8-93 所示。

(9) 单击刀具路径管理器中的(验证已选择的操作)按钮，对刀具路径进行实体加工模拟，模拟效果如图 8-94 所示。

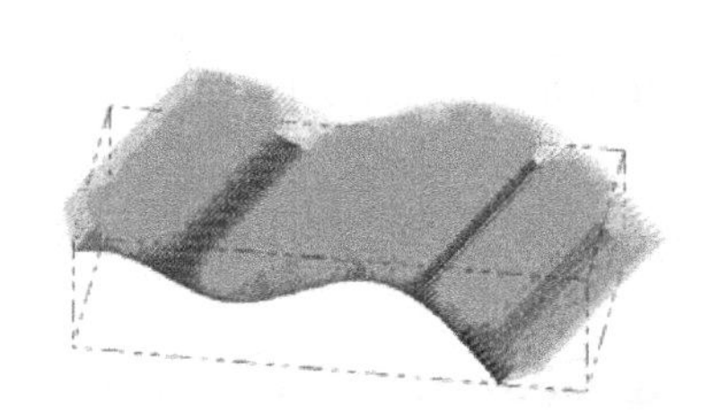

图 8-93　生成的流线五轴的刀具路径效果

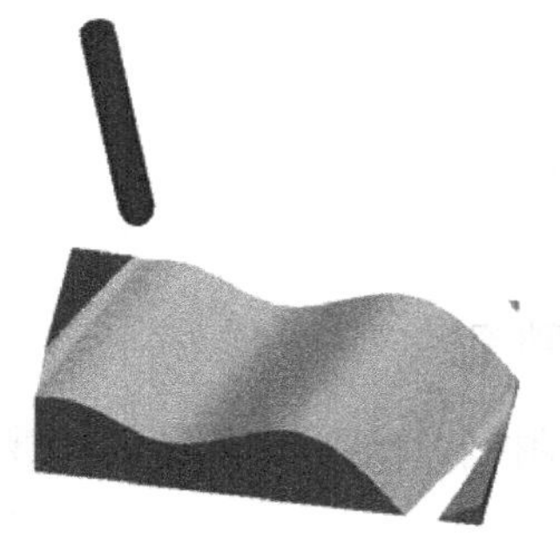

图 8-94　流线五轴加工的模拟效果

8.7　钻孔五轴加工

使用“钻孔五轴加工”功能，可以在曲面上不同的方向处进行钻孔加工，可以很方便地加工出不同的斜孔。根据刀具轴控制方式的不同，使用该多轴加工方法可以产生 3 轴、4 轴或五轴的钻孔刀具路径。

8.7.1　钻孔五轴加工的相关参数

执行“刀具路径” | Multiaxis(多轴加工)命令，系统将打开“输入新 NC 名称”对话框，在该对话框的文本框中输入名称并单击“确定”按钮，系统将如图 8-1 所示的“多轴刀具路径”对话框。单击“钻/圆密尔”按钮，打开“钻/圆密尔”页面，选择“钻孔”加工方式，进入如图 8-95 所示的钻孔五轴加工设置。在该对话框中可以设置“刀具”、“夹头”、“切削的样板”、“刀具轴控制”、“碰撞控制”、“链接”、“粗加工”和“其他设置”。

1. 切削的样板

“切削的样板”选项卡如图 8-96 所示。

“图素类型”选项用于设置钻孔点的类型，可供选择的图素类型有“点”和“点/直线”。选择“点”选项时，单击其后的箭头按钮，系统将打开如图 8-97 所示的“选取钻孔的点”对话框，可以使用已有的点图素或投影点方式来指定钻孔位置；选择“点/直线”选项时，单击其后的箭头按钮，同样打开“选择钻孔的点”对话框，可以选择直线的端点作为生成刀具路径的图素，此时无须进行刀具轴控制设置。

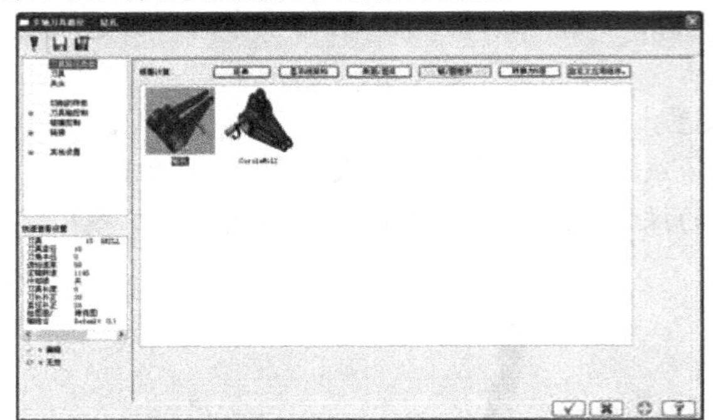

图 8-95　钻孔五轴加工设置

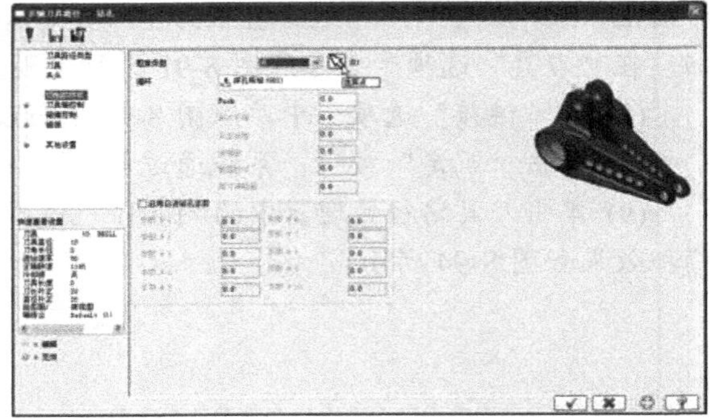

图 8-96　“切削的样板”选项卡

2. 刀具轴控制

“刀具轴控制”选项卡如图 8-98 所示。

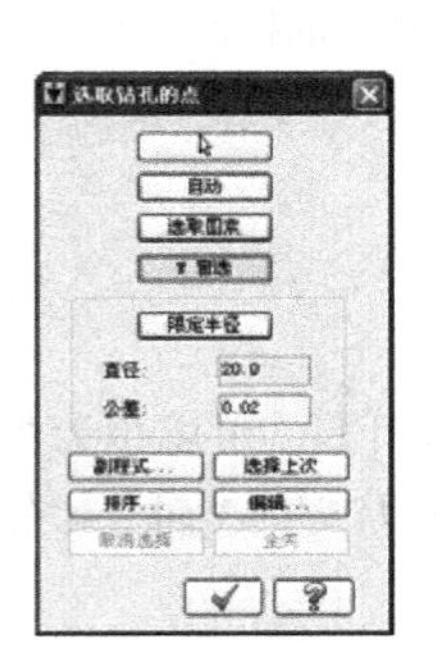

图 8-97　“选取钻孔的点”对话框

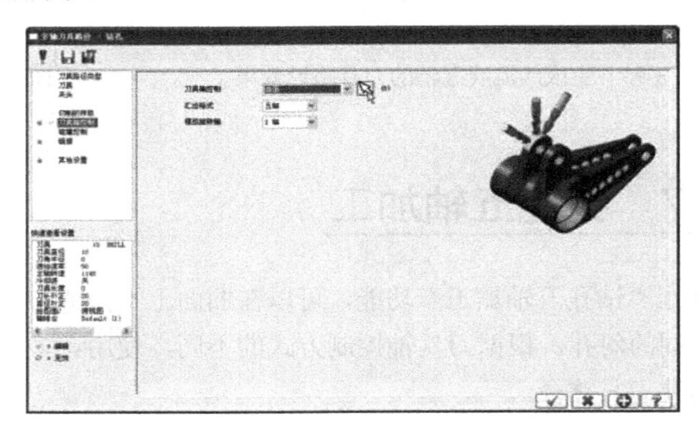

图 8-98　“刀具轴控制”选项卡

“刀具轴控制”下拉列表用于设置刀具轴的控制方式，包括 3 种控制方式，分别为“平行到直线”、“曲面”和“平面”。“平行到直线”，用于将刀具轴设置与选择的直线平行；“曲面”，用于将选择的曲面法向作为刀具轴方向；“平面”，需要选择平面，以使刀具轴的方向垂直于该平面。

“汇出格式”下拉列表用于设置输出的格式，其中有 3 个选项，分别为“3 轴”、“4 轴”和“五轴”。

在“模拟旋转轴”下拉列表可以选择 X 轴、Y 轴或 Z 轴。

3. 碰撞控制

“碰撞控制”选项卡如图 8-99 所示。

“刀尖控制”选项组用来设置刀具的顶点位置。钻孔五轴加工提供了 3 种刀尖控制方式：“原点”、“投影点”和“补偿面”。选择“补偿面”单选按钮时，可通过后面的按钮进行面选取，系统将打开“刀具路径的曲面选取”对话框，在该对话框可以选择所需的曲面或移除

曲面。

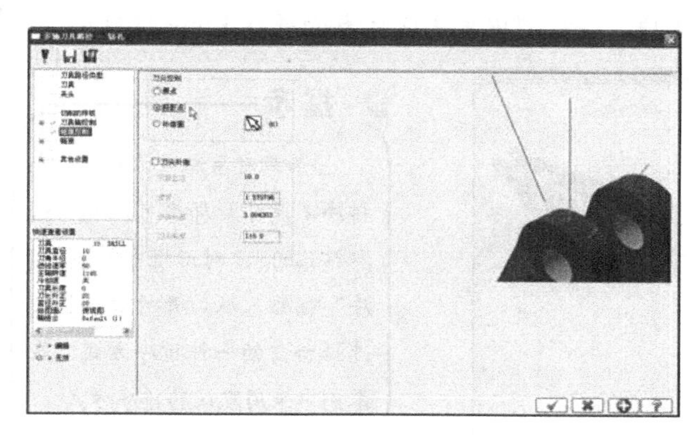

图 8-99　“碰撞控制”选项卡

图 8-100　图素

8.7.2　钻孔五轴加工实例

下面介绍钻孔五轴加工的一个实例，该加工实例具体的操作步骤如下。

(1) 打开随书配套光盘中的“钻孔五轴加工.MCX”文件，该文件中的图素如图 8-100 所示。

(2) 执行“机床类型”|“铣床”|“默认”命令，选择默认机床作为本次加工使用的机床。此时，Mastercam 自动切换到 Mill 模块。

(3) 执行“刀具路径”| Multiaxis(多轴加工)命令，系统将打开如图 8-101 所示的“输入新 NC 名称”对话框，输入名称“钻孔五轴加工”，单击“确定”按钮，打开如图 8-1 所示的“多轴刀具路径”对话框。在“钻/圆密尔”页面选择“钻孔”选项如图 8-102 所示的钻孔五轴加工设置。

图 8-101　“输入新 NC 名称”对话框

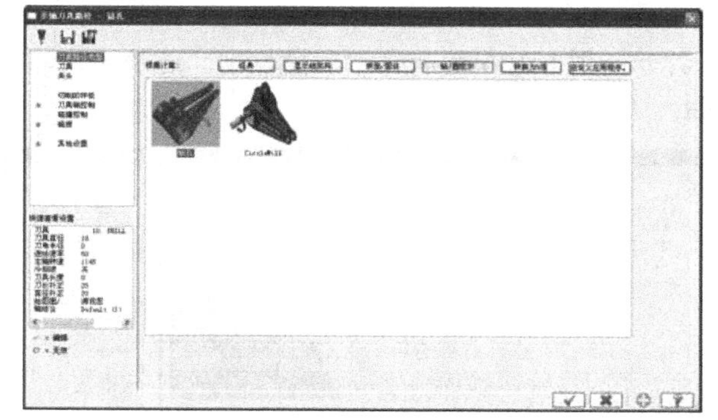

图 8-102　钻孔五轴加工设置

(4) 在如图 8-103 所示的“切削的样板”选项卡中进行设置，设置“图素类型”为“点”，单击其后的箭头按钮，系统将如图 8-104 所示的打开“选取钻孔的点”对话框。在该对话框中单击“窗选”按钮，使用鼠标在绘图区窗选所有钻孔点，然后单击“确定”按钮，返回钻孔五轴加工设置界面。在“循环”列表中选择“深孔啄钻”方式。

(5) 打开如图 8-105 所示的“刀具轴控制”选项卡，设置“汇出格式”为“五轴”。在“刀具轴控制”下拉列表中选择“曲面”选项，在模型中单击实体表面并按 Enter 键确认。

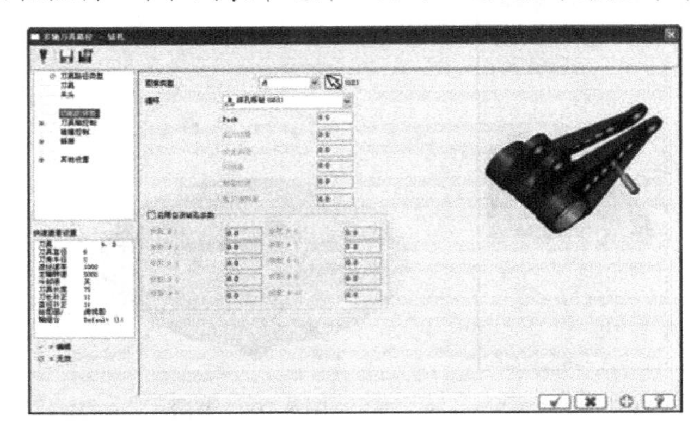

图 8-103 “切削的样板”选项卡

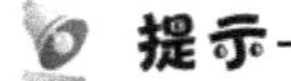

提示

如果对系统默认的钻孔点排序不满意，那么可以在“选取钻孔的点”对话框中单击“排序”按钮，从打开的对话框中选择所需的一种排序方式。在本例中采用默认的排序方式。

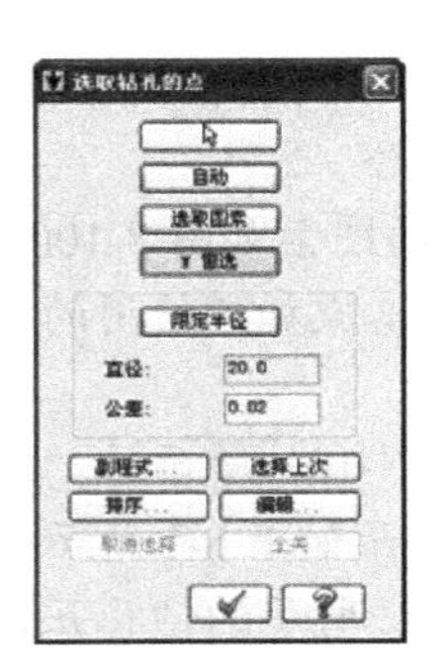

图 8-104 “选取钻孔的点”对话框

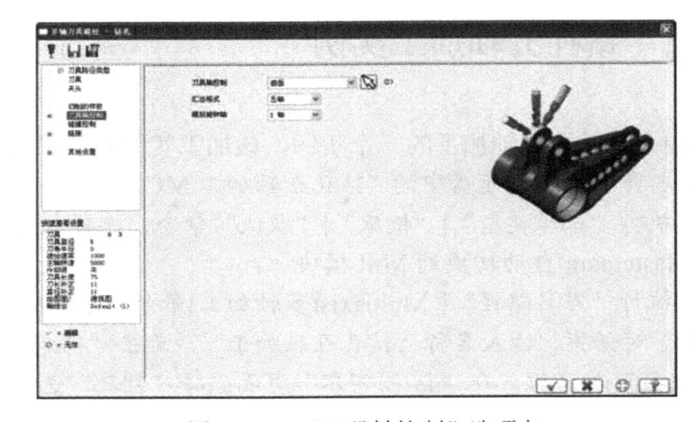

图 8-105 “刀具轴控制”选项卡

(6) 打开如图 8-106 所示的“碰撞控制”选项卡，在“刀尖控制”选项组中选中“投影点”单选按钮。

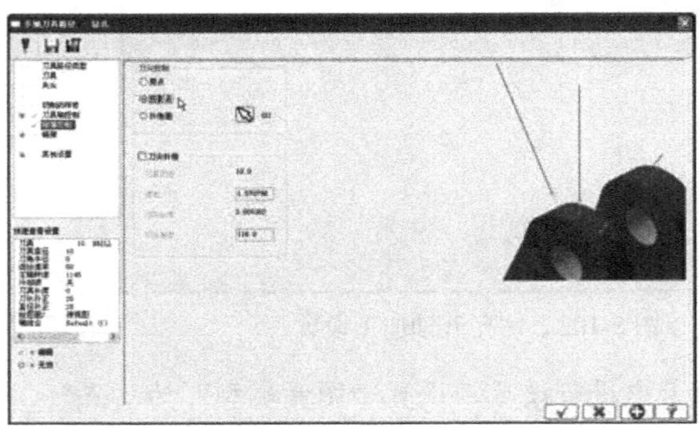

图 8-106 “碰撞控制”选项卡

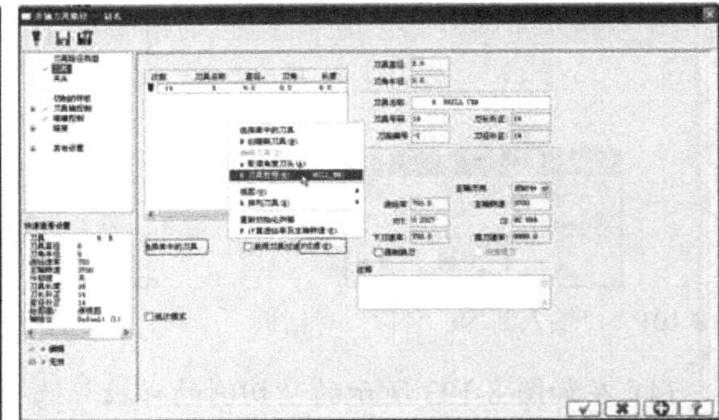

图 8-107 选择“刀具管理”命令

(7) 打开“刀具”选项卡，在刀具列表中的空白区域单击鼠标右键，弹出的快捷菜单中选择“刀具管理”命令，如图 8-107 所示，打开“刀具管理”对话框，如图 8-108 所示。从刀具资料库中选择直径为 8 的钻孔刀，单击⬆(复制选择的资料库刀具至机器群组)按钮，再单击“刀

具管理”对话框中的“确定”按钮。返回到“刀具”选项卡，设置进给率为 750、主轴转速为 3700、主轴方向为顺时针并将刀具号码和刀长补正均设置为 1，如图 8-109 所示。

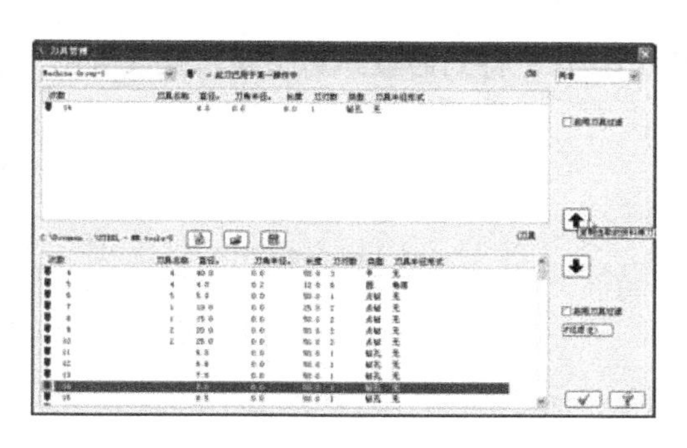

图 8-108 “刀具管理”对话框

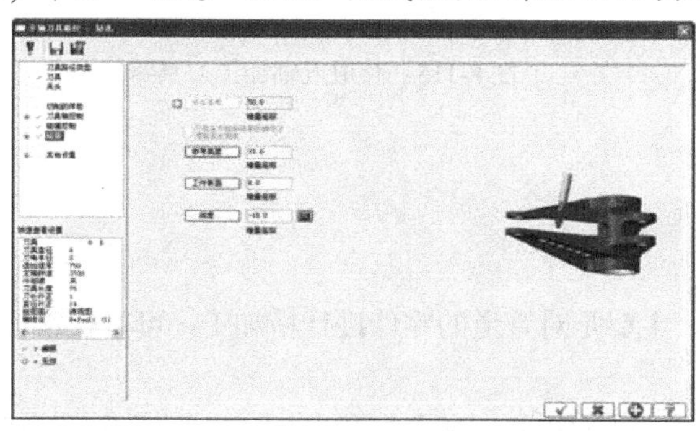

图 8-109 “刀具”选项卡

(8) 打开“链接”选项卡，参照图 8-110 进行设置。

(9) 单击“确定”按钮，生成钻孔五轴加工刀具路径，效果如图 8-111 所示。

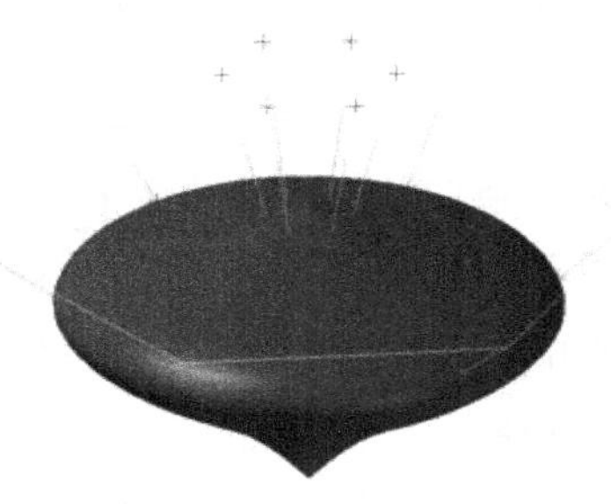

图 8-110 “链接”选项卡

图 8-111 生成的刀具路径效果

(10) 在刀具路径管理器中单击(模拟已选择的操作)按钮，系统将打开如图 8-112 所示的“刀路模拟”对话框，利用该对话框进行刀路模拟。

图 8-112 “刀路模拟”对话框

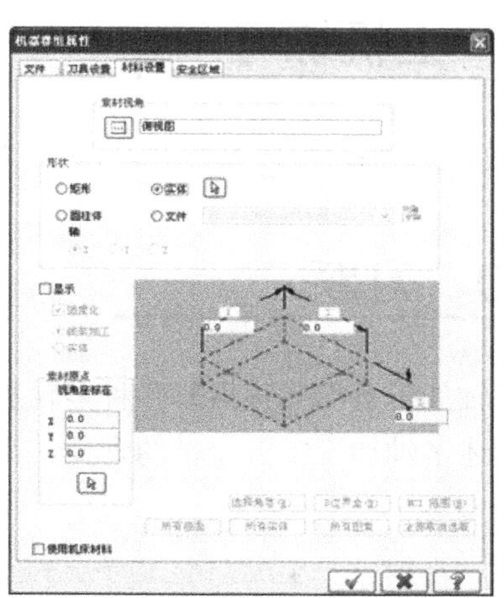

图 8-113 “材料设置”选项卡

(11) 在刀具路径管理器中单击“属性”下的“材料设置”选项，系统将打开“机器群组属性”对话框，在如图 8-113 所示的“材料设置”选项卡的“形状”选项组中选中“实体”单选按钮，再单击其后的(选择实体)按钮，并在绘图区单击实体模型，返回到“机器群组属性”对话框，单击“确定”按钮。

(12) 单击刀具路径管理器中的(验证已选择的操作)按钮，得到的最终加工模拟效果如图 8-114 所示。

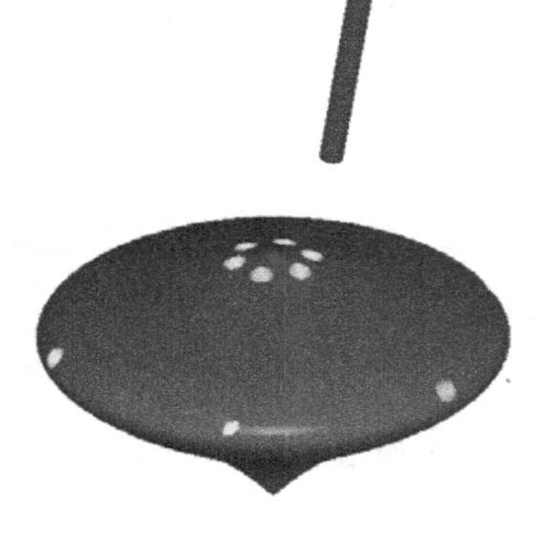

图 8-114　钻孔五轴加工模拟效果

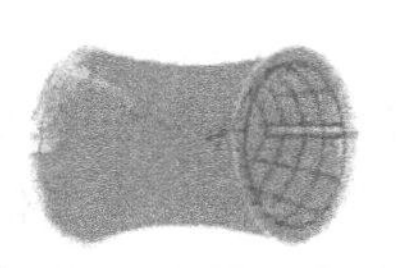

图 8-115　管道五轴加工刀具路径

8.8　管道五轴加工

管道五轴加工生成五轴管道刀具路径，主要是对管道的零件进行精加工，可以在管道壁上生成刀具路径。

管道五轴加工的步骤与前面各五轴加工方法的相同，加工参数也相似，此处不再赘述。生成的五轴管道加工的刀具路径效果如图 8-115 所示。

8.9　上机练习

本章的上机练习可以参照 8.2 节～8.7 节的加工实例进行练习。

8.10　习题

1. 多轴加工有哪些优点？各种多轴加工方法分别适用于哪些情况？
2. 简述多轴加工中五个轴的含义。

第9章 Mastercam X5 综合实例

学习目标

本章将综合本书所讲述的有关 Mastercam X5 的 CAD 零件设计和 CAM 刀具路径设计的功能，带领读者熟悉和掌握整个设计过程，同时加深对 Mastercam X5 各种功能的理解，在学习完本书的所有内容后能够充分应用强大的 Mastercam X5 中的各种功能，最终达到本书的学习目的。

本章重点

综合利用 Mastercam X5 的功能进行完整的 CAD 和 CAM 设计

9.1 吹风机

本节将带领读者一起设计一个简单的吹风机模型，并设计相应的刀具路径。读者可以从随书配套光盘中打开本实例对应的文件“吹风机 CAD.MCX”。实例如图 9-1 所示。

CAD 设计

CAM 设计

图 9-1　吹风机实例

下面开始详细介绍本实例的设计过程。

9.1.1 吹风机零件模型设计

在本次设计中主要使用到的命令包括直线的绘制、倒角、旋转和扫掠曲面的生成以及曲面的修剪等，读者可以在进行实例操作前复习这些命令的内容。

操作步骤：

(1) 启动 Mastercam X5 软件。

(2) 执行“文件”|“新建文件”命令，新建一个新的“.MCX”文件。

(3) 单击按钮，将构图平面设定在主视图平面。

(4) 单击按钮，将视图调整到主视图。

(5) 单击按钮，或者执行“绘图”|“任意线”|“绘制任意线”命令，在出现的 Ribbon 工具栏中单击按钮，准备绘制一段首尾相连的直线。

(6) 系统提示用户 指点第一个端点 ，选择直线的起点。直接在坐标输入栏中指定坐标系的原点作为直线的起点，即 X 0.0 Y 0.0 Z 0.0。

(7) 系统提示用户 指定第二个端点 ，选择直线的第二点。在 Ribbon 工具栏中设置直线的长度为 50，角度为 0， 50.0 0.0 。设置完成并确定后，得到如图 9-2 所示的直线。

(8) 系统继续提示用户指定下一条直线的端点，使用同样的方法，在 Ribbon 工具栏中指定以下 5 条直线的长度和角度，依次为 20 和 90、25 和 180、10 和 90、25 和 180 以及 30 和 180。绘制完成后的效果如图 9-3 所示，最终绘制完成一个封闭的图形。

图 9-2 第一条直线

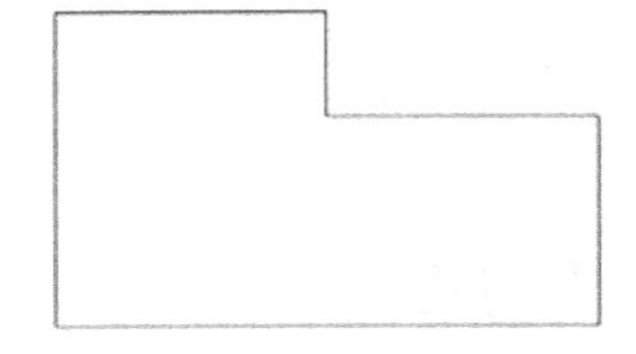

图 9-3 首尾相连的封闭直线

(9) 单击按钮或执行“绘图”|“倒圆角”|“倒圆角”命令，进行倒圆角操作。在出现的 Ribbon 工具栏中，设定圆弧的半径为 4，并单击按钮设置倒圆角的操作方式。

(10) 系统提示用户 倒圆角：选取一图素 ，选择进行倒圆角的实体。依次利用鼠标进行选择相应的直线，倒圆角后的效果如图 9-4 所示。

(11) 单击按钮或执行“绘图”|“曲面”|“旋转曲面”命令，绘制旋转曲面。

(12) 系统打开“串连选项”对话框，同时提示用户 选取轮廓曲线 1 ，选择旋转曲面的母线。利用鼠标任意单击封闭图形上的一点，注意不要将长度为 50 的水平直线选入，如图 9-5 所示。

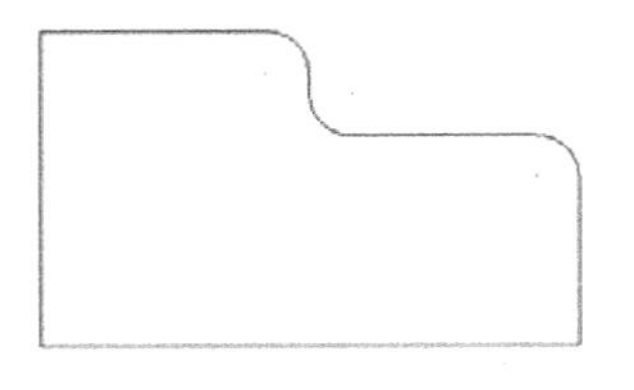

图 9-4 倒圆角效果

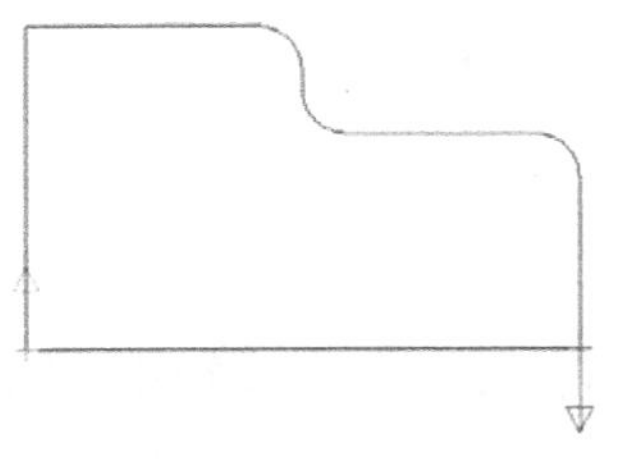

图 9-5 选择母线

(13) 确定后，系统提示用户 选取旋转轴 ，选择旋转轴线。首先在 Ribbon 工具栏中设置旋转的角度为 0～360 度， 0.0 360.0 。利用鼠标选择长度为 30 的垂直直线作为旋转轴线。

(14) 确定后，系统将自动生成旋转曲面，单击按钮，在轴测视图进行观察，效果如图 9-6 所示。

(15) 单击和按钮，将构图平面和视图均改为俯视图。

(16) 单击按钮，绘制两条直线。其中一条的起点为(0,0,0)、终点为(0,-100,0)，另一条直线的起点为(0,20,0)、终点为(120,20,0)。绘制时根据系统提示直接在坐标输入栏输入指定的坐标点即可 X 0.0 Y 0.0 Z 0.0 。绘制完成后的效果如图 9-7 所示。这两条直线将作为轨迹线，用于生成扫描曲面。

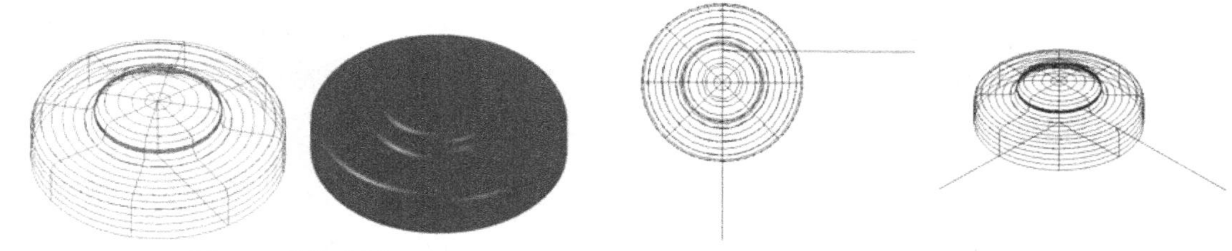

图 9-6　旋转曲面　　　　图 9-7　扫掠曲面轨迹线

(17) 单击和按钮，将构图平面和视图均改为主视图。

(18) 单击按钮，进行圆弧绘制。系统提示用户 请输入圆心点 ，指定圆弧的圆心。直接在坐标输入栏中输入 X 0.0 Y 0.0 Z 100.0 ，即刚才绘制长度为 100 的直线的端点。注意，此时由于坐标系的变换，在 Z 轴方向的坐标为 100，而与在俯视图中的坐标不同。

(19) 确定圆心后，系统提示用户 使用滑鼠指出起始角度的概略位置 ，指定圆弧的起点。在出现的 Ribbon 工具栏中输入圆弧半径为 12，起始角度为 0， 12.0 24.0 0.0 。

(20) 系统提示用户 使用滑鼠指出终止角度的概略位置 ，指定圆弧的终点。在 Ribbon 工具栏中输入终点角度为 180， 180 。如果此时发现绘制的圆弧为下半部分，可以单击按钮改为上半部分。绘制完成的圆弧效果如图 9-8 所示。该圆弧作为扫掠曲面的截面线。

(21) 单击和按钮，将构图平面和视图均改为左视图。

(22) 利用同样的方法绘制另一条截面线。该截面线的圆心为(20,0,120)，半径为 15，起始和终止角度分别为 0 和 180。绘制完成后的效果如图 9-9 所示。

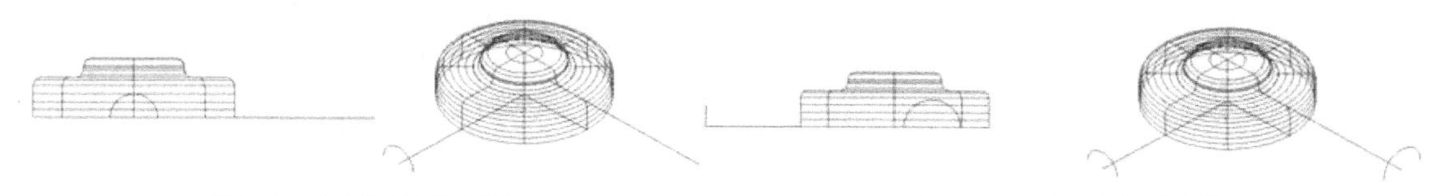

图 9-8　绘制好的截面线一　　　　图 9-9　绘制好的截面线二

(23) 单击按钮或执行“绘图”|“曲面”|“扫描曲面”命令，绘制扫描曲面。

(24) 系统打开“串连选项”对话框，并提示用户选择截面线。利用鼠标选择截面线一，如图 9-10 所示。

(25) 确定后，系统提示用户 扫描曲面：定义　引导方向外形 ，选择轨迹线。利用鼠标选择如图 9-11 所示。

(26) 确定后，系统将自动生成如图 9-12 所示的扫描曲面。

(27) 利用同样的方法绘制另一个扫描曲面，效果如图 9-13 所示。

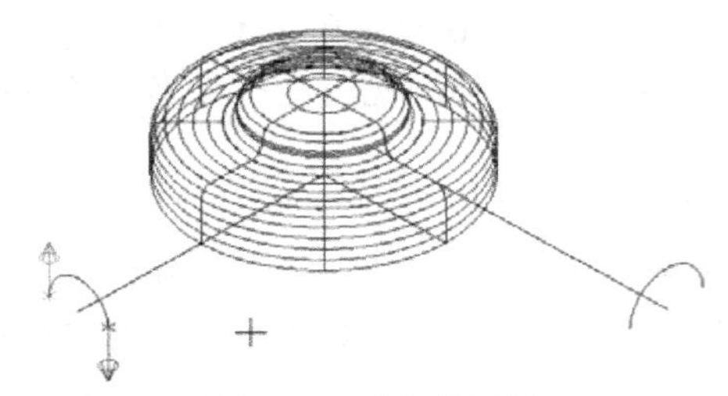
图 9-10　选择截面线一

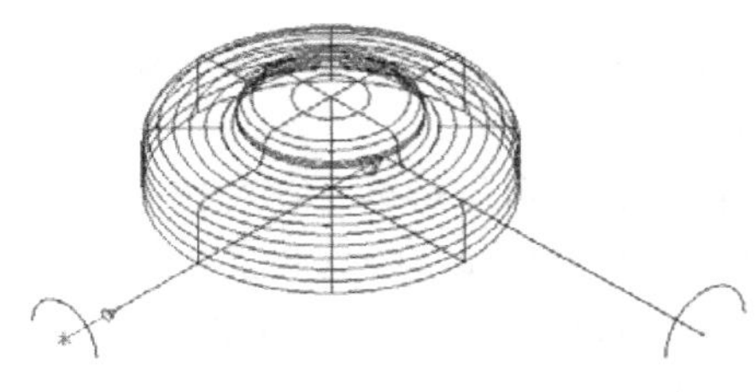
图 9-11　选择轨迹线

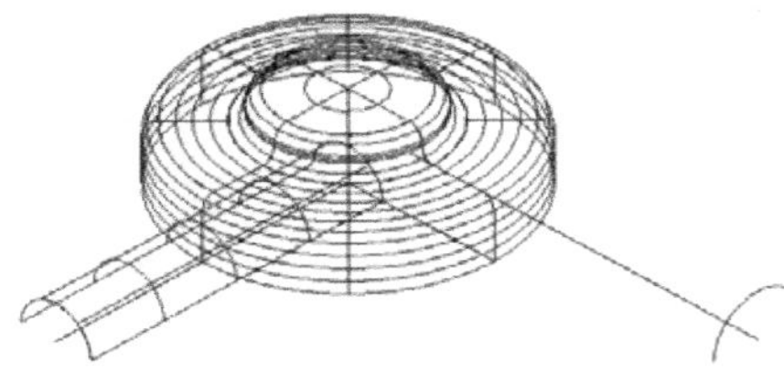
图 9-12　扫描曲面一

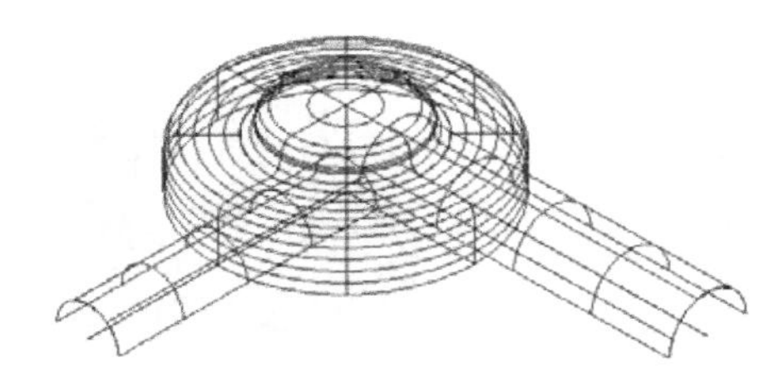
图 9-13　完成的扫描曲面

(28) 下面对扫描曲面多余的部分进行修剪。单击按钮或执行“绘图”|“曲面”|“修剪”|“修整至曲面”命令。

(29) 系统提示用户[选取第一个曲面或按 <Esc> 键去退出]，选择需要修剪的曲面。利用鼠标选择扫描曲面一即可。

(30) 确定后，系统提示用户[选取第二个曲面或按 <Esc> 键去退出]，选择另一个曲面作为修剪的参考曲面。利用鼠标选择和扫描曲面相交的旋转曲面即可。

(31) 在出现的 Ribbon 工具栏中分别单击和按钮，将不要的曲面部分删除以及只对一个曲面进行修剪。

(32) 系统提示用户选择曲面需要保留的部分。利用鼠标单击需要进行修剪的曲面，并将出现的箭头移动到需要保留曲面部分，效果如图 9-14 所示。

(33) 确定后，系统对曲面自动进行了修剪。修剪后的效果如图 9-15 所示。

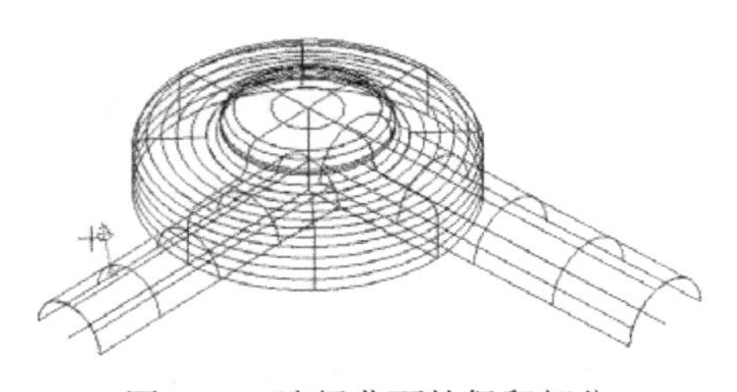
图 9-14　选择曲面的保留部分

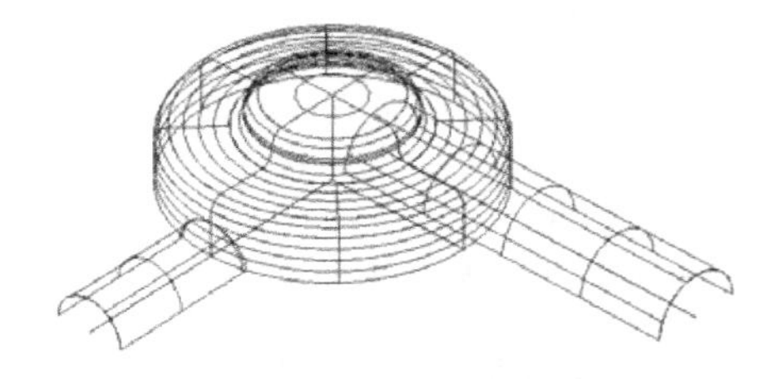
图 9-15　修剪扫描曲面一的效果

(34) 利用同一方法对扫描曲面二进行修剪，修剪效果如图 9-16 所示。

(35) 最后将绘制过程中各种辅助图线删除，完成本零件的 CAD 的设计效果，如图 9-17 所示。

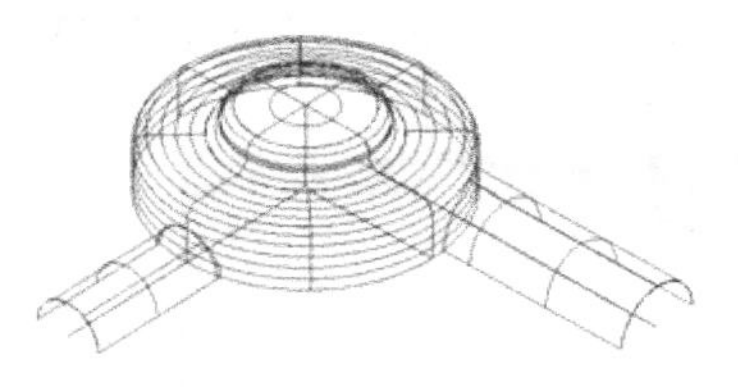

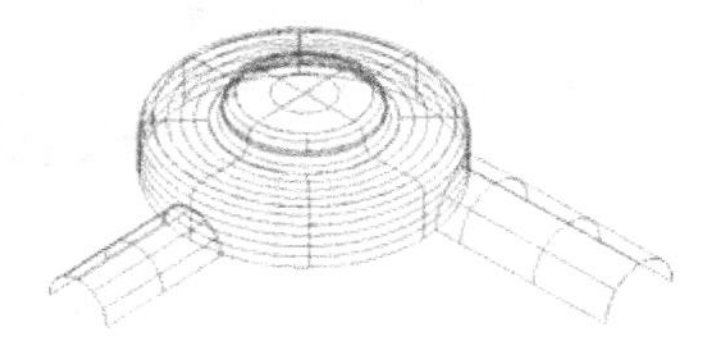

图 9-16　修剪扫描曲面二的效果

图 9-17　CAD 设计结果

(36) 执行“文件”|“另存文件”命令，将生成的图形以“吹风机 CAD.MCX”为名称进行保存。

9.1.2　吹风机零件刀具路径设计

在本次刀具路径设计中主要使用曲面粗加工的挖槽粗加工，读者可在进行操作前复习该刀具路径的基本内容。

操作步骤：

(1) 执行“文件”|“打开文件”命令，打开 9.1.1 节生成的“吹风机 CAD.MCX”文件。

(2) 执行“机床类型”|“铣床”|“默认”命令，选择默认机床作为本次加工使用的机床。此时系统将自动切换到 Mill 模块。同时，刀具路径管理器将以如图 9-18 所示显示。

(3) 选择管理器中的“材料设置”选项，系统将打开如图 9-19 所示的“机器群组属性”对话框。

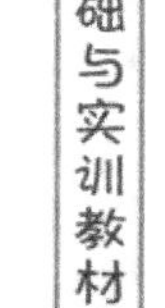

图 9-18　刀具路径管理器

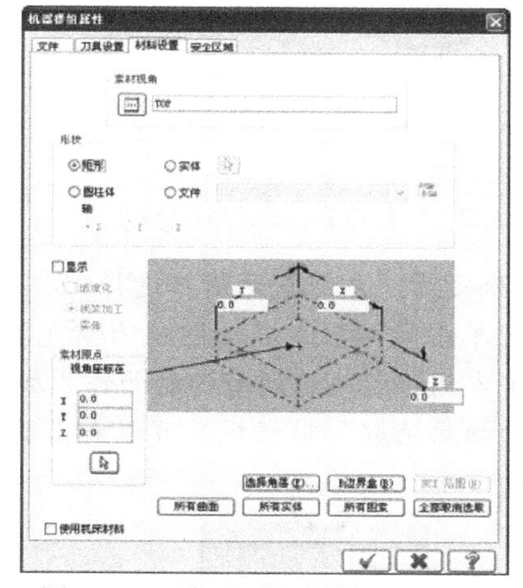

图 9-19　“机器群组属性”对话框

(4) 单击“材料设置”选项卡中的“边界盒”按钮，系统将打开如图 9-20 所示的“边界盒选项”对话框。不设定扩展余量，直接确定即可。

(5) 返回如图 9-21 所示的“材料设置”选项卡。可以看到图中显示了材料外形尺寸的大小。

(6) 单击“确定”按钮后，完成零件材料的设计。

(7) 单击按钮，将视图改为俯视图，并绘制一个矩形将整个零件“包住”即可，效果如图 9-22 所示。

(8) 执行“刀具路径”|“曲面粗加工”|“粗加工挖槽加工”命令，系统将打开的如图 9-23 所示的“输入新 NC 名称”对话框，在该对话框的文本框中输入“吹风机 CAM”。

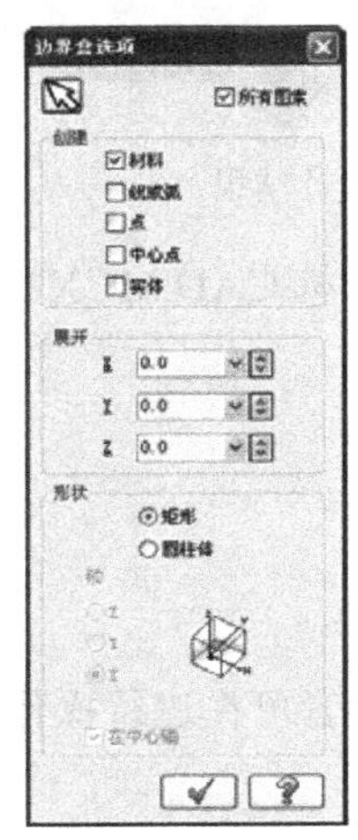

图 9-20 “边界盒选项”对话框

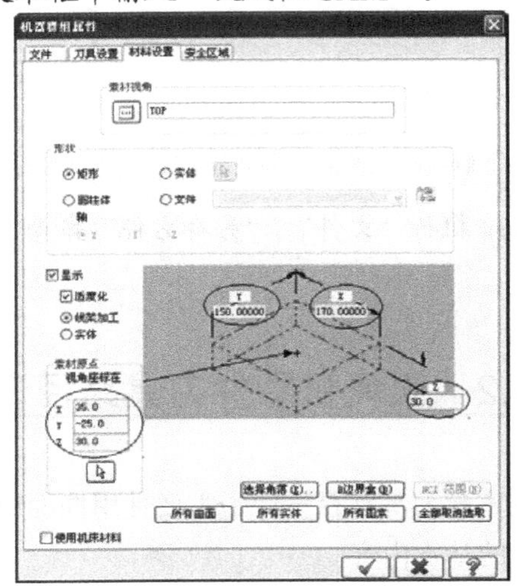

图 9-21 设置好的材料尺寸

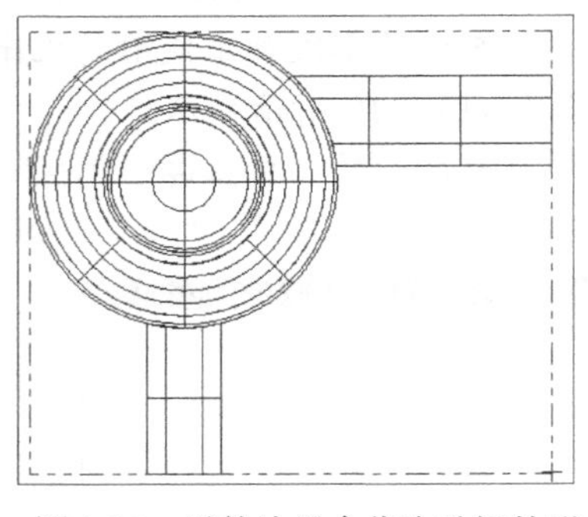

图 9-22 零件边界盒作为毛坯外形

图 9-23 “输入新 NC 名称”对话框

(9) 确定后，系统提示用户选择需要进行加工的曲面。

(10) 单击按钮，将视图改为俯视图。

(11) 利用鼠标框选所有的曲面作为加工曲面。确定后，系统将打开如图 9-24 所示的“刀具路径的曲面选取”对话框，可以看出其中显示选择的加工曲面为 9 个，正好包括了设计的所有曲面。

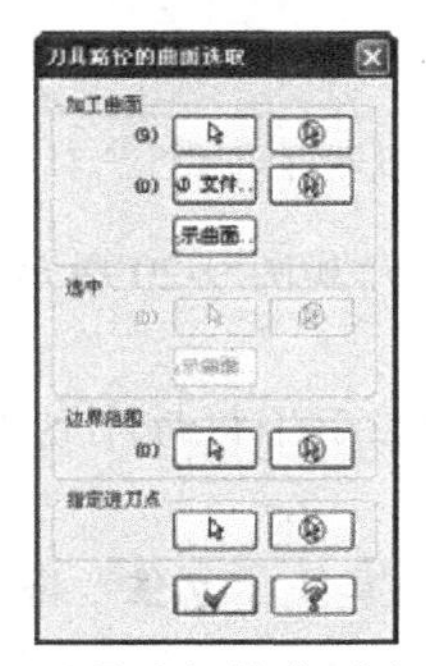

图 9-24 “刀具路径的曲面选取”对话框

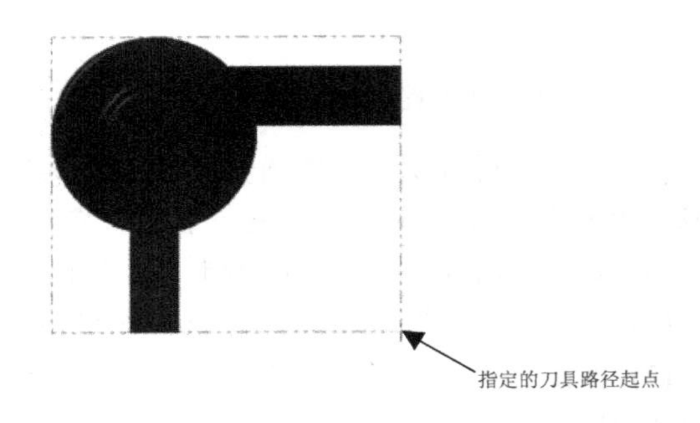

图 9-25 指定刀具路径的起点

(12) 单击“刀具路径的曲面选取”对话框中的“边界范围”栏中的按钮，系统将打开“串连选项”对话框，提示用户 串连2D刀具切削范围 # 1，选择干涉曲面。利用鼠标选择刚才绘制的矩形图框即可。

(13) 单击图 9-24 所示的对话框中的“指定进刀点”栏中的按钮，系统提示用户 选择进入点，选择刀具路径的起点。

(14) 利用鼠标指定如图 9-25 所示的位置为刀具路径的起点。

(15) 确定后，系统打开如图 9-26 所示的加工参数对话框。在刀具列表栏单击鼠标右键，在打开的对话框中选择“创建新刀具”命令，系统将打开如图 9-27 所示的“定义刀具”对话框。

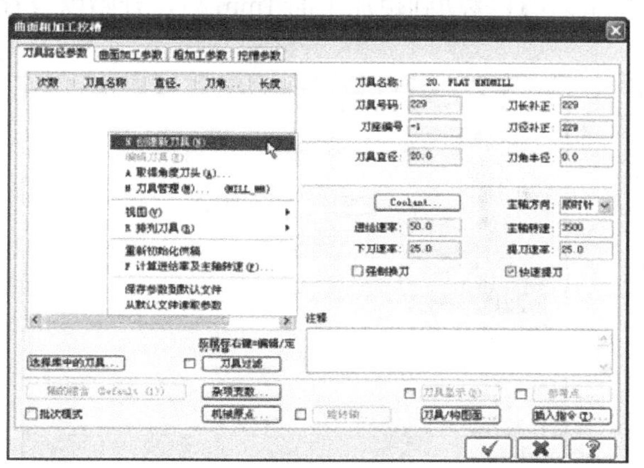

图 9-26　加工参数对话框

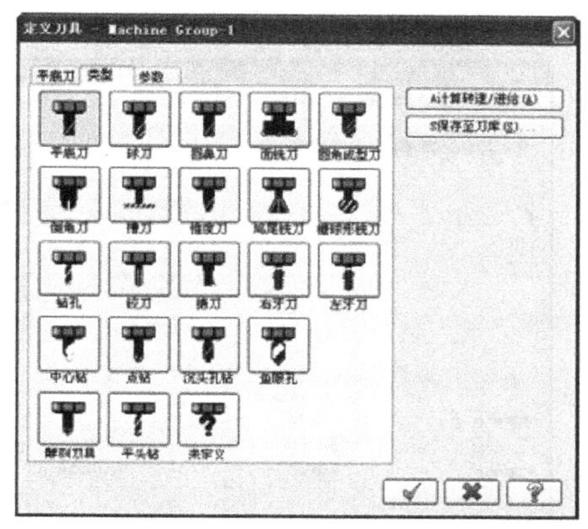

图 9-27　“定义刀具”对话框

(16) 选择“平底刀”，系统将打开如图 9-28 所示的“定义刀具”对话框。在其中指定刀具半径为 5mm。由于零件的深度为 30，因此将刀柄露出夹头的长度改为 35，以防止干涉，其他参数也参照图 9-28 作相应的修改。

(17) 在“定义刀具”对话框中，选择“参数”标签，打开如图 9-29 所示的“参数”选项卡，在其中指定进给率为 500、下刀速率为 500、主轴转速为 1000、提刀速率为 500 以及粗精加工的步距。

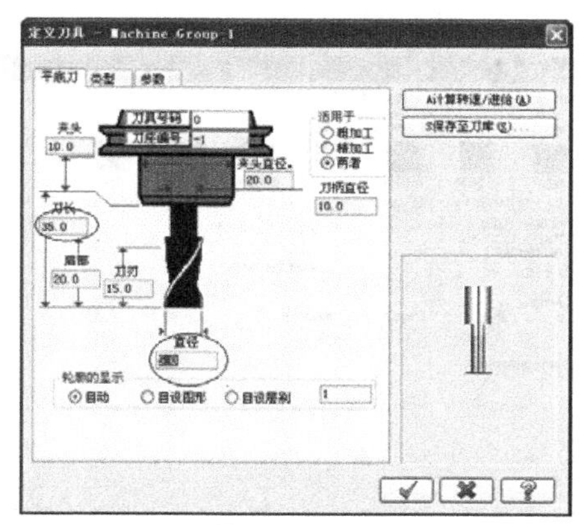

图 9-28　“定义刀具”对话框

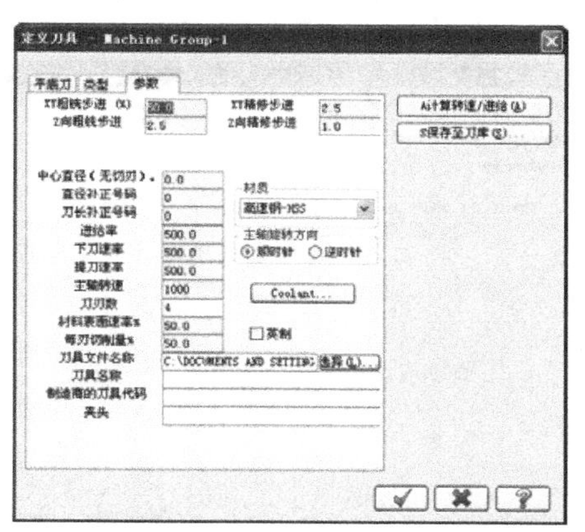

图 9-29　“参数”选项卡

(18) 确定后，返回加工参数对话框，并选中“快速提刀”复选框设置快速退刀，此时的对话框将会如图 9-30 所示显示。

(19) 打开加工参数对话框中的“曲面加工参数”选项卡，在该选项卡中进行加工的参数设置。进行参数设计时，应该了解零件Z方向的分布。本零件的图形位于Z轴零点的上方，高度为30。因此，在进行加工高度设置时可以按如图9-31所示的进行，其中各参数项及其说明如下。

- 安全高度，35(绝对位值)，即刀具开始加工和加工结束后返回机械原点前停留的高度为35。
- 参考高度，3(相对位置)，刀具在完成某一路径的加工后，Z方向抬刀3mm，再进行下一阶段的加工。
- 下刀位置，1(相对位置)，刀具从安全高度快速移动到距加工面1mm后，开始以设置的加工速度移动。

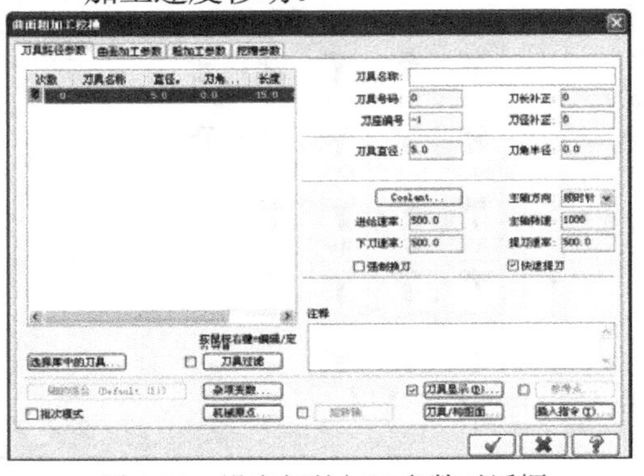

图9-30　设定好的加工参数对话框

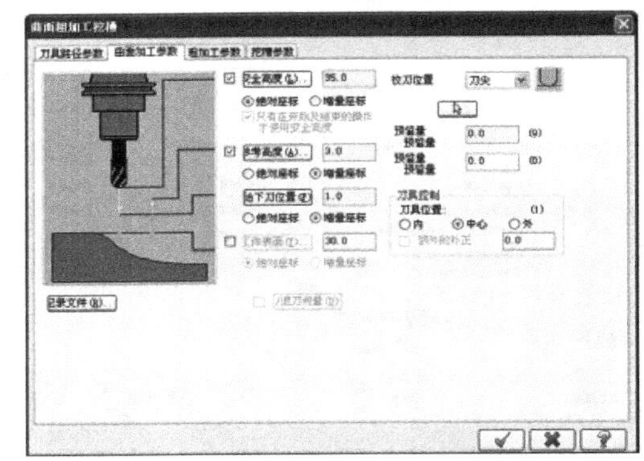

图9-31　“曲面加工参数”选项卡

(20) 打开“粗加工参数”选项卡参照图9-32进行设置，其中指定加工误差为0.025、最大Z方向的下刀量为2、逆时针方向加工“顺铣”并选择“指定进刀点”，使用刚才指定的刀具路径起点。

(21) 打开“挖槽参数”选项卡进行设置，选择“双向”加工方法，粗切削间距为刀具直径的60%，即3mm。在精加工参数设置中，设定进行一次精加工。选中“进给率”和“主轴转速”复选框，将进给率和主轴转速分别设置为300和3000，以获得更好的精加工效果。设置完成后的“挖槽参数”选项卡如图9-33所示。

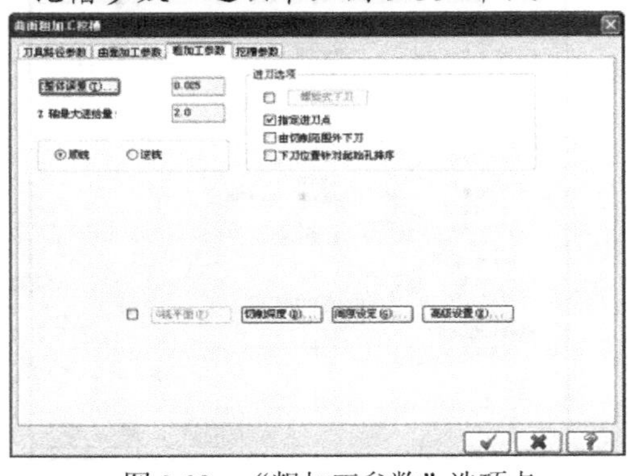

图9-32　“粗加工参数”选项卡

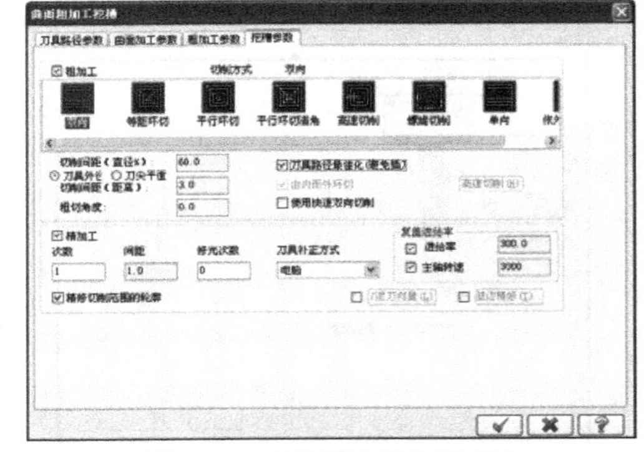

图9-33　“挖槽参数”选项卡

(22) 完成所有的设置后，单击“确定”按钮。

(23) 系统自动生成符合要求的刀具路径。生成刀具路径的时间和大小是由用户设置的各种参数决定的。系统自动形成的刀具路径效果如图 9-34 所示。

(24) 单击刀具路径管理器中的按钮进行加工仿真，加工结束后的效果如图 9-35 所示。

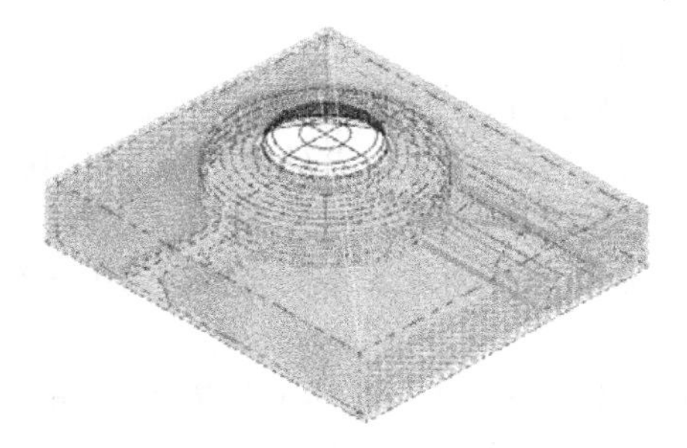

图 9-34　生成的刀具路径效果

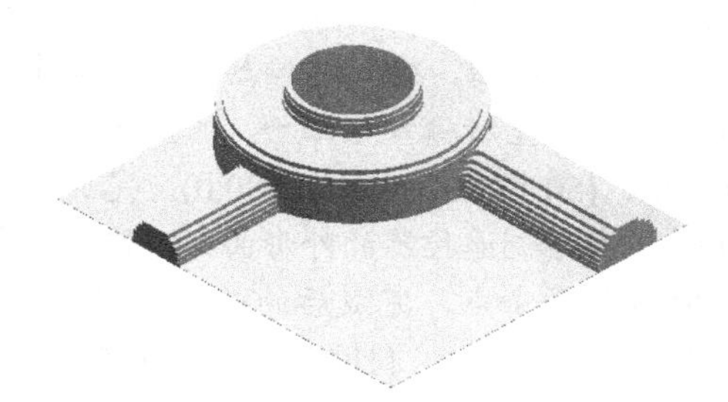

图 9-35　加工仿真效果

(25) 执行“文件”|“另存文件”命令，将生成的刀具路径以“吹风机 CAM.MCX”为名称进行保存。

9.2　遥控器

本节以一个遥控器零件为例，介绍它的 CAD 设计，利用二维 CAD 设计的结果生成零件外形刀具路径，并进行后处理。

设计完成的遥控器实例效果如图 9-36 所示。

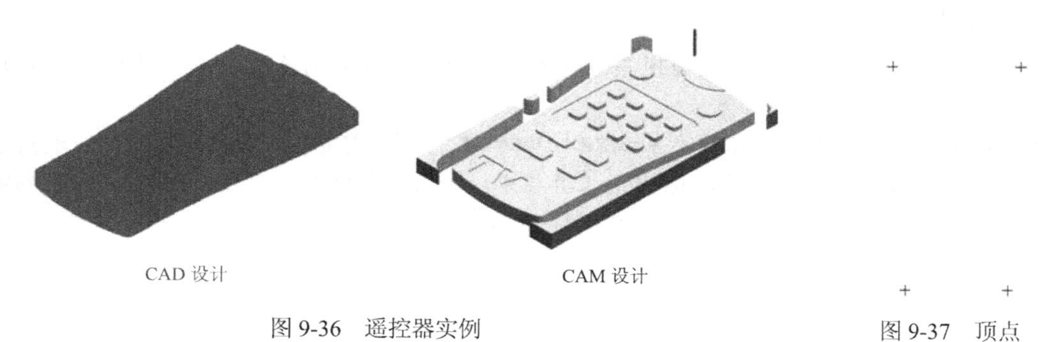

图 9-36　遥控器实例

图 9-37　顶点

9.2.1　遥控器外形模型设计

遥控器二维 CAD 设计主要使用的命令包括点、直线、圆弧、曲线和文字的各种绘制命令，以及平移、镜像、旋转、剪切、拉伸实体、实体倒角和布尔运算等操作命令。进行具体的设计之前，读者可以先复习这些内容。

1. 二维 CAD 设计

操作步骤：

(1) 启动 Mastercam X5 软件。

(2) 执行“文件”|“新建文件”命令，新建一个新的 MCX 文件。

(3) 单击按钮，绘制遥控器外形的 4 个顶点。系统提示用户 请选择任意点，指定点的位置。

(4) 直接在坐标输入栏 X 40.0 Y 0.0 Z 0.0 中，依次指定 4 个点的坐标值为(40,0,0)、(－40,0,0)、(50,180,0)和(－50,180,0)。完成后的效果如图 9-37 所示。

(5) 下面绘制遥控器的外形曲线。首先单击按钮，使用同样的方法绘制坐标值为(0,－5,0)和(0,185,0)的两个点，完成后的效果如图 9-38 所示。

(6) 单击按钮，利用两点画弧法绘制上下两边的外形曲线。系统提示 请输入第一点，指定圆弧的第一个端点。利用鼠标选择左上的外形顶点，然后确定。系统依次提醒用户 请输入第二点 和 请输入第三点，利用鼠标分别选择右上的外形顶点和上部的(0,185,0)这一点即可绘制出上边的外形曲线。利用同样的方法绘制出下边的外形曲线，完成后的效果如图 9-39 所示。

图 9-38　上下外形曲线上的点

图 9-39　上下边的外形曲线

(7) 单击按钮，利用鼠标捕捉顶点，将左右两边的顶点分别连接起来，效果如图 9-40 所示。

(8) 单击按钮，系统提示用户 沿一图素画点：请选择图素，选择需要绘制分段点的直线。利用鼠标选择左边的直线即可。在出现的 Ribbon 工具栏中，输入均匀分段点数为 6，6。确定后，系统将自动绘制出分段点，效果如图 9-41 所示。

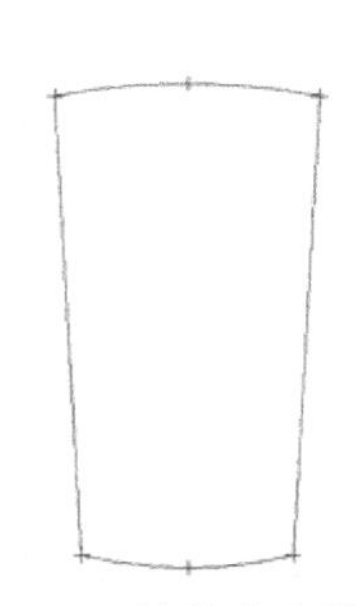

图 9-40　连接左右顶点

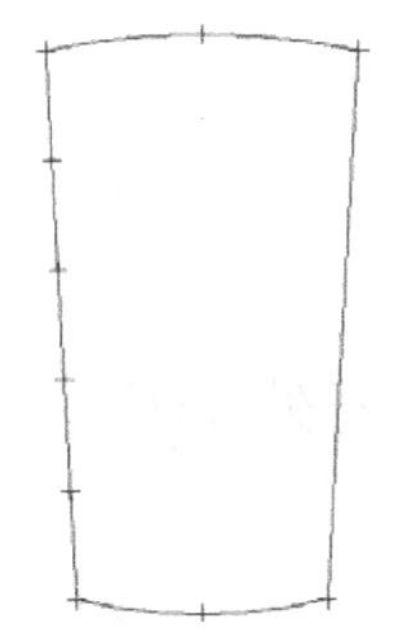

图 9-41　分段点

(9) 单击按钮，动态绘制左边外形线上点。系统提示用户 选取直线，圆弧，曲线，曲面或实体面，利用鼠标选择左边的直线即可。在出现的 Ribbon 工具栏中，输入点的偏置量为 2，并单击按钮进

行锁定，即 2.0 。利用鼠标在曲线捕捉相应的点，并注意偏置方向，其中最上面的捕捉点左偏置，下面的两点右偏置，效果如图 9-42 所示。

(10) 捕捉后，系统将自动绘制出相应的点，效果如图 9-43 所示。

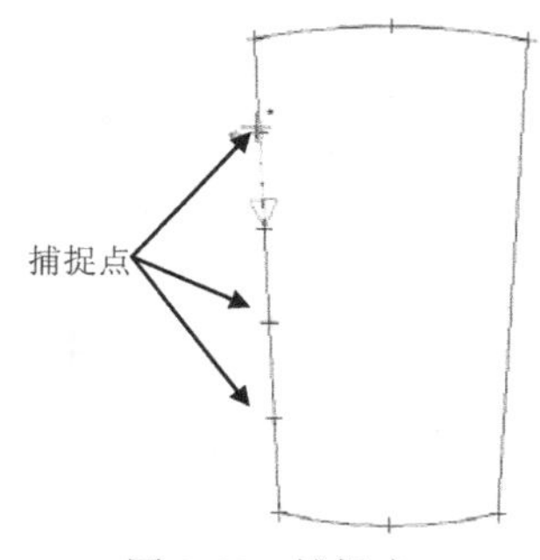

图 9-42　捕捉点

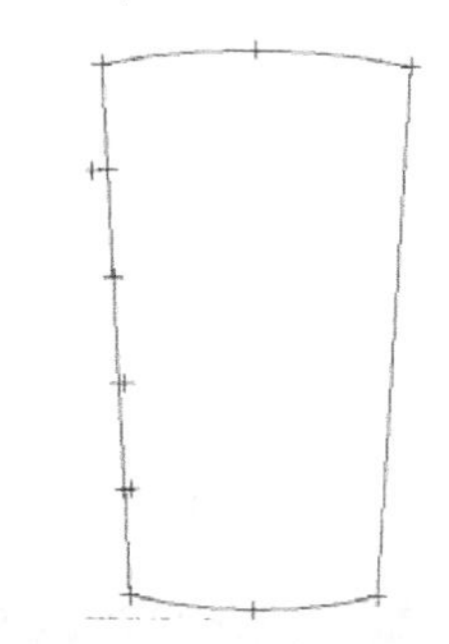

图 9-43　左边曲线外形上的点

(11) 单击按钮，绘制左边的外形曲线。系统提示用户依次选择曲线经过的点，利用鼠标从上到下依次选择上顶点、第一个偏置点、等分点、第二、三偏置点以及下顶点，然后确定即可。系统将自动绘制出如图 9-44 所示的曲线。

(12) 删除左边的直线，如图 9-45 所示。

(13) 利用步骤(9) ~ (12)的方法，绘制出右边外形曲线。完成外形曲线的绘制，效果如图 9-45 所示。

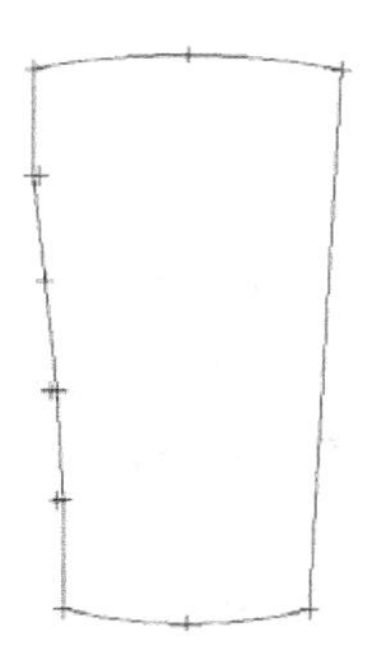

图 9-44　左边外形曲线

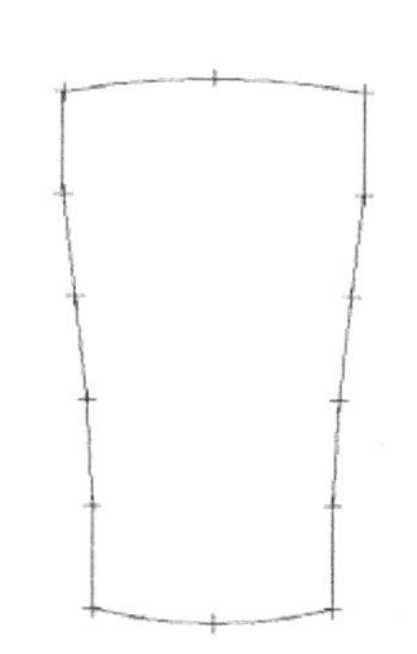

图 9-45　外形曲线

(14) 单击按钮，系统将打开“串连选项”对话框，同时系统将提示用户 选取串连 1，选择串连图素，利用鼠标选择曲线外形确定即可。在出现的 Ribbon 对话框中指定倒圆角半径为 5，5.0；对所有的连接处均倒角，所有转角；普通倒角方式，普通；对倒角处进行修剪，。确定后，系统将自动完成倒角，效果如图 9-46 所示。

(15) 选中所有的外形曲线，在状态栏中，单击“属性”按钮，系统打开“属性”对话框，单击“选择”按钮，在打开的“深度选择”对话框中选择“层别 2”，并且选中“层别”前的单选按钮，如图 9-47 所示。

(16) 单击状态栏中的“层别”处，系统将打开如图 9-48 所示的“层别管理”对话框。单击图层 2 后面的 ×，取消图层 2 的显示。

(17) 确定后，图形对象中的所有外形曲线都没有显示，只剩下所有绘制过程中的辅助点。显示效果如图 9-49 所示。

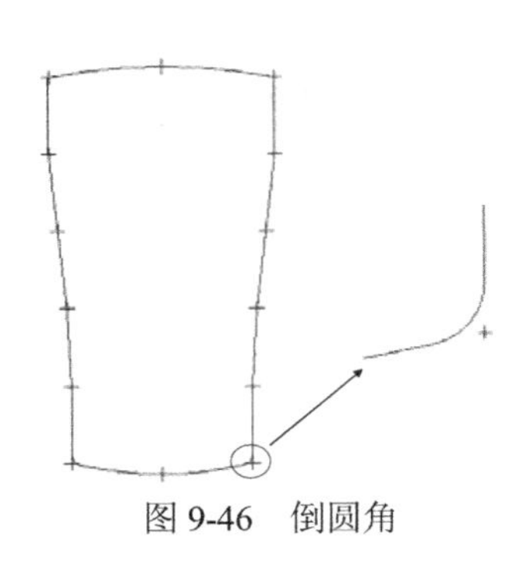

图 9-46　倒圆角

图 9-47　改变外形曲线的图层

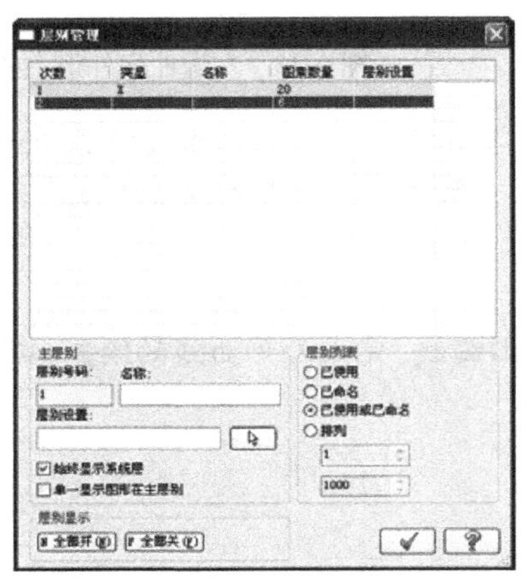

图 9-48　“层别管理”对话框

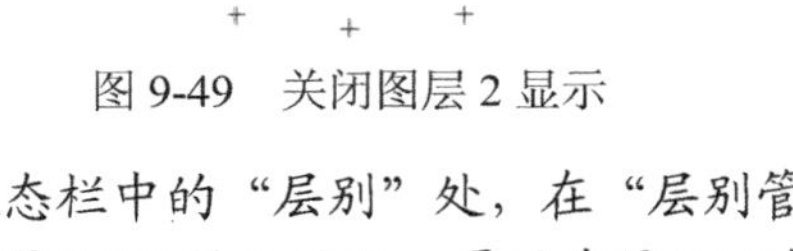

图 9-49　关闭图层 2 显示

(18) 选中所有的点，按 Delete 键，将它们删去。单击状态栏中的“层别”处，在“层别管理”对话框中，将图层 2 改为可见。确定后，图形对象将如图 9-50 所示显示。再用步骤(15)的方法将外形曲线设置为属于图层 1。

(19) 单击 按钮，在坐标栏中输入 X 0.0 Y 0.0 Z 0 ，即选择坐标原点作为直线的起点。指定直线的长度为 200、角度为 90， 。确定后，绘制出一条如图 9-51 所示的直线。

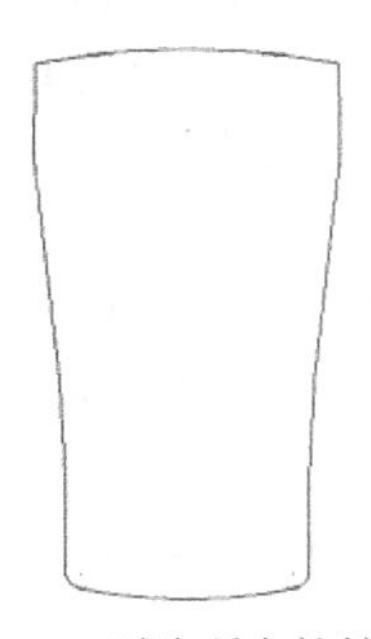

图 9-50　删除所有的辅助点

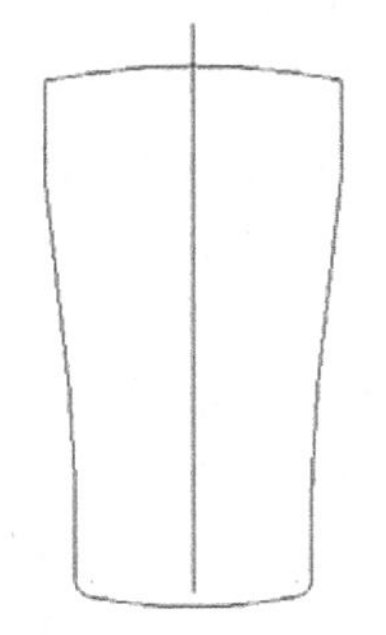

图 9-51　绘制直线

(20) 单击 按钮，系统提示用户 请输入圆心点 ，选择圆心。利用鼠标选择刚才绘制的直线的上端点作为圆心。指定圆的半径为 25 25.0 ，然后确定。用同样的方法绘制一个半径为 30 的同心圆，绘制后的效果如图 9-52 所示。

(21) 单击 按钮进行修剪。系统提示用户选择需要进行修剪的图素。利用鼠标依次选择两个同心圆，并确定。系统提示用户 选取修剪曲线 ，选择修剪的目标图素。利用鼠标选择外形上边曲线，并确定。系统提示用户 指定修剪曲线要保留的位置 ，选择需要保留的部分。选择确定后，得到的效果如图 9-53 所示。

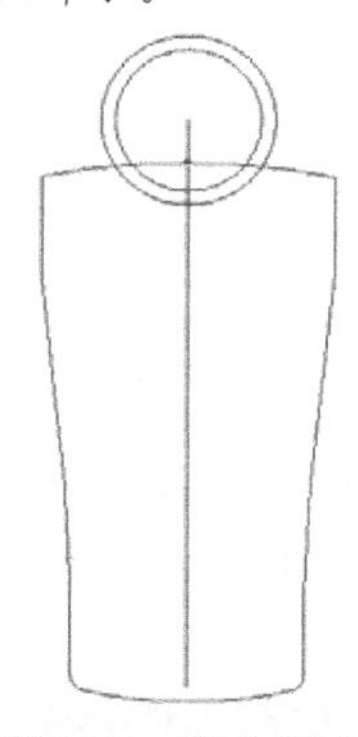

图 9-52 绘制同心圆

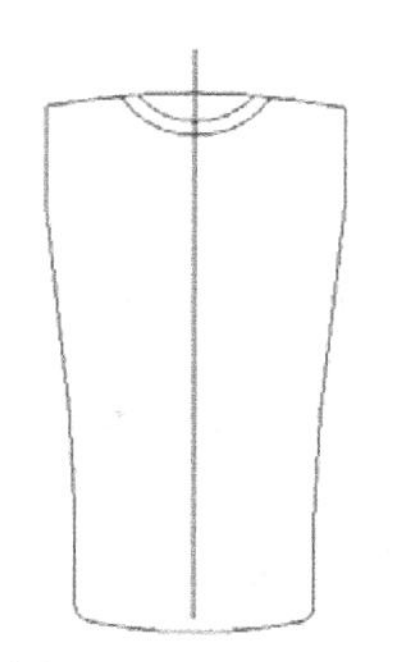

图 9-53 修剪同心圆

(22) 单击 按钮，绘制圆形按钮。系统提示用户 请输入圆心点 ，选择圆心。在坐标栏中输入 X -30.0 Y 160.0 Z 0.0 ，即选择坐标为(− 30,160,0)的点作为圆心。指定圆半径为 7.5 7.5 。确定后，系统将自动绘制出如图 9-54 中所示的圆。

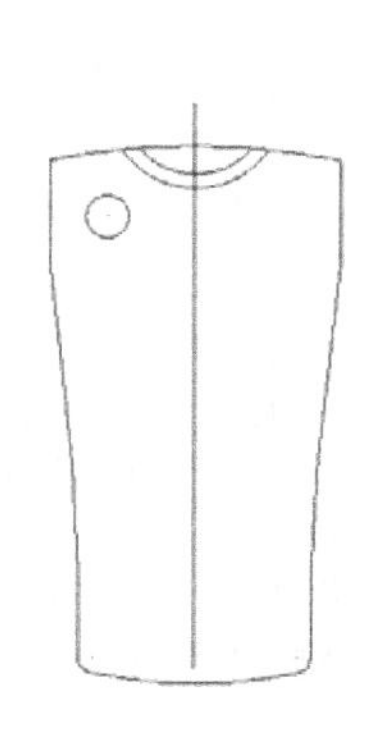

图 9-54 圆形按钮

图 9-55 镜像操作对话框

(23) 单击 按钮，系统提示用户 镜像：选取图素去镜像 ，选择需要进行镜像的图素。利用鼠标选择刚才绘制的圆形按钮。确定后，系统将打开如图 9-55 所示的“镜像”对话框。单击该对话框 的 按钮，系统提示用户选择一条直线作为镜像的对称轴，利用鼠标选择步骤(19)中绘制的直线。确定后，系统绘制一个镜像的圆形按钮，效果如图 9-56 所示。

(24) 单击 按钮，绘制带圆角的矩形。系统将打开如图 9-57 所示的变形矩形绘制对话框。并参照图 9-57 进行设置。

图 9-56　镜像圆形按钮

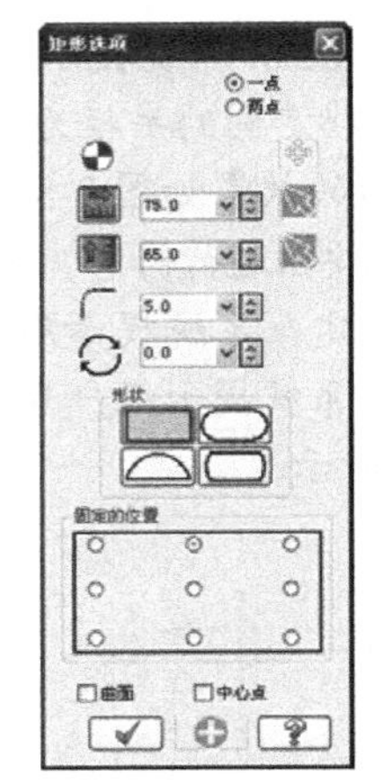
图 9-57　变形矩形绘制对话框

(25) 同时，系统提示用户 选取基准点位置 选择矩形上边线的中点。在坐标输入栏中输入 X 0.0 Y 145.0 Z 0.0 ，即指定(0,145,0)这一点作为上边线的中点。确定后，系统将绘制出带圆角的矩形，效果如图 9-58 所示。

图 9-58　带圆角矩形

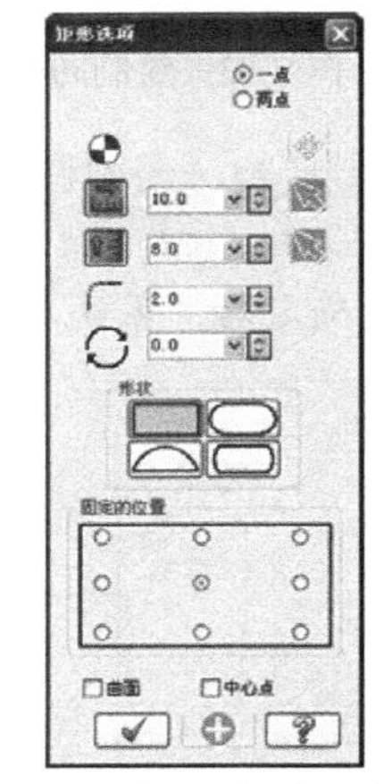
图 9-59　“矩形选项”对话框

(26) 将中心的直线删除。单击 按钮，绘制矩形按钮。系统打开“矩形选项”对话框，参照图 9-59 进行设置。指定(−25.5,132,0)作为矩形的中心，绘制出的矩形按钮效果如图 9-60 所示。

(27) 单击 按钮，对按钮进行平移处理。系统提示用户 平移：选取图素去平移 ，选择需要进行平移的图素。利用鼠标选中矩形按钮并确定。系统将打开如图 9-61 所示的“平移”对话框，在该对话框中指定数目为 3，平移距离为水平 17，设置完成并确定后，系统自动完成平移，效果如图 9-62 所示。

(28) 单击 按钮，继续对按钮进行平移处理。利用鼠标选中 4 个矩形并确定。在打开的如图 9-63 所示的“平移”对话框中指定数目为 2、垂直距离为−17 设置完成并确定后，系统自动完成平移，效果如图 9-64 所示。

(29) 单击 按钮，绘制长矩形按钮。系统打开“矩形选项”对话框，参照图 9-65 进行设置。指定(−17,70,0)作为矩形的中心，绘制出的长矩形按钮效果如图 9-66 所示。

(30) 单击 按钮，绘制矩形按钮。系统打开“矩形选项”对话框，参照图 9-67 进行设置。指定(17,70,0)作为矩形的中心，绘制出的矩形按钮效果如图 9-68 所示。

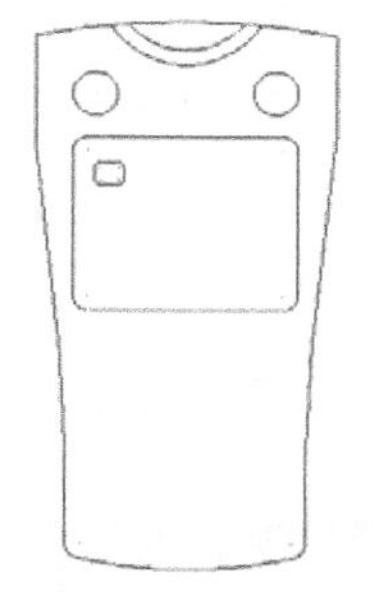

图 9-60　矩形按钮

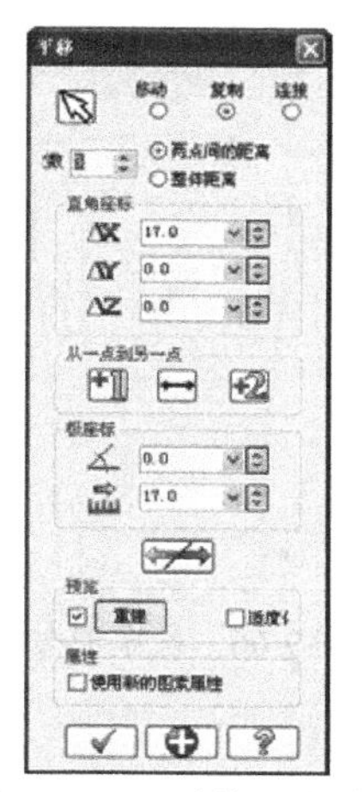

图 9-61　“平移”对话框

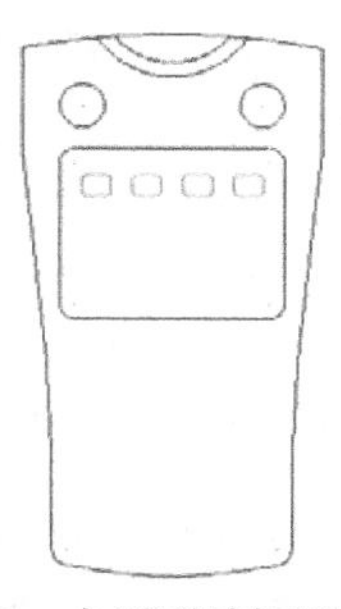

图 9-62　水平平移矩形按钮

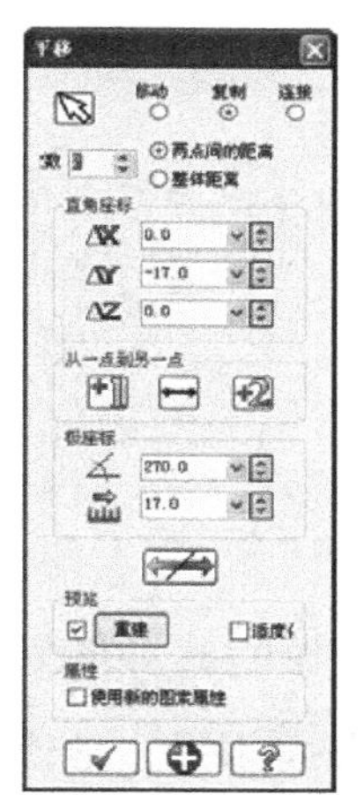

图 9-63　“平移”对话框

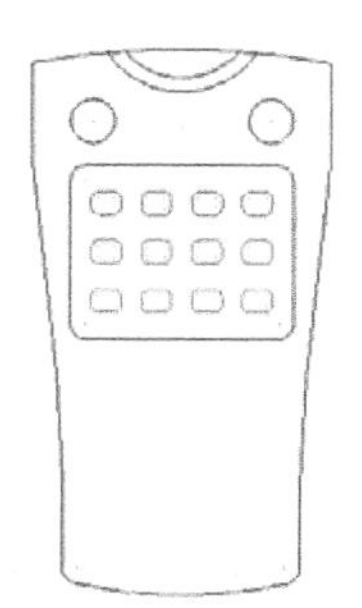

图 9-64　垂直平移矩形按钮

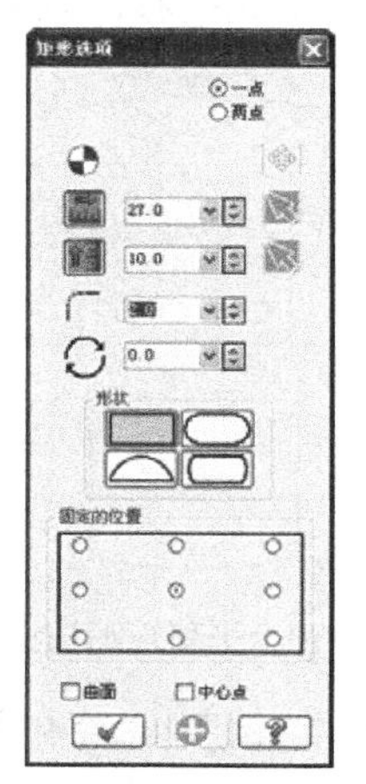

图 9-65　“矩形选项”对话框

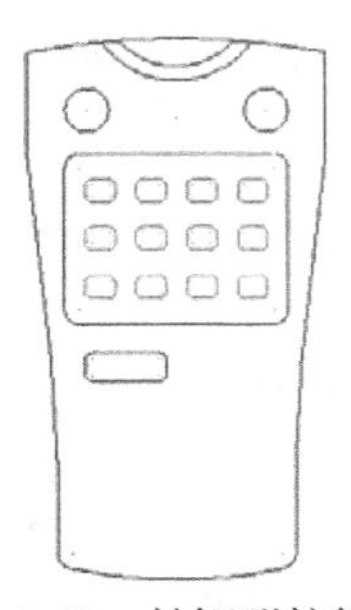

图 9-66　长矩形按钮

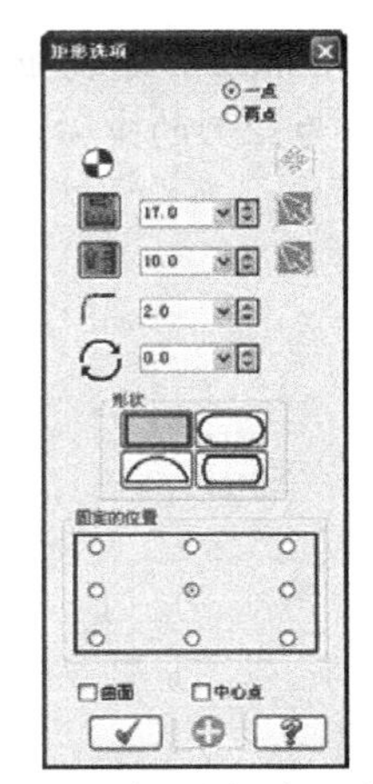

图 9-67　“矩形选项”对话框

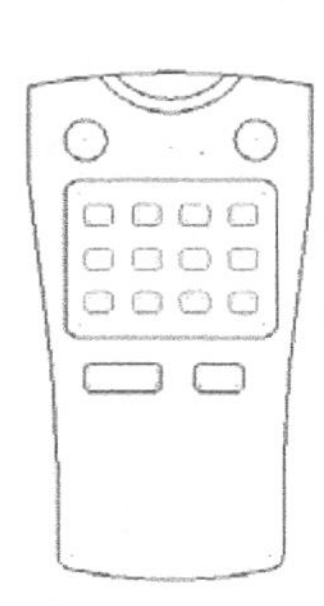

图 9-68　矩形按钮

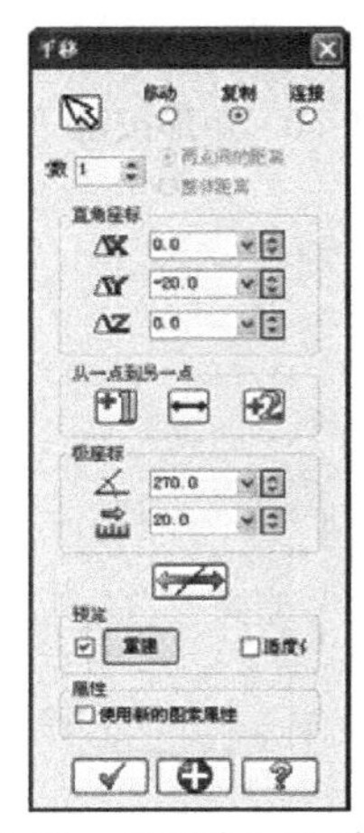

图 9-69　“平移”对话框

(31) 单击按钮，继续对按钮进行平移处理。利用鼠标选中两个新绘制的矩形后确定。在打开的如图 9-69 所示的“平移”对话框中指定数目为 1、垂直距离为 -20，设置完成并确定后，系统将自动完成平移，效果如图 9-70 所示。

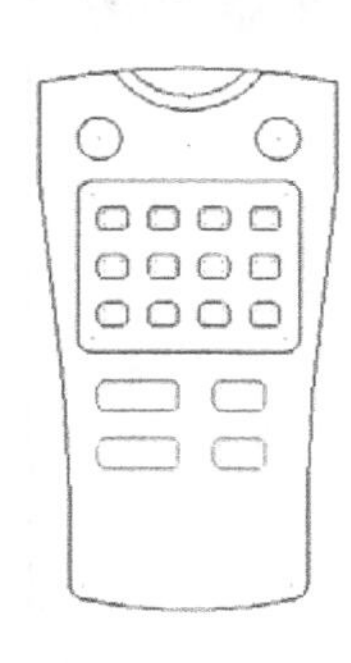

图 9-70　平移矩形按钮

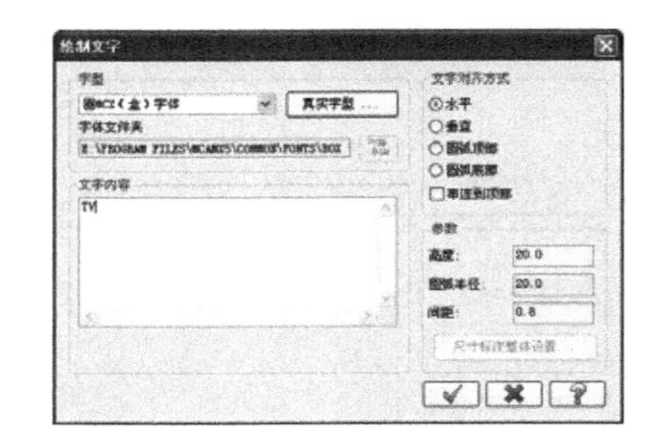

图 9-71　“绘制文字”对话框

(32) 执行“绘图”|“绘制文字”命令。系统打开如图 9-71 所示的“绘制文字”对话框。在“文字内容”文本框中输入需要显示的文字为 TV，并设置字高参数 20、字距参数为 0.8。单

击 真实字型... 按钮，在打开的如图 9-72 所示的“字体”对话框中，选择字型为 Arial Black，选择并确定后，返回“绘制文字”对话框。

(33) 确定后，系统提示用户 输入文字的起点位置，选择文字参考位置点，即左下角的点。利用鼠标选择外形曲线左下角所倒圆角的圆心作为位置参考点。确定后，系统将自动插入文字，效果如图 9-73 所示。

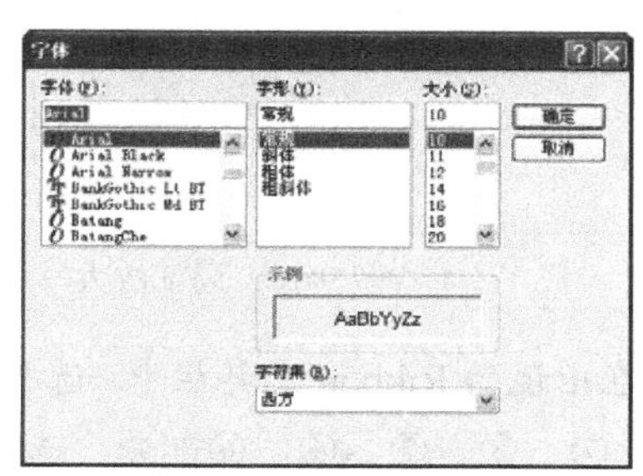

图 9-72　“字体”对话框

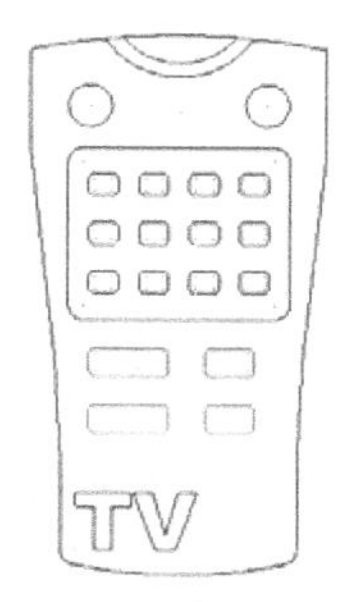

图 9-73　遥控器二维 CAD

(34) 图 9-73 是最终得到的遥控器二维图形。执行“文件”|“另存文件”命令，将生成的图形以“遥控器二维 CAD.MCX”为名称进行保存。

2. 三维 CAD 设计

操作步骤：

(1) 启动 Mastercam X5 软件。

(2) 执行“文件”|“打开文件”命令，打开“遥控器二维 CAD.MCX”文件。

(3) 单击鼠标右键选择方式菜单栏中的 按钮旁的下拉菜单，选择“范围内+”窗选方式。窗选图形对象中除了左右两边和下边的外形曲线外的所有图素，窗选图素将如图 9-74 所示显示。

(4) 单击 按钮，系统打开如图 9-75 所示的“平移”对话框，选中“复制”单选按钮，指定数目为 1、在 Z 方向移动 10 设置完成并确定后，系统将自动完成平移。

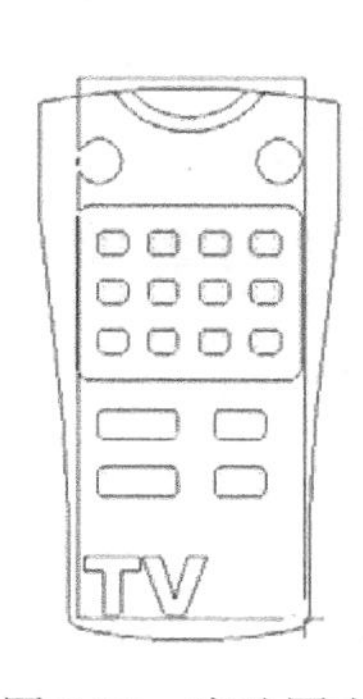

图 9-74　窗选图素

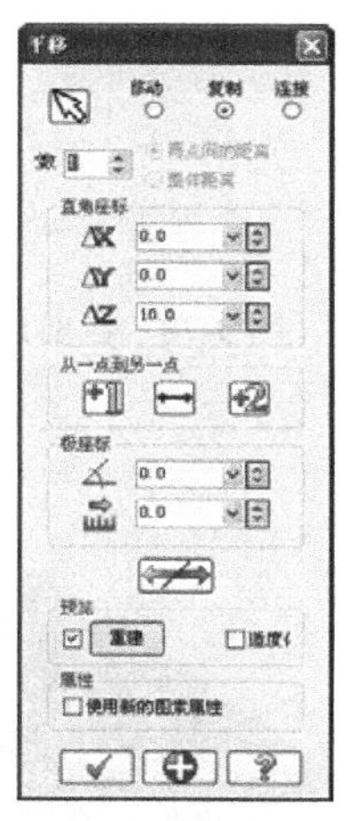

图 9-75　“平移”对话框

(5) 单击 按钮和 按钮，分别在右视图和轴侧视图观察的平移结果如图 9-76 所示。

(6) 在轴侧视图下，将顶部放大，效果如图 9-77 所示。图中的标号代表准备进行修剪操作的对象部分。

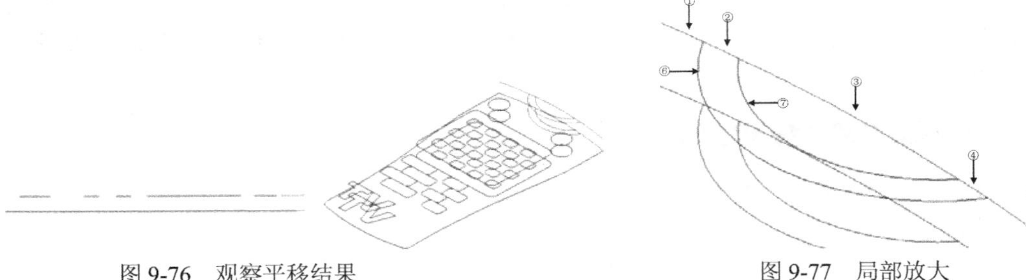

图 9-76 观察平移结果　　　　图 9-77 局部放大

(7) 单击按钮，对平移后的上部曲线进行修剪。在出现的 Ribbon 工具栏中，选择和修剪方式。利用鼠标按顺序依次单击选择①、⑥、②、⑦、③、⑦、④、⑥部分，选择并确定后，系统将自动完成修剪。将多余部分删去，仅保留需要的部分，效果如图 9-78 所示。

(8) 单击按钮，进行实体拉伸。系统打开“串连选项”对话框，并提示用户选取挤出的串连图素。1，选择需要进行拉伸的图素。利用鼠标选择外形曲线，确定后，系统打开如图 9-79 所示的“实体挤出的设置”对话框。设置拉伸长度为 10，并确定。系统将自动生成拉伸实体，效果如图 9-80 所示。

(9) 单击按钮，进行实体拉伸。选择字母 T 的曲线作为拉伸曲线，在“实体挤出的设置”对话框中，选择“切割实体”方式，设置拉伸长度为 1。如果指示箭头指向实体上方则需要选中“更改方向”复选框，如图 9-81 所示。

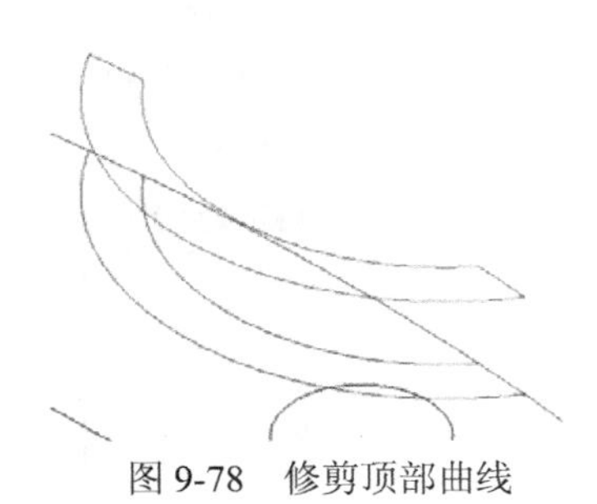

图 9-78 修剪顶部曲线

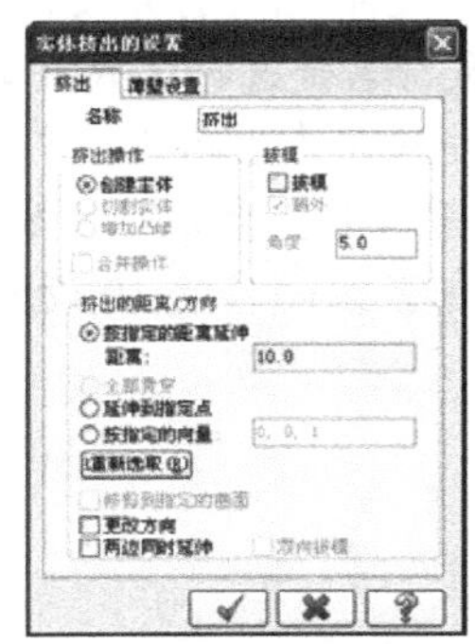

图 9-79 “实体挤出的设置”对话框

图 9-80 拉伸实体

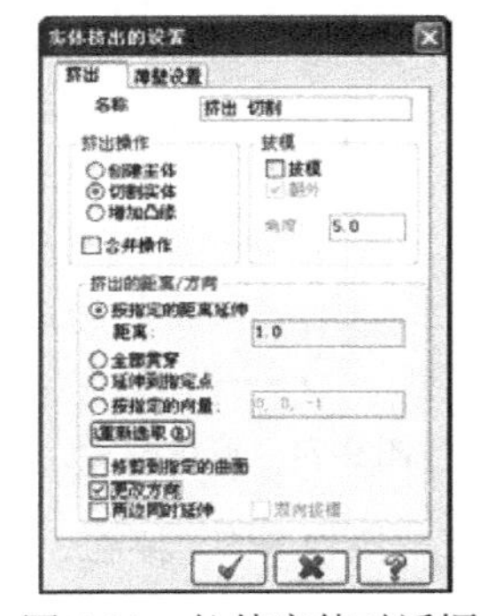

图 9-81 拉伸实体对话框

(10) 同样对字母 V 和顶部平移曲线进行实体拉伸操作，方法同步骤(13)。拉伸完成后，效果如图 9-82 所示。

(11) 用同样的方法，对平移的按钮外框利用“切割实体”方式进行实体拉伸，设置拉伸厚度为 1，得到的图形效果如图 9-83 所示。

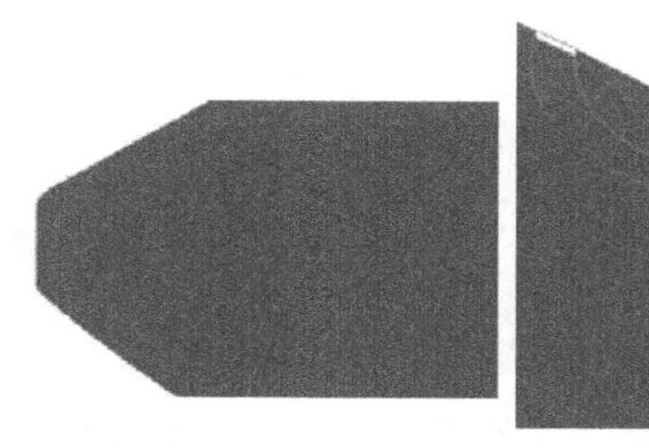
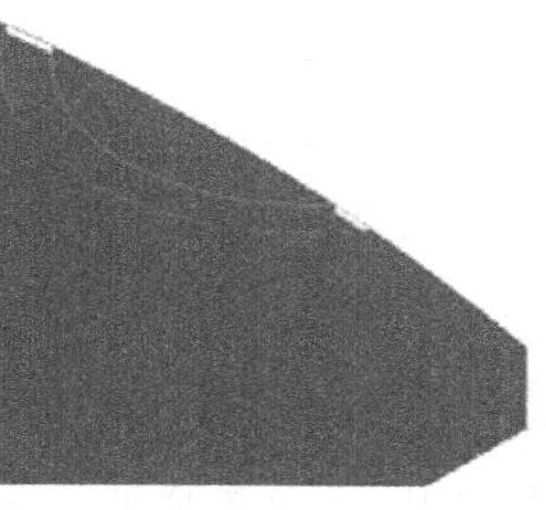

图 9-82　“切割实体”后的效果

图 9-83　按钮外框“切割实体”后的效果

(12) 单击 按钮，进行实体拉伸。选择没有平移过的所有按钮曲线作为拉伸曲线，在“实体挤出的设置”对话框中，选择“创建主体”方式、设置拉伸长度为 12。可以单击拉伸方向指示箭头，将所有的拉伸方向指向上方，效果如图 9-84 所示。

(13) 确定后，拉伸效果如图 9-85 所示。

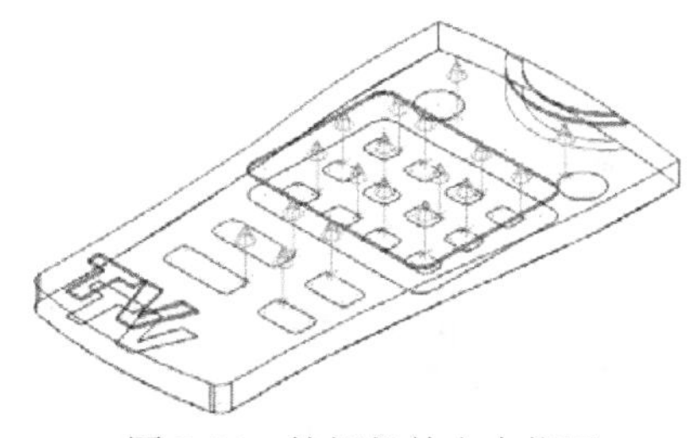

图 9-84　按钮拉伸方向指示

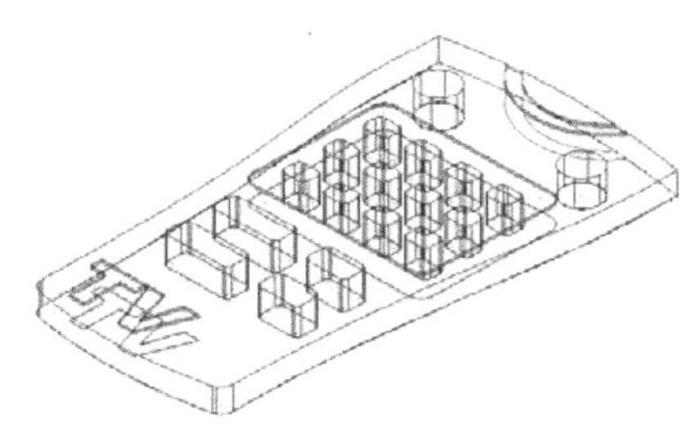

图 9-85　按钮拉伸效果

(14) 单击 按钮，进行布尔加操作，将所有的实体合并为同一个实体。利用鼠标依次选择实体，进行确认即可。合并后的效果如图 9-86 所示。

(15) 将绘制的各种辅助图素一一删除后，得到需要的遥控器三维 CAD 设计效果，如图 9-87 所示。

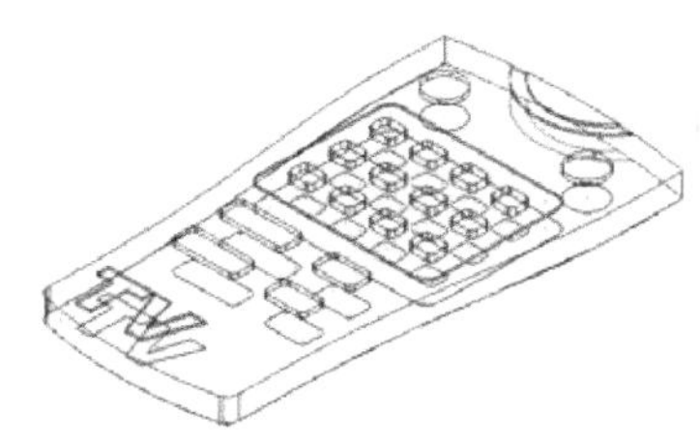

图 9-86　合并效果

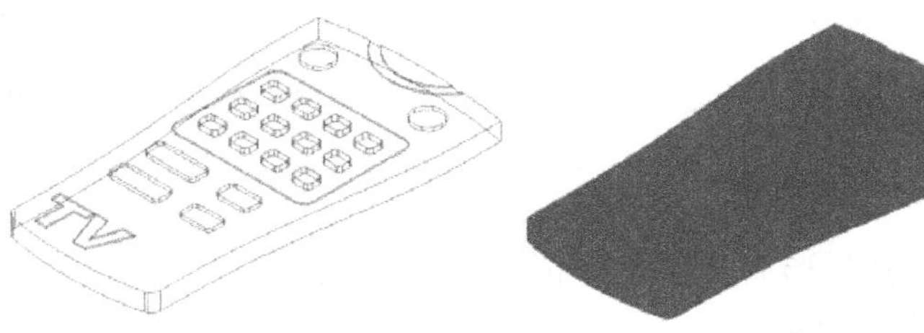

图 9-87　遥控器三维 CAD

(16) 执行“文件”|“另存文件”命令，将生成的图形以“遥控器三维 CAD.MCX”为名称进行保存。

9.2.2 遥控器零件外形刀具路径

遥控器外形刀具路径的设计采用遥控器二维 CAD 设计的结果作为基础，主要使用外形加工、平面加工和挖槽加工。

1. 加工设置

首先指定加工的毛坯。

设计步骤：

(1) 启动 Mastercam X5 软件。

(2) 执行“文件”|“打开文件”命令，打开 9.2.1 节生成的“遥控器二维 CAD.MCX”文件。

(3) 执行“机床类型”|“铣床”|“默认”命令，选择默认机床作为本次加工使用的机床。此时系统将自动切换到 Mill 模块。同时，刀具路径管理器如图 9-88 所示。

(4) 双击管理器中的“材料设置”，打开“材料设置”选项卡。在该选项卡中根据零件设计的尺寸，设定材料的尺寸为 200 × 120 × 14，如图 9-89 所示。

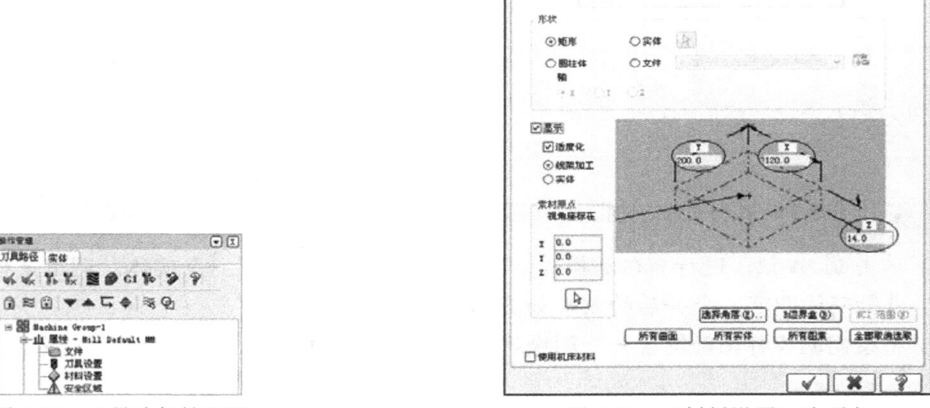

图 9-88　刀具路径管理器　　　图 9-89　“材料设置”选项卡

(5) 单击“确定”按钮，完成零件毛坯的设计，效果如图 9-90 所示。

2. 外形加工

选择外形加工方法，加工出零件的外形。

设计步骤：

(1) 执行“刀具路径”|“外形铣削”命令，在打开如图 9-91 所示的“输入新 NC 名称”对话框，在该对话框的文本框中输入如图 9-91 所示的名称。

(2) 确定后，系统打开“串连选项”对话框，用于选择外形加工的几何图形。利用鼠标在图形对象上选择图形的外边界，如图 9-92 所示，其中的箭头代表了串连的方向。

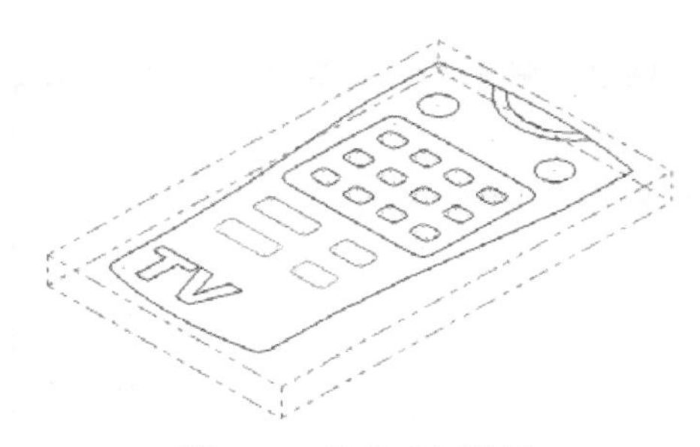

图 9-90　零件毛坯设置

图 9-91　“输入新 NC 名称”对话框

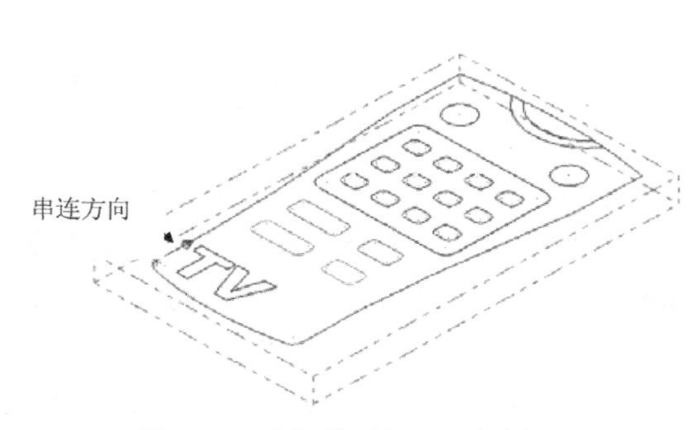

图 9-92　选择外形加工几何图形

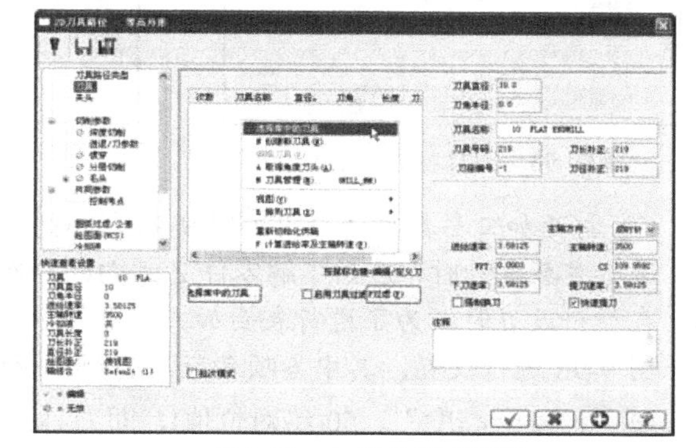

图 9-93　加工参数对话框

(3) 确定后，系统打开如图 9-93 所示的加工参数对话框。在“刀具”选项卡中，单击鼠标右键，在弹出的快捷菜单中选择“创建新刀具”命令，打开如图 9-94 所示的“定义刀具”对话框。

(4) 选择“平底刀”，系统打开刀具参数设置对话框，在其中指定刀具半径为 10mm 并参照图 9-95 设置其他参数。

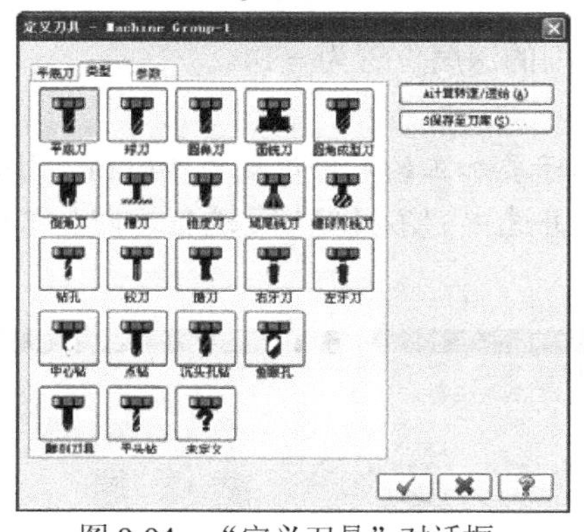

图 9-94　“定义刀具”对话框

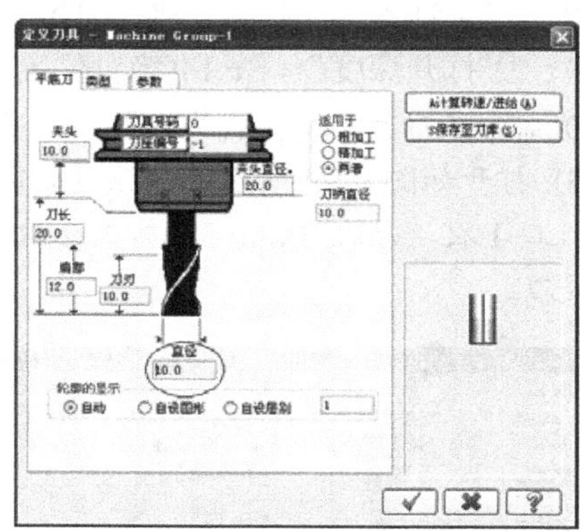

图 9-95　刀具参数设置对话框

(5) 在刀具参数设置对话框中，打开“参数”选项卡，在其中指定进给率为 500、下刀速率为 1000、主轴转速 3000、提刀速率为 1000 以及粗精加工的步距，如图 9-96 所示。

(6) 确定后，返回加工参数对话框，选中“快速提刀”复选框设置快速退刀，此时的对话框将如图 9-97 所示显示。

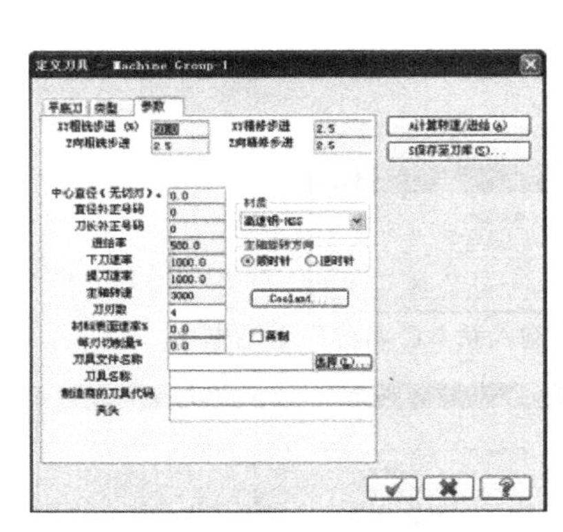

图 9-96　刀具参数选项卡

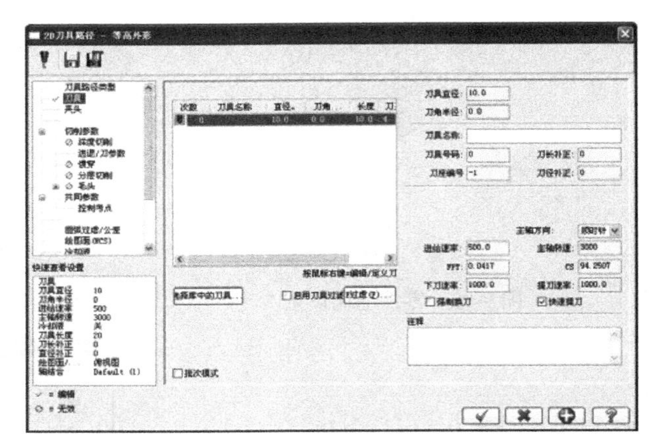

图 9-97　设置好的加工参数对话框

(7) 打开加工参数对话框中如图 9-98 所示的"共同参数"选项卡，进行外形加工的参数设置。进行参数设计时，应该了解零件 Z 方向的分布。本零件材料位于 Z 轴零点的下方，深度为 14。在材料设置时，为了进行表面加工，设计了 2mm 的余量。因此，在进行加工高度设置时参照图 9-98 进行设置。其中各项参数及其详细说明如下。

- "安全高度"，50(绝对位值)，即刀具开始加工和结束加工后返回机械原点前停留的高度为 50。
- "参考高度"，0，刀具在完成某一路径的加工后，直接进刀进行下一阶段的加工，而不用回刀。
- "下刀位置"，5(相对位置)，刀具从安全高度快速移动到距加工面 2mm 后，开始以设置的加工速度移动。
- "工件表面"位置，0(绝对位置)。
- "打开深度"，－14(绝对位置)，工件最后切削的深度位置为－14。
- 选择刀具补偿方式为左补偿方式。

(8) 打开如图 9-99 所示的"深度切削"选项卡。由于要加工的零件厚度为 14mm，因此设计粗加工 4 次，每次 3mm；精加工 2 次，每次 1mm。并选中"不提刀"复选框，即加工过程中不提刀。

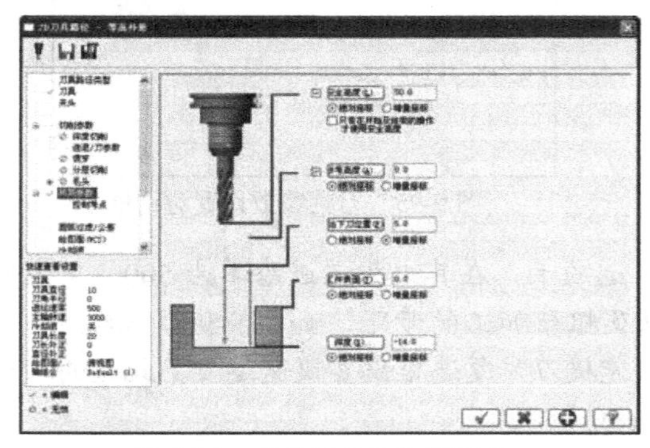

图 9-98　"共同参数"选项卡

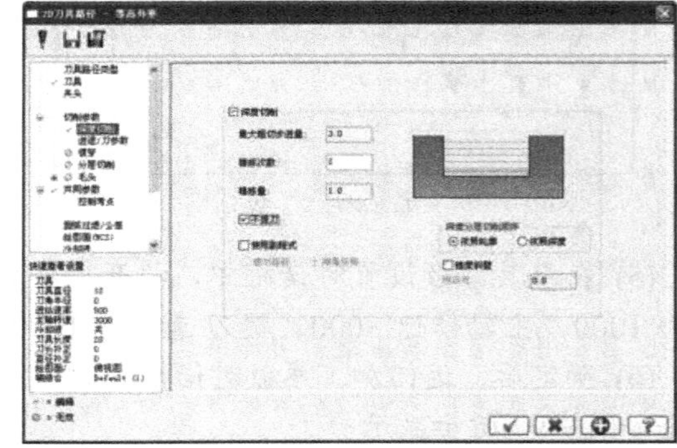

图 9-99　"深度切削"选项卡

(9) 为避免残料的存在，因此让刀具伸出零件后进行一步加工。选择“贯穿”选项卡，设置伸出距离为 0.5mm，如图 9-100 所示。

(10) 单击“确定”按钮，完成加工的参数设置，系统将自动生成刀具路径，效果如图 9-101 所示。

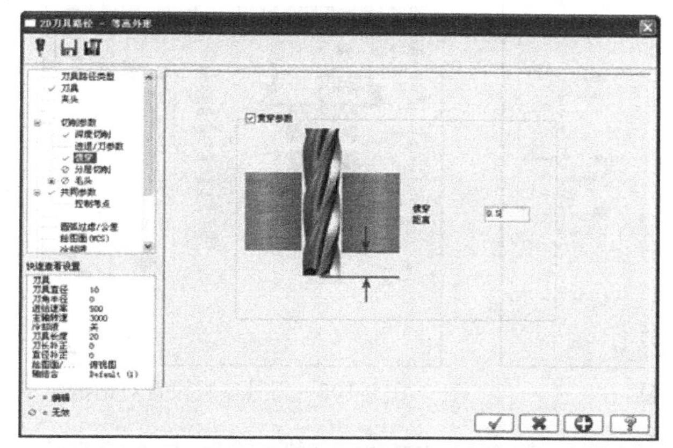

图 9-100　“贯穿”选项卡

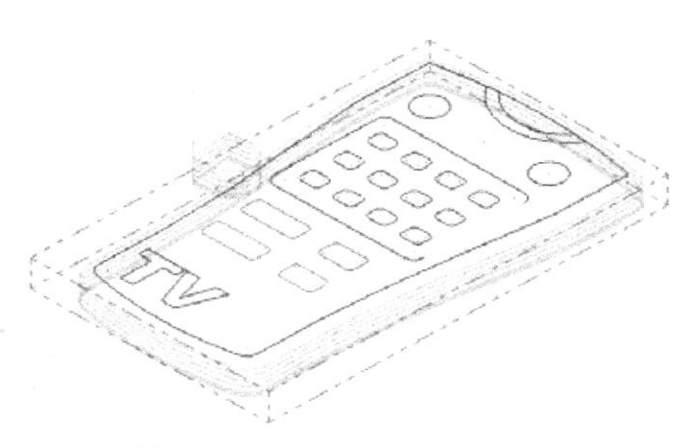

图 9-101　生成的刀具路径效果

(11) 单击刀具路径管理器中的 按钮，进行加工仿真，加工结束后的效果，如图 9-102 所示。

至此便完成了该零件的外形加工。

3. 表面加工

下面利用平面加工方法，加工出零件的表面。

设计步骤：

(1) 执行“刀具路径”|“平面铣”命令，系统将打开“串连选项”对话框。选择与外形加工相同的图素，即以零件的外形图素为对象，如图 9-103 所示。

图 9-102　加工仿真效果

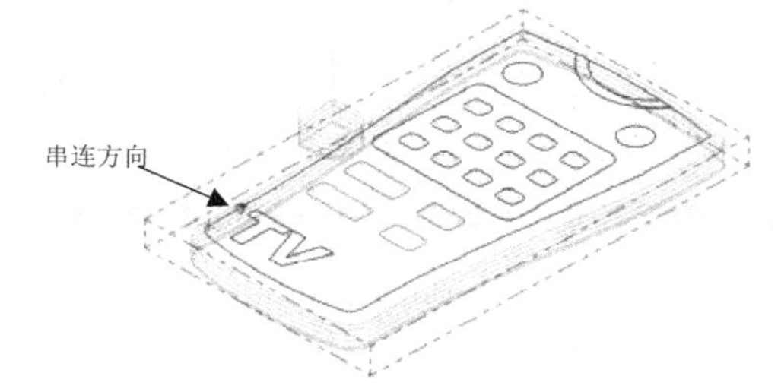

图 9-103　外形加工图素

(2) 单击“确定”按钮，系统将打开如图 9-104 所示的“平面加工”对话框。

(3) 同样为外形加工创建一把专门的刀具，在图 9-94 所示的“定义刀具”对话框中，选择“面铣刀”，它比一般的铣刀切削面积更大，加工效率更高。

(4) 单击“面铣刀”按钮后，在系统打开的如图 9-105 所示的刀具参数设置对话框中设置刀具直径为 20mm。

(5) 打开刀具参数设置对话框中的 “参数”选项卡，在其中指定进给率为 500、下刀速率为 1000、主轴转速为 3000、提刀速率为 1000 以及粗精加工的步距，如图 9-106 所示。

(6) 单击“确定”按钮，返回平面加工参数对话框，选中新增的刀具作为平面加工的刀具，如图 9-107 所示。

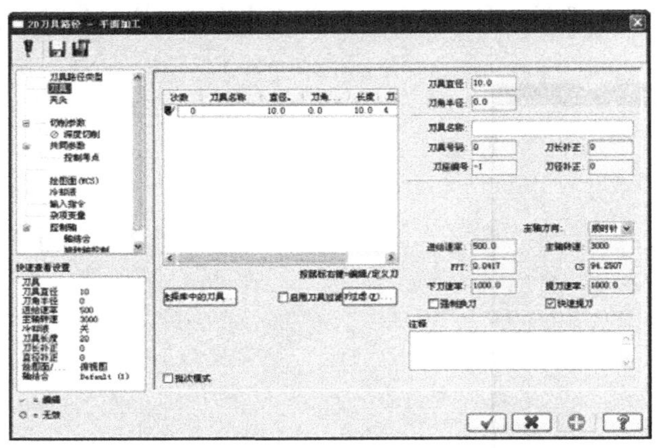

图 9-104 “平面加工”对话框

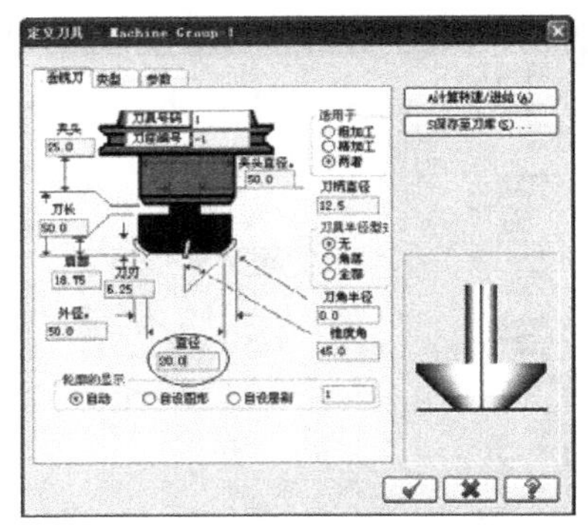

图 9-105 刀具参数设置对话框

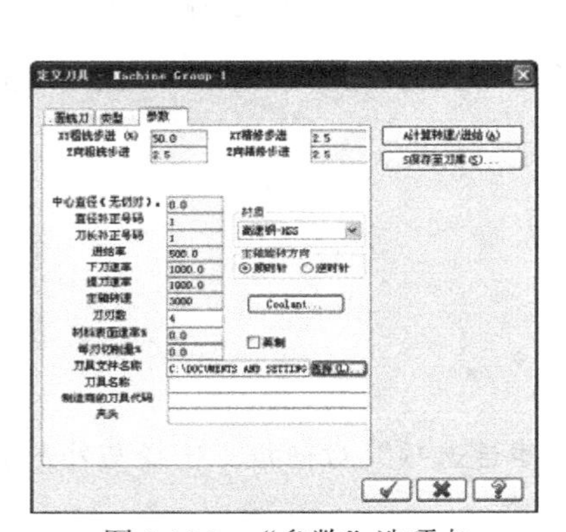

图 9-106 “参数”选项卡

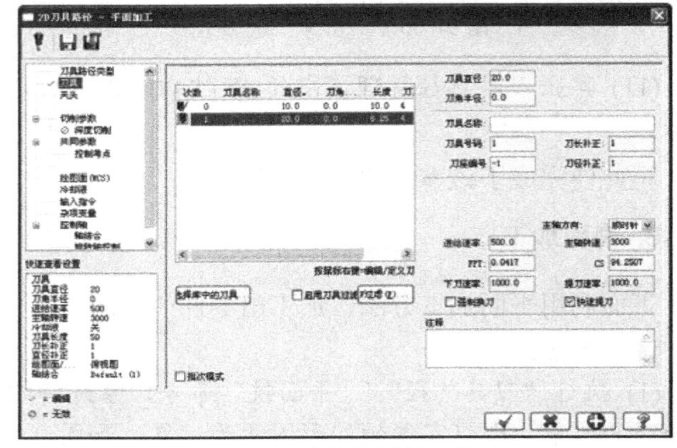

图 9-107 选择新增的刀具

(7) 打开“共同参数”选项卡，参照图 9-108 进行加工参数的设置。高度设置与外形加工的设置基本相同，只是加工深度的绝对位置为 -2，即加工厚度为 2mm。

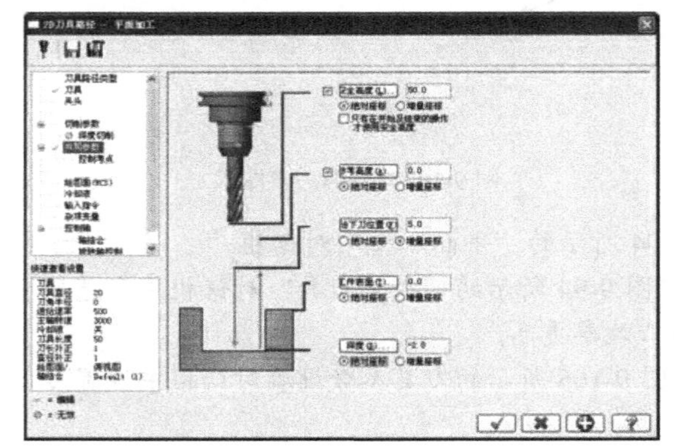

图 9-108 “共同参数”选项卡

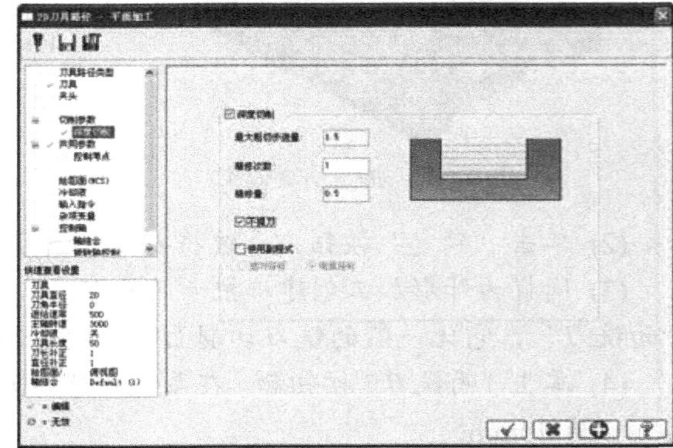

图 9-109 “深度切削”选项卡

(8) 打开如图 9-109 所示的“深度切削”选项卡，在该选项卡中设置粗加工 1 次，每次 1.5mm；精加工 1 次，每次 0.5mm。加工中不提刀。

(9) 单击“确定”按钮，完成平面加工参数设置。系统自动生成刀具路径，效果如图 9-110 所示。

(10) 按住 Ctrl 键，在刀具路径管理器中同时选中外形和平面两个刀具路径，单击按钮进行加工仿真，加工结束后的效果如图 9-111 所示。

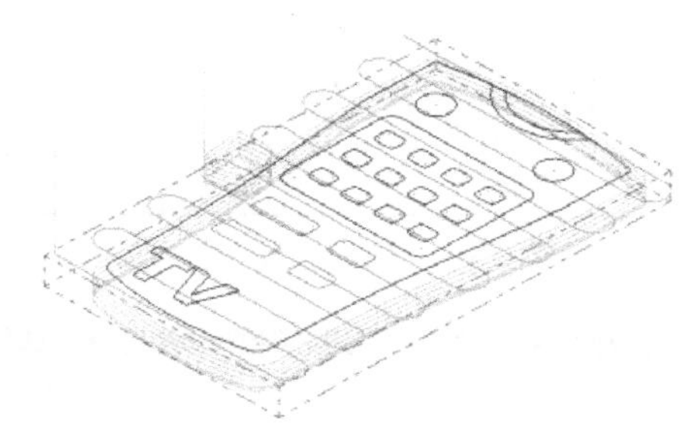

图 9-110 生成的刀具路径效果

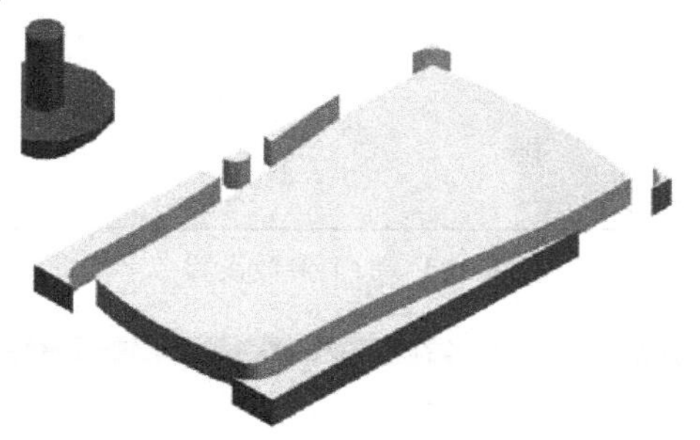

图 9-111 加工仿真效果

4. 挖槽加工一

设计步骤：

(1) 在刀具路径管理器中，选中前面生成的两条刀具路径，单击≋按钮，将生成的两条刀具路径进行隐藏，效果如图 9-112 所示。

(2) 执行“刀具路径” | “标准挖槽”命令，系统打开“串连选项”对话框。选择需要加工的图素包括所有的按钮和外形曲线，并且将所有的方向都指定为顺时针方向，如图 9-113 所示。

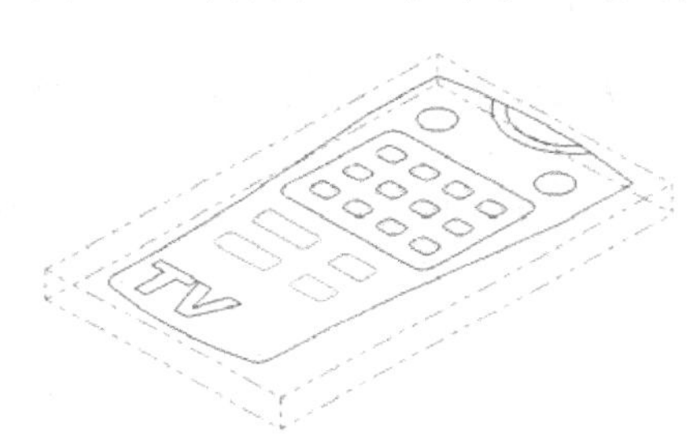

图 9-112 隐藏生成的两条刀具路径效果

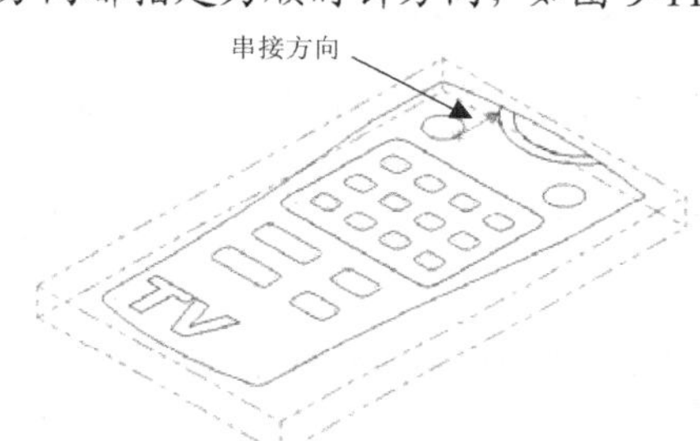

图 9-113 挖槽加工图素

(3) 单击“确定”按钮，系统打开槽加工参数对话框。利用前面的方法，创建一把直径为 2 的平底刀作为槽加工的刀具，参照图 9-114 进行加工参数设置。

(4) 打开“共同参数”选项卡，参照 9-115 进行加工参数的设置。设置加工的深度为 2，即加工深度的绝对位置为－4。

(5) 打开如图 9-116 所示的“深度切削”选项卡。由于要加工的零件厚度为 4mm，因此设计粗加工 2 次，每次 1.5mm；不进行精加工，并且加工中不提刀。

(6) 打开如图 9-117 所示的“粗加工”选项卡，进行粗加工参数的设置。在粗加工方式中选择“双向”切削，粗切削间距为刀具直径的 60%，即 1.2mm。选中“刀具路径最佳化”单选按钮，优化刀具路径，以达到最佳的铣削顺序。

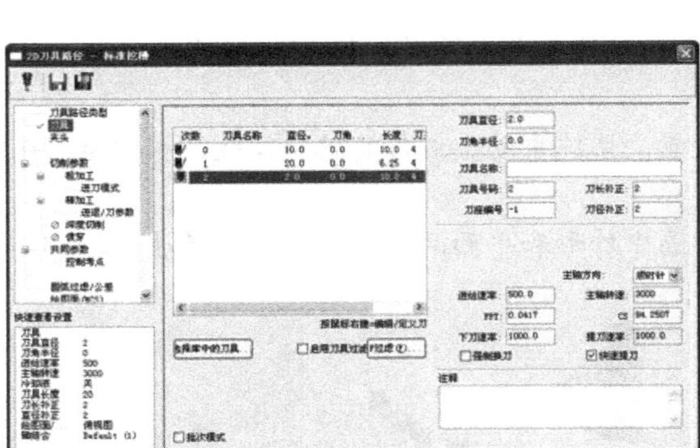

图 9-114　加工参数设置

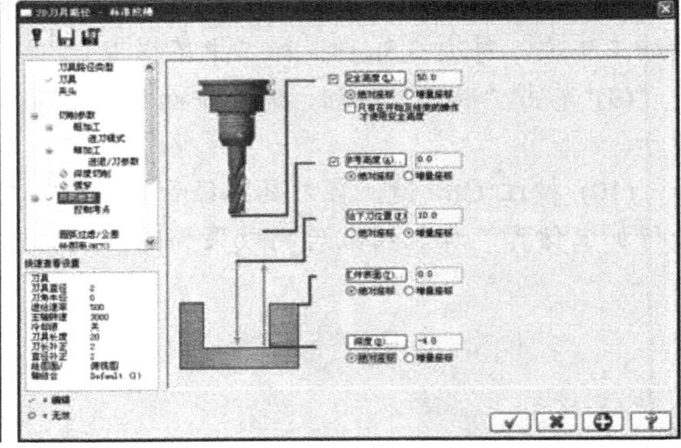

图 9-115　“共同参数”选项卡

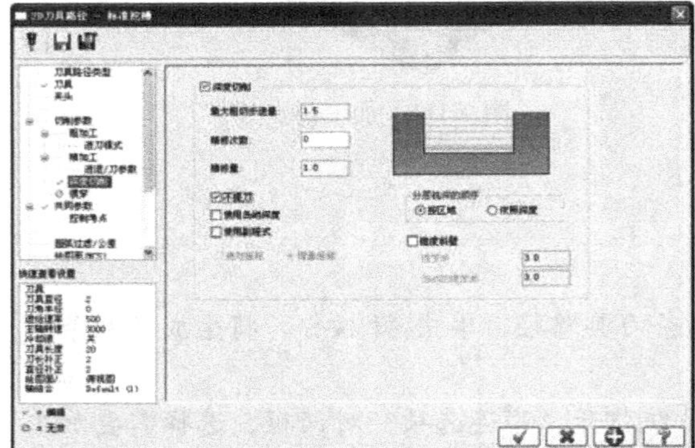

图 9-116　“深度切削”选项卡

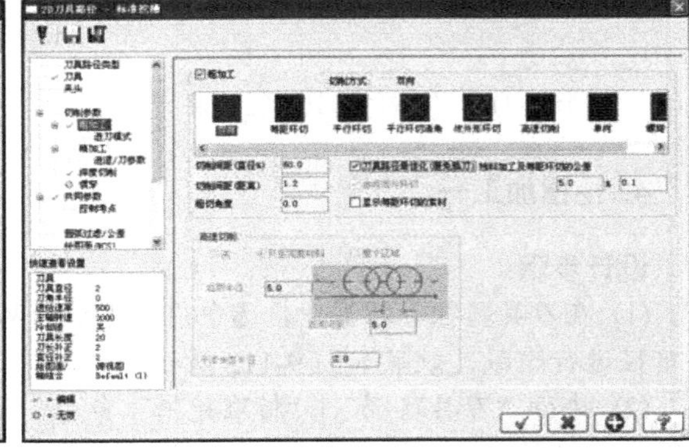

图 9-117　“粗加工”选项卡

(7) 打开如图 9-118 所示的“进刀模式”选项卡，进行“螺旋形”下刀方式的设置，无须修改参数。

(8) 单击“确定”按钮，完成槽加工参数设置。系统自动生成刀具路径，效果如图 9-119 所示。

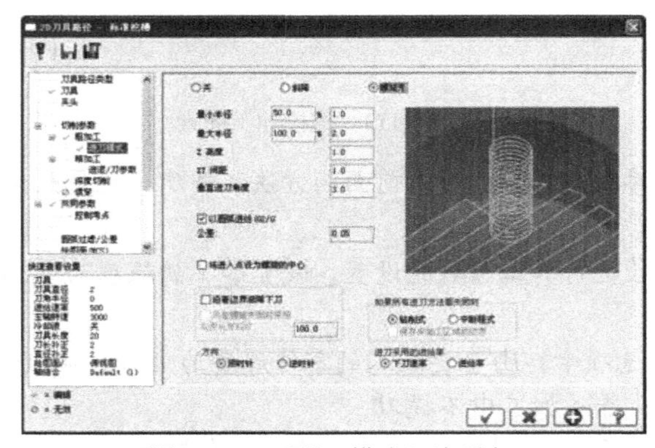

图 9-118　“进刀模式”选项卡

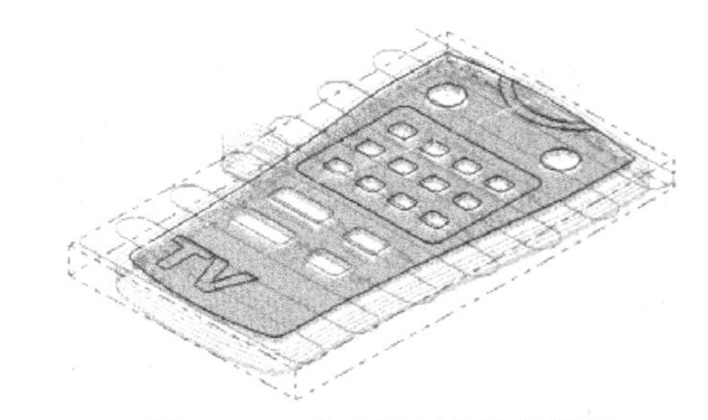

图 9-119　生成的刀具路径效果

(9) 按住 Ctrl 键，在刀具路径管理器中同时选中外形、平面和槽 3 个刀具路径，单击按钮进行加工仿真，加工结束后的效果如图 9-120 所示。

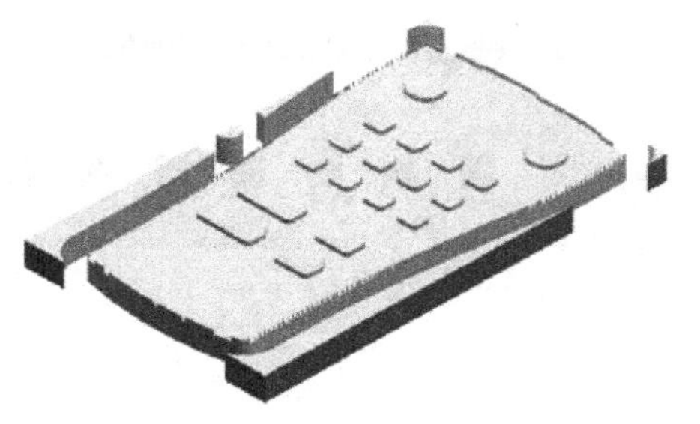

图 9-120　加工仿真效果

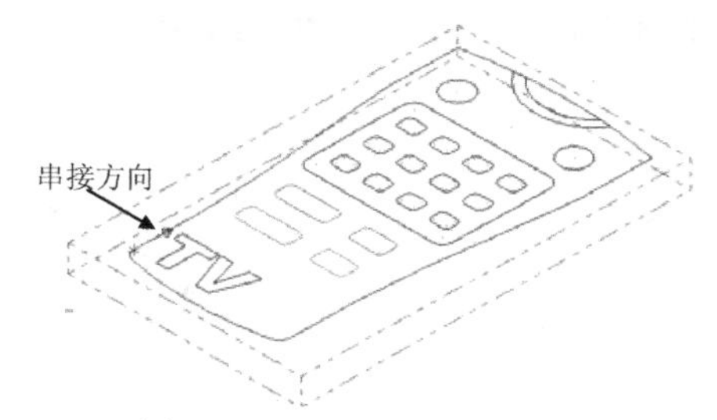

图 9-121　去除残料加工图素

5. 去除残料

从图 9-120 中可以看到在零件的外形处，留下了很多“毛刺”。本次设计的刀具路径将去除这些残料。

设计步骤：

(1) 执行“刀具路径”|“标准挖槽”命令，系统将打开“串连选项”对话框。选择零件外形曲线为图素，如图 9-121 所示。

(2) 单击“确定”按钮，系统将打开如图 9-122 所示的“标准挖槽”对话框。选择直径为 2 的端铣刀作为残料加工的刀具。

(3) 打开“共同参数”选项卡，参照图 9-123 进行加工参数的设置。高度设置和分层切削设置与挖槽加工一的设置相同。

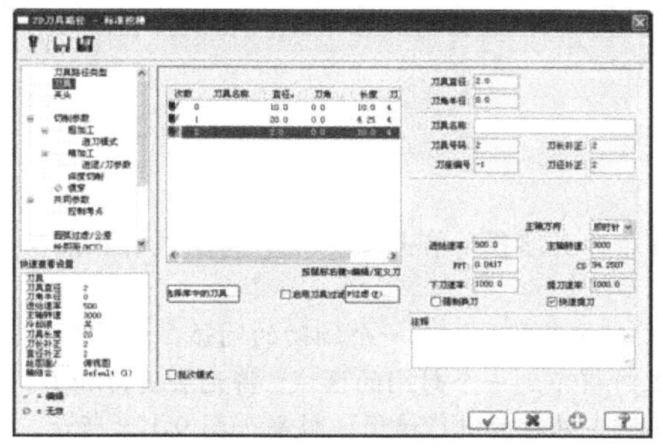

图 9-122　选择刀具

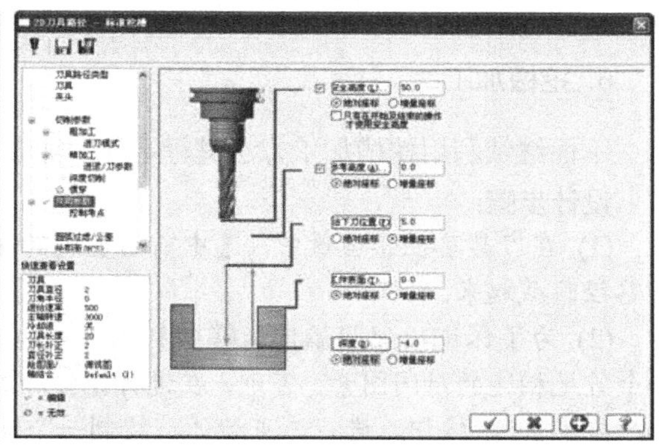

图 9-123　“共同参数”选项卡

(4) 打开如图 9-124 所示的“切削参数”选项卡，设置 XY 方向的切削增加量为 − 2，即设置 XY“壁边预留量”为 − 2。

(5) 打开如图 9-125 所示的“粗加工”选项卡，在该选项卡中进行粗加工参数的设置。

(6) 单击“确定”按钮，完成去除残料加工参数的设置。系统自动生成刀具路径，效果如图 9-126 所示。

(7) 按住 Ctrl 键，在刀具路径管理器中同时选中外形、平面、挖槽加工一和去除残料 4 个刀具路径，单击按钮进行加工仿真，加工结束后的效果如图 9-127 所示。

从图 9-127 中可以看出残料已经很好地被去除了。

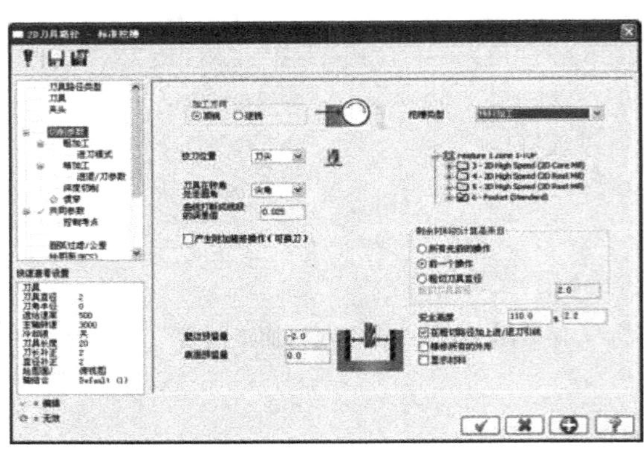

图 9-124 “切削参数”选项卡

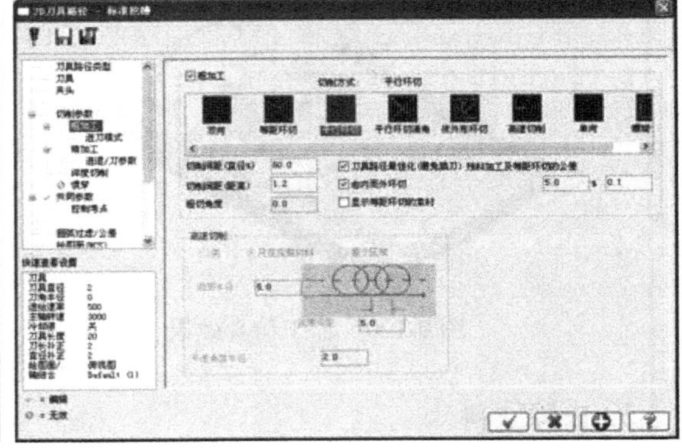

图 9-125 “粗加工”选项卡

图 9-126 生成的刀具路径效果

图 9-127 加工仿真效果

6. 挖槽加工二

下面继续利用挖槽加工方法进行零件的加工。

设计步骤：

(1) 在刀具路径管理器中，选中前面生成的 4 条刀具路径，单击 ≋ 按钮，将生成的 4 条刀具路径隐藏起来。

(2) 为了保证顶部圆弧槽能够顺利地得到加工，这里需要绘制一个辅助的圆弧，使其形成一个首尾相连的封闭图素。否则，在进行挖槽加工时得不到一个封闭的区域，将无法进行加工。因此要单击 按钮，进行三点绘弧，绘制一个圆弧，并对其进行镜像，效果如图 9-128 所示。

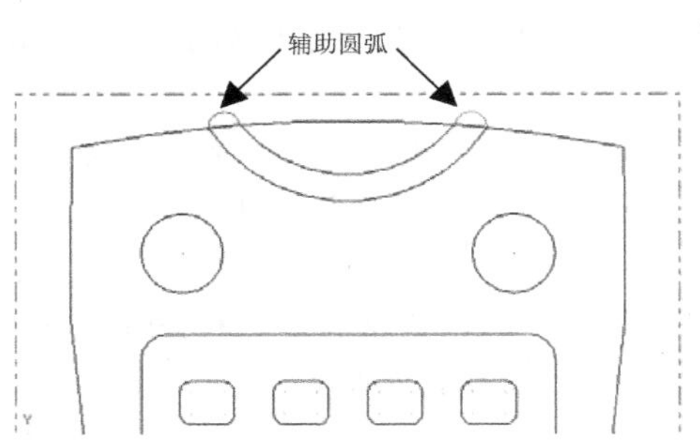

图 9-128 绘制辅助圆弧

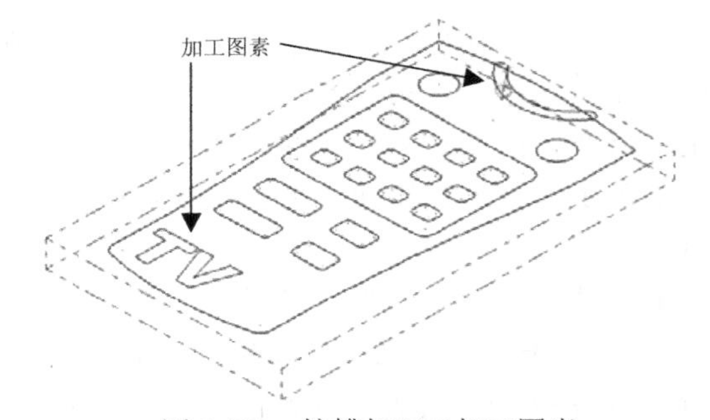

图 9-129 挖槽加工二加工图素

(3) 执行“刀具路径”|“标准挖槽”命令，系统将打开“串连选项”对话框。选择需要加工的图素，包括所有的顶部圆弧槽和字母 TV 槽，并且将所有的方向都指定为顺时针方向，如图 9-129 所示。

(4) 单击“确定”按钮，系统将打开槽加工参数对话框。选择前面创建的直径为 2 的平底刀作为槽加工的刀具。

(5) 打开“共同参数”选项卡，参照图 9-130 进行加工参数的设置。设定加工的深度为 1，即加工深度的绝对位置为 − 5；零件表面高度为 − 4。

(6) 打开如图 9-131 所示的“深度切削”选项卡。由于要加工的零件厚度为 1mm，因此设计粗加工 1 次，每次 1mm；不进行精加工，并且加工中不提刀。

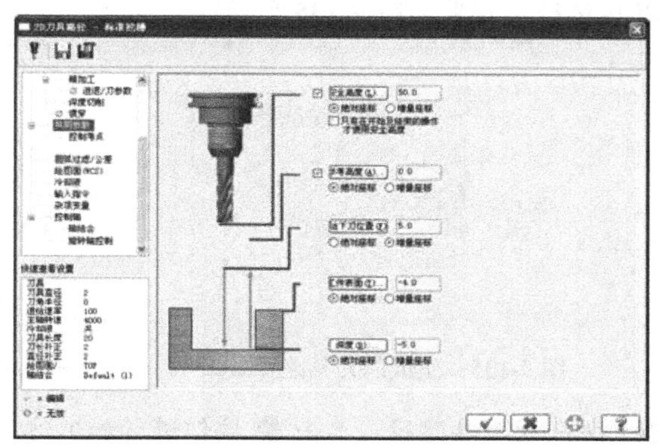

图 9-130　“共同参数”选项卡

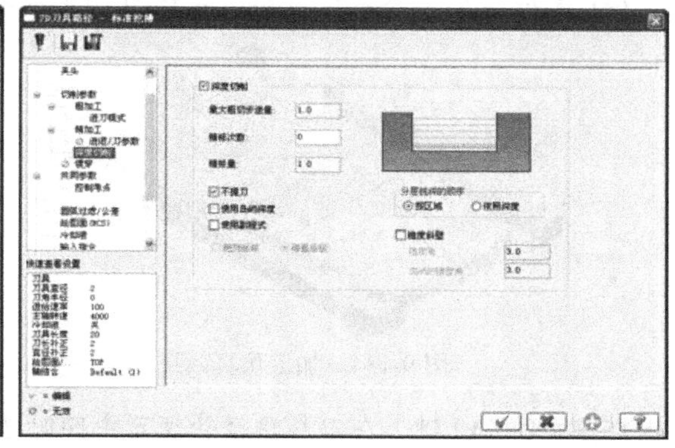

图 9-131　“深度切削”选项卡

(7) 打开如图 9-132 所示的“粗加工”选项卡，在该选项卡中进行粗加工参数的设置。在粗加工方式中选择“双向”切削，粗切削间距为刀具直径的 60%，即 1.2mm。选中“刀具路径最佳化”复选框，优化刀具路径，以达到最佳的铣削顺序。

(8) 打开“进刀模式”选项卡，进行“螺旋形”下刀方式的设置。

(9) 单击“确定”按钮，完成槽加工参数的设置。系统自动生成刀具路径，效果如图 9-133 所示。

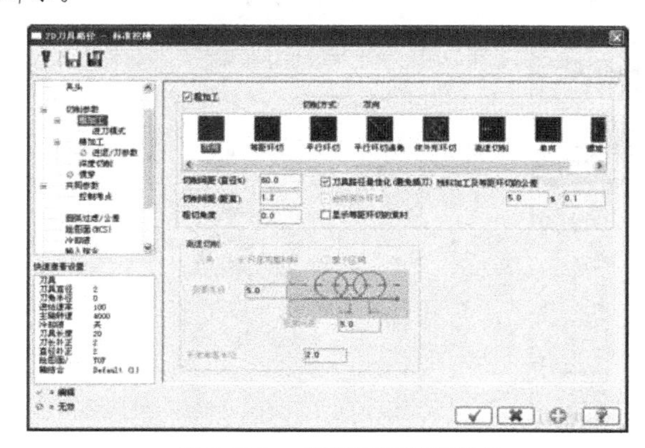

图 9-132　“粗加工”选项卡

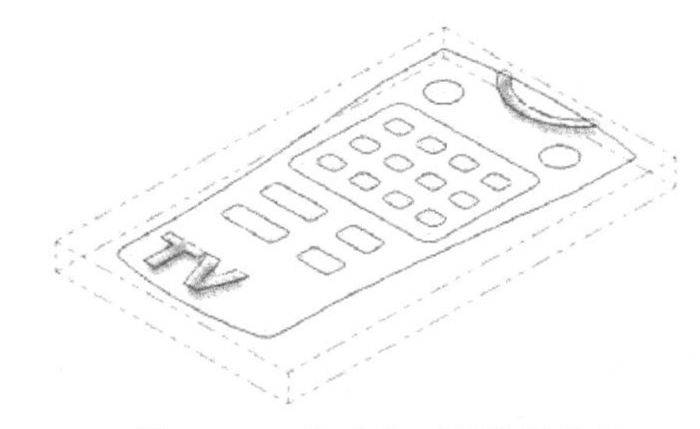

图 9-133　生成的刀具路径效果

(10) 按住 Ctrl 键，在刀具路径管理器中同时选中已生成的 5 个刀具路径，单击按钮，进行加工仿真，加工结束后的效果如图 9-134 所示。

7. 挖槽加工三

下面继续利用挖槽加工方法进行零件最后的加工。

设计步骤：

(1) 在刀具路径管理器中，选中前面生成的5条刀具路径，单击 ≋ 按钮，将生成的5条刀具路径隐藏起来。

(2) 执行"刀具路径"|"标准挖槽"命令，系统将打开"串连选项"对话框。选择需要加工的图素，包括按钮框和它里面的所有按钮，并且将所有的方向都指定为顺时针方向。

(3) 按照挖槽加工二的参数进行设置。

(4) 完成槽加工参数设置后，系统自动生成刀具路径，效果如图9-135所示。

图9-134　加工仿真效果

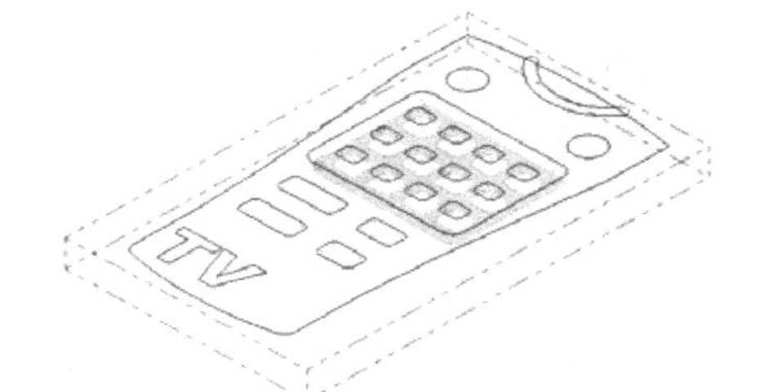

图9-135　生成的刀具路径效果

(5) 按住Ctrl键，在刀具路径管理器中同时选中所有的刀具路径，单击 按钮进行加工仿真，加工结束后的效果如图9-136所示。

至此便完成了所有刀具路径的设计。

8. 生成后处理程序

(1) 在刀具路径管理器的空白处单击鼠标右键，弹出如图9-137所示的快捷菜单。

图9-136　加工仿真效果

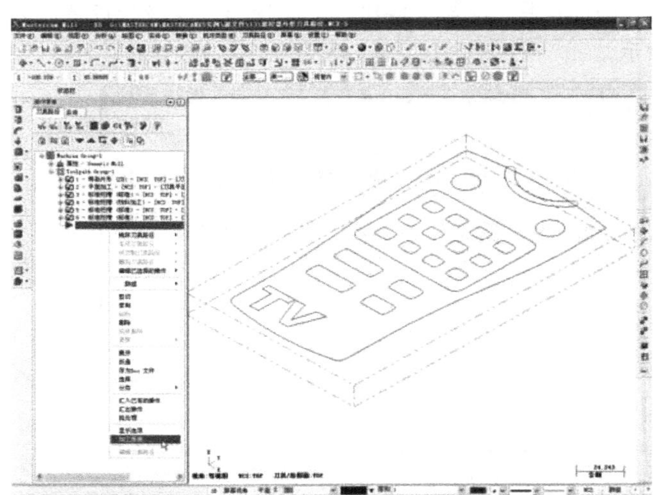

图9-137　快捷菜单

(2) 在其中选择“加工报表”命令，系统将自动生成加工报表，效果如图 9-138 所示。

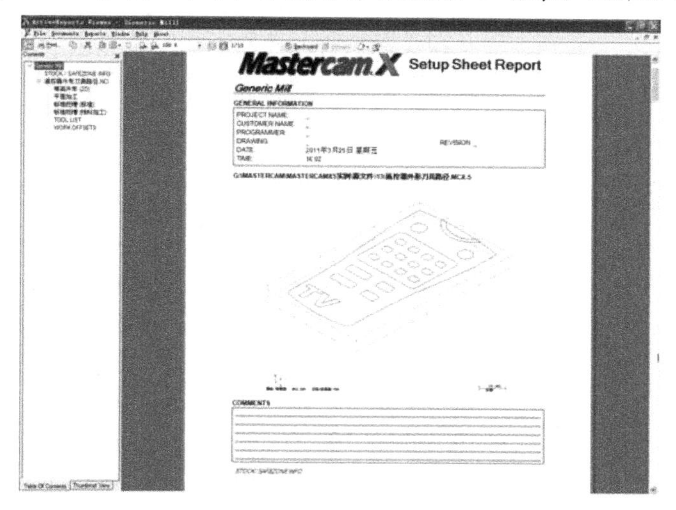

图 9-138　加工报表

参 考 文 献

[1] 胡如夫等．Mastercam V9.0 中文版教程．北京：人民邮电出版社，2004

[2] 李杰臣 金湖庭．Mastercam 入门指导．北京：机械工业出版社，2005

[3] 吴长德．MasterCAM 9.0 系统学习与实训. 北京：机械工业出版社，2003

[4] 康亚鹏. 数控编程与加工——Mastercam X 基础教程. 北京：人民邮电出版社，2006

[5] 刘平安 谢龙汉．Mastercam X2 模具加工实例图解. 北京：清华大学出版社，2008

[6] 钟日铭 李俊华．Mastercam X3 基础教程. 北京：清华大学出版社，2009

[7] 刘胜建 李国辉 许朝山．Mastercam X3 基础培训标准教程. 北京：北京航空航天大学出版社，2010

[8] 刘文．Mastercam X3 中文版数控加工技术宝典. 北京：清华大学出版社，2010